普通高等教育"十一五"国家级规划教材

普通高等教育农业农村部"十三五"规划教材

风景园林工程

第二版

张文英　主编

中国农业出版社

北　京

内容简介

风景园林工程是研究风景园林建设的工程技术和造景技艺的一门学科，其研究范围包括工程原理、工程技术、施工技术及施工管理等。本教材主要内容包括风景园林场地工程、风景园林道路工程、风景园林给排水工程、硬质景观工程、水景工程、山石景观工程、种植绿化工程、风景园林供电与照明工程以及风景园林工程项目组织与管理等，共九章。从风景园林工程设计与施工的实际需要出发，对风景园林工程的设计原理、造型艺术、施工技术和园林工程的施工组织设计等进行了全面阐述。教材结构合理，内容丰富，具有实用性和可操作性。对近年来风景园林工程方面的新成果、新的施工工艺等也做了适当介绍。

本教材是普通高等教育"十一五"国家级规划教材、普通高等教育农业农村部"十三五"规划教材，适用于园林、风景园林、景观建筑、风景旅游等专业，也可供从事风景园林、环境艺术、景观营建行业的技术和管理人员参考。

第二版编写人员

主　编　张文英（华南农业大学）

参　编（按姓氏笔画排序）

王先杰（北京农学院）

李　征（中国农业科学院）

李　静（安徽农业大学）

杨芳绒（河南农业大学）

张　斌（华中农业大学）

张建林（西南大学）

赵　兵（南京林业大学）

黄基传（佛山科学技术学院）

第一版编写人员

主　编　张文英（华南农业大学）

编　者（按姓氏笔画排序）

王先杰（北京农学院）

李　征（北京农学院）

李　静（安徽农业大学）

杨芳绒（河南农业大学）

张　斌（华中农业大学）

张文英（华南农业大学）

张建林（西南大学）

赵　兵（南京林业大学）

第二版前言

　　风景园林工程的实施主要是为了给人们提供一个良好的休息、文化娱乐、亲近大自然、满足人们回归自然愿望的场所，是保护生态环境、改善城市生活环境的重要措施。这些年来，风景园林学科发展及环境工程建设突飞猛进，特别是风景园林学被确定为一级学科以来，风景园林工程的教学内容也出现了新的变化和要求。

　　《风景园林工程》自 2007 年 5 月出版以来，已在全国 30 多所高等院校中使用，随着园林科技水平的不断提高，园林工程施工技术不断更新，新的园林工程材料不断出现，教材部分内容已经跟不上市场发展，亟须进一步修订，以适应创新型人才和应用型人才培养的需求。《风景园林工程》第二版根据新的相关国家标准及行业标准，对教材中的工程技术要求进行了更新，补充了种植绿化工程章节，系统地阐述了工程建设的基本理论和专业知识，从工程原理、工程设计、施工技术以及施工组织管理等方面进行详尽的介绍，内容力求结合生产实践，同时体现现代科学技术的成果和施工技术。

　　本教材编写具体分工如下：张文英编写绪论和第五章；李静编写第一章第一、二节和第九章第一、二节；张斌编写第一章第三节和第二章；王先杰编写第三章；张建林编写第四章；杨芳绒编写第六章；黄基传编写第七章；赵兵编写第八章；李征编写第九章第三、四、五节。全书由张文英统稿。

　　限于作者水平，谬误和不足之处在所难免，尚希不吝批评指正。

编　者

2021 年 8 月

第一版前言

随着学科领域的发展及教学改革的深入，风景园林工程的教学内容在广度和深度上比过去均有较大的发展，为适应高等教育发展的要求，全面推行素质教育，进一步落实教育部的教改精神，本教材对教学内容进行了全面系统的更新。

风景园林工程是风景园林专业的一门专业课程，学生在这门课程的学习中，主要是通过课堂学习、参观实践、作业练习及课程设计，从掌握工程原理开始，到自己动手进行简单的设计，学会风景园林工程的设计以及施工图的绘制，并了解施工技术与建设项目组织与管理的基本内容和程序。本教材系统地阐述了工程建设的基本理论和专业知识，从工程原理、工程设计、施工技术以及施工组织管理等方面进行详尽的介绍，内容力求结合生产实践，同时体现现代科学技术的成果和施工技术，按照国家最新的工程标准和规范，满足现代风景园林工程设计、施工与管理的需要。

本教材的编写是一个漫长而繁杂的过程，为能适合更广泛的地域，而不是局限在某个区域，参加编写的单位有华南农业大学、华中农业大学、北京农学院、西南大学、南京林业大学、河南农业大学等，参加编写的人员均有丰富的教学、实践经验和一定的理论水平。本教材全部按新规范编写，内容充实，取材新颖，注重实用，便于自学，既重视理论概念的阐述，也着意专题和设计实例的介绍，试图启发学生设计并能正确理解运用新规范。

本教材编写具体分工如下：张文英编写绪论和第五章；李静编写第一章第一、二节和第八章第一、二节；张斌编写第一章第三节和第二章；王先杰编写第三章；张建林编写第四章；杨芳绒编写第六章；赵兵编写第七章；李征编写第八章第三、四、五节。全书由张文英统稿。

华南农业大学园林专业研究生邵园园、李慧、黄帼虹、黄基传等人帮助完成本书的部分汇编及绘图工作，在此表示感谢。

任何建设工程的技术都是不断进步和发展的，势必会有更新的观念和技术应用到生产实践中，由于编者业务水平有限，加之时间仓促，疏漏和不足之处在所难免，恳请读者批评指正。

编　者

2006 年 12 月

目 录

绪　论

一、本课程的内容和特点

　　风景园林工程是从艺术、生态、技术等各个层面出发，研究风景园林建设的工程技术和造景技艺的一门学科。其研究范围包括工程原理、工程设计、施工技术以及施工管理等。本教材主要内容包括风景园林场地工程、风景园林道路工程、风景园林给排水工程、硬质景观工程、水景工程、山石景观工程、种植绿化工程、风景园林供电与照明工程以及风景园林工程项目组织与管理等九章。

　　风景园林工程以市政工程原理为基础，以园林艺术理论、生态科学为指导，目标是将设计思想转化为物质现实。而且在创造优美景观的同时，不仅要兼顾功能和技术方面的要求，同时尽可能降低造价、便于管理，满足可持续发展的要求。它是集建筑、掇山、理水、铺地、种植、供电为一体的大型综合的和系统性的工程。这一系统工程的重点是应用工程技术的手段，本着可持续发展的观念构筑城市生态环境体系，为人们创建舒适优美的休闲游憩及生活的空间。

　　本课程实践性极强，既要掌握工程原理，又必须掌握工程设计、模型制作和施工组织设计等内容，将科学性、技术性和艺术性相结合，创造经济、美观而又实用的作品。

二、中国历代园林工程简史

　　我国历代园林工匠在数千年造园实践中积累了极为丰富的实践经验，总结了精辟的理论。中国古典园林是中国古建筑与园林工程高度结合的产物，是根据中国传统居住形态、休闲方式、观赏习惯、文学艺术活动等综合营造的空间环境。在中国，堆山、叠石有很悠久的历史。早在 2 500 年以前的春秋战国时期就已出现了人工造山之事。《尚书》所载"为山九仞，功亏一篑"之喻，说明当时已有篑土（篑是筐子）为山的做法。只是当时是为治水患、治冢等的需要，而不是单纯的造园。周代灵囿中的灵台、灵沼已有明确的凿低筑高的改造地形地貌的意图。秦汉的山水宫苑园林则发展成为大规模挖湖堆山并形成"一池三山"的传统程式，今天留下的许多古典园林，如北京的三海、颐和园，杭州的西湖等都是遵循这种布局。同时在水系疏导，引天然水体为池，埋设地下管道，铺地和种植工程方面都有相应的发展，并有了石莲喷水等水景设施。著名的宋徽宗"花石纲"和"寿山艮岳"工程，说明当时已有一套成熟的相石、采石、运石和安石的技艺。大量出色的太湖石是靠渔人潜入水中凿断，结绳拴套，在竹筏上装架起重，用胶泥封洞眼后再用草进行外包装，运到汴京。所造假山不仅造型自然、结构稳固，而且还可防蚊蝎、致云烟。我国假山工艺一方面汲取了传统山水画之画理，又将石作、木作、泥瓦作结为一体，至宋代已明显地形成一门专门的技艺。从流传至今的作品来看，既顺应自然之理，又包含提炼、夸张等艺术加工，形成具有鲜明的民族风格和独特艺术魅力的造园活动。

明清时期的造园更加成熟，以北京颐和园为例，它结合城市水系和蓄水功能，将原有的小山和小水面扩展为山水相映的万寿山和昆明湖，水系和山脉融为一体，达到"虽由人作，宛自天开"的境界。我国江南的私家宅园在掇山、理水、置石、铺地方面则又有一番技巧。一些园林的园路和庭院用彩色石子、碎砖瓦片、碎陶瓷片等镶成各式动植物和几何形图案，增加了园林道路、庭院的艺术内容，如北京故宫御花园、颐和园，苏州拙政园、留园等不乏铺地的佳作。这些花街铺地用材价格低廉，结构稳固，式样丰富多彩，真所谓"废瓦片也有行时，当湖石削铺，波纹泅涌""破方砖可留大用，绕梅花磨斗，冰裂纷纭"（引自《园冶》），提供了因地制宜、低材高用的典范，在今天都是值得学习的。

明代计成在造园方面有很高的造诣，所著的《园冶》一书出版于崇祯七年（1634）。按相地、立基、屋宇、装折、栏杆、门窗、墙垣、铺地、掇山、选石、借景等分为十一篇。其中尤以掇山、选石两篇为计成实践经验之总结，详细叙述各种与园林、地势相配合的假山，如园山、厅山、楼山、阁山、书房山、池山、内室山、峭壁山及其峰、峦、悬崖、幽洞、深涧、瀑布、曲水、池沼等，以及太湖石、昆山石、黄石、灵璧石等材料的选用，是我国古代最完整的一部造园专著。明代文震亨的《长物志》、清代李渔《一家言》中也有关于造园理论及技术的专门内容。

我国古代造园名家辈出。北魏就有名家菇晧、张伦。明代北方有叠石造园家米万钟，南方造园名家计成。清代的张涟、张然父子，人称"山子张"，尤以叠石著称。浙江钱塘人李渔，善诗画，尤长于园林建筑，著有《一家言》，书中"居室部"对园林建筑有精辟的阐述。常州人戈裕良对园林亭台池馆的设计有很高的成就，尤以堆叠假山技艺高明，他用不规则湖石、山石发券成拱，坚固不坏，在苏州、常熟一带修筑了许多名园。

三、外国历代园林工程简介

外国园林工程的主要成就在于水景的建设，从古埃及、古希腊及古罗马开始，就有较高的理水技艺，利用水景与建筑、地形完美结合，成为西方园林理水设计的雏形。

意大利的台地园、法国古典园林同样发展了高超的理水技艺，从水景形式到水景工程技艺，都得到了空前发展。

西方现代园林中，现代材料与技术的应用为大型理水工程的建设提供了可行性。

其他各种施工技艺的进步、各种现代材料的应用，使得西方园林工程的发展日新月异。

四、风景园林工程发展现状与趋势

随着环境意识深入人心，可持续发展已成为全球共识，风景园林作为创建优美人居环境的重要方面，呈现了良好的发展态势。我国从 1992 年起，出现了一批国家园林城市，而众多大型市政景观项目的建设、房地产项目的建设都大大推动了我国园林行业的发展。不少项目的建设，体现了现代园林工程施工技术的最新成果。可持续发展将是风景园林工程的发展趋势，各种新技术、新材料、新方法充分运用到园林工程的施工过程中。如在广东传统的岭南园林庭园灰塑假山传统技艺上发展起来的现代塑石塑山技术，解决了在屋顶造山、在无石材的情况下造山、用山体隐蔽大型设备安房等难题；大树移植技术满足了城市及居住区绿化迅速出效的要求；喷泉瀑布与高科技的光、电技术结合，为现代城市增添了生动的休闲空间；生态铺地技术的运用更体现了可持续发展的设计观；现浇混凝土园路工程中伸缩缝的切割新技术的应用，使园路构筑步骤更为简便；微喷灌的使用可大大节约水资源；软性池底的运用，如以 EPDM（三元乙丙橡胶）黑色柔性橡胶防水材料为代表的柔性结构水池，具有寿命长、防水性能好、施工方便等特点，可广泛运用于各种环境的水池建造之中；膨润土的应用，更是解决了大型水池的保水、渗水、轻质水体结构的难题；各类彩色铺地砖生产工艺的完善，使得铺地技术大大改进，也使生态铺装成为应用广泛的铺地方式。

如何合理运用自然因素、社会因素创建优美的、生态平衡的生活境域，如何将生态的观念、可持续发展的观念实施在园林建设中，要靠风景园林设计师、工程师和生态学专业人士进行通力协作，这样才能对设计和环境问题形成更加恰当的解决方案。

第一章 Chapter 1 风景园林场地工程

本章涉及地形设计中的基础知识，各类地形在风景园林中的作用，以及各类地形的表现形式。阐述了地形设计的原理与任务，各类地形设计的特点和设计方法，以及不同设计阶段地形设计的内容等问题。在土方量计算中，重点论述了四种土方量计算方法所适用的地形类型和各种土方量计算方法。土方施工的主要内容包括土壤工程性质、土方工程施工准备、挖土和回填土的工程措施及注意事项。要求重点掌握土方施工各环节的基本程序。

在风景园林建设中，挖湖掇山、绿化、给排水、园路等工程都离不开地面，因此风景园林工程的首要任务是风景园林建设场地的地形整理和改造，使该场地的地形满足造景与活动的需要，以及工程建设的要求。场地工程是其他工程的基础，并将各风景园林要素联结成一个完整的环境。地形处理可以创造丰富的地形景观，为其他景观要素提供一个良好的基础，还可以降低建设与管理的费用。本章包括地形设计、土方工程量的计算和土方工程施工。

第一节 地形设计

一、地形设计的基础知识

（一）概念

地貌是地表面呈现出的各种高低起伏的状态，如山地、丘陵、山谷、盆地、平原；地物是在地面上分布的固定性物体，如江河、建筑、树木、道路等；地形是地貌和地物形状的总称，即地表以及地上分布的固定性物体共同呈现出的高低起伏状态。因此，地形是风景园林建设工程的依托基础和底界面，是整个园林景观的骨架，是其他景观要素的基础。

地形图是指按照一定的测绘方法，用比例投影和专用符号，把地面上的地貌、地物测绘在纸平面上的图形。

地形设计是风景园林建设的一部分。在充分利用原有地形的基础上，从景观的最佳观赏效果和功能出发，对园林的地形、建筑、广场、绿地等进行综合设计，使风景园林场地与其四周环境、风景园林内部各组成要素之间，在平面和高度上有合适的关系，在工程上经济合理，形成风景园林新的骨架，是地形规划设计的核心所在。

竖向设计是指在一块场地上进行垂直于水平方向的布置和处理。

这类平面、立面上的地形规划设计，一般在总体规划阶段称"地形规划设计"，在详细规划阶段称"竖向设计"，在修建设计阶段称"标高设计"。在风景园林总体规划设计阶段称"地形设计"。

坡度是地形图上任意两点间的高差与其两点间的水平距离的比值，用 i 表示，其数值称坡度值，可用比值或百分比表示。坡度是在地形设计、竖向设计及土方量计算时常用到的一个非常重要的概念。

（二）地形在风景园林中的作用

地形在园林中的作用是多方面的，在风景园林规划设计中，最基本的作用可概括为六个方面：骨架作用、空间作用、造景作用、背景作用、观景作用和工程作用。

1. 骨架作用 地形是所有风景园林要素与设施的载体，它为所有景观与设施提供了赖以存在的基面。地形被认为是构成任何风景园林的基本结构骨架，是其他设计要素和使用功能布局的基础。

作为风景园林的结构骨架，地形是其他景观的决定因素。地形平坦的用地，有条件开辟最大面积的水体，因此风景园林设计往往就是以水面为中心布置其他景观。地形起伏度大的山地用地，由于地形所限，就不能设计广阔的水景景观，而是奇突的峰石和莽莽的山林。

由于景观的形成在不同程度上都需与地面相接触，因而地形便成了园林景观不可缺少的基础成分和依赖成分。地形是连接园林中所有因素和空间的主线，可见，地形对风景园林的决定作用和骨架作用是不言而喻的。

2. 空间作用 地形具有构成不同形状、不同特点景观空间的作用。景观空间的形成受地形因素的直接制约。地块的平面形状如何，景观空间在水平方向上的形状也就如何。地块在竖向上有什么变化，空间的立面形式也发生相应的变化。如在狭长地块上形成的空间必定是狭长空间，在平坦宽阔的地形上的空间一般是开敞空间，而山谷地形中的空间则必定是闭合空间。这些情况都说明地形对景观空间的形状起着决定作用。

地形能影响人们对户外空间范围和气氛的感受。要形成好的景观，就必须处理好由地形要素组成的景观空间的几种界面，即水平界面、垂直界面和依坡就势的斜界面。水平界面就是风景园林的地面和水面，是限定景观空间的主要界面。对水平界面给予必要的处理，能增加空间变化，塑造空间形象。垂直界面主要由地形中的凸起部分和地面上的诸多地物如树木、建筑等构成，它能分隔景园空间，对空间的立面形状加以限定。尤其是随着地形起伏变化的景观，往往可以构成一些复合型的空间，如景观空间中的树林和树林下的空间、湖池中的岛屿和岛屿内的水池空间、假山山谷空间和山洞内空间等。斜界面是处于水平界面与垂直界面之间的过渡性界面，如斜坡地、阶梯路段等，有着承上启下、步步高升的空间效果。

3. 造景作用 山地、坡地、平原与水面等地形类别，都有自身独特的易于识别的特征。在地形处理中，应该充分利用具有不同美学表现的地形地貌，形成有分有合、有起有伏、千姿百态的峰、峦、岭、谷、崖、壁、洞、窟、湖、池、溪、涧、堤、岛、草原、田野等不同格调的地形景观。这些地形各有各的景观特色。峰峦具有浑厚雄伟的壮丽景象，洞谷的景色则古奥幽深，湖池具有淡泊清远的平和景观，而溪涧则显得生动活泼、灵巧多趣。

4. 背景作用 各种地形要素都有可能相互成为背景。如风景园林中的山体，就可以作为湖面、草坪、风景林、风景建筑以及雕塑、花园广场等的共同背景；而湖面可以作为湖边或岛上建筑、孤植风景树的基面；覆盖着草坪的地面，能够为草坪上的雕塑、风景树丛等提供基面。以上都说明地形的背景作用是多方面的。

5. 观景作用 地形还为人们提供观景的位置和条件。坡地、山顶能让人登高望远，观赏辽阔无边的原野，体验"一览众山小"的感觉；草地、广场、湖池等平坦地形，可以使景观立面集中地显露出来，让人们直接观赏到景观整体的艺术形象；在湖边的凸形岸段，能够观赏到湖周围的大部分景观，观景条件良好；而狭长的谷地地形，则能够引导视线集中投向谷地的底部，使此处的景物显得最突出、最醒目。总之，地形在游览观景中的重要性是很明显的。

6. 工程作用 地形因素在风景园林的给排水工程、绿化工程、环境生态工程和建筑工程中都起着重要的作用。由于地表的径流量、径流方向和径流速度都与地形有关，因而地形过于平坦就不利于排水，易导致积水。而当地形坡度太大时，径流量就比较大，径流速度也太快，从而易引起地面冲刷和水土流失。因此，创造一定的地形起伏，合理安排地形的分水线和汇水线，使地形具有较好的自然排水条件，是充分发挥地形排水工程作用的有效措施。

地形条件对绿化工程的影响很大，根据适地适树的原则，只有丰富的地形才适宜各种植物生长，创造出丰富多彩的植被景观。地形因素对风景园林管线工程的布置、施工，对建筑、道路的基础施工，都存在着有利和不利的影响。

地形还影响光照、风向以及降水量等，也就是说，地形能改善局部地区的小气候条件。如某区域需要冬季阳光的直接照射，就要使用朝南的坡向；可利用凸面地形、脊地或土丘等，阻挡冬季寒风；在夏季炎热的地方可以利用地形汇集和引导夏季风，改善通风条件，降低炎热程度。

（三）地形的表现方式

为了能有效地在风景园林设计中使用地形，应该对地形的表达方法有一个清楚的了解。常用来描绘地形的方法有等高线法、明暗度和色彩法、蓑状线法、数字法、模型法以及计算机图解法等，最常用的方法是等高线法，在此仅阐述此法。

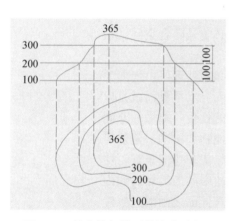

1. 等高线的定义 等高线就是地表相邻等高点连接而成的曲线，即水平面与地表面相交的交线。就好比将物体放在水中，如果每次将水面按5 cm的高度增加，那么，水面在物体表面就会留下一系列闭合曲线。这些线条是物体与水平面的交线，同一线条上的高度相等，而且相邻线条之间的高差相同，将这些线条的平面投影画出来，就是这一物体的等高线（图1-1）。

可见，等高线是一种象征地形的假想线，因此，在实际风景园林中不能被直观看见。一个池塘的边线、湖岸线是天然等高线的最佳例子，一条单一的、闭合的等高线可以描绘水平面或水平的表面，要描绘一个三维物体的表面，就需要多条等高线，即等高线图。

图1-1 等高线与地形的精确对应图

等高线图是用二维平面来表示三维的形状，它不仅能描绘出地形、地物的整个空间轮廓，还能将设计等高线、标高值、平面图三者紧密结合在一张图上，同时等高线图也便于进行土方量的计算。因此，风景园林设计师必须具有利用等高线图分析、理解、想象地貌特征的能力，不仅要能看懂等高线图，还要能熟练地绘制地形等高线。

2. 等高线的特性

（1）同一条等高线上的各点标高都是相等的。

（2）相邻等高线之间的高差都是相等的。

（3）每一条等高线都是连续、闭合的曲线。在地形图上由于园界或图幅的限制，有些等高线在图纸内不能闭合，但它在图纸外是必然闭合的（图1-2）。

（4）等高线一般不相交或重叠。只有在悬崖处等高线才可能出现相交情况。在某些垂直于地面的峭壁、地坎、驳岸或挡土墙等处，等高线才会重合在一起。

（5）最陡的斜坡和等高线垂直，雨水总是沿着垂直于等高线的方向流动。

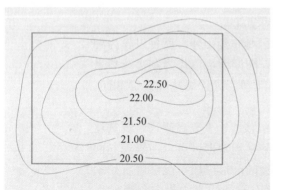

图1-2 等高线的闭合性

（6）等高线的水平间距的大小，表示地形的平缓或陡峭，疏则缓，密则陡。等高线的间距相等，表示该坡面的角度相同，如果该组等高线平行，则表示该地形是一处平整过的同一坡度的斜坡。

（7）等高线在图纸上不能直穿或横过河谷、堤岸和道路等。由于以上地形单元或构筑物在高程上高出或低陷于周围地面，所以等高线在接近低于地面的河谷时转向上游延伸，而后穿越河床，再向下游走出河谷（图1-3）。如遇高于地面的堤岸或路堤时，等高线则转向下方，横越过堤顶再转向上方而后走向另一侧。

3. 常见地形的特点及等高线的表示形式

（1）山脊。山脊的景观面丰富，空间为外向型，便于向四周展望，脊线为坡面的分界线。山脊的独特之处在于它的导向性和动态感，沿山脊线有许多视野供给点，所有山脊终点景观的视野效果最佳，是理想的建筑点。从功能角度而言，位于山脊线或平行于山脊线设置道路，利于排除雨水，便于行驶。因此，在规划中，道路、停车场、建筑均可沿山脊线布置（图1-4）。

表示山脊的等高线是一组 V 形等高线，其底部等高线高程低（图1-5）。

（2）山谷。山谷的景观面狭窄，呈带状内向型空间，有一定神秘性和诱导期待感，在风景园林中是一个低地，与山脊的相似点是：也呈线状，具有方向性。但是，沿山谷走向不适宜安排道路，可做理水工程。

表示山谷的等高线也是一组 V 形等高线，不同的是其底部等高线高程高。山谷的等高线比山脊的等高线更尖一些，这是风化过程造成的（图1-5）。

（3）山丘、山峦、山峰、丘陵等。这些地形具有同方位的景观角度，空间外向性强，顶部控制性强，是最具抗拒重力感而代表权力和力量的因素，常在风景园林中作为焦点物或具有支配地位的建筑物的布置点。

表示山丘等地形的等高线是一组环形同心圆等高线，围绕所在地面的制高点布置（图1-6）。

（4）盆地。盆地在风景园林中属于内向、封闭型的地形，给人一种封闭感、隔离感，静态空间，闹中取静，香味不易被风吹散。处于该空间中任何人的注意力都集中在其中心或底层，因此它成为理想的表演舞台的布置区，但应注意，其总体排水有

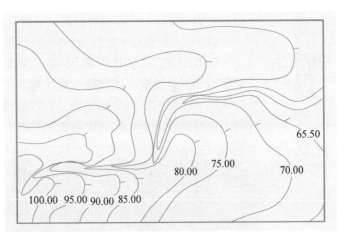

图1-3 等高线表示河谷的地形图
（引自孟兆祯等，园林工程，1996）

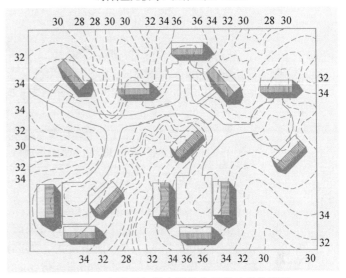

图1-4 山脊顶部顺山脊线布置的建筑和道路
（引自诺曼·K.布思，风景园林设计要素，1989）

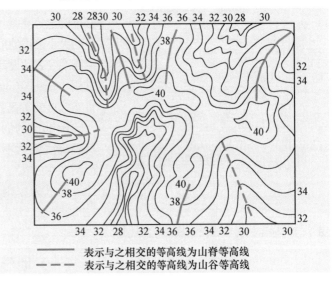

——— 表示与之相交的等高线为山脊等高线
----- 表示与之相交的等高线为山谷等高线

图1-5 山脊和山谷的等高线表示图
（引自诺曼·K.布思，风景园林设计要素，1989）

困难，需保证有一个方向的排水，可设置明沟或地下管道排除雨水，也可布置为一个湖泊或水池。

表示盆地的等高线也是一组环形同心圆，不同的是等高线围绕所在地面的最低点布置（图1-6）。

（5）山坡。山坡是构成山体的主要地形，地形、地貌和坡面坡度的变化把景观划分成容易理解的单元，建立了比例感和次序感（图1-7）。山坡形成凹面时，上升的坡面显得更加优美；山坡形成凸面时，高度感加强。在设计时，可根据设计意图选择山坡面的形式，如舒缓山道边的山坡可选择凹面，在有限的场地设计山体，凸面山坡更能让人体验山的高耸。

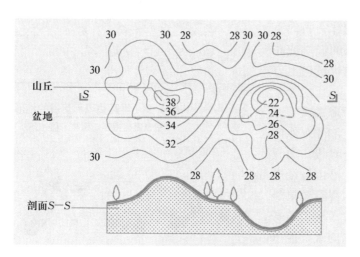

图1-6 山丘和盆地的等高线表示图
（引自诺曼·K.布思，风景园林设计要素，1989）

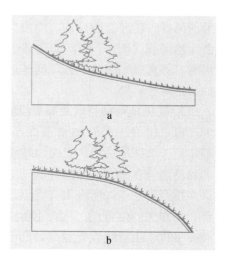

图1-7 凹面和凸面的斜坡
a. 凹面山坡　b. 凸面山坡
（引自史蒂文·斯特罗姆，库尔特·内森，
风景建筑学场地工程，2002）

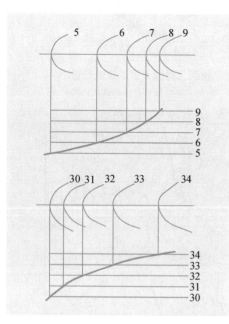

图1-8 表示凹面和凸面山坡的等高线图

表示山坡的等高线需使用两条或更多条。等高线密集表示此处地面坡度大，等高线间距大表示地面坡度小。就同一坡面来看，凹面山坡的等高线下部间距大；上部等高线密集，间距小。凸面山坡的等高线下部密集，间距小，上部的等高线间距大（图1-8）。

4. 等高线地形图　在使用等高线图或用等高线进行地形设计时，首先必须确定等高差。地形图常用0.25 m、0.5 m、1 m、2 m、5 m等高差。等高差的大小根据地形图的用途、图纸比例尺及地形起伏情况而定。等高线绘制以能准确表达设计图的目的、画在图上疏密适宜为原则。风景园林中地形图常用0.2 m、0.5 m、1 m、5 m等高差，场地、道路的等高差为0.1～0.5 m，自然地形的等高差为0.25～1.0 m。等高线的等高差要取整数。

图纸比例的大小对地形图精确度有极大的影响，小比例的图纸，其精确度就远不如大比例的图纸。在地形设计时，选择适当比例的地形图非常重要。地形图以能准确表达地形设计意图及满足土方工程量计算要求为原则。

二、地形设计的内容

（一）地形设计的任务

1. 创造景观　中国园林以自然山水园为代表，只有具备了自然起伏的地形，才能再现大自然的美景。同时也为其他造园要素提供良好的基础，共同构成园林景观。

2. 组织空间　运用地形组织空间，能创造出富有情趣、自然生动的空间。在组织空间时，平面与立面要同时考虑，使不同性质的空间相互配合，增加空间层次，并要创造出丰富的天际线。

3. 为风景园林建筑提供基址　建筑物修建在平坦的地基上，其造价最低、稳定性最高。但园林建筑物常需建在山顶、山腰、山坡上，因此，在地形设计时，应为园林建筑物提供基址，安排园林建筑物底层地基与地面连接的方式。

（1）地形改造时，在山腰为风景园林建筑基址设计台地（图1-9）。

（2）根据建筑物平面的形状，选择与之相适应的地形进行布置。如U形建筑平面适于布置在山脊顶部的末端（图1-10）。

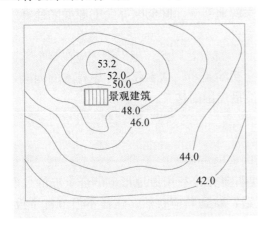

图1-9　建筑基址的等高线图

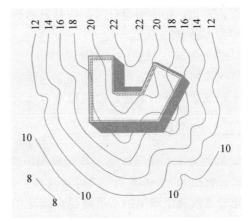

图1-10　U形建筑平面适于布置在山脊的末端
（引自诺曼·K.布思，风景园林设计要素，1989）

（3）在坡地上布置建筑，建筑平面平行于等高线时，需要挖、填土方量为最少；建筑平面垂直于等高线时，需要挖、填土方量为最大。在坡地上布置建筑，一般有四种布置形式（图1-11）。

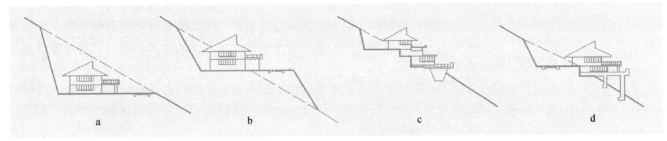

图1-11　坡地上布置建筑的四种形式
a. 土方工程量最大　b. 土方工程量较大　c. 土方工程量较小　d. 土方工程量最小
（引自孟兆祯等，园林工程，1996）

4. 排除雨水　景园中天然降雨主要依靠起伏的地形排除，即通常所说的地表排水。因此在创造地形时，不仅要考虑景观的要求，还要考虑功能的要求，要做到排水通畅，不形成集水区。

5. 满足植物生长需求　园林植物种类很多，生态习性各不相同，有的耐水，有的不耐水，有的喜光，有的耐阴，因而需要设计丰富的地形，创造不同的立地条件，以满足不同植物的生长需求。

6. **改善小气候** 凸起的地形能挡住刮向内陆的寒风，因此根据我国的大陆季风气候特点设计地形，可创造具有明显调节小气候作用的地形（图1-12）。

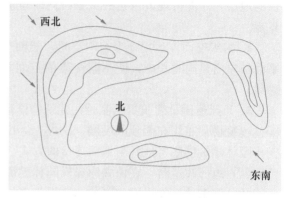

图1-12 具有小气候特点的地形设计

7. **土方平衡** 经济效益是时代的要求，地形设计也不例外。景园中地形设计不仅要考虑风景园林的特色、功能的要求，土方的就地平衡也是地形设计考虑的重要因素之一。如一个600 hm² 公园的道路标高提高20 cm，致使整个公园为满足景观、功能的要求，在高程上整体提高20 cm，则公园需增加约750万元的土方量投资。因此，在地形设计时，应尽量做到园内土方就地平衡，避免因寻找土源或场地弃土带来麻烦和不必要的开支。

8. **内外衔接** 风景园林用地是城市或区域用地的一部分，因此，地形设计应在整个地区用地的竖向规划指导下进行，在标高上与周围地区有合适的关系，这不仅要考虑排水的因素，还要考虑到场地内外的衔接，以便形成自然景观，并能借周围的佳景。

（二）地形设计的原理

1. **利用为主，适当改造** 我国造园传统，素以因地制宜而闻名于世。《园冶》中"高阜可培，低方宜挖""景到随机""得景随形"等，都说明要充分利用原地形，结合景点的自然地形，充分加以利用和保护，不做脱离实际的地形改造，做到顺应自然。这样不但节省了投资，更重要的是能形成惟妙惟肖的自然景致。

对原地形起伏较大的景园，应充分利用其高冈和谷地，采用自然式布局，布置较自然、曲折的道路系统，组织开朗、闭锁等不同类型的空间，创造园中园景观。而对于平坦单调的地形，就必须适当改造，使地形严正大方，自然开朗。

2. **统筹兼顾，满足功能** 地形设计必须满足风景园林功能要求，不同性质的风景园林，其地形设计的处理方法也不尽相同。如小游园游人量大，游客集中，所以地形起伏不宜过大，地形变化不可过多；动物园、植物园必须有变化丰富的地形，以满足各种动植物的生理、生态要求；儿童公园必须采用大面积变化平缓的地形和小面积山水起伏的地形相配合，更好地满足儿童的各项活动的需要。

另外，同一景园的不同景区，其地形处理也不相同。如文娱体育活动区不宜布置在崎岖的山地，应有开阔的草坪和水面；安静休息区宜有丘陵起伏的地形和溪流蜿蜒的小水面，利于用山水分隔空间，形成局部幽静的环境。

3. **因地制宜，顺应自然** 造园应因地制宜，平地处不宜设计为坡地，不宜种植处不要设计为林地。地形设计要顺应自然，自成天趣。景物的安排、空间的处理、意境的表达都要力求依山就势，高低起伏，前后错落，疏密有致，灵活自由。就低挖池，就高堆山，使景观地形合乎自然山水规律，达到"虽由人作，宛自天开"的境界。同时，也要使风景园林建筑与自然地形紧密结合，浑然一体，仿佛天然生就，难寻人为痕迹。

4. **就地取材，就近施工** 风景园林地形改造工程在现有技术条件下，是造园经费开支比较大的项目，如能够在这方面节约经费，其经济上的意义就比较大。就地取材无疑是最经济的做法。自然植被的直接利用，建筑用石材、河沙等的就地取用，都能节省大量的经费。因此，在地形设计中，要优先考虑使用自有的天然材料和本地生产的材料。

5. 填挖结合, 土方平衡　地形竖向设计必须与风景园林总体规划及主要建设项目的设计同步进行。不论在规划中还是在竖向设计中, 都要考虑使地形改造中的挖方工程量和填方工程量基本相等, 也就是要使土方平衡。当挖方量与填方量相差较多时, 可在园林内部进行堆土、挖土处理, 坚持就近取土, 就近填方。但不顾景园造景需要, 绝对追求土方平衡也不可取。

（三）地形类型与地形设计

根据地形的不同功能和地形竖向变化, 地形可分为陆地和水体两类。陆地又可分为平地、坡地和山地三类。下面对各类地形的特征和地形设计特点分别进行讨论。

1. 平地及其造景设计　所谓平地, 一般指地形坡度小于 3% 的比较平坦的用地。现代公共园林中必须设置一定比例的平地, 以便于开展群众性的活动及满足风景游览的需要。景园中需要平地条件的规划项目主要有：建筑用地、草坪与草地、花坛、园景广场、集散广场、停车场、回车场、游乐场、旱冰场、露天舞场、露天茶室、苗圃用地等。

在有山有水的园林中, 平地可看成山地和水体的过渡地带。平地具有稳定、平静、愉快和中性的特点。当站立或穿行于一块平地时, 人们无须花费多余精力来抵抗他们自身所受的地球吸引力, 不用担心自己会倒向某一边或产生下滑的感觉, 总有一种舒适和踏实的感觉。因此, 平地成为人们站立、聚会和坐卧休息的一个理想的场所, 也是建造园林建筑的理想场所。

由于平地毫无遮挡, 人们可以对相当远的地方一览无余, 平地上多种设计要素都很容易被看到, 而长距离的视野有助于在平坦地形上构成统一协调感, 这使得景物彼此间在视觉上有一种联系。因此, 在平地上多修建花坛、培植草坪等, 用图案化、色彩化的花坛群和大草坪来美化和装饰地面, 可以构成景园中美丽多姿、如诗如画的地面景观。

平坦的地形还可以作为统一协调景观的要素, 从视觉和功能方面将风景园林中多种成分相互交织在一起, 形成统一的整体。视野开阔的平地, 本身只有一个平地空间, 容易显得协调和统一。而在一般的平地中, 景物比较多, 容易产生前景遮掩后景的现象, 再经过空间分隔处理, 一块平地被分隔为几块小平地。这样不同的小平地形成相互隔离的空间, 从而达到空间变化的目的。因此通过不同的处理手法, 平地地形具有统一景观或避免景观单调的作用。

草坪坡度在 1%～3% 比较理想, 花坛、树木种植带宜在 0.5%～2% 之间, 铺装硬地坡度宜在 0.3%～1% 之间。另一方面也要注意避免单向坡面过长, 从地表径流的情况来看, 平地的径流速度最慢, 有利于保护地形环境, 减少水土流失, 维持地表的生态平衡。当坡度小于 0.3% 时, 平地中不能自然排水。为了排除地面水, 要求平地也具有一定坡度。所以, 风景园林中的平地不是绝对的平地, 而是坡度在 0.3%～4% 的稍有缓坡的坡地。坡度大小可根据地被植物覆盖情况和排水要求而定。

平地的等高线形式由其坡度值与坡向决定。图 1-13 是单面坡地形的等高线, 即地形的东西向是水平的, 而南北向有一定的坡度；因而等高线是呈东西向互相平行且水平距离相等的一组直线, 水平距离由坡度值决定。

在平地地形设计时, 必须注意：

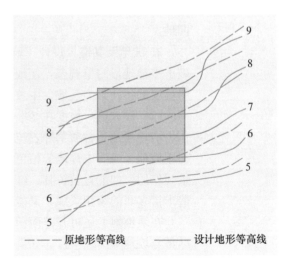

图 1-13　单面坡地形的等高线图

（1）同一坡度的坡面，其延续不可过长，因坡面太长会加快地表径流的速度，造成严重的水土流失。因此，把地面设计成多面坡的平地地形，才是比较合理的地形。多面坡的平地地形有两坡向一面坡、三坡向两面坡（图 1-14）、四坡向四面坡等。

（2）草地的坡度在 0.5%～5% 之间，最适宜的坡度为 0.5%～3%。

（3）活动场地、广场的坡度在 0.3%～3% 之间，最适宜的坡度为 1%～2%。

（4）当平地处于山坡与水体之间时，平地应视为山地与水体的过渡地带，可将平地的坡度设置成渐变的坡度值，由 30%、15%、10%、5%、3%，直至临水面时以

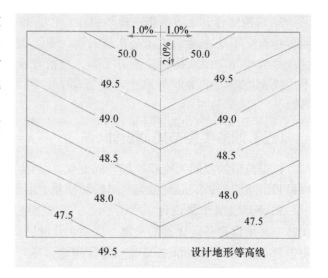

图 1-14 三坡向两面坡地形的等高线图

0.3% 的缓坡伸入水中，使山地丘陵和草地水面之间柔顺舒展地过渡（图 1-15）。

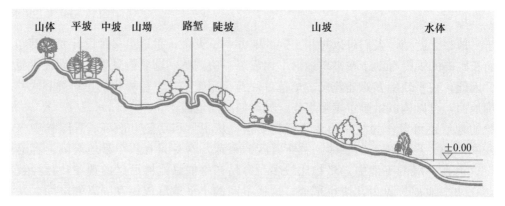

图 1-15 位于山体和水体之间的坡地设计

（5）平地宽广时，要利用贯穿的道路拦截地表径流，组织分区排水，不可形成集水的凹地。

2. 坡地及其造景设计 坡地就是倾斜的地面，坡地使景观空间具有方向性和倾向性，它打破了平地地形的单调感，使地形具有明显的起伏变化，增加了地形的生动性。坡地又按地面倾斜程度的不同分为缓坡、中坡和陡坡三种地形。

（1）缓坡地。坡度在 3%～10% 之间，一般道路和建筑布置均不受地形约束。缓坡地也可作为活动场地、游憩草坪、疏林草地等用地。用缓坡地栽种树木作为风景林，树木生长良好。在缓坡地上成群成片地栽植色叶树和繁花树种，能够充分发挥植物的色彩造景作用和季相特色景观作用。如配置黄栌林、红枫林、红叶李林、黄连木林、梅林、桃花林、梨树林等，既能创造丰富多彩的季相景观，又能使树木有一个良好的生态环境。

在缓坡地上还可开辟面积不太大的风景园林水体。为减少土方工程量，水体的长轴一般应尽量与坡地等高线平行。如果要开辟面积较大的水体，可采用不同水面高程的几块水体聚合在一起的方法，尽量扩大水体的空间感。

（2）中坡地。坡度在 10%～25%、高度差异在 2～3 m 之间。在这种坡地上布置园路，要

将园路做成梯道，布置建筑区时也需设梯级道路。这种坡度的地形条件对修建建筑限制较大，建筑一般要顺着等高线布置，还要开展一些地形改造的土方工程，才能修建房屋。中坡地一般不适宜布置占地面积较大的建筑群，除溪流之外，也不宜开辟湖、池等较宽的水体。

在中坡地中进行植物景观设计不太难，既可以像缓坡地一样用植物造景，也可以营造绿化风景林，来覆盖整个坡地。

中坡地比较适宜利用地形条件创造空间和组织空间序列，但也受到一些限制。而景观空间的限制与园内视野方面的限制是紧密相关的，通过改造地形或组织游览路线，能在风景园林中将风景视线顺序导向某一特定的系列景点，从而形成一定的空间景观序列，使景点一步步地展现出来，这就是通常所称的"步移景异"或"引人入胜"的序列景观效果。当观赏者仅看到景物的一部分时，就对其后续部分产生期盼和好奇（图1-16）。

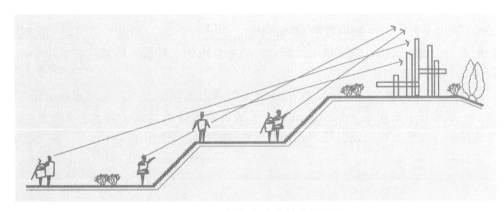

图1-16　坡地上递进的风景视线
（引自诺曼·K.布思，风景园林设计要素，1989）

（3）陡坡地。坡度在25%以上的坡地即为陡坡地。陡坡地一般难以用作活动场地或水体造景用地。如要开辟活动场地，也只能是小面积的，而且土方工程量比较大。如要布置建筑，则土方工程量更大，建筑群布置受到较大限制。如布置游览道路，则一般要做成较陡的梯步道路。如要安排通车道路，则需根据地形曲折盘旋而上，做成盘山道。

从地形稳定性方面来看，陡坡地的情况不太好，滑坡甚至塌方的可能始终都存在。因此，在陡坡地段的地形设计中要考虑护坡、固土的工程措施。

陡坡地栽种树木较困难。因陡坡处水土流失严重，坡面土层很薄，许多地段还是岩石裸露地，树木种植较难成活。在陡坡地进行绿化植树，要把树木种植处的坡面改造为小块的平整台地或者利用岩石之间的空隙地栽种树木，而且树木宜以耐旱的灌木种类为主。

在陡坡地的上部，适宜点缀占地宽度不大的亭、廊、轩等风景建筑。在这种地形上，视野开阔，观景条件好，造景效果也很好。在进行少量的土方工程后，就可以把以小型建筑为主的坡地景点建好。

地形景观规划应对原地形进行充分利用和改造，合理安排各种地面的坡度和高程，使山、水、植物、建筑、园景工程等满足造景的需要，满足游人进行各种活动的要求。同时，要使坡地有良好的排水坡面，能够有效地防止滑坡和塌方，而且还要改造和利用局部地段的地形条件，改善环境小气候，创造良好、和谐、平衡的景观生态环境。

3. 山地及其造景设计　风景园林中的山地一般是利用原有地形适当改造而成的，只有在需要建造大面积人工湖泊的时候，才通过挖湖堆山的方式营造人工土山，或者在面积不大的庭园中，利用自然山石堆叠构造人工石假山。

山水是中国风景园林的结构骨干，中国园林从来就有"无园不山，无园不水"之说。山地能丰富风景园林建筑的环境类型和建造条件。山顶、山腰、山脚、山谷、山坡等山地环境，都可因点缀有风景建筑而形成如画的风景和园林化环境。运用其脉络性和方向性（山坡的朝向、峰岭谷涧随视野角度的变换），组织有层次的复合空间，增加风景的层次感。还可利用山体和坡地的高差变化，来调节游人的视点，组织观景空间，为游人提供多角度、多视野的平视、仰视、俯视、鸟瞰、眺望等多种观景条件，多方位地展示山的雄、奇、险、秀、幽、奥、旷、古等自然风韵和山野风光。

因此，在没有山的平原城市，也常在景园中设置山景，将大自然的山地景观再现于城市园林之中，这就要通过人工造山的方式。

园林中山的类型根据其功能主要分为主景山、配景山、障景山：

（1）主景山。主景山是全园的主要风景所在，要求体量大，位置明显，朝向好，山体变化丰富，是全园的构图中心，一般高度在20 m以上。

（2）配景山。也叫次山，是主景山的配景，与主景山相互呼应，体量比主景山小，一般高度是主景山的1/3～2/3（图1-17）。

（3）障景山。"俗则屏之，佳则收之"，这就是障景山的功能之一，同时障景山还可以增加空间层次。一般障景山处理成主景山的余脉，形成若断若续的样式，高度在1.5～3 m之间。障景山与道路结合布置，可起到引导游人和组织游览的作用（图1-18）。

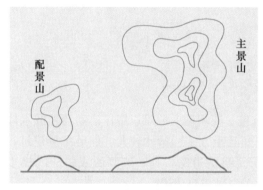

图1-17　主景山与配景山

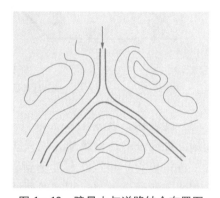

图1-18　障景山与道路结合布置图

在进行风景园林的地形设计时，并不一定要具有所有的这些地形，具体采用哪些类型的地形，要根据景园的性质、平面规划的意图以及立地条件而定。

根据山的形成又可分为天然山和人工山两种。在山地地形设计中常采用的两种方法是：

（1）将人工山与天然山相互配合，使之成为一个整体。

（2）以自然山体为蓝本，充分运用具有不同美学内涵的地貌环境，形成有合有分、起伏连绵的峰、岭、峦、谷、壁、崖、涧、洞、草原、田野等景观风光的地形。将大自然的山水再现于景园中，是一种空间造型艺术工程。它所遵循的山的造型艺术原则为以下六条：①胸有丘壑，方许作山；②主次分明，错落有致；③未山先麓，虚实相间；④左急右缓，莫生两翼；⑤前喧后寂，幽旷两宜；⑥三远变化，面面相观。

4. 水体及其造景设计　水体是风景园林的重要地形要素和造景要素。风景园林中水体所占面积通常很大，有的甚至占全园面积的2/3以上。水景是风景园林环境空间中最重要的一类风景。风景园林中常以水为题，因水得景，充分利用水的流动、多变、透明、轻灵等特性，艺术地再现自然景色。

水体布置要与山体一起考虑，古人云："山脉之通，按其水经，水道之达，理其山形"，就是这个道理。风景园林理水要因地制宜，按自然景观形成、变化和发展的规律来营造水景，"有自然之理，得自然之趣"。同时要求水系有来有往，水面有聚有分，岸边有曲折变化，配合运用岛、半岛、堤、园桥、建筑、汀步等其他造园要素创造风景园林艺术空间。

按照景观的动静状态，水体可分为河流、瀑布、喷泉等动态水景和湖、池、塘等静态水景两类。按照设计形式，水体又可分为自然式水景和规则式水景两类。不同类别的水体，分别适用于不同的园林环境。如在园景广场上，可布置动态水景如喷泉、涌泉等；庭院环境中，可设观鱼池、壁泉等；石假山的悬崖处，可布置瀑布、滴泉等；幽静的林地、假山山谷地带，可设小溪和山涧等。一般的景园中都可以布置面积较大的湖、池，作为景园的中心景区或主景区，成为统领全园风景的平面构图中心。

三、地形设计的方法

地形设计的方法主要有高程箭头法、设计等高线法、断面法，地形设计通常称为竖向设计。

（一）高程箭头法

应用高程箭头法，能够快速判断设计地段的自然地貌与规划总平面地形的关系。它借助水从高处流向低处的自然特性，在图上用细线小箭头表示人工改变地貌时大致的地形变化情况，表示对地面坡向的具体处理情况，并且比较直观地表明了不同地段、不同坡面地表水的排除方向，反映出对地面排水的组织情况。它还可根据等高线所指示的地面高程，大致判断和确定园路路口中心点的设计标高和风景园林建筑室内地坪的设计标高。

这种地形设计方法的特点是：对地面坡向变化情况的表达比较直观，容易理解；设计工作量较小，图纸易于修改和变动，绘制图纸的过程比较快。其缺点是：对地形竖向变化的表达比较粗略，在确定标高的时候要有综合处理竖向关系的工作经验。因此，高程箭头法比较适合在风景园林竖向设计的初步方案阶段使用，也可在地貌变化复杂时，作为一种指导性的竖向设计方法。

（二）设计等高线法

一般地形测绘图都是用等高线或点标高来表示的。在绘有原地形等高线的底图上用设计等高线进行地形改造或创造，在同一张图纸上便可表达原有地形、设计地形状况及风景园林的平面布置、各部分的高程关系。因此设计等高线法能准确勾绘出地形、地物、地貌的整个空间轮廓，将设计等高线、标高数值、平面图三者紧密地结合在一起，生动形象地表达地形的起伏蜿蜒，同时也便于进行土方工程量的计算和模型的制作，所以它是一种比较好的设计方法。

设计等高线法最适宜自然山水园的竖向设计及土方计算。在地形变化不是很复杂的丘陵、低山区进行风景园林竖向设计时，大多要采用设计等高线法。这种方法还能比较完整地将任何一个设计用地或一条道路与原来的自然地貌做比较，很清楚地判别出设计的地面或路面的挖填方情况。

设计等高线法是一种整体性很强的地形设计方法。它一般要和风景园林规划一起进行，而不是先做好规划以后，再用设计等高线法来做竖向设计。在规划中考虑地形的平面使用功能时，设计者不能只停留在考虑纵、横轴的平面关系上，还应从垂直于地面的竖向轴（Z 轴）上研究其竖向的功能关系。设计等高线法是一种比较科学的竖向设计方法，它是设计者在图纸中进入三度空间思维设计时的一种有效手段，因而被广泛应用于风景园林造景、风景园林地形及道路广场的设计中。

1. 设计等高线 根据等高线形成方法不同可分为地形原等高线、设计等高线。地形原等高线是根据测绘得来的数据在地形图上绘制的等高线；设计等高线是设计者根据地形的美学原理和景观特点、风景园林功能，将原地形改造所形成的等高线。因此，原地形等高线、设计等高线的定义、性质与等高线的定义、性质相同。

2. 坡度公式和插入法 用设计等高线法进行竖向设计时，经常用坡度公式和插入法。

（1）坡度公式。坡度公式为：

$$i = \frac{h}{L} \tag{1-1}$$

式中：i——坡度（%）；

h——高差（m）；

L——水平间距（m）。

显然，已知 h 和 i，可由上式求得 L。根据 L 可具体标出所求点在地形图上的位置。

（2）插入法。插入法是由地形图上相邻两已知点的高程（或相邻等高线上的点），求出在这两点连线上未知点的高程。插入法公式为：

$$H_x = H_a \pm \frac{xh}{L} \tag{1-2}$$

式中：H_x——未知点的高程；

h——等高差；

H_a——低边等高线的高程；

x——未知点至低边等高线的距离；

L——过此点相邻两等高线间最小距离。

插入法求某未知点高程通常会遇到三种情况（图 1-19）。

①未知点标高 H_x 在两等高线之间（图 1-19 ①）。

$$h_x : h = x : L$$

$$h_x = \frac{xh}{L}$$

$$H_x = H_a + h_x = H_a + \frac{xh}{L}$$

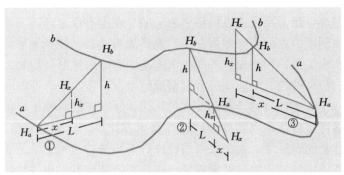

图 1-19 插入法求任意点高程

②未知点标高 H_x 在两等高线的下方（图 1-19 ②）。

$$h_x : h = x : L$$

$$h_x = \frac{xh}{L}$$

$$H_x = H_a - h_x = H_a - \frac{xh}{L}$$

③未知点标高 H_x 在两等高线的上方（图1-19③）。

$$h_x : h = x : L$$

$$h_x = \frac{xh}{L}$$

$$H_x = H_a + h_x = H_a + \frac{xh}{L}$$

在竖向设计时，一定要满足道路、土坡、明沟、台阶、踏步、坡道、场地等纵坡最高限值和地面自然排水最小坡度的要求，图1-20列出部分地形坡度的限值，供设计时参考。

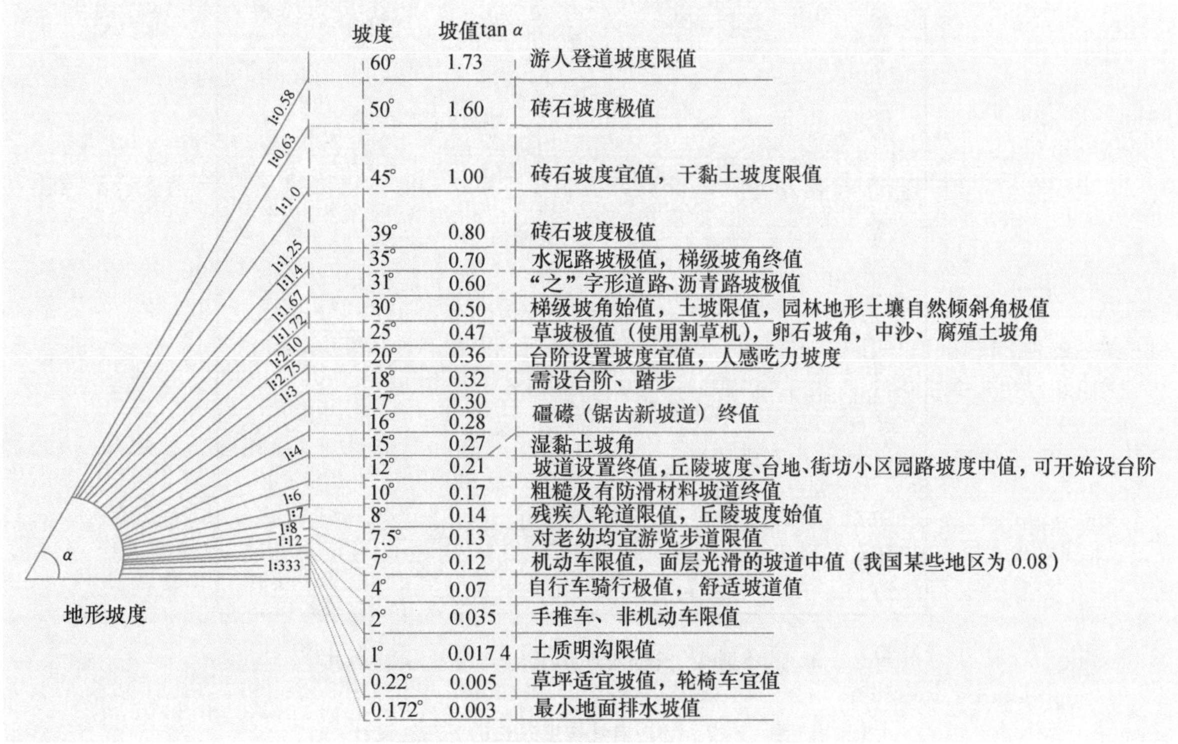

坡度	坡值 tan α	
60°	1.73	游人登道坡度限值
50°	1.60	砖石坡度极值
45°	1.00	砖石坡度宜值，干黏土坡度限值
39°	0.80	砖石坡度极值
35°	0.70	水泥路坡极值，梯级坡角终值
31°	0.60	"之"字形道路、沥青路坡极值
30°	0.50	梯级坡角始值，土坡限值，园林地形土壤自然倾斜角极值
25°	0.47	草坡极值（使用割草机），卵石坡角，中沙、腐殖土坡角
20°	0.36	台阶设置坡度宜值，人感吃力坡度
18°	0.32	需设台阶、踏步
17°	0.30	礓磋（锯齿新坡道）终值
16°	0.28	
15°	0.27	湿黏土坡角
12°	0.21	坡道设置终值，丘陵坡度、台地、街坊小区园路坡度中值，可开始设台阶
10°	0.17	粗糙及有防滑材料坡道终值
8°	0.14	残疾人轮道限值，丘陵坡度始值
7.5°	0.13	对老幼均宜游览步道限值
7°	0.12	机动车限值，面层光滑的坡道中值（我国某些地区为0.08）
4°	0.07	自行车骑行极值，舒适坡道值
2°	0.035	手推车、非机动车限值
1°	0.017 4	土质明沟限值
0.22°	0.005	草坪适宜坡值，轮椅车宜值
0.172°	0.003	最小地面排水坡值

地形坡度
1:0.58 1:0.63 1:1.0 1:1.25 1:1.4 1:1.67 1:1.72 1:2.10 1:2.75 1:3 1:4 1:6 1:7 1:8 1:12 1:333
α

图1-20 地形设计坡度、斜率倾角选用图表
（引自吴为廉等，景观建筑工程规划与设计，1996）

3. 用设计等高线法进行竖向设计

（1）坡度陡缓变化的设计。等高线间距的疏密表示地形的陡缓。在设计中，如果要使地形由缓变陡，可在原地形图上加密等高线，原高差保持不变，等高线间水平间距减小，根据坡度公式 $i = h/L$ 可知，i 的数值变大，故坡度加大（图1-21a）；反之，加大等高线的水平间距，i 的数值变小，故坡度减小（图1-21b）。

（2）平整场地等高线的计算和绘制。风景园林中建筑地坪、广场、各种文体活动场地和较平缓的草坪、种植带等都属于平整场地的设计范围。

①草坪、种植带的等高线设计：对坡度要求不是很严格，目的是使坡度稳定，排水畅通，能满足植物生长的需要，地表坡度任其自然起伏即可（图1-22）。

②平垫沟谷的等高线设计：如果平垫工程不需要按

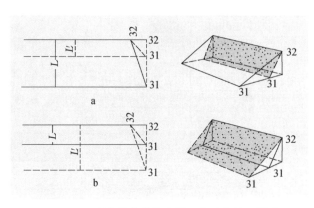

图1-21 调节等高线的水平距离改变地形坡度
a. 坡度加大 b. 坡度减小
（引自孟兆祯等，园林工程，1996）

一定坡度进行，只需将拟平垫的范围在原地形图上大致框出，再以平直的同值等高线连接原地形等高线即可（图1-23）。原地形等高线与同值的设计等高线相交的交点为零点，零点就是不挖不填的点，这些相邻点的连线，叫作"零点线"，也就是垫土范围。如果将沟谷部分按指定的坡度平整成场地，则所设计的等高线应相互平行，间距相等（图1-24）。

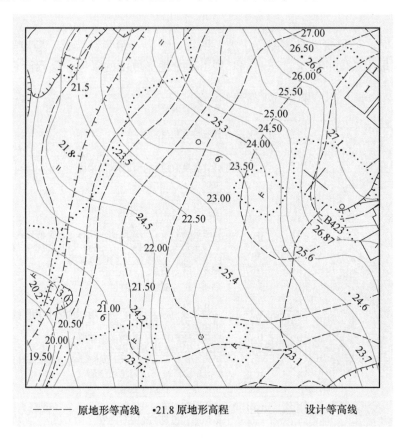

—— —— 原地形等高线 ·21.8 原地形高程 —— 设计等高线

图1-22 场地自然坡度改造的等高线设计

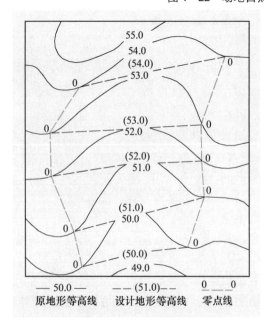

—— 50.0 —— 原地形等高线 —— (51.0)—— 设计地形等高线 0——0 零点线

图1-23 平垫沟谷自然坡度的等高线设计

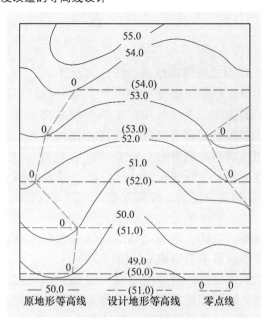

—— 50.0 —— 原地形等高线 —— (51.0)—— 设计地形等高线 0——0 零点线

图1-24 平垫沟谷指定坡度的等高线设计

③削平山脊的等高线设计：将山脊铲平的设计方法和平垫沟谷的设计方法相同，只是设计等高线所切割的原地形等高线方向正好相反。图1-25表示设计等高线切割山脊地形的平面图和立体图。

④平整场地的等高线设计：场地的坡度要求严格，各场地因其使用功能不同对坡度的要求也各异，场地的坡面坡向、坡度也应根据各自周围环境条件的制约，选择适合的坡面坡向、坡度。

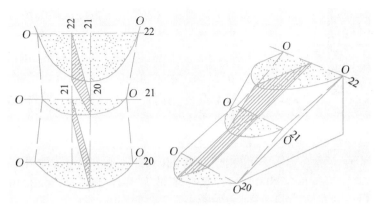

图1-25 等高线削平山脊的平面图和立体图
（引自孟兆祯等，园林工程，1996）

【例1.1】 在一块标高为22.00 m的平地上，填筑一个标高为24.00 m的台地，台地为一块四坡向四面坡的坡地，台地顶面为3 m×3 m的正方形，东、西面坡的坡度均为2∶3，北面坡的坡度为3∶2，南面坡的坡度为1∶2，等高差为0.5 m，按比例绘出此台地的等高线设计图。

解：

首先按比例将台地顶面绘出，再根据各斜面的坡度，求出等高差为0.5 m的水平间距。

北面的水平间距：

$$L = \frac{h}{i} = 0.5 \div \frac{3}{2} \approx 0.33 (\text{m})$$

南面的水平间距：

$$L = \frac{h}{i} = 0.5 \div \frac{1}{2} = 1 (\text{m})$$

东、西面的水平间距：

$$L = \frac{h}{i} = 0.5 \div \frac{2}{3} = 0.75 (\text{m})$$

然后，按比例将台地的设计等高线绘在图上，将相邻坡面的等高线的交点相连，即为台地相邻坡面的交接线（图1-26）。

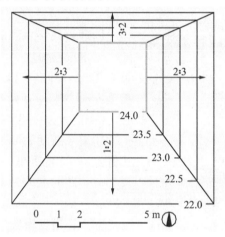

图1-26 台地的设计等高线图

【例1.2】 景区中有一场地（图1-27），按图上要求，将场地平整成广场，设计等高线的等高差为0.2m，求该平整场地的零点线，并表示出挖方、填方的范围。

解：

根据坡面的坡向和坡度，坡面顶点A的高程为50.0 m，用坡度公式求高度为49.8 m的等高线的水平间距。

$$AB = h/i = 0.2 \div 2\% = 10 (\text{m})$$
$$AC = AD = 0.2 \div 1\% = 20 (\text{m})$$

按比例将B、C、D绘制在图纸上，将它们连成一条线，延长至广场边线，即为坡面的设计等高线。相邻等高线的位置根据等高差值求出，同法可以求出广场所有的设计等高线。

找出等高线数值相同的原等高线和设计等高线的交点，即为零点，将零点相连为零点线，零点线划分出挖方、填方区。

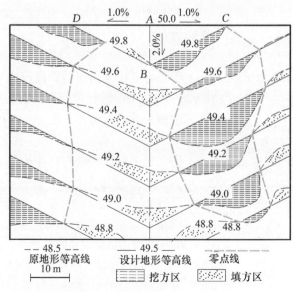

图1-27 平整场地的等高线设计

设计等高线在原等高线下方的区域为填方区，反之为挖方区（图1-27）。

(3) 道路、水渠等高线的计算和绘制。

【例1.3】 如图1-28所示，在平面图和剖面图上，已知道路的路宽为6 m，路冠、道牙高度为0.15 m，水渠的深度为0.12 m，道路、水渠的纵坡均为3%，人行道的横坡为2%，道路中心线上点A的高程为20.12 m，道路相邻等高线的等高差为0.3 m，试绘制出道路、水渠的设计等高线。

解：

①根据点A的高程与20.00 m设计等高线的高差为0.12 m，路的纵坡为3%，则A到20.00 m设计等高线的垂直距离为：

$$0.12 \div 3\% = 4 \text{（m）}$$

②根据路冠高度为0.15 m，则路边缘点的高程比路中心点高程低0.15 m，即点a和点b的高差为0.15 m，路的纵坡为3%，则a、b两点的垂直距离为：

$$0.15 \div 3\% = 5 \text{（m）}$$

同理，a、c两点的垂直距离为5 m。

③水渠的深度为0.12 m，则水渠的中心线比两边低0.12 m，即点c和点d的高差为0.12 m，水渠的纵坡为3%，则c、d两点的垂直距离为：

$$0.12 \div 3\% = 4 \text{（m）}$$

④道牙高度为0.15 m，则路边缘点b的高程比路边缘点f的高程低0.15 m，即点b和点f的高差为0.15 m，路的纵坡为3%，则b、f两点的垂直距离为：

$$0.15 \div 3\% = 5 \text{（m）}$$

⑤人行道的横坡为2%，则人行道的外边缘比内边缘高，即点f和点g的高差为：

$$1.8 \times 2\% = 0.036 \text{（m）}$$

⑥又知人行道的纵坡为3%，则点f和点g的垂直距离为：

$$0.036 \div 3\% = 1.2 \text{（m）}$$

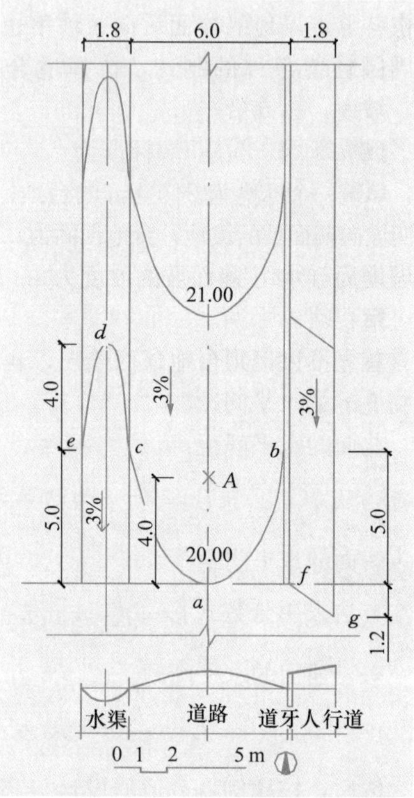

图1-28 道路、水渠的等高线设计

⑦将各点根据求出的距离按比例测绘在图上，根据题意用抛物线或直线将各点连接，除点b和点f不能相连外（因道牙与路边缘为垂直高度），即为道路、水渠20.00 m的设计等高线。

⑧根据等高线的等高差为0.3 m，则相邻等高线的水平间距为：

$$0.3 \div 3\% = 10 \text{（m）}$$

⑨在图上绘出相邻等高线的位置，同法可依次求出各条设计等高线。

（三）断面法

断面法是用许多断面表示原有地形和设计地形的方法，此法便于计算土方量。

应用断面法设计风景园林场地，需要有较精确的地形图，可以沿所选定的轴线取设计地段的断面图。沿方格网长轴方向绘制的断面图叫纵断面图，沿其短轴方向绘制的断面图叫横断面图。

断面竖向设计法多在地形复杂情况下需要做比较仔细的设计时采用。这种方法的优点是：对规划设计地点的自然地形有一个立体的形象概念，容易着手考虑对地形的整理和改造。断面法的具体步骤如下：

（1）绘制地形方格网。根据竖向设计所要求的精度和规划平面图的比例，在所设计区域的地形图上绘制方格网，方格的大小采用 10 m×10 m、20 m×20 m、30 m×30 m 等。设计精度要求高，方格网就小一些；反之方格网的边长则大一些。图纸比例为 1：200～1：500 时，方格网尺寸较小，比例为 1：1 000～1：2 000 时，采用的方格网尺寸应比较大。

（2）根据地形图中的原有等高线，用插入法公式求出方格交叉点的原地形标高。

（3）按照原地形标高情况，确定地面的设计坡度和方格网每一交点的设计标高，并在每一方格交点上注明原地形标高和设计标高。

（4）选定一标高点作为绘制纵横断面的起点，此标高应低于规划平面图中所有的原地形标高。然后，在方格网纵轴方向将设计标高和原地形标高之差用统一比例标明，并将它们连接起来形成纵断面。沿横轴方向绘制横断面图的方法与纵断面相同。

（5）根据纵横断面图所示原地形的起伏情况，将原地面标高和设计标高逐一比较，考虑地面排水组织与建筑组合因素，对土方量进行粗略的平衡。土方平衡中，若填、挖土方总量不大，则可以认为所确定的设计标高和设计坡度是恰当的，如填、挖土方量过大，则要修改设计标高，改变设计坡度，按照上述方法重新绘制竖向设计图。

（6）另外用一张纸，把最后确定的方格网交点设计标高和原有标高抄绘下来，标高标注方法采用分数式，原地形标高写在分数线下方作为分母，设计标高则写在分数线上方作为分子。

（7）绘制出设计地面线，即求出原有地形标高和设计标高之差。若原地形标高大于设计标高，则为挖方；若原地形标高小于设计标高，则为填方。在绘制纵横断面的时候，一般习惯的画法是：纵断面中反映挖土部位的，要画在纵轴的左边；反映填土部位的，要画在纵轴右边。横断面中反映挖土部位的，画在横轴下方；反映填土部位的，画在横轴上方。纵横断面画出后，就可以反映出工程挖方或填方的情况。图 1-29 是用上述方法绘制的某场地的竖向设计图。

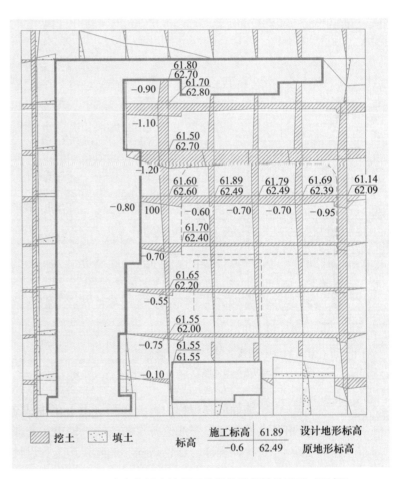

图 1-29　在方格网上按断面法所作的设计地形图（局部）

此法的竖向设计和土方工程量的计算联系紧密，很难把两者割裂开来，此法也方便施工；缺点是不能一目了然地显示出地形变化的趋势和地貌细节，另外，这种方法在设计需要调整时，几乎要重新设计和计算，比较麻烦。在局部的竖向设计中，它是一种常用的方法，常用于道路、水渠的竖向设计，土方工程量的计算和施工。

【例1.4】用断面法进行道路的竖向设计的计算过程。已知条件如图 1-30 所示。

解：

①以中心线里程桩为间隔点，做道路的横断面：在地形图上，选定道路中心线，从道路的

中心线起点开始，按照一定的距离分段设立道路的里程桩，我国南方常以 20 m 为一段，并对里程桩进行编号，如图 1-30 的路线上，中心线的里程桩编号为 0+120、0+140……它们表示从起点 0+000 起至该点的里程，如果中心线是（圆）曲线的路段，此时里程桩的间距则应按曲线的长度测量。横断面即为过里程桩或零点垂直于道路中心线的垂直断面，如图 1-30 中 1—1、2—2、3—3、4—4 的轴线对应的断面。

②纵断面图：根据各里程桩所在地形图上的等高线，用插入法计算各里程桩点的高程，如里程桩 0+120 在 29 m 和 30 m 的等高线之间，量得两等高线过此点位的垂直距离为 2.45 cm，而此桩点距 29 m 等高线间距为 0.85 cm，故此里程桩高程为：

$$h = 29 + \frac{0.85 \times 1}{2.45} = 29 + 0.3 = 29.3 \ (m)$$

同法，计算所有里程桩点的高程。例题中其他各里程桩的高程分别为：31.2 m、32.1 m、32.8 m，按所算得的里程桩高程，画出此路段的原地形纵断面图（图 1-31）。

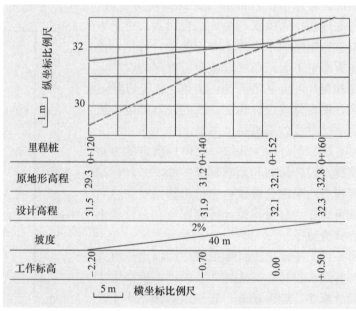

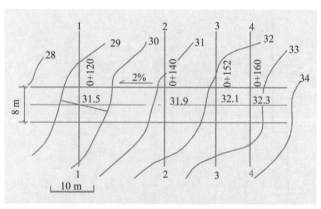

图 1-30　道路的地形图及各里程桩垂直断面图
注：挖方、填方的边坡比值均为 1：1

图 1-31　里程桩的纵断面图

原地面的高程称为黑色高程（图上用虚线表示），按各里程桩的纵、横坐标值，在图上点出各点位置，以虚线绘各点的连线，即表示此段线形工程中心线上的实地地形起伏情况。

设计高程称为红色高程，是此线形工程设计对坡度要求决定的，即计算各里程桩应达到的高程。如里程桩 0+120 的红色高程为 31.5 m，设计坡度为 +2%，那么，桩号 0+140 的红色高程应为：

$$31.5 + 20 \times 0.02 = 31.5 + 0.4 = 31.9 \ (m)$$

其余依此类推。此设计坡度线用粗实线绘出，在下面的高程及坡度栏内标明此段的坡度（+2%）和此段的长度（40 m），以及各里程桩的黑、红色高程。

纵断面图下面的最后一栏是工作标高，它是该里程桩原地形高程与设计高程的差数：

工作标高＝原地形高程－设计高程

显然差数为正，说明此处的实地高程大了，应挖土，称挖方；反之为负，说明此处的实地高程小了，则应填土，称填方。

在原地形高程与设计高程的断面线相交处，其工作标高为0，说明此处不填不挖，称为工作零点。此处应加里程桩，即加一桩号，如图中的里程桩0＋152是工作零点（加桩）。应注意，工作零点是路段的中心线上不填不挖处，并不是说此桩位置上整个工程断面都是不填不挖。

③横断面图：横断面图是通过各里程桩点上设想的线形工程的横向截断面的图形，可以实地测定，这里是根据地形图测绘的。

在图1－30中过各里程桩点作线路中心线的垂直线，就是横断面切于地面的基线。平行于中心线的是线形工程路面的边线。每一里程桩都要测绘一幅此里程桩的横断面图。

横断面图的绘制：在方格图纸上，由纵横坐标组成横断面图的图幅（图1－32），纵坐标为高程，横坐标为距离，它们的比例尺最好是一致的，以便于计算面积。如里程桩0＋120，中心桩位在图中间的零距离上，里程桩0＋120的原地形高程位从纵断面图上得知为29.3 m，于是在横断面图上的点位可以在图中心的零距离线上标出。此后，在图1－30中测得此中心桩距29 m等高线的平距为9.72 m，距30 m等高线为13.12 m，根据所测定的平距及高程，标出29 m及30 m高程在横断面上的位置，然后以虚线连接各位置的点，即绘成里程桩0＋120的原地形横断面图。它表示此横断面基线上地形的坡度起伏情况，其他里程桩都要测绘出各自的原地形横断面图。

绘制工程的标准断面：所谓标准断面是设计对工程如道路、沟渠、堤坝等要求的断面，应在每一里程桩位的横断面图上按其设计高程的标高绘制。如图1－30规定此道路工程的标准断面（即此道路的路面截断面）为：路面宽为8 m，填方或挖方的边坡均为1∶1。

图1－32中，如里程桩0＋120的设计高程为31.5 m，于是在图上标高为31.5 m处画一条横线，横线的中心两侧为4 m，此即标准断面的路面。因为此处设计高程大于原地形高程，它是填土。故其边坡线应向下倾斜成1∶1坡度，绘制成横断面图。各里程桩均应同法绘制此断面图。边坡1∶1即边坡线为平行于对角线的斜线。

里程桩0＋152处红、黑高程相等，故此处的标准断面线的横线与地面横断线在此点相重。图中表示此断面一侧为填方，而另一侧为挖方。里程桩点与标准路面中点的距离，即是纵断面上的工作标高，里程桩0＋152的工作标高等于0。同法，绘出各里程桩的横断面（图1－32）。

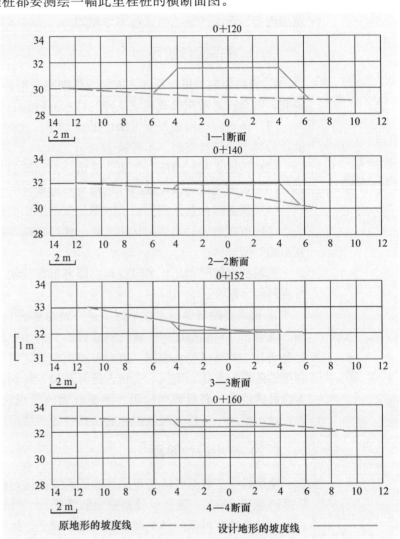

图1－32　里程桩的横断面图

四、地形设计的阶段划分

风景园林竖向设计各阶段和风景园林平面规划设计阶段是完全相呼应的，在确定风景园林中各个组成部分的平面位置时，要考虑它们之间的竖向关系，使之成为有机整体。

地形设计是总体规划的组成部分，需要与总体规划同时进行。在中小型风景园林工程中，地形设计一般可以结合在总平面图中表达。如果风景园林地形比较复杂，或者风景园林工程规模比较大时，在总平面图上就不易清楚地把总体规划内容和地形设计内容同时都表达得很清楚。因此，就要单独绘制风景园林竖向设计图。风景园林规划设计的阶段不同，竖向设计所涉及的内容、图纸的表达方式也不尽相同。

（一）准备工作阶段

1. 资料收集　进行设计之前，要详细地收集各种设计技术资料，并且要进行分析、比较和研究，对全园地形现状及环境条件的特点要做到心中有数。需要收集的主要资料如下：

（1）风景园林用地及附近地区的地形图，比例1：500或1：1 000，这是地形设计、竖向设计最基本的设计资料，不能缺少。

（2）当地水文、地质、气象、土壤、植物等的现状和历史资料。

（3）城市规划对该风景园林用地及附近地区的规划资料、市政建设及其地下管线资料。

（4）风景园林总体规划初步方案及规划所依据的基础资料。

（5）所在地区的风景园林施工队伍状况和施工技术水平、劳动力素质与施工机械化程度等方面的参考材料。

资料的收集原则是：关键资料必须齐备，技术支持资料要尽量齐备，越多越好。相关的参考资料越多越好。

2. 现场踏勘与调研　在掌握上述资料的基础上，应亲临风景园林建设现场，进行认真的踏勘、调查，并对地形图等关键资料进行核实。如发现地形、地物现状与地形图上有不吻合处或有变动处，要搞清变动原因，进行补测或现场记录，以修正和补充地形图的不足之处。对保留利用的地形、水体、建筑、文物古迹等要加以特别注意，并记载下来。对现有的大树或古树名木的具体位置，必须重点标明。还要查明地形现状中地面水的汇集规律和集中排放方向及位置，城市给水干管接入风景园林的接口位置等情况。

（二）初步设计阶段

地形设计（也叫竖向初步设计）所需要的地形图应与平面规划设计图的比例相同。一般是1：500～1：1 000。地形设计要完成的任务：

（1）在具有风景园林平面布置的地形图上，标明对地形现状利用与改造的情况。

（2）确定风景园林中的主要组成部分。如主要建筑物、构筑物及道路广场，山、水的整体关系等。

（3）确定主景山、次景山、配景山的位置、高度，每个山的主峰、次峰、配峰的大小、比例关系，障景山的位置、高度。

（4）水体的进、出水口，最高水位线、最低水位线和常水位线等合理的高程位置。

（5）决定全园的排水方向，做出园内相邻地区高程变化较大的处理方案等。

（6）地形设计要满足建筑、植物种植、动物、排水的要求，以及达到园内外高程的协调。

（7）挖湖堆山的主要轴线的断面图。图纸比例可按需要选用，一般为1：100～1：500。

（8）土方量的估算。

（9）设计说明书。在说明书中应从地形设计的观点和所建风景园林的任务要求出发，对风景园林用地的自然地形进行分析，说明所采用规划设计方案的依据，对图纸表示不足之处，如远近期过渡方案、比较方案等加以必要的说明。

地形设计的工作一般分两步进行。

第一步是在风景园林总体规划一开始就进行，研究风景园林用地的地形特点和水文地质以及设计任务等资料，然后在地形图上，依据原地形等高线（或标高点）定出汇水线和分水线及水流方向，找出主要点的标高，如最高点、最低点和转折点等，划出地形变化过陡、缓坡和平坦的地段，弄清风景园林用地的基本特点。在这一基础上进一步分析地形的利用和需改造部分，为风景园林各组成部分创造合理的高程条件，为总体规划提供依据。

第二步是在大致确定风景园林总体规划图以后进行的，主要完成初步设计阶段所要求的各项具体任务。

（三）技术设计阶段

技术设计阶段和施工设计阶段都称为竖向设计。技术设计阶段的任务是按照风景园林建设用地的详细设计任务要求，在竖向初步设计的基础上，进一步修正和完善风景园林用地中的标高方案，使其与相邻地区的关系能够更好地配合与协调。技术设计可以分区进行，首先做出即建地区的方案，拟建地区的方案可以暂缓。

技术设计阶段要完成的任务：

（1）补充和修整建设地区山体原来的等高线，做出局部细部处理；平坡处做出微地形处理，合理安排建设地区各部分的高程图；图纸的水平比例与建设地区详细规划图相同，一般为1：200～1：500，等高差为 0.5～1 m。

（2）反映出道路的断面，确定园路路面高出地面或低于地面。设计出主要园路的纵断面图，图纸的水平比例为 1：200～1：500，垂直比例比水平比例大 2～3 倍，道路中心桩的设立可选择 20～100 m 一个。

（3）建设地区中主要绿地、广场、堆山、挖湖与地形复杂、需要进行大量土方工程地段的平面图，要用设计等高线表现出竖向规划设计的要求，图纸的比例根据地形的复杂程度和设计要求的精确程度选用。

（4）提供有大量土方工程施工地区的土方量计算一览表，做出土方调配平衡的精度指标（即土方工程图）。

（5）说明书。对设计方案进行分析，并对设计图纸等表示不足之处加以必要说明。

（四）施工设计阶段

施工设计在开始施工之前进行，对要进行施工修建的分区做出进一步更详细的高程设计，可以指导细部施工。

施工设计阶段要完成的任务：

（1）施工地区的等高线设计图（或用标高箭头法进行设计）。图纸的水平比例一般采用1：50～1：200，设计等高差为 0.25～0.1 m，图纸上要求标明各项施工工程平面位置点的详细标高，如建筑物、绿地的角点、园路、广场转折点、沟渠等的控制标高，并要标明该区的排水方案。

（2）土方工程施工图。要求注明土方施工各点的原地形标高、设计标高与施工标高，做出土方量平衡与调配表。

（3）绘出园路、广场、堆山、挖湖等土方项目的施工断面图，直接反映标高变化和设计意图，以方便施工。

（4）编制出正式的土方量计算表。

（5）土方工程预算表。

（6）说明书。将图纸、表格不能表达出的设计要求、设计目的及施工注意事项等，编成竖向设计说明书，以供施工参考。

在做风景园林用地的竖向规划设计时，如果设计用地面积不大、内容不多或要求建设速度很快，就可以简化设计阶段，在进行初步设计后，将技术设计与施工设计两阶段合并进行。

在地形的竖向设计中，减少土方工程量、节约投资和缩短工期，对整个风景园林工程具有很重要的意义。因此，对土方施工工程量应进行必要的计算，同时还需提高工作效率，保证工程质量。

第二节　土方工程量的计算

土方量计算一般是在原地形图上进行竖向设计，形成设计地形图，再根据原等高线和设计等高线进行土方工程量的计算。通过计算，有时还可以修订设计图中不合理之处，使图纸更完善。另外，土方量计算所得资料又是基本建设投资预算和施工组织设计等项目的重要依据。所以土方量的计算在场地工程中是必不可少的。

土方量的计算工作因其要求精度不同，可分为估算和计算两种。估算一般用于规划阶段，施工设计时，土方量必须精确计算。计算土方量的方法很多，常用的大致可以归纳为以下四类：体积公式估算法、断面法、等高面法、方格网法。

一、体积公式估算法

在风景园林建设过程中，不管是原地形，还是设计地形，经常会碰到一些类似锥体、棱台等几何形体的地形单体，如图1-33中所示的山丘、池塘等。这些地形单体的体积可用相近的几何体体积公式来计算（表1-1）。此法简便，但精度较差，多用于估算。

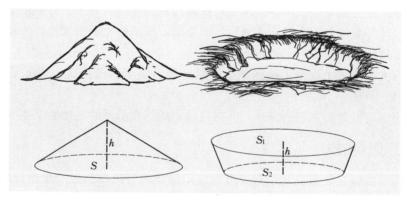

图1-33　套用近似的规则图形估算土方量

（引自孟兆祯等，园林工程，1996）

表1-1　用体积公式估算土方

序号	几何体名称	几何体形状	体积公式	
1	圆锥		$V = \dfrac{1}{3}\pi r^2 h$	（1-3）

序号	几何体名称	几何体形状	体积公式	
2	圆 台		$V = \frac{1}{3}\pi h(r_1^2 + r_2^2 + r_1 r_2)$	(1-4)
3	棱 锥		$V = \frac{1}{3}Sh$	(1-5)
4	棱 台		$V = \frac{1}{3}h(S_1 + S_2 + \sqrt{S_1 S_2})$	(1-6)
5	球 缺		$V = \frac{\pi h}{6}(h^2 + 3r^2)$	(1-7)

注：V 为体积；r 为半径；S 为底面积；h 为高；r_1、r_2 为上、下底半径；S_1、S_2 为上、下底面积

二、断 面 法

断面法（垂直断面法）是用一组等距（或不等距）的相互平行的截面将要计算的地块、地形单体（山、溪涧、池、岛等）和土方工程（如堤、沟渠、路堑、路槽等）截成若干"段"，分别计算这些"段"的体积，再将各段体积累加，求得该计算对象的总土方量（图1-34）。

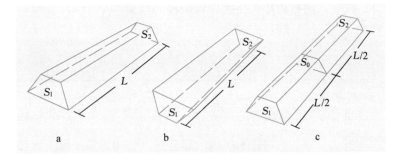

图1-34　带状地形土方量的计算公式

其计算公式如下：

$$V = \frac{S_1 + S_2}{2} \times L \qquad (1-8)$$

当 $S_1 = S_2 = S$ 时，即为：

$$V = S \times L \qquad (1-9)$$

当 S_1 和 S_2 面积相差较大或两相邻断面之间的距离大于 50 m 时，计算结果的误差较大，该公式为：

$$V = \frac{L}{6}(S_1 + S_2 + 4S_0) \qquad (1-10)$$

式中：S_0——中间断面面积（图1-34）。

$$S_0 = \frac{1}{4}(S_1 + S_2 + 2\sqrt{S_1 S_2}) \qquad (1-11)$$

此法适用于带状地形单体或土方工程（如带状山体、水体、堤、沟渠、路堑、路槽等）的土方量计算（图1-35）。

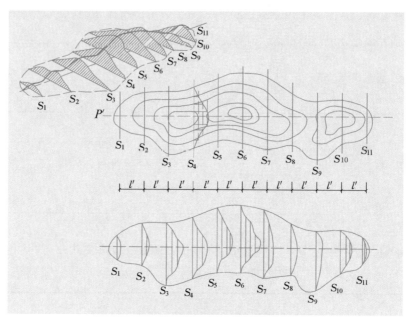

图1-35 带状山体断面的取法

（引自孟兆祯等，园林工程，1996）

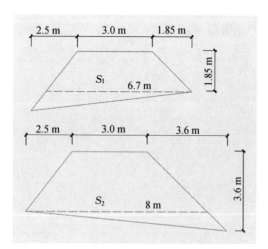

图1-36 土堤的两端断面图

（引自孟兆祯等，园林工程，1996）

【例1.5】 设有一条土堤，计算段两端断面呈梯形，各边数值如图1-36所示。两断面之间的距离为60m，试比较用算术平均法和拟棱台公式计算所得的结果。

解：

先求 S_1、S_2：

$$S_1 = \frac{1.85 \times (3+6.7) + (2.5-1.85) \times 6.7}{2} = 11.15 \ (\text{m}^2)$$

$$S_2 = \frac{2.5 \times (3+8) + (3.6-2.5) \times 8}{2} = 18.15 \ (\text{m}^2)$$

①用算术平均法即公式（1-8）求土堤土方量：

$$V = \frac{S_1 + S_2}{2} \times L = \frac{11.15 + 18.15}{2} \times 60 = 879 \ (\text{m}^3)$$

②用拟棱台公式即公式（1-10）求土堤土方量：

a. 用求棱台中截面面积公式（1-11）求中截面面积。

$$S_0 = \frac{11.15 + 18.15 + 2\sqrt{11.15 \times 18.15}}{4} = 14.44 \ (\text{m}^2)$$

$$V = \frac{(11.15 + 18.15 + 4 \times 14.44) \times 60}{6} = 870.6 \ (\text{m}^3)$$

b. 用 S_1 及 S_2 各对应边的算术平均值求 S_0：

$$S_0 = \frac{2.175 \times (3+7.35) + (3.05-2.18) \times 7.35}{2} = 14.465 \ (\text{m}^2)$$

$$V=\frac{(11.15+18.15+4\times14.465)\times60}{6}=871.6\ (\mathrm{m}^3)$$

可以看出，两种方法计算 S_0，所得结果相差无几，而二者与算术平均法所得结果相差较多。

用垂直断面法求土方体积，比较烦琐的工作是断面面积的计算。计算断面面积的方法多种多样，对形状不规则的断面既可用求积仪求其面积，也可用方格网法、平行线法或割补法等进行计算，但这些方法费时，以下介绍几种常见断面面积的计算公式（表1-2）。

表1-2　常见断面面积的计算公式

断面形状图示	计 算 公 式	
	$S=h(b+nh)$	(1-12)
	$S=h\left[b+\dfrac{h(m+n)}{2}\right]$	(1-13)
	$S=\dfrac{h_1+h_2}{2}(mh_1+b+nh_2)$	(1-14)
	$S=h_1\dfrac{a_1+a_2}{2}+h_2\dfrac{a_2+a_3}{2}+h_3\dfrac{a_3+a_4}{2}+h_4\dfrac{a_4+a_5}{2}+h_5\dfrac{a_5+a_6}{2}$	(1-15)
	$S=\dfrac{a}{2}(h_0+2h+h_6)$ $h=h_1+h_2+h_3+h_4+h_5$	(1-16)

三、等高面法

等高面法（水平断面法）是沿等高线取断面，等高差即为两相邻断面的高，计算方法同断面法（图1-37）。

其计算公式如下：

$$V=\frac{S_1+S_2}{2}\times h+\frac{S_2+S_3}{2}\times h+\cdots+\frac{S_{n-1}\times S_n}{2}\times h+\frac{S_n\times h}{3}$$

$$=\left(\frac{S_1+S_n}{2}+S_2+S_3+\cdots+S_{n-1}\right)\times h+\frac{S_n\times h}{3} \qquad (1-17)$$

式中：V——土方体积（m^3）；

　　　S——断面面积（m^2）；

　　　h——等高差（m）。

等高面法最适于大面积的自然山水地形的土方计算。挖湖堆山的工程是在原有崎岖不平的

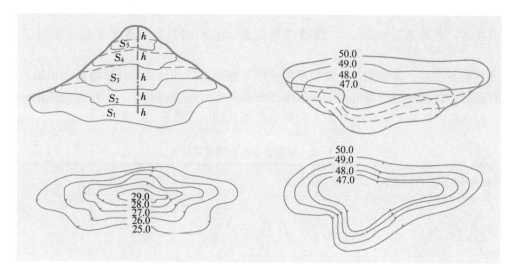

图 1-37 等高面法图示

(引自孟兆祯等，园林工程，1996)

地面上进行的，地形的竖向设计是在有原地形的等高线的图纸上用设计等高线进行地形改造、设计的，因而采用等高面法计算最为方便。其设计方法及计算步骤如下：

(1) 先在原地形图上用等高线进行设计地形的竖向设计。

(2) 确定一个计算填方和挖方的交界面——基准面，基准面是取设计水体、陆地交界面的等高线所围成的平面。

(3) 求原地形高于基准面的土方量 V_1。先逐一求出原地形各等高线所包围的面积，面积可用方格网法或求积仪求取，再用等高面法的体积公式求出土方量。

(4) 用上述方法求出设计陆地土方量 V_2。

(5) 求填方量 $V_填$。设计陆地土方量 V_2 减去原地形的土方量 V_1。

(6) 求设计水体挖方量。计算方法如下：

$$V_挖 = A \times H - \frac{mH^2 \times L}{2} \tag{1-18}$$

式中：A——基准面范围内的面积（m^2）；

H——最大挖深值（也可以是挖深平均值，m）（图1-38）；

m——坡度系数；

L——岸坡纵向长度（m）。

(7) 土方平衡。填方量同挖方量和进土土方量进行比较，令其相等或接近相等。如果挖方和填方相差太大，应当调整设计地形，直到达到精度要求为止。但是计算中单纯追求数字的绝对平衡是没有必要的。因为作为计算依据的地形图本身就存在一定误差，同

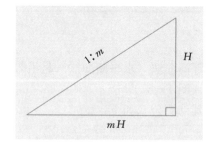

图 1-38 最大挖深与坡度系数的关系

时施工中多挖几吨少挖几吨也是难以察觉出来的。因此，在实际工作中计算土方量时，应在保证设计意图的前提下，通过设计使土方就地平衡，或尽量减少土方的进土和弃土，避免不必要的土方搬运，对节约投资、缩短工期都有重大意义。

等高面法除了用于自然山水地形的土方量计算，还可以用来做局部平整场地的土方计算，

如用等高面法进行露天舞台场地的设计及土方量计算（图1-39）。

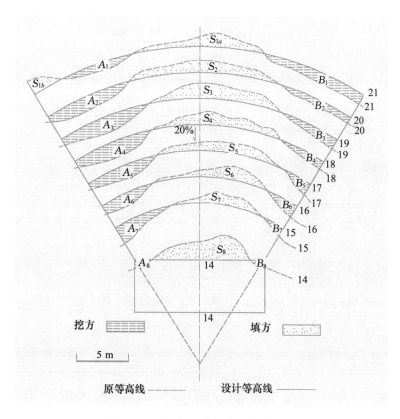

图1-39 露天舞台等高面法设计图

首先根据设计图纸上原地形等高线和设计地形等高线相交的情况，找出零点的位置，并根据实际情况将各零点连接成零点线（即不挖不填的线），按零点线将挖方区与填方区分开。分别求出挖方区（或填方区）各断面的面积，如图1-39中的A_1，A_2，…，A_8等及B_1，B_2，…，B_8等，或填方区中的S_1，S_2，…，S_8等，有了断面面积和断面之间的间距，各区（挖方区或填方区）的土方量便可求得。将结果逐项填入土方计算表（表1-3、表1-4）。

表1-3　土方工作量计算表——填土部分

等高线标高	符号	面积/m²	面积合计/m²	平均面积/m²	等高差	体积/m³
21	S_{1a}	31.3	43.8	48.2	1	48.2
	S_{1b}	12.5				
20	S_2	52.5		48.4	1	48.4
19	S_3	44.3		45.3	1	45.3
18	S_4	46.3		46.3	1	46.3
17	S_5	46.3		44.4	1	44.4
16	S_6	42.5		35.7	1	35.7
15	S_7	28.8		39.4	1	39.4
14	S_8	50.0				
总计						307.7

表 1-4　土方工作量计算表——挖土部分

等高线标高	符号	面积/m²	面积合计/m²	平均面积/m²	等高差	体积/m³
21	A_1	15.0	57.5			
	B_1	42.5		46.1	1	46.1
20	A_2	18.8	34.6			
	B_2	15.8		42.7	1	42.7
19	A_3	35.0	50.8			
	B_3	15.8		47.3	1	47.3
18	A_4	30.0	43.8			
	B_4	13.8		40.1	1	40.1
17	A_5	25.0	36.3			
	B_5	11.3		31.3	1	31.3
16	A_6	15.0	26.3			
	B_6	11.3		26.3	1	26.3
15	A_7	21.3	26.3			
	B_7	5.0		17.5	1	17.5
14	A_8	4.8	8.6			
	B_8	3.8				
总计						251.3

因此，填方量 $V_1=307.7$ m³，挖方量 $V_2=251.3$ m³，$V_1-V_2=307.7-251.3=56.4$（m³）。填方量大于挖方量，所以需进土 56.4 m³。

四、方格网法

在场地整理工程中，将原来高低不平、比较破碎的地形按设计要求整理成平坦的具有一定坡度的场地，如停车场、集散广场、体育场、露天演出场等。最适宜的计算坡度和土方量的方法是方格网法。

方格网法是把平整场地的设计工作和土方量计算工作结合在一起进行的。其工作程序是：

（1）在附有等高线的施工现场地形图上作方格网控制施工场地，方格边长数值取决于所要求的计算精度和地形变化的复杂程度，在风景园林中一般用 20～40 m，并对方格网的各角点进行编号（图 1-40）。

（2）在地形图上用插入法公式（1-2），求出各角点的原地形标高（或把方格网各角点测设到地面上，同时测出各角点的标高，并标记在图上）。

（3）根据设计意图（如地面的形

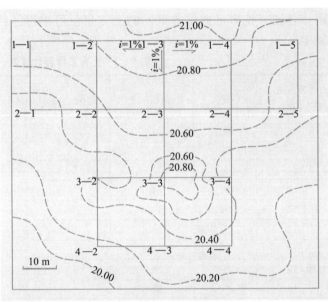

图 1-40　某广场方格控制网

状、坡向、坡度值等）确定各角点的设计标高。

（4）比较原地形标高和设计标高，求得施工标高。

（5）土方计算。其具体计算步骤和方法结合实例加以阐明。

【例1.6】 某公园为了满足游人游园活动的需要，拟将这块地面平整成三坡向两面坡的T形广场，要求广场具有1%的纵坡和1%的横坡，土方就地平衡，试求其设计标高并计算其土方量（图1-40）。

解：

1. 作方格控制网 按正南北方向（或根据场地具体情况决定）作边长为20 m的方格控制网，将各方格角点测设到地面上，同时计算点的地面标高并将标高值标记在图纸上，这就是该点的原地形标高，标法如图1-41所示。或在较精确的地形图上，用插入法由图上直接求得各角点的原地形标高。如角点1—2（图1-42）属于插入法公式第三种情况，过点1—2作相邻两等高线间距离最短的线段。用比例尺量得 $L = 12.0$ m，$x = 13.0$ m，等高差 $h = 0.2$ m，代入公式（1-2）：

$$H_x = H_a + \frac{xh}{L} = 20.60 + \frac{13.0 \times 0.2}{12.0} = 20.82 \text{（m）}$$

依此方法将其余各角点一一求出。

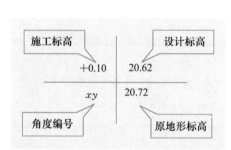

图1-41　方格网角点标注位置图

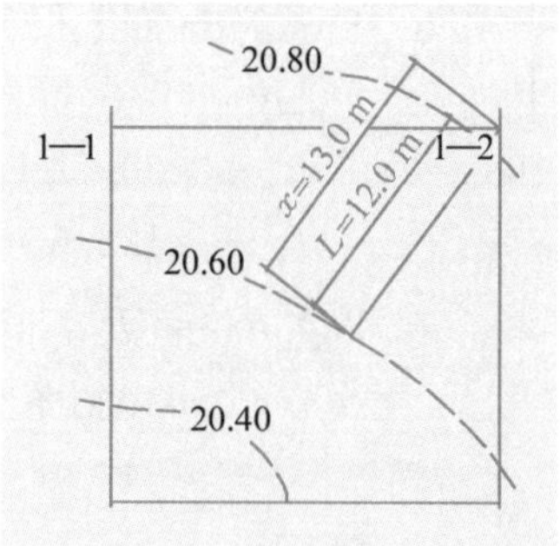

图1-42　插入法求角点1—2高程图示

2. 求平整标高 平整标高又称计划标高。平整在土方工程中的含义就是把一块高低不平的地面在保证土方平衡的前提下，挖高垫低使地面水平。这个水平地面的高程就是平整标高。设计工作中通常以原地面高程的平均值（算术平均或加权平均）作为平整标高。可以把这个标高理解为居于某一水准面之上而表面崎岖不平的土体，经平整后使其表面水平，经平整后的这块土体的高度就是平整标高（图1-43）。

设平整标高为 H_0，则

$$V = H_0 N a^2$$

式中：V——该土体自水准面起算经平整后的体积；

N——方格数；

H_0——平整标高；

a——方格边长。

平整前后这块土体的体积是相等的。设 V' 为平整前的土方体积，则

$$V = V'$$

$$V' = V_1 + V_2 + V_3 + \cdots + V_n$$

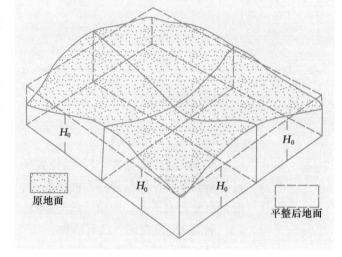

图1-43　$V = V'$ 的图解

$$H_0 = \frac{1}{4N}\left(\sum h_1 + 2\sum h_2 + 3\sum h_3 + 4\sum h_4\right) \qquad (1-19)$$

式中：h_1——计算时使用一次的角点高程；

h_2——计算时使用两次的角点高程；

h_3——计算时使用三次的角点高程；

h_4——计算时使用四次的角点高程。

公式（1-19）求得的 H_0 只是初步的，实际工作中影响平整标高的还有其他因素，如外来土方和弃土的影响，施工场地有时土方有余，而其他场地又有需求，设计时便可考虑多挖。有时由于场地标高过低，为使场地标高达到一定高度，而需运进土方以补不足。这些运进或外弃的土方量直接影响到场地的设计标高和土方平衡，设这些外弃的（或运进的）土方体积为 Q，则这些土方影响平整标高的修正值 Δh 应是：

$$\Delta h = \frac{Q}{Na^2}$$

公式（1-19）可改写成：

$$H_0 = \frac{1}{4N}\left(\sum h_1 + 2\sum h_2 + 3\sum h_3 + 4\sum h_4\right) \pm \frac{Q}{Na^2} \qquad (1-20)$$

此外土壤可松性等对土方的平衡也有影响。

例题中
$$\sum h_1 = h_{1-1} + h_{1-5} + h_{2-1} + h_{2-5} + h_{4-2} + h_{4-4}$$
$$= 20.72 + 20.70 + 20.35 + 20.45 + 20.11 + 20.33$$
$$= 122.66 \ (\text{m})$$

$$2\sum h_2 = (h_{1-2} + h_{1-3} + h_{1-4} + h_{3-2} + h_{3-4} + h_{4-3}) \times 2$$
$$= (20.82 + 20.96 + 21.00 + 20.40 + 20.35 + 20.34) \times 2$$
$$= 247.74 \ (\text{m})$$

$$3\sum h_3 = (h_{2-2} + h_{2-4}) \times 3$$
$$= (20.57 + 20.67) \times 3$$
$$= 123.72 \ (\text{m})$$

$$4\sum h_4 = (h_{2-3} + h_{3-3}) \times 4$$
$$= (20.69 + 20.80) \times 4$$
$$= 165.95 \ (\text{m})$$

代入公式（1-19），$N=8$

$$H_0 = \frac{1}{4 \times 8}(122.66 + 247.74 + 123.72 + 165.95) \approx 20.62 \ (\text{m})$$

3. 确定 H_0 的位置 H_0 的位置确定是否正确，不仅直接影响土方计算是否平衡（虽然通过不断调整设计标高最终也能使挖方、填方达到或接近平衡，但这样做必然要花费许多时间），而且也会影响平整场地设计的准确性。

确定 H_0 位置的方法有两种：

（1）图解法。图解法适用于形状简单规则的场地，如正方形、长方形、圆形等（表1-5）。

（2）数学分析法。此法适宜任何形状场地的 H_0 定位。数学分析法是假设一个和所要求的设计地形完全一样（坡度、坡向、形状、大小完全相同）的土体，再从这块土体的假设标高，反过来求其平整标高的位置。

依据图1-40所给的条件画出立体图（图1-44），图中1—3点最高，设其设计标高为 x，则根据给定的坡向、坡度和方格边长，可以算出其他各角点的假定设计标高，以点1—2（或1—4）为例，点1—2（或1—4）在点1—3的下坡，距离 $L=20$ m，设计坡度 $i=1\%$，则点1—2和点1—3之间的高差为：

$$h=iL=0.01\times20=0.2\ (\text{m})$$

所以点1—2的假定设计标高为 $x-0.2$ m。而在纵方向上的点2—3，因其设计纵坡为 1%，所以该点较点1—3低 0.2 m，其假定设计标高应为 $x-0.2$ m。依此类推，便可将各角点的假定设计标高求出（图1-44）。再将图中各角点假定标高值代入公式（1-19）。则

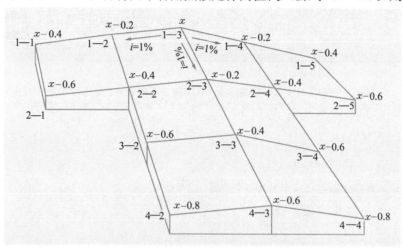

图1-44 代入法求 H_0 的位置图示

表1-5 求规则场地的平整标高位置的方法

坡地类型	平面图式	立体图式	H_0 点（或线）的位置	备 注
单坡向一面坡				场地形状为正方形或矩形，$H_A=H_B$，$H_C=H_D$，$H_A>H_D$，$H_B>H_C$
双坡向双面坡				场地形状同上，$H_P=H_Q$，$H_A=H_B=H_C=H_D$，H_P（或 H_Q）$>H_A$
双坡向一面坡				场地形状同上，$H_A>H_B$，$H_A>H_D$，$H_B>H_C$，$H_D>H_C$
三坡向双面坡				场地形状同上，$H_P>H_Q$，$H_P>H_A$，$H_P>H_B$，$H_A>H_D$，$H_B>H_C$，$H_Q>H_C$（或 H_D）

（续）

坡地类型	平面图式	立体图式	H_0点（或线）的位置	备 注
四坡向 四面坡	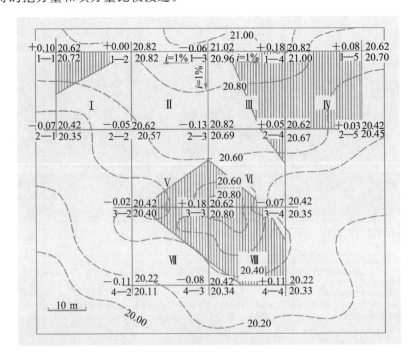			场地形状同上，$H_A=H_B=H_C=H_D$，$H_O>H_A$
圆锥状				场地形状为圆形，为一个半径为 R、高度为 h 的圆锥体

$$\sum h'_1 = x-0.4+x-0.4+x-0.6+x-0.6+x-0.8+x-0.8$$
$$=6x-3.6 \ (\text{m})$$

$$2\sum h'_2 = (x-0.2+x+x-0.2+x-0.6+x-0.6+x-0.6)\times 2$$
$$=12x-4.4 \ (\text{m})$$

$$3\sum h'_3 = (x-0.4+x-0.4)\times 3$$
$$=6x-2.4 \ (\text{m})$$

$$4\sum h'_4 = (x-0.2+x-0.4)\times 4 = 8x-2.4 \ (\text{m})$$

$$H'_0 = \frac{1}{4\times 8}(6x-3.6+12x-4.4+6x-2.4+8x-2.4)=x-0.4$$

$$H_0 = H'_0 \quad H_0 = 20.62 \ \text{m}$$

$$20.62 = x-0.4 \quad x\approx 21.02 \ \text{m}$$

求出点 1—3 的设计标高，就可依次将其他各角点的设计标高求出（图 1-45），根据这些设计标高求得的挖方量和填方量比较接近。

图 1-45　某公园广场挖填方区划图

4. 求施工标高 施工标高＝原地形标高－设计标高

结果"＋"为挖方，"－"为填方。

5. 求零点线 所谓零点是指不挖不填的点，零点的连线就是零点线，它是挖方和填方的分界线，因而零点线成为土方计算的重要依据之一（图 1-46）。

在相邻两角点之间，若施工标高值一为"＋"，一为"－"，则它们之间必有零点存在，其位置可用下式求得：

$$x=\frac{h_1}{h_1+h_2}\times a \tag{1-21}$$

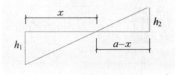

图 1-46 零点位置示意图

式中：x——零点距 h_1 一端的水平距离（m）；

h_1，h_2——方格相邻两角点的施工标高绝对值（m）；

a——方格边长（m）。

以方格 I 的点 1—1 和点 2—1 为例，求其零点，点 1—1 的施工标高为＋0.1 m，点 2—1 的施工标高为－0.07 m，取绝对值代入公式（1-21）：

$$h_1=0.1,\quad h_2=0.07,\quad a=20,$$

$$x=\frac{0.1}{0.1+0.07}\times 20\approx 11.80\text{（m）}$$

6. 土方计算 零点线为计算提供了填方、挖方的面积，而施工标高又为计算提供了挖方、填方的高度。根据这些条件，可选择适宜的公式求出各方格的土方量。

由于零点线切割方格的位置不同，形成各种形状的棱柱体，将各种常见的棱柱及其计算公式列表如下（表 1-6）。

表 1-6 方格网计算土方量公式

序　号	挖填情况	平面图式	立体图式	计算公式	
1	四点全为填方（或挖方）			$\pm V=\dfrac{a^2\sum h}{4}$	(1-22)
2	两点填方，两点挖方			$\pm V=\dfrac{a(b+c)\sum h}{8}$	(1-23)
3	三点填方（或挖方），一点挖方（或填方）			$\mp V=\dfrac{bc\sum h}{6}$	(1-24)
				$\pm V=\dfrac{(2a^2-bc)\sum h}{10}$	(1-25)
4	相对两点为填方（或挖方），其余点为挖方（或填方）			$\mp V=\dfrac{bc\sum h}{6}$	(1-26)
				$\mp V=\dfrac{de\sum h}{6}$	(1-27)
				$\pm V=\dfrac{(2a^2-bc-de)\sum h}{12}$	(1-28)

方格Ⅱ四个角点的施工标高值全为"—",是填方,用公式(1-22)计算:

$$-V_{\text{II}}=\frac{a^2\times\sum h}{4}=\frac{400}{4}\times(0+0.06+0.05+0.13)=24\ (\text{m}^3)$$

方格Ⅲ中两点为挖方,两点为填方,用公式(1-23)计算:

$$a=20\ \text{m},\ b=14.4\ \text{m},\ c=5.0\ \text{m}$$

$$+V_{\text{III}}=\frac{20\times(15.0+5.6)\times0.23}{8}$$

$$=11.82\ (\text{m}^3)$$

$$-V_{\text{III}}=\frac{20\times(5.0+14.4)\times0.19}{8}$$

$$=9.24\ (\text{m}^3)$$

依法可将各个方格的土方量逐一求出,并将计算结果逐项填入土方量计算表(表1-7)。

表1-7 土方量计算表

方格编号	挖方/m³	填方/m³	备 注
Ⅰ	3.90	8.47	
Ⅱ		24.00	
Ⅲ	11.82	9.24	
Ⅳ	34.00		
Ⅴ	6.27	11.82	
Ⅵ	5.40	9.77	
Ⅶ	7.48	11.51	
Ⅷ	17.03	1.20	
	85.92	76.07	弃土 9.85 m³

土方量计算方法除用上述公式外,还可使用《土方工程量计算表》或《土方量计算图表》。

7. 绘制土方平衡表及土方调配图 土方平衡表和土方调配图是土方施工中必不可少的图纸资料,是施工组织设计的主要依据,从土方平衡表上可以一目了然地了解各个区的出土量和需土量、调拨关系和土方平衡情况(表1-8)。在调配图上则可更清楚地看到各区的土方盈缺情况、调拨量、调拨方向和距离(图1-47)。

表1-8 土方平衡表

挖方及进土	体积/m³	体 积/m³				
		填方Ⅰ	填方Ⅱ	填方Ⅲ	弃 土	总 计
		63.30	12.26	0.51	9.85	85.92
A	3.92	3.92				
B	45.82	45.82				
C	36.18	13.56	12.26	0.51	9.85	
进土						
总计	85.92					

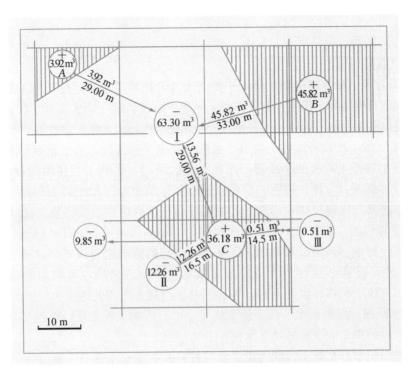

图 1-47 某公园广场土方量调配图

第三节　土方工程施工

土方工程在景观建设工程中占有重要地位，景观场地的设计地形必然要依靠土方施工来实现。在景区中地形的利用、改造和创造，如挖湖堆山、平整场地都要依靠动土方来完成。景区中的建筑物、构筑物、道路及广场等工程的修建，都要在地面做一定的基础，如挖掘基坑、路槽等工程，都是从土方施工开始的。土方工程一般来说在景区建设中是一项大工程，而且在施工过程中又是先行项目，土方工程完成的速度和质量，直接影响后续工程，所以它和整个建设工程的进度关系密切。土方工程的投资和工程量一般都占总建设工程的较大比例，大的土方工程施工期也较长。为了使工程能多快好省地完成，必须做好土方工程的设计和施工的安排。

土方工程施工主要包括挖土（方）、填土（方）两大类工程。施工方法有人力施工、机械化或半机械化施工，需根据场地条件、工程量和当地施工条件决定。在规模较大、土方较集中的工程中，采用机械化施工较经济；对工程量不大、施工点较分散的工程或受场地限制不便采用机械施工的地段，采用人力施工或半机械化施工。

一、土方工程的施工准备

由于土方工程是一项比较复杂的基础工作，所以准备和组织工作不仅应该先行，而且要做得周全仔细，否则因为场地大或施工点分散，易造成窝工甚至返工，影响工效。

1. 研究和审查图纸　检查图纸和资料是否齐全，核对平面尺寸和标高，图纸相互间有无错误和矛盾；掌握设计内容及各项技术要求，了解工程规模、特点、工程量和质量要求，熟悉土层地质、水文勘察资料；会审图纸，搞清建设场地范围及其与周围地下设施管线的关系，图纸相互间有无错误和冲突；研究好开挖或回填程序，明确各专业工序间的配合关系及施工工期要求；向参加施工的人员层层进行技术交底。

2. 勘查施工现场　摸清工程场地情况，收集施工需要的各项资料，包括施工场地地形、地貌、地质、水文、气象、道路、植被、邻近建筑物、地下基础、管线、防空洞、地面上施工范围内的障碍物和堆积物状况，供水、供电、通信情况，防洪排水系统等，为施工规划和准备提供可靠的资料和数据。

3. 编制施工方案　研究制定现场场地平整、土方开挖施工方案；绘制施工总平面布置图和土方开挖图，确定开挖路线、顺序、范围、底板标高、边坡坡度、排水沟水平位置以及挖去土方的堆放地点；提出需用的施工机具和所需劳力；深开挖还应提出支撑、边坡保护和降水方案。

4. 平整施工场地　按设计或施工要求、范围和标高平整场地，将土方弃到规定弃土区；对有利用价值的表土进行剥离和保存处理；凡在施工区域内，影响工程质量的软弱土层、淤泥、腐殖土、大卵石、孤石、垃圾、树根、草皮以及不宜作填土和回填土料的稻田湿土、冻土等应分别视情况采取全部挖除或设排水沟疏干、抛填块石、沙砾等方法进行妥善处理。

5. 处理现场障碍物　将施工区域内所有障碍物，如高压电线、电杆、塔架、地上和地下管道、电缆、坟墓、树木、沟渠以及旧房屋、基础等进行拆除或进行搬迁、改建、改线；对附近原有建筑物、电杆、塔架、保存树木等采取有效的防护加固措施，可利用的建筑物应充分利用；工程基础部位位于洞穴、废井上时，应对地基进行局部加固处理。

6. 做好排水设施　场地积水不仅不便于施工，而且影响工程质量，在施工之前，应该设法将施工场地范围内的积水或过高的地下水排走。

(1) 排除地面积水。在施工区域内设置临时性或永久性排水沟，一般多采用明沟，将地面水排走或排到低洼处，再设水泵排走，或疏通原有排水泄洪系统。排水沟纵向坡度一般不小于0.2%，使场地不积水。山坡地区，在离边坡上沿5～6 m处，设置截水沟、排洪沟，阻止坡顶雨水流入开挖基坑区域内，或在需要的地段修筑挡水堤坝阻水。

(2) 排除地下水。排除地下水的方法很多，一般多采用明沟，引至集水井，并用水泵排出。一般按排水面积和地下水位的高低来安排排水系统，先定出主干渠和集水井的位置，再定水渠的位置和数目，土壤含水量大的和要求排水迅速的，支渠分布应较密（间距约1.5 m），反之可疏。

在大面积挖方施工中应挖排水沟，排水沟的深度应深于水体挖深。沟可一次挖掘到底，也可以依施工情况分层下挖，采用何种方式可根据出土方向决定（图1-48、图1-49），开挖顺序可依图中A、B、C、D依次进行。

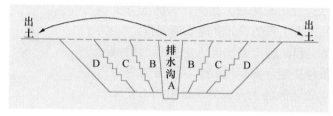

图1-48　两面出土，排水沟一次挖到底

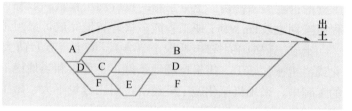

图1-49　单向出土，排水沟分层挖掘

开挖有地下水的土方工程时，应根据当地工程地质资料，采取措施降低地下水位，一般要降至低于开挖底面的50 cm，才可再开挖。

7. 设置测量控制网　根据给定的国家永久性控制坐标和水准点，按施工总平面要求，引测到现场。在工程施工区域设置测量控制网，包括控制基线、轴线和水平基准点，做好轴线控制的测量和校核。控制网要避开建筑物、构筑物、土方机械操作及运输线路，并有保护标志。

(1) 平整地形的放线。场地平整应设10 m×10 m或20 m×20 m的方格网，在各方格点上做控制桩，并测出各标桩的自然地形标高，作为计算挖、填土方量和施工控制的依据。用经纬仪将图纸上的方格引测到地面上，并在每个交点处立桩木，边界上的桩木依图纸要求设置。桩木的规格及标记方法如图1-50所示。侧面需平滑，下端削尖，以便打入土中，桩上应标示出桩号（施工图上方格网的编号）和施工标高（挖土用"＋"号，填土用"－"号）。

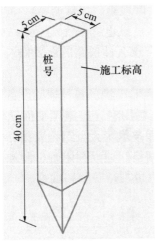
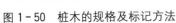

图 1-50　桩木的规格及标记方法

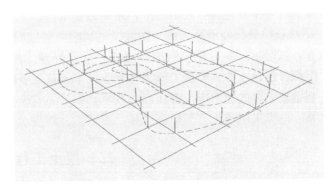

图 1-51　自然地形放线打桩

对建筑物应做定位轴线的控制测量和校核。灰线、标高、轴线进行复核无误后，方可进行场地平整和开挖。

（2）自然地形的放线。挖湖堆山首先确定堆山或挖湖的边界线，先在施工图上绘方格网，而后把设计地形等高线和方格网的交点一一引测到地面上，并打桩木（图 1-51），桩木上也要标明桩号及施工标高。堆山时由于土层不断升高，桩木可能被土埋没，所以桩的长度应大于每层填土的高度，土山不高于 5 m 的，可用长竹竿作标高桩，在桩上把每层的标高定好，不同层可用不同颜色标志，以便识别（图 1-52）。较高的山体采用分层放线设置标高桩（图 1-53）。

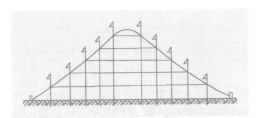

图 1-52　5 m 以内山体标高桩分层标志

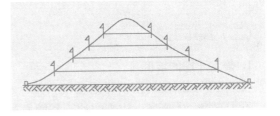

图 1-53　较高山体分层放线设置标高桩

挖湖工程的放线工作和堆山工程基本相同，在水下放线可以较粗放，但水体底部应尽可能平整。岸线和岸坡的定点放线应准确，为了精确施工，可以用边坡样板来控制边坡坡度（图 1-54）。

开挖沟槽时，用打桩放线的方法，在施工中桩木容易被移动甚至破坏，从而影响校核工作。所以应使用龙门板。龙门板构造简单，使用方便。每隔 30～100 m 设龙门板一块，板上应标明沟渠中心线位置，沟上口、沟底的宽度等，还要设坡度板，以控制沟渠纵坡（图 1-55）。

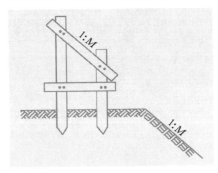

图 1-54　边坡样板

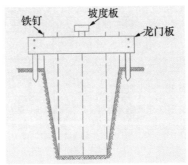

图 1-55　龙门板和坡度板

8. 修建临时设施及道路 根据土方和基础工程规模、工期长短、施工力量安排等修建简易的临时性生产和生活设施（如工具库、材料库、油库、机具库、修理棚、休息棚等），同时敷设现场供水、供电、供压缩空气（爆破石方用）管线，并进行试水、试电、试气。

修筑施工场地内机械运行的道路，主要临时运输道路宜结合永久性道路的布置修筑。道路的坡度、转弯半径应符合安全要求，路侧做排水沟。

9. 准备机具、物资及人员 做好设备调配，对进场挖土、运输车辆及各种辅助设备进行维修检查，试运转，并运至使用地点就位。准备好施工用料及工程用料，按施工平面图要求堆放。组织并配备土方工程施工所需各专业技术人员、管理人员和技术工人，组织安排好作业班次。制定较完善的技术岗位责任制和技术、质量、安全、管理网络，建立技术责任制和质量保证体系，对拟采用的土方工程新机具、新工艺、新技术，组织力量进行研制和试验。

二、挖土工程

（一）施工方法的选择

1. 人工挖土 人工挖土工艺适用于一般景观建筑、构筑物的基坑（槽）和管沟以及小溪流、假植沟、带状种植沟槽和小范围整地。

主要施工机具有：尖（平）头铁锹、手锤、手推车、梯子、铁镐、撬棍、钢尺、坡度尺、细线或 20 号铅丝等。

2. 机械挖土 机械挖土工艺适用于较大规模的景观建筑、构筑物的基坑（槽）和管沟以及景区中的河流、湖面、大范围的整地工程等。

主要施工机具有：推土机、挖掘机（正铲、反铲、拉铲、抓铲）、铲运机、装载机、自卸汽车等。

（二）操作工艺

1. 确定开挖的坡度

（1）在天然湿度的土中开挖基坑（槽）和管沟时，如挖土深度不超过下列规定，可不放坡，不加支撑：①密实、中密的沙土和碎石类土（充填物为沙土）为 -1.0 m；②硬塑、可塑的黏质粉土及粉质黏土为 -1.25 m；③硬塑、可塑的黏土和碎石类土（充填物为黏性土）为 -1.5 m；④坚硬的黏土为 -2.0 m。

（2）超过上述规定深度，在 5 m 以内时，如土具有天然湿度，构造均匀，水文地质条件好，无地下水，不加支撑的基坑（槽）和管沟，必须放坡。边坡最陡坡度应符合表 1-9 的规定。

表 1-9 各类土的边坡坡度

土 的 类 别	边坡坡度（高：宽）		
	坡顶无荷载	坡顶有静载	坡顶有动载
中密的沙土	1：1.00	1：1.25	1：1.50
中密的碎石类土（充填物为沙土）	1：0.75	1：1.00	1：1.25
硬塑的轻亚黏土	1：0.67	1：0.75	1：1.00
中密的碎石类土（充填物为黏性土）	1：0.50	1：0.67	1：0.75
硬塑的亚黏土、黏土	1：0.33	1：0.50	1：0.67
老黄土	1：0.10	1：0.20	1：0.33
软土（经井点降水后）	1：1.00	—	—

注：有成熟施工经验时，可不受本表限制。

（3）使用时间较长的临时性挖方边坡坡度，应根据工程地质和边坡高度，结合当地同类土体的稳定坡度值确定。如地质条件好、土（岩）质较均匀、高度在 10 m 以内的临时性挖方边坡坡度应符合表 1-10 的规定。

表 1-10　各类土的挖方边坡坡度

土 的 类 别		边坡坡度（高：宽）
沙土（不包括细沙、粉沙）		1：1.25～1：1.15
一般黏性土	坚硬	1：0.75～1：1.00
	硬塑	1：1.00～1：1.25
碎石类土	充填坚硬、硬塑性黏土	1：0.50～1：1.00
	充填沙土	1：1.00～1：1.50

（4）挖方经过不同类别土（岩）层或深度超过 10 m 时，其边坡可做成折线形或台阶形。

2. 确定开挖顺序、路线及开挖深度

（1）人工开挖。

①浅条形基础：一般黏性土可自上而下分层开挖，每层深度以 60 cm 为宜，从开挖端部逆向倒退按踏步型挖掘。碎石类土先用镐翻松，正向挖掘，每层深度视翻土厚度而定，每层应清底和出土，然后逐步挖掘。

②浅管沟：与浅条形基础开挖基本相同。沟底标高按龙门板上平往下计算，同时计算沟底尺寸，当挖土接近设计标高时，再从两端龙门板下面的沟底标高上返 50 cm 为基准点，拉小线用尺检查沟底标高，最后修整沟底。

③开挖放坡的土方：应先按施工方案规定的坡度粗略开挖，再分层按坡度要求做出坡度线，每隔 3 m 左右做出一条，以此线为准铲坡。深管沟挖土时，应在沟帮中间留出宽度 80 cm 左右的倒土台。

④开挖大面积的土方：沿坑三面同时开挖，挖出的土方装入手推车或翻斗车，由未开挖的一面运至弃土地点。

⑤基坑（槽）管沟的直立帮和坡度：在开挖过程和敞露期间应防止塌方，必要时应加以保护。在开挖两侧土时，应保证边坡和直立帮的稳定。当土质良好时，抛于两侧的土方（或材料）应距边缘 0.8 m 以外，高度不宜超过 1.5 m。在柱基周围、墙基或围墙一侧，不得堆土过高。

（2）机械开挖。

①推土机开挖大型沟（槽）：一般应从两端或顶端开始（纵向）推土，把土推向中部或顶端，暂时堆积，然后再横向将土推离沟（槽）的两侧。

②铲运机开挖大型土方工程：应纵向分行、分层按照坡度线向下铲挖，每层的中心线地段应比两边稍高一些，以防积水。

③反铲、拉铲挖土机开挖基坑（槽）或管沟：施工方法有两种。

a. 端头挖土法：挖土机从基坑（槽）或管沟的端头以倒退行驶的方式进行开挖，自卸汽车配置在挖土机的两侧装运土。

b. 侧向挖土法：挖土机沿着基坑（槽）或管沟的一侧移动，自卸汽车在另一侧装运土。

挖土机沿挖方边缘移动时，机械距离边坡上缘的宽度不得小于基坑（槽）或管沟深度的 1/2，如挖土深度超过 5 m，应按专业性施工方案确定。土方开挖宜从上到下分层分段依次进行，随时做成一定坡势，以利于排水。机械挖土在设计标高以上暂留一层土不挖。一般铲运机、推土机挖土时，留土 20 cm 左右；挖土机用反铲、正铲和拉铲挖土时，留土 30 cm 左右。

暂留土层和机械施工挖不到的土方，应配合人工进行挖掘。

3. 修帮（边）和清底　在距槽底设计标高 50 cm 槽帮处，抄出水平线，钉上小木橛，然后人工将暂留土层挖走。同时由两端轴线（中心线）引桩拉通线（用小线或铅丝），检查距槽边尺寸，确定槽宽标准，以此修整槽边，最后清除槽底土方。

开挖出来的土方，在场地有条件堆放时，一定留足回填需用的好土，多余的土方应一次运走，避免二次搬运。

（三）成品保护

对定位标准桩、轴线引桩、标准水准点、桩木等，挖运土时不得碰撞，并应经常测量和校核其平面位置、水平标高和边坡坡度。定位标准桩和标准水准点也应定期复测检查。

土方开挖时，应防止邻近已有建筑物或构筑物、道路、管线等发生下沉或变形。必要时，与设计单位或建设单位协商采取防护措施，并在施工中进行沉降和位移观测。

施工中如发现有文物或古墓等，应妥善保护，报请当地有关部门处理后，方可继续施工。如发现有测量用的永久性标桩或地质、地震部门设置的长期观测点等，应加以保护。在敷设地上或地下管道、电缆的地段进行土方施工时，应事先取得有关管理部门的书面同意，施工中应采取措施，以防损坏管线。

（四）应注意的质量问题

（1）基底超挖。开挖基坑（槽）或管沟均不得超过基底标高。如个别地方超挖时，其处理方法应取得设计单位的同意，不得私自处理。

（2）软土地区桩基挖土发生桩基位移。在密集群桩上开挖基坑时，应在打桩完成后，间隔一段时间，再对称挖土。在密集桩附近开挖基坑（槽）时，应事先确定防止桩基位移的措施。

（3）基底未保护。基坑（槽）开挖后应尽量减少对基土的扰动，如基础不能及时施工时，可在基底标高以上留出 0.3 m 厚土层，待做基础时再挖掉。

（4）施工顺序不合理。土方开挖宜先从低处进行，分层分段依次开挖，形成一定坡度，以利于排水。

（5）开挖尺寸不足。基坑（槽）或管沟底部的开挖宽度，除结构宽度外，应根据施工需要增加工作面宽度。如排水设施、支撑结构所需的宽度，在开挖前均应考虑。

（6）基坑（槽）或管沟边坡不直不平，基底不平。应加强检查，随挖随修，并要认真验收。

三、回填土工程

（一）施工方法的选择

1. 人工回填　人工回填土工艺适用于一般景观建筑、构筑物的基坑（槽）和管沟以及室内地坪和小范围整地、堆山。

主要施工机具有：蛙式或柴油打夯机、手推车、筛子（孔径 40～60 mm）、木耙、铁锹（尖头与平头）、2 m 靠尺、胶皮管、小线和木折尺等。

2. 机械回填　机械回填土工艺适用于较大规模的景观建筑、构筑物的基坑（槽）和管沟以及大面积整地、堆山。

主要施工机具：装运土方机械有铲土机、自卸汽车、推土机、铲运机及翻斗车等；碾压机械有平碾、羊足碾和振动碾等。

（二）操作工艺

1. 基底地坪的清理　填土前应将基土的洞穴或基底表面上的树根、垃圾等杂物都处理完毕，清除干净。必须清理到基础底面标高，将回落的松散垃圾、砂浆、石子等杂物清除干净。

2. 检验土质　检验回填土有无杂物，粒径是否符合规定，以及含水量是否在控制的范围内。如回填土含水量偏高，可采用翻松、晾晒或均匀掺入干土等措施；如含水量偏低，可采用预先洒水润湿等措施。

3. 分层铺土、碾压密实

（1）人工回填。回填土应分层铺摊，每层铺土厚度应根据土质、密实度要求和机具性能确定。一般蛙式打夯机每层铺土厚度为 200～250 mm，人工打夯不大于 200 mm。每层铺摊后，随之耙平。回填土每层至少夯打三遍。打夯应一夯压半夯，夯夯相接，行行相连，纵横交叉，严禁采用水浇使土下沉的所谓"水夯"法。深浅两坑（槽）相连时，应先填夯深坑，填至与浅坑相同的标高时，再与浅坑一起填夯。如必须分段填夯时，交接处应填成阶梯形，梯形的高宽比一般为 1：2。上下层错缝距离不小于 1.0 m。回填管沟时，为防止管道中心线位移或损坏管道，应用人工先在管子两侧填土夯实，并应由管道两侧同时进行，直至管顶 0.5 m 以上。在不损坏管道的情况下，方可采用蛙式打夯机夯实。在抹带接口处、防腐绝缘层或电缆周围，应回填细粒土料。回填土每层夯实后，应按规范规定进行环刀取样，测出干土的密度，达到要求后，再进行上一层的铺土。

（2）机械回填。每层铺土的厚度应根据土质、密实度要求和机具性能确定（表 1-11）。碾压机械压实填方时，应控制行驶速度，一般不应超过以下规定：平碾为 2 km/h，羊足碾为 3 km/h，振动碾为 2 km/h。碾压时，轮（夯）迹应相互搭接，防止漏压或漏夯。长宽比较大时，填土应分段进行。每层接缝处应做成斜坡形，碾迹重叠 0.5～1.0 m，上下层错缝距离不应小于 1 m。在机械施工碾压不到的填土部位，应配合人工推土填充，用蛙式或柴油打夯机分层夯打密实。

表 1-11　填土每层的铺土厚度和压实遍数

压实机具	每层铺土厚度/mm	每层压实遍数/遍
平碾	200～300	6～8
羊足碾	200～350	8～16
振动平碾	600～1 200	6～8
蛙式、柴油式打夯机	200～250	3～4

辇土或挑土堆山：土方的运输路线应以设计的山头为中心结合外来土方向进行安排。一般以环形线为宜，车（人）载土上山，土卸在路两侧，空载的车（人）沿路线继续前行下山，车（人）流不会顶流拥挤。随着山势逐渐升高，运土路线也随之升高，这样既组织了人流，又使土山分层上升，部分土方边卸边压实，不仅有利于山体的稳定，山体表面也较自然。如果土源有几个来向，运土路线可根据设计地形特点安排几个小环路，小环路以人流车辆不相互干扰为原则（图1-56）。

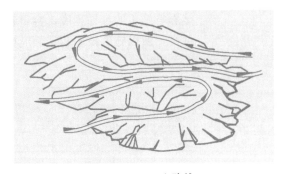

图 1-56　运土路线

4. 修整找平　填土全部完成后，应进行表面核查。凡超过标准高程的地方，及时依线铲平；低于标准高程的地方，应补土夯实。

（三）成品保护

对定位标准桩、轴线引桩、标准水准点、桩木等，填运土时不得撞碰，并应定期复测和检查这些标准桩点是否正确。夜间施工时，应合理安排施工顺序，设有足够的照明设施，防止铺填超厚。严禁汽车直接倒土入槽。基础或管沟的现浇混凝土应达到一定强度，不会因填土而受损坏时，方可回填。管沟中的管线、肥槽内从建筑物伸出的各种管线，均应妥善保护后，再按规定回填土料，不得碰坏。

（四）应注意的质量问题

（1）应按要求测定干土密度。回填土每层都应测定夯实后的干土密度，符合设计要求后才能铺摊上层土。

（2）防止回填土下沉。因虚铺土超过规定厚度或冬季施工时有较大的冻土块或夯实不够遍数，甚至漏夯，回填基底有有机杂物或落土清理不干净，以及冬期做散水，施工用水渗入垫层中，受冻膨胀等造成回填土下沉。

（3）回填土夯压紧实。在夯压时对干土适当洒水加以润湿；如回填土太湿同样夯不密实呈"橡皮土"现象，这时应将"橡皮土"挖出，重新换好土再夯实。

（4）防止管道中心线位移或损坏管道。回填管沟时应用人工先在管子周围填土夯实，并应从管道两边同时进行，直至管顶 0.5 m 以上，在不损坏管道的情况下，方可采用机械回填和压实。在抹带接口处、防腐绝缘层或电缆周围，应使用细粒土料回填。

（5）在地形、工程地质复杂地区内的填方，且对填方密实度要求较高时，应采取措施（如排水暗沟、护坡桩等）以防填方土粒流失，造成不均匀下沉和坍塌等事故。

（6）填方基土为杂填土时，应按设计要求加固地基，并要妥善处理基底下的软硬点、空洞、旧基以及暗塘等。

（7）填方应按设计要求预留沉降量，如设计无要求时，可根据工程性质、填方高度、填料种类、密实度要求和地基情况等，与建设单位共同确定（沉降量一般不超过填方高度的 3%）。

四、土壤的工程性质

土壤的工程性质对土方工程的稳定性、施工方法、工程量及工程投资有很大关系，也涉及工程设计、施工技术和施工组织的安排。因此，对土壤的这些性质要进行研究并掌握，以下是土壤的几种主要的工程性质：

1. 土壤容重　单位体积天然含水量状态下的土壤重量，单位为 kg/m³，土壤容重的大小直接影响施工的难易程度，容重越大挖掘越难，在土方施工中把土壤分为松土、半坚土、坚土等种类，所以施工技术和定额应根据具体的土壤类别来制定（土壤容重参看表 1-12）。

表 1-12　土壤的工程分类

级别	编号	名　称	天然含水量状态下土壤的平均容重/（kg/m³）	使用直径 30 mm 钻头钻入 1 m 所需时间/min	开挖方法及工具
I	1	沙	1 500		用铁锹挖掘，少许用脚蹬
	2	植物性土壤	1 200		
	3	壤土	1 600		

级别	编号	名　　称	天然含水量状态下土壤的平均容重/（kg/m³）	使用直径 30 mm 钻头钻入 1 m 所需时间/min	开挖方法及工具
Ⅱ	1	黄土类黏土	1 600		用锹、锄挖掘，少许用镐翻松
	2	15 mm 以内的中小砾石	1 700		
	3	沙质黏土	1 650		
	4	混有碎石与卵石的腐殖土	1 750		
Ⅲ	1	稀软黏土	1 800		用锹和镐，局部采用撬棍开挖
	2	15～40 mm 的碎石及卵石	1 750		
	3	干黄土	1 800		
Ⅳ	1	重质黏土	1 950		用锹、镐、撬棍，局部用凿子和铁锤开挖
	2	含有 50 kg 以下块石的黏土，块石所占体积<10%	2 000		
	3	含有 10 kg 以下石块的粗卵石	1 950		
Ⅴ	1	密实黄土	1 800		人工用撬棍、镐或用爆破方法开挖
	2	软泥灰岩	1 900		
	3	各种不坚实的页岩	3 000	小于 3.5	
	4	石膏	2 200		

注：Ⅵ～ⅩⅥ均为岩石半，略去。

2. 土壤自然倾斜角（安息角）　土壤自然堆积，经沉降稳定后的表面与地平面所形成的夹角，就是土壤自然倾斜角，以 α 表示（图 1-57）。在工程设计时，为了使工程稳定，其边坡坡度应参考相应土壤的自然倾斜角，土壤自然倾斜角还受含水量的影响（表 1-13）。

土方工程不论是挖方或填方都要求有稳定的边坡。进行土方工程的设计或施工时，应结合工程本身的要求（如填方或挖方，永久性或临时性）以及当地的具体条件（如土壤的种类及分层情况、压力情况等），使挖方或填方的坡度合乎技术规范的要求，如情况在规范之外，则需进行实地测试来决定。

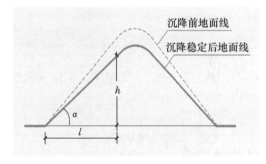

图 1-57　土壤自然倾斜角

表 1-13　土壤自然倾斜角

土壤名称	土壤含水量			土壤颗粒尺寸/mm
	干的	潮的	湿的	
砾　石	40°	40°	35°	2～20
卵　石	35°	45°	25°	20～200
粗　沙	30°	32°	27°	1～2
中　沙	28°	35°	25°	0.5～1
细　沙	25°	30°	20°	0.05～0.5
黏　土	45°	35°	15°	<0.001～0.005
壤　土	50°	40°	30°	
腐殖土	40°	35°	25°	

土方工程的边坡坡度以其高和水平距之比表示（图1-57）。

则：

$$边坡坡度 = \frac{h}{l} = \tan\alpha$$

工程界习惯以1：M表示，M是坡度系数。坡度系数是边坡坡度的倒数，如边坡坡度为1：3，则坡度系数M=3。

在高填或深挖时，应考虑土壤各层分布的土壤性质以及同一土层中土壤所受压力的变化，根据其压力变化取相应的边坡坡度。如填筑一座高12m的山（土壤质地相同），因考虑到各层土壤所承受的压力不同，可按其高度分层确定边坡坡度（图1-58），由此可见挖方或填方的坡度是否合理，直接影响土方工程的质量与数量。关于边坡坡度的规定如表1-14、表1-15、表1-16、表1-17所示。

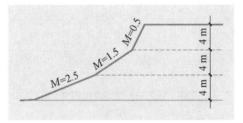

图1-58 分层确定边坡系数

表1-14 永久性土工结构物挖方的边坡坡度

挖 方 性 质	边坡坡度
1. 在天然湿度、层理均匀的沙质黏土、黏质沙土和沙土类内挖方深度≤3m	1：1.25～1：1
2. 土质同上，挖深3～12m	1：1.5～1：1.25
3. 在碎石土和泥炭岩土内挖方，深度≤12m，根据土的性质、层理特性和边坡高度确定	1：1.5～1：0.5
4. 在风化岩石内的挖方，深度≤12m，根据土的性质、层理特性和边坡高度确定	1：1.5～1：0.2
5. 在风化岩石内的挖方，根据岩石性质、风化程度、层理特性和挖深度确定	1：0.1
6. 在未风化的完整岩石内挖方	直立的

表1-15 深度在5m之内的基坑基槽和管沟边坡的最大坡度（不加支撑）

土的种类	边 坡 坡 度		
	人工挖土并将土抛于坑、槽或沟的上边	机 械 施 工	
		在坑、槽或沟底挖土	在坑、槽及沟的上边挖土
沙土	1：0.75	1：0.67	1：1
黏质沙土	1：0.67	1：0.5	1：0.75
沙质黏土	1：0.5	1：0.33	1：0.75
黏土	1：0.33	1：0.25	1：0.67
含砾石、卵石土	1：0.67	1：0.5	1：0.75
泥灰岩白垩土	1：0.33	1：0.25	1：0.67
干黄土	1：0.25	1：0.1	1：0.33

注：如人工挖土不把土抛于坑、槽和沟的上边，而是随时把土运往弃土场时，则应取机械在坑、槽或沟底挖土时的坡度。

表1-16 永久性填方的边坡坡度

土的种类	填方高度/m	边坡坡度
黏土、粉土	6	1：1.5
沙质黏土、泥灰岩土	6～7	1：1.5
黏质沙土、细沙	6～8	1：1.5
中沙和粗沙	10	1：1.5
砾石和碎石块	10～12	1：1.5
易风化的岩石	12	1：1.5

表1-17 临时性填方的边坡坡度

土的种类	填方高度/m	边坡坡度
砾石土和粗沙土	12	1：1.25
天然湿度的黏土、沙质黏土和沙土	8	1：1.25
大石块	6	1：0.75
大石块（平整的）	5	1：0.5
黄土	3	1：1.5

3. 土壤含水量 土壤含水量是土壤孔隙中的水重和土壤颗粒重的比值。土壤含水量在5％以内为干土，在5％～30％为潮土，大于30％为湿土。土壤含水量的多少，对土方施工的难易也有直接的影响。土壤含水量过小，土质过于坚实，不易挖掘；含水量过大，土壤易泥泞，也不利施工，人力或机械施工工效均降低。以黏土为例，含水量在30％以内最易挖掘，若含水量过大，则其本身性质发生很大变化，并丧失稳定性，此时无论是填方或挖方其坡度都显著下降，因此含水量过大的土壤不宜作回填之用。

4. 土壤相对密实度 土壤相对密实度是用来表示土壤在填筑后的密实程度的，可用下列公式表达：

$$D = \frac{\varepsilon_1 - \varepsilon_2}{\varepsilon_1 - \varepsilon_3} \qquad (1-29)$$

式中：D——土壤相对密实度；

ε_1——填土在最松散状况下的孔隙比；

ε_2——经碾压或夯实后的土壤孔隙比；

ε_3——最密实情况下的土壤孔隙比。

注：孔隙比是指土壤孔隙的体积与固体颗粒体积的比值。

在填方工程中土壤的相对密实度是检查土壤施工中密实程度的标准，为了使土壤达到设计要求的密实度，可以采用人力夯实或机械夯实。一般采用机械压实，其密实度可达95％，人力夯实为87％左右。大面积填方如堆山等，通常不加夯压，而是借土壤的自重慢慢沉降，久而久之也可达到一定的密实度。

5. 土壤可松性 土壤可松性是指土壤经挖掘后，其原有紧密结构遭到破坏，土体松散而使体积增加的性质。这一性质与土方工程的挖土和填土量的计算以及运输等都有很大关系。

土壤可松性可用下列公式表示：

$$最初可松性系数（K_p）= \frac{开挖后土壤的松散体积 V_2}{开挖前土壤的自然体积 V_1}$$

$$最后可松性系数（K'_p）= \frac{运至填方区夯实后土壤的体积 V_3}{开挖前土壤的自然体积 V_1}$$

体积增加的百分比值，可用下式表示：

$$最初体积增加百分比 = \frac{(V_2 - V_1)}{V_1} \times 100\% = (K_p - 1) \times 100\%$$

$$最后体积增加百分比 = \frac{(V_3 - V_1)}{V_1} \times 100\% = (K'_p - 1) \times 100\%$$

各种土壤体积增加的百分比及其可松性系数如表1-18所示。

表1-18 各级土壤的可松性

土壤的级别	体积增加百分比		可松性系数	
	最 初	最 后	K_p	K'_p
Ⅰ（植物性土壤除外）	8～17	1～2.5	1.08～1.17	1.01～1.025
Ⅰ（植物性土壤、泥炭、黑土）	20～30	3～4	1.20～1.30	1.03～1.04
Ⅱ	14～28	1.5～5	1.14～1.30	1.015～1.05
Ⅲ	24～30	4～7	1.24～1.30	1.04～1.07
Ⅳ（泥灰岩、蛋白石除外）	26～32	6～9	1.26～1.32	1.06～1.09
Ⅳ（泥灰岩、蛋白石）	33～37	11～15	1.33～1.37	1.11～1.15
Ⅴ～Ⅶ	30～45	10～20	1.30～1.45	1.10～1.20
Ⅷ～ⅩⅥ	45～50	20～30	1.45～1.50	1.20～1.30

五、土方工程机械的选用

当场地和基坑面积和土方量较大时，为节约劳力，降低劳动强度，加快工程建设速度，一般多采用机械化开挖方式，并采用先进的作业方法。

机械开挖常用机械有：推土机、铲运机、单斗挖土机（包括正铲、反铲、拉铲、抓铲等）、多斗挖土机、装载机等。土方压实有压实机具如压路碾、打夯机等。

土方施工机械的选择应根据工程规模（开挖断面、范围大小和土方量）、工程对象、地质情况、土方机械的特点（技术性能、适应性）以及施工现场条件等而定。

1. 推土机 操作灵活，运转方便，需工作面小，可挖土、运土，易于转移，行驶速度快，应用广泛。

①作业特点：推平；运距 100 m 内的堆土（效率最高为 60 m）；开挖浅基坑；推送松散的硬土、岩石；回填、压实；配合铲运机助铲；牵引；下坡坡度最大 35°，横坡最大为 10°，几台同时作业，前后距离应大于 8 m。

②辅助机械：土方挖后运出需配备装土、运土设备。推挖Ⅲ、Ⅳ类土，应用松土机预先翻松。

③适用范围：推Ⅰ～Ⅳ类土；找平表面，场地平整；短距离移挖，回填基坑（槽）、管沟并压实；开挖深度不大于 1.5 m 的基坑（槽）；堆筑高 1.5 m 以内的路基、堤坝；拖羊足碾；配合挖土机集中土方、清理场地、修路开道等。

2. 铲运机 操作简单灵活，不受地形限制，不需特设道路，准备工作简单，能独立工作，不需其他机械配合，能完成铲土、运土、卸土、填筑、压实等工序，行驶速度快，易于转移，需用劳力少、动力少，生产效率高。

①作业特点：大面积整平；开挖大型基坑、沟渠；运距 800 m 内的挖运土方（效率最高为 200～350 m）；填筑路基、堤坝；回填压实土方；坡度控制在 20°以内。

②辅助机械：开挖坚土时需用推土机助铲，开挖Ⅲ、Ⅳ类土宜先用松土机预先翻松 20～40 cm；自行式铲运机用轮胎行驶，适于长距离，但开挖亦需用助铲。

③适用范围：开挖含水量 27% 以下的Ⅰ～Ⅳ类土；大面积场地平整、压实；运 800 m 以内的挖运土方；开挖大型基坑（槽）、管沟，填筑路基等。但不适于砾石层、冻土地带及沼泽地区使用。

3. 正铲挖土机 装车轻便灵活，回转速度快，移位方便，能挖掘坚硬土层，易控制开挖尺寸，工作效率高。

①作业特点：开挖停机面以上土方；工作面应在 1.5 m 以上；开挖高度超过挖土机挖掘高度时，可分层开挖；装车外运。

②辅助机械：土方外运应配备自卸汽车，工作面应有推土机配合平土、集中土方，进行联合作业。

③适用范围：开挖含水量不大于 27% 的Ⅰ～Ⅳ类土和经爆破后的岩石与冻土碎块；大型场地平整土方；开挖工作面狭小且较深的大型管沟和基槽路堑；独立基坑；边坡开挖。

4. 反铲挖土机 操作灵活，挖土卸土多在地面作业，不用开运输道。

①作业特点：开挖地面以下深度不大的土方；最大挖土深度 4～6 m，经济合理深度为 1.5～3 m;可装车和两边甩土、堆放；较大较深基坑可用多层接力挖土。

②辅助机械：土方外运应配备自卸汽车，工作面应有推土机配合将土推到附近堆放。

③适用范围：开挖含水量大的Ⅰ～Ⅳ类的沙土或黏土；管沟和基槽；独立基坑；边坡开挖。

5. 拉铲挖土机　可挖深坑，挖掘半径及卸载半径大，操作灵活性较差。

①作业特点：开挖停机面以下土方；可装车和甩土；开挖截面误差较大；可将土甩在两边较远处堆放。

②辅助机械：土方外运需配备自卸汽车、推土机，创造施工条件。

③适用范围：挖掘Ⅰ～Ⅲ类土，开挖较深较大的基坑（槽）、管沟；大量外借土方；填筑路基、堤坝；挖掘河床；不排水挖取水中泥土。

6. 抓铲挖土机　钢绳牵拉灵活性较差，工效不高，不能挖掘坚硬土；可以装在简易机械上工作，使用方便。

①作业特点：开挖直井或沉井土方；可装车或甩土；排水不良也能开挖；吊杆倾斜角度应在45°以上，距边坡应不小于2 m。

②辅助机械：土方外运时，按运距配备自卸汽车。

③适用范围：土质比较松软、施工面较狭窄的深基坑、基槽；水中挖取土，清理河床；桥基、桩孔挖土；装卸散装材料。

7. 装载机　操作灵活，回转移位方便、快速，可装卸土方和散料，行驶速度快。

①作业特点：开挖停机面以上土方；轮胎式只能装松散土方；松散材料装车；吊运重物，用于铺设管道。

②辅助机械：土方外运需配备自卸汽车，作业面需经常用推土机平整并推松土方。

③适用范围：外运多余土方；履带式改换挖斗时，可用于开挖；装卸土方和散料；松散土的表面剥离；地面平整和场地清理等；回填土；拔除树根。

六、土方工程特殊问题的处理

（一）滑坡与塌方的处理

产生滑坡与塌方的因素（或条件）是十分复杂的，归纳起来可分为内部条件和外部条件两方面。不良的地质条件是产生滑坡的内因，而人类的工程活动和水的作用则是触发并产生滑坡的主要外因。

滑坡与塌方的处理措施有：

（1）加强工程地质勘查，对拟建场地（包括边坡）的稳定性进行认真分析和评价；工程和线路一定要选在边坡稳定的地段，对具备滑坡形成条件或存在古老滑坡的地段，一般不选作建筑场地，或采取必要的措施加以预防。

（2）做好泄洪系统，在滑坡范围外设置多道环形截水沟，以拦截附近的地表水，在滑坡区内，修设或疏通原排水系统，疏导地表、地下水，防止渗入滑体。主排水沟宜与滑坡滑动方向一致，支排水沟与滑坡方向成30°～45°斜交，防止冲刷坡脚。

（3）处理好滑坡区域附近的生活及生产用水，防止渗入滑坡地段。

（4）如地下水活动有可能形成山坡浅层滑坡时，可设置支撑盲沟、渗水沟，排除地下水。盲沟应布置在平行于滑坡方向有地下水露头处，做好植被工程。

（5）保持边坡有足够的坡度，避免随意切割坡脚。土体尽量削成较平缓的坡度，或做成台阶状，使中间有1～2个平台，以增加稳定性（图1-59a）。土质不同时，视情况削成2～3种坡度（图1-59b）。在坡脚处有弃土条件时，将土石填至坡脚，使其起反压作用（图1-60）。修筑挡土堆或台地，避免在滑坡地段切去坡脚或深挖方。如平整场地必须切割坡脚，且不设挡土墙时，应按切割深度，将坡脚随原自然坡度由上而下削坡，逐渐挖至要求的坡脚深度（图1-61）。

（6）尽量避免在坡脚处取土，在坡肩上设置弃土或建筑物。在斜坡地段挖方时，应遵循由上而下分层的开挖顺序。在斜坡上填方时，应遵循由下往上分层填压的施工顺序，避免在斜坡上集中弃土，同时避免对滑坡体的各种振动。

（7）对可能出现的浅层滑坡，如滑坡土方量不大时，最好将滑坡体全部挖除；如土方量较大，不能全部挖除，且表层破碎含有滑坡夹层时，可对滑坡体采取深翻、推压、打乱滑坡夹层、表面压实等措施，减少滑坡因素。

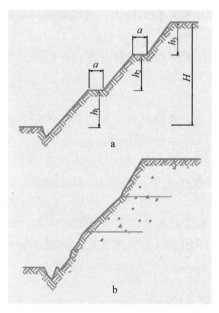

图1-59　边坡处理
a. 做台阶式边坡（a=1.5～2.0 m）　b. 不同土层做不同坡度

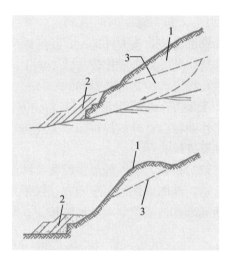

图1-60　削去陡坡加固坡脚
1. 应削去的土坡　2. 填筑挡土堆　3. 滑动面

（8）对于滑坡体的主滑地段可采取挖方卸荷、拆除已有建筑物等减重辅助措施，对抗滑地段可采取堆方加重等辅助措施。

（9）滑坡面土质松散或具有大量裂缝时，应进行填平、夯填，防止地表水下渗，在滑坡面植树、种草皮、浆砌片石等保护坡面。

（10）倾斜表层下有裂隙滑动面的，可在基础下设置混凝土锚桩（墩）。土层下有倾斜岩层的，可将基础设置在基岩上用锚栓锚固，或做成阶梯形，或灌注桩基减轻土体负担。

（11）对已滑坡工程，稳定后采取设置混凝土锚固排桩、挡土墙、抗滑明洞、抗滑锚杆或混凝土墩与挡土墙相结合的方法加固坡脚，并在下段做截水沟、排水沟、陡坝，采取去土减重措施，保持适当坡度（图1-62）。

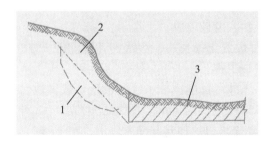

图1-61　削割坡脚措施
1. 滑动面　2. 应削去的不稳定部分　3. 实际挖去的部分

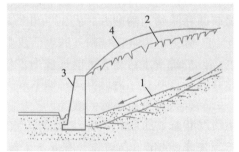

图1-62　用挡土墙与卸荷整治滑坡
1. 岩基滑动面　2. 滑动土体
3. 钢筋混凝土或块石挡土墙　4. 卸去土体

（二）冲沟、土洞（落水洞）、故河道及古湖泊处理

1. 冲沟处理 冲沟多由于暴雨冲刷剥蚀坡面形成，先在低凹处蚀成小穴，逐渐扩大成浅沟。以后进一步冲刷，就成为冲沟，黄土地区常大量出现，有的深达 5～6 m，表层土松散。

处理方法：对边坡上不深的冲沟，可用好土或 3：7 灰土逐层回填夯实，或用浆砌块石填至坡面相平，并在坡顶设排水沟及反水坡，以阻截地表雨水冲刷坡面。对地面冲沟用土层夯填，因其土质结构松散，承载力低，可采取加宽基础的处理方法。

2. 土洞（落水洞）处理 在黄土层或岩溶地层，由于地表水的冲蚀或地下水的潜蚀作用形成的土洞、落水洞往往十分发达，常成为排汇地表径流的暗道，影响边坡或场地的稳定，必须进行处理，避免继续扩大，造成边坡塌方或地基塌陷。

处理方法：将土洞、落水洞上部挖开，清除软土，分层回填好土（灰土或沙石）夯实，面层用黏土夯填并使之比周围地表高，同时做好地表水的截流工作，将地表径流引到附近排水沟中，不使下渗。对地下水可采用截流改道的办法。如用作地基的深埋土洞，宜用沙、砾石、片石或混凝土填灌密实，或用灌浆挤压法加固。

3. 故河道、古湖泊处理 根据其成因，有年代久远的经大气降水及自然沉实、土质较为均匀、密实含水量 20% 左右、含杂质较少的故河道、古湖泊，有年代近的土质结构均较松散、含水量较大、含较多碎块和有机物的故河道、古湖泊。这些都是由天然地貌的低洼处长期积水、泥沙沉积形成，土层由黏性土、细沙、卵石和角砾构成。

年代久远的故河道、古湖泊，已被密实的沉积物填满，底部尚有沙石层，一般土的含水量小于 20%，且无被水冲蚀的可能性，土的承载力不低于相接天然土，可不处理。年代近的故河道、古湖泊，土质较均匀，含有少量杂质，含水量大于 20%，如沉积物填充密实，承载力不低于同一地区的天然土，亦可不处理；如为松软、含水量大的土，应挖除后用好土分层夯实，或采用地基加固措施：用作地基的部位用灰土分层夯实，与河、湖边坡接触的部位做成阶梯形接磋，阶宽不小于 1 m，接磋处应仔细夯实，回填应按先深后浅的顺序进行。

（三）橡皮土处理

当地基为黏性土且含水量很大、趋于饱和时，夯（拍）打后，地基土变成踩上去有颤动感觉的土，称为橡皮土。

处理方法：暂停施工一段时间，避免再直接拍打，使橡皮土含水量逐渐降低，或将土层翻起进行晾晒；如地基已成橡皮土，可在上面铺一层碎石或碎砖后夯击，将表层土挤紧；橡皮土较严重的，可将土层翻起并拌均匀，掺加石灰，使其吸收水分，同时改变原土结构成为灰土，使之有一定强度和水稳性；如用作荷载大的房屋地基，可打石桩或垂直打入 M10 机砖，最后在上面满铺厚 50 mm 的碎石后再夯实；采取换土措施，挖去橡皮土，重新填好土或级配砂石夯实。

（四）流沙处理

当基坑（槽）开挖深于地下水位 0.5 m 以下，采取坑内抽水措施时，坑（槽）底下砌的土产生流动状态，随地下水一起涌进坑内，边挖边冒，无法挖深，这种现象称为"流沙"。

发生流沙时，土完全失去承载力，不但使施工条件恶化，而且流沙严重时，会引起基础边坡塌方，附近建筑物因地基被掏空而下沉、倾斜，甚至倒塌。

常用处理措施：安排在全年最低水位季节施工，使基坑内动水压减小；采取水下挖土（不抽水或少抽水），使坑内水压与坑外地下水压相平衡或缩小水头差；采用井点降水，使水位降

至基坑底 0.5m 以下，使动水压力的方向朝下，坑底土面保持无水状态；沿基坑外围四周打板桩，深入坑底下面一定深度，增加地下水从坑外流入坑内的渗流路线和渗水量，减小动水压力；采用化学压力注浆或高压水泥注浆，固结基坑周围沙层使之形成防渗帷幕；往坑底抛大石块，增加土的压重并减小动水压力，同时组织快速施工；当基坑面积较小时，也可在四周设钢板护筒，随着挖土不断加深，直到穿过流层。

（五）表土处理

1. 表土的采取和复原　为了防止重型机械进入现场压实土壤，使土壤的团粒结构遭到破坏，最好使用倒退铲车掘取表土，并按照一个方向进行。表土最好复原，直接平铺在预定栽植的场地，不要临时堆放，防止地表固结，平铺表土同样要使用倒退铲车的施工方法。现场无法使用倒退铲车时，可以利用接地压强小的适合沼泽地作业的推土机。另外，掘取、平铺表土作业不能在雨后进行，施工时地面应充分干燥，机械不得反复碾压。为了避免在复原的地面形成滞水层，平铺时要很好地耕耘，必要时需铺设碎石暗渠和透水管等，以利于排水。

2. 表土的临时堆放　应选择排水性能良好的平坦地面临时堆放表土，长时间（6个月以上）堆放时，应在临时堆放表土的地面上铺设碎石暗渠等，以利于排水。堆积高度最好在 1.5m 以下，不要用重型机械压实。不得已时，堆积高度也应在 2.5m 以下。这是因为过分的密实会破坏土壤最下部的团粒结构，造成板结。板结的土壤不得复原利用。

思考与训练

1. 等高线的特性如何运用到地形设计之中？
2. 地形设计的原则和内容有哪些？
3. 试述山体设计基本原则和山的造型艺术。
4. 地形设计的方法有哪些？其优缺点各是什么？
5. 如何计算和绘制道路的设计等高线？
6. 试述地形设计的工作步骤。
7. 竖向设计一般要完成的任务有哪些？
8. 土方量计算的基本方法有哪些？各适用于何种地形类型的土方量计算？
9. 断面法适用于哪类土方量计算？如何计算？
10. 试述平整场地的设计步骤和土方量计算的方法。
11. 简述土方施工准备工作的步骤及内容。
12. 如何保证回填土工程的结构稳定性？施工中应注意哪些质量问题？

第二章
Chapter 2

风景园林道路工程

道路是景区内部重要的结构系统，也是景区与外部环境的交通纽带。本章从工程学的角度讨论了风景园林道路的功能和分类，介绍了道路和停车场的技术设计步骤和要求。要求重点掌握风景园林道路的横断面、平面线形和纵断面线形的技术设计。

　　道路的名称最早见于《诗经·尔雅》："道者蹈也，路者露也。"说明当时的道路是因人们的行走而产生的。到了周代，则有"路者露也，赖之以行车马者也"之说。清代对道路有更明确的分类：由京都至各省会为"官路"，各省会之间为"大路"，市区街道为"马路"。20世纪初叶，汽车行驶的道路称为"公路"。在历代皇家、寺观、私家园林中，园路的设计、施工也渐趋丰富、精巧，是我国园林艺术成就之一。可见随着社会的发展，道路的功能更趋复杂，类型更丰富，规划设计的要求也越来越高。

　　风景园林道路作为一种特殊的道路，是景区内部各功能区之间、景区与外部环境之间的交通纽带，是区内组织游览、观光、生产和生活所必需的车辆、行人通行的通道。道路在构成人流、货流等交通运输的物质基础条件的同时，也是组成风景园林的景观要素。风景园林道路工程需满足一般道路的安全、舒适、经济的基本条件，还需组织、引导动态景观，满足旅游交通的心理要求，最大限度地保护自然资源和景观资源，因此其技术设计可适当降低指标，结合相关工程措施，减少破坏性的挖方、填方工程。近年来，风景园林道路的构造设计也更多地注重道路本身的景观性、生态性，如彩色路面、透水透气性路面等新材料、新工艺得到广泛使用。

第一节　道路功能与分类

一、风景园林道路的功能

　　就实用功能而言，风景园林道路承担着组织交通的功能，是景区的交通线，既起到划分景区的作用，又是联系各个景点的纽带。道路的布置对景区的通风、日照、自然排水等物理环境有一定的影响，骨干道路通常还兼具工程管线设施敷设通道的作用。就景观功能而言，景区中的道路又是风景线，道路本身也构成景观。

　　1. 组织交通　联系景区与外部环境的道路一般以交通性为主，主要满足客车、服务性货车等车辆的通行。内部道路依据景区的不同类型及规模，主要承担对客运性车流、观光人流的集散和引导作用，同时满足景区建设、养护、管理等工作的运输要求。合理的交通组织，可以保证车辆以设计车速安全行驶，人员乘坐舒适，满足游览路线顺畅安全、园务运输便捷的要求。

2. 划分空间 道路是景区结构的骨架，确定景区的格局。道路结合建筑物、构筑物、地形、植物等景观要素将景区划分成多个大小不一、旷奥变化的空间，为景区的功能分区、空间组织提供物质基础。

3. 引导游览 道路是人们习惯、偶然或潜在的移动通道，人们在道路上行走的同时，不断地观察周边的环境，景观元素也是沿着道路布局而展开的。贯穿于中国古典园林中的"步移景异""移步换景"，正是对道路引导景观的高度概括。在景区中，游人沿着道路按设计的景观序列游览，所获得的不是几个静止的画面，而是一系列连续变化的多个画面、空间的叠加和综合。

4. 构成景观 道路不同的线形可构成丰富的景观。路面较宽的直线形道路气势开阔，具有强烈的导向性；曲线变化丰富的道路起伏变化，萦纡回环、线条优美。游步道随形附势，因景成路，也因路得景。路面丰富的色彩和材料、精巧的工艺都是景观的组成部分。

5. 管线敷设 景区主要道路通常也是给排水、电力、供暖、燃气等工程管线设施敷设的通道。在地形变化丰富的场地中，道路承担着地表径流的截流沟的作用。

6. 其他功能 道路的走向及其附属的绿化带的布置对景观场地的通风、日照有不同程度的影响，如对夏季凉爽气流、冬季寒冷气流的疏导，对道路两侧的建筑物的遮阴、采光的影响。风景园林道路在引导游览的同时，还要最大限度地保护自然资源和景观资源，控制道路工程本身和游览活动对这些资源的破坏。

二、风景园林道路的分类与技术标准

不同类型的道路，其交通特征、功能作用、服务对象与技术要求等各有不同特点，一般以交通性质、交通量和行车速度等为基本因素进行分类。目前我国将道路分成公路（highway）、城市道路（urban road）、专用道路（accommodation road）和乡村道路（country road）四大类，其中专用道路分厂矿道路和林区道路。风景园林道路尚未有独立的分类。景区可以包含从数十平方米的街头小游园到数十平方千米的风景区、保护区，既有远郊自然景观，也有城市景观。因风景园林道路性质、功能的差异，难以用单一的指标进行简单分类。因此，结合国内外景观工程实践经验，参考公路、城市道路、专用道路的分类标准，将风景园林道路分为四类八级，即主干路、次干路、支路、游览步道四类，其中主、次干路根据景区的规模、设计交通量、地形等因素各分为Ⅰ、Ⅱ、Ⅲ级。四类道路同存的情况一般只出现在大、中型场地中，小型场地可根据需要不设车道。

1. 主干路 主干路是指联系景区与其所依托的城市（郊）干道或其他景区的客运、货运性道路，以及联系景区内不同功能区的道路。主干路是形成景区结构布局的骨架，属全局性道路。车流量较集中。

2. 次干路 次干路是主干路的补充，与主干路结合组成道路网，串联各主要景点和功能区，起到交通集散、引导游览的作用，兼有服务功能。车流量相对较少。

3. 支路 支路解决景区局部地段交通，主要为景区内生产管理、园务运输和消防等服务。

4. 游览步道 游览步道也称游步道、小径，是风景园林道路系统的最末梢，是供游人游览、观光、休憩的小道。游览步道宽度可根据游览需要做不等变化，一般不宜超过2.5 m。道路设计及路面材料可灵活处理，因景成路。

风景园林道路分类分级与技术标准如表2-1所示，在具体的道路工程设计中可查阅中华人民共和国行业标准《公路工程技术标准》（JTG B01—2014）、《公路路线设计规范》（JTG D20—2017）、《城市道路工程设计规范》（CJJ 37—2012）等资料，参考公路、城市道路、专用道路的相关技术指标。

表 2-1　风景园林道路分类分级与技术标准（参考）

道路分类	路面宽度/m	人行道宽（路肩）/m	车道数/条	路基宽度/m	红线宽（含明沟）/m	车速级别/(km/h)
主干路	7～14	1.5～3.0	2～4	8.5～17.0	16～30	Ⅰ 40～50 Ⅱ 30～40 Ⅲ 20～30
次干路	4～7	1.0～2.0	1～2	5.0～9.0	—	Ⅰ 30～40 Ⅱ 20～30 Ⅲ 15～20
支路	3～4	0.8～1.0	1	3.8～5.0	—	15
游览步道	0.8～2.4	—	—	—	—	—

第二节　道路的技术设计

　　道路是三维空间的实体。它是由路基、路面、桥涵和沿线设施组成的线形构造物。一般所说的路线，是指道路中线的空间位置。路线在水平面上的投影称作路线的平面线形。平面线形由直线、曲线构成。沿中线竖直剖切再行展开则是路线的纵断面。中线上任意一点的法向切面是道路在该点的横断面。路线设计是指确定路线空间位置和各部分几何尺寸的工作。为研究方便，将其分解为路线平面设计、路线纵断面设计和横断面设计。三者是相互关联的，既分别进行，又综合考虑。

　　景观规划设计者的任务就是在调查研究、掌握大量材料的基础上，设计出有一定技术标准，满足行车要求，经济、景观、生态和社会效益多赢的路线。在设计的顺序上，一般是在尽量顾及纵、横断面平衡的前提下先定平面，沿这个平面线形进行高程测量和横断面测量，取得地面线和地质、水文及其他必要的资料后，再设计纵断面和横断面。为求得线形的均衡和土石方数量的节省，必要时再修改平面，经过多次反复，最终设计出良好的风景园林道路网络。

一、道路横断面设计

（一）道路横断面的组成

　　道路的横断面就是垂直于道路中心线方向的断面，包含道路红线范围内的所有内容，主要有：车行道、人行道（路肩）、分隔带及绿带、地上杆线和地下管线共同敷设带、排水沟道、交通组织标志等。道路横断面的宽度等于各组成部分的宽度之和。

　　1. 路幅布置类型及选用

　　（1）一块板横断面。又称单幅式，即所有车辆都在一条车行道上混合行驶，以路面画线标志组织单向交通或不做画线标志，将机动车道设在中间，非机动车在两侧。一般有单幅单车道和单幅双车道之分（图 2-1a）。

　　单幅式道路占地少，节省投资，但只适用于机动车交通量不大、非机动车较少的主、次干路。单幅双车道车行速度可为 20～80 km/h，单幅单车道则适合于车速较低的景观次干路、支路。

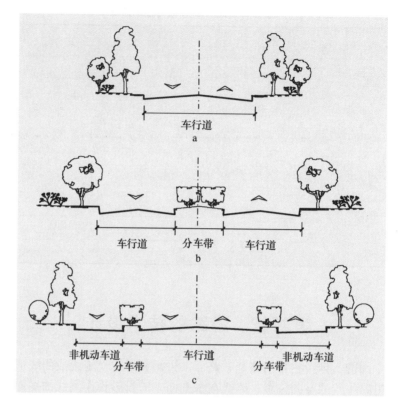

图 2-1　道路横断面布置基本形式

a. 一块板横断面　b. 两块板横断面　c. 三块板横断面

（2）两块板横断面。又称双幅式，即由路幅中心设置一条分隔带或绿带，将车行道一分为二，形成对向车流分道的两条车行道。各自再根据需要决定是否划分快、慢车道（图2-1b）。

双幅式道路占地较多，造价较高，将对向行驶的车辆分开，减少了行车干扰，提高了车速。主要用于两条机动车道以上的道路，尤其适用于横向高差大或地形复杂的地段。

（3）三块板横断面。又称三幅式，即用两条分隔带或绿带分隔机动车道和非机动车道，中间为机动车道，两侧为非机动车道（图2-1c）。

三幅式道路用地多，工程造价高。将机动车道和非机动车道分开，有利于交通安全。分隔绿化带具有良好的生态作用，易形成绿色的生态走廊。主要适用于红线宽度在40 m以上的城市道路，一般风景区和公园内极少使用。

综上所述，三种横断面形式都有其适用范围，各有利弊，必须根据具体情况，综合各种因素，经过技术经济比较，慎重选定。确保断面布置紧凑，车、人的交通安全与通畅，迅速集中排出地面水，减少对道路环境的消极影响，并兼顾道路的生态性和景观性。

2. 路基横断面类型　风景园林道路的路基横断面主要有三类：路堑型（城市型）、路堤型（公路型）和特殊型。

（1）路堑型道路。以突起的路沿石保护路面，宜采用暗管排除雨水。适用于道路密集、行人流量较大、景观要求较高的地段（图2-2a）。

（2）路堤型道路。侧边不设高出的路沿石，以路肩保护路面，路面略高于道路两侧用地，汇集的雨水由路肩外设明沟排除（图2-2b）。

（3）特殊型道路。主要指景区游览步道中的步石、汀步、磴道、攀梯等（图2-2c）。

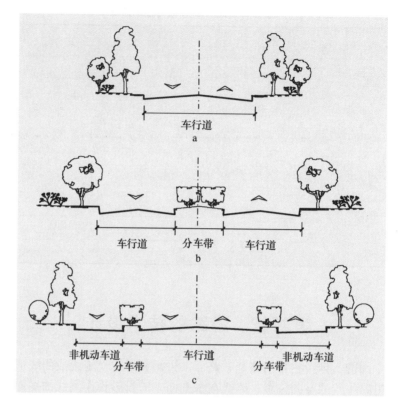

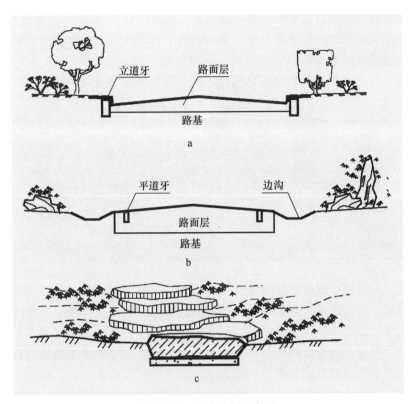

图 2-2 路基横断面类型

a. 路堑型　b. 路堤型　c. 特殊型

(二) 横断面设计

1. 车行道设计

车行道宽度＝机动车道宽度＋非机动车道宽度

机动车道宽度＝车道数×每条车道宽度＝$n×(3.5\sim3.75\ m)$

景区内部交通量相对较小，主要行驶游览观光、交通联系、内部生活供应和园务管理等车辆，车速不高，荷载较小。参照城市交通管理规则的规定，限制车速行驶的车行道每条宽3.5 m，行驶拖挂式汽车、铰链公共交通车辆的每条宽 3.75 m，因此每条车道宽采用 3.5～3.75 m。

单车道道路每隔150～300 m应在适当位置设置会让车道（错车道），错车道处的路基宽度不小于 6.5 m，有效长度不小于 20 m。具体尺寸规定如图 2-3 所示。

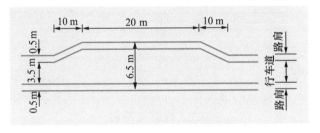

图 2-3　错车道布置

非机动车包括自行车、三轮车、板车、兽力车等，除自行车外，其余已较少在景区中出现。自行车车辆宽度为0.5 m，单车道宽度为 1.5 m，双车道宽度 2.5 m，三车道宽度 3.5 m（以此类推）。

车道宽度与交通高峰、季节、时间及交通组织有关，不能机械地硬性叠加，尽可能综合处理，分期建设加宽，充分利用路肩，缩小路面铺砌宽度，节省工程投资。

2. 车行道路拱设计　为利于路面横向排水，将路面做成由中央向两侧倾斜的拱形，称为路拱。其倾斜的程度以百分率表示。

路拱对排水有利，但对行车不利。路拱坡度产生的水平分力增加了行车的不平稳，同时也给乘客不舒适的感觉，而且当车辆在有水或潮湿的路面上制动时还会增加侧向滑移的危险。因此，对路拱大小及形状的设计应兼顾两方面的影响。对于不同类型的路面，由于其表面的平整度和透水性不同，可结合当地的自然条件选用不同的路拱坡度（表2-2）。

表 2-2　不同路面类型的路拱横坡度

路面面层类型	路拱坡度/%
水泥混凝土、沥青混凝土路面	1.0～2.0
其他黑色路面、整齐石块路面	1.5～2.5
半整齐石块、不整齐石块路面	2.0～3.0
碎、砾石等粒料路面	2.5～3.5
低级路面	3.0～4.0

车行道可设双向路拱，这样对排除路面积水有利。在降水量不大的地区和路面较窄的道路也可采用单向横坡，并向路基外侧倾斜。路拱的形式有抛物线型、直线型、折线型等。

（1）抛物线型。路拱横坡度变化圆顺，形式美观，利于排水。其缺点是车行道中部过于平缓，易使车辆集中行驶，造成道路中间部分的路面损坏较快。抛物线型路拱应用较广，特别适合于四车道及其以下宽度的道路（图2-4a）。

（2）直线型。路拱由两条相交的直线组成，由于路拱的中部为屋脊形，行车颇为不便，通常在直线间插入缓和直线、圆曲线或抛物线（图2-4b）。排水不及抛物线型路拱顺畅。另外由于直线段较长，若施工不良，就会产生少量沉陷，容易造成路面积水，进而造成路面的损坏。

（3）折线型。路拱由两组横坡度不同的线段组成，兼有抛物线型路拱和直线型路拱的特点，可减少和避免直线型路拱的沉降和积水现象。其缺点是在转折点处有尖峰突起，不利于行车，高级路面宽度超过20 m的可采用折线型路拱（图2-4c）。

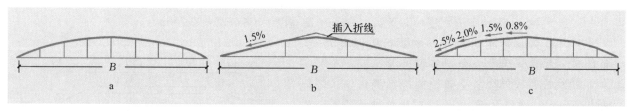

图 2-4　道路路拱的形式
a. 抛物线型　b. 直线型　c. 折线型

3. 人行道与路肩

（1）人行道。人行道是为了满足行人的交通和保证行人安全而设置的，同时用于布置绿化、地上杆柱、地下管线等交通附属设施。

一个步行的人所占用人行道宽度与其携带的物品大小和携带方式有关，建议在景区中1条人行带宽取值0.6～0.8 m，2条宽1.5 m，3条宽2.3 m，4条宽3.0 m，5条宽3.7 m，6条宽4.5 m。人行道总宽度取决于行人的交通量、行人性质、行走速度等因素，必须保证行人通行安全、顺畅。可由下式计算：

$$W_p = N_w / N_{w_1} \qquad (2-1)$$

式中：W_p——人行道宽度（m）；

N_w——人行道高峰小时行人流量（人/h）；

N_{w_1}——1 m宽人行道的设计行人通行能力［人/(h·m)］。

根据观察，行人步行的速度在一般城市道路上为3～4 km/h，供散步与休息的地段为1～2 km/h，在行人急速行走的地点可达6 km/h。行人间距一般为2～4 m。由此计算出的一条人行带通行能力在300～1 800人/h之间变化，特殊地段达2 000人/h以上。参考城市道路准则，确定出下列道路的通行能力建议值：

全市性干道：700～1 100人/（带·h）或800～1 200人/（带·h）

区域性干道：700～1 100人/（带·h）或800～1 200人/（带·h）

居住区道路：750～1 250人/（带·h）

园　　　路：650～950人/（带·h）

（2）路肩。路肩是位于车行道外缘，具有一定宽度的带状结构部分。风景园林道路的路肩通常包含硬路肩和土路肩两部分（图2-5）。

硬路肩是指进行了铺装的路肩，可承受汽车荷载的作用力；土路肩是指未加铺装的路肩。路肩起

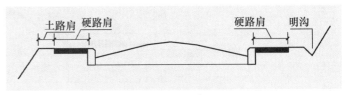

图2-5　路肩组成

着保护及支撑路面结构的作用，并提供侧向余宽，对未设人行道的道路，可供行人和非机动车辆使用。路肩最小宽度为0.5 m，行车速度为60 km/h的一级公路的硬路肩要求宽1.5～2.5 m。

4. 道路边沟与边坡坡度

（1）边沟。边沟的主要作用是排除路面及边坡外汇集的地表水，以确保路基与边坡的稳定。一般在道路路堑及高度小于边沟深度的低填方地段设置边沟。边沟的断面形状主要取决于排水量的大小、道路的性质、土壤情况及施工方法。一般情况下边沟在石质地段多做成三角形，而在排水量大的路段多采用梯形。

边沟的设置宜遵循如下规定：底宽与深度不小于0.4 m；边沟纵坡一般不应小于0.5%，特殊困难路段亦不得小于0.2%；当陡坡路段沟底纵坡较大时，为防止边沟冲刷，应采取加固措施，或铺放挡水石减缓冲刷；边沟不宜过长，一般不宜超过500 m，即应选择适当地点设置出水口，多雨地区不宜超过300 m。三角形边沟长度一般不宜超过200 m。

（2）边坡坡度。路基边坡坡度应根据当地自然条件、岩土性质、填挖类型、边坡高度和施工方法等确定。边坡过陡，稳定性差，易出现崩塌等现象；边坡过缓，土石方数量增加，雨水渗入坡体的可能性加大。因此，选择边坡坡度时，要权衡利弊，力求合理。

路基边坡按与路面的高差关系可分为路堤式、路堑式两种（图2-6）。

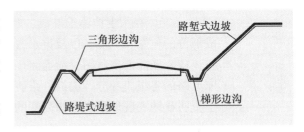

图2-6　边沟与边坡横断面

路堤边坡坡度根据填料种类及边坡高度，进行边坡稳定性计算。当路基边缘与路侧地面的高差较大时，为了保证路堤的稳定性，需设置护坡道。当高差大于2 m时，应设置宽1 m的护坡道；当高差大于6 m时，应设置宽2 m的护坡道。浸水路堤的边坡坡度，在设计水位再加0.5 m以下部分应视填料性质采用1∶1.75～1∶2，在常水位以下部分则采用1∶2～1∶3，并视水流情况采取加固及防护措施。填石路堤应由不易风化的较大石块填筑，边坡坡度可采用1∶1，边坡坡面应采用大于25 cm的石块铺砌。当填方路堤处的地面横坡陡于1∶5时，应将地面挖成台阶，台阶宽度不小于1 m，以防路基滑动影响稳定。

路堑边坡坡度，应根据当地自然条件、土石种类及其结构、边坡高度和施工方法等确定。一般土质挖方边坡高度不宜超过20 m。

5. 结合地形设计道路横断面 　在自然地形起伏较大地区设计道路横断面时，如果道路两侧的地形高差较大，结合地形布置道路横断面的几种形式如下：

（1）结合地形将人行道与车行道设置在不同高度上，人行道与车行道之间用斜坡隔开，或用挡土墙隔开。

（2）将两个不同行车方向的车行道设置在不同高度上。

（3）结合岸坡倾斜地形，将沿河（湖）一边的人行道布置在较低的不受水淹的河滩上，供人们散步休息之用。车行道设在上层，以供车辆通行（图2-7）。

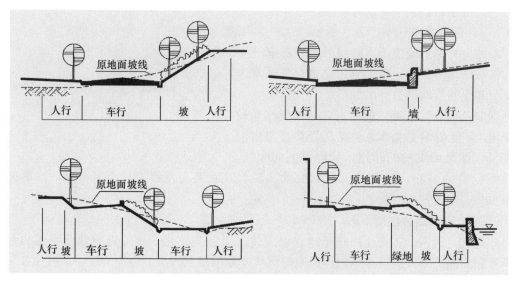

图2-7　结合地形设计的道路横断面

6. 横断面设计方法 　道路横断面设计关系到交通、环境、景观和沿线公用设施的协调安排，需充分结合道路等级、道路功能、交通性质、交通流量、环境景观等因素，以及近期与远期相结合的原则，确定横断面形式。

（1）横断面设计图。确定横断面组成和宽度以后，即可绘制横断面设计图。道路的横断面设计图用于指导道路施工和计算土石方数量。风景园林道路横断面设计图一般比例尺为1：100或1：200，在图上应给出红线、车行道、人行道、绿带、照明、新建或改建的地下管线等各组成部分的位置和宽度，以及排水方向、路面横坡等（图2-8a）。

（2）横断面现状图。沿道路中线每隔一定距离绘制横断面现状图，图中包括地形、地物、原道路的各组成部分、边沟、路侧建筑物等。比例尺为1：100或1：200（图2-8b）。有时为了更明显地表现地形和地物高度的变化，也可采用纵、横不同的比例尺绘制。

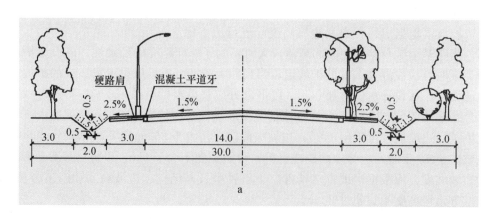

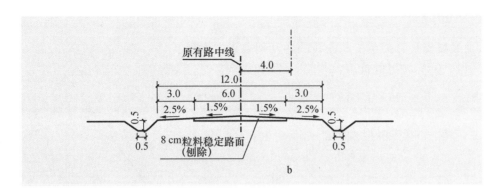

图2-8 标准横断面设计图
a. 道路标准横断面设计图 b. 原道路横断面图（K1+150）

（3）横断面施工图。在完成道路纵断面设计之后，各中线上的填挖高度则为已知。将这一高度点绘在相应的横断面现状图上，然后将横断面设计图以相同的比例尺画于其上。此图反映了各断面上的填、挖和拆迁界线，是施工时的主要依据。

二、道路平面线形设计

道路的平面线形指路线红线范围内的内容在水平面上的投影。直线和曲线是平面线形的主要组成部分。

在地形变化小或城市规则路网中，直线作为主要线形要素是适宜的。直线具有距离最短、线形最易选定、经济和快速的优点；缺点是过长的直线易引起司机的视觉疲劳，另外由于直线的可预见性，使景观显得单调。

事实上，路线常会碰到一些自然障碍或因景区本身的景观要求，需要采用曲线线形，曲线可以自然地表明道路方向的变化。采用平缓而适当的曲线，既可提高司机的注意力，而且可以从正面看到路侧的景观，起到诱导视线的作用。

道路曲线包括圆曲线和缓和曲线（螺旋曲线）两种。圆曲线具有一定的半径；缓和曲线是在直线和圆曲线之间或在不同半径的两圆曲线之间，为缓和人体感到的离心加速度的急剧变化，提高视觉的平顺度及线形的连续性，采用的半径逐渐变化的曲线。就一般风景园林道路的规模及设计速度而言，主要使用圆曲线，极少使用缓和曲线（图2-9）。

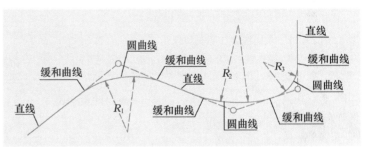

图2-9 曲率连续的路线

（一）道路平面线形设计的基本内容与要求

平面线形设计就是具体确定道路在平面上的位置，根据勘测资料和道路性质等级要求以及景观需要，定出道路中心线的位置，确定直线段，选用圆曲线半径，合理解决曲直线的衔接，恰当地设置超高、加宽路段，保证安全视距，绘出道路平面设计图。

路线设计应根据道路的等级及其使用功能，在保证行驶安全的前提下，合理地利用地形，正确运用技术标准，在条件允许的情况下力求做到各种线形要素的合理组合，保证线形的均衡性，尽量避免和减轻不利组合，以充分发挥投资效益。不同的路线方案，应对工程造价、自然环境、社会环境等重大影响因素进行多方面的技术经济论证。

（二）圆曲线设计

1. 圆曲线要素及其关系　圆曲线的各几何要素之间的关系如图 2-10 所示，按下式计算：

切线距：　$T = \overline{AM} = \overline{BM} = R\tan\dfrac{\alpha}{2}$　　　(2-2)

外距：　$E = \overline{MO} - \overline{CO} = R\left(\dfrac{1}{\cos\dfrac{\alpha}{2}} - 1\right)$

$$= R\left(\sec\dfrac{\alpha}{2} - 1\right)\qquad(2-3)$$

曲线长：　$L = \overset{\frown}{ACB} = \dfrac{2\pi R}{360°}\alpha = \dfrac{\pi R\alpha}{180°}$　　(2-4)

曲线半径：　　$R = T\cot\dfrac{\alpha}{2}$　　　(2-5)

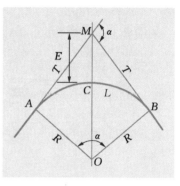

图 2-10　圆曲线的几何要素

图中，M 为交点，为两直线相交而成。A 为曲线起点，即直线与圆曲线的连接点。B 为曲线终点，即圆曲线与直线的连接点。C 为曲线 $\overset{\frown}{AB}$ 的中点。

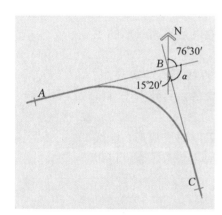

图 2-11　求切线距、弧长和外距

注：在实际工作中，圆曲线诸要素的值，可直接查阅《公路圆曲线测设用表》。

【例 2.1】　如图 2-11 所示，已知两条切线相交于点 B，切线 AB 的方向是北偏东 $76°30'$，切线 CB 的方向是北偏西 $15°20'$，拟建一条半径为 100 m 的圆曲线来连接两条切线。试确定其切线距、弧长和外距。

解：

计算切线距：

$$\begin{aligned}T &= R\tan\dfrac{\alpha}{2} \\ &= 100 \times \tan\dfrac{(180° - 76°30' - 15°20')}{2} \\ &= 100 \times 0.968\,5 \\ &= 96.85\ \text{(m)}\end{aligned}$$

计算弧长：

$$L = \dfrac{\pi R\alpha}{180°} = \dfrac{\pi \times 100 \times 88°10'}{180°} = 153.88\ \text{(m)}$$

计算外距：

$$\begin{aligned}E &= R\left(\sec\dfrac{\alpha}{2} - 1\right) \\ &= 100 \times \left(\sec\dfrac{88°10'}{2} - 1\right) \\ &= 100 \times 0.392\,1 \\ &= 39.21\ \text{(m)}\end{aligned}$$

2. 圆曲线半径的计算　当车辆行驶在弯道上，实际上是在做圆周运动，必然受离心力 C 的作用，通过受力计算可知：

$$C = \dfrac{Gv^2}{gR}\qquad\qquad(2-6)$$

式中：R——平曲线半径（m）；

　　　G——汽车重力（kN）；

　　　v——汽车转弯车速（m/s）；

g——重力加速度（m/s²）。

此离心力会影响行车的稳定性，也使乘客感到不适，在道路设计中要消除或减轻这种不稳定所引起的倾覆和滑移。

从图 2-12 可以看出，作用于弯道车辆上的力，有重力 G 和离心力 C。由于路面横坡（坡度 i_0）的影响，两力被分别分解为：平行于路面横坡的 $C\cos\alpha$、$G\sin\alpha$ 和垂直于路面横坡的 $C\sin\alpha$、$G\cos\alpha$ 四个分力。

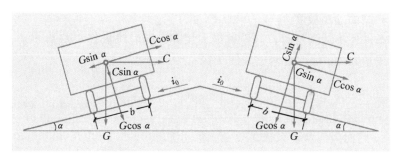

图 2-12　受力分析图

因此车辆所受的横向合力为

$$y = C\cos\alpha \pm G\sin\alpha$$

因 α 很小，则 $\cos\alpha \approx 1$，$\sin\alpha \approx \tan\alpha \approx i_0$，所以

$$y = C \pm Gi_0 = \frac{Gv^2}{gR} \pm Gi_0$$

$$\frac{y}{G} = \frac{v^2}{gR} \pm i_0 \tag{2-7}$$

式中 $\dfrac{y}{G}$ 为单位车重所承受的横向力，即为横向力系数 μ，或称横向稳定系数（μ 值越大，表示行驶车辆横向越不稳定）。则可得到：

$$R = \frac{v^2}{g(\mu \pm i_0)}$$

如设计车速单位采用 km/h，公式改写为：

$$R = \frac{v^2}{127(\mu \pm i_0)} \tag{2-8}$$

式中：v——设计车速（km/h）；

　　　μ——横向力系数；

　　　i_0——路面横坡坡度。

车辆在弯道内侧行驶时，i_0 取"＋"，在不设超高的弯道外侧行驶时，i_0 取"－"。

据测定，乘客随 μ 值的变化其心理反应如下：$\mu=0.07$，路上结冰行驶也觉得平衡，不感到曲线存在；$\mu=0.10$，感觉行驶平衡；$\mu=0.15$，略感有曲线存在，行驶尚平衡；$\mu=0.20$，感到曲线存在，行驶不平衡；$\mu=0.30$，有翻车之感。从汽车运营经济角度看，$\mu\leqslant0.15$ 为宜。因此，风景园林道路横向力系数 μ 值宜取 0.07～0.15。

3. 圆曲线半径的选用

（1）当地形、地物许可时，在保证设计车速的条件下，不设超高而又能良好通车的最小圆曲线半径通常称为推荐半径：

$$R_{推} = \frac{v^2}{127(\mu - i_0)} \tag{2-9}$$

式中：i_0——路面横坡坡度。

（2）当地形、地物受限制时，采用$R_推$有困难，但仍要保证原有设计车速下的安全、经济、舒适行车，则要采取措施即改变道路路面的横坡，设置超高即可。具体做法是调整道路内（外）侧横坡，使原有的双向坡面变成单一向内倾斜的路面横坡。此时的曲线半径称为超高半径（即$R_超$）：

$$R_超 = \frac{v^2}{127(\mu + i_超)} \qquad (2-10)$$

式中：$i_超$——路面超高坡度。

（3）当上述条件还不能满足时，则设置最大超高，同时降低行车舒适要求，将μ值下降到接近路面横向摩擦系数$\Phi_横$值。此时的曲线半径称为"最小半径"。

$$R_{cmin} = \frac{v^2}{127(\Phi_横 + i_{cmax})} \qquad (2-11)$$

式中：i_{cmax}——最大超高坡度；

$\Phi_横$——路面横向摩擦系数。

$\Phi_横$与车速、路面种类及状态、轮胎类型等有关。一般干燥路面上为$0.40\sim0.80$，潮湿的黑色路面为$0.25\sim0.40$，路面结冰或积雪时为0.20以下。

最小半径R_{cmin}是相对而言的，因为更小的半径还可通过降低设计车速获得。当条件许可时，尽可能使采用的平曲线设计半径$R_{设计} > R_{cmin}$，相关指标可参考我国道路准则（表$2-3$）。

表$2-3$　道路平曲线半径建议值表

道路类型	公路三级		公路四级		城市道路				
设计车速/(km/h)	60	30	40	20	60	50	40	30	20
不设超高最小半径$R_推$/m	1 500	350	600	150	600	400	300	150	70
设超高常用半径$R_超$/m	200	65	100	30	300	200	150	85	40
设超高最小半径R_{cmin}/m	125	30	60	15	150	100	70	40	20

4. 小半径弯道设计　当受地形、地物的限制，实际能设计的弯道半径小于不设超高的曲线半径时，在弯道上需设置超高，这样的弯道称为小半径弯道。其设计包括超高、超高缓和段、加宽及加宽缓和段。

（1）超高及超高缓和段。超高坡度由设计车速和实际弯道半径决定：

$$i_超 = \frac{v^2}{127R_{设计}} - \mu \qquad (2-12)$$

式中：$R_{设计}$——实地能定的被设计采用的弯道半径；

μ——横向力系数，其值为$0.1\sim0.2$；

$i_超$——超高坡度，一般控制在$2\%\sim6\%$。

风景园林道路的超高可采用两种做法：一是道路曲线段维持路面中线标高不变，抬高外边缘的标高，使路面横坡达到超高横坡；二是维持路面内边缘标高不变，抬高中线及外边缘的标高，使路面横坡达到超高横坡。

实际施工中，直线路段的双面横坡不能直接突变到曲线起点的单向超高横坡值，所以在曲线起点前，需有一般超高缓和段插入，以便在缓和段内把双向横坡逐渐过渡到单向超高横坡值（图$2-13$）。

缓和段的长度为：

$$L_缓 = \frac{\beta \Delta_i}{p} \qquad (2-13)$$

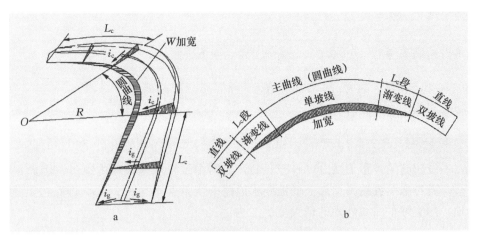

图 2-13 平曲线上路面的超高加宽
a. 超高加宽示意图 　 b. 超高加宽平面图

式中：$L_缓$——缓和段的长度（m）；

β——旋转轴至行车道外侧边缘的宽度（m）；

Δ_i——超高坡度与路拱坡度的代数差（%）；

p——超高渐变率，即旋转轴线与行车道外侧边缘线之间的相对坡度，其值可按表 2-4 确定。

表 2-4　道路超高渐变率表

计算车速/(km/h)		100	80	60	40	30	20
超高旋转轴位置	中线	1/225	1/200	1/175	1/150	1/125	1/100
	边线	1/175	1/150	1/125	1/100	1/75	1/50

（2）加宽及加宽缓和段。车辆在转弯时，外侧前轮转弯半径量大，同时车身所占宽度也较直线行驶时大，道路曲线半径越小，这种情况越显著，所以在小半径弯道上车道需加宽。在具体设计中，曲线半径 $R>200$ m 可不必加宽。

加宽部分位于车道内侧，为使直线路段上的宽度逐渐过渡到弯道上的加宽值，需要专门设置一段加宽缓和段。

在同时需设置超高和加宽缓和段的弯道上，取用超高缓和段的长度为准。在只加宽而不设超高的弯道上，加宽缓和段可直接采用 10 m。

在风景园林道路的弯道上，不一定均设置加宽。视条件适当加大路面内边线的半径，也可达到加宽的目的。

【例 2.2】某山地景区交通干道，其中车行道 14 m，两侧人行道各 3 m，设计行车速度为 45 km/h，道路横坡为 1.2%，路面为沥青混凝土（μ 值取 0.09）。该路线限于地形，必须从河岸与某永久建筑物之间穿越急转，转折点在河岸边 A 处，转折角为 100°，从建筑物 B 的外墙边至 A 点的垂直距离 AB 为 95 m，为了保证交通安全，要求道路中线距点 B 至少 20 m（图 2-14）。试定该路的设计

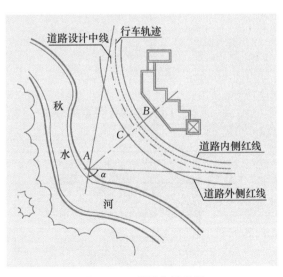

图 2-14　求平曲线半径

平曲线半径。

解:

若从不设超高来考虑，$\mu=0.09$，$i_0=0.012$，根据公式（2-9）可得：

$$R_{推}=\frac{v^2}{127(\mu-i_0)}=\frac{45^2}{127\times(0.09-0.012)}\approx204（\text{m}）$$

当 R 等于 204 m 时，曲线外距 E 为：

$$E=R\left(\sec\frac{\alpha}{2}-1\right)=204\times\left(\sec\frac{100°}{2}-1\right)=204\times0.5556\approx113（\text{m}）$$

显然，不设超高的外距 E 大于 AB（95 m），道路中线将从建筑物内穿过。因此，中线必须向外侧平移，需考虑设置超高。加上场地要求道路中线距点 B 至少 20 m，即路边至建筑物留有 10 m 的余地。则实际平曲线外距的最大值 E_{max} 为：

$$E_{max}=95-20=75（\text{m}）$$

故

$$R_{max}=\frac{E_{max}}{\sec\frac{\alpha}{2}-1}=\frac{75}{1.5556-1}=134.99（\text{m}）$$

设计平曲线半径采用 135 m，此值小于 204 m，故需设超高。根据公式（2-12）计算超高，可得出：

$$i_{超}=\frac{v^2}{127R_{设计}}-\mu=\frac{45^2}{127\times135}-0.09=0.028=2.8\%$$

5. 回头曲线设计 在山地景区中布置道路时，由于地形高差较大，在规定纵坡下，提升路线到越岭点往往需要利用侧面山坡、山谷、山嘴延展路线，因而路线平面往往有较大的转折。在路线转折点，当转角（偏角 $\alpha=\alpha_a+\alpha_b$）≥180°时，此曲线一般称"回头曲线"，有时也称"发针形曲线"。

地形不同，回头曲线可布置成多种不同形式：

（1）小头回头曲线（图2-15a）。当偏角＜180°时，其角点交于曲线的外侧。

（2）大头回头曲线（图2-15b）。当偏角＞180°时，其角点虚交于曲线的内侧。

（3）平头回头曲线（图2-15c）。当偏角＝180°时，其角点不能相交，上下线平行。

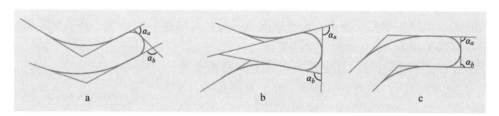

图2-15 回头曲线

a. 小头回头曲线　b. 大头回头曲线　c. 平头回头曲线

回头曲线各要素如表2-5所示。

表2-5 回头曲线各要素表

计算车速/(km/h)	30	25	20
主曲线 R_{min}/m	30	20	15
缓和曲线最小长度/m	60	25	20
超高坡度/%	6	6	6
曲线内最大纵坡/%	3	3.5	4
路面内侧加宽/m	2	2.5	3.5

（三）曲线的衔接

曲线的衔接是指两条相邻近的曲线相接。

1. 同向曲线 同向曲线指转向相同的相邻两曲线（图2-16a）。两同向曲线间以短直线相连而成的曲线称短背曲线，它破坏了平面线形的连续性，应当避免。同向曲线间的直线最小长度宜大于或等于6倍计算行车速度数值。

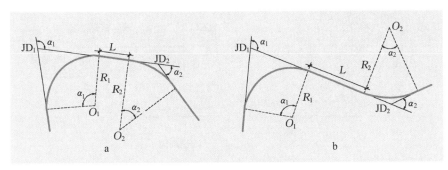

图2-16 曲线的衔接
a. 同向曲线 b. 反向曲线

2. 反向曲线 反向曲线指转向相反的相邻两曲线（图2-16b）。反向曲线间的直线最小长度宜大于或等于2倍计算行车速度数值。Ⅲ、Ⅳ级公路两相邻反向曲线无超高加宽时，可径相衔接；无超高而有加宽，中间应有长度不小于10 m的加宽缓和段。

（四）平面视距

1. 行车视距 车辆行驶中，必须保证驾驶员在一定距离内能观察到路上的一切动静，以便有充分时间采取适当的措施，防止交通事故的发生，这个距离称为行车视距。行车视距又分停车视距和会车视距。行车视距的长短与车辆的制动效果、车速及驾驶员的技术反应时间有关（表2-6）。

表2-6 城市道路停车视距和会车视距

计算车速/(km/h)	80	60	50	45	40	35	30	25	20	15	10
停车视距/m	110	70	60	45	40	35	30	25	20	15	10
会车视距/m	220	140	120	90	80	70	60	50	40	30	20

（1）停车视距。在行车的道路上，汽车司机发现障碍物后，及时刹车至完全停车所必需的最短距离。

（2）会车视距。在同一车道上对向行驶的车辆双方均无法错让，同时刹车至完全停车所必需的最短距离。一般为停车视距的2倍。

2. 平面视距的保证 汽车在弯道上行驶时，弯道内侧的行车视线可能被树木、建筑物、路堑边坡或其他障碍物遮挡，因此在路线设计时必须检查平曲线上的视距能否得到保证，如有遮挡时，则必须清除视距区段内侧横净距内的障碍物。

视距区可通过图解法求出（图2-17）：先按道路等级确定所需停车视距 s，并以比例线段绘于图中。再绘出弯道内侧车道的中心线（即行车轨迹线），在其上以编码1为起点（点1距圆曲线起点之距离小于 s 值），量取 s 长度与行车轨迹线交于点 1′，再在其上距1点一定距离取

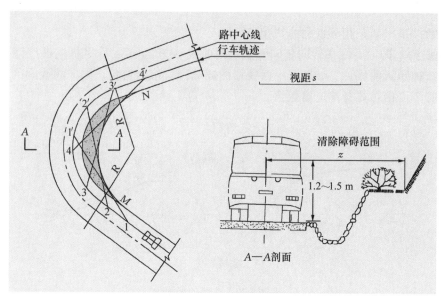

图 2-17 视距区图解

2 为始点，用 s 长交于 2′。依此顺序分别作图，得 3′，4′，…，一直到离圆曲线的终点之距离 ≤ s 处，然后以直线连接 11′，22′，33′，…，再以光滑曲线作上述直线族的内接包络线 MN。在这个视距区以内的所有障碍物都应消除。留下的障碍物的高度（包括绿化）不得超过车辆驾驶员的视线高度 1.2～1.5 m（小客车 1.2 m，大客车 1.5 m）。

（五）道路平面线形设计步骤

道路平面设计包括试定道路中心线、平面位置，选择并计算平曲线要素，编排路线桩号以及确定路界，绘制平面图等步骤。

1. 试定平面设计线　设计前第一步是对路网周边的自然和人文环境进行分析，包括地形、土壤、植被、排水方式和野生动物生存环境、与相邻物的关系、已存在的交通模式、潜在的空气与噪声污染等因素。根据对场地和道路功能的分析，结合道路设计规范，建立物理设计标准，如最小的平曲线半径、最大坡度、水平视距、道路横断面构成、设计车速、车辆类型、估计车流量及方向等，在场地平面图上建立理想路线。

接下来，将理想路线转变为道路中心线的初步走线：在现状地形图上，确定路线的起、终点和中间控制点，拟定各路段中心线的大致走向（1∶2 000～1∶5 000 的小比例尺图用作路网规划、方案比较；1∶500～1∶1 000 比例尺的图用作初步设计、施工图设计）。

在图纸上经过反复试定路线进行方案技术经济比较后，可正式描绘道路中心线的设计线，并相应计算、标出道路起、终点与中间转折点、交叉口中心的设计方位坐标。若遇到道路两侧地物（主要是建筑物）较多的情况，平面转折点往往以建筑物上某点为准，也可不计算坐标。

2. 选择并计算平曲线　在已定各相邻转折点之间，根据行车技术要求配置平曲线。通常可借助专用曲线板试绘，试绘合适后可进行平曲线有关要素计算或查阅曲线表直接得出（α、R、T、L、E、x、y、转点 JD）。对小半径的弯道，为确保行车安全，应验核行车视距与曲线段长度是否足够。最后可在平面图曲线段上方或单独引出，注明路线转折点方位坐标及曲线要素。

3. 编排路线桩号　道路平面直线段、曲线段确定后，应从路线起点开始，按每 20 m、50 m 或 100 m 距离（一般建成区建筑密集地段距离宜近，地形、地物变化不大路段距离可达 50 m 或 100 m）依前进方向顺序编列里程桩号，并对曲线起点、中点、终点以及桥涵人工构筑物、道路交叉口处等特征点，编列加桩。各桩号一般自西向东或自南向北排列。

里程桩桩号标注有两种形式：分数形式和加号形式，单位分别为 km/m 和 km＋m。

用分数形式表示时：起点处桩号为 $\dfrac{0}{000}$，2 km 700 m 处的桩号为 $\dfrac{2}{700}$。

用加号形式表示时：起点处桩号为 K0＋000（或 0＋000），2 km 700 m 处桩号为 K2＋700（或 2＋700）。

圆曲线主点桩包括曲线起点 ZY，中点 QZ，终点 YZ，精度要求到厘米（cm）。

4. 绘制平面图　先在现状地物地形图上画出道路中线（用细的点画线），然后用粗实线给出道路红线、车行道与人行道的分界线，并进一步给出绿化分隔带以及各种交通设施，如停车场等的位置及外形部署。此外，还应将沿线建筑主要出入口、现状管线及规划管线包括检查井、进水口以及桥涵等的位置标出。对于交叉口尚需标明道口转弯半径、中心岛尺寸和护栏、交通信号设施等的具体位置。

平面图绘制范围在建成区一般要求超出红线范围两侧各约 20 m，其他情况为道路中线两侧各 50～150 m。在平面图上应给出指北方向。

【风景园林道路平曲线设计案例】

（1）分析场地，路线定线（图 2-18）。

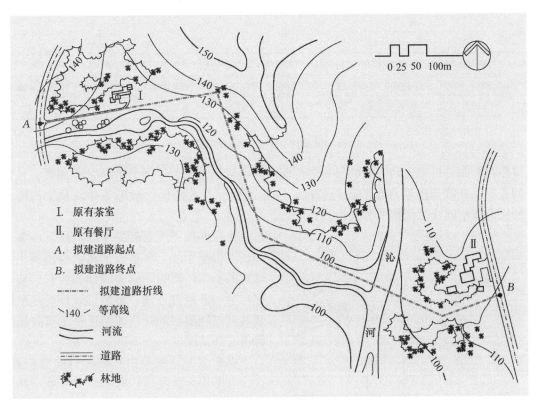

图 2-18　路线定线

（2）计算平曲线要素、编排路线桩号、绘制道路路线平面设计图（图 2-19，表 2-7）。

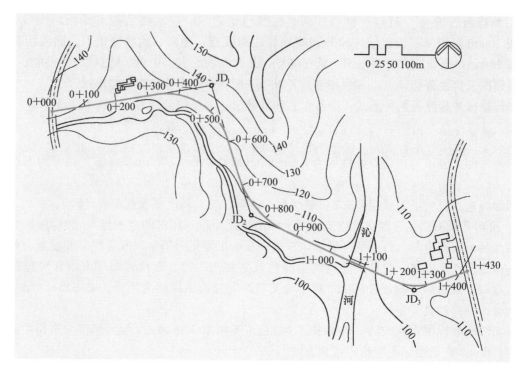

图 2-19 路线平面设计图

表 2-7 曲 线 表

JD	交点坐标		α	R	T	L	E
	X	Y					
1	40 520.240	91 796.474	左 78°53′21″	200	187.380	320.375	59.533
2	40 221.113	91 898.700	左 51°40′28″	224.13	128.667	242.140	25.224
3	40 047.399	92 390.466	左 34°55′51″	150	67.323	131.449	7.715

三、道路纵断面线形设计

道路纵断面是沿着道路中线的竖直剖切面。路线纵断面总是一条有起伏的空间线。纵断面设计的主要任务就是根据汽车的运行特性、道路等级、当地的自然地理条件以及工程经济性等，研究起伏空间线几何构成的大小及长度。

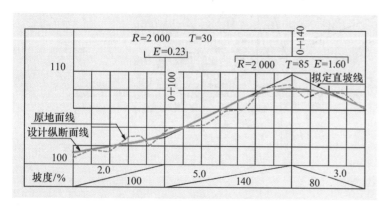

图 2-20 路线纵断面示意图

在纵断面图上有两条主要的线：一条是地面线，根据中线上各桩点的高程绘制的一条不规则的折线，反映了沿中线地面的起伏变化情况；另一条是设计线，是经过设计后定出的一条具有规则形状的几何线，反映了道路路线的起伏变化情况。

纵断面设计线是由直线和竖曲线组成的。直线（即均匀坡度线）有上坡和下坡，是用高差和水平长度表示的。为平顺过渡，在直线的坡度转折处要设置竖曲线，按坡度转折形式的不同，竖曲线有凹有凸，其大小用半径和水平长度表示（图 2-20）。

（一）道路纵断面设计的主要内容及要求

1. 设计的主要内容

（1）确定路线合适的标高。设计标高需符合技术、经济以及美学等多方面要求。

（2）设计各路段的纵坡及坡长。坡度和坡长影响汽车的行驶速度、运输的经济性以及行车的安全，其部分临界值的确定和必要的限制是以通行的汽车类型及行驶性能决定的。

（3）保证视距要求，选择竖曲线半径，配置曲线，计算施工高度等。

2. 要求

（1）线形平顺，保证行车安全和设计车速。

（2）路基稳定，工程最小，避免过大的纵坡和过多的折点。

（3）保证与相关的道路、铺装场地、沿路建筑物和出入口有平顺的衔接。

（4）保证路两侧的街坊或草坪及路面水的通畅排泄。

（5）纵断面控制点（如相交道路、铁路、桥梁、最高洪水位、地下建筑物等）必须与道路平面控制点一起加以考虑。

（二）道路的纵坡与坡长

1. 道路的纵坡

（1）最大纵坡。最大纵坡是指在纵坡设计时各级道路允许采用的最大坡度值，是道路纵断面设计的重要控制指标。在地形起伏较大的地区，直接影响路线长短、使用质量、运输成本及造价。

最大纵坡的确定首先依据道路等级，为保证各级道路的计算行车速度，设计时应提供与道路等级相适应的纵坡；其次依据自然因素，即道路所经地区的地形条件、海拔高度、气温、雨量等自然因素所提供的汽车行驶条件，直接影响道路设计纵坡的确定。如阴湿多雨地区、长期冰冻地区，均应避免过大的纵坡。

风景园林道路最大纵坡值宜取 $i_{max} \leqslant 8\%$。在不考虑车速的条件下，公园局部地段允许达到 12%。非机动车道纵坡以 2% 为宜，最大不得超过 3%。游步道一般在 12° 以下为舒适的坡度，超过 15° 应设台阶，超过 20° 必须设台阶。

（2）最小纵坡。道路挖方及低填方路段，为保证排水，采用不小于 0.3% 的纵坡。当必须设计小于 0.3% 的纵坡时，道路边沟纵坡应另行设计。

城市中道路的最小纵坡应能保证排水和管道不淤塞，其值为 0.3%。如遇特殊困难，纵坡必须小于 0.3% 时，则应设置锯齿形街沟。

（3）桥上及桥头路线的纵坡。小桥与涵洞处的纵坡应按路线规定设计。大、中桥上的纵坡不宜大于 4%，桥头引道的纵坡不宜大于 5%。位于城镇附近非汽车交通较多的地段，桥上及桥头引道的纵坡均不得大于 3%。紧接大、中桥头两端的引道纵坡应与桥上纵坡相同。

（4）合成坡度。合成坡度是指由路线纵坡与弯道超高横坡或路拱横坡组合而成的坡度（图 2-21），其方向为水流线方向。合成坡度的计算公式如下：

$$i_{合} = \sqrt{i_h^2 + i_{纵}^2} \qquad (2-14)$$

式中：$i_{合}$——合成坡度（%）；

　　　$i_{纵}$——路线设计纵坡度（%）；

　　　i_h——超高横坡度或路拱横坡度（%）。

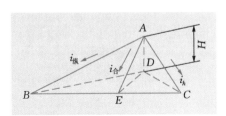

图 2-21　合成坡度示意图

在有平曲线的坡道上，最大坡度既不是纵坡方向也不是横坡方向，而是两者组合而成的水流线方向。将合成坡度控制在一定范围之内，目的是尽可能避免急弯和陡坡的不利组合，防止因合成坡度过大而引起的横向滑移和行车危险，保证车辆在弯道安全面上平顺地行驶。

在应用允许最大合成坡度时，如用规定值10%来控制合成坡度，并不意味着横坡为10%的弯道上就完全不允许有纵坡。无论是纵坡还是横坡，任何一方采用最大值时，允许另一方采用缓一些的坡度，一般以不大于2%为宜（表2-8）。

表2-8 道路坡度值表

道路类型	公路Ⅲ级		公路Ⅳ级		城市道路				
设计车速/(km/h)	60	30	40	20	60	50	40	30	20
最大纵坡/%	6	8	6	9	5	5.5	6	7	8
最大合成坡度/%	9.5	10	9.5	10	6.5	6.5	7	7	8

2. 道路的坡长

（1）最短坡长限制。最短坡长的限制主要是从汽车行驶平顺性的要求考虑的。如果坡长过短，变坡点增多，汽车行驶在连续起伏地段产生的超重与失重变化频繁，导致乘客感觉不舒适，车速越高越突出。从道路美观、相邻两竖曲线的设置和纵面视距等角度考虑，也要求坡长有一最短值（表2-9）。

表2-9 道路最短坡长表

道路类型	公路Ⅲ级		公路Ⅳ级		城市道路				
设计车速/(km/h)	60	30	40	20	60	50	40	30	20
最短坡长/m	150	100	100	60	170	140	110	85	60

（2）最大坡长限制。道路纵坡的大小对汽车的正常行驶影响很大。纵坡越陡，坡长越长，对行车影响越大。主要表现在：行车速度明显下降，甚至要换较低挡克服坡度阻力；下坡行驶制动频繁，易使制动器发热而失效，甚至造成车祸。

当道路上有大量非机动车行驶时，在可能情况下宜在不超过500 m处设置一段不大于2%~3%的缓坡，以利于非机动车行驶（表2-10）。

表2-10 道路最大坡长表

道路类型		公路Ⅲ级		公路Ⅳ级		城市道路		
设计车速/(km/h)		60	30	40	20	60	50	40
纵坡坡度/%	4	1 000 m	1 100 m	1 100 m	1 200 m	—	—	—
	5	800 m	900 m	900 m	1 000 m	—	—	—
	6	600 m	700 m	700 m	800 m	400 m	350 m	—
	7	—	500 m	—	600 m	300 m	250 m	250 m
	8	—	300 m	—	400 m	—	—	200 m
	9	—	—	—	200 m	—	—	—

（三）道路的竖曲线

纵断面上两个坡段的转折处，为了便于行车，用一段曲线来缓和，称为竖曲线。竖曲线的形式可采用抛物线或圆曲线，在设计和计算上，抛物线比圆曲线更方便。因此，竖曲线多使用抛物线。抛物线可采用等切和不等切两种。

1. 竖曲线要素的计算公式　由于在纵断面上只计水平距离和竖直高度，斜线不计角度而计坡度。因此，竖曲线的切线长与曲线长以其在水平面上的投影长度计，切线支距是竖直的高程差，相邻两坡度线的交角用坡度差表示。

设变坡点相邻两纵坡坡度分别为 i_1 和 i_2（上坡 i 值取正，下坡 i 值取负）（图 2-22），它们的代数差用 ω 表示，即 $\omega = i_2 - i_1$。当 ω 为"＋"时，表示凹形竖曲线；ω 为"－"时，表示凸形竖曲线。

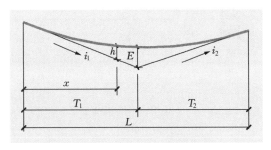

图 2-22　竖曲线要素示意图

竖曲线各要素：

曲线长度 L：
$$L = R\omega \qquad (2-15)$$

曲线半径 R：
$$R = L/\omega \qquad (2-16)$$

切线长度 T：
$$T = T_1 \approx T_2 = L/2 = R\omega/2 \qquad (2-17)$$

外距 E：
$$E = T\omega/4 \qquad (2-18)$$

竖曲线上任一点（x 处）的竖距 h：
$$h = x^2/2R \qquad (2-19)$$

【例 2.3】　某山地景区主干道，边坡点桩号 K5＋030.00，高程为 427.68 m，$i_1 = +5\%$，$i_2 = -4\%$，竖曲线半径 $R = 2\,000$ m。试计算该竖曲线诸要素及桩号 K5＋100.00 处的设计标高。

解：

（1）计算该竖曲线诸要素。
$$\omega = i_2 - i_1 = -0.04 - 0.05 = -0.09$$

为凸形竖曲线。

曲线长度：
$$L = R\omega = 2\,000 \times 0.09 = 180\,(\mathrm{m})$$

切线长度：
$$T = L/2 = 180 \div 2 = 90\,(\mathrm{m})$$

外距：
$$E = T\omega/4 = 90 \times 0.09 \div 4 = 2.03\,(\mathrm{m})$$

（2）计算设计标高。
$$竖曲线起点桩号 = (\mathrm{K5+030.00}) - 90 = \mathrm{K4+940.00}$$
$$竖曲线起点高程 = 427.68 - 90 \times 0.05 = 423.18\,(\mathrm{m})$$

桩号 K5＋100.00 处：

横距：
$$x = (\mathrm{K5+100.00}) - (\mathrm{K4+940.00}) = 160\,(\mathrm{m})$$

竖距：
$$h = x^2/2R = 160^2 \div (2 \times 2\,000) = 6.40\,(\mathrm{m})$$
$$切线高程 = 423.18 + 160 \times 0.05 = 431.18\,(\mathrm{m})$$
$$T = 设计高程 = 431.18 - 6.40 = 424.78\,(\mathrm{m})$$

2. 竖曲线最小半径　在道路纵断面设计中，竖曲线的设计主要受三个因素影响：缓和冲击、时间行程和视距要求。

（1）缓和冲击。汽车行驶在竖曲线时，产生径向离心力，会对乘客造成超重和失重的感觉，对汽车的悬挂系统也有不利影响，为缓和这种冲击，竖曲线半径不宜过小。

（2）时间行程。汽车从直线坡行驶到竖曲线上，如果曲线长度过短，汽车倏忽而过，乘客会感到不舒服，因此汽车在曲线上行驶的时间不能过短。

（3）视距要求。道路凸形竖曲线半径太小，会阻挡司机视线，因此，需对凸形竖曲线最小半径和最小长度加以限制；夜间行车时，凹形竖曲线半径太小，车前灯照射距离近，影响行车速度和安全。

风景园林道路的竖曲线最小半径值参见表 2-11。

表 2-11　竖曲线最小半径及曲线长

计算车速/(km/h)	停车视距/m	凸形竖曲线		凹形竖曲线		竖曲线最小长度/m
		极限最小半径/m	一般最小半径/m	极限最小半径/m	一般最小半径/m	
60	75	1 400	2 000	1 000	1 500	50
40	40	450	700	450	700	35
30	30	250	400	250	400	25
20	20	100	200	100	200	20

（四）纵断面设计方法及纵断面图

1. 纵断面设计方法及步骤

（1）准备工作。纵坡设计（俗称拉坡），在厘米绘图纸上按比例标注里程桩号和标高并点绘地面线，填写有关内容。同时应收集和熟悉有关资料，并领会设计意图和要求。

（2）标注控制点。控制点是指影响纵坡设计的标高控制点。如路线的起、终点，越岭垭口，重要桥涵，地质不良地段的最小填土高度，最大挖深，沿溪线的设计洪水位，隧道进出口，平面交叉和立体交叉点，铁路道口，城镇规划标高以及其他因素限制路线必须通过的标高控制点等。山区道路还有根据路基填挖平衡关系控制路中心填挖值的标高点，称为"经济点"。

（3）试坡。在已标出控制点、经济点的纵断面图上，根据技术指标和选线意图，结合地面起伏变化，本着以控制点为依据、照顾多数经济点的原则，在这些点位间进行穿插与取直，试定出若干直坡线。对各种可能坡度线方案反复比较，最后定出符合技术标准、满足控制点要求、土石方较省的设计线作为初定坡度线，将前后坡度线延长交汇出变坡点的初步位置。

（4）调整。将所定坡度与选线时的坡度进行比较，二者应基本相符，若有较大差异时应全面分析，权衡利弊，决定取舍。然后对照技术标准，检查设计的最大纵坡、最小纵坡、坡长限制等是否符合规定，平、纵组合是否符合规定，是否适当，以及路线交叉、桥隧和连接线等处的纵坡是否合理，若有问题应进行调整。调整的方法是对初定坡度线平抬、平降、延伸、缩短或改变坡度值。

（5）核对。选择有控制意义的重点横断面，如高填深挖、地面横坡较陡路基、挡土墙、重要桥涵以及其他重要控制点等，在纵断面图上直接读出对应桩号的填、挖高度，检查填挖方是否过大、坡角是否落空或过远、挡土墙工程是否过大、桥梁是否过高或过低等。若有问题应及时调整纵坡。在横坡陡峻地段核对更显重要。

（6）定坡。经调整核对无误后，逐段把直坡线的坡度值、变坡点桩号和标高确定下来，坡度值可用三角板推平行线法确定，要求取值到 0.1%。变坡点一般要调整到 10 m 的整桩号上，相邻变坡点桩号之差为坡长。变坡点标高由纵坡度和坡长依次推算而得。

（7）设置竖曲线。根据道路技术标准、平纵组合均衡等确定竖曲线半径，根据设计纵坡折角的大小，计算竖曲线要素。当外距小于 5 cm 时，可不设竖曲线。有时亦可插入一组不同的竖折线来代替竖曲线，以免填挖方过多。

（8）绘制纵断面设计全图。

2. 纵断面图的绘制　纵断面设计图是纵断面设计的最后成果。纵断面采用直角坐标，以横坐标表示里程桩号，纵坐标表示高程。为了明显地反映沿中线地面起伏形状，风景园林道路横坐标比例尺常采用 1∶500～1∶1 000，纵坐标采用 1∶50～1∶100（图 2-23）。

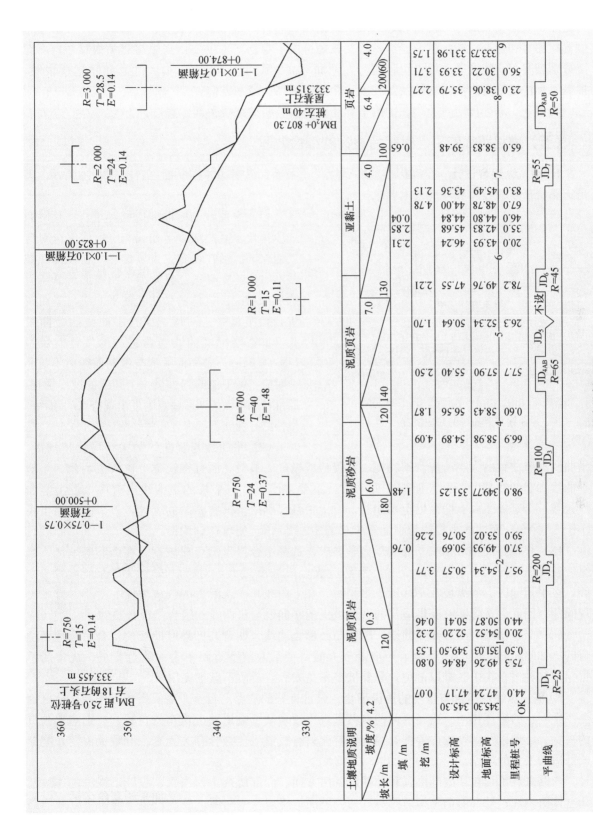

图 2 - 23　道路纵断面图

纵断面图是由上、下两部分组成的。上部主要用来绘制地面线和纵坡设计线。另外，也用以标注竖曲线及其要素；坡度及坡长（有时标在下部）；沿线桥涵及人工构筑物的位置、结构特征；与道路、铁路交叉的桩号及路名；沿线跨越的河流名称、桩号、常水位和最高洪水位；水准点位置、编号和标高；断链桩位置、桩号及长短链关系等。下部主要用来填写有关内容，自下而上分别填写：直线及平曲线，里程桩号，地面标高，设计标高，填、挖高度，土壤地质说明，视需要标注设计排水沟沟底线及其坡度、距离、标高、流水方向。

为使平、纵断面能对照，在图的下部还可画出简明的路线平面示意图。

（五）道路路线的平、纵组合设计的综合处理

1. 平、纵组合设计 全线标准应协调统一。平面、纵断面、横断面三者应相互协调好，满足道路交通工程技术和环境艺术要求。

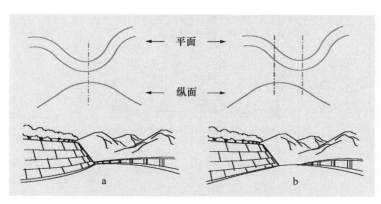

图 2 - 24 平曲线与竖曲线的对应情况

a. 平曲线与竖曲线一一对应 b. 平曲线与竖曲线不一一对应

（1）平曲线与竖曲线应相互重合，且平曲线应稍长于竖曲线。平曲线与竖曲线完全对应就能保证线形在视觉上的连续性。在设计此类线形时，首先必须充分考虑平面线形与纵断面线形的对应。具体的做法是使平曲线与竖曲线重合，使其一一对应，而且平曲线比竖曲线长，并在能把竖曲线包含进去的位置上最好（图 2 - 24a）。若平面线形与纵断面线形不是一一对应，就不能给驾驶员一个顺滑的视线诱导，而且在纵断面的凹部底点附近出现排水问题，产生公路好像断了等视觉问题（图 2 - 24b）。

（2）平曲线与竖曲线的大小应保持均衡。平曲线与竖曲线的大小若配合不均衡，不仅造成投资的浪费，而且在视觉上也失去均衡。一般平曲线和竖曲线其中一方大而缓，另一方就不要多而小。一个长的平曲线内有两个以上竖曲线，或一个竖曲线内有两个以上平曲线，看上去都很别扭。根据德国的统计，若平曲线的半径小于 1 000 m，竖曲线半径约为平曲线半径的 10～20 倍，便可达到均衡。

（3）根据路面排水和汽车行驶动力学要求，选择组合得当的合成坡度。在山岭等地区，当纵坡较陡而又插入小半径平曲线时，容易造成合成坡度过大，对行驶安全没有保证。另一方面，在平坦地区，当纵坡几乎接近于水平时，在平曲线起讫点附近的合成坡度非常小，排水出现问题。因此，选择能够获得适当的合成坡度的平曲线与竖曲线的组合是很必要的。

（4）暗、明弯与凸、凹竖曲线。暗弯与凸形竖曲线、明弯与凹形竖曲线的组合是合理而悦目的。如暗与凹、明与凸组合，当坡差较大时，会给人留下近路不走而故意爬坡、绕弯的感觉。但这种组合在山区难以避免，只要坡差不是太大，矛盾不是很突出。

2. 平、纵线形组合与景观的协调配合 设计良好的道路对自然景观具有积极作用，反之则会产生一定的破坏作用。道路两侧的自然景观反过来又影响道路上汽车的行驶，特别对驾驶员的视觉、心理以及驾驶操作等都有很大影响。只有线形组合符合有关规定、滑顺优美，才能形成舒适和安全的道路。

道路景观工程包括内部协调和外部协调两方面。内部协调主要指平、纵线形视觉的连续性和立体协调性；外部协调是指道路与其两侧坡面、路肩、中间带、沿线设施等的协调以及道路的宏观位置。实践证明，线形与景观的配合应遵循以下原则：

（1）应在道路的规划、选线、设计、施工全过程中重视景观要求。尤其在规划和选线阶

段，充分保护风景旅游区、自然保护区、名胜古迹区、文物保护区等景点和其他特殊地区的景观资源。

（2）尽量少破坏沿线自然资源，如沿线周围的地貌、地形、天然树林、池塘湖泊等，避免深挖高填。纵面尽量减少填挖；横面设计要使边坡造型和绿化与现有景观相适应，弥补必要填挖对自然资源的破坏。在局部地段，可以不追求车速（从 40～50 km/h 下降到 20～30 km/h），路线也不必强求直捷，而应顺山势地形自然弯曲。个别路段处为保护自然景色不宜过多开挖，可提高道路横向力系数（如 $\mu=0.2$），只要相应加强安全技术措施即可。

（3）应能提供视野的多样性，力求与周围的风景自然地融为一体。充分利用自然和人文景素以消除单调感，使道路与自然密切结合。必要时，可借助综合绿化、设置防护棚、调整边坡坡度、增设路标等措施来改善道路环境，避免形式和内容上的单一化，并辅助诱导。

附：供残疾人使用的风景园林道路的设计要求：

（1）路面宽度不宜小于 1.2 m，回车路段路面宽度不宜小于 2.5 m。路面应尽可能减小横坡。

（2）道路纵坡一般不宜超过 4%，且坡长不宜过长，在适当距离应设水平路段，并不应有阶梯。坡道坡度为 1/20～1/15 时，其坡长一般不宜超过 9 m，每逢转弯处，应设不小于 1.8 m 的休息平台。

（3）道路一侧为陡坡时，为防止轮椅从边侧滑落，应设高 10 cm 以上的挡石，并设扶手栏杆。

（4）排水沟、箅子等不得突出路面，并注意不得卡住轮椅的车轮和盲人的拐杖。具体做法参照《无障碍设计规范》（GB 50763—2012）。

第三节　道路的构造与施工

一、道路的构造组成及其设计要求

路基和路面是道路的主要工程结构物。路基是在天然地表面按照道路的设计线形（位置）和设计横断面（几何尺寸）的要求，开挖或堆填而成的土石结构物。路面是在路基顶面的行车部分，用各种混合料铺筑而成的层状结构物。路基是路面结构的基础，坚强而又稳定的路基，为路面结构长期承受汽车荷载提供了重要的保证。路面结构层的存在又保护了路基，避免其直接经受车辆和大气的破坏作用，从而长期处于稳定状态。路基和路面相辅相成，是不可分离的整体，应综合考虑它们的工程特点，综合解决两者的强度、稳定性等工程技术问题。

道路的构造包括路面和路基两大部分。路面部分又包括不同类型和规格的材料分别铺设成的垫层、基层和面层等结构层（图 2-25）。

1. 面层　面层直接承受行车荷载的竖向力，特别是水平力和冲击力的作用，同时又受到降水的侵蚀作用和温度变化的影响。因此，同基层和垫层相比，面层应具有较高的结构强度和刚度、耐磨性、不透水性和温度稳定性，并且表面还应具有良好的平整度和粗糙度（抗滑性）。

高等级道路常用较高级的材料来铺筑，如水泥混凝土、沥青混凝土及其他沥青混合料等。高等级道路的路面面层常由两层或三层组成，分别称为面层上层和面层下层，或面层上、中、下层。

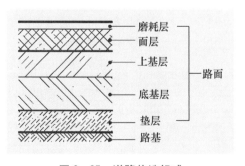

图 2-25　道路构造组成

2. 基层　基层位于面层之下，是路面结构中的主要承重层。主要承受由面层传递下来的车轮荷载的竖向力，并将其扩散到下面的结构层中。因此，对基层材料的要求是：应具有足够的抗压强度和刚度，并具有良好的扩散应力的能力，同时还应具有足够的水稳性，以防基层湿软后变形大，从而导致面层损坏，水泥混凝土面层下的基层则还应具有足够的耐冲刷性。

用作基层的材料，主要有各种结合料（如石灰、水泥或沥青等）稳定土或碎（砾）石混合料、各种工业废渣混合料、水泥混凝土、天然沙砾以及片石、块石等材料。基层较厚或材料来源广泛时，常分两层或三层铺筑，分别称为上基层和底基层或基层上、中、下层，底基层可使用质量较差的当地材料。

3. 垫层　垫层介于基层和路基之间。其主要作用是调节和改善土基的湿度和温度状况，起垫平稳定作用，以保证道路结构的稳定性和抗冻能力。因此，通常在路基水温稳定性不良时设置。

垫层材料的强度要求不一定高，但其水稳性、隔温性和透水性要好。一类是由松散的颗粒材料如沙、砾石、炉渣等组成的透水性垫层，另一类是石灰土或炉渣石灰土等稳定土垫层。

4. 路基（土基）　路基是按照道路的设计要求，在天然地表面开挖或堆填而成的土石结构物。主要承受由路面传递下来的行车荷载，以及路面和路基的自重。因此要求具有足够的强度、整体稳定性和水温稳定性。

路基由土质或石质材料组成。路基顶面土层不论是填方还是挖方，均应按要求严格压实，保证达到规定的压实度，并采取边坡加固、修筑挡土结构物、土体加筋等防护措施提高其整体稳定性。控制水分渗入或进入路基工作区范围，合理组织排水，提高其水温稳定性。路基的构造按其填挖横断面常分为路堤式、路堑式和半挖填式三类。

二、路面的分级与分类

（一）路面的分级

以交通性为主的路面等级是按面层材料组成、结构强度、路面所能承担的交通任务和使用品质来划分的，通常分成四个等级。

1. 高级路面　结构强度高，使用寿命长，适应较大的交通量，平整无尘；能保证高速、安全、舒适的行车要求；养护费用少，运输成本低；建设投资大，需要优质材料。

2. 次高级路面　各项指标低于高级路面，造价较高级路面低，但要定期维修养护。

3. 中级路面　结构强度低，使用年限短，平整度差，易扬尘，行车速度低，只能适应较小的交通量，造价低；但经常性的维修养护工作量大，行车噪声大，不能保证行车舒适，运输成本高。

4. 低级路面　结构强度很低，水稳性、平整度和不透水性都差，晴天扬尘，雨天泥泞，只能适应低交通量下的低速行车，雨季不能保证正常行车，造价最低；但养护工作量最大，运输成本最高。

路面等级同时应与道路的技术等级相适应，等级较高的道路一般都应采用较高级的路面。

（二）路面的分类

根据路面的力学特性，可把路面分为柔性路面和刚性路面两类。这两类路面的主要区别在于它们分布荷载作用到路基的状态有所不同。

1. 柔性路面　柔性路面是强度自上而下逐渐减弱的多层体系，各层材料具有较大的塑性，但抗弯、抗拉强度和模量较低，荷载由强而弱地逐步向下传递到土基，使得土基本身的强度和稳定性对路面的整体强度有较大的影响。包括除用水泥混凝土作面层和基层以外的各种路面结构。

2. 刚性路面 刚性路面的刚度大，板体性强，具有较高的抗弯强度和模量，分布到土基顶面的荷载作用面积大而单位压力小。此外，用石灰或水泥稳定的土或处治碎（砾）石，特别是用含水硬性结合料的工业废渣做的基层，由于前期具有柔性路面的力学特性，随着时间的延长其强度与刚度不断增大，具有板体性能。因此这类路面基层结构又称为半刚性基层，用半刚性基层修筑的沥青路面称为半刚性基层沥青路面。

三、沥青路面

沥青路面是用沥青材料作结合料铺筑面层的路面的总称。沥青面层是由沥青材料、矿料及其他外掺剂按要求比例混合、铺筑而成的单层或多层式结构层。

（一）沥青路面的特点与类型

1. 特点 沥青路面由于使用了黏聚力较强的沥青材料作结合料，矿料之间的黏聚力大大加强，从而提高了混合料的强度和稳定性，使路面的使用性能和耐久性都得到提高；便于机械化施工，质量较易得到保证，施工进度快，便于修补和分期改建，开放交通也快。但因其抗弯拉强度低（相对于水泥混凝土）和不透水性，所以要求其基层具有足够的强度和水稳性。另外，沥青面层的温度稳定性也较差，夏天易出现车辙、推移、波浪等破坏，低温时沥青材料变脆而导致路面开裂。施工受季节和气候的影响较大。

2. 类型 沥青路面按路面质量、承载力大小以及使用修理期的长短，可分为高级路面和次高级路面。高级路面包括热拌热铺的沥青混凝土和沥青碎石；次高级路面包括沥青贯入式和沥青表面处治等。

按强度构成原理可分为嵌挤类、密实类和半嵌挤半密实类。沥青贯入式和沥青表面处治属嵌挤类沥青路面，其热稳定性好，但因孔隙率较大，易渗水，因而耐久性较差；沥青混凝土属密实类沥青路面，要求矿料按最大密实度设计，路面密实耐久，但热稳定性相对较差；沥青碎石混合料属半嵌挤半密实类，由适当比例的粗、细集料与沥青拌和而成。近年来，欧美使用孔隙率很大的沥青混合料（OGFC）铺筑透水性的低噪声路（地）面，而另一种沥青玛蹄脂碎石混合料（SMA）采用间断级配，具有良好的路用性能。

（二）沥青路面的施工

1. 沥青表面处治 沥青表面处治面层是用沥青和矿料按层铺或拌和的方法修筑的厚度不大于3cm的一种薄层路面面层。采用乳化沥青时，称为乳化沥青表面处治路面。其主要作用是构成磨耗层，保护承重层免受行车破坏。作沥青面层或基层的封面，起到封闭表面、防止地表水渗入基层及土基、提高平整度、增强抗滑性能、改善行车条件、延长路面使用寿命的作用。

沥青表面处治最常用的施工方法是层铺法。按其浇洒沥青及撒铺矿料次数多少，可分为单层式、双层式及三层式三种。单层式厚度为1.0～1.5cm，双层式厚度为1.5～2.5cm，三层式厚度为2.5～3.0cm。层铺法沥青表面处治的施工工序为：①清理基层；②浇洒沥青；③撒铺矿料；④碾压；⑤初期养护。双层式和三层式沥青表面处治的第二、三层施工即重复第②、③、④工序。

2. 沥青贯入式 沥青贯入式面层是在初步压实的碎石（或轧制砾石）上，分层浇洒沥青、撒布嵌缝料，经压实而成的路面结构，厚度通常为4～8cm。采用乳化沥青时称为乳化沥青贯入式路面，其厚度为4～5cm。沥青贯入式结构层对提高路面结构强度起着重要的作用。沥青贯入式路面是次高级路面，也可作高级路面的联结层或基层，具有强度较高、稳定性好、施工简便和不易产生裂缝等优点。为防止路表水的渗入以增强路面的耐久性，沥青贯入式路面上面必须加铺封层，作为基层或联结层使用时，最上一层可不做封层。

沥青贯入式施工程序如下：①放样和安装路缘石；②清扫基层；③浇洒透层或黏层沥青；④撒铺主层矿料；⑤浇洒第一次沥青；⑥撒铺第一层嵌缝料；⑦碾压；⑧以后施工程序为浇洒第二层沥青，撒铺第二层嵌缝料，然后再浇洒第三层沥青，铺封面料，最后碾压2～4遍后即可开放交通。

3. 沥青碎石 沥青碎石路面是由几种不同粒径的级配矿料，掺有少量矿粉或不加矿粉，用沥青作结合料，按一定比例配合，均匀拌和，经压实成型的路面。这种沥青混合料称为沥青碎石混合料。它的材料组成与沥青混凝土相似，高温稳定性比沥青混凝土好，但强度和耐久性不如沥青混凝土。为防止水分渗入沥青碎石路面并保持良好的平整度，必须在其表面加铺沥青表面处治或沥青砂等封层。

沥青碎石路面的施工方法和施工要求基本上与沥青混凝土路面相同。热铺沥青碎石主要依靠碾压成型，故碾压的遍数较多，直到混合料无显著轮迹为止。冷铺沥青碎石路面施工程序与热铺相同，但冷铺法铺筑的路面最终成型需靠开放交通后行车碾压来压实，故在铺筑时碾压的遍数可以减少。

4. 热拌沥青混合料路面施工 热拌沥青混合料路面的施工过程包括四个方面：①混合料的拌制；②运输；③现场铺筑包括基层、放样、摊铺和整平；④压实成型。

四、水泥混凝土路面

水泥混凝土路面，包括普通混凝土、钢筋混凝土、连续配筋混凝土、预应力混凝土、装配式混凝土和钢纤维混凝土等面层板和基（垫）层所组成的路面。目前采用最广泛的是就地浇筑普通混凝土路面，简称水泥混凝土路面。所谓普通混凝土路面，是指除接缝区和局部范围（边缘和角隅）外不配置钢筋的混凝土路面。

（一）水泥混凝土路面的优点和缺点

1. 优点 与其他类型路面相比，水泥混凝土路面具有以下优点：

（1）强度高。混凝土路面具有很高的抗压强度和较高的抗弯拉强度以及抗磨耗能力。

（2）稳定性好。混凝土路面的水稳性、热稳性均较好，特别是其强度能随着时间的延长逐渐提高，不存在沥青路面的老化现象。

（3）耐久性好。由于混凝土路面的强度和稳定性好，所以经久耐用，一般能使用20～40年，而且能通行包括履带式车辆等在内的各种运输工具。

（4）有利于夜间行车。混凝土路面色泽鲜明，能见度好，对夜间行车有利。

2. 缺点 混凝土路面也存在一些缺点，主要有以下几方面：

（1）对水泥和水的需要量大，对水泥供应不足和缺水的地区存在较大困难。

（2）有接缝。一般混凝土路面要建造许多接缝，这些接缝不但增加施工和养护的复杂性，而且容易引起行车跳动，影响行车的舒适性，接缝又是路面的薄弱点，如处理不当，将导致路面板边和板角处破坏。

（3）开放交通较迟。一般混凝土路面完工后，要经过28 d的潮湿养生，才能开放交通，如提早开放交通，则需采取特殊措施。

（4）修复困难。混凝土路面损坏后，开挖很困难，修补工作量也大，且影响交通。

（二）路面接缝的构造与布置

路面的混凝土具有热胀冷缩的性质，这些变形受到板与基础之间的摩擦力和黏聚力以及板的自重、车轮荷载等约束，造成板的断裂和拱胀等破坏。为避免这些缺陷，混凝土路面不得不在纵横两个方向设置许多接缝，把整个路面分割成许多板块。

1. 横缝 横向接缝是垂直于行车方向的接缝，共有三种：缩缝、胀缝和施工缝。缩缝保证板因温度和湿度的降低而收缩时沿该薄弱断面缩裂，从而避免产生不规则的裂缝。胀缝保证板在温度升高时能部分伸张，从而避免路面板在热天产生拱胀和折断破坏，同时胀缝也能起到缩缝的作用。另外，混凝土路面每天完工以及因雨天或其他原因不能继续施工时，应尽量做到胀缝处。如达不到，也应做至缩缝处，并做成施工缝的构造形式。

在任何形式的接缝处，板体都不是连续的，传递荷载的能力不如非接缝处，而且任何形式的接缝都不免要漏水。因此，对各种形式的接缝，都必须为其提供相应的传荷与防水条件。

（1）胀缝的构造。缝隙宽 20～25 mm 的贯通缝。如施工时气温较高，或胀缝间距较短，应采用低限，反之用高限。缝隙上部 3～4 cm 深度内浇灌填缝料，下部则设置富有弹性的嵌缝板，可由油浸或沥青浸制的软木板制成。

对于交通繁重的道路，为保证混凝土板之间能有效地传递荷载，防止形成错台，应在胀缝处板厚中央设置传力杆。传力杆一般长 40～60 cm、直径 20～25 mm，每隔 30～50 cm 设一根。杆的半段固定，另半段涂以沥青可自由伸缩（图 2-26a）。不设传力杆时，需在缝底设混凝土刚性垫枕传递压力（图 2-26b）。

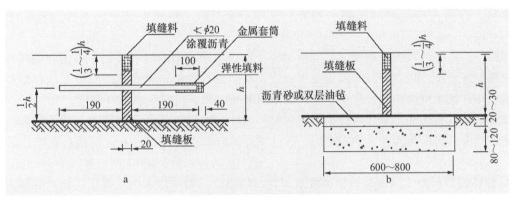

图 2-26 胀缝节点构造
a. 设传力杆传递荷载   b. 设混凝土刚性垫枕传递荷载

（2）缩缝的构造。缩缝一般采用假缝形式，即在板的上部设缝隙，当板收缩时将沿此最薄弱断面有规则地自行断裂。缩缝缝隙宽 3～8 mm，深度为板厚的 1/5～1/4，一般为 5～6 cm。假缝缝隙内亦需浇灌填缝料，以防地面水下渗及石沙杂物进入缝内。近年来国外有减小假缝宽度与深度的趋势。

（3）施工缝的构造。施工缝采用平头缝或企口缝的构造形式。平头缝上部应设置深 3～4 cm、宽 5～10 mm 的沟槽，其内浇灌填缝料。

为利于板间传递荷载，在板厚的中央也应设置传力杆，传力杆长约 40 cm，直径 20 mm，为滑动传力杆。如不设传力杆，则需用专门拉毛模板，把混凝土接头处做成凹凸不平的表面，以利于传递荷载。

2. 纵缝 纵缝是多条车道之间的纵向接缝。一般多采用企口缝，也有用平头拉杆式或企口缝加接杆式。纵缝其他构造要求与缩缝相同。

3. 纵横缝设置 横向缩缝（假缝）间距常取 4～6 m，横向胀缝（伸缩缝）多取 30～

36 m，近年来的道路工程中有胀缝逐渐减少的趋势。

路面的纵缝设置间距，多取用一条车道宽度，即 3～4 m。如缩缝间距一律，易产生振动，使行车发生单调的有节奏颠簸，从而造成驾驶员精神困倦而导致交通事故，故将缩缝间距改为不等尺寸交错布置，如 4 m、4.5 m、5 m、5.5 m、6 m 的顺序。刚性路面的接缝平面尺寸划分如图 2-27 所示。

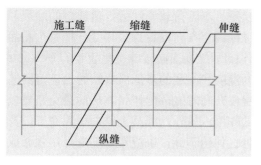

图 2-27　刚性路面的布缝

（三）水泥混凝土路面的施工

面层板的施工程序为：安装模板、设置传力杆、混凝土的拌和与运送、混凝土的摊铺和振荡、接缝的设置、表面整修、混凝土的养生与填缝。

五、风景园林道路路面

园林道路（园路）是风景园林道路特有的道路类型，从路面的力学特性分析，园林道路路面既有柔性路面，也有刚性路面。园林道路承受交通量、荷载相对较小，对路基和面层结构要求简单，但强调路面的工艺和装饰作用，道路本身即为景观的组成部分。路面的材料、色彩、纹样丰富。我国古典园林的园路（铺装）纹样丰富，做工精巧，已成为中国园林艺术的一部分。

园路面层根据景观和交通要求，因地制宜，选择不同类型的具有装饰作用的面层材料。基层则应视路基地质、路面荷载等因素要求而定，有车辆行驶的道路宜选用刚性基础，游步道路面荷载较小，基层可选用沙、灰土、工业废渣等廉价材料，注重生态、环保性。

按面材料和做法，园路可分为四类：整体路面、块材路面、碎料路面和特殊路面。在实际园路工程中，路面类型并无绝对分类，往往块材、碎料互有补充，从而形成变化丰富的园路类型。

1. 整体路面　整体路面是指整体浇筑、铺设的路面，常采用水泥混凝土、沥青混凝土等材料。具有平整、耐压、耐磨、整体性好的特点。近年来，随着材料性能和施工工艺的改进，利用彩色水泥、彩色沥青混凝土，通过拉毛、压模、喷砂、水磨、斩剁等工艺，可做成色彩丰富的各种仿木、仿石或图案式的整体路面。另外也可通过调整混凝土的材料组成及工艺，做成具有透水、透气性的生态型整体路面。

2. 块材路面　块材路面是指利用规则或不规则的各种天然、人工块材铺筑的路面。材料包括强度较高、耐磨性好的花岗岩、青石等石材、地面砖、预制混凝土块等。利用形状、色彩、质地各异的块材，通过不同大小、方向的组合，可构成丰富的图案，不仅具有很好的装饰性，还能增加路面防滑、减少反光等物理性能。铺设时留缝较宽的块材路面和空心砖路面，可利用空隙地植草，形成生态型路面。块材路面是园路中最常使用的路面类型。

3. 碎料路面　碎料路面是指利用碎（砾）石、卵石、砖瓦砾、陶瓷片等碎料拼砌铺设的路面。主要用于庭院路、游憩步道。由于材料细小，类型丰富，可拼合成各种精巧的图案，能形成观赏价值较高的园林路面，传统的花街铺地即是一例。

4. 特殊路面　特殊路面主要指园林中常用的步石、汀步、踏步和磴道等异态路面。

步石是草地上间断铺设的天然石块或人工块材，供人行走的步道。相邻步石的中心距根据人的跨距设定，可按 75 cm 左右设置。

汀步是在窄而浅的水体中设置的步石，供人平水而过的步道。石碛的材料和形状根据景观要求设计，为保证安全，石碛不宜过小，距离不宜过大。

坡度大于 12° 的步道应考虑设踏步（台阶），每组踏步不宜少于 3 级，每 12～20 级宜设休息平台，一般踏步宽 28～38 cm，高 10～16.5 cm。

坡度大于 60° 时，应设磴道。磴道是局部利用天然山石、露岩等凿出的，或用混凝土等人工材料塑制的上山步道。

六、风景园林道路常用路面构造组合

风景园林道路按承重要求不同可分为要求高的车行道和承重较低的人行道两种形式。车行道交通流量大，路面承受荷载较大，对路基和面层的耐压性、耐久性和平整度要求都较高，因此构造层次也较复杂；人行道承受的交通流量、荷载相对较小，路面构造层次相对简单一些。表 2-12、表 2-13 所列举的内容为风景园林道路常用路面构造做法，在实际道路工程中，可根据现场情况做适当调整。

表 2-12　常用风景园林车行道路面构造组合

路面等级	路面类型及构造层次			
高级路面	沥青砂	沥青混凝土	现浇混凝土	预制混凝土块
	1.15～20 细粒混凝土 2.50 厚黑色碎石 3.150 厚沥青稳定碎石 4.150 厚二灰土（石灰、粉煤灰、土）垫层	1.50 厚沥青混凝土 2.160～200 厚碎石 3.150～200 厚中砂或灰土	1.100～250 厚 C20～C30 混凝土 2.100～250 厚级配砂石或粗砂垫层	1.100～120 厚预制 C25 混凝土块 2.30 厚 1：4 干硬性水泥砂浆，面上撒素水泥 3.100～250 厚级配砂石或粗砂垫层
次高级路面	沥青贯入式	沥青表面处治 1	沥青表面处治 2	块石
	1.40～60 厚沥青贯入式面层 2.160～200 厚碎石 3.150 厚中砂垫层	1.15～25 厚沥青表面处理 2.160～200 厚碎石 3.150 厚中砂垫层	1.15～25 厚沥青表面处理 2.150 厚二渣（石灰渣、煤渣） 3.150 厚二灰土	1.150～300 厚块石或条石 2.30 厚粗砂垫层 3.150～250 厚级配砂石
中级路面	级配碎石	泥结碎石		
	1.80 厚级配碎石（粒径≥40 mm） 2.150～250 厚级配砂石或二灰土	1.80 厚泥结碎石（粒径≥40 mm） 2.100 厚碎石垫层 3.150 厚中砂垫层		
低级路面	三合土	改良土		
	1.100～120 厚石灰水泥焦渣 2.100～150 厚块石	150 厚水泥黏土或石灰黏土（水泥含量 10％、石灰含量 12％）		

注：以上各层均需做在碾压密实的土基上。

表 2-13　常用风景园林人行道路面构造组合

路面类型	路面类型及构造层次	备　注
现浇混凝土	1.70～100 厚 C20 混凝土 2.100 厚级配砂石或粗砂垫层	
预制混凝土块	1.50～60 厚预制 C25 混凝土块 2.30 厚 1：3 水泥砂浆或粗砂 3.100 厚级配砂石	
沥青混凝土	1.40 厚沥青混凝土 2.100～150 厚级配砂石 3.50 厚中砂或灰土	
卵石（瓦片）拼花	1.1：3 水泥砂浆嵌卵石（瓦片）拼花，撒干水泥填缝拍平，冲水露石 2.25 厚 1：3 白灰砂浆 3.150 厚 3：7 灰土或级配砂石	卵石粒径为 20～30 mm 时，砂浆厚 60 mm；卵石粒径＞30 mm 时，砂浆厚 90 mm
砖砌路面	1. 成品砖平铺或侧铺 2.30 厚 1：3 水泥砂浆或粗砂 3.150 厚级配砂石或灰土	
石砌路面 1	1.60～120 厚块石或条石 2.30 厚粗砂 3.150～250 厚级配砂石	
石砌路面 2	1.20～30 厚各种石板材 2.30 厚 1：3 水泥砂浆 3.100 厚 C15 素混凝土 4.150 厚级配砂石或灰土	
花砖路面	1. 各种花砖 2.30 厚 1：3 水泥砂浆 3.100 厚 C15 素混凝土 4.150 厚级配砂石或灰土	
高分子材料路面	1.2～10 厚高分子材料面层 2.40 厚沥青混凝土或混凝土 3.150 厚级配砂石	

注：以上各层均需做在碾压密实的土基上。

第四节　停车场设计

停车场是景区内供各种车辆（机动车和非机动车）停放的场地，属静态交通设施，是一般场地内不可忽略的道路附属工程。停车场的设计应实用、经济，并符合运行安全、技术先进和生态环保的特定要求。

一、设计原则

（1）为减少车辆对景区内部特别是主要景点的交通干扰，增加游客的环境容量，应在重要景点进出口边缘地带及通向尽端式景点的道路附近，设置专用停车场或留有备用地。

（2）停车场应按不同类型及性质的车辆，分别安排场地停车，以确保进出安全与交通疏散，提高停车场使用效率，同时应尽量远离交叉口，避免使交通组织复杂化。

（3）停车场交通路线必须明确，宜采用单向行驶路线，避免交叉，并与进出口行驶的方向一致。

（4）停车场设计需综合考虑场内路面结构、绿化、照明、排水以及停车场的性质，配置相应的附属设施。

二、停车场设计的基本参数

（一）车辆类型及基本尺寸

由于我国国产和进口的车辆类型及尺寸繁多、不统一，为了便于设计，根据各种停车场的性质、功能分类，拟定出以下几种标准机动车车型尺寸和非机动车车型尺寸（表2-14，图2-28）。

表 2-14 设计车辆外廓尺寸

单位：m

车辆类型		总长	总宽	总高	前悬	轴距	后悬
机动车	小型汽车	5	1.8	1.6	1.0	2.7	1.3
	普通汽车	12	2.5	4.0	1.5	6.5	4.0
	铰接车	18	2.5	4.0	1.7	5.8及6.7	3.8
非机动车	自行车	1.93	0.60	2.25			
	三轮车	3.40	1.25	2.50			

（二）车辆停放与停驶方式

1. 车辆停放方式

（1）平行式（图2-29a）。即平行于通道行车方向的停车排列方式。特点是停车场带窄，驶入驶出车辆方便迅速，适宜停放不同类型、车身长度的车辆，但其单位停车面积较大。一般为狭长场地或路边的停车方式。

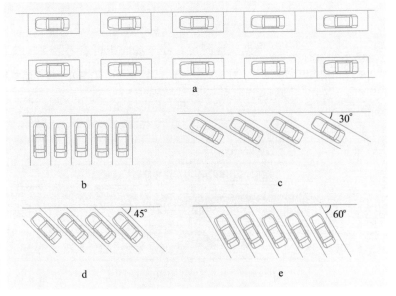

图 2-29 车辆停放方式

a. 平行式 b. 垂直式 c. 30°斜列式 d. 45°斜列式 e. 60°斜列式

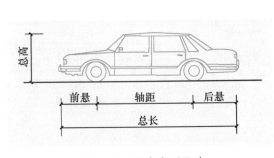

图 2-28 汽车车型尺寸

（2）垂直式（图2-29b）。即垂直于通道行车方向的停车排列方式。特点是停车场带较宽

（需要按最大车身长度考虑）、行车通道较宽；停车紧凑，车辆驶入驶出便利，单位停车面积较小，用地节省。这是一般停车场布置中最常用的停车方式。

（3）斜列式（图2-29c、d、e）。即与通道行车方向成一定角度的停车排列方式，又分为45°、60°、30°及倾斜交叉式等四种形式。特点是停车带的宽度因车身长度与停放角度而异，对场地的形状适应性强；车辆停放灵活，驶入或驶出较方便，有利于迅速停置与疏散。因形成大量利用率不高的三角地块，单位停车面积较垂直停车方式大。适宜于场地的宽度、形状等受到限制的情况。

2. **车辆停驶方式** 车辆在停车场内的停驶方式对实际的设计工作也十分重要，是设计的根本依据之一。具体的停驶方式有三种：①前进停车，后退发车；②后退停车，前进发车；③前进停车，前进发车。其中后退停车方式所需通道最节省，单位停车面积最小，为我国停车场布置中最常见的车辆停驶方式（图2-30）。

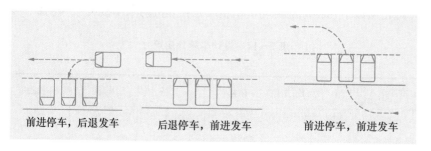

前进停车，后退发车　　后退停车，前进发车　　前进停车，前进发车

图2-30　车辆停驶方式

（三）停车场面积确定

要确定停车场面积，首先要计算单位停车面积，然后按计划停车数量估算停车场用地面积。单位停车面积大小根据车辆长度和宽度的轮廓尺寸、车辆最小转弯半径、车辆停放排列形式、发车方式和车辆集散要求等因素决定。停车场用地面积按当量小轿车的停车泊位估算，一般按25～30 m²/停车位计算（包括通行道），具体换算系数分别为微型汽车0.7、小轿车1.0、中型汽车2.0、大型汽车2.5、铰接汽车3.5、三轮摩托0.7。自行车每个停车位面积为1.5～1.8 m²。

根据实地测定，停车场面积可参考表2-15中数值进行估算。

表2-15　停车场面积计算表

项　目	平行式	垂直式	斜列式
单行停车道宽度/m	2.5～3	7～9	6～8
双行停车道宽度/m	5～6	14～18	12～16
单向行车时两行车停车道之间通行道宽度/m	3.5～4	5～6.5	4.5～6
一辆汽车所需面积（包括通道）/m²			
小汽车	22	22	26
公共汽车、载重汽车	40	36	28
100辆汽车停车场所需面积/hm²			
小汽车	0.3	0.2	0.3～0.4
公共汽车、载重汽车	0.4	0.3	0.7～1.0特大型
100辆自行车停车场所需面积/hm²	0.14～0.18		

小型车停车场和大型车停车场设计参考表2-16。

表2-16 机动车停车场设计参数

项　　目		停车方式							备　注
		平行式	斜列式				垂直式		
			30°	45°	60°	60°			
		前进停车	前进停车	前进停车	前进停车	后退停车	前进停车	后退停车	
垂直通道方向停车带宽度/m	A	2.6	3.2	3.9	4.3	4.3	4.2	4.2	注：1. 表中A为微型汽车，B为小型汽车，C为中型汽车，D为普通汽车，E为铰接车。
	B	2.8	4.2	5.2	5.9	5.9	6.0	6.0	
	C	3.5	6.4	8.1	9.3	9.3	9.7	9.7	
	D	3.5	8.0	10.4	12.1	12.1	13.0	13.0	
	E	3.5	11.0	14.7	17.3	17.3	19.0	19.0	
平行通道方向停车带长度/m	A	5.2	5.2	3.7	3.0	3.0	2.6	2.6	2. 表中所列数据系按通道两侧停车计算，单侧停车时，应另行计算。
	B	7.0	5.6	4.0	3.2	3.2	2.8	2.8	
	C	12.7	7.0	4.9	4.0	4.0	3.5	3.5	
	D	16.0	7.0	4.9	4.0	4.0	3.5	3.5	
	E	22.0	7.0	4.9	4.0	4.0	3.5	3.5	
通道宽度/m	A	3.0	3.0	3.0	4.0	3.5	6.0	4.2	
	B	4.0	4.0	4.0	5.0	4.5	9.5	6.0	
	C	4.5	5.0	6.0	8.0	6.5	10.0	9.7	
	D	4.5	5.8	6.8	9.5	7.3	13.0	13.0	
	E	5.0	6.0	7.0	10.0	8.0	19.0	19.0	
单位停车面积/m²	A	21.3	24.4	20.0	18.9	18.2	18.7	16.4	
	B	33.6	34.7	28.8	26.9	26.1	30.1	25.2	
	C	73.0	62.3	54.4	53.2	50.2	51.5	50.8	
	D	92.0	76.1	67.5	67.4	62.9	68.3	68.3	
	E	132.0	98.0	89.2	89.2	85.2	99.8	99.8	

（四）停车位指标（表2-17）

表2-17 公建、公园附近停车场停车泊位指标

类别	单位停车位数	车位数/个	类别	单位停车位数	车位数/个
旅馆	每客房	0.08～0.20	游览点	每100 m²	0.05～0.12
商业点	每100 m²	0.30～0.40	火车站	高峰日每1 000旅客	2.0
体育馆	每100座位	1.00～2.50	码头	高峰日每100旅客	2.0
影剧院	每100座位	0.80～3.00	饮食店	每100 m²	1.70
展览馆	每100 m²	0.20	住宅	高级住宅每户	0.50

三、停车场布局

（一）停车场的布置形式

1. 路旁停车 以场地内的道路为依托，沿路或广场边缘设置停车位。其特点是节省用地，

布置灵活，使用方便，可以提高场地的土地利用率。为避免交通流线混杂，一般不适于人流、车流较多的路段或广场。

停车路段的宽度除应满足车辆正常通行外，还需保证停车通道的宽度要求。若用地条件允许，宜采用垂直式停车方式；若用地宽度受到限制，则可采用斜列式或平行式停车方式（图2-31）。

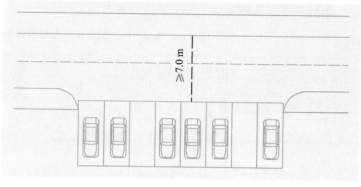

图2-31　路旁停车

2. 港湾式停车场　港湾式停车场多布置在景区主干道旁边或其转角处，向道路外侧突出，更适合中型以上的停车场。因其自成体系，相对封闭，能够有效减少对周围道路的干扰，车辆出入方便，便于管理；但占地面积较大，用地条件较为严格。设置港湾式停车场应处理好停车场与周围道路的关系（图2-32）。

3. 袋形停车场　袋形停车场多为尽端式布置形式，适宜于少于50个车位的停车场。这种形式的停车场用地紧凑，布局封闭，对外干扰最小，管理方便，并有一定的灵活性与适应性。但布置不好可能造成使用不便（图2-33）。

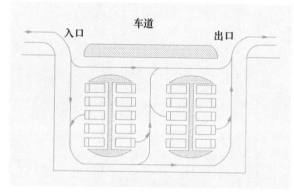

图2-32　港湾式停车场

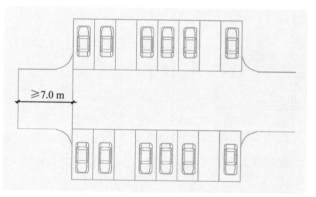

图2-33　袋形停车场

（二）出入口的数量及宽度

1. 出入口的数量　机动车停车场的出入口一般不宜少于2个。条件困难或停车位少于50个的机动车停车场，可设置1个出入口；50～300个停车位的停车场，应设2个出入口；大于300个停车位的停车场，出口和入口应分开设置；大于500个停车位的停车场，出入口不得少于3个。

当机动车停车场设置2个以上出入口时，小于300个停车位的停车场，出入口之间的净距需大于10 m；大于300个停车位的停车场，分开设置的出入口之间的距离应大于20 m。出入口距人行天桥、桥梁及交叉口处应大于50 m。

2. 出入口的宽度　机动车停车场出入口的宽度一般不小于车行道的宽度，即6～7 m，条件困难时，单向行驶的出入口宽度不得小于5 m。如出口和入口不得已合用时，其进出通道的宽度宜采用9～10 m。

四、停车场竖向处理及其他

1. 停车场的竖向与排水　停车场的竖向设计应根据其平面布置、地形、土方工程、地下管线、临近重要建筑物标高、周围道路标高与排水要求等，与排水设计相结合进行，并根据需要适当考虑整体布置的美观。

停车场的最小坡度为0.3%，与通道平行方向最大坡度为1.0%，垂直方向最大坡度为3.0%。地形困难时可分段建成阶梯式布置形式。连接停车场与外部道路间通路的纵坡度以0.5%～2.0%为宜，困难时最大坡度不应大于7.0%，积雪及寒冷地区不应大于6.0%，在与城市道路连接处应设置纵坡度小于或等于2.0%的缓坡段。

停车场的排水应考虑地形的坡向、面积大小、相连接道路的排水设施等情况，采用单向或多向排水方案。

2. 环保型停车场地面构造　停车场等路面不做全面封闭式铺砌层，可用透水性水泥、沥青混凝土结构，或铺设带孔槽的混凝土预制块、块石，以利于草皮通过孔隙生长，水流下渗，减少地面径流，也可缓解停车场路面的升温及反光效应，保护环境生态（图2-34a、b、c）。

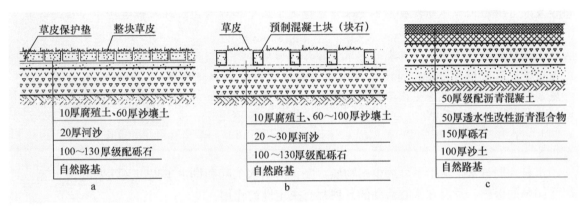

图2-34　环保型停车场地面构造示意图

思考与训练

1. 风景园林道路横断面设计的主要内容有哪些？各部分的技术设计依据是什么？
2. 车行道在什么时候需要设超高？确定超高坡度的依据是什么？
3. 简述行车视距的主要内容。
4. 简述道路纵断面设计的主要内容及要求。
5. 简述水泥混凝土路面接缝的构造和布置要求。
6. 按路面材料和做法分类，试述不同园林道路的特点。
7. 试比较停车场不同停车方式的优缺点。

第三章
Chapter 3

风景园林给排水工程

风景园林给水与排水工程是城市给排水工程的重要组成部分，随着我国城镇建设的加速发展，绿地面积不断扩展，水资源日益匮乏，风景园林给排水在人们生活中显得越来越重要。

本章结合具体实例，重点介绍风景园林绿地给水特点、风景园林绿地给水管网的布置与计算，风景园林排水的特点、排水的主要方式、排水管网的规划设计，以及主要构筑物、景观喷灌的特点，喷灌系统构成和分类，喷灌系统规划、设计、施工技术要求及管理与维护。

水是人们日常生活中不可缺少的物质，完善的给水工程和排水工程以及污水处理工程，对风景园林的保护、发展和旅游活动的开展都有决定性的作用。

第一节　风景园林给水工程

一、给水用水分类及要求

公园和其他公共绿地是人们休息游览的场所，同时又是树木、花草较集中的地方。由于游人活动的需要、植物养护管理及水景用水的补充等，公园绿地的用水量很大。解决园林的用水问题是一项十分重要的工作。

园林绿地中用水大致可分为以下几方面：

1. 生活用水　生活用水是指饮用、烹饪、洗涤、清洁卫生用水。如餐厅、内部食堂、茶室、小卖部、消毒饮水器及卫生设备等的用水。

2. 生产用水　生产用水是指风景园林绿地内植物养护灌溉、动物笼舍的冲洗及夏季广场园路的喷洒用水等。生产用水对水质要求不高，但用水量大，可直接在池塘、河滨用水泵抽水满足。

3. 造景用水　各种水体（溪涧、湖泊、池沼、瀑布、跌水、喷泉等）的用水。

4. 消防用水　消防用水对水质没有特殊的要求，为了节省网管投资，消防给水往往与园林生活用水由同一管网供给，发生火灾时，直接从给水网管的消防栓取水，经消防车加压后进行扑救。绿地中的古建筑或主要建筑周围应设消防栓。

绿地中用水除生活用水外，其他用水的水质要求可根据情况适当降低。如无害于植物、不污染环境的水都可用于植物灌溉和水景用水的补给，如条件许可，这类用水可取自园内水体；大型喷泉、瀑布用水量较大，可考虑自设水泵循环使用。

风景园林给排水工程的任务就是经济、合理、安全可靠地满足以上四个方面的用水需求。

二、给水的特点

由于风景园林绿地中各要素的分布不均匀，加上地形的高低变化，不同功能、内容、设施等对水的要求也不同，给水大致具有以下特点：①园林中用水点较分散；②由于用水点分布于起伏地形，故高程变化大；③水质可根据用途不同分别要求；④用水高峰时间可以错开；⑤饮用水（沏茶用水）的水质要求较高，以水质好的山泉最佳。

三、水源与水质

（一）水源

由于其所在地区的供水情况不同，园林取水方式也各异。给水水源分两大类：一类是地表水源，如江、河、湖、水库等，地表水源水量充沛，常能满足较大用水量的需求；另一类是地下水源，如泉水、地下水等。在城区的园林，可以直接从就近的城市自来水管引水，在郊区的园林绿地如果没有自来水供应，只能自行设法解决；附近有水质较好的江、湖水的可以引用江、湖水；地下水较丰富的地区可自行打井抽水（如北京的颐和园）。近山的园林往往有山泉，引用山泉水是最理想的。取水的方式不同，公园中的给排水系统的基本组成情况也不一样。

（二）水质

园林用水的水质要求因其用途不同而不同。养护用水只要无害于动植物、不污染环境即可；生活用水（特别是饮用水）则必须经过严格净化消毒，水质须符合国家颁布的卫生标准。园林中水根据来源不同分为地表水和地下水两种，其水质差别较大。

1. 地表水 地表水包括江、河、湖、塘和浅井中的水，这些水由于长期暴露于地面，容易受到污染，有时甚至受到各种污染源的污染，水质较差，必须经过净化和严格消毒，才可作为生活用水。

2. 地下水 一般受形成、埋藏和补给条件的影响，大部分地区的地下水水源不易受污染，水质较好，一般情况下除做必要的消毒外，不必再净化。

四、生活饮用水的水质标准

生活饮用水的水质应无色、无臭、无味、不浑浊、无有害物质，特别是不含传染病菌。表3-1为生活饮用水的卫生标准。该标准以感官性状指标、化学指标、毒理学指标、细菌指标和放射性指标对生活饮用水水质加以控制。

表3-1 生活饮用水水质标准

序号	项 目		标 准
1	感官性状和一般化学指标	色	色度不超过15度，并不得呈现其他异色
2		浑浊度	不超过3度，特殊情况不超过5度
3		臭和味	不得有异臭、异味
4		肉眼可见物	不得含有
5		pH	6.5～8.5
6		总硬度（以碳酸钙计）	450 mg/L
7		铁	0.3 mg/L
8		锰	0.1 mg/L

(续)

序号	项　目		标　准
9	感官性状和一般化学指标	铜	1.0 mg/L
10		锌	1.0 mg/L
11		挥发酚类（以苯酚计）	0.002 mg/L
12		阴离子合成洗涤剂	0.3 mg/L
13		硫酸盐	250 mg/L
14		氯化物	250 mg/L
15		溶解性总固体	1 000 mg/L
16	毒理学指标	氟化物	1.0 mg/L
17		氰化物	0.05 mg/L
18		砷	0.05 mg/L
19		硒	0.01 mg/L
20		汞	0.001 mg/L
21		镉	0.01 mg/L
22		铬（六价）	0.05 mg/L
23		铅	0.05 mg/L
24		银	0.05 mg/L
25		硝酸盐（以氮计）	20 mg/L
26		氯仿	60 μg/L
27		四氯化碳	3 μg/L
28		苯并（A）芘	0.01 μg/L
29		滴滴涕	1 μg/L
30		六六六	5 μg/L
31	细菌学指标	细菌总数	100 个/mL
32		总大肠菌群	3 个/L
33		游离余氯	在接触30 min后应不低于0.3 mg/L，集中式给水除出厂水应符合上述要求外，管网末梢水不应低于0.05 mg/L
34	放射性指标	总 α 放射性	0.1 Bq/L
35		总 β 放射性	1 Bq/L

五、水源的保护

（1）生活饮用水的水源，必须设置卫生防护地带。

（2）取水点周围半径100 m的水域内，严禁捕捞、停靠船只、游泳和从事可能污染水源的任何活动，并由供水单位设置明显的范围标志和严禁事项的告示牌。

（3）取水点上游1 000 m至下游100 m的水域，不得排入工业废水和生活废水，沿岸防护范围内不得堆放废渣，不得设立有害化学物品仓库、堆栈或装卸垃圾、粪便和有毒物品的码头，不得使用工业废水或生活污水灌溉或施用持久性或剧毒的农药，不得从事放牧等可能污染水源的活动。

（4）在取水点上游1 000 m以外的一定范围河段划为水源保护区，严格控制上游污染物排放量。排放污水时应符合《工业企业设计卫生标准》和《地面水环境质量标准》的有关要求。

（5）供生活饮用水的专用水库、湖泊，应视具体情况将整个水体及其沿岸按要求（2）执行。

（6）以地下水为水源时，水井周围30 m的范围内，不得设置渗水厕所、渗水坑、粪坑、垃圾堆和废渣堆等污染源。

六、给水系统的组成与布置

取水构筑物：取用天然水源的构筑物（图3-1）。

一级泵站：从取水构筑物中取水，并送至净水设施的构筑物（图3-1）。

净水构筑物：使水源净化符合使用要求的设施（图3-1）。

清水池：收集、储备、调节水量的构筑物（图3-1）。

二级泵房：将洁净水池之水送至水塔的加压升水构筑物（图3-1）。

输水管：承担将水由二级泵房运送至水塔的输水管道（图3-1）。

水塔或高位水池：可收集、储存、调节水量或作为水源的蓄水构筑物（图3-1）。

配水管网：将水分配输送至园林内各处的管网（图3-1）。

深水泵站：将深层地下水吸上来的泵站（图3-1）。

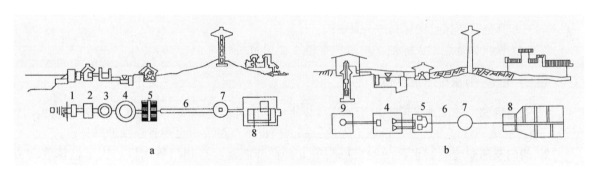

图3-1 给水系统

a. 以地面水为水源的给水系统 b. 以地下水为水源的给水系统

1. 取水构筑物 2. 一级泵站 3. 净水构筑物 4. 清水池 5. 二级泵房 6. 输水管 7. 水塔或高位水池
8. 配水管网 9. 深水泵站

七、给水管网的布置与计算

由于各地气候条件的差异、绿地类型的不同，加之季节变化，使用水量分布不均匀。如北京的冬灌和早春灌溉用水量大，南方夏季灌溉用水量大。给水管网的布置，除要了解园内用水的特点外，公园四周的给水情况也很重要，往往影响管网的布置方式。一般市区小绿地的给水可由一点引入。但对较大型的绿地，特别是地形较复杂的绿地，最好多点引水。

（一）给水管网的基本布置形式和布线要点

1. 给水管网基本布置形式

（1）树状管网。树状管网布置就像树干分枝分杈（图3-2a），这种布置方式较简单，省管材。树状管网供水的保证率较差，一旦管网出现问题或需维修时，则后面的所有管道就会中断供水，另外，当管网末端用水量减少，管中水流缓慢甚至停流而造成"死水"，水质易变坏。它适合于用水点较分散的情况。

（2）环状管网。环状管网是把供水管网闭合成环，干管和支管均呈环状布置（图3-2b），其突出优点是供水安全可靠，管网中无死角，水可以经常沿管网流动，水质不易变坏。但管线总长度大于树状管网，造价高，主要用于对供水连续性要求较高的区域。

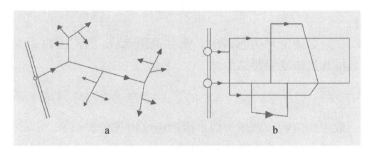

图 3-2　给水管网布置形式
a. 树状管网　b. 环状管网

在实际工程中，给水管网往往同时存在以上两种布置形式，成为混合管网，对连续性供水要求较高地区、地段布置成环状管网，而对用水量不大、用水点较分散的地区、地段则用树状管网。

2. 管网的布置要点

（1）干管应靠近主要供水点，保证有足够的水量和水压。

（2）干管应靠近调节设施（如高位水池或水塔）。

（3）在保证不受冻的情况下，干管宜随地形起伏敷设，避开复杂地形和难以施工的地段，以减少土石方工程量。

（4）和其他管道按规定保持一定距离。

（5）干管应尽量埋设于绿地下，避免穿越或设于园路下。

（二）管网布置的一般规定

1. 管道埋深　冰冻地区应埋设于冰冻线以下 40 cm 处。不冻或轻冻地区，覆土深度也不小于70 cm。管道不宜埋得过深，否则工程造价高。但也不宜过浅，否则管道易遭破坏。

2. 阀门及消防栓　给水管网的交点叫节点，在节点上设有阀门等附件，为了检修管理方便，节点处应设阀门井。

阀门除安装在支管和干管的连接处外，为便于检修养护，要求每 500 m 直线距离设一个阀门井。

配水管上安装消防栓，按规定其间距通常为 120 m，且其位置距建筑不得小于 5 m，为了便于消防车补给水，离车行道不大于 2 m。

3. 管道材料的选择（包含排水管道，表 3-2）　大型排水渠道可为砖砌、石砌及预制混凝土装配式等。

（三）与给水管网布置计算有关的几个名词及水力学概念

1. 用水量标准　进行管网布置时，首先应求出各点的用水量。管网根据各个用水点的需要量供水，公园中各用水点的用水量就是根据或参照这些用水量标准计算出来的，所以用水量标准是给水工程设计的一项基本数据。用水量标准是国家根据各地区城镇的性质、生活水平和习惯、气候、房屋设备及生产性质等不同情况而制定的。

2. 日变化系数和时变化系　公园中的用水量，在任何时间都不是固定不变的。一天中游人数量随着公园的开放和关闭在变化，用水量也随之变化，用水量在一年中又随着季节的冷暖而变化。另外，不同的生活方式对用水量也有影响。

一年中用水最多的一天的用水量称为最高日用水量。最高日用水量与平均日用水量的比值，叫日变化系数：

$$日变化系数 K_d = 最高日用水量 / 平均日用水量$$

表3-2 管道材料的选择

流动物质	压力 p_g/(kgf/cm²) 水温 t/℃	室内或室外	DN 公称管径/mm						
			25	50	80	100	150	200	≥250
给水	$p_g \leqslant 10$ $t \leqslant 50$	室内			白铁管、黑铁管			螺旋缝电焊钢管	
		室外			铸铁管、石棉水泥管				
雨水		室内				铸铁管			
						陶土管			
		室外							
生产污水	无	室内			排水铸铁管				
					钢筋混凝土管、混凝土管				
		室外					陶土管、陶瓷管		
生活污水	压	室内			排水铸铁管、陶土管				
		室外					陶土管、混凝土管		

注：耐酸陶瓷管、混凝土管、钢筋混凝土管、陶土管等管类的管径以内径 d 表示。

1 kgf/cm² = 9.8×10^4 Pa。

日变化系数 K_d 的值，在城镇一般取 1.2～2.0；在农村由于用水时间很集中，数值偏高，一般取 1.5～3.0。

同样，最高日中用水量最多的一小时，叫最高时用水量。最高时用水量与平均时用水量的比值，为时变化系数：

$$时变化系数 K_h = 最高时用水量/平均时用水量$$

时变化系数 K_h 的值，在城镇通常取 1.3～2.5，在农村则取 5～6。

公园总的各种活动、各种养护工作、服务设施及造景设施的运转基本上都集中在白天进行。以餐厅为例，其服务时间很集中，通常只供应一段时间，如 10:00～14:00，而且以节假日游人最多。所以用水的日变化系数和时变化系数的数值也比城镇大。在没有统一规定之前，建议 K_d 取 2～3、K_h 取 4～6。当然 K_d、K_h 值的大小和公园的位置、大小、使用性质均有关系。

将平均日用水量、平均时用水量分别乘以日变化系数 K_d 和时变化系数 K_h，即可求得最高日、最高时用水量。设计管网时必须用这个用水量，这样在用水高峰时才能保证水的正常供应。

3. 总用水量计算（表3-3） 根据风景区和园林发展规划需要，在设计给水管网时，还要结合远期考虑一部分发展用水量和其他用水量。其中包括管道漏水、临时突击用水以及未预见用水等。这些水量一般可按最高日用水量的 15%～25% 来计算。

表3-3 逐时用水量表

时间	生 活 用 水					园 务 用 水				消防	逐时用水量	
	食堂	茶室	展览室	阅览室	……	植物养护	水景	清洁卫生	……		水量/L	占全天比例/%
0:00～1:00												
1:00～2:00												
2:00～3:00												
3:00～4:00												
……												
23:00～24:00												
总计												

4. **沿线流量、节点流量和管段计算流量**　进行给水管网的水力计算，需先求得各管段的沿线流量和节点流量，并以此进一步求得各管段的计算流量，根据计算流量确定相应的管径。

(1) 沿线流量。在城市给水管网中，干管沿线接出支管（配水管），而支管的沿线又接出许多接户管将水送到各用户。由于各接户管之间的间距、用水量都不相同，所以配水的实际情况很复杂。沿程既有像工厂、学校等大用水户，也有数量很多、用水量小的零散居民户。对干管来说，大用水户是集中泄流，称为集中流量 Q_n，而零散居民户的用水则称为沿程流量 q_n。为了便于计算，可以将繁杂的沿程流量简化为均匀的泄流，从而计算每米管线长度所承担的配水流量，称为长度比流量 q_s。

$$q_s = \frac{Q - \sum Q_n}{\sum L} \qquad (3-1)$$

式中：q_s——长度比流量 $[L/(s \cdot m)]$；

　　　Q——管网供水总流量（L/s）；

　　　$\sum Q_n$——大用水户集中流量总和（L/s）；

　　　$\sum L$——配水管网干管总长度（m）。

(2) 节点流量和管段计算流量。计算方法是把不均匀的配水流量简化为便于计算的均匀配水流量。由于管段沿程流量是朝水流方向逐渐减少的，不便于确定管段的管径和进行水头损失计算，因此还需进一步简化，即将管段的均匀沿线流量简化成两个相等的集中流量，这个集中流量集中在计算管段的始、末端输出，称为节点流量。管段总流量包含两部分：一是经简化的节点流量；一是经该管段传输给下一管段的流量，即传输流量。管段的计算流量 Q 可用下式表达：

$$Q = Q_t + \frac{1}{2}Q_L \qquad (3-2)$$

式中：Q——管段计算流量（L/s）；

　　　Q_t——管段传输流量（L/s）；

　　　Q_L——管段沿线流量（L/s）。

园林绿地的给水管网比城市给水管网要简单得多，园林中用水如取自城市给水管网，则园中给水干管将是城市给水管网中的一根支管，在这根"干管"上只有为数不多的一些用水量相对较多的用水点，沿线不像城镇给水管网那样有许多居民用水点。所以在进行管段流量的计算时，园中各用水点接水管的流量可视为集中流量，而不需计算干管的比流量。

上式中 Q_L 的计算公式：

$$Q_L = q_s \times L \qquad (3-3)$$

将沿线流量折半作为管段两端的节点流量，因此节点流量 $Q_j = \frac{1}{2}\sum Q_L$，即任一节点的流量等于与该节点相连各管段的沿线流量总和的一半。

5. **给水管径的确定**　流量是指单位时间内水流流过某管道的量，称为管道流量，其单位一般用 L/s 或 m^3/h。其计算公式如下：

$$Q = \omega \times \nu \qquad (3-4)$$

式中：Q——流量（L/s 或 m^3/h）；

　　　ω——管道断面积（cm^2 或 m^2）；

　　　ν——流速（m/s）。

给水管网中连接各用水点的管段的管径是根据流量和流速来决定的，由下列公式可以看到三者之间的关系，因为 $\omega = \dfrac{\pi D^2}{4}$（$D$ 为管径，mm），所以：

$$D = \sqrt{\frac{4Q}{\pi \nu}} = 1.13\sqrt{\frac{Q}{\nu}} \qquad\qquad (3-5)$$

当 Q 不变时，ω 和 ν 互相制约，管径 D 大，管道断面积也大，流速 ν 可小；反之 ν 大，D 可小。以同一流量 Q，查水力计算表，可以查出两个甚至四五个管径来。究竟哪一个管径最适宜，就存在一个经济问题。管径大流速小，水头损失小，但投资也大；而管径小，管材投资节省了，但流速加大，水头损失也随之增加，有时甚至造成管道远端水压不足。所以，选择管段管径时，二者要进行权衡，以确定一个较适宜的流速。此外，这个流速还受当地敷管单价和动力价格总费用的制约，应既不浪费管材、增大投资，又不使水头损失过大。这个流速就叫作经济流速。经济流速可按下列经验数值采用：

小管径 $D_g = 100 \sim 400$ mm，ν 取 $0.6 \sim 1.0$ m/s。

大管径 $D_g > 400$ mm，ν 取 $1.0 \sim 1.4$ m/s。

6. 各管段的水头损失设计

（1）沿程损失。计算公式如下：

$$h_{沿} = iL \qquad\qquad (3-6)$$

式中：$h_{沿}$——管道的沿程水头损失（mH$_2$O*）；

L——计算管道的长度（m）；

i——管道单位长度的水头损失（mH$_2$O/m）。

给水管网的钢管和铸铁管的水头损失计算应遵守下列规定：

$\nu < 1.2$ m/s，$i = 0.000\,912\,(\nu^2/d^{1.3})\,(1+0.876/\nu)^{0.3}$；

$\nu \geq 1.2$ m/s，$i = 0.001\,07\nu^2/d^{1.3}$；

ν 为管内平均水流速度（m/s），d 为管道计算内径（m）。

使用上式时，可利用《给水排水手册》中现成的水力计算表，该表按上式编制。

（2）局部损失。一般情况下，局部损失按经验用管段沿程损失的百分数计算。生活给水系统取 $25\% \sim 30\%$，生产给水系统取 20%，消防给水系统取 15%，生活-消防给水系统取 25%，生活-生产-消防给水系统取 20%。

沿程水头损失或局部水头损失都可查《给水排水设计手册》有关的图表，而不需要进行详细的计算。

（3）计算格式。在表上选出管径的同时，同时还可以查得相应的 ν（m/s）和水力坡度（mH$_2$O/m），即单位长度的水头损失。由此即可计算沿管段的水头损失 $h_{沿} = iL$（表 3-4）。

* mH$_2$O、mmH$_2$O 为非法定计量单位，1 mH$_2$O = 9 800 Pa，1 mmH$_2$O = 9.8 Pa。

表 3-4　干管水头损失计算表

管段编号	管长/m	流量 q_g/（L/s）	管径/mm	水力坡度 i/（mH$_2$O/m）	管段水头损失 h/mH$_2$O	流速/（m/s）
①~② ②~③						
—— ——						
总计					$\sum h_{沿} =$	

（4）水力计算。

①在计算时，一般选择园内一个或几个最不利点（即管段消耗水头多，或由于地形及建筑

物等要求较高的用水点）。由于水在管道中流动，必须具有一定的水头（高程差）来克服沿途的水头损失，并使水能达到一定高度以满足用水点要求，所以水头损失的计算有两个目的：一是计算不利点间的水头要求；二是校核城市自来水配水管的水压（或水泵扬程）能否满足园内最不利点配水的压力水头的要求。

公园给水管网总引水处所需要的总水压力（或水泵扬程）用下式计算：

$$H = H_1 + H_2 + H_3 + H_4 \qquad (3-7)$$

式中：H_1——总引水点处与最不利配水点间的地面高程差（m）；

H_2——计算配水点至建筑物进水管的标高差（m）；

H_3——计算配水点前所需流出的水头（水压）值（mH_2O）；

H_4——水管沿程水头损失与局部损失的总和。

H_3 值随阀门类型而定，一般可取 1.5～2 mH_2O。$H_2 + H_3$ 表示计算用水点处的构筑物从地面算起所需的水压值，可大致参考以下数值。按构筑物的层数确定从地面算起的最小保证水头值：平房为 10 mH_2O，二层为 12 mH_2O，≥三层每增加一层增加 4 m。

$$H_4 = H_沿 + H_局 = iL + H_局 \qquad (3-8)$$

此项均可通过"给水干管水力计算表"来计算。

在有条件时，还可考虑一定的富裕水头（如 1～3 mH_2O）。

②计算结果。

a. 当 H 大于城市配水管的管压 H_0 不多时，为避免设立局部升压设备而增加投资，可放大某些管径 d_g 进行适当调整，以减少管网的水头损失。

b. 当 H 小于城市配水管的管压 H_0 较多时，则可充分利用它的管压，在允许限值内适当缩小某些管段的管径 d_R。

c. 对公园中较大型的建筑物、古建筑、木结构重点文物，都应有专门的消防措施。一般来说消防水压不小于 25 m 的水头，则可消防 2～3 层建筑物的火灾。

d. 低压网消防系统必须保证离泵站最远处的消防龙头具有 10 mH_2O 的自由水头。

e. 水泵站内压力损失（包括吸水管、压力管等）可估计为 2～3 mH_2O。

【例3.1】 花港公园给水管网布置如图 3-3 所示。城市给水管网引水点处水压为 12 mH_2O，地面标高为 5.25 m，用水标高为 7.50 m，$H_2 = 5$ m，$H_3 = 2.0$ mH_2O。请验算确定该公园能否直接从城市水厂干管引水供水。

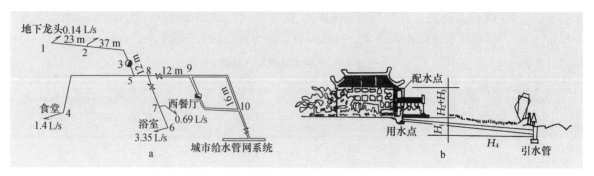

图 3-3　管网计算示意图

a. 管网计算草图　b. 管网水头损失计算剖面图

解：

（1）在绘制的管网计算草图上，标出各管段的长度和分节点的流量（由各建筑物最高时用水量分配表得来）。

（2）再找出最不利点（即用水量最大的分支）并编制干管水力计算表（表3-5）。

表3-5 干管水力计算表

管段编号	管长 L/m	流量 Q/（L/s）	管径 d/mm	$1\,000i$/（mmH$_2$O/m）	$H_i = iL$/mmH$_2$O	ν/（m/s）
①～②	23	0.14	50	—	—	—
②～⑤	49	0.14+2.76=2.90	75	15.70	769	0.67
⑤～⑧	7.5	2.9+1.4=4.3	100	7.63	57	0.56
⑧～⑨	12	4.3+3.35+0.69=8.34	125	8.50	102	0.70
⑨～⑩	16	8.34+1.2*=9.54	125	10.60	170	0.76

* 1.2 L 为在⑨～⑩管段的其他用水量。干管沿程水头损失总和 $\sum H_i$ =1.098 mH$_2$O。

局部水头损失为：

$$1.098 \times 25\% = 0.275 \ (\text{mH}_2\text{O})$$
$$H_4 = 1.098 + 0.275 = 1.373 \ (\text{mH}_2\text{O})$$
$$H = H_1 + H_2 + H_3 + H_4$$
$$= (7.5 - 5.25) + 5 + 2 + 1.373$$
$$= 10.623 \ (\text{mH}_2\text{O})$$

$H_{引压}$（12 mH$_2$O）＞H（10.623 mH$_2$O），所以直接从城市给水干管处接管即可满足配水点用水要求。

这里要指出一点：实际上公用各用水点的用水高峰时间不会在同一时间出现，因而可以通过合理的安排将几项用水量较大的项目错开，即可挖掘潜力，即使在 $H_{引压} \leqslant 10$ mH$_2$O 时也能满足配水点的要求。另外还可添设水池、水缸等蓄水设备，以补充高峰时用水量的不足，再诸如喷泉、瀑布之类的水景也可自设水泵循环使用，进一步降低高峰时用水量，从而节约给水工程的投资。

（四）树状管网的计算与设计方法

管网水力计算的目的是根据最高时用水量，确定各段管线的直径和水头损失，然后确定城市给水管网的水压能否满足绿地用水的要求，如绿地给水管网自设水源供水，则需确定水泵扬程及水塔（或高位水池）高度，以保证各用水点有足够的水量和水压。

1. 收集分析相关的图纸、资料 主要是风景园林绿地设计图纸、说明书等，了解原有或拟建的建筑物、设施等的用途及用水要求、各用水点的高程。

然后根据风景园林绿地所在地附近城市给水管网布置情况，掌握其位置、管径、水压及引用的可能性。如公园（特别是地处郊区的公园）自设设施取水，则需了解水源（如泉等）常年的流量变化、水质优劣等。

2. 管网布置 在风景园林绿地设计平面图上，根据用水点分布情况，定出给水干管的位置、走向，并对节点进行编号，量出节点间的长度。

3. 求绿地中各用水点的用水量

（1）求某一用水点的最高日用水量 Q_d。计算公式为：

$$Q_d = q \times N \tag{3-9}$$

式中：Q_d——最高日用水量（L/d）；

q——用水量标准（最高日）；

N——游人数（服务对象数目）或用水设施的数目。

（2）求该用水点的最高时用水量 Q_h。计算公式为：

$$Q_h = \frac{Q_d K_h}{24} \qquad (3-10)$$

式中：K_h——时变化系数（公园中 K_h 值可取 4~6）。

（3）求设计秒流量 q_0。计算公式为：

$$q_0 = \frac{Q_h}{3\,600} \qquad (3-11)$$

4. 各管段管径的确定　根据各用水点所求得的设计秒流量 q_0 及要求的水压，查表以确定连接园内给水干管和用水点之间的管段的管径，还可查得与该管径相应的流速和单位长度的水头损失值（表 3-6）。

表 3-6　钢管水力计算表

流量 Q/ (L/s)	管　径 d/mm											
	50		75		100		125		150		200	
	流速 v	$1\,000i$	流速 v	$1\,000i$	流速 v	$1\,000i$	流速 v	$1\,000i$	流速 v	$1\,000i$	流速 v	$1\,000i$
0.50	0.26	4.99										
0.70	0.37	9.09										
1.0	0.53	17.3	0.23	2.31								
1.3	0.69	27.9	0.30	3.69								
1.6	0.85	40.9	0.37	5.34	0.21	1.31						
2.0	1.06	61.9	0.46	7.98	0.26	1.94						
2.3	1.22	80.3	0.53	10.3	0.30	2.48						
2.5	1.33	94.9	0.58	11.9	0.32	2.88	0.21	0.966				
2.8	1.48	119	0.65	14.7	0.36	3.52	0.23	1.18				
3.0	1.59	137	0.70	16.7	0.39	3.98	0.25	1.33				
3.3	1.75	165	0.77	19.9	0.43	4.73	0.27	1.57				
3.5	1.86	186	0.81	22.2	0.45	5.26	0.29	1.75	0.20	0.723		
3.8	2.02	219	0.88	25.8	0.49	6.10	0.315	2.03	0.22	0.834		
4.0	2.12	243	0.93	28.4	0.52	6.69	0.33	2.22	0.23	0.909		
4.3	2.28	281	1.00	32.5	0.56	7.63	0.36	2.53	0.25	1.04		
4.5	2.39	308	1.05	35.5	0.58	8.29	0.37	2.74	0.36	1.12		
4.8	2.55	350	1.12	39.8	0.62	9.33	0.40	3.07	0.275	1.26		
5.0	2.65	380	1.16	43.0	0.65	10.0	0.414	3.31	0.286	1.35		
5.3	2.81	427	1.23	48.0	0.69	11.2	0.44	3.68	0.304	1.50		
5.5	2.92	459	1.28	51.7	0.72	12.0	0.455	3.92	0.315	1.60		
5.7	3.02	493	1.33	55.3	0.74	12.7	0.47	4.19	0.33	1.71		
6.0			1.39	61.5	0.78	14.0	0.50	4.60	0.344	1.87		
6.3			1.46	67.8	0.82	15.3	0.52	5.03	0.36	2.08	0.20	0.505
6.7			1.56	76.7	0.87	17.2	0.555	5.62	0.384	2.28	0.215	0.559
7.0			1.63	83.7	0.91	18.6	0.58	6.09	0.40	2.46	0.225	0.605
7.4					0.96	20.7	0.61	6.74	0.424	2.72	0.238	0.668
7.7					1.00	22.2	0.64	7.25	0.44	2.93	0.248	0.718
8.0					1.04	23.9	0.66	7.75	0.46	3.14	0.257	0.765
8.8					1.14	28.5	0.73	9.25	0.505	3.37	0.283	0.908
10.0					1.30	36.5	0.83	11.7	0.57	4.69	0.32	1.13
12.0							0.99	16.4	0.69	6.55	0.39	1.58
15.0							1.24	24.9	0.86	9.88	0.48	2.35
20.0							1.66	44.3	1.15	16.9	0.64	3.97

注：$1\,000i$ 即每千米管长内的水头损失。

风景园林绿地给水网管的布置和水力计算是以各用水点用水时间相同为前提的，即所设计的供水系统在正常情况下都可安全供水。但实际上，不同性质的绿地用水时间并不同步，如植物的浇灌时间最好是早晚，而餐厅的主要供水时间是中午。为更好地保证供水，可把几项用水量较大的用水项目的用水时间错开。另外如餐厅、花圃等用水量较大的用水点可设水池等容水设备，错过用水高峰时间，在平时储水；喷泉、瀑布等水景，可考虑自设水泵循环使用。这样就可以大大降低用水高峰时的用水量，对节省管材和降低成本是很有意义的。

第二节　风景园林排水工程

风景园林排水工程也是风景园林绿地水处理工程，过去的做法只是简单地排放，现在发生了很大的变化。真正排放的是经过处理后的污水当中的渣滓，而废水、污水经过处理、净化又被循环利用。随着社会的进步和科学技术的高速发展，人们利用水和科学处理水的观念都发生了很大的变化。如在2000年悉尼奥运场馆的设计中，最成功的设计就是对雨水的回收和再利用，回收的雨水经过净化处理，不但可满足运动员洗漱的需要，同时也可以灌溉绿地，不但可以节约水资源，而且可大大节约成本。我国是严重的缺水国家，尤其北方地区，如能在风景园林绿地排水的处理方面采取一些行之有效的办法，对保护水资源具有非常重要的意义。

风景园林绿地对水有三种处理方式：①对地表水、没有受污染的水可直接排入水体（湖泊、池沼、溪涧、地下水）或土壤；②作为水质要求较低的用水（供给农业、渔业、水产养殖业）；③循环使用。

对水的循环使用有极其重要的意义：①通过广泛的循环用水，可以较好地解决废水污染环境的问题；②将推动废水的综合利用，从废水废液中回收原材料；③各工业先进国家几乎都出现水资源不足的现象，循环用水将降低对天然水的需要量；④在某些情况下可节约费用，如采用天然水源的处理费用大于循环用水中的处理费用时，可节约处理费，水源遥远时可节约输水费，同时循环用水免除了废水的无害化，也节约费用。

一、园林排水的特点

（1）主要是排除雨水和少量生活污水。

（2）可利用高低变化的地形排除地表水。

（3）雨水可就近排入园林中水体。

（4）风景园林绿地通常植被丰富，地面水分吸收能力强，地面径流较小，因此雨水一般采取以地面排除为主、沟渠和管道排除为辅的综合排水方式。

（5）排水设施应尽量结合造景，创造瀑布、跌水、溪流等景观。

（6）排水的同时还要考虑使土壤吸收足够的水分，以利于植物生长，干旱地区尤其应注意保水。

二、园林排水的主要方式

风景园林绿地中基本上有两种排水方式，即地形排水和管渠排水，二者之间以地形排水最为经济。

（一）地形排水

主要是利用地面的坡度使雨水汇集，再通过设计好的沟、谷、涧等加以引导，排到附近水体或城市的水管网中。地形排水是风景园林绿地排水的主要方式，目前我国大部分风景园林绿地都采用地面排水为主、管渠排水为辅的综合排水方式，如北京的颐和园、广州动物园、杭州动物园、上海复兴岛公园。这种排水方式不仅经济适用，便于维修，而且景观自然。

（二）管渠排水

管渠排水通常指通过明沟、管道、盲沟等设施进行排水的方式。

1. 明沟排水 主要是土质明沟，其断面形式有梯形、三角形和自然式浅沟，通常采用梯形断面，沟内可植草种花，也可任其生长杂草。在某些地段根据需要也可采用砖砌、石砌或混凝土明沟，断面形式常采用梯形或矩形（图3-4）。

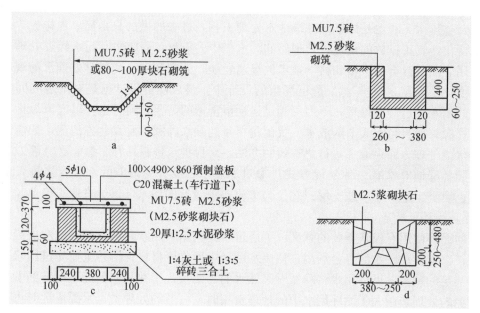

图3-4 明沟排水

a. 梯形明沟 b. 砖砌明沟 c. 有盖板的明沟 d. 石砌明沟

2. 管道排水 在园林中某些场所，如低洼的草地、铺装广场及休息场所、建筑物周围的积水以及污水的排除，需要或只能利用敷设管道的方式进行。其优点是不妨碍地面活动，卫生和美观，排水效率高。但造价也高，且检修困难。

3. 雨水管渠布置的基本要求

（1）一般规定。

①最小覆土深度：管道的最小覆土深度应根据雨水井连接管的坡度、冰冻深度和外部荷载情况决定。雨水管道的最小覆土深度一般为0.5～0.7 m，冰冻地区要在冻土下0.40 m。

②最小坡度：雨水管道为无压自流管，只有具有一定的坡度，雨水才能靠自身重力向前流动，而且管径越小所需最小纵坡值越大（表3-7）。

表3-7 管渠的最小纵坡

管径/mm	最小纵坡 i	管径/mm	最小纵坡 i	沟渠	最小纵坡 i
200	0.4%	350	0.3%	土质明沟	0.2%
300	0.33%	400	0.2%	砌筑梯形明沟	0.02%

③最小允许流速：流速过小，不仅影响排水速度，水中杂质也容易沉淀淤积。各种管道在自流条件下的最小允许流速不得小于0.75 m/s，各种明渠不得小于0.4 m/s。

④最大设计流速：流速过大，则会磨损管壁，降低管道的使用年限。各种金属管道的最大设计流速为 10 m/s，非金属管道为 5 m/s。各种明渠的最大设计流速如表 3-8 所示。

表 3-8 明渠最大设计流速

明渠类别	最大设计流速/（m/s）	明渠类别	最大设计流速/（m/s）
粗沙及贫沙质黏土	0.8	草皮护面	1.6
沙质黏土	1.0	干砌块石	2.0
黏土	1.2	浆砌块石及浆砌砖	3.0
石灰岩集中砂岩	4.0	混凝土	4.0

⑤最小管径尺寸及沟槽尺寸：雨水管最小管径一般不小于 150 mm，公园绿地的径流中因携带的泥沙较多，故最小管径尺寸采用 300 mm；梯形明渠为了便于维修和排水通畅，渠底宽度不得小于 300 mm，有时可将明渠做成宽的浅沟，这样既利于排水，又使排水沟更自然、美观和安全；梯形明渠的边坡坡度，用砖、石或混凝土砌筑时一般采用 1:0.75～1:1，土质明沟边坡坡度则视土壤性质而定（表 3-9）。

表 3-9 梯形明渠的边坡坡度

土　　质	边坡坡度	土　　质	边坡坡度
粉沙	1:3～1:3.5	沙质黏土和黏土	1:1.25～1:1.15
松散的细沙、中沙、粗沙	1:2～1:2.5	砾石土和卵石土	1:1.25～1:1.5
细实的细沙、中沙、粗沙	1:1.5～1:2	半岩性土	1:0.5～1:1
黏质沙土	1:1.5～1:2	风化岩石	1:0.25～1:0.5

⑥管道材料的选择：排水管道的材料种类一般有铸铁管、钢管、石棉水泥管、陶土管、混凝土管和钢筋混凝土管等。室外雨水的无压排除通常选用陶土管、混凝土管和钢筋混凝土管。

（2）布置要点。尽量利用地表面的坡度汇集雨水，使雨水能按设计要求排到附近水体，以节约管线；当地形坡度大时，雨水干管应布置在地形低的地方；雨水口的布置应考虑到能及时排除附近地面的雨水，不致使雨水漫过路面而影响交通；条件允许时尽量采用分散出水口的布置形式；在冰冻地区，管道应埋在冻土以下 0.40 m，坡度应接近地面坡度。

4. 暗沟排水 暗沟又叫盲沟，是一种地下排水渠道，也叫盲渠。用以排除地下水，降低地下水位。经常应用在要求排水良好的活动场地，如体育活动场、儿童游戏场等，或地下水位过高影响植物种植和开展游园活动的地段。

暗沟排水的优点：用材方便，造价低廉；不需要检查井或雨水井之类的排水构筑物，地面不留"痕迹"，从而保持了绿地或其他活动场地的完整性；对于地下水位高的地区，可降低地下水位，对于重盐地区，可采用盲沟排盐。

暗沟的布置和做法如下：

（1）暗沟的布置形式。根据地形及地下水的流动方向而定。大致可归纳为如下几种：

①自然式：地势周边高、中间低，地下水向中心部位集中。其地下暗沟系统布置将排水干管设于谷底，支管自由伸向周围的每个山洼以拦截由周围侵入园址的地下水（图 3-5a）。

②截流式：四周或一侧较高，地下水来自高地，为防止园外地下水侵入园址，在地下水来的方向一侧设暗沟截流（图 3-5b）。

③篦式：表现为山谷形的地势，可在谷底设干管，支管呈鱼骨状向两侧坡地伸展（图 3-5c）。此法排水迅速，适用于低洼地积水较多的地方。

④耙式：此法适于一面坡的情况，将干管埋设于坡下，支管由一侧接入，形如铁耙（图3-5d）。

以上几种形式根据地形的实际情况灵活采用，可以单独使用，也可混合布置。

（2）暗沟的埋置深度和间距。暗沟的埋置深度和间距与其排水量及土壤的质地有关。暗沟的埋置深度取决于植物对水位的要求、土壤质地、地面上有无荷载和冰冻破坏的影响。通常在1.2~1.7 m之间。

暗沟埋置的深度不宜过浅，否则表土中的养分易流走。支管的间距取决于土壤的种类、排水量和排除速度。对排水要求高的场地，应多设支管，支管间距一般为8~24 m。

（3）暗沟沟底纵坡。沟底纵坡不小于0.5%，只要地形等条件许可，纵坡坡度应尽可能较大，以利于地下水的排除。

（4）暗沟的构造。因所采用的透水材料多种多样，所以暗沟类型也多，常用的材料及构造形式如图3-6所示。

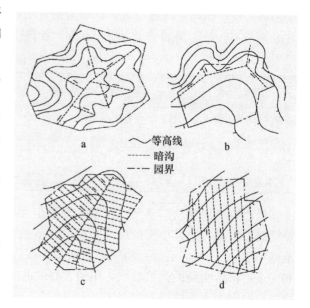

图3-5 暗沟布置的几种形式
a. 自然式　b. 截流式　c. 篦式　d. 耙式

〜等高线
------ 暗沟
—·— 园界

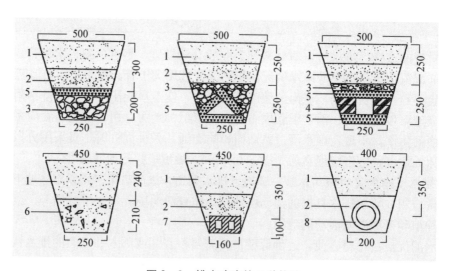

图3-6 排水暗沟的几种构造
1. 土　2. 沙　3. 石块　4. 砖块　5. 预制混凝土盖板
6. 碎石及碎砖块　7. 砖块干叠排水管　8. 陶管φ80

（5）暗沟施工。为了保证暗沟施工质量，降低成本，施工通常在地下水位较低的季节（如冬春）进行，其施工过程为：

①施工前的测量放线：根据施工图，确定干、支管及节点位置，分别用木桩和灰线标示。

②开沟挖槽：根据设计要求，确定暗沟的边坡角度，施工中注意保护沟槽壁以防塌落，槽底要平整夯实，同时满足设计纵坡。

③铺设管渠：根据实际需要，如需加快排水速度，除设置透水层外，还要设置排水渠道。

渠道的材料通常采用塑料管、钢筋混凝土管，也可用砖砌筑。施工时关键是要符合设计坡度的要求，绝不能高低起伏，否则容易造成泥沙淤积、堵塞管道。

④铺设透水层（过滤层）：暗沟的构造不同其透水层的构造、材料、施工方法也不同。常用的材料有碎石、碎砖，粒径一般不大于 50 mm。填筑时应分层进行，大粒径放置在下层，小粒径在上层，回填时要密实，这样有利于透水层稳固。为了防止上层泥土堵塞透水层孔隙，在上层覆盖土工布，土工布应摆放平稳。

⑤回填土方：当土层较厚时，应分层回填，且每层要压实，最上层选用肥沃的种植土，以利于植物生长，最后平整压实。

三、防止地表径流冲刷地面的措施

排水工程是整个风景园林工程中费用较大的工程项目。它由排水管网和污水处理系统两大部分组成。排水体制大体有：完全分流制（用管道分别收集雨水或污水单独自成系统）、半分流制（小雨和大雨的初期雨水同污水合流，雨量增大后，雨水就借助雨污分流井流入河道，一般较脏的初期雨水能得到适当处理）和合流制（只埋设单一的下水系统排除污水和雨水）。排水工程规划首先是估算园林排水量。地面径流量单独估算。较洁净的废水可由雨水系统排除或重复使用。

地表被冲蚀的原因主要是地表径流（径流是指经土壤或地被物吸收及在空气中蒸发后余下的在地表面流动的那部分天然降水）的流速过大，冲蚀了地表土层。解决这个问题可以从三方面着手：

1. 竖向设计应充分考虑排水需求

（1）注意控制地面坡度，使之不至过陡，如有些地段坡度过大，应采取措施以减少水土流失。

（2）同一坡度（即使坡度不太大）的坡面不宜延续过长，应该有起有伏，以减缓径流速度，同时也可丰富地形的变化，创造出多变的景观地形。

（3）利用盘山道、谷线等拦截和组织排水，防止形成大的径流。

2. 充分发挥植物的护坡作用，以创造出多变的植物景观 园林植物尤其是地被植物具有很好的吸收、阻碍地表径流的作用，同时还有固土、防止水土流失的作用。植物种类合理配置不但起到护坡的作用，还可创造出丰富的植物景观。

3. 工程措施 特殊地段由于坡度较陡或坡面过长，前两项措施很难发挥作用，为了更好地防止地表水土流失，则需利用工程措施进行护坡。

（1）"谷方"。地表径流在谷线或山洼处汇集，形成大流速径流，为了防止其对地表的冲刷，在汇水线上布置一些山石，借以减缓水流的冲力，达到降低其流速、保护地表的作用。这些山石就叫"谷方"。作为"谷方"的山石需具有一定体量，且应深埋浅露，才能抵挡径流冲击。"谷方"如布置自然得当，可成为优美的山谷景观。雨天流水穿行于"谷方"之间，辗转跌宕又能形成生动有趣的水景（图 3-7）。

（2）挡水石。利用山道边沟排水，在坡度变化较大处，由于水的流速大，表土土层往往被严重冲刷甚至损坏路基，为了减少冲刷，在台阶两侧或陡坡处置石挡水，这种置石就叫挡水石。挡水石可以本身的形体美或与植物搭配形成很好的小景（图 3-8）。

图 3-7 谷 方

图 3-8　挡水石

（3）护土筋。（图 3-9）护土筋的作用与"谷方"或挡水石相仿，通常用砖或其他块材成行埋置土中，使之露出地面 3～5 cm，每隔一定距离（10～20 m）设置 3～4 道（与道路中线呈一定角度，如鱼骨状排列于道路两侧）。护土筋设置的疏密主要取决于坡度的陡缓。为防止径流冲刷，除采用上述措施外，还可在排水沟沟底用较粗糙的材料堆砌（图 3-10）。

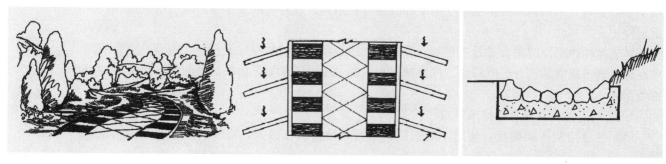

图 3-9　护土筋　　　　　　　　　　　图 3-10　粗糙材料衬砌的明沟

（4）出水口的处理。园林中利用地面或明渠排水，在排入园内水体时，为了保护岸坡并结合造景，出水口应做适当处理，常见有如下两种方式。

① "水簸箕"：一种敞口排水槽，槽身的加固可采用三合土、浆砌块石（或砖）或混凝土等材料。排水槽上下口高差大的，可在下口前端设栅栏起消力和拦污作用，在槽底设置消力阶、做成礓礤式、砌消力块等（图 3-11）。

② 埋管排水：利用路面或道路两侧边沟将雨水引至濒水地段或排放点，设雨水口埋管将水排入水体。

图 3-11　不同出水口的处理
a. 栅栏式　b. 礓礤式　c. 消力阶　d. 消力块

四、排水管网附属构筑物

在雨水排水管网中常见的附属构筑物有检查井、雨水口和出水口等。

1. 检查井 检查井的功能是便于管道维护、人员检查和清理管道，另外它还是管段的连接点。检查井通常设置在管道方向改变的地方，井与井之间的最大间距为50 m。为了检查和清理方便，相邻检查井之间的管段应在一条直线上。

检查井主要由井基、井底、井身、井盖座和井盖等组成（图3-12）。

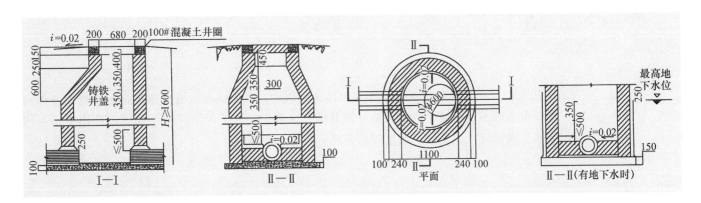

图3-12 普通检查井构造

2. 雨水口 雨水口通常设置在道路边坡或地势低洼处，是雨水排水管道收集地面径流的孔道（图3-13）。雨水口设置的间距在直线上一般控制在30～80 m，它与干管常用200 mm管道连接，其长度不得超过25 m。雨水口的构造如图3-14所示。

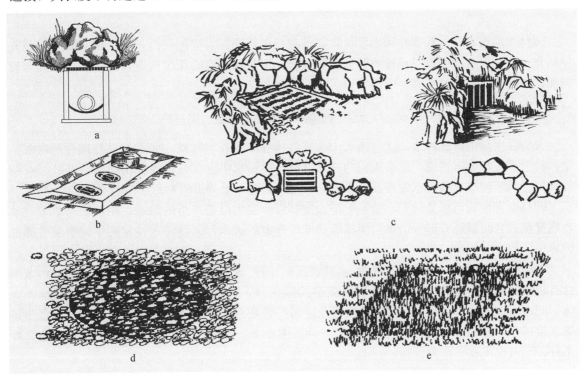

图3-13 不同雨水口的处理方式

a. 用山石处理雨水口示意图　b. 颐和园雨水口示意图　c. 园路上雨水口两例　d. 在卵石铺装地面上的井盖　e. 在草坪上的井盖

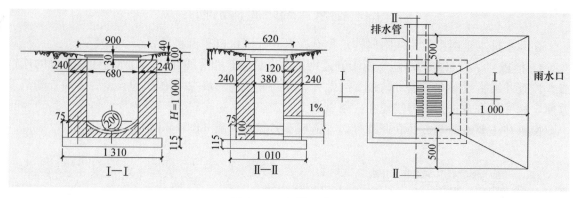

图 3-14　雨水口构造

3. 出水口　出水口是排水管渠排入水体的构筑物，其形式和位置应根据水位、水流方向而定，管渠出水口不要淹没于水中，最好使其露在水面上。为了保护河岸或池壁，在出水口与河道连接部分做护坡或挡土墙。出水口的构造如图 3-15 所示。

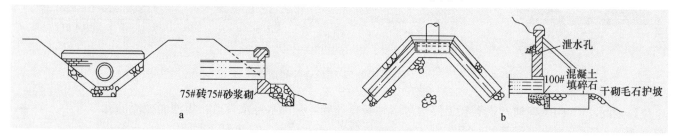

图 3-15　出水口构造
a. 出水口一　　b. 出水口二

园林中的雨水口、检查井和出水口，其外观在满足功能需要的同时，应尽量与园林景观充分结合。如在雨水井的算子或检查井盖上铸（塑）出各种美丽的花纹图案，以山石、植物等材料加以点缀。这些做法在园林中都取得了很好的效果。

五、园林污水的处理

人们在生活中形成污水，这些污水中含有各种各样的有害物质，如不经过处理和消毒就排走，将严重破坏生态环境，危害人们的身体健康。在污水中也含有一些有用物质，经处理可回收利用。为了使排出的污水无害及变害为利，必须建造一系列设施对污水进行必要的处理。

园林中产生的污水量较少，基本上是饮食部门和卫生设备产生的污水，在动物园或带有动物展览区的公园里还有部分动物粪便及清扫禽兽笼舍的脏水。园林污水性质简单，所以处理也较容易。

不同性质的污水应做不同的处理。如饮食部门的污水主要是残羹剩饭及洗涤废水，污水中含有较多的油脂。这类污水可设带有沉淀室的隔油井，经沉渣、隔油处理后直接就近排入水体，肥水可以养鱼，也可以给水生植物施肥。另一做法就是在水体中种植藻类、荷花、水浮莲等水生植物，这些水生植物通过光合作用产生大量的氧，溶解于水中，为污水的净化创造良好条件，同时也丰富了水景景观。

粪便污水处理则应采用化粪池。污水在化粪池中经沉淀、发酵、沉渣，液体再发酵澄清后，污水可排入城市污水管。在没有城市污水管的郊区公园或风景区，如污水量不大，可设小型污水处理器或氧化塘对污水进一步处理，达到国家规定的排放标准后再排入园内或园外的水体。

　　我国有不少城镇的郊区用污水进行农田灌溉或养鱼，充分利用了污水中的有机肥，也是生化处理污水的一种经济而有效的方法。但公园或风景区是人们进行休闲活动的场所，不仅要求风景优美，而且要求空气清新，水体水质良好，特别是对那些开展水上活动的水体，必须严禁未经处理或处理不完善的污水排入。

第三节　风景园林喷灌工程

　　喷灌是指通过喷灌系统（或喷灌机具）将具有一定压力的水通过喷头喷射到空中，形成水滴状态，洒落在土壤表面，为植物生长提供必要的水分，是一种模拟天然降水对植物提供的控制性灌水。这种灌水方式以其节水、保土、省工和适应性强等诸多优点，得到人们的普遍重视，逐渐成为园林绿地和运动场草坪灌溉的主要方式。

　　喷灌系统的布置和给水系统基本上一样，其供水可以取自城市给水系统，也可单独设置水泵解决。喷灌系统的设计要点也是解决用水量和水压要求，不过对水质要求可稍低，只要无害于植物、不污染土壤和环境的水均可使用。

一、喷灌的优点

　　1. 提高生长量　喷灌时水以水滴的形式像降雨一样湿润土壤，不破坏土壤结构，为作物生长创造良好的水分条件。由于灌溉水通过各种喷灌设备输送、分配到绿地，都是在有控制的状态下工作的，所以可根据供水条件和作物需水规律进行精确供水。此外，在热风季节采用喷灌可增加空气湿度、降低气温，可以收到良好效果，在早春可以用喷灌防霜。

　　2. 节约用水量　因为喷灌系统不存在输水损失，能够很好地控制喷灌强度和灌水量，灌水均匀，利用率高。喷灌的灌水均匀度一般可达到 $80\%\sim85\%$，水的有效利用率为 80% 以上，比地面灌溉节省 $30\%\sim50\%$。对于严重缺水的我国，尤其是北方地区积极推广喷灌是解决水资源缺乏的途径之一。

　　3. 具有很强的适应性　喷灌的一个突出优点是可用于各种类型的土壤和作物，受地形条件的限制小。如在沙土地或地形坡度达到 5% 等地面灌溉有困难的地方都可采用喷灌。在地下水位高的地区，地面灌溉使土壤层过湿，易引起土壤盐碱化，用喷灌可调节土层土壤的水分状况。

　　4. 可节省劳动力　由于喷灌系统的机械化程度高，可以大大降低灌水劳动强度，节省大量的劳动力，如各种喷灌机组可以提高工效 $20\sim30$ 倍。

二、喷灌的主要缺点

　　1. 受风的影响大　喷灌时刮风会吹走大量水滴，增加水量损失。风力还会改变喷头布水的形状和喷射距离，降低喷灌均匀度，影响灌水质量，故一般在 $3\sim4$ 级风时应停止喷灌。

　　2. 蒸发损失大　由于水喷洒到空中，比地面灌溉的蒸发量大。尤其在干旱季节，空气相对湿度较低，蒸发损失更大，水滴降落到地面之前可以蒸发掉 10%。因此，可以在夜间风力小时进行喷灌，减少蒸发损失，这样可以获得较好的喷灌效果。

　　3. 可能出现土壤底层湿润不足的问题　在喷灌强度过大、土壤入渗能力低的情况下，会出现土壤表层很湿润而底层湿润不足的问题。采用低强度喷灌，使喷灌强度低于土壤入渗速度，并延长喷灌时间，可使灌溉水充分渗入到下层土壤，且不产生地面积水和径流。

　　4. 前期投资大　建立喷灌系统需要一定数量的设备和材料，基建投资一般高于其他灌溉方法。因此，需要研发和生产经济、耐用、高效的喷灌设备，开发低成本、易普及的喷灌系统，尽可能降低前期投资，为全面推广节水灌溉创造条件。

三、喷灌系统的组成与分类

（一）喷灌系统的组成

喷灌系统通常由水源工程、动力装置、输配水管道系统和喷头等部分组成。

1. 水源工程 河流、湖泊、水库、池塘和井泉等都可作为喷灌的水源，都必须修建相应的水源工程，如泵站及附属设施、水量调蓄池和沉淀池等。

2. 水泵及配套动力机 水泵将灌溉水从水源点吸提、增压、输送到管道系统。喷灌系统常用的水泵有离心泵、自吸式离心泵、长轴井泵、深井潜水泵等。在有电力供应的地方常用电动机作为水泵的动力机，在用电困难的地方可用柴油机、手扶拖拉机或拖拉机等作为动力机与水泵配套。动力机功率的大小根据水泵的配套要求而定。

3. 管道系统 管道系统的作用是将压力水输送到系统中每个喷头底部。通常管道系统有干管和支管两级，在支管上装有用于安装喷头的竖管。在管道系统上装有各种连接和控制的附属配件，包括弯头、三通、接头、闸阀等。为了在灌水的同时施肥，在干管或支管上端还装有肥料注入装置。

4. 喷头 喷头是喷灌系统的专用部件，喷头安装在竖管上，或直接安装于支管上。喷头的作用是将压力水通过喷嘴，喷射到空中，在空气的阻力作用下，形成水滴，洒落在土壤表面。

（二）喷灌系统的分类

可按不同的方法对喷灌系统进行分类。

1. 按系统获得压力的方式分机压式和自压式两种 机压式喷灌系统是靠机械加压获得工作压力的；自压式喷灌系统是利用地形的自然落差获得工作压力的。

2. 按系统的喷洒特征分定喷式和行喷式两种 定喷式是喷洒设备（喷头）在一个位置上做定点喷洒；行喷式是喷洒设备在行走移动过程中进行喷洒作业，有时针式和平移自走式。

3. 按系统的设备组成分管道式和机组式两种 管道式喷灌系统是水源与各喷头间由一级或数级压力管道连接，根据管道的可移程度，又分固定式、移动式和半固定式。机组式喷灌系统是将喷头、水泵、输水管和行走机构等连成一个可移动的整体，称为喷灌机组或喷灌机。

四、喷　头

喷头是喷灌系统最重要的部件，压力水经过它喷射到空中，散成细小水滴并均匀洒落到所控制的灌溉面积土壤上，亦称为喷洒器。喷头可以安装在固定或移动的管路上、行喷机组桁架的输水管上以及绞盘式喷灌机的牵引架上，并与其相匹配的机、泵等组成一个完整的喷灌机或喷灌系统。喷头性能的好坏以及对它的使用是否妥当，将对整个喷灌系统或喷灌机的喷洒质量、经济性和工作可靠性等起决定性作用。

喷头可按不同的方法进行分类，如按喷头的工作压力（或射程）、工作特征和材质等。

1. 按工作压力和射程分类 按工作压力和射程大小，大体上可以把喷头分为微压喷头、低压喷头（或称近射程喷头）、中压喷头（或称中射程喷头）和高压喷头（或称远射程喷头）四类（表3-10）。

表 3-10　喷头按工作压力与射程分类表

项　　目	低压喷头 （近射程喷头）	中压喷头 （中射程喷头）	高压喷头 （远射程喷头）
工作压力/kPa	100～300	300～500	＞500
流量/（cm³/h）	0.3～11	11～40	＞40
射程/m	5～20	20～40	＞40

2. 按结构形式和喷洒特征分类　按喷头结构形式和喷洒特征，可以分为旋转式（射流式）喷头、固定式（散水式、漫射式）喷头、喷洒孔管三类。此外还有一种同步脉冲式喷头。

（1）旋转式喷头。旋转式喷头是绕其自身铅垂轴线旋转的一类喷头。它把水流集中成股，在空气作用下碎裂，边喷洒边旋转。因此，它的射程较远，流量范围大，喷灌强度较低，均匀度较高，是中射程和远射程喷头的基本形式，也是目前国内外使用最广泛的一类喷头。但要控制这类喷头的旋转速度，并应使喷头安装铅直，以保证基本匀速转动。

（2）固定式喷头。固定式喷头是指喷洒时其零部件无相对运动的喷头，即其所有结构部件都固定不动。这类喷头在喷洒时，水流在全圆周或部分圆周（扇形）呈膜状向四周散裂。它的特点是结构简单，工作可靠，要求工作压力低（100～200 kPa），故射程较近，距喷头近处喷灌强度比平均喷灌强度大（一般在 15～20 mm/h 以上），一般雾化程度较高，多数喷头喷水量分布不均匀。

根据固定式喷头的结构特点和喷洒特征，它还可以分成折射式、缝隙式和漫射式三种。

（3）喷洒孔管。喷洒孔管又称孔管式喷头，其特点是水流在管道中沿许多等距小孔呈细小水舌状喷射。管道常可利用自身水压使摆动机构绕管轴做 90°旋转。喷洒孔管一般由一根或几根直径较小的管子组成，在管子的上部布置一列或多列喷水孔，其孔径仅 1～2 mm。根据喷水孔分布形式，又可分为单列和多列喷洒孔管两种。

喷洒孔管结构简单，工作压力比较低，操作方便。但其喷灌强度高，由于喷射水流细小，所以受风影响大，对地形适应性差，管孔容易被堵塞，支管内水压力受地形起伏变化的影响较大，对耕作等有影响，并且投资也较大，故目前大面积推广应用较少，在国内一般仅用于温室、大棚等固定场地的喷灌。

上述各种喷头中，我国目前使用最多的是摇臂式喷头、垂直摇臂式喷头、全射流喷头、折射式喷头等。

五、喷灌的主要技术要求

（一）喷头的结构系数

1. 进水口直径　进水口直径是指喷头空心轴或进水口管道的内径，单位为毫米（mm）。通常竖管内径小，因而流速增加，一般流速应控制在 3～4 m/s 范围内，以减少水头损失。决定进水口直径大小时还要考虑结构轻小紧凑等因素。一个喷头的进水口直径确定以后，其过水能力和结构尺寸也大致确定了。

2. 喷嘴直径　喷嘴直径为喷头出水口最小截面直径，指喷嘴流道等截面段的直径，单位为毫米（mm）。喷嘴直径反映喷头在一定的工作压力下通过水流的能力。在压力相同的情况下，一定范围内，喷嘴直径愈大，喷水量也愈大，射程也愈远，但是其雾化程度下降；反之，喷嘴直径愈小，其喷水量愈小，射程也相对较近，但是其雾化程度较好。

3. 喷射仰角　喷射仰角是指射流刚离开喷嘴时水流轴线与水平面的夹角。在工作压力和流量相同的情况下，喷头的喷射仰角是影响射程和喷洒水量的主要参数。选定适宜的喷射仰角可以获得最大的射程，从而可以降低喷灌强度和增大喷灌管道的间距。这样有利于充分利用喷头，扩大其覆盖范围，降低管道式喷灌系统中的管道投资，减少喷头的运行费用。

喷射仰角一般在 20°～30° 之间，大中型喷头大于 20°，小喷头小于 20°，目前我国常用喷头的喷射仰角多为 27°～30°。为了提高抗风能力，有些喷头已采用 21°～25° 的喷射仰角。小于 20° 的喷射仰角，称为低喷射仰角。低喷射仰角喷头一般多用于树下喷灌以及微量喷灌。对于特殊用途的喷灌，还可以将喷射仰角选得更小。

（二）技术要求

1. 喷灌强度　单位时间内喷洒在喷灌区域上的水深或单位时间内喷洒在单位喷灌面积上的水量称喷灌强度，喷灌强度的单位常用毫米/小时（mm/h）。计算喷灌强度应大于平均喷灌强度，因为系统喷灌的水不可能没有损失全部喷洒到地面。喷灌时的蒸发、受风后水滴的飘逸以及作物茎叶的截留都使实际落到地面的水量减少。

2. 水滴打击强度　水滴打击强度是指单位时间受水面积内水滴对土壤或植物的打击动能。它与喷头喷洒出来的水滴的质量、降落速度和密度（落在单位面积上水滴的数目）有关。由于测量水滴打击强度比较复杂，测量水滴直径也比较困难，所以在使用或设计喷灌系统时多用物化指标法。

3. 喷灌均匀度　喷灌均匀度是指在喷灌面积上水量分布的均匀程度，它是衡量喷灌质量好坏的主要指标之一。它与喷头结构、工作压力、喷头组合形式、喷头间距、喷头转速的均匀性、竖管的倾斜度、地面坡度和风速风向等因素有关。

4. 喷洒水量分布特性　常用水量分布图表示喷洒水量分布特性。水量分布图是指在喷灌范围内的等水深（量）线图，能准确、直观地表示喷头的特性。水量分布特性是影响喷灌均匀度的主要因素。

影响喷头水量分布的因素有很多，其中风的影响较大。一个做全圆喷洒的旋转式喷头，如转速均匀，在无风情况下，其水量分布等值线图是一组以喷头为中心的同心圆。通常为了更直观地看到水量分布情况，在互相垂直的两个直径方向，取水量分布等值线图的剖面，给出喷头径向水量分布曲线。

六、喷灌系统规划设计步骤和方法

影响喷灌设计的因素有很多，如风、土壤特性、植物种类、喷灌时间、建筑、树木及其他已固定物、地形变化以及经济问题等，这些都是应综合考虑的因素。在设计喷灌系统时必须考虑已经固定下来的地物。在进行项目设计之前就应在平面图上标注下来。喷头不能在近距离内直接喷向树木或灌丛，因为这可能伤害植物的枝叶。如果建筑物置于喷头喷洒范围之内，不但造成水的浪费，而且在地面上会形成一个水饱和区域。同时会使砖或其他石制品龟裂、风化，形成难看的水迹。此外还应考虑到人行道和产权线的位置。

如果场地内有显著的高差变化，就需要一张地形图。喷灌系统中压力是一个重要的因素，地形变化会带来压力差。压力太小会改变喷洒形式，造成覆盖不完全，有时旋转喷头会不转。过大的压力会使喷头雾化程度过高，大量的水在空中损失掉。高差变化大造成的另一个问题是低位喷头排水。当干管阀门关闭后，在低位置的喷头仍在喷洒，直到管内的水排空为止。

喷灌系统规划设计的内容一般包括勘测调查、喷灌系统选型和田间规划、水力计算和结构设计。

（一）喷灌地区的勘测调查

进行喷灌系统设计所必需的基本资料有以下几类：

1. **地形资料** 1:500~1:2 000 的地形图上应有灌区范围的边界线、现有水源或管线、主要建筑物、构筑物、道路等的位置以及植被情况，是水源选择、确定水泵扬程及布置管道的依据。

2. **气象资料** 气象资料包括气温、降水、风速风向、空气湿度等与喷灌密切相关的气象资料，主要作为确定需水量和制定灌溉制度的依据，而风速风向资料则是确定水管布置方向和喷灌系统有效工作时间所必需的。

3. **土壤资料** 土壤的持水能力和透水性是确定灌水量和喷灌强度的重要依据，喷灌设计应了解土壤的质地、土层厚度、土壤田间持水量和土壤渗吸速度（表 3-11）等。

表 3-11 几种土壤渗吸速度的近似值

土壤类别	渗吸速度/（mm/h）	
	良好表面	表面板结
粗沙土	20~25	12
细沙土	12~30	10
细沙壤土	12	8
粉壤土	10	7
黏壤土	8	6
黏土	5	2
龟裂的黏土	25	25

4. **水文资料** 主要是了解水源的条件。

5. **植被情况及灌溉经验** 了解灌区内各种植物的种类、种植密度，并要重点了解现行的灌溉制度（灌水次数、每次灌水量、灌水时间等），作为初步拟定喷灌灌溉制度的基础。

（二）喷灌系统的选型和规划

设计喷灌系统在完成一系列技术说明之前很难确定造价，不同地区、地形的造价明显不同。对于单位面积的造价，大面积草坪区比小面积混合种植方式的地方要少很多。安装技术与保养问题也应考虑在内。恰当的给水工程能为系统今后的养护节省许多费用。喷灌系统的长期养护管理问题也是设计需考虑的重要方面。喷灌系统的规划设计要经过反复的计算比较，不可能一次就完全确定下来。下面介绍的规划设计的一般步骤，在规划设计中可能要反复多次实施，进行多方比较，并进行必要的测算，最后才能确定整个喷灌方案。

1. **喷灌系统的选型** 首先根据当地地形、植被、经济及设备条件，考虑各种形式的喷灌系统的优缺点，选定适当的喷灌系统的形式（表 3-12）。

表 3-12 不同形式喷灌系统优缺点比较

形 式		优 点	缺 点
固定式		使用方便，劳动生产率高，省劳力，运行成本低（高压除外），占地少，喷灌质量好	需要的管材多，投资大（每 667 m² 200~500 元）
移动式	带管道	投资少，用管道少，运行成本低，动力便于综合利用，喷灌质量好，占地较少	操作不便，移管子时容易损坏作物
	不带管道	投资最少（每 667 m² 20~50 元），不用管道，移动方便，动力便于综合利用	道路和渠道占地多，一般喷灌质量差
半固定式		投资和利用介于固定式和移动式之间，占地较少，喷灌质量好，运行成本低	操作不便，移管子时容易损坏作物

2. 选喷头（或喷灌机）与工作压力

（1）工作压力。根据管道系统的特点、喷灌对象、喷灌质量、投资、占地、可采用的喷头型号及现有设备条件等各方面的要求，综合考虑确定工作压力的大小。

（2）喷头选择。首先喷头的水力性能应适应植被和土壤的特点，根据植被选择水滴大小（即雾化指标）。还要根据土壤透水性选定喷头，使系统的组合喷灌强度小于土壤的渗吸速度。表 3-13 是 Py 系列喷头性能表。

表 3-13 单喷嘴摇臂式喷头的基本参数

喷头型号	进水口直径			喷嘴直径 d/mm	工作压力 p/(kgf/cm²)	吸水量 Q/(m³/h)	射程 R/m	喷灌强度 ρ/(mm/h)
	公称值/mm	实际尺寸/mm	接头管螺纹尺寸/inch**					
Py10	10	10	10	3	1.0	0.31	10.0	1.00
					2.0	0.44	11.0	1.16
				4*	1.0	0.56	11.0	1.47
					2.0	0.79	12.5	1.61
				5	1.0	0.87	12.5	1.77
					2.0	1.23	14.0	2.00
Py15	15	15	3/4	4	2.0	0.79	13.5	1.38
					3.0	0.96	15.0	1.36
				5*	2.0	1.23	15.0	1.75
					3.0	1.51	16.5	1.76
				6	2.0	1.77	15.5	2.35
					3.0	2.17	17.0	2.38
				7	2.0	2.41	16.5	2.82
					3.0	2.96	18.0	2.92
Py20	20	20	1	6	3.0	2.17	18.9	2.14
					4.0	2.50	19.5	2.10
				7*	3.0	2.96	19.0	2.63
					4.0	3.41	20.5	2.58
				8	3.0	3.94	20.0	3.13
					4.0	4.55	22.0	3.01
				9	3.0	4.88	22.0	3.22
					4.0	5.64	23.5	3.26
Py30	30	30	1~1/2	9	3.0	4.88	23.0	2.94
					4.0	5.64	24.5	3.00
				10*	3.0	6.02	23.5	3.48
					4.0	6.96	25.5	3.42
				11	3.0	7.30	24.5	3.88
					4.0	8.42	27.0	3.72
				12	3.0	8.69	25.5	4.25
					4.0	10.0	28.0	4.07

喷头型号	进水口直径			喷嘴直径 d/mm	工作压力 p/(kgf/cm²)	吸水量 Q/(m³/h)	射程 R/m	喷灌强度 ρ/(mm/h)
	公称值/mm	实际尺寸/mm	接头管螺纹尺寸/inch**					
Py40	40	40	2	12	3.0	8.69	26.5	3.04
					4.5	10.5	29.5	3.85
				13	3.0	10.3	27.0	4.83
					4.5	12.5	30.0	4.43
				14*	3.0	12.8	29.5	4.68
					4.5	14.5	32.0	4.52
				15	3.0	14.7	30.5	5.05
					4.5	16.6	33.0	4.86
				16	3.0	16.7	31.05	5.38
					4.5	18.9	34.0	5.21
Py50	50	52	2~1/2	16	4.0	17.8	34.0	4.92
					5.0	19.9	37.0	4.65
				17	4.0	20.2	35.5	5.12
					5.0	22.4	38.5	4.81
				18*	4.0	22.6	36.5	5.42
					5.0	25.2	39.5	5.15
				19	4.0	25.2	37.5	5.72
					5.0	28.2	40.5	5.49
				20	4.0	27.9	38.5	5.99
					5.0	31.2	41.5	5.77
Py60	60	60	3	20	5.0	31.2	42.5	5.51
					6.0	34.2	45.5	5.23
				22*	5.0	37.6	44.0	6.20
					6.0	41.2	47.0	5.85
				24	5.0	44.8	46.5	6.59
					6.0	49.1	50.0	6.15
Py80	80	80	4	26	6.0	57.6	51.5	6.91
					7.0	62.4	54.5	6.72
				28	6.0	66.9	53.0	7.55
					7.0	72.0	56.0	7.31
				30*	7.0	83.0	57.0	8.15
					8.0	88.6	60.0	7.85
				32	7.0	94.4	60.5	8.21
					8.0	101.0	63.5	7.95
				34	7.0	106.0	64.0	8.23
					8.0	114.0	68.0	7.89

注：①＊为标准喷嘴直径。

②表中喷灌强度一项指单喷头全圆喷洒时的计算喷灌强度。

③＊＊为非法定计量单位，1 inch ＝ 25.4 mm。

水平地面的允许喷灌强度如表3-14第一行数据所示，而在斜坡地上，水在地面上流动的可能性更大，因此允许喷灌强度应小些。不同坡度和不同土壤减少的数值也不同。

表 3-14　坡地上允许喷灌强度的打折系数

坡度/%	沙　土	壤　土	黏　土
0~5	1.00	1.00	1.00
6~8	0.90	0.87	0.77
9~12	0.86	0.83	0.64
13~20	0.82	0.80	0.55
>20	0.75	0.60	0.39

3. 喷头的喷洒方式　喷头的喷洒方式有全圆喷洒和扇形喷洒两种。一般在固定式和半固定式系统以及移动式机组中多采用全圆喷洒，全圆喷洒允许喷头有较大的间距，而且喷灌强度低。以下几种情况要采用扇形喷洒：①固定式喷灌系统的地块边角要做 180°、90°或其他角度的扇形喷洒；②在地面坡度比较大的山丘区常需要向坡下做扇形喷洒；③在风较大时做顺风方向扇形喷洒。对于定点喷洒的喷灌系统，存在着个别喷头之间如何组合的问题（喷头组合形式）。在设计射程相同的情况下，喷头组合形式不同，支管和竖管或喷点的间距也就不同。喷头组合的原则是保证喷洒不留空白，并有较高的均匀度。常用的喷头组合形式有四种。

全圆喷洒的正三角形布置有效控制面积最大，但是在风力影响下，往往不能保证灌水的均匀性，而且常发生漏灌现象。因此在有风时，常考虑缩短管上喷头的间距，其间距的选择应考虑风力的大小和对喷灌均匀度的要求。

表 3-13 中的 R 是喷头的设计射程，应小于喷头的最大射程。根据喷灌系统形式、当地的风速、动力的可靠程度等确定一个系数：移动式喷灌系统一般可采用 $0.9R$；固定式系统由于竖管装好后就无法移动，如有空白就无法补救，故可以考虑采用 $0.8R$；多风地区可采用 $0.7R$。

4. 管道布置　应根据实际地形、水源条件提出几种可能的布置方案，然后进行技术经济比较，在设计中应考虑的基本原则如下：

（1）干管应沿主管坡度方向布置，在地形变化不大的地区，支管应与干管垂直，并尽量沿等高线方向布置。

（2）在经常刮风的地区应尽量使支管与主风向垂直，这样在有风时可以加密支管上的喷头，以补偿由于风造成的喷头横向射程的缩短。

（3）支管不可太长，半固定式系统应便于移动，而且应使支管上首端和末端的压力差不超过工作压力的 20%，以保证喷洒均匀。在地形起伏的地方，干管最好布置在高处，而支管自高处向低处布置，这样支管上的压力比较均匀。

（4）泵站或主供水点应尽量布置在喷灌系统的中心，以减少输水的水头损失。

（5）喷灌系统应根据轮灌的要求设置适当的控制设备，一般每根支管应装有闸阀。

（三）水力计算和结构设计

1. 设计灌水定额 m　单位面积一次灌水的灌水量称为灌水定额，一般用毫米或立方米表示。设计灌水定额可用下式计算：

$$m_{设} = 0.013\,3\,h_g P / \eta_水$$

式中：h_g——作物主要根系活动层的深度，对于乔木一般采用 40~60 cm；

　　　P——田间最大持水量，以上层体积的百分数表示；

　　　$\eta_水$——喷灌水的有效利用系数，一般可选用 0.7~0.9。

田间最大持水量如表 3-15 所示。

表 3-15　土壤容重和田间持水量

土　壤	容重/（g/cm³）	田间最大持水量	
		重量百分比/%	体积百分比/%
沙土	1.45～1.60	16～22	26～32
沙壤土	1.36～1.54	22～30	32～40
轻壤土	1.40～1.52	22～28	30～36
中壤土	1.38～1.54	22～28	30～35
重壤土	1.38～1.54	22～28	32～42
轻黏土	1.35～1.44	28～32	40～45
中黏土	1.30～1.45	25～35	35～45
重黏土	1.32～1.40	30～35	40～50

2. 喷灌强度校核计算　在确定喷头型号、布置间距以后，应校核其组合的灌溉强度，看是否在灌区土壤的允许范围之内。喷头的性能表中给出的单喷头全圆喷洒强度所采用的面积，即此时的控制面积 $S=\pi R^2$。但在特定的喷灌系统中，由于采用的喷灌方式不同，单喷头实际控制面积往往不是以射程为半径的圆面积，组合的喷灌强度需根据喷头的实际覆盖面积另行计算。对于多支管多喷头组合喷灌方式的喷灌强度可按下式计算：

$$\rho_{系统}=1\,000\frac{q}{bl}$$

式中：q——一个喷头的流量（mm³/h）；

b——支管间距（m）；

l——沿支管的喷头间距（m）。

3. 一次灌水所需时间　一次灌水所需时间：

$$t=\frac{m_{设}}{\rho_{系统}}$$

式中：$m_{设}$ 的单位为 mm；$\rho_{系统}$ 的单位为 mm/h。

4. 压力管道的水头损失计算

（1）干管沿程的水头损失计算。干管沿程水头损失可按给水管网的计算方法，根据管道内的流量与所选管径从水力计算表中读出单位管长的水头损失值，最后乘以管道长度，求得全长的沿程水头损失值。

（2）支管沿程的水头损失计算——多口系数。在喷灌系统的支管上，一般都装有若干个竖管、喷头，同时进行喷洒。此时支管每隔一定距离有部分水量流出，即支管上流量是逐段减少的。这时可假定支管内流量沿程不变，一直流到管末端，按进口处最大流量计算水头损失（不考虑分流），然后乘以一个多口系数 F 值进行校正（表 3-16）。

表 3-16　多口系数 F 值（多适用于哈—威公式）

孔口数 N	多口系数 F		孔口数 N	多口系数 F	
	$X=1$	$X=1/2$		$X=1$	$X=1/2$
2	2.659	0.516	7	0.425	0.381
3	0.535	0.442	8	0.415	0.377
4	0.486	0.413	9	0.409	0.374
5	0.457	0.396	10	0.402	0.371
6	0.435	0.385	11	0.397	0.368

（续）

孔口数 N	多口系数 F		孔口数 N	多口系数 F	
	X＝1	X＝1/2		X＝1	X＝1/2
12	0.394	0.366	22	0.374	0.359
13	0.391	0.365	24	0.372	0.358
14	0.387	0.364	26	0.370	0.357
15	0.384	0.363	28	0.369	0.357
16	0.382	0.362	30	0.368	0.356
17	0.380	0.361	35	0.365	0.356
18	0.379	0.361	40	0.363	0.355
19	0.377	0.360	50	0.361	0.354
20	0.376	0.360	100	0.356	0.353

使用此表时，应先根据第一个喷头至支管进口的距离和喷头间距计算出 X，如两间距相等，则 $X＝1$；如前者为后者的一半，则 $X＝1/2$。

（3）局部水头损失计算。局部水头损失要求精度不太高时，为了避免烦琐的计算，可按沿程水头值的 10％计算。

5. 水泵的选择 喷灌系统设计流量应略大于全部同时工作的喷头流量之和。水泵的扬程要考虑喷灌系统中典型喷头的要求。同给水设计的管道计算一样，应选择一个或几个最不利点进行校核。根据喷灌系统设计流量、水泵的扬程值在水泵性能表中选用性能相近的水泵。

6. 管道系统的结构设计 要详细确定各级管道的连接方式，选定阀门、三通、弯头等规格。

七、喷灌系统的施工

不同形式的喷灌系统施工的内容不同。移动式喷灌机只需布置水源（井、渠、塘等）的位置，主要是土方工程，而固定式喷灌系统还要进行泵站的施工和管道系统铺设。

在土地已经平整的地区，喷灌系统施工大致可分为以下几个步骤：定线、挖基坑和管槽、安装水泵和管道、冲洗、试压、回填和试喷。

1. 定线 定线就是把设计方案布置到地面上。管道系统应确定干管的轴线位置，弯头、三通、四通及喷点（即竖管）的位置及管槽的深度。

2. 挖基坑和管槽 在便于施工的前提下管槽尽量挖得窄些，在接头处挖一较大的坑，管槽的地面就是管子的铺设平面，要开挖平整。基坑、管槽开挖后最好立即浇筑基础、铺设管道，以免长期敞开造成塌方和底土风化，影响施工质量及增加土方工作量。

3. 安装水泵和管道 管道安装应注意以下几点：

（1）干管均应埋在当地冰冻层以下，并应根据地面上的机械压力确定最小埋深，管道应有一定的纵向坡度，使管内残留的水能向水泵或干管的最低处汇流，并装排空阀以便在喷灌结束后将管内积水全部排空。

（2）管槽应预先夯实并铺沙过水，以减少不均匀沉陷造成的管内压力。在水流改变方向的地方（弯头、三通）和支管末端应设垫墩以承受水平侧向推力和轴线推力。

（3）塑料管应装有伸缩节以适应温度变形。

（4）安装过程中要始终防止砂石进入管道。

（5）金属管道在铺设之前应进行防锈处理。铺设时如发现防锈层有损伤或脱落应及时修补。

水泵安装时要特别注意水泵轴线应与动力机轴线一致。安装完毕后应用测隙规检查同心度，吸水管要尽量短而直，接头要严格密封，不可漏气。

4. 冲洗 管子装好后先不装喷头，放水冲洗管道，将竖管敞开任其自由溢流，把管中砂石都冲出来，以免以后堵塞喷头。

5. 试压 将开口部分全部封闭，竖管用堵头封闭，逐段试压。试压的压力应比工作压力大一倍，保持此压力 10～20 min，接头不应有漏水，如发现漏水应及时修补，直至不漏为止。

6. 回填 经试压证明整个系统施工质量符合要求，才可以回填。如管子大、埋深较大，应分层轻轻夯实。采用塑料管应掌握回填时间，最好在气温等于土壤平均温度时进行，以减少温度变形。

7. 试喷 最后装上喷头进行试喷，必要时还应检查正常工作条件下每个喷点处是否达到喷头的工作压力，用量雨筒测量系统均匀度，看是否达到设计要求，检查水泵和喷头是否运转正常。最后应绘制地下的管道与管件的实际位置图，以便检修时参考。

思考与训练

1. 风景园林给排水在园林绿地中的作用及意义有哪些？
2. 风景园林给水布置形式、要点及规定有哪些？
3. 风景园林排水的特点及主要方式有哪些？
4. 喷灌系统在风景园林绿地中应用的意义有哪些？
5. 实地参观有代表性的园林给排水及喷灌绿地，掌握工程设施。

第四章
Chapter 4

硬质景观工程

> 硬质景观是风景园林的重要组成部分，是景观设计与建设的重点，硬质景观设计与施工质量的好与坏，直接影响景观的视觉质量、养护管理与使用。本章从硬质景观材料、设计要点、装饰技术出发，从工程建设的角度，重点讲述铺地、花坛、墙体、挡土墙的设计、施工与装饰。

在风景园林建设过程中，构建景观的物质要素可以分为两大类：一类是有生命的，即绿色植物，因其千姿百态，随季节而变化，具有自然的外观和属性，人们习惯上将植物形成的景观称为软质景观；另一类是无生命的材料所构成的建筑、构筑物、铺地等，因材料的不变性、耐久性，富于变化的组合，人们习惯将此类景观称为硬质景观（hard landscape）。硬质景观对人的视觉影响、对空间场所的界定与标志起到非常重要的作用，就风景园林建设而言，工程量之大、施工之复杂将首推硬质景观工程。硬质景观工程涉及的范围很广，如铺地、建筑与小品、挡墙、花坛、水池驳岸等。本章仅对除建筑以外的铺地、挡墙及其常用材料进行阐述，其他硬质景观工程内容在园林建筑或本教材相应章节阐述。

第一节　硬质景观材料

在构成景观的物质环境中，所有构筑物或建筑所用材料及其制品统称硬质景观材料，它是一切硬质景观工程的物质基础。各种硬质景观都是在合理设计的基础上由各种材料建造而成。所用硬质景观材料的种类、规格及质量都直接关系到硬质景观的艺术性、耐久性、适用性，也直接关系到硬质景观工程的造价。因此硬质景观材料必须具有与使用环境相适应的耐久性，满足工程要求的美观与使用功能，具有丰富的资源，满足硬质景观工程对材料量的需求。硬质景观材料是随着人类社会生产力及人民生活水平的提高而发展的，是建筑材料的有机组成部分。人类最初是"巢居穴处"。铁器时代以后有了简单的工具，开始挖土、凿石为洞、伐木为棚，利用天然材料建造非常简陋的房屋；火的利用使人学会烧制砖、瓦及石灰，建筑材料由天然材料进入人工生产阶段。18～19世纪，资本主义的兴起，工业的迅猛发展，交通的日益发达，钢材、水泥、混凝土的相继问世，使建筑材料进入了一个新的发展阶段。进入20世纪后，材料科学与工程学的形成和发展，不仅使建筑材料性能和质量不断改善，而且种类不断增多，一些具有特殊功能的新型建筑材料，如绝热材料、各种装饰材料、防水防渗材料等不断问世。到20世纪后半叶，建筑材料日益向着轻质、高强、多功能方向发展。现在人类环保意识不断加强，无毒、无公害的"绿色建材"日益推广，人类将用更新的建筑材料来营造自己的"绿色家园"。

目前，用于硬质景观建设的材料种类十分丰富。按材料的特点和功能作用不同可分为结构材料和饰面材料。

一、常用结构材料

构成景观建筑、构筑物的基本骨架的材料称为结构材料。景观工程中大多数砌体是由块材用砂浆砌筑而成的整体。砌体结构所用的块材有：烧结普通砖、非烧结硅酸盐砖、黏土空心砖、混凝土空心砖、粉煤灰实心中型砌块、料石、毛石和卵石等。

（一）普通砖

凡是孔洞率（砖面上孔洞总面积占砖面积的百分率）不大于15％或没有孔洞的砖，称为普通砖。由于其原料和工艺不同，普通砖又分为烧结砖和蒸养（压）砖。烧结砖包括：黏土砖（符号为N）、页岩砖（Y）、烧结煤矸石砖（M）、烧结粉煤灰砖（F）等；蒸养（压）砖包括：灰沙砖、粉煤灰砖、炉渣砖等。

1. 黏土砖 黏土砖是以黏土为主要原料，经搅拌成可塑状，用机械挤压成型的砖坯，经风干后入窑煅烧即成为砖。这种黏土砖称为普通烧结黏土砖。黏土砖随发展又分为两类：

（1）实心黏土砖（简称砖）。按国家标准尺寸制作的标准砖，其尺寸为240 mm×115 mm×53 mm（图4-1a），若加上砌筑灰缝厚度（10 mm），则4个砖长、8个砖宽、16个砖厚恰好都是1 m。这样每立方米砌体的理论需用砖数512块。也有些地方砖比标准尺寸略小，其尺寸为220 mm×105 mm×43 mm。实心黏土砖按生产方式不同，分为手工砖和机制砖；按砖的颜色可

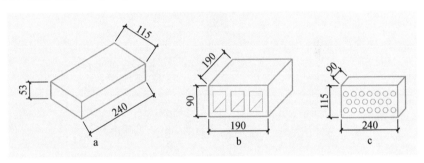

图4-1 黏土砖
a. 实心黏土砖 b. 空心砖（大孔砖） c. 多孔砖

分为红砖和青砖，一般来说青砖较红砖结实，耐碱、耐久性好。如用于铺地，手工红砖较好。

（2）空心砖（大孔砖）和多孔砖。这是为了节省用土和减轻墙体自重由实心砖改进而来的（图4-1b、c）。根据我国《承重黏土空心砖》（JC196—75）的规定，黏土空心砖可分为以下三种型号：

KM1：标准尺寸为190 mm×190 mm×90 mm

KP1：标准尺寸为240 mm×115 mm×90 mm

KP2：标准尺寸为240 mm×180 mm×115mm

其中，KM1型具有符合建筑模数的优点，但无法与标准砖同时使用，必须生产专门的"配砖"方能满足砖墙拐角、"丁"字接头处的错缝要求。KP1和KP2型则可以与标准砖同时使用。多孔砖可以用来砌筑承重的砖墙，而大孔砖则主要用来砌框架围护墙、隔断墙等承受自重的砖墙。

黏土砖的强度等级用MUXX表示，如过去称为100号砖的强度等级就用MU10表示，其强度等级是以试块受压能力的大小而定的。根据国家标准《烧结普通砖》（GB/T 5101—2017），抗压强度分为MU30、MU25、MU20、MU15、MU10五个强度等级，其要求如表4-1所示。

2. 其他类型 除黏土砖外，还有硅酸盐类砖、煤矸石砖等，它们是利用工业废料制成的。其优点是化废为宝、节约土地资源、节约能源。但由于其化学稳定性等因素，没有黏土砖使用广。其种类有：灰沙砖、炉渣砖、粉煤灰砖、煤矸石砖等。其强度等级为MU7.5～MU15，尺寸与标准砖相同。

园林中的花坛、挡土墙等砌体所用的砖需经受风霜、雨、雪、地下水等的侵蚀，故采用黏

土烧结实心砖、煤矸石砖、页岩砖，而灰沙砖、炉渣砖、粉煤灰砖则不宜使用。

表 4-1　强度等级表

强度等级	抗压平均值 R/MPa	标准值 f_k/MPa	强度等级	抗压平均值 R/MPa	标准值 f_k/MPa
MU30	≥30.0	≥22.0	MU15	≥15.0	≥10.0
MU25	≥25.0	≥18.0	MU10	≥10.0	≥6.5
MU20	≥20.0	≥14.0			

3. 普通砖的砌筑　普通砖墙厚度有半砖、一砖、四分之三砖、一砖半、二砖等，常用砌合方法有一顺一丁、三顺一丁、梅花丁、条砌法等（图 4-2、图 4-3、图 4-4、图 4-5、图 4-6）。砖墙的水平灰缝厚度和竖向灰缝宽度一般为 10 mm，不应小于 8 mm，也不应大于 12 mm。灰缝的砂浆应饱满，水平灰缝的砂浆饱满度不得低于 80%。

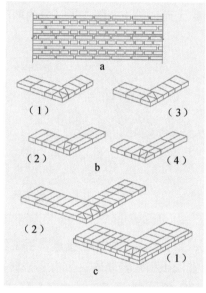

图 4-2　一顺一丁排砖法一
a. 立面图　b. 一砖墙排法　c. 一砖半墙排法

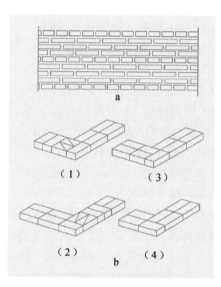

图 4-3　三顺一丁排砖法一
a. 立面图　b. 一砖墙排法

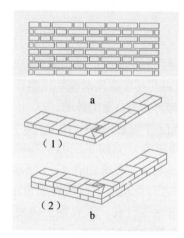

图 4-4　一顺一丁排砖法二
a. 立面图　b. 一砖墙排法

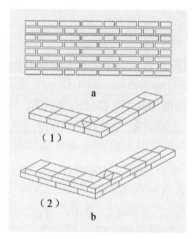

图 4-5　三顺一丁排砖法二
a. 立面图　b. 一砖墙排法

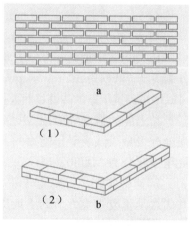

图 4-6　条砌排砖法
a. 立面图　b. 半砖墙排法

实心黏土砖用作基础材料，是墙体、花坛砌体工程常用的基础形式之一。它属于刚性基础，以宽大的基底逐步收退，台阶式地收到墙身厚度，收退多少应按图纸实施。一般有：①等高式大放脚每两皮一收，每次收退 60 mm（1/4 砖长）；②间隔式大放脚是两层一收及间一层一收交错进行。其断面形式如图 4-7 所示。

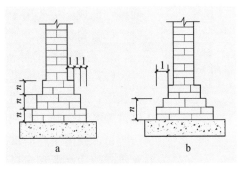

图 4-7 砖基础剖面图
a. 等高式 b. 不等高式

（二）石材

由于我国地域广阔，各地地质结构和岩石成因条件不同，不同地区所产石材不尽相同。在景观工程建设中，常用的岩石有三大类：①熔融岩浆在地下或喷出地面后冷凝结晶而成的岩石，如花岗石、正长石等；②沉积岩，如石灰岩、砂岩；③地壳中原有的岩石，由于岩浆活动和构造活动的影响，原岩在固态下发生再结晶作用，而使它们的矿物成分、结构构造以至化学成分发生部分或全部改变所形成的新岩石，故称变质岩，如大理石、石英岩、片麻石等。

在具有石材资源的地方，因地制宜地选用当地石材来砌筑各类墙体或做基础是恰当的。用于砌筑的石材从外观上分为毛石、料石两种。毛石是由人工采用撬凿法和爆破法开采出来的不规则石块。由于岩石层理的关系，往往可以获得相对平整的和基本平行的两个面。它适用于基础、勒脚、景墙、一层墙体，此外在土木工程中用于挡土墙、护坡、堤坝等。料石亦称条石，是由人工或机械开采的较规则的六面体石块，经人工略加凿琢而成，依其表面加工的平整程度分为毛料石、粗料石、半细料石和细料石四种。毛料石一般仅稍加修整，厚度不小于 20 cm，长度为厚度的 1.5～3 倍；粗料石表面凸凹深度要求不大于 2 cm，厚度和宽度均不小于 20 cm，长度不大于厚度的 3 倍；半细料石除表面凸凹深度要求不大于 1 cm 外，其余同粗料石；细料石经细加工，表面凸凹深度要求不大于 0.2 cm，其余同粗料石。料石常由砂岩、花岗石、大理石等质地比较均匀的岩石开采琢制，至少有一个面的边角整齐，以便互相合缝，主要用于墙身、踏步、地坪、挡土墙等。粗料石部分可用于毛石砌体的转角部位，控制两面毛石墙的平直度。

石材的强度等级可分为：MU200、MU150、MU100、MU80、MU60、MU50 等。测定方法是把石块做成边长为 70 mm 的立方体，经压力机压至破坏得出的平均极限抗压强度值。

（三）砂浆

砂浆是由骨料（沙）、胶结料（水泥）、掺和料（石灰膏）和外加剂（如微沫剂、防水剂、抗冻剂）加水拌和而成。掺和料及外加剂根据需要而定。砂浆是园林中各种砌体材料中块体的胶结材料，使砌块通过它的黏结形成一个整体。砂浆填充块体之间的缝隙，把上部传下来的荷载均匀地传到下面去，还可以阻止块体的滑动。砂浆应具备一定的强度、黏结力和工作度（或叫流动性、稠度）。

1. 砂浆的类型 砂浆按用途不同分为砌筑砂浆、抹面砂浆、防水砂浆、装饰砂浆等。也可按胶结材料不同分为以下几类：

（1）水泥砂浆。由水泥和沙子按一定重量的比例配制搅拌而成，主要用在湿度大的墙体、基础等部位和室外环境工程中。

（2）混合砂浆。由水泥、石灰膏、沙子（有的加少量微沫剂节省石灰膏）等按一定的重量比例配制搅拌而成，主要用于地面以上墙体的砌筑。

（3）石灰砂浆。由石灰膏和沙子按一定比例搅拌而成，强度较低，一般只有 0.5 MPa 左右。在临时性建筑、半永久性建筑中仍可砌筑墙体。

（4）防水砂浆。在 1∶3（体积比）水泥砂浆中，掺入水泥重量 3%～5% 的防水粉或防水剂搅拌而成，主要用于防潮层、水池内外抹灰等。

（5）勾缝砂浆。水泥和细沙以 1:1（体积比）拌制而成，主要用于清水墙面的勾缝。

2. 组成砂浆的材料

（1）水泥。水泥是呈粉末状的物质，和适量的水拌和后，即由塑性浆状体逐渐变成坚硬的石状体，是一种水硬性胶凝材料。它主要是用石灰石、黏土，含铝、铁、硅的工业废料等辅料，经高温烧制、磨细而成的。具有吸潮硬化的特点，因而在储藏、运输时需注意防潮。

目前我国生产的常用水泥有五种：硅酸盐水泥、普通硅酸盐水泥、矿渣硅酸盐水泥、火山灰质硅酸盐水泥和粉煤灰硅酸盐水泥。其特性如表 4-2 所示。

表 4-2　常用水泥的特性

品　种	硅酸盐水泥	普通水泥	矿渣水泥	火山灰水泥	粉煤灰水泥	复合水泥
主要特性	①凝结硬化快 ②早期强度高 ③水化热大 ④抗冻性好 ⑤干缩性小 ⑥耐蚀性差 ⑦耐热性差	①凝结硬化较快 ②早期强度较高 ③水化热较大 ④抗冻性较好 ⑤干缩性较小 ⑥耐蚀性较差 ⑦耐热性较差	①凝结硬化慢 ②早期强度低，后期强度高 ③水化热较低 ④抗冻性差 ⑤干缩性大 ⑥耐蚀性较好 ⑦耐热性好 ⑧泌水性大	①凝结硬化慢 ②早期强度低，后期强度增长较快 ③水化热较低 ④抗冻性差 ⑤干缩性大 ⑥耐蚀性较好 ⑦耐热性较好 ⑧抗渗性较好	①凝结硬化慢 ②早期强度低，后期强度增长较快 ③水化热较低 ④抗冻性差 ⑤干缩性较小，抗裂性较好 ⑥耐蚀性较好 ⑦耐热性较好	与所掺两种或两种以上混合材料的种类、掺量有关，其特性基本与矿渣水泥、火山灰水泥、粉煤灰水泥的特性相似

水泥具有以下几方面的性能：

①密度：约为 3.10 g/cm³。

②表观密度：为 1 300～1 600 kg/m³。

③比表面积和筛余：按国家标准，硅酸盐水泥比表面积大于 300 m²/kg；其他水泥 80 μm 方孔筛筛余不得超过 10%。

④凝结时间：初凝不得早于 45 min，终凝不得迟于 10 h。

⑤安全性：水泥安全性相当重要，用沸煮法检验必须合格，凡不合格者不能使用，否则硬化后会发生裂缝成为碎块，进而破坏砌体安全。因此对一些水泥厂生产的水泥，必须进行复试，包括安全性检验。

⑥水泥的强度：水泥强度是用软练法做成试块后，经抗压试验取得的值作为它的标号。目前我国生产的水泥标号有 275、325、425、525、625、725 六个等级。

⑦水化热：水泥和水拌和后，产生化学反应放出热量，这种热量称为水化热。水化热大部分在水化初期（约 7 d）放出，以后渐渐减少，在浇筑大体积混凝土时，要注意这个问题，防止内外温度差过大引起混凝土裂缝。

（2）石灰膏。将生石灰块料经水化和网滤在沉淀池中沉淀熟化，贮存后为石灰膏，要求在池中熟化的时间不少于 7 d。沉淀池中的石灰膏应防止干燥、冻结、污染。砌筑砂浆严禁使用脱水硬化的石灰膏。

（3）沙。粒径 5 mm 以下的石质颗粒称为沙。沙是混凝土中的细骨料，砂浆中的骨料可分为天然沙和人工沙两类。天然沙是由岩石风化等自然条件作用形成的，可分为河沙、山沙、海沙等。由于河沙比较洁净、质地较好，所以配制混凝土时宜采用河沙。人工沙是将岩石用轧碎机轧碎后筛选出来的，细粉、片状颗粒较多，且成本也高，只有天然沙缺乏时才考虑用人工沙。一般按沙的平均粒径可分为粗、中、细、特细四种（表4-3）。

表4-3　沙的分类

类　别	平均粒径/mm	细度模数*	类　别	平均粒径/mm	细度模数*
粗　沙	＞0.5	3.7～3.1	细　沙	0.25～0.35	2.2～1.6
中　沙	0.35～0.5	3.0～2.3	特细沙	＜0.25	1.5～0.7

* 细度模数是反映沙子粒径的指标。

将不同粒径的沙子按一定的比例搭配，沙粒之间彼此填充使孔隙率最小，这种情况称为良好的颗粒级配。良好的级配可以降低水泥用量，提高砂浆和混凝土的密实度，起到防水的作用。

砌筑砂浆应采用中沙，使用前要过筛，不得含有草根等杂物。此外对含泥量亦有控制，如水泥砂浆和强度等级等于或大于M5的水泥混合砂浆所用的沙，其含泥量不应超过5％；而强度等级小于M5的水泥混合砂浆所用的沙，其含泥量不应超过10％。

（4）微沫剂。一种憎水性的有机表面活性物质，用松香与工业纯碱熬制而成。它的掺入量应通过试验确定，一般为水泥用量的5/10 000～1/10 000（微沫剂按100％纯度计）。它能增加水泥的分散性，使水泥石灰砂浆中的石灰用量减少许多。

（5）防水剂。与水泥结合形成不溶性物质并填充和堵塞砂浆中的孔隙和毛细通路。分为硅酸钠类防水剂、金属皂类防水剂、氯化物金属盐类防水剂、硅粉等。应用时要根据品种、性能和防水对象而定。

（6）食盐。作为砌筑砂浆的抗冻剂。

（7）水。砂浆必须用水拌和，因此所用的水必须洁净未污染。若使用河水必须先经化验。一般以自来水等饮用水拌制砂浆。

砂浆按其强度等级分为：M15、M10、M7.5、M5、M2.5、M1和M0.4。砂浆强度是以一组边长为7 cm立方体试块，在标准养护条件下（温度为20 ℃±3 ℃，相对湿度90％以上）养护28 d测其抗压极限强度值的平均值来划分。

3. 砌筑砂浆配合比的计算

（1）计算砂浆试配强度。

$$f_{试} = f_{设} + 0.645\sigma$$

式中：$f_{试}$——砂浆的试配强度，精确至0.1 MPa；

$\quad\quad f_{设}$——砂浆的设计强度（图纸上要求，MPa）；

$\quad\quad \sigma$——砂浆现场强度标准差，精确至0.01 MPa。

标准差的值按表4-4取用。

表4-4　砂浆强度标准差 σ 选用值

施工水平	砂浆强度等级				
	M2.5	M5.0	M7.5	M10.0	M15.0
优良	0.50	1.00	1.50	2.00	3.00
一般	0.62	1.25	1.88	2.50	3.75
较差	0.75	1.50	2.55	3.00	4.50

（2）计算出每立方米砂浆中水泥用量 Q_c。

$$Q_c = \frac{1\,000(f_{试} - B)}{Af_{ce}}$$

式中：Q_c——每立方米砂浆中的水泥用量（kg/m³）；

$f_试$——前面公式计算出的试配强度（MPa）；

f_{ce}——水泥实测强度，精确至 0.1 MPa，若无法实测，则取水泥标号值；

A、B——特征系数（表 4-5）。

表 4-5 A、B 系数值

砂浆品种	A	B	砂浆品种	A	B
水泥混合砂浆	1.50	4.25	水泥砂浆	1.03	3.50

如计算出的 Q_c 值不足 200 kg/m³，应采用 200 kg/m³。

（3）计算水泥混合砂浆中的石灰膏用量。

$$Q_D = Q_A - Q_c$$

式中：Q_D——每立方米砂浆中石灰膏掺量（kg/m³）；

Q_c——计算出的每立方米砂浆中水泥用量（kg/m³）；

Q_A——砂浆技术要求规定的胶结料和掺和料的总量，为 300～350 kg/m³。

其中石灰膏稠度以 120 mm 为准，不足 120 mm 均要进行折减，折减换算系数如表 4-6 所示。

表 4-6 石灰膏不同稠度时的换算系数

石灰膏稠度	120	110	100	90	80	70	60	50	40	30
换算系数	1.00	0.99	0.97	0.95	0.93	0.92	0.90	0.88	0.87	0.86

（4）计算每立方米砂浆中沙子用量。以干燥状态（含水率小于 0.5%）的堆积密度值作为计算值，单位为 kg/m³。

（5）每立方米砂浆的用水量（表 4-7）。

表 4-7 每立方米砂浆中用水量的选用值

砂浆品种	水泥混合砂浆	水泥砂浆
用水量/(kg/m³)	260～300	270～330

注：用水量应扣除沙中含水量，不包括石灰膏中含水量。

在实际工作中，砂浆的配合比可根据砂浆的用途和设计标号查阅建筑施工手册或相关工具书。表 4-8 为 425 号水泥配制砂浆配合比参考表。

表 4-8 425 号水泥配制砂浆配合比

砂浆强度等级	配合比	
	水泥砂浆（水泥：沙）	水泥混合砂浆（水泥：石灰：沙）
M1.0	—	—
M2.5	—	1：2.1：14
M5.0	1：5	1：1：7
M7.5	1：4.4	1：0.5：5.5
M10	1：3.8	1：0.3：3.8

4. 普通抹面砂浆 普通抹面砂浆主要作用是保护建筑物，并使表面平整美观。与砌筑砂浆不同，对抹面砂浆的主要技术要求不是抗压强度，而是和易性以及与基底材料的黏结力，故需要多用一些胶凝材料。

为了保证抹灰层表面平整，避免开裂脱落，通常抹灰砂浆分为底层、中层和面层三层涂抹（图4-8）。各层所用的砂浆也不同。

底层砂浆主要起与基层黏结作用。砖墙底层抹灰多用石灰砂浆；有防水、防潮要求时用水泥砂浆；混凝土底层抹灰多用水泥砂浆或混合砂浆；板条墙及顶棚的底层抹灰多用混合砂浆或石灰砂浆。中层砂浆主要起找平作用，多用混合砂浆或石灰砂浆。面层砂浆主要起保护装饰作用，砂浆中宜用细沙。容易碰撞或潮湿部位的面层，均应采用水泥砂浆。

抹面砂浆的流动性和骨料的最大粒径参考表4-9，抹面砂浆配合比参考表4-10。

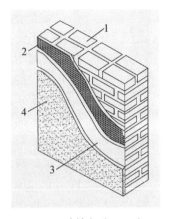

图4-8 砖抹灰分层示意图
1. 砖墙 2. 底层 3. 中层 4. 面层

表4-9 抹面砂浆流动性及骨料最大粒径

抹面层名称	沉入度（人工抹面）/cm	沙的最大粒径/mm
底层	10～12	2.6
中层	7～9	2.6
面层	7～8	1.2

表4-10 各种抹面砂浆配合比参考表

材 料	配合比（体积比）	应 用 范 围
石灰：沙	1:2～1:4	用于砖石墙表面（檐口、勒脚、女儿墙及潮湿房间的墙除外）
石灰：黏土：沙	1:1:4～1:1:8	干燥环境的墙表面
石灰：石膏：沙	1:0.4:2～1:1:3	用于不潮湿房间的墙及天花板
石灰：石膏：沙	1:0.6:2～1:1.5:3	用于不潮湿房间的线脚及其他修饰工程
石灰：石膏：沙	1:0.6:2～1:2:4	用于不潮湿房间的线脚及其他修饰工程
石灰：水泥：沙	1:0.5:4.5～1:1:5	用于檐口、勒脚、女儿墙外脚以及比较潮湿的部位
水泥：沙	1:2.5～1:3	用于浴室、潮湿车间等墙裙、勒脚或地面基层
水泥：沙	1:1.5～1:2	用于地面、天棚或墙面面层
水泥：沙	1:0.5～1:1	用于混凝土地面随时压光
水泥：石膏：沙：锯末	1:1:3:5	用于吸音粉刷
水泥：白石子	1:2～1:1	用于水磨石（打底用1:2.5水泥砂浆）
水泥：白云灰：白石子	1:（0.5～1）:（1.5～2）	用于水刷石（打底用1:2～1:2.5水泥砂浆）
水泥：白石子	1:1.5	用于剁石（打底用1:2～1:2.5水泥砂浆）
白灰：麻刀	100:2.5（质量比）	用于板条天棚底层
白灰膏：麻刀	100:1.3（质量比）	用于木板条天棚面层（或100 kg灰膏加3.8 kg纸筋）
纸筋：白灰浆	纸筋3.6 kg：灰膏0.1 m³	较高级墙板、天棚

5. 防水砂浆 制作防水层的砂浆叫作防水砂浆，防水砂浆又叫刚性防水层。这种防水层仅适用于不受振动和具有一定刚度的混凝土或砖石砌体工程。对于变形较大或可能发生不均匀沉陷的建筑物都不宜采用刚性防水层。防水砂浆可以用普通水泥砂浆制作，也可以在水泥砂浆中掺入防水剂来提高砂浆的抗渗能力。

防水砂浆的施工对操作技术要求很高，配制防水砂浆时先把水泥和沙子干拌均匀，再把量好的防水剂溶于拌和水中，与水泥、沙搅拌均匀后即可使用。涂抹时，每层厚度约为 5 mm，共涂抹 4～5 层，20·～30 mm 厚。涂抹前先在润湿清洁的底面上抹一层纯水泥浆，然后抹 5 mm 厚防水砂浆，在初凝前用木抹子压实一遍，第二、三、四层都用同样的操作方法，最后一层进行压光。抹完后要加强养护。刚性防水层必须保证砂浆的密实性，对施工操作要求高，否则难以获得理想的防水效果。

6. 装饰砂浆 涂抹在建筑物内外墙表面，以增加建筑物美观效果的砂浆称为装饰砂浆。装饰砂浆与抹面砂浆的主要区别在面层。面层要选用具有一定颜色的胶凝材料和骨料并采用特殊的施工操作方法，以使表面呈现出各种不同的色彩线条和花纹等装饰效果。

装饰砂浆所采用的胶凝材料有普通水泥、矿渣水泥、火山灰水泥和白水泥，或者在常用水泥中掺加耐碱矿物颜料配成彩色水泥以及石灰、石膏等。骨料常用大理石、花岗石等带颜色的碎石渣或玻璃、陶瓷碎粒。

装饰砂浆有以下常用的施工操作方法：先用水泥砂浆作底层，再用水泥石灰砂浆作面层，在砂浆凝结之前，用抹刀将表面拉成凹凸不平的形状。

（1）水刷石。用 5 mm 左右石渣配制的砂浆作底层，在水泥初始凝固时即喷水冲刷表面，使石渣半露而不脱落，远看颇似花岗石。

（2）水磨石。用普通水泥、白色水泥或彩色水泥和各种色彩的大理石石渣做面层，硬化后用机械磨平抛光表面。水磨石分预制、现制两种。它不仅美观，而且有较好的防水、耐磨性能，既可用于室内，又可用于室外环境。

（3）干黏石。在水泥砂浆面层的整个表面上，黏结粒径为 5 mm 以下的彩色石渣、彩色玻璃碎粒。分为人工黏结和机械喷黏两种，要求黏结牢固不脱落。干黏石的装饰效果与水刷石相同，而且避免了湿作业，施工效率高，也节约材料。但在粉尘含量较高的大气环境中，不宜采用干黏石。

（4）斩假石。又称为剁假石，是一种假石饰面，原料与制作工艺与水磨石相同。在水泥砂浆硬化后，用斧刃将表面剁毛，使表面具有粗面花岗岩的效果。

（四）混凝土

混凝土是由胶凝材料、颗粒状的粗细骨料和水（必要时掺入一定数量的外加剂和矿物混合材料）按适当比例配制，经均匀搅拌、密实成型，并经过硬化后而成的一种人造石材。如以水泥为胶凝材料的混凝土，称为水泥混凝土（或称普通混凝土）。混凝土的分类方法有很多，按胶凝材料不同可分为水泥混凝土、石膏混凝土、沥青混凝土及聚合物混凝土等；按表观密度 ρ_0 不同可分为重混凝土（$\rho_0 > 2\,500$ kg/m³）、普通混凝土（$1\,900$ kg/m³ $< \rho_0 \leqslant 2\,500$ kg/m³）、轻质混凝土（600 kg/m³ $< \rho_0 \leqslant 1\,900$ kg/m³）及特轻混凝土（$\rho_0 \leqslant 600$ kg/m³）。混凝土的表观密度主要取决于骨料的种类及混凝土本身的密实度。

1. 普通混凝土的组成材料 组成混凝土的基本材料是水泥、水、沙子和石子。一般沙、石的总含量占其总体积的 80% 以上，主要起骨架作用，故称为细骨料和粗骨料。水泥加水形成水泥浆，水泥浆在硬化前起润滑作用，使混凝土拌和物具有良好的流动性，硬化后将骨料胶结在一起形成坚硬的整体。

（1）水泥。水泥是混凝土中最重要的组成材料，且价格相对较贵，配制混凝土时，正确选择水泥的品种及强度等级直接关系到混凝土的耐久性和经济性。首先应根据工程性质、施工条件、环境状况等，按各品种水泥的特性做出合理的选择（表4-11）；其次水泥强度等级与混凝土的设计强度等级相适应，一般水泥强度等级标准值（以 MPa 为单位）应为混凝土强度等级标准的1.5～2.0倍为宜。水泥强度过高或过低，会导致混凝土内水泥用量过少或过多，对混凝土的技术性能及经济效果产生不利影响。

表4-11　常用水泥的选用

混凝土工程特点及所处环境条件		优先选用	可以选用	不宜选用
普通混凝土	1　在一般气候环境中的混凝土	普通水泥	矿渣水泥、火山灰水泥、粉煤灰水泥、复合水泥	
	2　在干燥环境中的混凝土	普通水泥	矿渣水泥	火山灰水泥、粉煤灰水泥
	3　在高湿度环境中或长期处于水中的混凝土	矿渣水泥、火山灰水泥、粉煤灰水泥、复合水泥	普通水泥	
	4　厚大体积的混凝土	矿渣水泥、火山灰水泥、粉煤灰水泥、复合水泥		硅酸盐水泥
有特殊要求的混凝土	1　要求快硬，高强（＞C40的混凝土）	硅酸盐水泥	普通水泥	矿渣水泥、火山灰水泥、粉煤灰水泥、复合水泥
	2　严寒地区的露天混凝土，寒冷地区处于水位升降范围内的混凝土	普通水泥	矿渣水泥（强度等级＞32.5）	火山灰水泥、粉煤灰水泥
	3　严寒地区处于水位升降范围内的混凝土	普通水泥（强度等级＞42.5）		矿渣水泥、火山灰水泥、粉煤灰水泥、复合水泥
	4　有抗渗要求的混凝土	普通水泥、火山灰水泥		矿渣水泥
	5　有耐磨性要求的混凝土	硅酸盐水泥、普通水泥	矿渣水泥（强度等级＞32.5）	火山灰水泥、粉煤灰水泥
	6　受侵蚀性介质作用的混凝土	矿渣水泥、火山灰水泥、粉煤灰水泥、复合水泥		硅酸盐水泥

（2）骨料。在混凝土中，粒径大于5 mm 的称为粗骨料，粒径小于5 mm 的称为细骨料。细骨料一般是天然岩石在长期风化等自然条件作用下形成的天然沙，如河沙、山沙、海沙。我国在《普通混凝土用砂、石质量及检验方法标准》（JGJ 52—2006）和《普通混凝土用碎石或卵石质量标准及检验方法》（JGJ 53—1992）这两个行业标准中，对沙、石提出了明确的技术质量要求，体现在以下几个方面：含泥量（泥块）的控制指标，有害物质含量，碱含量，粒料的坚

固性，颗粒级配与粗细程度，骨料的形状和表面特征等。

（3）水。要求不能含影响水泥正常凝结与硬化的有害杂质；无损于混凝土强度发展及耐久性；不能加快钢筋锈蚀；不引起预应力钢筋脆断；保证混凝土表面不受污染。凡是饮用的自来水及清洁的天然水，都可用来拌制养护混凝土。

（4）混凝土外加剂。在拌制混凝土过程中，根据不同的要求，为改善混凝土性能而掺入的物质。其掺量一般不大于水泥用量的 5%（特殊情况除外）。外加剂按其主要功能，一般有减水剂、引气剂、早强剂、缓凝剂、速凝剂、膨胀剂、防冻剂、阻锈剂等。

2. 混凝土的强度　强度是普通混凝土最主要的技术性质，包括抗压、抗拉、抗弯和抗剪等，其中抗压强度最大，故混凝土主要用来承受压力。混凝土的抗压强度与各种强度及其他性能之间有一定相关性，因此混凝土的抗压强度是结构设计的主要参数，也是混凝土质量评定的指标。按照《普通混凝土力学性能试验方法》（GBJ 81—85）的规定，将混凝土按标准方法制作成边长为 150 mm 的立方体试件，在标准养护条件（温度 20 ℃±3 ℃，相对湿度大于 90% 或置于水中）下，养护 28 d，经标准方法测试，计算得到的抗压强度值，称为混凝土立方体的抗压强度（用 f_{cu} 表示）。为便于设计选用和施工控制混凝土，将混凝土强度分成若干等级，即强度等级。强度等级是按立方体抗压强度标准值（$f_{cu,k}$）划分的。普通混凝土通常划分为 C7.5、C10、C15、C20、C25、C30、C35、C40、C45、C50、C55 等 11 个等级（≥C60 以上的混凝土为高强混凝土）。"C" 为混凝土强度符号，"C" 后边的数值即为抗压强度标准值。如 C30 表示立方体抗压强度标准值（$f_{cu,k}$）为 30 MPa。混凝土在正常使用环境养护条件下，其强度随着龄期的增加而增大，最初的 3~7 d 发展较快，28 d 可达到设计强度规定的数值，以后强度发展逐渐缓慢，甚至可持续百年不衰。

二、饰面材料

依附于景观建筑物、构筑物表面、地面起装饰和美化环境的材料，称为饰面材料。硬质景观工程的总体效果及功能无一不是依靠饰面材料及其他景观元素的形体、质感、图案、色彩、等实现的。在普通建筑物中，装饰材料的费用占建筑材料成本的 50% 左右；在豪华型建筑物中，装饰材料的费用要占到 80% 以上。饰面材料种类繁多，而且装饰部位不同对材料的要求也不同。在此仅介绍常用的室外环境饰面材料。

（一）室外饰面材料的基本要求及选用原则

在环境艺术中，饰面材料创造了具有一定景观艺术风格的室外环境，创造了具有各种使用功能的优雅的室内环境。通常室外材料要经受日晒、雨淋、冰冻、风化、介质侵袭等，地面材料要经受摩擦、踩压、冲刷等作用。因此，景观工程的饰面材料，要求既要美观，又要耐久，而且要满足不同的使用功能。饰面材料的品种很多，性能和特点各异，用途亦不尽相同。因此，在选择装饰材料时，应考虑以下几个方面的问题。

1. 景观类型和档次　城市广场、街道、风景区、公园、小游园、滨河绿地、居住区等应根据总体规划和创意选用不同的饰面材料来满足功能、美化的要求。如城市广场多选用耐磨性强、抗风化、易维护、满足社会活动要求的材料，风景区中多选用具有自然属性的饰面材料。

材料的档次是决定景观工程造价的主要因素之一，花岗石板常用于城市广场、重要景观入口，从用材角度来讲，花岗石板材比广场砖高档。

2. 装饰效果

（1）色彩。饰面材料最突出的装饰特点是色彩，它是人造景观环境中的第一装饰。在我国传统园林建筑中，常用材料的色彩突出表现建筑的美。江南园林的黛瓦粉墙、砖瓦卵石铺地，体现淡雅、清秀之美；北方园林建筑的重彩、艳丽，体现厚重之美。今天许多景观工程在色彩上大胆尝试，正丰富着景观艺术空间和形成新的民族风格。

硬质景观色彩应力求在人们生理和心理上均能产生良好的效果。"暖色"（红、橙、黄色）使人感觉到热烈、兴奋、温暖；"冷色"（绿、蓝、紫色）使人感觉宁静、幽雅、凉爽。所以，在城市广场宜用暖色调；而在自然风景区、公园内的安静休息区宜用冷色调。儿童活动场所应采用中黄、淡黄、粉红等暖色调，以适应儿童天真活泼的心理。

（2）材料的质感、线型、尺度和纹理。在人们心理和视觉上，材料的质感、线型、尺度和纹理的装饰效果也是非常明显的。就纹理而言，要充分利用材料本身固有的天然纹样、图样及底色，或利用人工仿制天然材料的各种纹路与图样，在装饰中获得朴素、淡雅、高贵、凝重的装饰气氛。就尺度而言，材料的大小尺寸应和所在环境尺度、比例相符，如在城市广场上采用 900 mm×900 mm 的花岗石板，而在小型庭院道路中使用就显得比例失调。质感是材料表面的粗细、软硬、凹凸程度及纹理构造、花纹图案、明暗色差等给人的一种综合感觉，如粗糙的混凝土或砖的表面显得较为厚重、粗犷，平滑、细腻的玻璃和铝合金表面显得较为轻巧、活泼。质感与材料的材质特性、表面的加工程度、施工方法以及景观构筑物的形体、风格等有关。线型主要是指硬质景观表面装饰的分格缝与凹凸线条构成的装饰效果，如抹灰、水刷石、干黏石、天然石材等均应分格或分缝，既可获得不同的外观装饰效果，又可防止开裂。分格缝的大小应与材料相配合，一般缝宽取 10～30 mm 为宜，而分块大小不同，装饰效果也不同。

3. 耐久性　饰面材料的耐久性是一项综合技术性质，包括材料的力学性质（抗压强度、抗拉强度、抗弯强度、冲击韧性、受力变形、黏结性、耐磨性以及可加工性等）、材料的物理性质（密度、吸水性、耐水性、抗渗性、抗冻性、耐热性、绝热性、吸声性、隔音性、光泽度、光吸收性及光反射性等）、材料的化学性质（耐酸碱性、耐大气侵蚀性、耐污染性、抗风化性及阻燃性等）。

硬质景观工程的耐久性受饰面材料耐久性的制约。因此，工程中必须根据每一种装饰材料的特性及其使用部位和条件不同，合理选择饰面材料。

4. 经济性　饰面材料的经济指标，主要是用来估算装饰工程的造价及费用开支，应从三方面考虑：①参考价格，从生产厂家的产品介绍及有关手册上了解；②市场价格；③施工附加费。饰面材料的价格直接关系到硬质景观造价问题。所以，选择材料必须考虑硬质景观工程一次投资和日后的维修费用。随着人们生活水平的提高，大家逐渐形成了一致的观点：适当加大一次性投资，延长材料的使用年限，保证景观工程的经济性。

随着社会的进步和人类文明的发展，人们总是尽力地营造自己的生存环境。值得提醒的是，优美的景观艺术效果，不在于多种材料的堆积，而要在考察材料内在构造和美的基础上精于选材，贵在合理地搭配材料及和谐地运用材料的色泽、纹理和质感。对于那些贵重而富有魅力的材料，要施以"画龙点睛"的手法，才能充分体现材料的可塑性。

饰面材料是构成景观艺术的物质基础，人们对景观艺术无止境的追求，表现在对饰面材料的品种、质量、档次和简便的施工工艺提出更高要求。各种新型饰面材料的不断出现，使硬质景观风格更新颖，使其技术更符合人们的欣赏力。

（二）常用饰面材料

1. 天然石材和人造石材

（1）天然石材。天然石材表面经过加工可获得优良的装饰性，其装饰效果主要取决于石材品种，用于装饰的主要有天然大理石、天然花岗岩和天然板岩等。

①天然大理石：大理石因盛产在我国云南省大理市而得名。云南大理的大理石材质细腻，光泽柔润，极富有装饰性。目前开采利用的主要有云灰大理石、白色大理石、彩色大理石。我国大理石主要产地还有山东、四川、安徽、江苏、浙江、北京、辽宁、广东、福建、湖北等。

大理石的性质：颜色绚丽，纹理多姿，纯的大理石为白色，我国称为汉白玉；硬度中等，耐磨性次于花岗岩；耐酸性差，酸性介质会使大理石表面受到腐蚀；容易打磨抛光；耐久性次于花岗岩。

对大理石的选用主要考虑外观质量（板材的尺寸、平整度和角度的允许偏差，磨光板材的光泽度和外观缺陷等），以颜色、花纹为主要评价和选择指标。市场上纯白、纯黑（或带不宽于 5 mm 的白色纹理）、粉红色及浅绿色大理石最受人们欢迎。

天然大理石板材常用规格为：300 mm×1 500 mm、300 mm×300 mm、400 mm×200 mm、400 mm×400 mm、600 mm×300 mm、600 mm×600 mm、900 mm×600 mm、1 070 mm×750 mm、1 200 mm×600 mm、1 200 mm×900 mm、305 mm×152 mm、305 mm×305 mm、610 mm×305 mm、610 mm×610 mm、915 mm×610 mm、1 067 mm×762 mm、1 220 mm×915 mm，厚度 20 mm。天然大理石板材为高级饰面材料，适用于纪念性建筑、大型公共建筑（如宾馆、展览馆、商场、图书馆、机场、车站等）的室内墙面、柱面、地面、楼梯踏步等，有时也可作楼梯栏杆、服务台、门脸、墙裙、窗台板、踢脚板等。天然大理石板材的光泽易被酸雨侵蚀，故在酸雨较多的地区不宜用作室外装饰。只有少数质地纯正的汉白玉、艾叶青可用于外墙饰面。

②天然花岗岩：花岗岩为典型的深成岩，其矿物组成为长石、石英及少量暗色矿物和云母；花岗岩的化学成分主要是二氧化硅（SiO_2）（含量 65%～70%），所以花岗岩为酸性岩石，极耐酸性腐蚀，对碱类侵蚀也有较强的抵抗力。

花岗岩的特性：结构致密，质地坚硬，密度大，抗压强度大，硬度大，耐磨性好，吸水率小，耐冻性强。

花岗岩的缺点：自重大；硬度大而不利于开采和加工；质脆，耐火性差，受热温度 870 ℃以上时，SiO_2 会发生晶态转变，产生体积膨胀，引起花岗岩开裂破坏；某些花岗岩含有微量放射性元素，对人的身体健康不利。

花岗岩板材按表面加工的方式分为以下四种：

a. 剁斧板：经剁斧加工，表面粗糙，具有规则的条状斧纹。一般用于地面、花台、台阶、基座等。

b. 机刨板：用刨石机刨成较为平整的表面，表面具相互平行的刨纹。一般用于地面、景墙、台阶、踏步等。

c. 粗磨板：表面经过粗磨，光滑而无光泽。常用于墙面、柱面、地面、花台、纪念碑、铭牌等处。

d. 磨光板：经打磨后表面光亮，色泽鲜明，晶体裸露。磨光板再经刨光处理，成为镜面花岗岩板材。多用于墙面、立柱等装饰及旱冰场地面，常同以上三种花岗岩板混合使用，在质感上形成对比。

e. 火烧板：利用组成花岗岩的不同矿物颗粒热胀系数的差异，用火焰喷烧使其表面部分颗粒热胀松动脱落，形成起伏有序的粗饰花纹。这种经过烧毛加工的粗面花岗岩板材适用于防滑地面和室外墙面装饰。常用设备有花岗岩自动烧毛机。

天然花岗岩剁斧板和机刨板按图纸要求加工。粗磨板和磨光板常用尺寸为：300 mm×300 mm、305 mm×305 mm、400 mm×400 mm、600 mm×300 mm、600 mm×600 mm、610 mm×

305 mm、610 mm×610 mm、900 mm×600 mm、915 mm×610 mm、1 067 mm×762 mm、1 070 mm×750 mm，厚度 20 mm。对于有特殊要求的环境工程，板的厚度由设计而定。花岗岩板材的质检内容包括尺寸误差、平整度和角度偏差、磨光板材的光泽度及外观缺陷等。

我国著名的花岗岩品种有河南偃师市的菊花青、雪花青和云里梅三个独特品种，其次为山东的济南青、四川的石棉红、江西上高县的豆绿色等。另外，我国湖南衡山、江苏金山和焦山、浙江莫干山、北京西山、安徽黄山、陕西华山、福建、山西、黑龙江等地也出产。花岗岩属高档结构料和饰面材料，在室外景观中，多用于广场铺地、花台贴面、台阶等装饰。

③进口石材：不同的地域和不同地理条件形成不同质地的石材。进口石材因其特殊的地理形成条件，无论在质地、色泽与天然纹理上，都异于国产石材。加上国外先进的加工与抛光技术，所以从整体外观与性能上说，进口石材优于国产石材，现在在一些公共建筑如星级宾馆、高档会所的大面积装饰中常选用进口石材。

进口石材多为浅色系列，常用的有西班牙的象牙白、西班牙红，希腊黑，沙利士红麻，印度的蒙特卡洛蓝、将军红、印度红等。

④青石板：青石板系水成岩，材质软，较易风化，因其材性纹理构造易于劈成面积不大的薄片。使用规格一般为长、宽300～500 mm不等的矩形块，边缘不求很平直。青石板有暗红、灰、绿、蓝、紫等不同颜色，加上其劈裂后的自然纹理形状，可掺杂使用，形成色彩富有变化又具有一定自然风格的饰面。也常经机械加工形成规整的青石板，表面可进行偏光、钉麻钉等多种装饰。青石板多用于园林建筑外墙、景观挡墙、铺地。

⑤鹅卵石：鹅卵石是指经自然河流冲刷形成的圆形、椭圆形等外观光滑的天然石头。主要有黑、黄、灰、白等色。常将鹅卵石按色彩、粒径大小不同分类铺地，构成图案。也可贴各类装饰墙面，富有自然、野趣的效果。

（2）人造石材。人造饰面石材是人造大理石和人造花岗岩的总称，属水泥混凝土或聚酯混凝土的范畴。它具有天然石材的花纹和质感，且重量仅为天然石材的一半，强度高，厚度薄，易黏结，故在硬质景观装饰中得到了广泛的应用。

①人造石材的特点：人造石材是以大理石碎料、石英砂、石粉等为骨料，拌和树脂、聚酯等聚合物或水泥黏结剂，经过真空强力拌和振动、加压成型、打磨抛光以及切割等工序制成的板材。

②人造石材的分类：人造石材按其所用材料不同，通常有以下四类：

树脂型人造石材：以有机树脂为胶结剂，与天然碎石、石粉及颜料等配制拌成混合料，经浇捣成型、固化、脱模、烘干、抛光等工序制成。

水泥型人造石材：以白水泥、普通水泥为胶结材料，与大理石碎石和石粉、颜料等配制拌成混合料，经浇捣成型、养护制成。

复合型人造石材：用无机胶凝材料（如水泥）和有机高分子材料（树脂）作为胶结材料，制作时先用无机胶凝材料将碎石、石粉等材料胶结成型并硬化后，再将硬化体浸渍于有机单体中，使其在一定条件下集合而成。

目前普遍使用的为复合型人造石材，其底层用廉价而性能稳定的无机材料制成，如混凝土，面层采用聚酯和大理石粉制作。

烧结型人造石材：烧结型人造石材的生产方法与陶瓷工艺相似，它是将长石、石英、辉绿石、方解石等粉料和赤铁矿粉，以及一定量的高岭土共同混合，一般配合比为石粉60%、高岭土40%，然后用混浆法制备坯料，用半干压法成型，再在窑炉中以1 000 ℃左右的高温焙烧而成。

③人造石材常用品种：

聚酯型人造石材：以不饱和聚酯树脂为胶结材料生产的聚酯合成石。聚酯合成石由于生产时所加颜料不同，采用的天然石料的种类、粒度和纯度不同，以及制作的工艺方法不同，所造成的石材的花纹、图案、颜色和质感也不同，通常制成仿天然大理石、天然花岗石和天然玛瑙石的花纹和质感，故分别称为人造大理石、人造花岗石和人造玛瑙石。另外，还可以制成具有类似玉石色泽和透明状的人造石材，称为人造玉石。人造玉石也可仿造出紫晶、彩翠、芙蓉石等名贵玉石产品，达到以假乱真的程度。

聚酯合成石通常可以制作成饰面人造大理石板材、人造花岗岩板材和人造玉石板材，以及制作卫生洁具，如浴缸、带梳妆台的单双盆洗脸盆、立柱式脸盆、坐便器等。还可制作人造大理石壁画等工艺品。

仿花岗岩水磨石砖：使用颗粒较小的碎石米，加入各种颜色的色料，采用压制、粗磨、打蜡、磨光等生产工艺制成。砖面的颜色、纹理和天然花岗岩十分相似，光泽度较高，装饰效果好。适用于宾馆、饭店、办公楼、住宅等的内外墙和地面装饰。

仿黑色大理石：主要以钢渣和废玻璃为原料，加入水玻璃、外加剂、水混合成型，烧结而成。具有利用废料、节电降耗、工艺简单的特点。适用于内外墙、地面装饰贴铺，也可用于台面等。

透光大理石：将加工成 5 mm 以下具有透光性的薄型石材和玻璃复合，芯层为丁醛膜在 140～150 ℃热压 30 min 而成。其特点是可以使光线变得很柔和。适用于制作采光天棚、外墙装饰。

高级石化瓷砖：具有仿天然花岗石的外观，同时还具有抗折强度高、耐酸、耐碱、耐磨、抗高温、抗严寒、石质感强、不吸水、防污防潮、不爆裂等优良性能。特别适用于外墙装饰。

艺术石：由精选硅酸盐水泥、轻骨料、氧化铁混合加工倒模而成。所有石模都由精心挑选的天然石材制成。其质感、色泽和纹理与天然石无异，不加雕饰就富有原始、古朴的雅趣，且质轻、安装简便。适用于内外墙面、户外景观等场所装饰。

2. 饰面陶瓷

（1）陶瓷的分类。陶瓷制品可分为陶质、瓷质和炻质制品三大类。

①陶质制品：为多孔结构，吸水率较大，断面粗糙无光，敲击时声粗哑，有无釉和施釉两种。陶质制品根据原料土杂质含量的不同，分为粗陶和精陶。粗陶不施釉，硬质景观上常用的烧结黏土砖就是最普通的粗陶制品。精陶一般经素烧和釉烧两次烧成，通常呈白色或象牙色，吸水率为 9%～22%，景观建筑饰面用的釉面砖、卫生陶瓷和彩陶属此类。

②瓷质制品：结构致密，基本上不吸水，色洁白，具有一定的半透明性，表面通常均施有釉层。瓷质制品按其原料土化学成分与制作工艺的不同，分为粗瓷和细瓷。日用餐茶具、陈设瓷、电瓷及美术用品等多为瓷质制品。

③炻质制品：介于陶质制品和瓷质制品之间，也称半瓷。构造比陶质致密，吸水率较小，但不如瓷器洁白，坯体多带有颜色，且无半透明性。炻器有粗炻器和细炻器两种。粗炻器吸水率为 4%～8%，细炻器吸水率小于 2%。外墙面砖、地砖和陶瓷锦砖均属粗炻器。

景观工程中所用的陶瓷制品，一般都为精陶至粗炻的产品。

（2）陶瓷制品的重要技术性质。

①外观质量：陶瓷制品往往根据外观质量对产品进行分类。

②吸水率：与弯曲强度、耐急冷急热性密切相关，是控制产品质量的重要指标。吸水率大的陶瓷制品不宜用于室外。

③耐急冷急热性：陶瓷制品的内部和表面釉层热膨胀系数不同，温度急剧变化可能会使釉

层开裂。

④弯曲强度：陶瓷材料质脆易碎，因此对弯曲强度有一定的要求。

⑤耐磨性：对铺地的彩釉砖要进行耐磨试验。

⑥抗冻性能：室外陶瓷制品有此要求。

⑦抗化学腐蚀性：室外陶瓷制品和化工陶瓷有此要求。

（3）常用陶瓷制品。景观工程中陶瓷制品最常用的有釉面砖、外墙面砖、地面砖、陶瓷锦砖、琉璃制品、陶瓷壁画等。

①釉面砖：又称瓷砖、瓷片或釉面陶土砖，因其主要用于建筑物内墙饰面，故又称内墙面砖。釉面砖色泽柔和典雅，常用的有白色、彩色等类型或具浮雕、图案、斑点等。其装饰效果主要取决于颜色、图案和质感。其特点为朴实大方，热稳定性好，防火、防湿、耐酸碱，表面光滑，易清洗。主要用于厨房、浴室、卫生间、实验室、精密仪器车间及医院等室内墙面、台面等，既清洁卫生，又美观耐用。

通常釉面砖不宜用于室外，因釉面砖为多孔精陶坯体，吸水率较大，吸水后产生湿胀，而其表面釉层的湿胀性很小，若用于室外，经常受大气温湿度影响及日晒雨淋作用，当砖坯体产生的湿胀应力超过釉层本身的抗拉强度时，就会导致釉层发生裂纹或剥落，严重影响建筑物的饰面效果。常用的规格为 108 mm×108 mm×5 mm、152 mm×152 mm×5 mm。可用釉面砖碎块作装饰。

②墙地砖：以优质陶土原料加入其他材料配成生料，经半干压成型后于 1 100 ℃左右焙烧而成，分为有釉和无釉两种。有釉的称为彩色釉面陶瓷墙地砖，无釉的称为无釉墙地砖。墙地砖的表面质感多种多样，通过不同配料和改变制作工艺，可制成平面、麻面、毛面、抛光面、磨光面、纹点面、仿花岗石表面、压花浮雕表面、无光釉面、金属光泽面、防滑面、耐磨面等，以及丝网印刷、套花图案、单色、多色等多种制品。主要用于外墙贴面和室内外地面装饰铺地贴面。用于外墙面的常用规格为 150 mm×75 mm、200 mm×100 mm 等，用于地面的常用规格有 300 mm×300 mm、400 mm×400 mm，厚度为 8～12 mm。

③陶瓷锦砖：俗称马赛克，指由边长不大于 40 mm、具有多种色彩和不同形状的小块砖镶拼组成各种花色图案的陶制品。陶瓷锦砖采用优质瓷土烧制成方形、长方形、六角形等薄片状小块瓷砖后，再通过铺贴盒将其按设计图案反贴在牛皮纸上，称为一联，每联 305.5 mm 见方，每 40 联为一箱，每箱约 3.7 m²。具有色泽明净、图案美观、质地坚实、抗压强度高、耐污染、耐腐蚀、耐磨、耐水、抗火、抗冻、不吸水、不滑、易清洗等特点，并且坚固耐用，造价低。

陶瓷锦砖主要用于室内地面铺贴。此外，由于这种砖块小，不易被踩碎，常用于园林道路、园林泳池、场地图案装饰。将陶瓷锦砖用作墙体饰面材料，对园林建筑小品立面具有很好的装饰效果，并且可增加园林建筑、小品的耐久性。彩色陶瓷锦砖还可以拼成文字、花边以及形似天坛、长城、小鹿、熊猫等风景名胜和动物花鸟图案等壁画，形成一种别具风格的锦砖壁画艺术。

④陶瓷劈离砖：以黏土为原料，经配料、真空挤压成型、烘干、焙烧、劈离（将一块双联砖分为两块砖）等工序制成。富于个性，古朴高雅，适用于墙面装饰。

⑤琉璃制品：我国陶瓷宝库中的古老珍品，以难熔黏土做原料，经配料、成型、干燥、素烧、表面涂以琉璃釉料后，再经烧制而成。常见的颜色有金、黄、蓝和青等。琉璃制品表面光滑、色彩绚丽、造型古朴、坚实耐用，富有民族特色。其主要产品有琉璃瓦、琉璃砖、琉璃兽、琉璃花窗、栏杆等装饰制件，还有陈设用的工艺品。琉璃制品主要用于建筑屋面材料，如板瓦、筒瓦、滴水、勾头以及飞禽走兽等用作檐头和屋脊的装饰物。还可以用于园林中的亭、

台、楼阁，以表现园林的特色。

⑥陶瓷壁画：以陶瓷面砖、陶板等建筑块材经镶拼制作的，具有较高艺术价值，在室外环境中属高档装饰。陶瓷壁画不是原画稿的简单复制，而是艺术的再创造，它巧妙地融绘画技法和陶瓷装饰艺术于一体，经过放样、制板、刻画、配釉、施釉、焙烧等一系列工艺，采用浸、点、涂、喷、填等多种施釉技法，以及丰富多彩的窑变技术，创造出神形兼备、巧夺天工的艺术作品。具有单块砖面积大、厚度薄、强度高、平整度好、吸水率小、抗冻、抗化学腐蚀、耐急冷急热等特点。陶瓷壁画施工方便，具有绘画、书法、条幅等多种功能。陶板表面可制成平滑面、浮雕花纹图案等。适用于大厦、宾馆、酒楼等高层建筑的镶嵌，也可镶贴于公共活动场所，如机场的候机室、车站的候车室、大型会议室、会客室、园林旅游区以及码头、地铁、隧道等，给人以美的享受。

3. 硬质景观装饰涂料　涂敷于物体表面，能干结成膜，具有防护、装饰、防锈、防腐、防水或其他特殊功能的物质称为涂料。天然油漆和涂料是同一概念，历史上通称为油漆。主要由成膜物质（基料、胶粘剂及固着剂）、次要成膜物质（颜料及填料）、溶剂（稀释剂）及辅助材料（助剂）组成。涂料种类繁多，按主要成膜物质可分为有机涂料、无机涂料和有机无机复合涂料三大类；按使用部位分为外墙涂料、内墙涂料和地面涂料等；按分散介质种类分为溶剂型涂料、水乳型涂料和水溶型涂料。

（1）外墙涂料。外墙涂料的主要功能是美化和保护建筑物和构筑物的外表面。要求有丰富的色彩和质感，装饰效果好；耐水性和耐久性要好，能经受日晒、风吹、雨淋、冰冻等侵蚀；耐污染性要强，易于清洗。主要类型有：乳液型涂料、溶剂型涂料、无机硅酸盐涂料。国内常用的外墙涂料如下：

①溶剂型丙烯酸外墙涂料：以改性丙烯酸共聚物为成膜物质，掺入紫外光吸收剂、填料、有机溶剂、助剂等，经研磨而制成的一种溶剂型外墙涂料。主要特点是：无刺激性气味，耐候性良好，不易变色、粉化或脱落；耐碱性好，附着力强，有较好的抗渗性；施工方便。丙烯酸外墙涂料适用于内外墙装饰，也适用于钢结构、木结构的装饰防护。

②BSA丙烯酸外墙涂料：以丙烯酸酯类共聚物为基料，掺入各种助剂及填料加工而成的水乳型外墙涂料。具有无气味、干燥快、不燃、施工方便等优点。用于建筑物的外墙饰面，具有较好的装饰效果。

③聚氨酯丙烯酸外墙涂料：由聚氨酯丙烯酸树脂为主要成膜物质，添加优质的颜料、填料及助剂，经研磨配制而成的双组分溶剂型涂料。主要应用于建筑物混凝土或水泥砂浆外墙的装饰。

④坚固丽外墙涂料：以新型丙烯酸树脂为主要成膜物质，添加脂肪烃石油溶剂、优质金红石型钛白粉、填料、助剂，经研磨配制而成的新一代溶剂型丙烯酸外墙涂料。该涂料具有传统溶剂型涂料和乳胶型涂料两者的优点，其耐候性、耐玷污性、施工性更优异。适用于各类建筑物的外墙面装饰。

⑤过氯乙烯外墙涂料：以过氯乙烯树脂为主，掺入少量其他改性树脂共同组成主要成膜物质，添加一定量的增塑剂、填料、颜料和助剂，经混炼、切片、溶解、过滤等工艺制成的一种溶剂型外墙涂料。也可用于内墙装饰。该涂料色彩丰富，涂膜平滑，干燥快，在常温下2h可全干，冬季晴天亦可全天施工，且具有良好的耐候性及化学稳定性，耐水性很好。但热分解温度低，一般应在低于60℃的环境下使用。涂膜表面干得快，全干较慢，完全固化前对基面的黏附较差，基层含水率不宜大于8%，施工中应注意。

⑥沙胶外墙涂料：以聚乙烯醇水溶液及少量氯乙烯偏二氯乙烯乳液为成膜物质，加入石英砂、彩色石屑、玻璃细屑及云母粉填料，再混入一定量的细填料、颜料和消泡剂，经搅拌混匀

制成。具有无毒、无味、干燥快、黏结力强、装饰效果好等优点。主要应用于住宅、商店、宾馆、工矿、企事业单位的外墙面装饰。

⑦氯化橡胶外墙涂料：由氯化橡胶、溶剂、增塑剂、颜料、填料和助剂配制而成。该涂料对水泥混凝土和钢铁表面具有较好的附着力，耐水、耐碱及耐候性好。

⑧JH 80-1 无机外墙涂料：以硅酸钾为主要黏结剂，加入填料、颜料及其他助剂（六偏磷酸钠）等，经混合、搅拌、研磨制成的无机外墙涂料。

⑨JH 80-2 无机外墙涂料：以硅溶胶（胶态的二氧化硅）为主要胶结料，掺入助膜剂、填充剂、颜料、表面活性剂等均匀混合、研磨制成的一种新型涂料。主要特点为：耐水、耐酸、耐碱、耐冻融、耐老化、耐擦洗，涂膜细腻，颜色均匀明快，装饰效果好。适用于水泥砂浆墙面、水泥石棉板、砖墙、石膏板等墙面的装饰。

（2）内墙涂料。内墙涂料的主要功能是装饰及保护内墙墙面、顶棚。主要类型有：水溶性内墙涂料如 106 内墙涂料和 803 内墙涂料、合成树脂乳液内墙涂料（乳胶漆）、溶剂型内墙涂料、多彩内墙涂料、幻彩涂料。性能、用途略。

（3）地面涂料。地面涂料的主要功能是装饰与保护地面，使地面清洁美观，与墙面及其他装饰相适应。耐磨性、耐碱性、耐水性好，抗冲击性好，施工方便，价格合理。常用的地面涂料有：过氯乙烯地面涂料、聚氨酯地面涂料、环氧树脂厚质地面涂料。

4. 木材 木材历来被广泛用于园林建筑室内外装修与装饰，制作景观墙体、小品，给人以自然美的享受，能使室内外空间产生温暖、亲切之感。在硬质景观中常用木板铺地、制作观景平台，因暴露在自然环境中，要经受风、霜、雨、雪的侵蚀，故多用不易腐朽、不易变形开裂的木板，如水曲柳、柞木、枫木、柚木、榆木等硬质木材，板厚 50～60 mm，并进行防腐处理。

5. 金属装饰 金属装饰中应用最多的是铝材、钢材等。装饰材料主要为各种板材和形式多样的铁花栏杆等。

（1）铝合金饰面板材。铝合金花纹板采用防锈铝合金坯料，用特殊的花纹辊轧制成，花纹美观大方，筋高适中，不易磨损，防滑性能强，便于冲洗。表面可以处理成各种美丽的色彩。常用于现代建筑的外墙装饰及楼梯踏板等。铝合金波纹板有银白色等多种颜色，有很强的反光能力，防火、防腐、防潮，在大气中可使用 20 年以上，主要用于墙面、屋面装饰。铝合金压型板质量轻，外形美，耐腐蚀，经久耐用，表面可处理成各种优美的色彩，主要用于墙面和屋面装饰。

（2）装饰用钢板。装饰用钢板有：不锈钢钢板、彩色不锈钢钢板、彩色涂层钢板、彩色压型钢板。装饰用不锈钢钢板主要是厚度小于 4 mm 的薄板，用量最多的是厚度小于 2 mm 的板材。常用平面钢板和凹凸钢板两类。平面钢板分为镜面板（板面反射率>90%）、有光板（反射率>70%）、亚光板（反射率<50%）三类。不锈钢饰面板现已广泛用于景观柱、护栏、景观墙面，装饰效果好，具有时代气息。

彩色不锈钢钢板是在不锈钢钢板上再进行技术和艺术加工，颜色有蓝、灰、紫、红、青、绿、金黄、茶色等，具有良好的抗腐蚀性，耐磨、耐高温，而且其彩色面层经久不褪色。

第二节 铺地工程

地面铺装便于交通使用及其他活动，具有耐损防滑、防尘排水、容易管理的性能，并以其导向性和装饰性的地面景观服务于整体环境。园林铺地是指园林中的道路、庭院及各种园林广场（包括文娱、体育活动场地与停车场等场地）的地面铺装。园林铺地作为园林空间的一个重要界面，不仅满足使用者的需要，而且成为园林景观的一部分，越来越受到人们的重视。园林铺地和园路设计施工除了具有与一般城市道路设计施工相同之处外，还有一些特殊的技术和具体方法，园林广场的施工与其他园林铺地大同小异。所以园林中一般铺地场地的施工都可以参照园路和园林广场的方式方法进行。故在本节以园路讲述为主。

一、铺地工程概述

道路的修建在我国有着悠久的历史，从考古和出土的文物来看，我国铺地的结构复杂，图案精美。如战国时代的"米"字纹砖，秦咸阳宫出土的太阳纹铺地砖，西汉遗址中的卵石路面，东汉的席纹铺地，唐代以莲纹为主的各种"宝相纹"铺地，西夏的火焰宝珠纹铺地，明清时的雕砖卵石嵌花路及江南庭园的各种花街铺地等。在中国古代园林中，道路铺地多以砖、瓦、卵石、碎石片等组成各种图案，具有雅致、朴素、多变的风格，为我国园林艺术的成就之一。近年来，随着科技、建材工业及旅游业的发展，园林铺地又陆续出现了水泥混凝土、沥青混凝土以及彩色水泥混凝土、彩色沥青混凝土、透水透气性路面等，这些新材料、新工艺的应用使铺地更富有时代感，为环境景观增添了新的光彩。

（一）铺地的功能

园路是贯穿全园的交通网路，是联系各个景区和景点的纽带，是组成园林风景的要素。园路变形、扩大即可成为场地、广场，并为游人提供活动和休息场所。园路的走向对园林的通信、光照、环境保护也有一定的影响。因此无论从实用功能还是从美观方面来讲，均对园路与场地的设计有一定的要求。其具体功能如下：

1. 划分、组织空间　园林中功能区的划分多是利用地形、建筑、植物、水体或道路。对于地形起伏不大、建筑比重小的现代园林绿地，用道路围合、分隔不同景区是主要方式。同时，借助道路面貌（线形、轮廓、图案等）的变化可以暗示空间性质、景观特点的转换以及活动形式的改变，从而起到组织空间的作用。尤其在专类园中，铺地划分空间的作用十分明显。

2. 组织交通和导游　经过铺装的园路能耐践踏、碾压和磨损，可满足各种园务运输的要求，并为游人提供舒适、安全、方便的交通条件。园林各景点的联系是依托园路进行的，为动态序列的展开指明了前进的方向，引导游人从一个景区进入另一个景区。园路还为欣赏园景提供了连续的不同的视点，可以取得步移景异的效果。

3. 提供活动场地和休息场所　在建筑周围、花坛、水旁、树下等处，园路可扩展为广场（可结合材料、质地和图案的变化），为游人提供活动和休息的场所。

4. 参与造景，形成特色　园路作为空间界面的一个方面而存在，自始至终伴随着游览者，同园林中的山、水、植物、建筑一样，在渲染气氛、创造意境、统一空间环境、影响空间比例、创造空间个性等方面起到十分重要的作用。

5. 组织排水　道路可以借助路缘或边沟组织排水。一般园林绿地都高于路面，方能实现以地形排水为主。道路汇集两侧绿地径流之后，利用其纵向坡度即可按预定方向将雨水排除。

（二）铺地的分类

铺地的分类有很多种，根据功能、形式、材料不同各有不同的类型，如按面层结构不同可分为：

1. 整体路面　包括现浇水泥混凝土路面和沥青混凝土路面。整体路面平整、耐压、耐磨，适用于通行车辆或人流集中的公园主路和出入口。

2. 块料路面 包括各种天然块石、陶瓷砖及各种预制水泥混凝土块料路面等。块料路面坚固、平稳，图案纹样和色彩丰富，适用于广场、游步道和通行轻型车辆的地段。

3. 碎料路面 用各种石片、砖瓦片、卵石等碎石料拼成的路面，图案精美，表现内容丰富，做工细致，巧夺天工，主要用于庭院和各种游步小路。

4. 简易路面 由煤屑、三合土等组成的路面，多用于临时性或过渡性园路。

如将铺地的材料、施工方法、功能等综合后，其分类如图4-9所示。

（三）园路的类型

1. 根据园路的构造形式分

（1）路堑型（也称街道式）。立道牙位于道路边缘，路面低于两侧地面，道路排水。

（2）路堤式（也称公路式）。平道牙位于道路靠近边缘处，路面高于两侧地面（明沟），利用明沟排水。

（3）特殊型。包括步石、汀步、磴道、攀梯等。

2. 根据园路的功能分

（1）主干道。联系公园主要出入口、园内各功能分区、主要建筑物和主要广场，成为全园道路系统的骨架，是游览的主要线路，多呈环形布置。其宽度视公园性质和游人容量而定，一般为3.5～6.0 m。

（2）次干道。为主干道的分支，是贯穿各功能分区、联系重要景点和活动场所的道路。宽度一般为2.0～3.5 m。

（3）游步道。景区内连接各个景点、深入各个角落的游览小路。宽度一般为1～2 m。

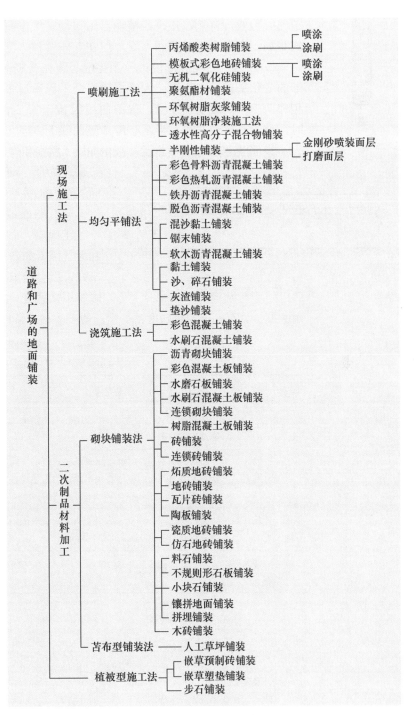

图4-9 铺装的分类
（引自金井格等，道路和广场的地面铺装，2002）

二、铺地设计

（一）园路设计

1. 园路平面线形设计 园路的平面形式与园林的风格是分不开的，主要分规则式和自然式两种。规则式道路一般宽大平直，景观建筑、植物呈整齐对称布置，轴线对称，平面呈几何形，西方园林、自然式园林的某些入口和干道地段、大型建筑物前多采用规则式布局。自然式道路一般曲折自然，建筑、植物自由布局，中国园林多以自然山水为中心，园路也多采用自然式布局，讲究含蓄，藏而不露。但在寺庙园林、纪念性园林中，多采用规则式布局。

2. 园路纵断面线形设计 园路中心线在其竖向剖面上的投影形态，称为纵断面线。它随地形的变化呈连续的折线。为使车辆安全平稳通过折线转折点（即"变坡点"），需用一条曲线把相邻两个不同坡度线连接，这条曲线因位于竖直面内，故称竖曲线。当圆心位于竖曲线下方时，称为凸形竖曲线；当圆心位于竖曲线上方时，称为凹形竖曲线。

3. 园路结构设计 园路一般由面层、路基和附属工程三部分组成，其路面面层的结构组合形式是多样的。一般园路路面面层的结构比城市道路简单，典型的面层结构如图 4-10 所示。

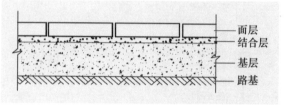

图 4-10　路面面层结构

（1）路面各层的作用和设计要求。

①面层：面层是路面最上面的一层，直接承受人流、车辆和大气因素如烈日、严寒、风、雨、雪等的破坏。如面层选择不好，就会给游人带来"无风三尺土，雨天一脚泥"或反光刺眼等不良感受。因此从工程上来讲，面层设计要坚固、平稳、耐磨损、具有一定的粗糙度、少尘、便于清扫。常用路面面层材料如表 4-12 所示。

表 4-12　常用路面面层材料

（引自梁伊任等，园林建设工程，1999）

类别	名　称	规格要求	特征及使用场合
天然材料	石板	规格大小不一，但角块不宜小于 200 mm，厚度不宜小于 50 mm	破碎或为一定形状的砌块，粗犷、自然，能拼嵌成各种图案，适于自然式小路或重要的活动场所，不宜通行重车
	乱石	石块大小不一，面层应尽量平整，以利于行走，有突出路面的棱角必须凿除，边石要大些方能牢固	自然、富野趣、粗犷，多用于山间林地、风景区僻野小路，长时间在此路面行走易疲劳
	块（条）石	大石块面 100～150 mm 或更大，厚 200 mm；小石块面 80～100 mm，厚 200 mm	坚固、古朴，整齐的块石铺地肃穆、庄重，适于古建筑物和纪念性建筑物附近，但造价较高
	碎大理石	根据需要规格不一	质地富丽、华贵，装饰性强，适于露天、室内园林铺地，由于表面光滑，坡地不宜使用
	卵石	根据需要规格不一	细腻圆润、耐磨、色彩丰富，装饰性强，排水性好，适于各种甬道、庭院铺装，但易松动脱落，施工时注意长扁拼配，表面平整，以便清扫
人造材料	混凝土砖	机砖 400 mm×400 mm×75 mm、400 mm×400 mm×100 mm、500 mm×500 mm×100 mm，标号 200#～250#；小方砖 250 mm×250 mm×50 mm，标号 250#	坚固、耐用、平整、反光率大，路面要保持适当的粗糙度，可做成各种彩色路面，适用于广场、公园干道，各种形状的花砖适用于公园的各种环境
	水磨石	根据需要规格不一	装饰性好，粗糙度小，可与其他材料混合使用
	斩假石		粗犷，仿花岗石，质感强，浅入淡出
	沥青混凝土		拼块铺地可塑性强，操作方便，耐磨、平整、面光，养护管理简便，当气温高时，沥青有软化现象，彩色沥青混凝土地面具有强烈的反差
	青砖大方砖	机砖 240 mm×115 mm×53 mm，标号 150#以上	端庄雅朴，耐磨性差，在冰冻不严重和排水良好之处使用较宜，古建筑附近尤为适宜，但不宜用于坡度陡和阴湿地段，易生青苔跌滑

②基层：一般在土基之上，起承重作用。一方面承受由面层传递下来的荷载，另一方面把此荷载均匀地传给路基。基层不直接接受车辆和气候因素的作用，对材料的要求比面层低。一般用碎（砾）石、灰土或各种工业废渣等筑成。

③结合层：在采用块料铺筑面层时，在面层和基层之间，为了结合和找平而设置的一层。一般用 3～5 cm 的粗沙、水泥砂浆或白灰砂浆即可。

④垫层：在路基排水不良或有冻胀、翻浆的路段上，为满足排水、隔温、防冻的需要，用煤渣土、石灰土等筑成垫层。在园林中可以用加强基层的方法，而不另设此层。

（2）路基。路基是路面的基础，不仅为路面提供一个平整的基面，承受路面传下来的荷载，也是保证路面强度和稳定性的重要条件之一。因此对保证路面的使用寿命具有重大意义。

经验认为：一般黏土或沙性土开挖后用蛙式夯夯实 3 遍，如无特殊要求，可直接作为路基。对于未压实的下层填土，经过雨季被水浸润后能自身沉陷稳定，其容重为 180 g/cm³，可以用于路基。在严寒地区，严重过湿冻胀土或湿软呈橡皮状土宜采用 1：9 或 2：8 灰土加固路基，其厚度一般为 15 cm。

（3）园路附属工程。

①道牙：安置在路面两侧，标出车辆、游人活动范围，对路面与路肩在高程上起衔接作用，并保护路面，作为路面排水的控制设施。道牙一般分为立道牙和平道牙两种形式，构造如图 4-11 所示。利用道路排水时，采用立道牙；利用道路两侧的明沟排水时，采用平道牙。道牙一般采用砖、石材、混凝土制作而成，道牙埋入的深度应大于道牙总高度的 2/3。在庭院中也常用小青瓦、大卵石等作道牙（图 4-12）。

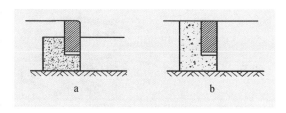

图 4-11 道 牙
a. 立道牙　b. 平道牙

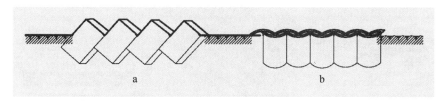

图 4-12 特殊道牙
a. 机砖道牙　b. 立瓦道牙

②明沟和雨水井：为收集路面雨水而建的构筑物，在园林中常用砖块砌成，并进行伪装与美化处理。

③踏步与坡道：当地面坡度较大时，根据坡度变化的情况，应考虑设置坡道或踏步（俗称台阶）。一般来讲，当地面坡度超过 12°时就应设置踏步，当地面坡度超过 20°时一定要设置踏步，当地面坡度超过 35°时在踏步一侧应设扶手栏杆，当地面坡度达到 60°时则应做踏道、攀梯。踏步可以增加竖向的变化，产生美感。一般要设在车辆不通行的道路上，台阶的宽度与路面宽相同，一组踏步的数量最少为 2～3 个踏级。踏步每上升 12～20 级，原则上需设一段休息平台，使游人有恢复体力的机会。踏面宽度与踏面间隔（举步高）的配合以步幅舒适为宜，其关系式如下：

$$3h + b \approx 75 \text{ cm}$$

式中：h——举步高；

　　　b——踏面宽。

一般踏面宽为 28～38 cm，举步高为 10～16.5 cm（图 4-13）。如举步高小于 10 cm，在室外空间容易被游人忽视，具有潜在的危险性。当举步高大于 16.5 cm 时，儿童、老年人行走起来则较吃力。在专门的儿童游戏场，踏步的举步高应为 10~12 cm。为防止踏面积水、结冰，每级台阶应有 1‰~2‰ 的向下坡度，以利排水。踏板突出于竖板的宽度绝对不能超过 2.5 cm，以防绊跌（图 4-14）。在园林中可用石材、圆木、混凝土板、砖等砌筑台阶，由于台阶的使用率较高，因此应选用坚硬、耐磨损的材料，图 4-15 为常见的踏步形式。

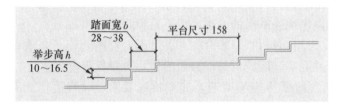

图 4-13　适宜的踏步及休息平台尺寸（单位：cm）

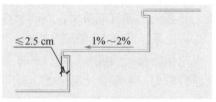

图 4-14　踏　板

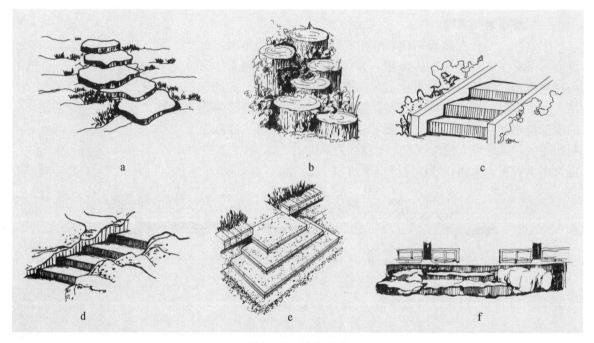

图 4-15　踏步形式
a. 自然石板踏步　b. 木桩踏步　c. 规则式有垂带的踏步
d. 天然露岩石凿成的踏步　e. 混凝土踏步　f. 如意踏垛

在地面坡度不宜设置踏步时，可设计成坡道，坡道能通行车辆，而且符合现代社会在室外公共活动场所提倡的无障碍设计的要求，使儿童的童车、老年人与残疾人的轮椅的行驶成为可能，尽力为他们的游赏提供条件。当坡度较大时，坡面易滑，这时可在主干道的中间做成坡道，而在两侧做成台阶，如是次要道路，可在台阶的一侧做成坡道（图 4-16）。对于轮椅来讲，其要求坡道宽度最小为 1 m，坡道尽头应有 1.1 m 的水平长度，以便回车，轮椅要求最大斜率为 1∶12，即 5°。坡道的最长距离为 9 m（图 4-17）。

④礓磋：一般园路纵坡超过 15% 时，应设台阶，但为了能通行车辆和防滑，可将坡面做成浅阶的坡道，称为礓磋。其形式与尺寸如图 4-18 所示。

⑤磴道：在地形陡峭的地段，可结合地形或利用露岩设置磴道。当其纵坡大于 60% 时，应做防滑处理，并设扶手栏杆等（图 4-19）。

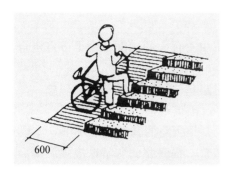

图 4-16　台阶与坡道

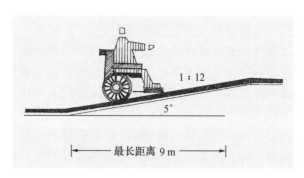

图 4-17　轮椅行车要求

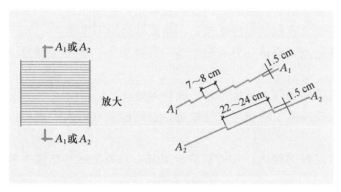

图 4-18　礓磋做法

图 4-19　磴道

⑥种植池：在路边或广场上栽种植物，一般应留种植池，种植池的大小应由所栽植物的要求而定，在栽种高大乔木的种植池上应设保护栅。

（4）园路的常见问题及其原因。一般常见的园路的问题有裂缝、凹陷、啃边、翻浆等。现就造成各种问题的原因分述如下：

①裂缝与凹陷：造成这种破坏的主要原因是基土过于湿软或基层厚度不够、强度不足或不均匀，在路面荷载超过土基的承载力时就会产生这些问题。

②啃边：路肩和道牙直接支撑路面，使之横向保持稳定。因此路肩与基土必须紧密结实，并有一定的坡度，否则由于雨水的侵蚀和车辆行驶时对路面边缘的啃蚀作用，使路面损坏，并从边缘向中心发展，这种破坏现象叫啃边（图 4-20）。

③翻浆：在季节性冰冻地区，地下水位高，特别是对于粉沙性土基，由于毛细管的作用，水分上升到路面下，冬季气温下降，水分在路面下形成冰粒，体积增大，路面就会出现隆起现象，到春季上层冻土融化，而下层尚未融化，这样使土基变成湿软的橡皮状，路面承载力下降，这时车辆通过时路面下陷，邻近部分隆起，并将泥土从裂缝中挤出来，使路面破坏，这种现象叫翻浆（图 4-21）。

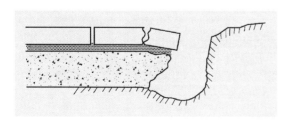

图 4-20　啃边

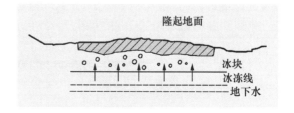

图 4-21　翻浆

路面的这些常见问题，在进行路面结构设计时，必须给予充分的重视。

（5）园路结构设计应遵循的原则。

①就地取材：园路修建的经费，在整个景观建设投资中占很大的比例。为了节省资金，在园路建设时应尽量使用当地材料、建筑废料、工业废渣等。

②薄面、强基、稳基础：在设计园路时，往往存在对路基的强度重视不够的现象，在公园里常看到装饰性很好的路面，没使用多久就变得坎坷不平、破破烂烂。其主要原因：一是园林地形经过整理后，土基不够坚实，修路时没有充分夯实；二是园路的基层强度不够，车辆通过时路面被压碎。为了节省水泥、石板等建筑材料，降低造价，提高路面质量，应强调薄面、强基、稳基础，使园路结构经济、合理和美观。

（6）常用结合层的比较。

①白灰干沙：施工时操作简单，遇水后自动凝结。白灰体积膨胀，密实性好。

②净干沙：施工简便，造价低。经常遇水会使沙子流失，造成结合层不平整。

③混合砂浆：由水泥、白灰、沙组成，整体性好，强度高，黏结力强。适用于铺筑块料路面，造价较高。

④水泥砂浆：由水泥、沙组成，黏结力强。适用于各种面料铺地。

（7）基层的选择。基层的选择应视路基土壤情况、气候特点及路面荷载的大小而定，并应尽量利用当地材料。

在冰冻不严重、基土坚实、排水良好的地区，在铺筑游步道时，只要把路基稍微平整，就可以铺砖修路。

灰土基层由一定比例的白灰和土拌和后压实而成。使用较广，具有一定的强度和稳定性，不易透水，后期强度接近刚性物质，在一般情况下使用一步灰土（压实后为 15 cm），在交通量较大或地下水位较高的地区，可采用压实后为 20～25 cm 的灰土或二步灰土。

在季节性冰冻地区，地下水位较高时，为了防止发生道路翻浆，基层应选用隔温性较好的材料。据研究，砂石的含水量小，导温率大，故该结构的冰冻深度大，如用砂石做基层，需做得较厚，不经济；石灰土的冰冻深度与土壤相同，石灰土结构的冻胀量仅次于亚黏土，说明密度不足的石灰土（压实密度小于 85％）不能防止冻胀，压实密度较大时可以防冻；煤渣石灰土或矿渣石灰土作基层，用比例为 7：1：2 的煤渣、石灰、土混合料隔温性较好，冰冻深度最小，在地下水位较高时，能有效地防止冻胀。

园路结构设计是一项复杂的工作，一般情况下可参照表 4-13 和表 4-14 进行结构选择。

表 4-13　常用园路结构图

编号	类型	结构图式	
1	石板嵌草路		①100 厚石板 ②50 厚黄沙 ③素土夯实 注：石间宽 30～50 嵌草
2	卵石嵌花路		①70 厚预制土嵌卵石 ②50 厚 M2.5 混合砂浆 ③一步灰土 ④素土夯实

编号	类型	结构图式	
3	方砖路		①500×500×100C15 混凝土方砖 ②50 厚粗沙 ③150～250 厚灰土 ④素土夯实 注：膨胀缝加 10×9.5 橡皮条
4	水泥混凝土路		①80～150 厚 C20 混凝土 ②80～120 厚碎石 ③素土夯实 注：基层可用二渣（水碎渣、散石渣）、三渣（水碎渣、散石渣、道渣）
5	卵石路		①70 厚混凝土嵌小卵石 ②30～50 厚 M2.5 混合砂浆 ③150～250 厚碎砖三合土 ④素土夯实
6	沥青碎石路		①10 厚二层柏油表面处理 ②50 厚泥结碎石 ③150 厚碎砖或白灰、煤渣 ④素土夯实
7	青（红）砖铺路		①50 厚青砖 ②30 厚灰泥 ③50 厚混凝土 ④50 厚碎石 ⑤素土夯实
8	钢筋混凝土砖路		①25 厚钢筋混凝土预制块 ②20 厚 1∶3 白灰砂浆 ③150 厚灰土 ④素土夯实
9	红石板弹石砖路		①50 厚红石板 ②50 厚煤屑 ③150 厚碎砖三合土 ④素土夯实
10	彩色混凝土砖路		①100 厚彩色混凝土花砖（彩色表面层 20 厚） ②30 厚粗沙 ③150 厚灰土 ④素土夯实
11	自行车路		①50 厚水泥方砖 ②50 厚 1∶3 白灰砂浆 ③150 厚灰土 ④素土夯实

编号	类型	结构图式	
12	羽毛球场铺地		①20厚1：3水泥砂浆 ②80厚1：3：6水泥、白灰、碎石 ③素土夯实
13	汽车停车场铺地	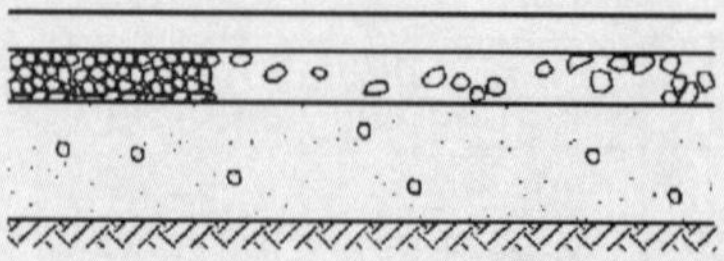	①黑色碎石 ②碎石 ③级配砂石 ④素土夯实
		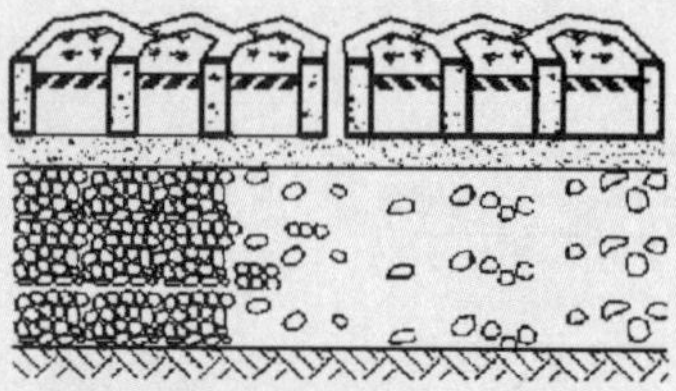	①100厚混凝土空心砖（内填土壤种草） ②30厚粗沙 ③250厚碎石 ④素土夯实
		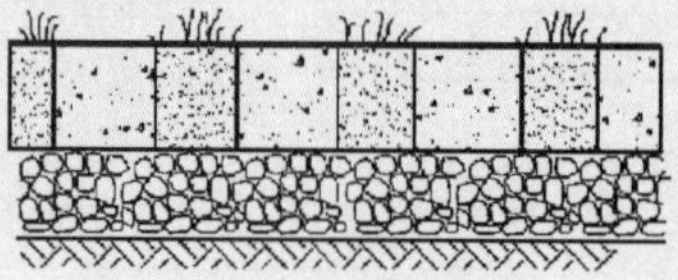	①200厚混凝土方砖 ②200厚培养土种草 ③250厚砾石 ④素土夯实
14	荷叶汀步	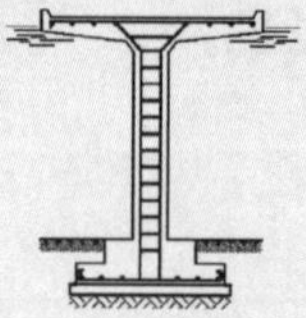	钢筋混凝土现浇
15	块石汀步		石面略高出水面，基石埋于池底

表 4-14 园林铺地结构最小厚度

（引自梁伊任等，园林建设工程，1999）

序号	结构层材料		层位	最小厚度/mm	备　注
1	水泥混凝土		面层	6	
2	水泥砂浆表面处治		面层	1	1：2水泥砂浆用粗沙
3	石片、釉面砖表面铺贴		面层	1.5	水泥砂浆作结合层
4	沥青混凝土	细粒式	面层	3	双层式结构的上层为细粒式时其最小厚度为2cm
		中粒式	面层	3.5	
		粗粒式	面层	5	
5	沥青（渣油）表面处治		面层	1.5	

序号	结构层材料	层位	最小厚度/mm	备　注
6	石板、预制混凝土板	面层	6	预制板加 $\phi 6 \sim \phi 8$ 钢筋
7	整齐石块预制砌块	面层	10～12	
8	半整齐、不整齐石块	面层	10～12	包括拳石、圆石
9	砖铺地	面层	6	用 1：2.5 水泥砂浆或 4：6 石灰砂浆作结合层
10	砖石镶嵌拼花	面层	5	
11	泥结碎（砾）石	基层	6	
12	石灰土	基层或垫层	8 与 15	老路上为 8 cm，新路上为 15 cm
13	二渣土、三渣土	基层或垫层	8 与 15	
14	手摆大块石	基层	12～15	
15	沙、沙砾或煤渣	垫层	15	仅作平整用时不限厚度

（二）铺地的装饰性设计

1. 景观工程铺地的特殊要求

（1）铺地与环境空间的一致性。硬质材料铺装是景观环境中最普遍且实用的地面铺装方法，如现浇混凝土和沥青地面常见于城市道路，混凝土预制块拼装地面适用于广场、停车场、步行道，石块嵌草地面可用于停车场和园林小路，鹅卵石和碎大理石则铺设于庭院和园林之中。正如《园冶》中所述"花环窄路偏宜石，堂迥空庭须用砖""鹅子石，宜铺于不常走处"。用于铺地的块料拼接的砌缝是表现块料尺度、造型和整体地面景观的骨架，在城市广场、商业街区等大空间环境中，地面的拼缝可以宽 30 mm 甚至更宽，而在一般的庭院、步道、园林中，拼缝宽度为 10 mm 甚至更窄。砌缝并不一定由水泥砂浆勾线而成，块材之间的空隙可以填充其他碎石或嵌草。关于铺地中砌缝与材料、纹理之间的视觉关系，芦原义信在他的《外部空间设计》一书中，把砌块材料和纹理归于第一次质感——人行走的观感，而把砌缝归于第二次质感——行人远视和鸟瞰的印象。砌缝对场所环境的空间划分与引导起着主要作用。彩色块材的构成和划分处理在地面景观中则造成第三次质感。能否处理好这三次质感的关系，对铺地装饰设计成功与否起决定性作用。

（2）铺地应具有一定装饰性。铺地以多种多样的形态、花纹来衬托景色，美化环境。在进行路面图案设计时，应与景观的意境相结合，即要根据铺地所在的环境，研究铺地的寓意、趣味，使铺地更好地成为园景的组成部分。

（3）铺地地面应有柔和的光线和色彩，减少反光、刺眼感觉。广州园林中采用各种条纹水泥混凝土砖，按不同方向排列，产生了很好的光彩效果，使路面既朴素又丰富，并且降低了路面的反光强度。

（4）路面应与地形、植物、山石相配合。在进行路面设计时，应与地形、置石等很好地配合，共同构成景色。园路与植物的配合不仅能丰富景色，使路面变得生气勃勃，而且嵌草的路面可以改变土壤的水分和通气状态，为广场的绿化创造有利条件，并能降低地表温度，改善局部小气候。

2. 常见铺装实例　根据路面铺装材料、装饰特点和园路使用功能，可以把园路的路面铺装形式分为整体现浇、片材贴面、板材砌块、砌块嵌草和砖石镶嵌铺装等五类（图 4-22、图 4-23）。

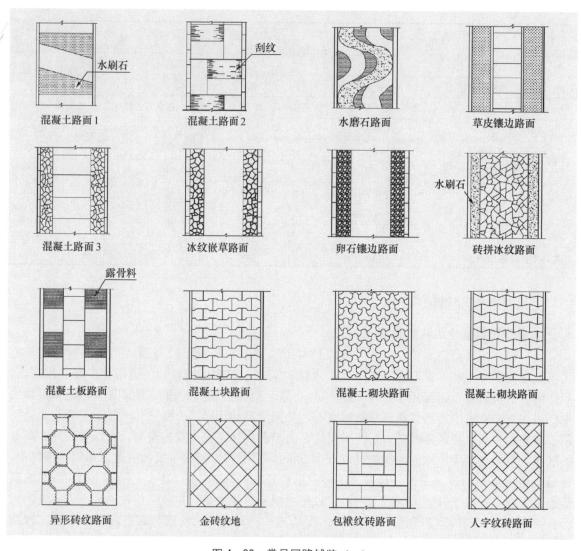

图 4-22　常见园路铺装（一）

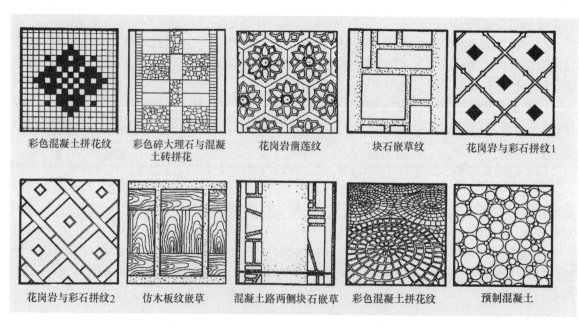

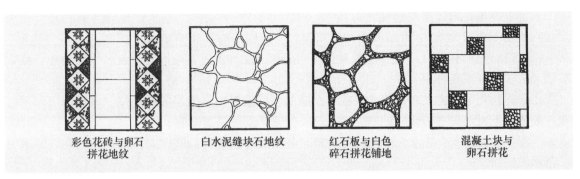

<table>
<tr><td>彩色花砖与卵石
拼花地纹</td><td>白水泥缝块石地纹</td><td>红石板与白色
碎石拼花铺地</td><td>混凝土块与
卵石拼花</td></tr>
</table>

图 4-23　常见园路铺装（二）

（1）整体现浇铺装。整体现浇铺装的路面适宜风景区通车干道、公园主园路、次园路或一些附属道路。采用这种铺装的路面，主要是沥青混凝土路面和水泥混凝土路面。

沥青混凝土路面用 60～100 mm 厚泥结碎石作基层，以 30～50 mm 厚沥青混凝土作面层。根据沥青混凝土的骨料粒径大小，有细粒式、中粒式和粗粒式沥青混凝土可供选用。这种路面属于黑色路面，其景观视觉较差，为弥补这一缺陷，常在其表面运用各种地面涂料进行装饰处理（图 4-24）。

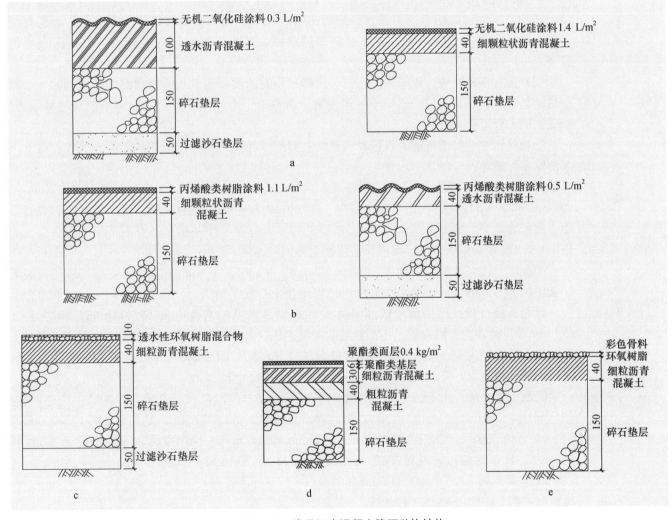

图 4-24　常见沥青混凝土路面装饰结构

a. 无机二氧化硅铺装　b. 丙烯酸类树脂铺装　c. 环氧树脂灰浆铺装　d. 聚氨酯材铺装　e. 透水性高分子混合物铺装

水泥混凝土路面的基层做法：可用 80～120 mm 厚碎石层，或用 150～200 mm 厚大块石层，在基层上面可用 30～50 mm 粗沙作间层。面层则一般采用 C20 或 C25 混凝土，做 120～160 mm 厚。路面每隔 10 m 设伸缩缝一道。对路面的装饰主要是采取各种表面抹灰处理。抹灰装饰的方法有以下几种：

①普通抹灰与纹样处理：用水泥砂浆在路面表层做保护装饰层或磨耗层。当抹面层初步收水、表面稍干时，再进行纹样处理，如压纹、锯纹、刷纹、滚动等。

②彩色水泥抹灰：在水泥中加各种颜料，配制成彩色水泥砂浆，对路面进行抹灰，可做出彩色水泥路面。

③水磨石饰面：一种比较高档的装饰型路面，有普通水磨石和彩色水磨石两种做法。水磨石面层的厚度一般为 10～20 mm。

④露骨料饰面：一些园路的边带或作障碍性铺装的路面，常采用混凝土露骨料饰面，做成装饰性边带。这种路面立体感较强，能够和其旁的平整路面形成鲜明的质感对比。

（2）片材贴面铺装。片材是指厚度在 5～20 mm 之间的装饰性铺地材料，常用的片材主要是花岗石、大理石、青石板、釉面墙地砖、陶瓷广场砖和马赛克等。适宜用在城市广场、景观场地和游览道路上。若这类铺装面积过大，会造成铺地工程造价太高。这类铺地一般都是在整体现浇的水泥混凝土路面上采用。在混凝土面层上铺垫一层水泥砂浆，起路面找平和结合作用。水泥砂浆结合层的设计厚度为 10～25 mm，可根据片材具体厚度确定，水泥与沙的配合比例采用 1：2.5。用片材贴面装饰的路面，其边缘最好设置道牙石，以使路边更加整齐。

（3）板材砌砖铺装。用整形的板材、方砖、预制的混凝土砌块作为道路结构面层的，都属于这类铺地形式。这类铺地适用于一般的散步游览道、草坪路、岸边小路和城市游憩林荫道、街道上的人行道等。

①板材铺地：打凿整形的石板和预制的混凝土板都能用作路面的结构面层，这些板材常用于游览步行道等。

石板：一般加工成 497 mm×497 mm×50 mm、697 mm×497 mm×60 mm、997 mm×697 mm×70 mm 等规格，其下直接铺 30～50 mm 的沙土作找平的垫层，可不做基层，或者以沙土层作为垫层，其下设置 80～100 mm 厚的碎（砾）石层作基层。石板下不用沙土垫层，而用 1：3 水泥砂浆作结合层，可以保证面层更坚固和稳定。

混凝土方砖：常见规格有 297 mm×297 mm×60 mm、397 mm×397 mm×60 mm 等，表面经翻模加工为方格或其他图纹，用 30 mm 厚细沙土作找平垫层。

预制混凝土板：规格尺寸按照具体设计而定，常见的有 497 mm×497 mm、697 mm×697 mm 等，铺砌方法同石板。不加钢筋的混凝土板，其厚度不要小于 80 mm；加钢筋的混凝土板，最小厚度仅为 60 mm，所加钢筋直径为 6～8 mm 时，间距 200～250 mm，双向布筋。预制混凝土铺砌的表面，常加工成光面、彩色水磨石面或露骨料面。

②黏土砖墁地：用于铺地的黏土砖规格很多，有方砖，也有长方砖。方砖如：尺二方砖，400 mm×400 mm×60 mm；尺四方砖，470 mm×470 mm×60 mm；足尺七方砖，570 mm×570 mm×60 mm；二尺方砖，640 mm×640 mm×96 mm；二尺四方砖，768 mm×768 mm×144 mm。长方砖如：大城砖，480 mm×240 mm×130 mm；二城砖，440 mm×220 mm×110 mm；地趴砖，420 mm×210 mm×85 mm；机制标准青砖，240 mm×115 mm×53 mm。砖墁地时，用 30～50 mm 厚细沙土或 3：7 灰土作找平垫层。方砖墁地一般采取平铺方式，有错缝平铺和顺缝平铺两种做法。铺地的砖纹在古代建筑庭院中有多种样式。古代工艺精良的方砖价格昂贵，用于高级建筑室内铺地，特别称为"金砖墁地"。庭院地面满铺青砖的做法，则叫

"海墁地面"。

③砌块铺地：用凿打整形的石块或预制的混凝土砌块铺地，也是作为园路结构面层使用的。混凝土砌块可设计为各种形状、各种颜色和各种规格尺寸，还可以结合路面添加不同图纹和不同装饰色块，是目前城市街道人行道及广场铺地最常见的材料之一。

④道牙安装：道牙安装在道路边缘，起保护路面的作用。道牙有用石材凿打整形为长条形的，也有按设计用混凝土预制的。

（4）砌块嵌草铺地。预制混凝土砌块和草皮相间铺装路面，能够很好地透水透气，绿色草皮呈点状或线状有规律地分布，在地面上形成美观的绿色纹理，这种具有鲜明生态特点的路面铺装形式，现在已越来越受到人们的欢迎。采用砌块嵌草铺装的路面，主要用在人流量不太大的公园散步道、小游园道路、草坪道路或庭院内道路等处，一些铺装场地如停车场等也可采用这种路面。预制混凝土砌块按照设计可有多种形状，大小规格也有很多种，可做成多种彩色的砌块。其厚度不小于 80 mm，一般设计为 100～150 mm。砌块的形状基本可分为实心和空心两类。缝中填土达砌块厚的 2/3。由于砌块是在相互分离状态下构成路面，使得路面特别是在边缘部分容易发生歪斜、散落。因此，在砌块嵌草路面的边缘，最好设置道牙加以规范和保护路面。另外，也可用板材铺砌作为边带，使整个路面更加稳定，不易损坏。

（5）砖石镶嵌铺装。用砖、石子、瓦片、碗片等材料，通过拼砌镶嵌的方法，将园路的结构面层做成具有美丽图案纹样的路面，这种做法在古代叫作花街铺地。采用花街铺地的路面装饰性很强，趣味浓郁，但铺装费时费工，造价较高，而且路面不便行走。因此，常在人流不多的庭院道路和一些局部园林游览道上采用这种铺装。

镶嵌铺装中，一般用立砖、小青瓦瓦片镶嵌出线条纹样，并组合成基本图案。再用各色卵石、砾石镶嵌作为色块，填充图形大面，并进一步修饰铺地图案。我国古代花街铺地的传统图案纹样种类颇多，有四方灯景、长八方、冰纹梅花、攒六方、球门、万字、席纹、海棠芝花、人字纹、十字海棠等（图 4-25）。还有镶嵌出人物事件图像的铺地，如胡人引驼图、八仙过海图、松鹤延年图、桃园三结义图、赵颜求寿图、凤戏牡丹图、牧童图、十美图、战长沙等，成为我国园林艺术的杰作。

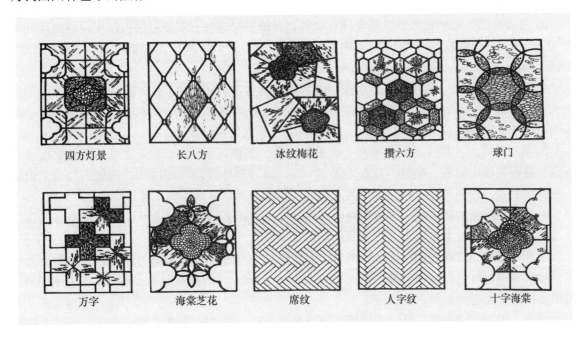

四方灯景　　长八方　　冰纹梅花　　攒六方　　球门

万字　　海棠芝花　　席纹　　人字纹　　十字海棠

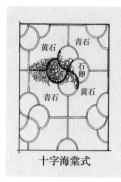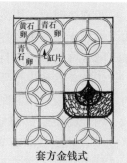

十字海棠式　　　　　　八角灯景式　　　　　　冰纹梅花式　　　　　　套方金钱式

图 4-25　传统园林道路铺装形式
（引自孟兆祯等，园林工程，1996）

三、铺地施工

铺地施工是园林总体施工的一个重要组成部分，其中园路是重中之重，其重点在于控制好施工面的高程，并注意与园林其他设施的高程相协调。施工中，园路路基和路面基层的处理只要达到设计要求的牢固性和稳定性即可，而面层的施工则要求更加精细，更加强调质量和美观。园路施工工艺流程如下：施工放线→修筑路槽→基层施工→结合层施工→面层施工→道牙施工。

（一）园路施工

1. 施工放线　按道路设计的中线，在地面上每隔 20～50 m 放一中心桩，在弯道的曲线上应在曲头、曲中和曲尾各放一中心桩，并在各中心桩上写明桩号，再以中心桩为准，根据路面宽度定边桩，最后放出路面的平曲线。

2. 修筑路槽　按设计路面的宽度，每侧放出 20 cm 挖槽，路槽的深度应等于路面的厚度，槽底应有 2%～3% 的横坡坡度，并用蛙式夯夯 2～3 遍，路槽平整度允许误差不大于 2 cm。如土壤干燥，待路槽开挖后，在槽底洒水，使其潮湿，然后再夯。

3. 基层施工　根据设计要求准备铺筑材料，在铺筑时应注意灰土基层的厚度，一般压实厚度为 15 cm，虚铺厚度因土壤情况不同为 21～24 cm。对于炉灰土，虚铺厚度为压实厚度的160%，即压实厚度为 15 cm，虚铺厚度为 24 cm。

4. 结合层施工　一般用 M7.5 水泥、白灰、沙混合砂浆或 1:3 白灰砂浆。砂浆摊铺宽度应大于铺装面 5～10 cm，已拌好的砂浆应当日用完。也可用 3～5 cm 的粗沙均匀摊铺而成。特殊的石料铺地如整齐石块和条石块，结合层采用 M10 水泥砂浆。

5. 面层施工　在完成的路面基层上，重新定点、放线，每 10 m 为一施工段落，根据设计标高、路面宽度定边桩、中桩，打好边线、中线。设置整体现浇路面边线处的施工挡板，确定砌块路面列数及拼装方式，面层材料运入施工现场。下面介绍常见的几种面层施工。

（1）水泥路面的装饰施工。水泥路面装饰的方法有很多种，按照设计的路面铺装方式选用合适的施工方法。常见的施工方法及其技术要领如下：

①普通抹灰与纹样处理：用普通灰色水泥配制成 1:2 或 1:2.5 水泥砂浆，在混凝土面层浇筑后尚未硬化时进行抹面处理，抹面厚度为 10～15 mm。当抹面层初步收水、表面稍干时，再用下面的方法进行路面纹样处理。

滚花：用钢丝网做成滚筒，或用模纹橡胶裹在 300 mm 直径铁管外做成滚筒，在经过抹面处理的混凝土面板上滚压出各种细密纹理。滚筒长度在 1 m 以上比较好。

压纹：利用一块边缘有许多整齐凸点或凹槽的木板或木条，在混凝土抹面层上挨着压下，一面压一面移动，可以将路面压出纹样，起到装饰作用。用这种方法时要求抹面层的水泥砂浆含沙量高，水泥与沙的配合比可为 1∶3。

锯纹：在新浇的混凝土表面，用一根直木条如同锯割一般来回动作，一面锯一面前移，既能够在路面锯出平行的直纹，有利于路面防滑，又有一定的路面装饰作用。

刷纹：最好使用弹性钢丝做成刷纹工具。刷子宽 450 mm，刷毛钢丝长 100 mm 左右，木把长 1.2～1.5 m。用这种钢丝在未硬的混凝土面层上可以刷出直纹、波浪纹或其他形状的纹理。

②彩色水泥抹面装饰：水泥路面的抹面层所用水泥砂浆，可通过添加颜料调制成彩色水泥砂浆，用这种材料可做出彩色水泥路面。彩色水泥调制中使用的颜料，需选用耐光、耐碱、不溶于水的无机矿物颜料，如红色的氧化铁红、黄色的柠檬铬黄、绿色的氧化铬绿、蓝色的钴蓝和黑色的炭黑等。不同颜色的彩色水泥及其所用颜料见表 4 - 15。

表 4 - 15　彩色水泥的调制

调制水泥色	水泥及其用量	颜料及其用量
红色、紫砂色水泥	普通水泥 500 g	铁红 20～40 g
咖啡色水泥	普通水泥 500 g	铁红 15 g、铬黄 20 g
橙黄色水泥	白色水泥 500 g	铁红 25 g、铬黄 10 g
黄色水泥	白色水泥 500 g	铁红 10 g、铬黄 25 g
苹果绿色水泥	白色水泥 1 000 g	铬绿 150 g、钴蓝 50 g
青色水泥	普通水泥 500 g	铬绿 0.25 g
蓝色水泥	白色水泥 1 000 g	钴蓝 0.1 g
灰黑色水泥	普通水泥 500 g	炭黑适量

③彩色水磨石饰面：彩色水磨石地面是用彩色水泥石子浆罩面，再经过磨光处理做成的装饰性路面。按照设计，在平整、粗糙、已基本硬化的混凝土路面面层上，弹线分格，用玻璃条、铝合金条（或铜条）作分格条。然后在路面刷上一道素水泥浆，再用 1∶1.25～1∶1.50 彩色水泥细石子浆铺面，厚度 8～15 mm。铺好后拍平，表面用滚筒滚压，待出浆后再用抹子抹平。用作水磨石的细石子采用方解石，并用普通灰色水泥做成的就是普通水磨石路面。如果用各种颜色的大理石碎屑，再与不同颜料的彩色水泥配制在一起，就可做成不同颜色的彩色水磨石地面。彩色水泥的配制可参考表 4 - 15。水磨石的开磨时间以石子不松动为准，磨后将泥浆冲洗干净。待稍干时，用同色水泥浆涂擦一遍，将砂眼和脱落的石子补好。第二遍用 100～150 号金刚石打磨，第三遍用 180～200 号金刚石打磨，方法同前。打磨完成后洗掉泥浆，再用 1∶20 的草酸水溶液清洗，最后用清水冲洗干净。

④露骨料饰面：采用这种饰面方式的混凝土路面和混凝土铺砌板，其混凝土应该用粒径较小的卵石配制。混凝土露骨料主要采用刷洗的方法，在混凝土浇好后 2～6 h 内就应进行处理，最迟不超过浇好后的 16～18 h。刷洗工具一般用硬毛刷子和钢丝刷子。刷洗应从混凝土板块的周边开始，同时用充足的水把刷掉的泥沙洗去，把每一粒暴露出来的骨料表面都洗干净。刷洗后 3～7 d 内，再用 10%盐酸水洗一遍，使暴露的石子表面色泽更明净，最后还要用清水把残留盐酸完全冲洗掉。

（2）片块状材料的地面铺筑。片块状材料作路面面层，在面层与道路基层之间所用的结合层做法有两种：一种是用湿性的水泥砂浆、石灰砂浆或混合砂浆作结合材料；另一种是用干性的细沙、石灰粉、灰土（石灰和细土）、水泥粉沙等作为结合材料或垫层材料。

①湿法铺砌：用厚度 15～25 mm 的湿性结合材料，如用 1∶2.5 或 1∶3 水泥砂浆、1∶3 石灰砂浆、M2.5 混合砂浆或 1∶2 灰泥浆等，在路面面层混凝土板下面、在路面基层上面作为结合层，然后在其上砌筑片状或块状贴面层。砌块之间的结合以及表面抹缝，亦用这些结合材料。以花岗石、釉面砖、陶瓷广场砖、碎拼石片、马赛克等片状材料贴面铺地，都要采用湿法铺砌。用预制混凝土方砖、砌块或黏土砖铺地，也可以用这种砌筑方法。

②干法砌筑：以干粉状材料作路面面层砌块的垫层和结合层，这种材料常见的有：干沙、细沙土、1∶3 水泥干沙、3∶7 细灰土等。砌筑时，先将粉沙材料在路面基层上平铺一层，用干沙、细土作垫层厚 30～50 mm，用水泥沙、石灰沙、灰土作结合层厚 25～35 mm，铺好后找平。然后按照设计的砌块、砖块拼装图案，在垫层上拼砌成路面面层。路面每拼装好一小段，就用平直的木板垫在顶面，以铁锤在多处震击，使所有砌块的顶部都保持在一个平面上，这样可将路面铺装得十分平整。路面铺好后，再用干燥的细沙、水泥粉、细石灰粉等撒在路面上并扫入砌块缝隙中，使缝隙填满，最后将多余的灰沙清扫干净。然后砌块下面的垫层材料慢慢硬化，使面层砌块和下面的基层紧密地结合成一体。适宜采用干法砌筑的路面材料主要有：石板、整形石块、混凝土铺路板、预制混凝土方砖和砌块等。传统古建筑庭院中的青砖铺地、金砖墁地等地面工程，也常采用干法砌筑。

（3）地面镶嵌与拼花。施工前要根据设计的图样，准备镶嵌地面用的砖石材料。设计有精美图案的，先要在细密质地的青砖上放好大样，再细心雕刻，做好雕刻花砖，施工中才嵌入铺地图案中。要精心挑选铺地用的石子，挑选出的石子应按照不同颜色、不同大小、不同形状分类堆放，铺地拼花时方便使用。

施工时先在已做好的道路基层上，铺垫一层结合材料，厚度一般可在 40～70 mm 之间。垫层结合材料主要用 1∶3 石灰沙、3∶7 细灰土、1∶3 水泥沙等，用干法砌筑或湿法砌筑都可以，干法施工更方便。在铺平的松软垫层上，按照预定的图样开始镶嵌拼花。一般用立砖、小青瓦瓦片拉出线条、纹样和图形图案，再用各色卵石、砾石镶嵌作花，或者拼成不同颜色的色块，以填充图形大面。然后，经过进一步修饰和完善图案纹样，并尽量整平铺地后，就可以定稿。定稿后的铺地地面，仍要用水泥干沙、石灰干沙撒布其上，并扫入砖石缝隙中填实。最后，除去多余的水泥石灰干沙，清扫干净，再用细孔喷壶对地面喷洒清水，稍使地面湿润即可，不能用大水冲击或使路面有水流淌。完成后，养护 7～10 d。

（4）嵌草路面的铺砌。无论用预制混凝土铺路板、实心砌块、空心砌块，还是用顶面平整的乱石、整形石块或石板，都可以铺装成砌块铺草路面。

施工时，先在整平压实的路基上铺垫一层栽培壤土作垫层。壤土要求比较肥沃，不含粗颗粒物，铺垫厚度为 100～150 mm。然后在垫层上铺砌混凝土空心砌块或实心砌块，砌块缝中半填壤土，并播种草籽。

实心砌块的尺寸较大，草皮嵌种在砌块之间预留的缝中。草缝设计宽度可在 20～50 mm 之间，缝中填土达砌块高度的 2/3。砌块下面用壤土作垫层并起找平作用，砌块要铺装得尽量平整。在实心砌块嵌草路面上，草皮形成的纹理是线网状的。

空心砌块的尺寸较小，草皮嵌种在砌块中心预留的孔中。砌块与砌块之间不留草缝，常用水泥砂浆黏接。砌块中心孔填土亦为砌块高度的 2/3，砌块下面仍用壤土作垫层找平，使嵌草路面保持平整。在空心砌块嵌草路面上，草皮呈点状而有规律地排列。要注意的是，空心砌块的设计制作，一定要保证砌块结实坚固和不易损坏，因此预留孔径不能太大，孔径最好不超过砌块边长的 1/3。

采用砌块嵌草铺装的路面，砌块和嵌草是道路的结构面层，其下面只能有一个壤土垫层，在结构上没有基层，只有这样的路面结构才能有利于草皮的存活与生长。

6. 道牙施工　道牙基础宜与路床同时填挖碾压，以保证有整体的均匀密度。结合层用 1：3 白灰砂浆 2 cm。安置道牙要平稳牢固，然后用 M10 水泥砂浆勾缝，道牙背后用白灰土夯实，其宽度 50 cm，厚度 15 cm，密实度在 90% 以上。

（二）广场施工

广场工程的施工程序基本与园路工程相同。但由于广场上往往有花坛、草坪、水池等地面景物，因此，比一般的道路工程复杂。

1. 施工准备

（1）材料准备。准备施工机具、基层和面层铺装材料，以及施工中需要的其他材料，清理施工现场。

（2）场地放线。按照广场设计图所绘施工坐标方格网，将所有坐标点测设到场地上并打桩定点。然后以坐标桩点为准，根据广场设计图，在场地地面上放出场地的边线，主要地面设施范围线和挖方区、填方区之间的零点线。

（3）地形复核。对照广场竖向设计图，复核场地地形。各坐标点、控制点的自然地坪标高数据如有缺漏要在现场测量补上。

2. 场地平整与找坡

（1）挖方与填方施工。挖、填方工程量较小时，可用人力施工；工程量较大时，应进行机械化施工。预留作草坪、花坛及乔灌木种植的区域，可暂时不开挖。水池区域要同时挖到设计深度。填方区的堆填顺序应当是先深后浅，先分层填实深处，后填浅处。每填一层就夯实一层，直到设计的标高处。挖方过程中挖出的适宜栽植的肥沃土壤，要临时堆放在广场外边，以后再填入花坛、种植地中。

（2）场地平整与找坡。挖、填方工程基本完成后，对挖、填出的新地面进行整理。要铲平地面，使地面平整度变化在 2 cm 以内，根据各坐标桩标明的该点填挖高度数据和设计的坡度数据，对场地进行找坡，保证场地内各处地面都基本达到设计的坡度。土层松软的局部区域还要做基础加固处理。

（3）根据场地周边与建筑、园路、管线等的连接条件，确定边缘地带的竖向连接方式，调整连接点的地面标高。还要确认地面排水口的位置，调整排水沟管底部标高，使广场地面与周围地坪的连接更自然，将排水、通道等方面的矛盾降到最低。

3. 地面施工

（1）基层的施工。按照设计的广场地面层次结构与做法进行施工，可参照有关园路地基与基层施工的内容，结合地坪面积更宽大的特点，在施工中注意基层的稳定性，确保施工质量，避免以后广场地面发生不均匀沉降。

（2）面层的施工。采用整体现浇面层的区域，可把该区域分成若干规则的块坡，每一地块面积在 7 m×9 m～9 m×10 m 之间，然后逐个地块施工。地块之间的缝隙做成伸缩缝，用沥青、棉纱等材料填塞。采用混凝土预制块铺装的，可按照园路工程的有关部分进行施工。

（3）地面的装饰。依照设计的图案、纹样、颜色、装饰材料等进行地面装饰性铺装。

第三节　景观挡土墙工程

在景观建设过程中，由于使用功能、植物生长、景观要求等的需要，常将不同坡度的地形按要求改造成所需的场地，并用不同形式的挡土墙围合、界定、分隔这些空间场地。如果场地处于同一高程，用于分隔、界定、围合的挡土墙仅为景观视觉需要而设，则称为景观墙体。如被分隔、界定的两个场地不在同一高程，在场地之间的土体超过容许的极限强度时，原有的土体平衡即遭到破坏，从而发生滑坡和塌方。为稳定土体，在两个不同场地之间修建人工防御墙则可维持稳定，这种用以支持并防止土体倾塌的工程结构体称为挡土墙。园林中的花坛墙体实际为挡土墙，园林中的堤岸、台阶等都是景观挡土墙的不同形式。景观挡土墙总是以倾斜或垂直的面迎向游人，对环境视觉心理的影响比其他景观工程更为强烈，因而，要求设计者和施工者在考虑工程安全性的同时，必须进行空间构思，仔细处理其形象和表面的质感，即仔细处理细部、顶部和底部，把它作为风景园林硬质景观的一部分来设计、施工。当然，这一切都应在风景园林总体规划的指导下进行。挡土墙景观是山地园林的重要特征之一。

一、景观墙体

景观墙体作为硬质景观设计的一个元素，在空间划分、界定、形成视觉景观方面是最为活跃和积极的。比视平线高的墙体常作为可见的屏障，用于形成一种完整的封闭空间，并常与建筑相结合使用。比视平线低的墙体可以形成半封闭的空间，当某一景观可以静态地观赏时，使用这种墙体非常有效；当既需要保留所有视觉上的特性，又需要一定的分隔时，经常使用矮墙作为界限。用于砌筑景观墙体的材料主要有石材、砖、混凝土、木材等，利用当地石材修建景观墙体，更容易体现地域特点。

(一) 景观墙体设计要点

在室外环境中，设计独立式景观墙体应特别注意以下几点：

1. 足够的稳定性 景观墙体的稳定性是设计首先应考虑的，其高度和厚度的比值（高厚比）是影响稳定性的主要因素。一般说来，一砖厚的墙看起来不够稳定，而两砖厚的墙体看起来就更加安全和坚固，一堵没有扶垛的两砖厚墙体，高度完全可以达到 2.0 m。影响景观墙体稳定的因素主要包括以下几个方面：

（1）墙体的平面布置形式。直线形景观墙体的稳定性差，可通过许多方式来提高稳定性，如加柱子使墙在跨间错开或者增加墙的厚度、设置扶壁等。一般来说墙体以锯齿形错开，或墙的轴线根据砖的厚度前后错动，或是折线、曲线墙体和蛇形墙体等，就不需要任何柱子和扶壁来支撑，自身就具有较稳定的结构。景观墙体常采取组合的方式进行布置，如景观墙体与景观墙体建筑、景观挡土墙、花坛之间的组合，都将大大提高景观墙体的稳定性。

（2）墙基础。基础设计是否合理是决定景观墙体是否稳定的重要条件。基础的宽度和深度往往由地基土的土质类型决定。在普通的地基土上，45～60 cm 的深度已经足够了。在收缩性的黏土上，基础埋深要求达到 90 cm 甚至更深。当一堵墙的高度低于 50 cm 时，可不设置基础，但地表土壤需要移走，砖要砌在彻底压实的地面上。如果有超过 15 cm 的地表土需要运走，挖土坑道的表面可以用紧密压实的颗粒材料铺设，地面以下的砖体表面深度不宜超过 20 cm。当地基质地不均匀时，景观墙体基础采用混凝土、钢筋混凝土，基础的宽度与埋深应咨询结构工程师。

（3）风荷载。在建筑物中，高度相近的墙在顶部和底端分别与屋顶和地板相连，并在侧面同纵墙相连。与此相对照的是，独立式景观墙体就像无约束的竖直的悬臂梁，受到侧向风的作用时，易造成倒伏。在很多情况下，景观挡墙往往未经任何结构上的计算。

2. 能抵御雨雪的侵蚀 景观挡墙处于露天环境，雨、雪可以从墙体两侧和上方浸入墙体，使墙体的耐久性和外观效果受到影响。因此应选用吸水率低、抗风化能力强的材料来砌筑，在外观细部设计上应注意雨、雪的影响。

3. 防止热胀冷缩的破坏 在自然环境中，因昼夜温差、四季气温的变化，各种材料都要产生伸缩变化。为适应因热和潮湿产生的膨胀，需要做伸缩缝和沉降缝。一般对于用砖、混凝土砌块所做的景观墙体，每隔 12 m 需留一条 10 mm 宽的伸缩缝，并用一种专用的有伸缩的胶粘水泥填缝。

4. 具有与环境景观相协调的造型与装饰 景观墙体以造景为第一目的，其美观效果极其重要，应处理好外观色彩、质感和造型。

（二）常见景观墙体形式

1. 砖砌景观墙体 砖墙的外观部分取决于砖的质量，部分取决于砌合的形式。如果为清水墙，砖表面的平整度、完整性、尺度误差和砖与砖之间的勾缝类型、砌砖排列方式，将直接影响其美观，图 4 - 26 为砖的勾缝类型，图 4 - 27 为砖砌景观墙体的构造，如果砖墙表面做装饰抹灰、贴各种饰面材料，则对砖的外观、砖的灰缝要求不高。无论采用哪种形式，在垂直方向上的砖缝应错缝，避免一通到底。

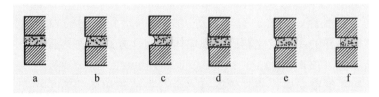

图 4 - 26 砖的勾缝类型

a. 齐平　b. 风蚀　c. 钥匙　d. 突出　e. 提桶把手　f. 凹陷

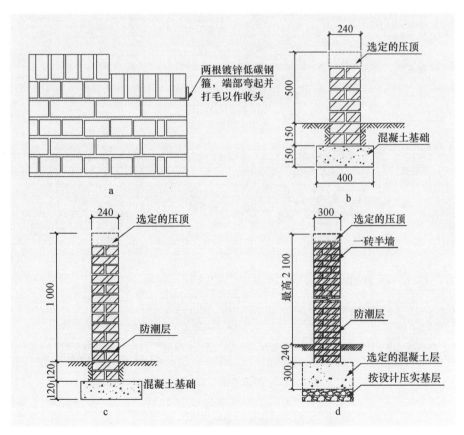

图 4 - 27 砖砌景观墙体的构造

a. 墙体立面图　b. 矮墙剖面图　c. 中高墙剖面图　d. 高墙剖面图

①齐平：齐平是一种平淡的装饰缝，雨水直接流经墙面，适用于露天的情况。通常用泥刀将多余的砂浆去掉，并用木条或麻袋布打光。

②风蚀：风蚀的坡形剖面有助于排水，其上方2～3 mm的凹陷在每一砖行产生阴影线。有时将垂直勾缝抹平以突出水平线。

③钥匙：钥匙是用窄小的弧线工具压印的更深的装饰缝。其阴影线更加美观，但对露天的场所不适用。

④突出：突出是将砂浆抹在砖的表面，可起到很好的保护作用，并伴随着日晒雨淋而形成迷人的乡村式外观。可以选择与砖块的颜色相匹配的砂浆，或用麻袋布打光。

⑤提桶把手：剖面图是曲线形的，利用圆形工具获得，该工具是镀锌的把手。适度地强调了每块砖的形状，而且能防止日晒雨淋。

⑥凹陷：利用特制的"凹陷"工具将砖块间的砂浆方方正正地按进去，强烈的阴影线夸张地突出了砖线。只适用于非露天的场地。

2. 石砌景观墙体　石墙给环境景观带来永恒的感觉。石块的类型多种多样，石材表面加工时通过留自然荒包、打钻路、扁光、钉麻钉等方式可以得到不同的表面效果。天然石块（卵石）的应用也是多种多样的，这就使石砌景观墙体在砌合方式上也灵活多样（图4-28），石块之间的勾缝也灵活多样（图4-29）。

①蜗牛痕迹：线条纵横交错，使人觉得每一块石头都与相邻的石头相配。当砂浆还是湿的时候，利用工具或小泥刀沿勾缝方向画平行线，使砂浆的砌合更光滑、完整。

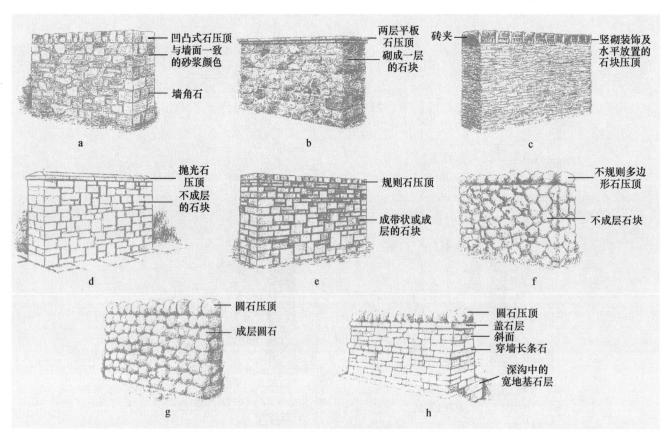

图4-28　石砌景观墙体

a. 非成层不规则毛石墙　b. 成层不规则毛石墙　c. 不规则水平薄片毛石　d. 不规则方形毛石墙
e. 成层不规则方形毛石墙　f. 多边形毛石墙　g. 砾石墙　h. 清水石墙

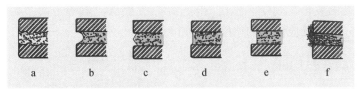

图 4-29　石块勾缝装饰

a. 蜗牛痕迹　b. 圆形凹陷　c. 双斜边　d. 刷　e. 方形凹陷　f. 草皮勾缝

②圆形凹陷：利用湿的卵石（或弯曲的管子或塑料水管）在湿砂浆上按入一定深度，使每块石头之间形成强烈的阴影线。

③双斜边：利用带尖的泥刀加工砂浆，产生一种类似鸟嘴的效果。需要专业人士完成，以达到美观的效果。

④刷：在砂浆完全凝固之前，用坚硬的铁刷将多余的砂浆刷掉。

⑤方形凹陷：如果是正方形或长方形的石块，最好使用方形凹陷，需使用专用的工具。

⑥草皮勾缝：利用泥土或草皮取代砂浆，只有在岩石园或植有绿篱的清水石墙上才适用，要使勾缝中的泥土与墙的泥土相连，以保证植物根系的水分供应。

3. 混凝土砌块景观墙体　混凝土砌块常模仿建墙用的天然石块的各种形状，在景观设计中不加修饰的混凝土砌块也能取得较好的效果，特别是与现代建筑搭配时，混凝土砌块在质地、色泽和形状上的多种变化，使景观墙体更好地为整体环境服务（图 4-30）。

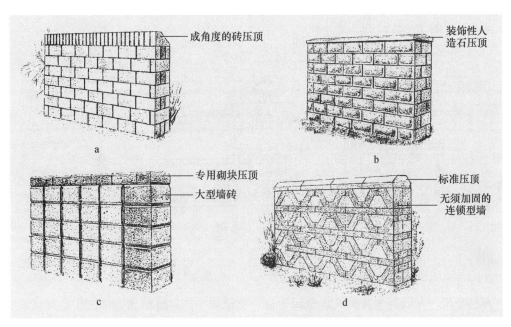

图 4-30　混凝土砌块景观墙体

a. 普通混凝土砌块墙　b. 仿浮雕石混凝土砌块墙　c. 斜块剖面混凝土砌块墙　d. 混凝土砌块墙

二、花　坛

花坛在庭院、园林绿地中广为存在，常成为局部空间环境的构图中心和焦点，对活跃局部空间、点缀环境起到十分重要的作用。它是在具有一定几何轮廓的植床内，种植各种不同色彩的观花、观叶与观果植物，从而构成一幅富有鲜明色彩或华丽纹样的装饰图案，以供观赏，英语叫 flower bed。在中国古典园林中，花坛是指"边缘用砖石砌成的种植花卉的土台子"。对花坛内植物种植方式与图案布置式样，在此不做介绍，主要从花坛的平面布局、造型、装饰和花坛工程施工来讲述，即从硬质景观的角度来探讨。

（一）花坛的分类与布局

花坛作为硬质景观和软质景观的结合体，具有很强的装饰性，可作为主景，也可作为配景。根据其外部轮廓造型与形式，可分为如下几种：

1. 独立花坛 以单一的平面几何轮廓作局部构图主体，在造型上具有相对独立性，如圆形、方形、长方形、三角形、六边形等。在庭院、自然式的园林中也常用自然山作独立的花坛。

2. 组合花坛 由两个以上的个体花坛在平面上组成一个不可分割的构图整体，或称花坛群（图4-31）。组合花坛的构图中心可以采用独立花坛，也可以是水池、喷泉、雕像或纪念碑、亭等。组合花坛内的铺装场地和道路允许游人入内活动。大规模的组合花坛的铺装场地有时可设置座椅，附建花架，供人休息，也可利用花坛边缘设置隐形座凳。

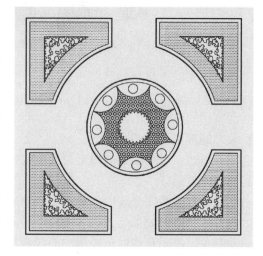

图4-31 组合花坛

3. 立体花坛 由两个以上的个体花坛经叠加、错位等在立面上形成具有高低变化和协调统一的外观造型（图4-32）。

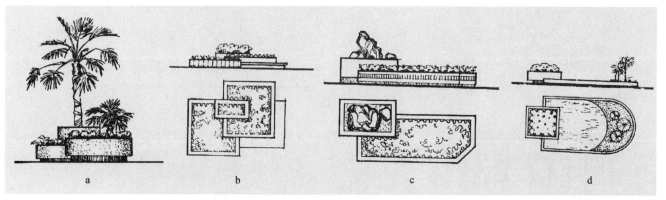

图4-32 立体花坛
a. 立体花坛 b. 与座凳结合 c. 与山石结合 d. 与水景结合

4. 异形花坛 在园林中常将花坛做成树桩、花篮等形式，造型独特不同于常规者。

花坛在布局上一般设于道路的交叉口，或公共建筑的正前方，或园林绿地的入口处，或置在广场的中央即游人视线交汇处，构成视觉中心。花坛的平、立面造型应根据所在园林空间环境特点、尺度大小、拟栽花木生长习性和观赏特点来定。

（二）花坛表面装饰

花坛一般较低矮，其墙体受力关系与挡土墙类似，且受土的推力较小。花坛设计主要在于花坛的造型和表面装饰。花坛表面装饰的原则是同环境景观的风格与意境相协调，色调上或淡雅、或端庄，质感上或细腻、或粗犷，与花坛内的植物相得益彰。花坛表面装饰概括起来分为砌体材料装饰、贴面装饰和装饰抹灰三大类。

1. 砌体材料装饰　主要通过选择恰当的砖、石、卵石、混凝土块的形状、色彩、质感，以及砌块的组合变化，形成美的外观。

2. 贴面装饰　把块料面层（贴面材料）镶贴到基层上的一种装饰方法。贴面材料的种类很多，常用的有饰面砖、天然饰面板和人造石饰面板等，园林中常用不同颜色、不同大小的卵石贴面。

3. 装饰抹灰　装饰抹灰根据使用材料、施工方法和装饰效果的不同，分为水刷石、水磨石、斩假石、干黏石、喷砂、喷涂、彩色抹灰等。为使抹灰层与基体粘得牢固，防止起鼓开裂，并使抹灰表面平整，保证工程质量，一般应分层涂抹，底层主要起与基体黏结的作用，中层主要起找平作用，面层起装饰作用。一般规定：①装饰抹灰面层的厚度、颜色、图案均应按设计图纸要求实施；②底层、中层的糙板均已施工完成，并符合质量要求（如不空、不裂，平整、垂直均达到要求）；③装饰抹灰面层施工前，其基层的水泥砂浆抹灰要求已做好并硬化，具有粗糙而平整的中层，施工应自上而下进行，墙面抹灰应防止交错污染；④装饰抹灰必须分格，分格条要事先准备好，贴前要在水中浸泡，吸足水分，条子应平直通顺，贴条在中层达到六七成干燥时进行，施工缝留在分格缝、阴角或单独装饰部分的边缘；⑤施工前要做样板，按设计图纸要求的图案、色泽、分块大小、厚度等做成若干块，供设计、建设方等选择定型；⑥装饰抹灰所用的材料的产地、品种、批号、色泽应力求相同，做到专材专用，在配比上要统一计量配料，并达到色泽一致，砂浆所用配比应符合设计要求，如设计无规定时按规范及本地区成熟的、质量可靠的配比施工；⑦做装饰抹灰前应检查水泥糙板，凡有缺棱掉角的应修补整齐后方能做装饰抹灰面层，装饰抹灰时环境温度不应低于 5 ℃，避开雨天施工，保证在施工中及完工后 24 h 之内不受雨水冲淋；⑧装饰抹灰面层施工完成后，严禁开凿修补，以免损坏装饰的完整性。

装饰抹灰的工艺较多，在这里仅以花坛饰面用得较多的斩假石、水磨石做施工介绍，斩假石（水磨石）的工艺流程和要点如下：

（1）工艺流程。基层（结构层面）处理→做灰饼→抹底层砂浆→设置标筋→抹中层灰→粘贴分格条→抹素水泥浆一遍→抹水泥石屑浆→养护→剁斩面层形成假石面（打磨形成磨石面）。

（2）施工要点。

①底层和中层砂浆宜采用 1∶2 水泥砂浆，总厚度控制在 12 mm。严禁在砂浆中掺石灰膏，待中层硬结后才可抹面层石屑水泥砂浆。

②面层采用水泥、石屑 1∶1.25 的体积比，石屑粒径为 2～4 mm（北方称小八厘），水泥标号应不低于 425 号。如为大面积施工，亦应按图纸要求进行分格，施工时要粘贴分格条，方法同水刷石。

③抹面层时，应在底糙上洒水湿润后抹一层水灰比为 0.37～0.4 的水泥素浆，随即抹水泥石屑浆，再用刮尺刮平，用木抹子横向、竖向反复压实压平，达到表面平整、阴阳角方正、边角无空隙、石子颗粒均匀。抹前一定要对底糙进行检查，看有无空壳、裂缝，不合要求应砸去返工。否则剁斩假石时加剧壳裂，使整个面层一起报废，这是必须应注意的。

抹好后隔 24 h 洒水养护，常温时养护 3～5 d，待硬化后先试斩，石子不脱落才可正式进行全面剁斩。

④为保证斩出的纹理有垂直和平行之分，应在分格条内先用粉线弹出垂直部位的控制线。斩假石用的斩斧要扁阔，斧子应垂直于要斩毛的边，斩石时刀口应平直，用力一致，顺一个方向斩剁，以保证斩纹均匀顺直。斩剁的深浅以石粒径 1/3 为宜，斩的深浅要一致。在斩剁阴阳角处应防止损坏相邻面，在阳角及分格缝四周一般留出 20 mm，不斩或斩成横纹，要求斩时保证棱角完整无缺，具有仿石面的效果。

最后取出分格条，并用素水泥浆把缝勾抹好，使分格条清晰，观感良好。

（三）花坛施工

把花坛及花坛群搬到地面上去，必须经过定点放线、砌筑花坛墙体、表面装饰、填土整地、图案放样、花卉栽植等几道工序。

首先根据施工复杂程度准备工具，常用的工具为皮尺、绳子、木桩、木槌、铁锹、经纬仪等，按规范要求清理施工现场。

1. 定点放线 根据设计图和地面坐标系统的对应关系，用测量仪器把花坛群中主花坛中心点坐标测设到地面上，再把纵横中轴线上的其他中心点的坐标测设下来，将各个中心点连线即在地面上放出了花坛群的纵横线。据此可量出各个体花坛的中心，最后将各个体花坛的边线放到地面上即可。

2. 花坛墙体的砌筑 花坛工程的主要工序就是砌筑花坛墙体。放线完成后，开挖墙体基槽，基槽的开挖宽度应比墙体基础宽 10 cm 左右，深度根据设计而定，一般为 12～20 cm。槽底土面要整齐、夯实，有松软处要进行加固，不得留下不均匀沉降的隐患。在砌基础之前，槽底应做一个 3～5 cm 厚的粗砂垫层，作基础施工找平用。墙体一般用砖砌筑，高 15～45 cm，其基础和墙体可用 1∶2 水泥砂浆或 M2.5 混合砂浆砌 MU7.5 标准砖做成。墙砌筑好之后，回填泥土将基础埋上，并夯实泥土。再用水泥和粗沙配成 1∶2.5 的水泥砂浆，对墙抹面，抹平即可，不要抹光，或按设计要求勾缝。最后，用磨制花岗石片、釉面墙地砖等贴面装饰，或者用彩色水磨石、水刷石、斩假石、喷砂等方法饰面。

如用毛石块砌筑墙体，其基础采用 C7.2～C10 混凝土，厚 6～8 cm，砌筑高度由设计而定。为使毛石墙整体性强，常用料石压顶或钢筋混凝土现浇，再用 1∶1 水泥砂浆勾缝或用石材本色水泥砂浆勾缝作装饰。

有些花坛边缘还设计有金属矮栏花饰，应在饰面之前安装好。矮栏的柱脚要埋入墙内，并用水泥砂浆浇筑固定。待矮栏花饰安装好后，才能进行墙体饰面工序。

3. 花坛种植床整理 在已完成的边缘石圈子内，进行翻土作业。一面翻土，一面挑选、清除土中杂物，一般花坛土壤翻挖深度不应小于 25 cm，若土质太差，应将劣质土全清除掉，另换新土填入花坛中。在填土之前，先填一层肥效较长的有机肥作为基肥，然后填入栽培土。

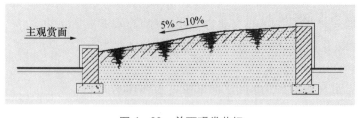

图 4 - 33 单面观赏花坛

一般的花坛中央部分填土应较高，边缘部分填土则应低一些。单面观赏的花坛前边填土应低些，后边填土则应高些。花坛土面应做成坡度为 5%～10%的坡面（图 4 - 33）。在花坛边缘地带，土面高度填至墙体顶面以下 2～3 cm，以后经过自然沉降，土面即降到比边缘石顶面低 7～10 cm 之处，这就是边缘土面的合适高度。花坛内土面一般要填成弧形面或浅锥形面，单面观赏花坛的上面则要填成平坦土面或向前倾斜的直坡面。填土达到要求后，把上面的土粒整细、耙平，以备植物图案放线。

三、挡 土 墙

（一）挡土墙断面结构的选择与断面尺寸的确定

1. 挡土墙断面结构的选择 挡土墙类型区分的方法有很多，从使用材料和挡土墙构造断面形式等来看可分为：

（1）重力式挡土墙。园林中常采用的一类挡土墙，它借助墙体的自重来维持土体的稳定。土壤侧向推力小，在构筑物的任何部分不存在拉应力，通常用砖、毛石和不加钢筋混凝土建成。如果用混凝土时，墙顶端宽度至少应为 20 cm，以便于浇灌和捣实。断面形式有三种（图 4-34）。

直立式挡土墙墙面基本与水平面垂直，但也允许有 10:0.2～10:1 的倾斜度，直立式挡土墙由于墙背所承受的水平压力大，只宜用于几十厘米到 2 m 左右高度的挡土墙。

倾斜式挡土墙墙背向土体倾斜，倾斜坡度在 20°左右。这样使水平压力相对减少，同时墙背与天然土层比较密贴。可以减少挖方数量和墙背回填土的数量，适用于中等高度的挡土墙。

对于更高的挡土墙，为了适应不同土层深度土压力和利用土的垂直压力增加稳定性，可将墙背做成台阶形。

（2）半重力式挡土墙。在墙体中除了使用少量钢筋以减少混凝土的用量和减少由于气候变化或收缩所引起的可能开裂外，其他各方面都与重力式挡土墙类似（图 4-35）。

图 4-34　重力式挡土墙
a. 直立式　b. 倾斜式　c. 台阶式

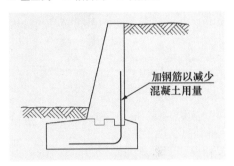

图 4-35　半重力式挡土墙

（3）悬臂式挡土墙。通常做倒 T 形或 L 形，高度为 7～9 m 时较经济。断面参考比例如图 4-36 所示。根据设计要求，悬臂的脚可以向墙内侧伸出，或伸出墙外，或两面都伸出。如果墙的底脚折入墙内侧，它便处于所支承的土壤的下面，优点是利用上面土壤的压力，使墙体的自重增加。底脚折向墙外时，其主要优点是施工方便，但为了稳定要有某种形式的底脚。

（4）后扶垛挡土墙。后扶垛挡土墙的普通形式是在基础板和墙面板之间有垂直的间隔支承物。墙的高度在 10 m 之内，扶垛间距最大可达墙高的 2/3，最小不小于 2.5 m（图 4-37）。

（5）木笼挡土墙。木笼挡土墙通常采用 75:1 的倾斜度，其基础宽度一般为墙高的 0.5～1 倍。在开口的箱笼中填充石块或土壤，可在上面种植花草，极具自然特色。木笼挡土墙基本上属于重力式挡土墙（图 4-38）。

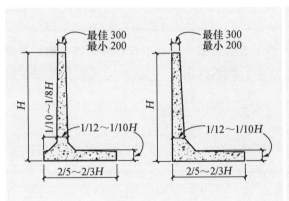

图 4-36　悬臂式挡土墙

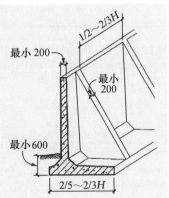

图 4-37　后扶垛挡土墙

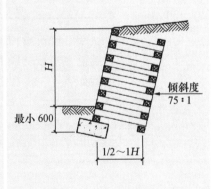

图 4-38　木笼挡土墙

（6）园林式挡土墙。将挡土墙的功能与园林艺术相结合，融于花墙、围墙、照壁等建筑小品之中，为了施工的便利，常做成小型花坛的装配式预制构件，也便于作为基本单元进行图案构成和花草种植（图 4-39）。

2. 挡土墙断面尺寸的确定 挡土墙的结构形式和断面尺寸的大小，受挡土墙背后的土壤产生的侧向压力的大小与方向、地基承载能力、防止滑移情况、结构稳定性等因素的影响，因而挡土墙力学计算是十分复杂的工作，需要结构师参与完成，在此仅做一般介绍，以浆砌块石挡土墙为例，挡土墙横断面的结构尺寸根据墙高来确定（图 4-40），墙高与顶宽、底宽的关系如表 4-16 所示。

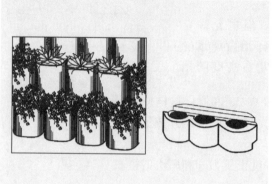

图 4-39 园林式挡土墙

图 4-40 浆砌块石挡土墙尺寸图

表 4-16 浆砌块石挡土墙尺寸表

（引自孟兆祯等，园林工程，1996）

单位：cm

类 别	墙 高	顶 宽	底 宽	类 别	墙 高	顶 宽	底 宽
1：3	100	35	40	1：3	100	30	40
白灰	150	45	70	水	150	40	50
	200	55	90		200	50	80
	250	60	115		250	60	100
	300	60	135		300	60	120
	350	60	160		350	60	140
浆砌	400	60	180	泥浆砌	400	60	160
	450	60	205		450	60	180
	500	60	225		500	60	200
	550	60	250		550	60	230
	600	60	300		600	60	270

条石砌筑阶梯挡土墙（图 4-41），根据具体情况放大或缩小，对于有滑坡的挡土墙，应把基础挖在滑坡层以下。块石砌挡土墙时，基础要比条石砌筑的深 10~20 cm。毛石挡土墙护坎选型如表 4-17 和图 4-42 所示。

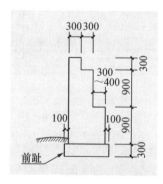

图 4-41 条石阶梯挡土墙断面尺寸

表 4-17 毛石挡土墙护坎选用表

（引自孟兆桢等，园林工程，1996）

（假定条件：土壤内摩擦角 φ=35°；凝聚力 C=0；外荷载 A 型 200~400 kg/m²，B 型 400 kg/m²，C 型 0 kg/m²）

单位：mm

类型	代号	高度 H	α=10° n=0 B	b	h₀	α=10° n=1:3 B	b	h₀	α=10° n=1:4 B	b	h₀	α=10° n=1:5 B	b	h₀	α=25° n=0 B	b	h₀	α=25° n=1:3 B	b	h₀	α=25° n=1:4 B	b	h₀	α=25° n=1:5 B	b	h₀
A 型挡土墙	A-1500	1500	700	500		500	500	90	600	500	100	700	500	110	1000	500										
	-2000	2000	900	500		600	500	100	700	500	110	800	500	120	1200	500										
	-2500	2500	1100	500		700	500	110	800	500	120	900	500	130	1450	500										
	-3000	3000	1350	500		300	500	120	1000	500	140	1100	500	150	1700	600										
	-3500	3500	1600	600		1000	500	140	1200	500	160	1500	500	170	1950	600										
	-4000	4000	1850	600		1200	500	160	1400	600	180	1500	600	190	2200	600										
	-4500	4500	2100	600		1400	500	180	1600	600	200	1700	600	200	2500	700										
	-5000	5000	2550	600		1500	500	200	1800	600	220	1900	600	213	2900	700										
B 型挡土墙	B-1500	1500																700	500	110	850	500	130	900	500	130
	-2000	2000																800	500	120	1000	500	140	1100	500	150
	-2500	2500																900	500	130	1150	500	160	1300	500	170
	-3000	3000																1100	500	150	1350	500	180	1500	500	190
	-3500	3500																1300	600	170	1550	600	200	1700	600	200
	-4000	4000																1500	600	190	1750	600	220	1900	600	230
	-4500	4500																1700	700	210	1950	600	240	2100	600	250
	-5000	5000																1900	700	250	2150	600	250	2300	600	270
C 型护坎	C-2000	2000				500	500	90	600	500	100	700	500	110				700	500	110	800	500	120	900	600	130
	-3000	3000				700	500	110	800	500	120	900	500	130				900	500	130	1000	500	140	1200	500	160
	-4000	4000				1000	500	140	1200	500	160	1300	500	170				1300	500	170	1500	500	190	1800	600	220
	-5000	5000				1350	500	180	1600	500	200	1700	500	210				1700	500	210	2000	500	240	2300	600	270

说明：1. 选用时注明型号（α，n），如 A-3000（α=25°，n=1：3）。

2. 挡土墙及护坎用 C20 号毛石，M2.5 号石，M2.5 混合砂浆砌筑，并用 M2.5 水泥砂浆勾缝。毛石应用不风化的，用于外表面的面要较平整。

3. 挡土墙的地基耐压强度应不小于 12 t/m²，否则应将基底土夯实。

4. 墙背若作填土，应自下而上随砌随夯实，干容重要求不小于 155 g/cm³。

5. 挡土墙及护坎每 20 m 留一道支形缝，缝宽 20 mm，缝内填黄泥麦草或胶泥稻草。

6. n=x：y。

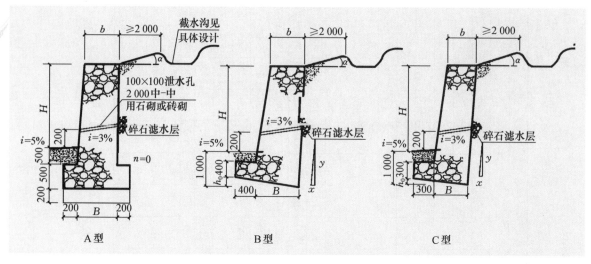

图 4-42 挡土墙类型

图 4-43 典型的挡土墙结构

3. 典型的挡土墙结构 典型的挡土墙通过其坡脚、扩展的墙基、按一定间距设置的钢筋进行加固。墙基的深度取决于墙前的土壤是否压实、是否保持原状、是否准备栽树。通过加固钢筋与混凝土后墙相连，面对坡地的石块略微后缩，以增加稳定性。墙背的防水涂层和坡形的压顶使得挡土墙不受水的破坏。排水措施则防止墙后水的聚集，如墙后放置石块以及在滴水洞下挖掘水道（图 4-43）。

（二）挡土墙的美化设计手法

园林挡土墙除必须满足工程要求外，更应突出"美化空间、美化环境"的外在形式，通过必要的设计手法，打破挡土墙界面僵化、生硬的表情，巧妙地重新安排界面形态，充分运用环境中各种有利条件，把其潜在的"阳刚之美"挖掘出来，设计建造出满足功能、协调环境、有强烈空间艺术感受的挡土墙。

（1）从挡土墙的形态设计上，应遵循宁小勿大、宁缓勿陡、宁低勿高、宁曲勿直等原则。即在土质好、高差在 1 m 以内的台地，尽可能不设挡土墙而按斜坡处理，以绿化过渡；高差较大的台地，挡土墙不宜一次砌筑成，以免造成过于庞大的挡墙断面，而宜分成多阶修筑，中间跌落处设平台绿化，从视觉上解除挡墙的庞大笨重感。从视觉上看，由于人的视角所限，同样高度的挡墙，对人产生的压抑感常由于挡墙界面到人眼距离远近的不同而不同，故挡墙顶部的绿化空间在直立式挡墙上不能见时，在倾斜面时则可能见到，环境空间将变得开敞、明快。直线给人以刚毅、规则、生硬的感觉，而曲线给人以舒美、自然、动态的感觉，曲线形挡土墙更容易与自然地形结合协调。

（2）结合园林小品，设计多功能的造景挡土墙。将画廊、宣传栏、广告、假山、花坛、台阶、座椅、地灯、标志等与挡土墙统一设计，使之更能强烈地吸引游人，分散人们对墙面的注意力，产生和谐的感觉（图 4-44）。

（3）精心设计垂直绿化，丰富挡土墙空间环境。挡土墙的设计应尽可能为绿化提供条件，如设置花坛、种植穴，利用绿化隐蔽挡土墙劣处。

图 4-44　多功能挡土墙
a. 拱桥式造景挡土墙　b. 香蕉座式挡土墙　c. 座椅式造景挡土墙　d. 假山式雕塑（混凝土）挡土墙

（4）充分利用建筑材料的质感、色彩，巧于细部设计。质感的形成可分为自然与人工斧凿两种，前者突出粗犷、自然，后者突出细腻、耐看。色彩与材料本身有关，变幻无穷。

（三）挡土墙排水处理

挡土墙后土坡的排水处理对于维持挡土墙的正常使用有重大影响，特别是在雨量充沛地区和冻土地区。据某山城统计，因未做排水处理或排水不良占发生墙身推移或塌倒事故原因的70%～80%。

1. 墙后土坡排水、截水明沟、地下排水网　在大片山林、游人比较稀少的地带，根据不同地形和汇水量，设置一道或数道平行于挡土墙的明沟（图 4-45），利用明沟纵坡将降水和上坡地面径流排除，减少墙后地面渗水。必要时还需设纵、横向盲沟，力求尽快排除地面水和地下水。

2. 地面封闭处理　在墙后地面上根据各种填土及使用情况采用不同地面封闭处理，以减少地面渗水。在土壤渗透性较大而又无特殊使用要求时，可做 20～30 cm 厚夯实黏土层或种植草皮封闭，还可采用胶泥、混凝土或浆砌毛石封闭。

3. 泄水孔　在墙身水平方向每隔 2～4 m 设一泄水孔，竖向每隔 1～2 m 设一行，每层泄水孔交错设置。泄水孔尺寸在石砌墙中宽度为 2～4 cm，高度为 10～20 cm。混凝土墙可留直径为5～10 cm 的圆孔或用毛竹筒排水，干砌石墙可不专设墙身泄水孔。

4. 暗沟　有的挡土墙基于美观要求不允许墙面排水时，除在墙背面抹防水砂浆或填一层不小于 50 cm 厚的黏土隔水层外，还需设毛石盲沟，并设置平行于挡土墙的暗沟（图 4-46）。引导墙后积水，包括成股的地下水及盲沟集中之水与暗管相接。园林中室内挡土墙亦可这样处理，或者破壁组成叠泉造水景。

在土壤或已风化的岩层侧面的室外挡土墙前，地面应做散水和明、暗沟排水。必要时做灰土或混凝土隔水层，以免地面水浸入地基而影响稳定。明沟距墙底水平距离不小于 1 m。

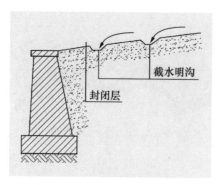

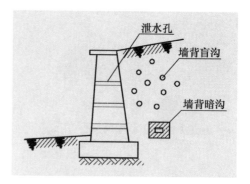

图4-45 墙后土坡排水明沟　　　　图4-46 墙背排水盲沟和暗沟

利用稳定岩层作护壁处理时，根据岩石情况，应用水泥砂浆或混凝土进行防水处理，保持相互间有较好的衔接。如岩层有裂缝则用水泥砂浆嵌缝封闭，当岩层有较大渗水外流时应特别注意引流而不宜做封闭处理，这正是做天然壁泉的好条件。在地下水多、地基软弱的情况下，可用毛石或碎石作过水层地基，以加强地基、排除积水。

（四）挡土墙施工

园林常以砖、石砌筑挡土墙，其施工的工艺程序如图4-47所示。

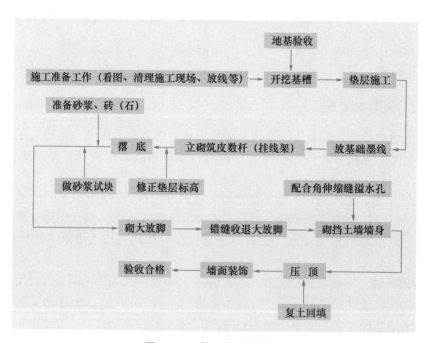

图4-47 挡土墙施工工艺

1. **挡土墙材料要求**　石材应坚硬，不易风化，毛石等级＞MU10，最小边尺寸≥15 cm，黏土砖等级≥MU10一般用于低挡土墙；砌筑砂浆标号≥M5，浸水部分用M7.5，墙顶用1:3水泥砂浆抹面厚20 mm；干砌挡土墙不准用卵石，地震地区不准用干砌挡土墙。

2. **条石挡土墙砌筑基本要求**　地基应在老土层至实土层上，若为回填土层，应把土夯实；砌筑砂浆中水泥、石灰膏、沙（粗沙）以1:1:5或1:1:4混合；墙身应向后倾斜，保持稳定性，用条石砌筑时，应有丁有顺，注意压茬；墙面上每隔3~4 m做泄水缝一道，缝宽20~30 mm；墙顶应做压顶，并挑出6~8 cm，厚度由挡土墙高度而定。

思考与训练

1. 普通砖砌筑方法有哪些?

2. 砂浆类型及组成砂浆的材料有什么特点?

3. 花坛外表装饰途径和方法有哪些?

4. 装饰抹灰的基本要求有哪些? 斩假石饰面施工要点有哪些?

5. 花坛土建施工要点有哪些?

6. 挡土墙的类型有哪些? 各类型有什么特点?

7. 园林挡土墙美化设计有哪些方法与措施?

8. 用于挡土墙的材料和条石挡土墙砌筑有哪些基本要求?

9. 简述铺地的功能与分类。

10. 简述铺地装饰设计的基本要求。

11. 园路常见问题及其原因有哪些?

12. 园路结构各组成部分的作用与设计要点是什么?

13. 整体现浇铺装装饰方法与技术要点是什么?

14. 简述板材砌砖铺地类型与材料规格。

15. 景观墙体设计要点有哪些?

16. 简述砖砌景观墙体和石砌景观墙体的装饰。

17. 什么叫景观墙体、挡土墙?

第五章
Chapter 5

水景工程

水景工程是城市景观中与水景相关的工程的总称。它研究怎样利用水体要素营造丰富多彩的园林水景形象，包括水景设计、水景构造与施工等。本章就动水和静水两种形式，分别对水池工程、驳岸与护坡工程、溪流、瀑布、跌水以及喷泉工程，从工程原理、工程设计、施工技术等方面进行阐述。

水是环境空间艺术创作的一个要素。西方俗语中曰："水为庭园灵魂"，东方造园则"无水不成园"，可见水在造景中的重要性。景观中可借水构成多种格局的园林水景，艺术地再现自然，并用概括和抽象、暗示和象征来启发人们的联想，从而产生特殊的艺术感染力。水在一般状态下为流体，本身没有一定的形状，随着容器改变其形状，所以水与不同的容器搭配会呈现不同风貌，而自然界中水处在不同的环境下也会展现不同的空间感。因此，在造园中，水是可塑性极强的造园要素之一。

在景观的营建中以水造景及水的应用是不可或缺的。用水造景，使空间动静相补，声色相衬，虚实相映，层次丰富。水除了作为景观中的造景因素之外，还有许多实用功能，园林中的水面可提供水上活动的场所，并具有调节温度和湿度、滋润土壤的功能，又可用来灌溉和防火。

第一节　园林理水艺术

理水，原指中国传统园林的水景处理，现在泛指各类水景处理。理水是为满足人们各种活动需要而创造的人为的水空间及其景观艺术工程，理水的发展主要是由理水的功能需求和理水工程技术革新而引起和推动的，它融合了人类的心血和智慧，以水的形、态、声、光、色、影的变化，创造各种形态的水景，产生特殊的艺术效果。现代城市中的水景，除水景自身的景观质量外，更追求水空间能接纳更多的游赏者，水体的观赏价值由单纯的可视性向参与性、自娱性、高刺激性转化。同时，现代的水景营建要结合生态的理念，结合污水处理、雨水资源化等技术，如四川成都府南河活水公园。美国设计师贝茜·达蒙（Betsy Damon）结合府南河整治工程，以生态环境为主题，采用了国际先进的"人工湿地污水处理系统"，将受污染的河水从府南河抽取上来，经过公园的人工湿地系统进行自然生态净化后，变为达标的活水回放河流。因此，成功的园林理水不仅为空间增添无限的生机与活力，还是整个景观建设取得成功的关键。

一、中国传统园林理水

中国传统园林的理水，是对自然山水特征的概括、提炼和再现。自然风景中的江湖、溪涧、瀑布具有不同的形式和特点，为传统理水艺术提供了创作源泉。各类水的形态的表现，在于风景特征的艺术真实；各类水的形态特征的刻画，以及水体的源流、水情的动静、水面的聚分等，在于岸线、岛屿、矶滩的处理和背景环境的衬托。

中国园林的基本形式是自然山水园，"一池三山""山水相依""水随山转，山因水活""地得水而柔，水得地而流"，以及"溪水因山成曲折，山蹊随地作低平"等，都成为中国山水园的基本规律。水的处理跟掇山密不可分，掇山必同时理水，所谓"山脉之通，按其水径；水道之达，理其山形"。大到颐和园的昆明湖，以万寿山相依，小到"一勺之园"也必有山石相衬。水无定形，其形态是由山石、驳岸等来限定的。理水要沟通水，即"疏源之去由，察水之来历"，切忌水出无源，死水一潭。同时，理水也是排泄雨水、防止土壤冲刷、稳固山体和驳岸的重要手段，所以《园冶》一书把池山、涧、曲水、瀑布和埋金鱼缸等都列入"掇山"一章。

中国传统园林理水形成了其独到的理水章法。

1. 引水入园，挖地成池　中国古代的皇家园林一般气势宏伟，水面较大，必然要求引入江河湖海的天然水系，构建成一个完整的活水系统，以扩大园林水面（图5-1）；而私家园林内无自然水系，园林理水上则讲究"水意"，挖池堆山，就地取水，甚至取"一勺则江湖万里"的联想与错觉来营造水景（图5-2、图5-3）。

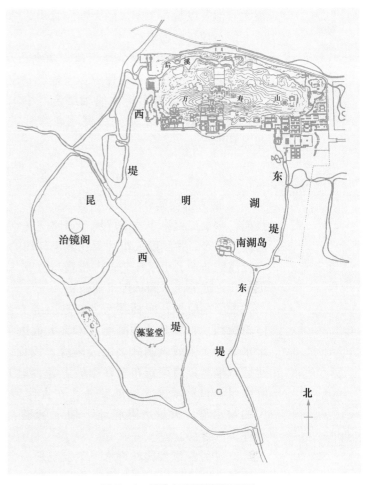

图5-1　颐和园昆明湖平面图

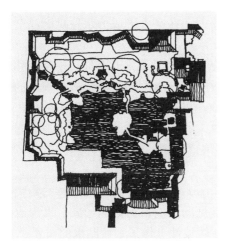

图5-2　留园平面图

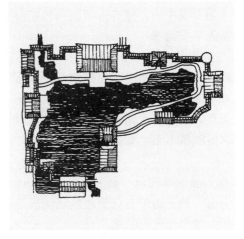

图5-3　谐趣园平面图

2. 山水相依，崇尚自然　中国传统园林是典型的山水园林，园内有山有水，崇尚自然，设计源于自然，效仿自然，力求营造"虽由人作，宛自天开"的自然景观。

3. "一池三山"的传统模式 自秦代有去东海求仙的史实以来，海中三仙山就以"蓬莱、方丈、瀛洲"之名引入园林之中。西汉长安建章宫太液池、北魏洛阳华林园天渊池、唐代大明宫太液池及以后各个朝代的大型园林中，多有三神山的水景，这种理水的模式沿用至今，意味着人们对理想的追求。

4. 寄情山水，寓意人生哲理 亲水乃人之天性，中国有着悠久的水文化，论水、画水之风甚为普遍，因而在水景设计中，设计者们往往取其哲理来表现园林意境。

5. 美化功能与实用功能相结合 中国的大多园林水体，尤其是大型水面，不仅用于观赏，同时兼作泛舟、垂钓、掷冰球等游乐活动及蓄水、操兵、养鱼、生产荷莲等军事及生产之用。

二、西方园林理水

1. 西方古代园林理水 古埃及、古巴比伦、古希腊和古罗马都已经具备了较为高超的理水技能。水景工程设于城市广场和道路交叉点处。广置水景为城市景观增色，这种理水形式及手法流传至今。古埃及人很注重花园小气候的调节，水池以矩形为主；古巴比伦的空中花园，具有较高的防水、引水技艺；古希腊与古罗马的理水技艺最为高超，利用水景与建筑、地形的完美结合，成为西方园林理水的模板。

古罗马时期，园林理水主要是为统治者提供避暑消夏的环境，同时水景也构成优美的立体轮廓线。古罗马的混凝土技术大大促进了理水工程技术的发展，古罗马帝国时期的建筑造型水平达到了奴隶制社会的最高峰，因而欧洲理水的发展在古罗马时代经历了第一次高峰。建造台地园，将建筑布置在山坡上，台地上设置华丽的花坛和多功能的理水设施，形成动态的水景。世称喷泉之城的罗马，在古代后期已拥有上千座喷泉、几百座公共浴室、工程浩大的输水道、大量水渠和地下输水管道，供水和理水已成为城市生存和发展必不可少的条件。

2. 中世纪欧洲园林理水 中世纪是一个崇尚高贵、神圣，宗教、哲学气氛浓厚的时代。文化的交流将伊斯兰园林由东方带入了欧洲，在波斯、西班牙、印度出现了闻名一时的伊斯兰园林。隐秘的氛围是伊斯兰园林所追求的效果。墙内往往布置交叉或平行的运河、水渠，以水体来分割园林空间，运河中还有喷泉。著名的阿尔罕布拉宫（Alhambra）在封闭的长方形庭院中以纵长的水渠形成中轴，整齐排列的两排喷泉相对喷射，在空中形成的水柱拱廊晶莹剔透，十分生动，扩大了空间感。

3. 文艺复兴时期意大利园林理水 意大利著名的台地园呈规则式布局，中轴对称，依山就势，分成段级。台地上级为主体建筑，下级多为模纹花坛，由中轴向外形成从规则的水体、种植到自然环境的扩散。理水独具匠心，水阶梯、水池、瀑布、喷泉、壁泉层层跌落，在喷水技巧上大做文章，创造了水剧场、水风琴等具有音响效果的水景。这种充分利用地形起伏和山泉资源营造多级跌落瀑布的意大利台地园风格，后来影响到法国、英国、德国的造园，而且沿用至今（图 5 - 4）。

4. 法国古典园林理水 勒·诺特（André Le Nôtre）是法国古典主义园林的集大成者。在水景创作方面，勒·诺特有意识地应用法国平原上常见的湖泊、河流的形式，以形成镜面水景为主。除了大量形形色色的喷泉外，动水较少，只在缓坡地上做了一些跌水的布置。

法国园林中采用强烈的几何轴线和对称的平面布局，整齐的平面规划，放射状的路网结构，中轴线两侧开阔的林荫草地、图案精美的花坛，多若繁星的喷水池和精致的园林小品，几乎成了法国园林的标志。17、18世纪的法国园林发展了意大利文艺复兴时期的理水艺术，但由

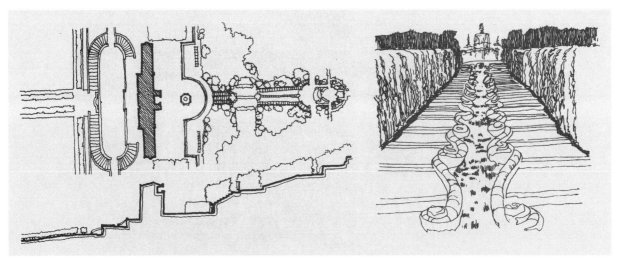

图 5-4　西方园林水体的应用

于法国多平地、少台地，理水中较少运用跌水瀑布，
而以喷泉、水壕沟、水镜面以及运河等形式为常见的
水景处理手法。如维康府邸花园（Vaux-le-Vicomte）
采用中轴对称的形式，在中轴上布置宏伟的水池喷泉，
配以大片草坪和乔灌木，营造了前所未有的宽阔优美
的整体气势。另一座堪称欧洲之最的凡尔赛花园
（Versailles）（图 5-5），采用强烈的轴线对称来构图，
辽阔的大草原、大群落的树林和强修剪的花木，以及
1 400 座喷泉、众多的雕塑、气势磅礴的水面，使之成
为空前绝后的园林水景工程大手笔，形成了理水系统
工程的雏形。

5. 英国风景式园林理水　18 世纪英国自然式风景
园的出现，改变了欧洲由规则式园林统治长达千年的
历史，是西方园林艺术领域内一场极为深刻的革命。
英国的浪漫主义风景园与中国山水园在手法上是一脉
相承的，但英国园林表现出其自身的特色：崇尚自然，
景园以植物为主，表现一种森林、草原、牧场风光，
全园以疏林草地为主要格调。英国风景式园林中很少
做出动水景观，而以自由流畅的湖岸线、平静的水面、
缓坡草地、起伏地形上散置的树木取胜，有着淡泊宁
静的特点。

6. 西方现代园林理水　在西方现代园林设计中，

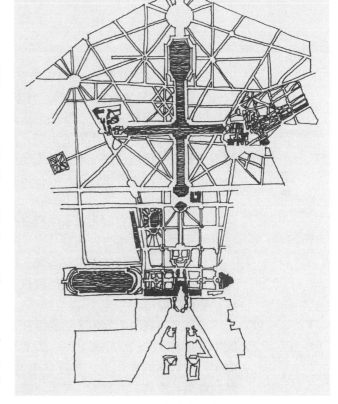

图 5-5　凡尔赛花园平面图

最引人注目并且容易理解的就是以现代面貌出现的设计要素。现代社会给予当代设计师的材料
与技术手段比以往任何时期都要多。科学的进步，使得现代园林及环境设计的设计要素在表现
手法上更加宽泛与自由。夸张尺度的水池、瀑布，屋顶水池，旱喷技术的应用等，将形与色、
动与静、秩序与自由、限定与引导等水的特性和作用发挥得淋漓尽致，既改善了城市小气候，
丰富了城市景观，又可供观赏，鼓励人们参与（图 5-6）。

图5-6 适合人们参与的水景设计

三、日本传统园林理水

在日本平安时代就已出现以池岛为主题的"水石庭",即庭前设水池,池中有岛,是按"一池三山"的概念布置而成的。日本自古以来就有"千年的鹤,万年的龟"之说法,故日本池中的三岛习惯称为龟岛、鹤岛和蓬莱岛。

到室町时代,由于禅宗的兴盛,在禅与画的影响下,枯山水式庭园发展起来,园内以石组为主要景观,用白沙象征水面和水池,用石组再现瀑布和山峦,用白沙耙出的波纹来隐喻水波,这种无水而喻有水、无声而借声的理水手法高度艺术地概括再现了自然。

明治维新以后,西方文化输入,在欧美园林理水艺术的影响下,出现了喷泉、花坛、草坪,产生了多样的庭园和理水工程及小品,并对世界园林理水产生了影响,促进了西方抽象派园林理水艺术的产生与发展。

日本庭园理水的形式主要有潭、溪、泉、湖、池。现代庭园中多用水泵加压供水,或直接采用自来水作水源。不论采用何种供水方式,瀑布的水源出口处必须设专用蓄水池和挡水石块作"藏源"处理。

潭在日本庭园中分为天然的潭和人工的潭,也就是中国庭园中常出现的叠水或瀑布,它是园中不可缺少的构成要素之一。以自然姿态作为最高美的日本庭园,早在平安时代末期,《作庭记》中对潭的存在形式就有详细的介绍,如按照潭的落水形式分为向落、片落、传落、离落、系落、重落、左右落、横落、段落、布落、分落、流落等;瀑布往往成为构图中心,即使缺乏水源,也仍设泻瀑的山岩造型,犹如凝固的瀑布或暂时停水的枯山。

流水也是日本庭园中经常可以看到的水景方式,形状十分自由,随地形表现出各种不同的姿态。为了表现池中的水在流动,模仿自然河川,溪流的形完全与自然界相同,特别创造了一种幽谷的溪流景趣。溪流中的庭石较多出现在潭口周围,或溪流中的小岛和转弯处,也有的作为景石,配置形体较大的石组等。其中转弯处称为立石;溪流中央水面下可见的称为底石;稍微露出水面,有时溪流又越过其上的称为水越石;起分流添景作用的称为波分石;左右分流的称为横石;水中飞石的称为泽飞石等。

四、东西方园林水景比较

东方园林崇尚自然，水面往往是重要的设计要素之一。在中国，无论是北方皇家园林还是江南古典私家宅第园林，大多将水面作为必不可少的构图要素，凡条件具备，必引水入园。即使受条件所限，也要以人工方法引水开池，点缀空间环境。"无水不成园""园以水活"反映了水在我国园林中的重要性。中国古典园林中的水体形式主要有湖泊池沼、河流溪涧以及曲水、瀑布、喷泉等。

深受中国影响的日本园林也极重视水景的创造，即使是结合禅宗发展起来的枯山水也仍不失水的含义，在枯山水中用耙出的水圈或水纹状白沙代表水、用矗立或平卧的石块代表山与岛来象征永恒。

西方园林大多规整，水景布置也采用整形式设计，笔直的水渠水道、几何形的水池、各种喷泉随处可见，多处于庭园中心或正对主体建筑、公园入口等重要位置。在地形起伏较大的意大利台地园中，各种水景依地势高差而建，如兰特庄园（Villa Lante）中的水阶梯。在几何图案式的园林中，地势平坦，适合布置较大的水面，如法国凡尔赛花园的中轴长 3 km，其中一半都是"十"字形水渠，还有美国华盛顿国会大厦前主轴线上的"一"字形水池，印度泰姬陵（Taj Mahal）前的水池等。在英国自然式风景园中，水面则较自然朴素，不事雕琢，单纯追求自然野趣、如画的风景。水法是伊斯兰教园的生命，伊斯兰教园在其呈"田"字形格局的园林中，往往在林荫路交叉处设中心水池，以象征天堂。喷泉则是西方园林中应用极为普遍的另一种水法，而且发展到鬼斧神工的地步。

东西方园林都极重视水的利用和水景的创造，但其处理手法不同，这主要是东西方文化渊源分野所致。总体上讲，东方重视意境，手法自然；西方偏重视觉，讲究格局和气势，处处显露出人工造景的痕迹。

第二节　水景设计

水是景观中最活跃、最富于变化的设计要素。水在景观造园上的运用与布置一般要依造景的形式、面积及水源供给情形而定，人工筑造的水景为节约用水多采用循环利用的方式建造。

水景工程是水景设计的重要部分，水景设计的不同形式决定了水景工程要采用不同的处理方式。

一、水的形式和特性

（一）水的形式

自然界中有江河、湖泊、瀑布、溪流和涌泉等自然水景。水景设计中可将水景分为静态水景和动态水景两种。静态水景也称静水，一般指园林中以片状汇聚的水面为景观的水景形式，如湖、池等。动态水景也称动水，是以流动的水体为景观的水景形式，利用水姿、水色、水声来增强其活力和动感，令人振奋，形式主要有流水、落水和喷水三种。流水如溪流、水坡、水道、涧等，多为连续的、有宽窄变化的带状动态水景；落水如瀑布、跌水等，这种水景立面上必须有落水高差的变化；喷水是水受压后向上喷出的一种水景形式，如喷泉等。在水景设计中可以一种形式为主，其他形式为辅，也可几种形式结合。

水的基本形式也反映了水从源头（喷涌）到过渡（流动或跌落）再到终止（静水）的过程（图 5-7）。在水景设计中可以利用这种运动过程创造水景系列，融不同的水的形式于一体，处理得体则会有一气呵成之感。如美国的哈普林（Lawrence Halprin）设计的伊拉·凯勒水景广场（Ira Keller Fountain Plaza），分为源头广场、跌水瀑布和大水池及水中平台三部分。源头的水通过曲折、渐宽的水道流向广场的跌水与大瀑布。跌水为折线形、错落排列。跌水最终形成十分壮观的大瀑布倾泻而下，落入大水池之中，颇具奔流归大海之势，体现了水运动序列的一个完整过程。哈普林的另一个作品旧金山 Justin Herman 广场上水景则体现了水的运动过程与雕塑的对比关系（图 5-8）。

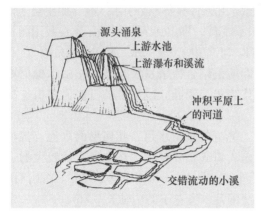

图 5-7　水的基本形式

图 5-8　旧金山 Justin Herman 广场

（二）水的特性

1. 水的自然特性

图 5-9　唐纳花园的肾形泳池

（1）水的可塑性。水是液体，本身没有固定的形状，水形由容器的形状所造就。丰富多彩的水态取决于容器的大小、形状、色彩、质地和位置，设计水体实际上就是设计容器。

各种池、塘、湖、水道等形状的设计决定了水的形态。如美国景观大师托马斯·丘奇（Thomas Church）设计的唐纳花园（Donnel Garden）中的肾形泳池，流畅的线条及池中的雕塑曲线，与远处海湾的线条相呼应，创造出一种奇特的水体形态（图 5-9）。

（2）水的状态。水受重力及地形的影响，或静止，或运动，形成静水和动水两类。静水宁静安详，能形象地倒映出周围环境的景色，给人以轻松、温和的享受。动水活泼灵动，其缓流、奔腾、坠落、喷涌等运动，令人感受到欢快、兴奋的氛围。水的设计应与周边环境总体设计统一，静处则静，动处则动，表现出不同的情感特征。

（3）水的音响。运动着的水，无论流动、跌落还是撞击，都会发出不同的声响，依水的流量和形式，创造出多种多样的音响效果，丰富室外空间的观赏特性。水声直接影响人的情绪，能使人平静或兴奋。水声包括涓涓细流、断续的滴水、噗噗冒泡、喷涌不息、隆隆怒吼、澎湃冲击或潺潺作声等各种音响效果，使原本静默的景色产生不息的律动和活跃的生命力，因而，水的设计也包含水声的利用。

（4）水的倒影。水能够形象地反映出周围环境的景物，平静的水面像镜子，在镜面上再现周围的景象，而当水面被微风吹拂，泛起涟漪时，倒影破碎，色彩斑驳，好似一幅印象派油画。倒影池的设计便利用了这一特色。

2. 水的设计特性　水景设计应充分利用水的各种特性，综合考虑。可利用水的以下特性：

（1）水本身透明无色，但水流经水坡、水台阶或水墙的表面时，这些构筑物饰面材料的颜色会随着水层的厚度而变化。

（2）宁静的水面具有一定的倒影能力，水面呈现出环境的色彩，倒影的能力与水深、水底和壁岸的颜色深浅有关。水池的池底可用深色的饰面材料增加倒影的效果，也可用质感独特的铺面材料做成图案，如玻璃马赛克、釉面瓷砖等。

（3）急速流动的、喷涌的水因混入空气而呈现白沫，如混气式喷泉喷出的水柱就富含泡沫，而此时空气中最容易出现彩虹。

（4）当水面波动时，或因水面流淌受阻不均匀而产生湍流时，水面会扭曲倒影或水底图案的形状等。

（5）在设计水坡或水墙时，除了色彩外，还要考虑坡面和墙面的质感。表面光滑的质感细腻，水层清澈；表面粗糙的则水面会激起一层薄薄的细碎白沫层（与坡面的倾角有关）。若在坡面上设计几何图案浮雕，则水层与坡面凸出的图案相激会产生很好的视觉效果。

（6）水本身是平淡无奇的，但与周围景物结合，便会表现出或幽远宁静，或热情昂扬，或天真质朴，或灵动飞扬的意境。从这个意义上讲，水的设计是意境的设计。

（7）水石相结合创造的空间宁静、朴素、简洁，现代水景设计中用块石点缀或组石烘托的例子很多，尤其是日本传统庭园置石方法常被引用到现代水景设计之中，既简朴又极富变化。如日本某公园中的一处水景设计（图 5-10），整个水景由水和石组成，圆形池中央的块石、众

图 5-10　日本某公园水景设计
a. 平面图　b. 水池和溪流部分鸟瞰　c. 效果图

石堆叠的石园小溪中的组石与不同形式的水结合，创造出不同性格的空间。

二、水景设计的基本要素

（一）水的尺度与比例

　　水面的大小及其与周围环境景观的比例关系是设计中需要慎重考虑的内容，除自然形成的或已具规模的水面外，一般应加以控制。过大的水面散漫、不紧凑，难以组织，而且浪费用地；过小的水面局促，难以形成气氛。水面的大小是相对的，同样大小的水面在不同的环境中产生的效果可能完全不同。如苏州的怡园与网师园的水面相比，怡园的水面面积虽然要大出约1/3，但是大而不见其广，长而不见其深，而网师园的水面反而显得空旷幽深（图5-11）。

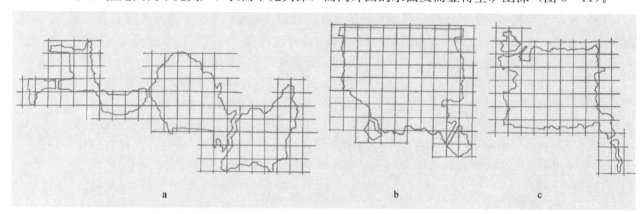

图5-11　相同比例的水面比较
a. 怡园　b. 艺圃　c. 网师园

（二）水的平面限定和视线

　　用水面限定空间、划分空间有一种自然形成的感觉，使人们的行为和视线在一种较亲切的气氛下得到了控制，这比简单地使用墙体、绿篱等生硬地分隔空间、阻挡穿行要略胜一筹。水面是平面上的限定，能保证视觉上的连续和渗透（图5-12）。如某公共空间，整个设计环境四周高、中央低，中央水面中设有小平台供各种小型音乐演奏使用，用水面划分出来的水上空间有较强的领域性，观众空间和演奏空间既分又连，十分自然（图5-13）。

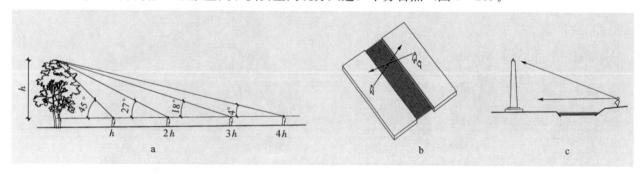

图5-12　利用水面获得较好的观景条件
a. 视角与景的关系　b. 水面限定了空间但视觉上渗透　c. 控制视距，获得较佳视角

　　利用水面产生的强迫视距可达到突出或渲染景物的艺术效果。如苏州的环秀山庄，过曲桥后登栈道，上假山，左侧依山，右侧傍水。由于水面限定了视距，使本来并不高的假山增添了几分峻峭之感，这种利用强迫视距获得小中见大的手法在江南私家宅第园林中屡见不鲜（图5-14）。

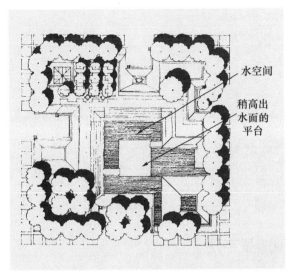

图 5 - 13　某公共空间的水景

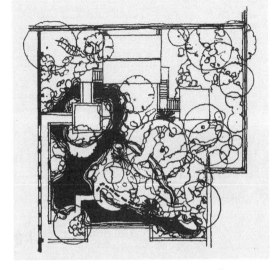

图 5 - 14　利用水面产生强迫视距作用

　　用水面控制视距、分隔空间还应考虑岸畔或水中景物的倒影，一方面可以扩大和丰富空间，另一方面可以使景物的构图更完美（图 5 - 15）。

图 5 - 15　利用水面倒影增加园景层次

　　利用水面创造倒影时，水面的大小应由景物的高度、宽度和希望得到的倒影长度以及视点的位置和高度等决定。倒影的长度或倒影的大小应从景物、倒影和水面几方面加以综合考虑，视点的位置或视距的大小应满足较佳的视角。如图 5 - 16 所示，在视距为 D、视高为 h、池岸高出水面为 h' 的条件下，若要倒影景物（树木），则倒影的长度和水面的最小长度可按下式计算：

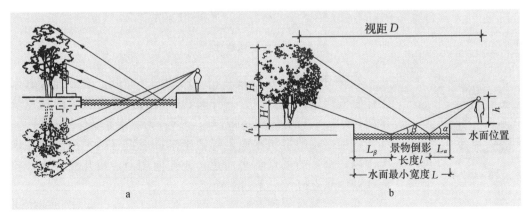

图 5 - 16　视距与倒影的计算关系

a. 水面丰富景物环境　b. 视点、景物和水面的关系

$$l = (h + h')(\cot\beta - \cot\alpha)$$

$$L = h(\cot\beta - \cot\alpha) + 2h'\cot\beta$$

其中：

$$\alpha = \arctan\frac{H + h + 2h'}{D}$$

$$\beta = \arctan\frac{H' + h + 2h'}{D}$$

式中：l——景物（树冠部分）倒影长度；

L——水面最小宽度；

α、β——水面反射角；

H——树木高度；

H'——树冠起点高度。

三、水的几种造景手法

1. 基底作用　大面积的水面视域开阔、坦荡，有托浮岸畔和水中景观的基底作用（图5-17）。当水面不大，但水面在整个空间中仍具有面的感觉时，水面仍可作为岸畔或水中景物的基底，产生倒影，扩大和丰富空间。

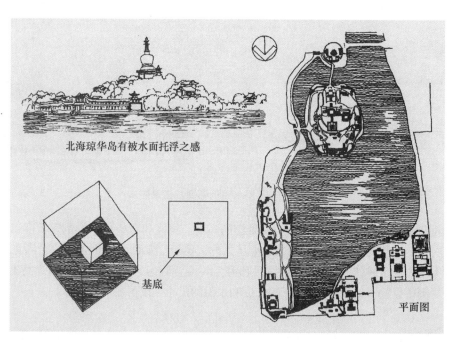

北海琼华岛有被水面托浮之感

基底

平面图

图5-17　水的基底作用

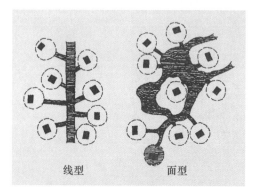

线型　　　　面型

图5-18　水面的系带作用示意图

2. 系带作用　水面具有将不同的园林空间、景点连接起来产生整体感的作用；将水作为一种关联因素又具有将散落的景点统一起来的作用，前者为线型系带作用，后者为面型系带作用（图5-18）。如扬州瘦西湖的带状水面延绵数千米，一直可达平山堂。在现公园范围内，众多的景点临水而建，或伸向湖面，或几面环水，整个水面和两侧景点好像一条翡翠项链。

而众多零散的景点均以水面为构图要素时，水面起到统一的作用。如在苏州拙政园中，众多的景点均以水面为底，许多建筑的题名都反映了与水的关系，如倒影楼、塔影亭、荷风四面亭、香洲、小沧浪、远香堂等都与水有着不可分割的联系（图5-19）。另外，有的设计并没有大的水面，而只是在不同的空间中重复安排水这一主题，以加强各空间之间的联系（图5-20）。

图5-19　拙政园水面与建筑的关系
a. 拙政园平面图　b. 香洲　c. 荷风四面亭　d. 梧竹幽居　e. 倒影楼

水还具有将不同形状和大小的水面统一在一个整体之中的能力（图5-21）。无论是动态的水还是静态的水，当其经过不同形状和大小、位置错落的容器时，由于它们都含有水这一共同而又唯一的因素而产生整体的统一。

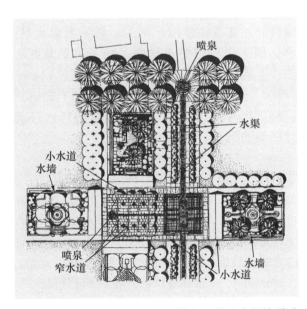

图5-20　重复使用水这一题材能加强整个空间的联系

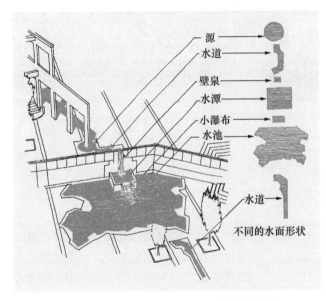

图5-21　水具有统一不同平面要素的能力

3. 焦点作用　喷泉、瀑布等动水的形态和声响能引起人们的注意，吸引人们的视线。在设计中除了处理好它们与环境的尺度和比例关系外，还应考虑它们所处的位置。通常将水景安排在向心空间的焦点、轴线的交点、空间的醒目处或视线容易集中的地方，使其突出并成为焦点（图5-22、

图 5-23)。可以作为焦点布置的水景设计形式有喷泉、瀑布、水帘、水墙、壁泉等。

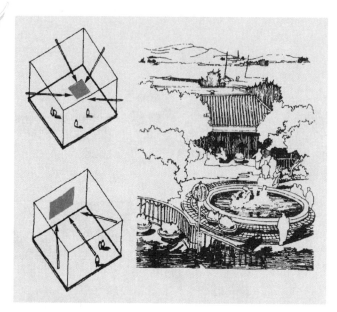

图 5-22 作为焦点的水景安排方式一

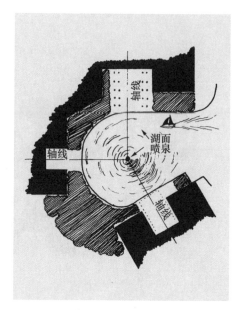

图 5-23 作为焦点的水景安排方式二

图 5-24 美国波特兰市爱悦广场平面

4. 整体水环境设计 美国在 20 世纪 60 年代的城市公共空间建设中出现了一种以水景贯穿整个设计环境、将各种水景形式融于一体的水景设计手法。它与以往所采用的水景设计手法不同，这种从整体水环境出发的设计手法，开创了一种融改善城市小气候、丰富城市街景和提供多种目的与使用于一体的水景类型。如美国波特兰市演讲堂前广场的伊拉·凯勒水景，堪称美国至今所建的水景中最精彩、别具匠心的杰作。除此之外，波特兰的爱悦广场（Lovejoy Plaza）水景（图 5-24）、明尼阿波利斯的皮维广场（Peavey Plaza）水景等也是整体水环境设计的典型例子。

第三节 静 水

静水无色而透明，具有安详朴实的特点。在色彩上，静水能映射周围环境的季相变化；风吹之下，可产生微动的波纹或层层的浪花；在光线下，可产生倒影、逆光、反射、折射等，使水面变得波光晶莹，色彩缤纷。一池静水给庭园带来的光韵和动感，确有"半亩方塘一鉴开，天光云影共徘徊"的意境。静水的作用主要是净化环境、划分空间、丰富环境色彩、渲染环境气氛。

一、静水的类型及应用形式

（一）静水的类型

根据静水的形式及做法不同，大体可分为水池和自然式湖塘。

1. 水池　水池特指人造的蓄水容体。池的边缘线条挺括分明，池的外形多为几何形。池平面可以是各种各样的几何形，又可做立体几何形的设计，如圆形、方形、长方形、多边形或曲线、曲直线结合的几何形组合。

水池面积相对较小，多取人工水源，因此必须设置进水、溢水和泄水的管线。有的水池还要做循环水设施，除池壁外，池底亦必须人工铺砌，而且池壁池底要成为一体，水池要求也比较精致。如设计涉水池应考虑安全问题，水深降至 10～30 cm，池底做防滑处理。娱乐休闲用游泳池的水深一般为 0.5～1.5 m，同时，为了安全，接近岸边的水深保持在 20 cm 以内，池底坡势相当于一般排水坡度即可。

2. 自然式湖塘　自然式湖塘特指自然或半自然的水体，可以是模仿大自然中的天然湖和池塘的人造的水体。其特点是平面曲折有致，通常由自然的曲线构成，宽窄不一。较适合于自然式园林或大面积园林。虽由人工开凿，宛若自然天成，无人工痕迹。池面宜有聚有分，大型的水池聚处则水面辽阔，有水乡弥漫之感。视面积大小进行设计，小面积水池聚胜于分，大面积水池则应有聚有分。

自然式湖塘多取天然水源，一般不设上下水管道，面积大，只做四周驳岸处理。湖底一般不加处理或简单处理。

（二）静水常见的应用形式

1. 下沉式水池　使局部地面下沉，限定出一个范围明确的低空间，在这个低空间中设水池。这种形式有一种围护感，四周较高，人在水边视线较低，仰望四周，新鲜有趣。

2. 台地式水池　与下沉式相反，把开设水池的地面抬高，在其中设池。处于池边台地上的人们有一种居高临下的优越的方位感，视野开阔，趣味盎然，赏水时有一种观看天池一样的感受。

3. 室内外渗透连体式（或称嵌入式）水池　通过水体将室内与室外连接成为一体，使室内在景观与视线上更为通透，有时也成为入口的标志景观。

4. 具有主体造型的水池　这种水池由几个不同高低、不同形状的规则式水池组合而成，蓄水、种植花木，增加了观赏性。

5. 使水面平滑下落的滚动式水池　池边有圆形、直线形和斜坡形几种形式。

6. 平满式水池　池边与地面平齐，将水蓄满，使人有一种近水和水满欲溢的感觉。

二、水池工程

（一）水池设计

1. 水池的形态及其空间界面处理　水池的形态种类众多，其深浅和池壁、池底材料各不相同。要求构图严谨、气氛肃穆庄重时，多用规则方整甚至多个对称水池；为使空间活泼，更显水的变化和深水环境，则用自由布局，复合参差跌落之池；更有在池底或池壁运用嵌画、隐雕、水下彩灯等手法，使水景在工程配合下，在白天和夜间得到更奇妙的旷奥景象。

水池有规则严谨的几何式和自由活泼的自然式之分；也有浅盆式（水深≤600 mm）与深水式（水深≥1 000 mm）之别；更有运用节奏韵律的错位式、半岛式与岛式、错落式、池中池式、多边形组合式、圆形组合式、多格式、复合式和拼盘式等。值得一提的是雕塑式，它配上喷泉彩灯，形成水雾、彩霞、露珠，产生彩雾缥缈再现人间仙境的幻境效果。

规则式水池的设置应与周围环境映衬，是在城市环境中运用较多的一种形式，多运用于规则式庭园、城市广场及建筑物的外环境修饰。水池位置应位于建筑物的前方或庭园的中心，作为主要视线上的一种重要点缀物。特性包括：①池如人造容器，池缘线条坚硬分明；②形状规则，多为几何形，具有现代生活的特质；③适合建筑空间；④映射天空或地面景物，增加景观层次，水面的清洁度、水面深度、人所站立位置角度决定映射物的清晰程度，水池的长宽依物体大小及映射的面积大小决定，水深映射效果好，水浅则相反；⑤池底可用图案或特别材料与式样来表现视觉趣味。

2. 水池的尺寸与规模　水池设计的尺度关系主要包括三个方面：一是整个环境和水池的关系；二是水池中各要素的尺度关系；三是人和水池的尺度关系。

水池所处地理位置的风向、风力、空气湿度直接影响水池面积和形状。喷出的水柱中的水要基本回收到池内，对这部分水还要考虑到水池容积的预留，因此，综合考虑水池设计，池深为 $500 \sim 1\,000$ mm 为宜。

水池中各要素的关系是指水池、喷泉、瀑布以及小品、雕塑之间的配合能不能保持一个整体关系。这就要求在小环境设计中应做到有主有次，附属设施能很好地衬托主体。

人和水池的尺度关系是指人能否接近水，水景不能可观而不可即。如池岸的高度、水的深浅和形式能否满足人的亲水性要求，这是评价水池环境的标准。

（1）水池的平面尺寸。水池的平面尺寸除应满足喷头、管道、水泵、进水口、泄水口、溢水口、吸水坑等布置要求外，还应防止水的飞溅。在设计风速下应保证水滴不至于大量被吹失池外，回落到水面的水流应避免大量溅至池外。所以水池的平面尺寸一般应比计算要求每边再加大 $0.5 \sim 1.0$ m。

（2）水池的深度。水深一般应按管道、设备的布置要求确定。在设有潜水泵时，还应保证吸水口的淹没深度不小于 0.5 m。在设有水泵吸水口时，应保证吸水喇叭口的淹没深度不小于 0.5 m（图 5-25）。

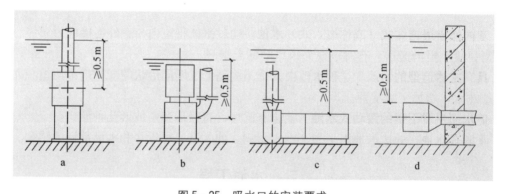

图 5-25　吸水口的安装要求
a. 上吸口立式潜水泵　b. 下出口立式潜水泵　c. 卧式潜水泵设挡板　d. 吸水管口设挡板

为减小水池水深，可采取以下措施：将潜水泵设在集水坑内，但这样会增加结构和施工的工作量，坑内还容易积污，给维护管理增加麻烦；小型潜水泵可直接横卧于池底，但应注意美观。

在吸水口上方应设挡水板，以降低挡水板边沿的流速，防止产生旋涡。最好是降低吸水口的高度，如采用卧式潜水泵、下吸水潜水泵等。

不论何种形式，池底都应有不小于1%的坡度，坡向泄水口或集水坑。

3. 水池设计内容　水池设计的内容包括平面设计、立面设计、剖面设计和管线设计。

水池平面设计主要是使水池平面形态与所在环境的气氛、建筑和道路的线型特征和视线关系协调统一。水池的平面轮廓要"随曲合方"，即体量与环境相称，轮廓与广场走向、建筑外轮廓取得呼应与联系，要考虑前景、框景和背景的因素。不论规则式、自然式、混合式的水池，都要力求造型简洁大方而具有个性。

水池平面设计主要显示其平面位置和尺寸，标注池底、池壁顶、进水口、溢水口、泄水口、种植池的高程和所取剖面的位置，设循环水处理设施的水池要注明循环线路及设施要求。图 5-26、图 5-27 为管线布置模式图。

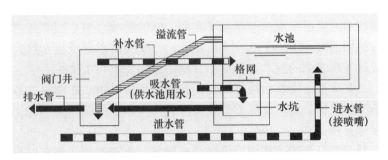

图 5-26　外设水泵房的管线布置模式图

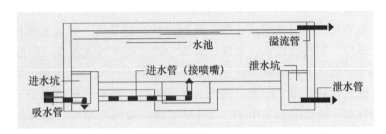

图 5-27　不单独设立泵房的管线布置模式图

(1) 平面设计。包括：①水池平面位置和尺寸，以及放线依据；②与周围环境、构筑物、地上地下管线的距离尺寸；③自然式水池轮廓可用方格网控制，方格网 2 m×2 m～10 m×10 m；④周围地形标高与池岸标高、种植池的标高；⑤池岸岸顶标高、岸底标高；⑥池底转折点、池底中心、池底标高、排水方向；⑦进水口、排水口、溢水口的位置、标高；⑧所取剖面的位置；⑨设循环水处理的循环线路及设施要求；⑩泵房、泵坑的位置、尺寸、标高。

(2) 立面设计。包括：①各立面的高度变化和立面景观；②池壁顶与周围地面合宜的高程关系。

(3) 剖面设计。包括：①池岸与池底结构、池底饰面（防护层）、防水层、基础做法（从地基到壁顶各层材料的厚度及具体做法）；②池岸、池底进出水口高程；③池岸与山石、绿地、树木接合部做法；④池底种植水生植物做法。

(4) 管线设计。包括：①给排水管线设计；②电气管线设计；③配电装置。

(5) 各单项土建工程详图。包括：①泵房；②泵坑；③控制室。

4. 水池的附属设施

(1) 溢水口。水池设置溢水口的目的在于维持一定的水位和进行表面排污，保持水面清洁。常用的溢水口形式有堰口式、漏斗式、管口式、连通管式等，可根据具体情况进行选择。

大型水池仅设置一个溢水口不能满足要求时，可设若干个，但应均匀布置在水池内。溢水口的位置应不影响美观，且便于清除积污和疏通管道。溢水口应设格栅或格网，以防止较大漂浮物堵塞管道，格栅间隙或格网网格直径应不大于管道直径的 1/4。

(2) 泄水口。为了便于清扫、检修和防止停用时水质腐败或结冰，水池应设置泄水口。水池应尽量采用重力泄水，也可将水泵的吸水口兼作泄水口，利用水泵泄水。泄水口的入口应设格栅或格网，格栅间隙或网格直径应不大于管道直径的 1/4 或根据水泵叶轮间隙决定。

(3) 水池内的配管。大型水景工程的管道可布置在专用管沟或管廊内。一般水景工程的管道可直接敷设在水池内。为保持每个喷头的水压一致，宜采用环状配管或对称配管，并尽量减少水头损失。每个喷头或每组喷头前宜设有调节水压的阀门，对于高射程喷头，喷头前应尽量保持较长的直线管段或设整流器。

(4) 管沟和管廊。大型水景工程由于管道较多，为便于维护检修，宜设专用管沟或管廊。管沟和管廊一般设在水池周围和水池与水泵房之间。在管道很多时，宜设半通行管沟或可通行管廊。管沟和管廊的地面应有不小于 0.5% 的坡度，一般坡向水泵或集水坑。集水坑内宜设水位信号计，以便及时发现管道的漏水。管沟和管廊的结构要求与水池相近。

(5) 水泵房。水泵房是指安装水泵等提水设备的常用构筑物。在喷泉工程中，凡采用清水离心泵循环供水的都要设置泵房。泵房的形式按照泵房与地面的关系分为地上式泵房、地下式泵房和半地下式泵房三种。

地上式泵房多采用砖混结构，其结构简单，造价低，管理方便，但有时会影响喷泉环境景观，实际中最好和管理用房配合使用，适用于中小型喷泉。泵房的建筑艺术处理很重要。为解决地上或半地下式泵房造型与环境不协调的问题，常采取以下措施：①水泵设在附近建筑物的地下室内；②将水泵或其进出口装饰成花坛、雕塑或壁画的基座、观赏或演出平台等；③将水泵房设计成造景构筑物，如设计成亭台水榭、装饰成跌水陡坎或隐蔽在山崖瀑布的山体内等。

地下式泵房建于地面之下，园林中使用较多，一般采用砖混结构或钢筋混凝土结构，特点是需做特殊的防水处理，有时排水困难，因此会提高造价，但不影响喷泉景观。地下或半地下式泵房应考虑地面排水，地面应有不小于 0.5% 的坡度，坡向集水坑。集水坑设水位信号计和自动排水泵。

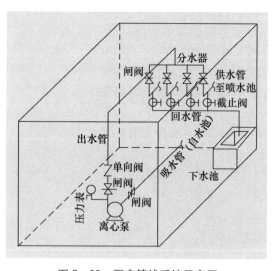

图 5-28 泵房管线系统示意图

泵房内安装有电动机、离心泵、供电与电气控制设备及管线系统等，图 5-28 是一般泵房管线系统示意图。从图中可见与水泵相连的管道有吸水管和出水管。出水管即喷水池与水泵间的管道，其作用是连接水泵与分水器，其上设置闸阀。为了防止喷水池中的水倒流，需在出水管安装单向阀。分水器的作用是将出水管的压力水合成多个支路再由供水管送到喷水池中供喷水用。为了调节供水的水量和水压，应在每条供水管上安装闸阀。北方地区为了防止管道冻坏，当喷泉停止运行时，必须将供水管内存的水排空。方法是在泵房内供水管最低处设置回水管，接入房内下水池中排除，以截止阀控制。

(6) 补水池或补水箱。为向水池充水和维持水量平衡，需要设置补水池（箱）。在池（箱）内设水位控制器（杠杆式浮球阀、液压式水位控制器等），保持水位稳定。在水池与补水池（箱）之间用管道连通，使两者水位维持相同。

补水池（箱）可设在水池附近，也可设在水泵房内。水位控制器和连通管的通水能力，应根据水池容积和允许充水时间计算确定。补水池（箱）的容积确定以便于安装和检修水位控制器为准。补充水为自来水时，应防止自来水管道被倒流污染，所以补水口与水池（箱）水面应保持一定的空气隔断间隙。在可利用水池的构造隐蔽水位控制器且便于维修时，也可不设补水池（箱），而将水位控制器直接装在水池内。

（二）水池构造

因水池所在地的气候、基址的地质、水池的大小和建筑材料不同，水池的构造做法不同，从结构上可分为刚性结构水池、柔性结构水池和临时简易水池三种。具体可根据功能的需要适当选用。

1. 刚性结构水池 刚性结构水池也称钢筋混凝土水池,特点是池底池壁均配钢筋,因此寿命长、防漏性好,适用于大部分水池。

(1) 砖石结构水池。小型和临时性水池可采用砖结构,但要做素混凝土基础,用防水砂浆砌筑和抹面。这种结构造价低廉,施工简单,但抹面易裂纹甚至脱落,尤其是在寒冷地区,经几次冻融就会出现漏水。为防止漏水,可在池内再浇一层防水混凝土,然后用水泥砂浆找平。进一步提高要求可再在砖壁和防水混凝土之间设一层柔性防水层(图5-29)。

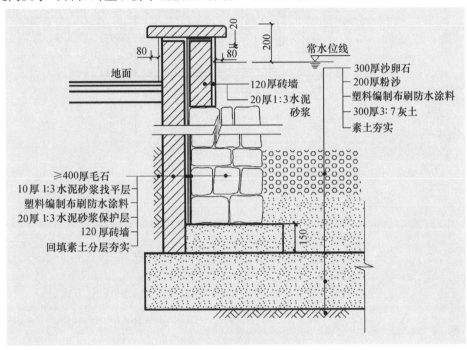

图5-29 砖石结构水池

(2) 钢筋混凝土结构水池。大中型水池最常采用的是现浇混凝土结构。为保证不漏水,宜采用水工混凝土,为防止裂缝应适当配置钢筋(图5-30、图5-31)。大型水池还应考虑适当的伸缩缝和沉降缝,这些构造缝应设止水带或用柔性防漏材料填塞。水池与管沟、水泵房等相连处,也宜设沉降缝并同样进行防漏处理。

2. 柔性结构水池 随着新型建筑材料的出现,特别是各式各样的柔性衬垫薄膜材料的应用,水池的结构出现了柔性结构,使水池的建造产生了新的飞跃。实际上水池光靠加厚混凝土和加粗加密钢筋网是不可取的,尤其对于北方地区水池的渗漏冻害,用柔性不渗水的材料做水池防水层更好。目前,在水池工程中使用的有玻璃布沥青席水池、三元乙丙橡胶(EPDM)薄膜水池、聚氯乙烯(PVC)衬垫薄膜水池、再生橡胶薄膜水池等。

(1) 玻璃布沥青席水池。这种水池施工前先准备好沥青席。方法是沥青0号和3号按2:1调配好,按调配好的沥青30%、石灰石矿粉70%的配比,分别加热至100℃,再将矿粉加入沥青锅拌匀,把准备好的玻璃纤维布(网孔8mm×8mm或10mm×10mm)放入锅内蘸匀后慢慢拉出,确保黏结在布上的沥青层厚度在2~3mm,拉出后立即撒滑石粉,并用机械碾压密实,每块席长40m左右。

施工时,先将水池土基夯实,铺300mm厚3:7灰土保护层,再将沥青席铺在灰土层上,搭接长50~100mm,同时用火焰喷灯焊牢,端部用大石块压紧,随即铺小碎石一层。最后在

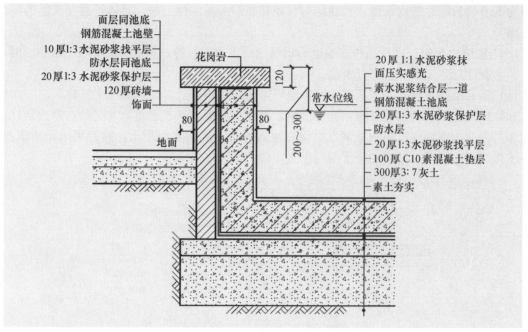

图 5-30 钢筋混凝土结构水池

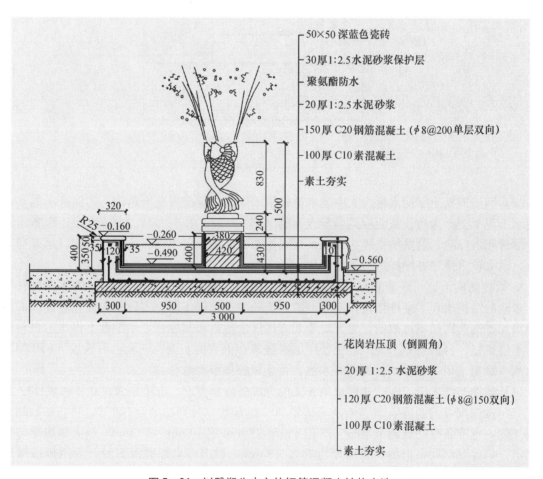

图 5-31 以雕塑为中心的钢筋混凝土结构水池

表层撒铺 150～200 mm 厚卵石一层即可（图 5-32）。

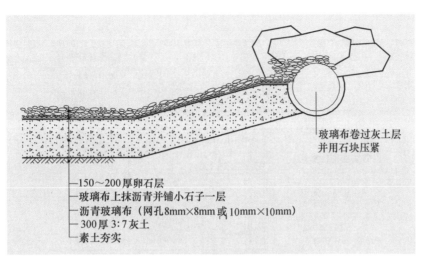

图 5 - 32　玻璃布沥青席水池结构

（2）三元乙丙橡胶（EPDM）薄膜水池。EPDM 薄膜类似于丁基橡胶，是一种黑色柔性橡胶膜，厚度为 3～5 mm，能经受−40～80 ℃温度，扯断强度＞7.35 N/mm²，使用寿命可达 50 年，施工方便，自重轻，不漏水，特别适用于大型展览用临时水池和屋顶花园用水池。

建造 EPDM 薄膜水池，要注意衬垫薄膜与池底之间必须铺设一层保护垫层，材料可以是细沙（厚度≥5 cm）、废报纸、旧地毯或合成纤维。薄膜的需要量可视水池面积而定，需注意薄膜的宽度包括池沿，并保持在 30 cm 以上。铺设时，先在池底混凝土基层上均匀地铺一层沙子，并洒水使沙子湿润，然后在整个池中铺上保护材料，之后就可铺 EPDM 衬垫薄膜了，注意薄膜四周至少多出池边 15 cm。如是屋顶花园水池或临时性水池，可直接在池底铺沙子和保护层，再铺 EPDM 即可（图 5 - 33）。

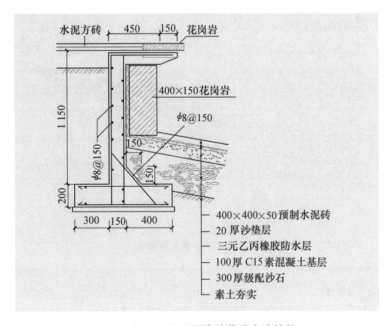

图 5 - 33　三元乙丙橡胶薄膜水池结构

（3）再生橡胶薄膜水池。为使柔性水池降低造价和对旧橡胶再生利用，继三元乙丙橡胶薄膜之后，又推出了再生橡胶薄膜这种新材料，已用于北京长城饭店庭院水池的施工中，效果良好。

（4）油毛毡（二毡三油）防水层水池。其结构和做法如图 5-34 所示。

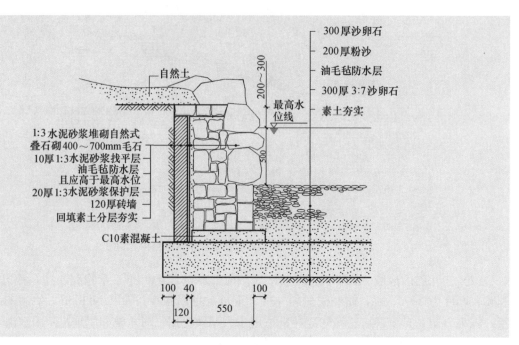

图 5-34　油毛毡防水层水池结构

（5）其他常见水池。其做法如图 5-35、图 5-36 所示。

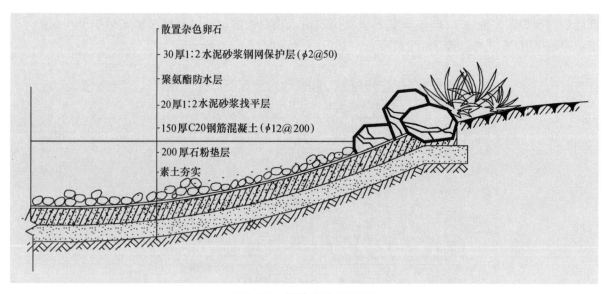

图 5-35　缓坡池壁水池结构

（三）水池施工技术

水池施工技术包括池底施工技术和池壁施工技术两方面。

1. 池底施工技术　池底的计划面应在霜作用线以下，如土壤为排水不良的黏土或地下水位甚高时，在池底基础下及池壁之后应放置碎石，并埋 10 cm 直径土管，将地下水导出，管线的倾斜度为 1‰～2‰。池宽在 1～2.5 m 者，则池底基础下的排水管沿其长轴埋于池的中心线下。

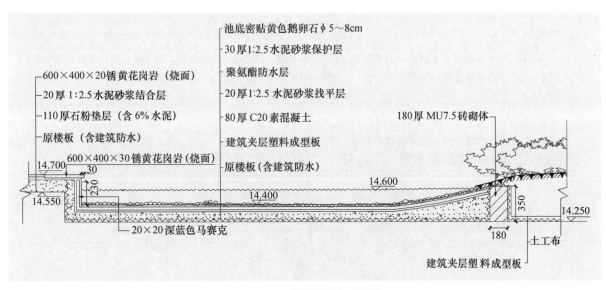

图 5-36　建筑屋顶水池结构

池底基础下的地面则向中心线做 1‰～2‰ 倾斜，在池下的碎石层厚 10～20 cm，壁后的碎石层厚 10～15 cm。

（1）混凝土池底。池底现浇混凝土要在一天内完成，必须一次浇筑完毕。这种结构的水池如形状比较规整，则 50 m 内可不做伸缩缝；如形状变化较大，则在其长度约 20 m 和其断面狭窄处，应做伸缩缝。混凝土的厚度根据气候条件而定，一般温暖地区以 10～15 cm、北方寒冷地区以 30～38 cm 为好。

混凝土池底板施工要点：①依情况不同加以处理。如基土稍湿而松软时，可在其上铺厚 10 cm 的砾石层，并加以夯实，然后浇灌混凝土垫层。②混凝土垫层浇完隔 1～2 d（应视施工时的温度而定），在垫层面测定底板中心，然后依设计尺寸进行放线，定出柱基以及底板的边线，画出钢筋布线，依线绑扎钢筋，接着安装柱基和底板外围的模板。③在绑扎钢筋时，应详细检查钢筋的直径、间距、位置、搭接长度、上下层钢筋的间距、保护层及埋件的位置和数量，均应符合设计要求。上下层钢筋均用铁撑（铁马凳）加以固定，使之在浇捣过程中不发生变位。④底板应一次连续浇完，不留施工缝。施工间歇时间不得超过混凝土的初凝时间。如混凝土在运输过程中产生初凝或离析现象，应在现场拌板上进行二次搅拌，方可入模浇捣。底板厚度在 20 cm 以内可采用平板振动器，板的厚度较厚则采用插入式振动器。⑤池壁为现浇混凝土时，底板与池壁连接处的施工缝可留在基础上口 20 cm 处。⑥池底与池壁的水平施工缝可留成台阶型、凹槽型或加金属止水片或遇水膨胀橡胶止水带。各种施工缝的优缺点及做法如表 5-1 所示。

表 5-1　各施工缝的优缺点及做法

施工缝种类	优　点	缺　点	做　法
台阶型 （图 5-37a）	可增加接触面积，使渗水路线延长和受阻，施工简单，接缝表面易清理	接触面简单，双面配筋时，不易支模，阻水效果一般	支模时，可在外侧安设木方，混凝土终凝后取出
凹槽型 （图 5-37b）	加大了混凝土的接触面积，使渗水路线受更大阻力，提高了防水质量	在凹槽内积水和杂物清理不净时，影响接缝严密性	支模时将木方置于池壁中部，混凝土终凝后取出

施工缝种类	优　点	缺　点	做　法
加金属止水片 （图 5-37c）	适用于池壁较薄的施工缝，防水效果比较可靠	安装困难，且需耗费一定数量的钢材	将金属止水片固定在池壁中部，两侧等距
加遇水膨胀橡胶止水带 （图 5-37d）	施工方便，操作简单，橡胶止水带遇水后体积迅速膨胀，将缝隙塞满，紧密		将腻子型橡胶止水带置于已浇筑好的施工缝中部即可

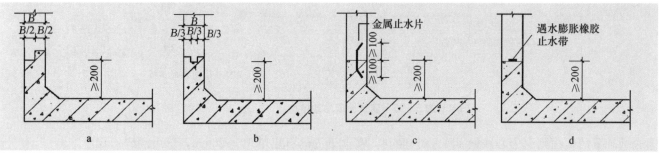

图 5-37　池底与池壁的水平施工缝种类

a. 台阶型　b. 凹槽型　c. 加金属止水片　d. 加遇水膨胀橡胶止水带

（2）灰土层池底。当池底的基土为黄土时，可在池底做 40～45 cm 厚的 3∶7 灰土层，每隔 20 m 留一伸缩缝。

（3）聚乙烯薄膜防水层池底。当基土微漏时，可采用聚乙烯防水薄膜池底做法。

2. 池壁施工技术　人造水池一般采用垂直形，其优点是池水升落之后，不致在池壁淤积泥土，从而使下等水生植物无从寄生，同时易保持水面洁净。垂直形的池壁可用砖石或水泥砌筑，可镶以瓷砖、罗马砖等，做成图案加以装饰。

（1）混凝土浇筑池壁。浇筑混凝土池壁需用木模板定型，木模板要用横条固定，池壁厚 15～25 cm，水泥成分与池底相同，并要有稳定的承重强度。浇筑时，趁池底混凝土未干时，用硬刷将边缘拉毛，使池底与池壁结合得更好。矩形钢筋混凝土池壁目前有无撑及有撑支模两种方法，有撑支模为常用的方法。当矩形池壁较厚时，内外模可在钢筋绑扎完毕后一次立好。浇捣混凝土时操作人员可进入模内振捣，或开门子板，将插入式振动器放入振捣，并用串筒将混凝土灌入，分层浇捣。矩形池壁拆模后，应将外露的止水螺栓头割去。

池壁施工要点：①水池施工时所用的水泥标号不宜低于 425 号，水泥品种应优先选用普通硅酸盐水泥，不宜采用火山灰质硅酸盐水泥和粉煤灰硅酸盐水泥。所用石子的最大粒径不宜大于 40 mm，吸水率不大于 1.5%。②池壁混凝土每立方米水泥用量不少于 320 kg，含沙率为 35%～40%，灰沙比为 1∶2～1∶2.5，水灰比不大于 0.6。③固定模板用的铁丝和螺栓不宜直接穿过池壁。当螺栓或套管必须穿过池壁时，应采取止水措施，常见的止水措施有：a. 螺栓上加焊止水环，止水环应满焊，环数应根据池壁厚度，由设计确定；b. 套管上加焊止水环，在混凝土中预埋套管时，管外侧应加焊止水环，管中穿螺栓，拆模后将螺栓取出，套管内用膨胀水泥砂浆封堵；c. 螺栓加堵头，支模时，在螺栓两边加堵头，拆模后，将螺栓沿平凹坑底割去角，用膨胀水泥砂浆封塞严密。④在池壁混凝土浇筑前，应先将施工缝处的混凝土表面凿毛，清除浮料和杂物，用水冲洗干净，保持湿润，再铺上一层厚 20～25 mm 的水泥砂浆，水泥砂浆所用材料的灰沙比应与混凝土材料的灰沙比相同。⑤浇筑池壁混凝土时，应连续施工，一次浇筑完毕，不留施工缝。⑥池壁有密集管群穿过、预埋件或钢筋密集处浇筑混凝土有困难时，可采用相同抗渗等级的细石混凝土浇筑。⑦池壁上预埋大管径的套管或面积较大的金属板时，应在其底部开设浇筑振捣孔，以利排气、浇筑和振捣。⑧池壁混凝土结合，应立即进行养护，并充分保持湿润，养护时间不得少于14昼夜。拆模时池壁表面温度与周围气温的温差不得超过15℃。

（2）混凝土砖砌池壁。用混凝土砖砌造池壁大大简化了混凝土施工的程序，但混凝土砖一般只适用于古典风格或设计规整的池塘。混凝土砖厚10 cm，结实耐用，常用于池塘建造；也有大规格的空心砖，但使用空心砖时，中心必须用混凝土浆填塞。有时也用双层空心砖墙中间填混凝土的方法来增加池壁的强度。

用混凝土砖砌池壁的一个优点是池壁可以在池底浇筑完工后的第二天再砌。一定要趁池底混凝土未干时将边缘处拉毛，池底与池壁相交处的钢筋要向上弯曲伸入池壁，以加强接合部的强度，钢筋伸到混凝土砌块池壁后或池壁中间。由于混凝土砖是预制的，所以池塘四周必须保持绝对的水平。砌混凝土砖时要特别注意保持砂浆厚度均匀。

（3）池壁抹灰。抹灰在混凝土及砖结构的池塘施工中是一道十分重要的工序，可使池面平滑，加强水池防水，不会伤及池鱼。如果池壁表面粗糙，易使鱼受伤，发生感染。此外，池面光滑也便于池塘护理。

①砖壁抹灰施工要点：a. 内壁抹灰前两天应将墙面清扫，用水洗刷干净，并用铁皮将所有灰缝刮一下，要求凹进1~1.5 cm；b. 应采用325号普通水泥配制水泥砂浆，配合比为1:2，必须称量准确，可加适量防水粉，拌和要均匀；c. 在抹第一层底层砂浆时，应用铁板用力将砂浆挤入砖缝内，增加砂浆与砖壁的黏结力，底层灰不宜太厚，一般为5~10 mm，第二层将墙面找平，厚度5~12 mm，第三层面层进行压光，厚度2~3 mm；d. 砖壁与钢筋混凝土底板接合处，要特别注意操作，增加转角处抹灰厚度，使其呈圆角，防止渗漏；e. 外壁抹灰可采用1:3水泥砂浆一般操作法。

②钢筋混凝土池壁抹灰要点：a. 抹灰前将池内壁表面凿毛，不平处铲平，并用水冲洗干净；b. 抹灰时可在混凝土墙面上刷一遍薄的纯水泥浆，以增加黏结力。其他做法与砖壁抹灰相同。

3. 压顶石　规则水池顶上应以砖、石块、石板或水泥预制板等作压顶石，压顶石与地面平或高出地面。当压顶石与地面平时，应注意勿使土壤流入池内，可将池周围地面稍向外倾。有时在适当的位置上将压顶石部分放宽，以便容纳盆钵或其他摆饰。

4. 管道安装　水池内必须安装各种管道，这些管道需通过池壁（见喷水池结构），因此务必采取有效措施防漏。管道的安装要结合池壁施工同时进行。在穿过池壁之处要预埋套管，套管上加焊止水环，止水环应与套管满焊严密。安装时先将管道穿过预埋套管，然后一端用封口钢板将套管和管道焊牢，再从另一端将套管与管道之间的缝隙用防水油膏等材料填充后，用封口钢板封堵严密。

对溢水口、泄水口进行处理，其目的是维持一定的水位和进行表面排污，保持水面清洁。常用溢水口形式有堰口式、漏斗式、管口式、联通式等，可视实际情况进行选择。水口应设格栅。泄水口应设于水池池底最低处，并保持池底有不小于1%的坡度。

5. 混凝土抹灰　混凝土抹灰在混凝土结构水池施工中是一道十分重要的工序，能使池面平滑，易于养护。抹灰前应先将池内壁表面凿毛，不平处要铲平，并用水清洗干净。

抹灰的灰浆要用325号（或425号）普通水泥配制砂浆，配合比为1:2。灰浆中可加入防水剂或防水粉，也可加黑色颜料，使水池更趋自然。抹灰一般在混凝土干后1~2 d内进行。抹灰时，可在混凝土墙面上刷一层薄水泥纯浆，以增加黏结力。通常先抹一层底层砂浆，厚度

5～10 mm；再抹第二层找平，厚度 5～12 mm；最后抹第三层压光，厚度 2～3 mm。池壁与池底接合处可适当增加抹灰量，防止渗漏。如用水泥防水砂浆抹灰，可采用刚性多层防水层做法，此法要求在水池迎水面用五层交叉抹面法（即每次抹灰方向相反），背水面用四层交叉抹面法。

6. 试水 水池施工工序全部完成后，可以进行试水，试水的目的是检验水池结构的安全性及水池的施工质量。

试水时应先封闭排水孔。由池顶放水，一般要分几次进水，每次加水深度视具体情况而定。每次进水都应从水池四周进行观察记录，无特殊情况可继续灌水直至达到设计水位标高。达到设计水位标高后，要连续观察 7 d，做好水面升降记录，外表面无渗漏现象及水位无明显降落说明水池施工合格。

（四）水池装饰

1. 池底装饰 根据水池的功能及观赏要求进行池底装饰，可直接利用原有土石或混凝土池底，再在其上选用深蓝色池底镶嵌材料，以加强水深效果。还可通过特别构图，镶嵌白色浮雕，以渲染水景气氛。

2. 池面饰品 水池中可以布设小雕塑、卵石、汀步、跳水石、跌水台阶、石灯、石塔、小亭等，共同组景，使水池更具生活情趣，也点缀了园景。

（五）人工水池日常管理要点

（1）要定期检查水池各种出水口情况，包括格栅、阀门等。

（2）要定期打捞水中漂浮物，并注意清淤。

（3）要注意半年至一年对水池进行一次全面清扫和消毒（用漂白粉或 5％高锰酸钾）。

（4）要做好冬季水池泄水的管理，避免冬季池水结冰而冻裂池体。

（5）要做好池中水生植物的养护，主要是及时清除枯叶，检查种植箱土壤，并注意施肥，更换植物品种等。

三、自然式静水（湖、塘）

设置自然式静水是一种模仿自然的造景手段，强调水际线的变化，有一种天然野趣的意味，设计上多为自然或半自然式。

1. 自然式静水的特点与功用 自然或半自然形式的水域呈不规则形，使景观空间产生轻松悠闲的感觉；人造的或改造的自然水体，由泥土或植物为边际，适合自然式庭园或乡野风格的景区；水际线强调自由曲线式的变化，并可使不同环境区域产生统一连续感（借水连贯），其景观可引导行人经过一连串的空间，充分发挥静水的系带作用；多取天然水源，一般不设上下水管道，面积大，只做四周驳岸处理，湖底一般不加处理或做简单处理。

2. 自然式静水的设计要点 自然式静水的形状、大小、驳岸材料与构筑方法，因地势、地质等不同而有很大的差异；在设计时应多模仿自然湖海，池岸的构筑、植物的配置以及其他附属景物的运用，均需非常自然；水池深度，在小面积水池中，以保持 50～100 cm 为宜，在大面积水池中，则可酌情加深；自然式水池可作为游泳、溜冰（北方冬季）、休息、眺望、消遣等场所，在设计时，应一并加以考虑，配置相应的设施及器具；为避免水面平坦而显单调，在水池的适当位置，应设置小岛，或栽种植物，或设置亭榭等；人造自然式水池的任何部分，均应将水泥或堆砌痕迹遮隐，否则有失自然。

如原来就是湖泊水乡地形，有较大的水域或地下水位较高的水体，则"因势而借"，利用原有池面稍加修整即可，此类水池仅有池崖而不必另做池底。其外形及水面布置多以聚为主，聚散结合体现回沙曲岸的意境。

用园林中的水池、水系来构成园林空间界面，实际上也是园林空间构成的一个方面。水池水系的界面分划，常通过设置桥、岛、建筑物、堤岸、汀石等来引导和制约，以丰富园林空间的造型层次和景深感。

（1）桥。池中桥宜建于水面窄处。小水面场合，桥以曲折低矮、贴水而架最能"小中见大"，空间互相渗透流通，产生倒影，增加风景层次。桥与栏杆多用水平条石砌筑，尺度适宜，顿生轻快舒展之感。大水面场合，应有堤桥分隔，并化大为小，以小巧取胜。其高低曲折以水面大小而定。

（2）岛。注意与水面的尺度比例，小水面不宜设岛。大水面可设岛，但不宜居中，应偏于一侧，自由活泼。池中可设岛，岛中也可设池，成为"池中池"的复合空间。

（3）堤岸。一般有土堤、池岸、驳岸、岩壁、散礁等。大水面常用堤岸来分离，长堤宜曲折，堤中设桥，多为拱桥。

（4）建筑物。于水池之水面上，建造水廊、榭、阁、石舫等。建筑临水，近水楼台，平湖秋月，相互生辉。水榭石舫，两栖于岸边水中，其外层还可建水廊，使空间复合，倒影相映，别具一番水乡情趣。

（5）汀石。在小水面或大水面收缩或弯头落差处，可在水中置石，散点呈线，借以代桥，通向对岸。汀石也可由混凝土仿生制成。

以上仅为水池的静水界面空间处理手法，为了增添园林景色，还可结合地形，布置溪涧飞瀑、筑山喷泉，造成有声、有色、有势的动水空间。

（一）静水（湖、池）工程

1. 基址对土壤的要求　基址的土壤情况一般分为以下几种：①沙质黏土、壤土土质细密，土层厚实或渗透能力小于 $7\sim9$ mm/s 的黏土夹层，适合挖湖。②基土为沙质、卵石层等易漏水，应该避免。如漏水不严重，要探明下面透水层的位置深浅，可以做截水墙或采用人工铺盖等工程措施。③如基土为淤泥或泥炭层等，需全部挖掉。④黏土虽透水性小，但干时容易开裂，湿时又会形成橡皮土或泥浆。因此纯黏土作为湖池岸坡、堤等均不好。对于小水面，最好先挖一个试坑，查看有无漏水的土层，即所谓坑探，以此确定土壤的透水能力。如果水面较大，则应进行钻探，其钻孔的最大距离不得超过 100 m，待探明土质情况后，再做决定。

2. 湖（池）土方量计算　一般来讲，规则式水池的土方量可以按其几何形体来计算，比较简单。对于自然形体的湖地，可以近似地作为台体来计算。其方法是：

$$V = \frac{1}{3}h\sqrt{S + \sqrt{SS'} + S'}$$

式中：V——土方量（m³）；

　　　h——湖池的深度（m）；

　　　S、S'——分别为上、下底的面积（m²）。

湖池的蓄水量用上面公式同样可以求得，只需将湖池的水深代入 h 值、水面的面积代入 S 值即可。

3. 水面蒸发量的测定和估算　目前我国主要采用 E-601 型蒸发器测定水面的蒸发量。但其测得的数值比水体实际的蒸发量大，因此需乘一折减系数，年平均蒸发折减系数为 $0.75\sim$ 0.85。在缺乏实测资料时，可按下列公式估算：

$$E = 22 \times (1 + 0.17\omega_{200}^{1.5})(e_0 - e_{200})$$

式中：E——水面蒸发量（mm）；

e_0——对应水面温度的空气饱和水汽压（Pa）；

e_{200}——水面上空 200 cm 处的空气水汽压（Pa）；

ω_{200}——水面上空 200 cm 处的风速（m/s）。

4. 渗漏损失　计算水体的渗漏损失是非常复杂的，需对水体的底盘和岸边进行地质和水文等方面的研究后方可进行。对于园林水体，可用表 5-2 的方法进行估算。

表 5-2　渗漏损失表

底盘的地质情况	全年水量的损失（占水体体积的百分比）
良好	5～10
一般	10～20
不好	20～40

5. 自然式湖塘池底做法　园林中的河、湖一般由人工开挖形成，其外边缘由驳岸或护坡界定河、湖的范围线，因此人工开挖河、湖的施工主要由园林土方工程和砌体工程构成。人工河、湖施工的要点是如何减少水的渗漏，河、湖的基址应选择土壤性质和地质条件有利于保水的地段，在湖底人工铺设 30～50 cm 的黏土层做防渗处理，并且在驳岸、护坡施工时尽可能采用防渗的材料和施工工艺，以保证湖塘中的水量。

自然式水池的池底如为非渗透性的土壤，应先敷以黏土，弄湿后捣实，其上再铺沙砾。若池底属透水性或水源给水量不足，池底可用硬质材料如混凝土或钢筋混凝土，然后以沙或卵石覆盖，或用蓝色或绿色水泥加色隐蔽。

各种静水池底的结构如图 5-38 所示。

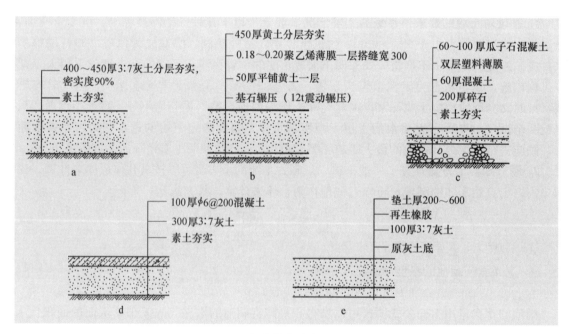

图 5-38　各种静水池底结构示意图

a. 灰土层池底做法　b. 聚乙烯防水薄膜池底做法　c. 塑料薄膜防水层池底做法　d. 混凝土池底做法　e. 旧水池翻底做法

人工湖或溪流防渗还可采用膨润土防水垫（图 5-39），它是一种以蒙脱石为主要成分的黏土矿物。其重要特性之一是遇水后膨胀，产生水合作用，形成不透水的凝胶体。同时膨润土也有储藏水分的功能，其吸水量可达自身重量的10倍以上，从而起到防渗隔漏作用。在工程中，土工合成材料膨润土垫（GCL）经常采用有压安装，膨润土遇水膨胀后产生的反向压力也可以起到堵漏、自我修补的作用，即使材料被尖物贯穿，膨润土也能自行修补，此外由于不均匀沉降产生的裂隙，膨润土均能自愈修补。而且，膨润土为天然无机材料，不会发生老化或腐蚀现象，因此防水性能持久。同时，施工相对简单，不需要加热和粘贴，只用钉子、垫圈和膨润土粉，易维修，是成本效益较高的防水材料。

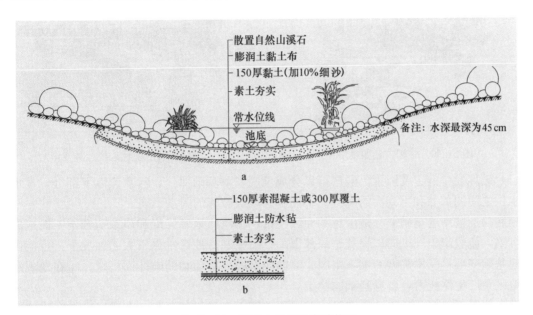

图 5-39　膨润土防渗池底结构图
a. 膨润土防渗溪流做法　b. 膨润土防渗湖底做法

（二）驳岸与护坡工程

园林水体要求有稳定、美观的水岸以维持陆地和水面一定的面积比例，防止陆地被水侵蚀或水岸坍塌而扩大水面。因此，在水体边缘必须建造驳岸与护坡。否则，风浪淘刷、浮托、冻胀或超重荷载都可能造成湖岸塌陷，致使岸壁崩塌而淤积水中，造成湖岸线变形、变位，水的深度减小，在水体周围形成浅水或干枯的缓坡淤泥带，破坏景观，难以体现原有设计意图，甚至可能造成事故。

为保持岸线，稳固水体，加强人与水的联系，体现亲水性和安全性，美化景观，驳岸和护坡的设计是水景设计中不可忽视的环节。

1. 驳岸工程　驳岸是指在园林水体边缘与陆地交界处，为稳定岸壁，保护湖岸不被冲刷或水淹所设置的人工构筑物。驳岸兼有防护、围贮、通路和观景的多重功能。驳岸实际上也是一面临水的挡土墙，是支持和防止坍塌的水工构筑物。

岸边的形状、砌筑方法、岸线的走形等都与景观效果有直接联系。曲岸有流线之美，直岸比较规整，凹岸构成港湾，凸岸形成半岛。砌筑的形式有自然式和几何式。池岸的造型自然形式有采用飘积原理构成的流曲、弯月、葫芦形，以及其他拓扑变形；几何形式常用圆、三角形、矩形、多边形等闭合形状。岸线形状的选择，对江河来说，一般顺其河流自然走向，稍加人工整治处理，首先应选择护岸的形式和组织沿岸的风景线；而有限的闭合水体，其岸线的形状应与环境相结合。在中国古典园林中，驳岸往往用自然山石砌筑，与假山、置石、花木相结合，共同组成园景（图 5-40）。驳岸必须结合所处具体环境的艺术风格、地形地貌、地质条件、材料特性、种植特色以及施工方法、技术经济要求选择其建筑结构形式，在实用、经济的前提下注意外形的美观，使其与周围景色协调（图5-41）。

图5-40 中国古典园林驳岸　　　　图5-41 现代风格园林驳岸

（1）破坏驳岸的主要因素。驳岸可以分成湖底以下基础部分、常水位以下部分、常水位与最高水位之间的部分和不淹没的部分。不同部分其被破坏的因素不同。

湖底以下驳岸的基础部分被破坏的原因包括：①池底地基强度和岸顶荷载不一而造成不均匀的沉陷，使驳岸出现纵向裂缝甚至局部塌陷；②在寒冷地区水深不大的情况下，可能由于冰胀引起基础变形；③木桩做的桩基则因受腐蚀或水底一些动物的破坏而朽烂；④在地下水位很高的地区会产生浮托力，影响基础的稳定。

常水位以下的部分常年被水淹没，其主要破坏因素是水的浸渗。在我国北方寒冷地区，水渗入驳岸内冻胀以后易使驳岸胀裂，有时会造成驳岸倾斜或位移。常水位以下的岸壁又是排水管道的出口，如安排不当，亦会影响驳岸的稳固。

常水位至最高水位这部分经受周期性的淹没。如果水位变化频繁，则对驳岸会形成冲刷腐蚀的破坏（图5-42）。

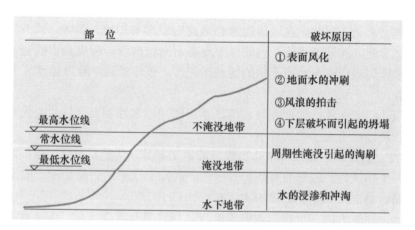

部　位	破坏原因
最高水位线　　不淹没地带	① 表面风化 ② 地面水的冲刷 ③ 风浪的拍击 ④ 下层破坏而引起的坍塌
常水位线 最低水位线　　淹没地带	周期性淹没引起的淘刷
水下地带	水的浸渗和冲淘

图5-42 岸壁不同部位破坏的生成

最高水位以上不淹没的部分主要受到浪激、日晒和风化剥蚀的破坏。驳岸顶部则可能因超重荷载和地面水的冲刷受到破坏。另外，驳岸下部的破坏也会使这部分受到破坏。

了解破坏驳岸的主要因素以后，可以结合具体情况采取防止和减少破坏的措施。

（2）驳岸平面位置与岸顶高程的确定。与城市河流接壤的驳岸按照城市河道系统确定平面位置。园林内部驳岸则根据湖体施工设计确定位置。平面图上常以常水位线显示水面位置。整形式驳岸岸顶宽度一般为 30～50 cm。如为倾斜的坡岸，则根据坡度和岸顶高程推求。

岸顶高程应比最高水位高出一段，以保证湖水不致因风浪拍岸而涌入岸边陆地。因此，高出多少应根据当地风浪拍击驳岸的实际情况而定。湖面广大、风大、空间开旷的地方高出多一些，而湖面分散、空间内具有挡风的地形则高出少一些。一般高出 25～100 cm。从造景角度看，深潭和浅水面的要求也不一样。一般湖面驳岸贴近水面为好，游人可亲近水面，并显得水面丰盈、饱满。在地下水位高、水面大、岸边地形平坦的情况下，对于游人量少的次要地带可以考虑短时间被最高水位淹没，以避免由于大面积垫土或加高驳岸提升造价。

（3）驳岸设计原则。驳岸的造型要根据所处的环境决定。在自然环境中宜采用自然式的驳岸（图 5-43），而在建筑和平台临水处则可采用规整式的驳岸（图 5-44）。中国园林强调园景丰富多样，移步换景，所以，一个园林的池岸，应根据其水面的大小、岸边的坡度、周围的景色，或缓坡入水，或山石参差，或石矶横卧，或断崖散礁。

图 5-43　自然式驳岸

图 5-44　规整式驳岸

在设计、建造驳岸前，一定要深入了解当地的水情，掌握一年四季的水位变化，依此确定驳岸的形式和高度，使常水位时景观最佳，最高水位时池水不至于溢出池岸，最低水位时岸壁的景观也可入画。

（4）驳岸的结构形式。园林中的驳岸以重力式结构为主，主要依靠墙身自重来保证岸壁稳定，抵抗墙背土壤压力。重力式驳岸按其墙身结构分为整体式、方块式、扶壁式；按其所用材料分为浆砌块石、混凝土及钢筋混凝土结构等。

由于园林中驳岸高度一般不超过 2.5 m，可以根据经验数据来确定各部分的构造尺寸，省去繁杂的结构计算（图 5-45、图 5-46）。园林驳岸的构造及名称如下：

①压顶：驳岸之顶端结构，一般向水面有所悬挑。

②墙身：驳岸主体，常用材料为混凝土、毛石、砖等，也可用木板、毛竹板等作为临时性驳岸的材料。

③基础：驳岸的底层结构，作为承重部分，厚度常为 400～500 mm，宽度为高度 h 的 0.45 倍。

④垫层：基础的下层，常用矿渣、碎石、碎砖等整平地基，保证基础与土基均匀接触。

⑤基础桩：增加驳岸的稳定性，是防止驳岸滑移或倒塌的有效措施，也兼起加强土基的承载能力的作用。材料可以用木桩、灰土桩等。

⑥沉降缝：当墙高不等、墙后土壤压力不同或地基沉降不均匀时，必须考虑设置沉降缝。

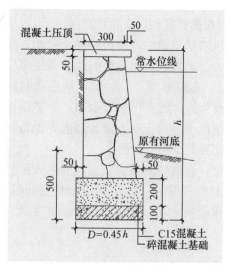

注：1. 基础深拟保持 500
2. 基础宽 D 为驳岸总高度 h 的 0.45 倍

图 5-45　驳岸结构比例

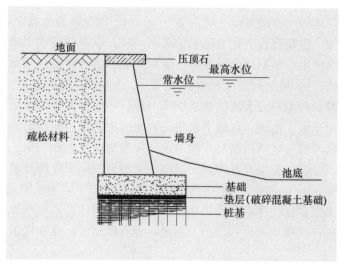

图 5-46　园林驳岸构造

⑦伸缩缝：避免因温度等变化引起破裂而设置的缝。一般 10~15 m 设置一道，宽度一般为 10~20 mm，有时也兼作沉降缝。

（5）水体驳岸设计。不同园林环境中，水体的形状、面积和基本景观各不相同，其岸坡的设计形式和结构形式也相应有所不同。水体岸坡要根据岸坡本身的适用性和环境景观的特点而定。

园林中大面积或较大面积的河、湖、池塘等水体，可采用很多形式的岸坡，如浆砌块石驳岸、整形石砌驳岸、石砌台阶式岸坡等，为了降低工程总造价，也可采用一些简易的驳岸形式，如干砌大块石驳岸和浆砌卵石驳岸等。

对于规整形式的砌体岸坡，设计中应明确规定砌块要错缝砌筑，不得齐缝。缝口外的勾缝勾成平缝、阳缝都可以，一般不勾成阴缝，具体勾缝形式视整形条石的砌筑情况而定。

对于具有自然纹理的毛石，可按重力式挡土墙砌筑。砌筑时砂浆要饱满，并且顺着自然纹理，按冰裂式勾成明缝，使岸壁壁面呈现冰裂纹，在北方冻害区，应于冰冻线高约 1 m 处嵌块石混凝土层，以抗冻害侵蚀破坏。为隐蔽起见，可做成人工斩假石状，但岸坡过长时，这种做法显得单调。

山水庭园的水池、溪涧中，根据需要可选用更富于自然特质的驳岸形式，如草坡驳岸、山石驳岸等。

自然山石驳岸在砌筑过程中，要求施工人员的技艺水平比较高，而且工程造价高昂，一般不大量应用于园林湖池作为岸坡，而是与草皮岸坡、干砌大块石驳岸等结合起来使用。

就一般大、中型园林水体来说，只要岸边用地条件能够满足需要，就应当尽量采用草皮岸坡。草皮岸坡的景色自然优美，工程造价不高，适于岸坡工程量浩大的情况。

草皮岸坡的设计要点是：在水体岸坡常水位线以下层段，采用干砌块石或浆砌卵石做成斜坡岸体。常水位线以上则做成低缓的土坡，土坡用草皮覆盖，或用较高的草丛布置成草丛岸坡。草皮缓坡或草丛缓坡上还可以点缀一些低矮灌木，进一步丰富水边景观。

以下是水体岸坡设计的示例，分别表明了岸坡的结构形式、各结构层的材料与做法、施工要求和各部分的尺寸安排等，可供岸坡设计参考。

①块石驳岸：条石驳岸（图 5-47）；假山石驳岸（图 5-48）；虎皮石驳岸（图 5-49、图 5-50）；浆砌和干砌块石驳岸（图 5-51、图 5-52）。

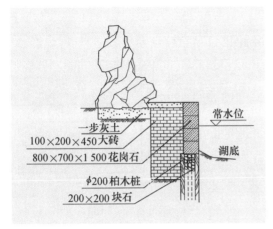

图 5-47 条石驳岸

常水位

一步灰土
100×200×450大砖
800×700×1 500花岗石
湖底
φ200柏木桩
200×200块石

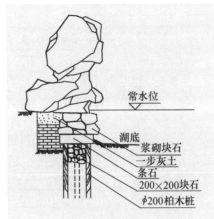

图 5-48 假山石驳岸

常水位

湖底
浆砌块石
一步灰土
条石
200×200块石
φ200柏木桩

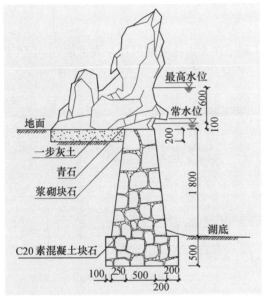

图 5-49 虎皮石驳岸一

最高水位
常水位
600
100
200
地面
一步灰土
青石
浆砌块石
1 800
湖底
C20素混凝土块石
1 500
100 250 500 200
200

图 5-50 虎皮石驳岸二

预制混凝土方砖
(500×500×100)
>500
级配砂石
最高水位
2 000
浆砌块石1:3水泥砂浆
湖底
块石C20混凝土
1 000
1 500

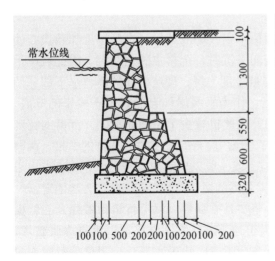

图 5-51 浆砌块石驳岸

常水位线
100
1 300
550
600
320
100 100 500 200 200 100 200 100 200

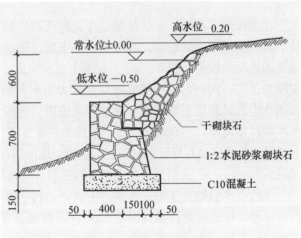

图 5-52 干砌块石驳岸

高水位 0.20
常水位±0.00
低水位 -0.50
600
700
150
干砌块石
1:2水泥砂浆砌块石
C10混凝土
50 400 150 100 50

②钢筋混凝土驳岸：在园林中常做成 T 形或 L 形，其基本结构如图 5-53 所示。

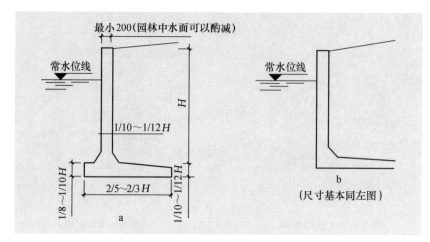

图 5-53　T 形和 L 形混凝土驳岸
a. T 形驳岸　b. L 形驳岸

这种驳岸整体性好、牢固。根据南京的经验，将其利用在大水面的迎风面，效果很好。但岸壁呆板，景观效果不理想。因此，可通过塑石、塑树桩、贴卵石、植草等方式进行装饰（图 5-54）。

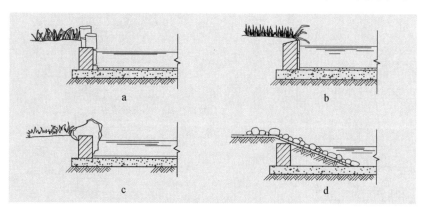

图 5-54　驳岸结构设计实例
a. 塑松竹岸　b. 草坪岸　c. 塑山石岸　d. 卵石岸

③木桩沉排驳岸：木桩沉排驳岸又称沉褥，即用树木干枝编成柴排，在柴排上加载块石使其下沉到坡岸水下的地表。其特点是底下的土被冲走而下沉时，沉褥也随之下沉。因此坡岸下部可随之得到保护（图 5-55）。在水流速度不大、岸坡坡度平缓、硬层较浅的岸坡水下部分使用较为适合。同时，可利用沉褥具有较大面积的特点，作为平缓岸坡自然式山石驳岸的基底，以减少山石对基层土壤不均匀荷载和单位面积的压力，因此也减少了不均匀沉陷。沉褥的宽度视冲刷程度而定，一般约为 2 m，柴排的厚度为 30～75 cm，块石的厚度约为柴排的 2 倍。沉褥上缘即块石顶应设在最低水位以下。沉褥可用柳树类枝条或一般条柴编成方格网状，交叉点中心间距为 30～60 cm。条柴交叉处用细柔的藤条、枝条和涂焦油的绳子扎结，或用其他方法固定。

④竹、木驳岸：江南一带盛产毛竹，毛竹平直、坚实且有韧性。以毛竹竿为桩柱、毛竹板材为板墙，构成竹篱挡墙（图 5-56）。上海地区冬天土地不冻，水不结坚冰，没有冻胀破坏，可做成竹驳岸。为了防腐可涂一层柏油。竹桩顶齐竹节截断以防止雨水积存。因这种驳岸不耐风浪冲击和淘刷，只能作为临时驳岸措施。竹篱缝不密实，风浪可将岸土淘刷出来，日久则岸

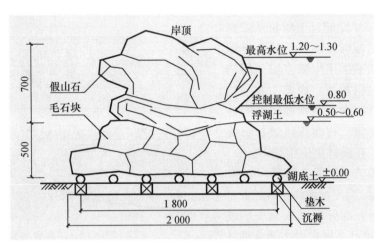

图 5-55　木桩沉排驳岸

线后退，岸篱分开。竹桩驳岸也不耐游船撞击。因其造价较少，施工期短，可在一定年限内使用。盛产木材的地方亦可做成木板桩驳岸或木桩驳岸（图 5-57）。

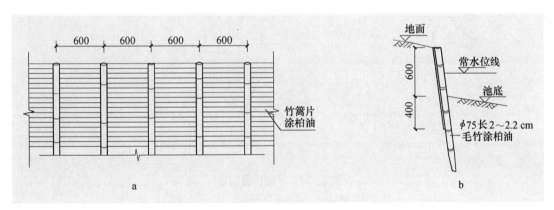

图 5-56　竹驳岸做法
a. 立面　b. 剖面

⑤石笼驳岸：石笼驳岸是用镀锌、喷塑铁丝网笼或用竹子编的竹笼装碎石垒成台阶状驳岸或做成砌体的挡土墙，并结合植物种植以增强其稳定性。石笼驳岸具有抗冲刷能力强、整体性好、应用灵活、能随地基变形而变化的特点，比较适合于流速大的河道断面。

相对于钢筋混凝土等材料的硬质型驳岸，目前比较提倡生态型驳岸。生态驳岸是指恢复后的自然河岸或具有自然河岸"可渗透性"的人工驳岸，它可以充分保证河岸与河流水体之间的水分交换和调节，同时也具有一定的抗洪强度。如植物驳岸、木材驳岸、石材驳岸和石笼驳岸等。

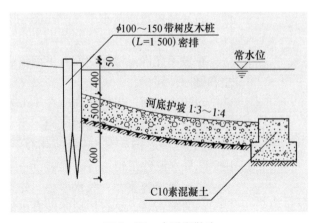

图 5-57　木驳岸做法

生态驳岸技术所使用的已不是传统的一种材料，而是结合各种材料的优点，复合而成的复合型驳岸。因此，生态驳岸可描述为"通过使用植物或植物与土木工程和非生命植物材料的结合，减轻坡面及坡脚的不稳定性和侵蚀，同时实现多种生物的共生与繁殖"。生态驳岸的设计以减少对环境的破坏、保持营养和水循环、维持植物生境和动物栖息地的质量等为原则。

2. 护坡工程 岸壁超过土壤自然安息角而又没有保护措施时，岸坡不稳定（图5-58）。如果河湖不采用岸壁直墙而用斜坡，则要用各种材料护坡。护坡主要是防止出现滑坡现象，减少地面水和风浪的冲刷以保证斜坡的稳定。自然式缓坡护坡能产生亲水的效果，在园林中使用很多。

在园林中常用的护坡形式包括：

（1）草皮护坡。当岸壁坡角在自然安息角以内，这时水面上部分可以用草皮护坡（图5-59）。目前也可直接在岸边播草种并用塑料膜覆盖，效果也很好。如在草坡上散置数块山石，则可以丰富地貌，增加风景的层次。

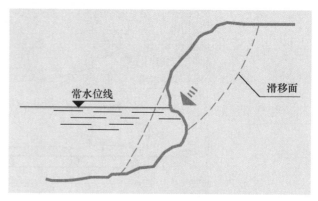

图5-58 不稳定的岸坡

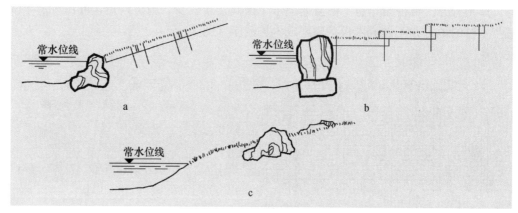

图5-59 草皮护坡做法

a. 岸边草坪铺法一　b. 岸边草坪铺法二　c. 岸边置石

（2）块石护坡。在岸坡较陡、风浪较大的情况下，或因为造景的需要，在园林中常使用块石护坡。护坡的石料最好选用石灰岩、砂岩、花岗岩等顽石。在寒冷地区还要考虑石块的抗冻性，石块的容重应不小于 2 g/cm³，火成岩吸水率超过 1%、水成岩吸水率超过 1.5%（以重量计）则应慎用。

护坡不允许土壤从护面石下面流失，为此应做过滤层，并且护坡应预留排水孔，每隔 25 m 左右做一伸缩缝。

对于小水面，当护面高度在 1 m 左右时，护坡的做法比较简单（图5-60）。也可以用大卵石等护坡，以表现海滩等的风光。当水面较大，坡面较高，一般在 2 m 以上时，则护坡要求较高（图5-61、图5-62、图5-63）。块石护坡多用干砌石块，用 M7.5 水泥砂浆勾缝。压顶石用 M7.5 水泥砂浆砌块石，坡脚石一定要在湖底下。

石料要求容重大、吸水率小。先整理岸坡，选用 10～25 cm 直径的块石，最好是边长比为 1∶1 的方形石料。块石护坡还应有足够的透水性，以减少土壤从护坡上面流失。这就需要在块石下面设倒滤层垫底，并在护坡坡脚设挡板。

（3）编柳抛石护坡。采用新截取的柳条十字交叉编织。编柳空格内抛填厚 0.2～0.4 m 的块石，块石下设厚 10～20 cm 的砾石层以利于排水和减少土壤流失。柳格平面为 1 m×1 m 或 0.3 m×0.3 m，厚度为 30～50 cm。柳条发芽便成为较坚固的护坡设施。

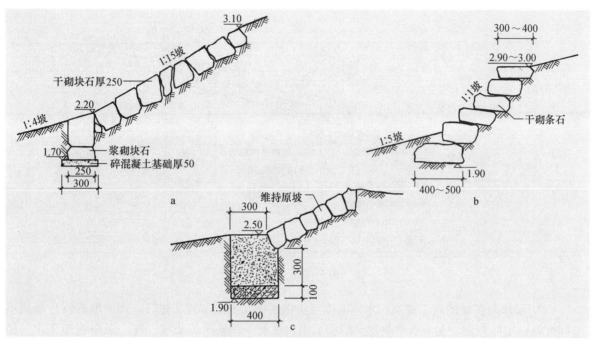

图 5-60　小水面块石护坡做法

a. 块石护坡一　　b. 块石护坡二　　c. 块石护坡三

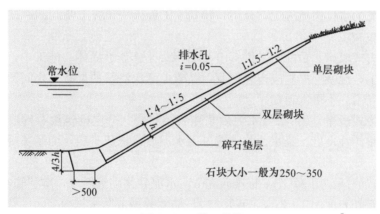

图 5-61　块石护坡

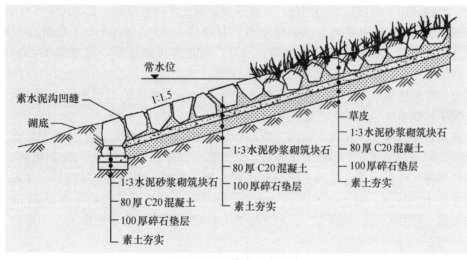

图 5-62　草皮入水护坡

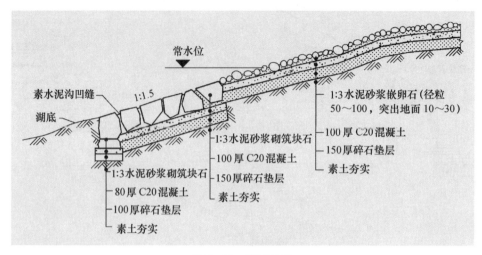

常水位

素水泥沟凹缝
湖底

1:1.5

1:3水泥砂浆砌筑块石
100厚C20混凝土
150厚碎石垫层
素土夯实

1:3水泥砂浆嵌卵石(径粒
50～100，突出地面10～30)
100厚C20混凝土
150厚碎石垫层
素土夯实

1:3水泥砂浆砌筑块石
80厚C20混凝土
100厚碎石垫层
素土夯实

图5-63　卵石护坡

3. 驳岸与护坡的施工要点　水体驳岸与护坡的施工材料和施工做法，随岸坡的设计形式不同而有一定的差别。在多数岸坡种类的施工中，也有一些共同的要求。在一般岸坡施工中，都应坚持就地取材的原则，可以减少投入在砖石材料及其运输上的工程费用，有利于缩短工期，也有利于形成地方土建工程的特色。

针对几种常见的水体岸坡施工，介绍一些基本工程做法和施工要点。

（1）重力岸坡施工。

①混凝土重力式驳岸：目前常采用C10块石混凝土作岸坡墙体。施工中，要保证岸坡基础埋深在80 cm以上，混凝土捣制应连续作业，以减少两次浇筑的混凝土之间留下的接缝。岸壁表面应尽量处理光滑，不可太粗糙。

②块石砌重力式驳岸：用M2.5水泥砂浆作胶结材料，分层砌筑块石构成岸体，使块石结合紧密、坚实，整体性良好。临水面的砌缝可用水泥砂浆抹成平缝，为了美观，也可勾成凸缝或凹缝。

③砖砌重力式驳岸：用MU7.5标准砖和M5水泥砂浆砌筑而成，岸壁临水面用1∶3水泥砂浆粉面，还可在外表面用1∶2水泥砂浆加3％防水粉做成防水抹面层。

（2）砌块石岸坡施工。砌块石岸坡一般采用直径300 mm以上的块石砌成，可分为干砌和浆砌两种。干砌适用于斜坡式块石岸坡，一般采用接近土壤的自然坡，其坡度为1∶1.5～1∶2，厚度为25～30 cm；基础为混凝土或浆砌块石，其厚度为300～400 mm，需做在河底自然倾斜线的实土以下500 mm处，否则易坍塌。同时，在顶部可做压顶，用浆砌块石或素混凝土代之。

浆砌块石岸坡的做法是：尽可能选用较大块石，以节省水池的石材用量，用M2.5水泥砂浆砌筑。为使岸坡整体性加强，常做混凝土压顶。

（3）虎皮石岸坡施工。在背水面铺上宽500 mm的级配砂石带，以减少冬季冻土对岸坡的破坏。常水位以下部分用M5砂浆砌筑块石，外露部分抹平。常水位以上部分用M2.5砂浆砌筑，外露部分抹平缝；或常水位以上部分用块石混凝土浇筑，使岸体整体性好，不易沉陷。岸顶用预制混凝土块压顶，向水面挑出50 mm。压顶混凝土块顶面高出最高水位300～400 mm。岸壁斜坡坡度1∶10左右，每隔15 m设伸缩缝，用涂有防腐剂的木板嵌入，上砌虎皮石，用水泥砂浆勾缝2～3 cm宽为宜。

（4）自然山石驳岸施工。在常水位线以下的岸体部分，可按设计做成块石砌重力式挡土墙、砖砌重力式墙、干砌块石岸坡等。在常水位线上，用 M2.5 水泥砂浆砌自然山石作岸顶。砌筑山石的时候，一定要注意使山石大小搭配、前后错落、高低起伏，使岸边轮廓线凹深凸浅，曲折变化。决不能像砌墙一样做得整整齐齐，石块与石块之间的缝隙要用水泥砂浆填塞饱满，个别缝隙也可用水泥砂浆抹成孔穴。山石表面留下的水泥砂浆缝口可用同种山石的粉末敷在表面，稍稍按实，待水泥完全硬化以后，就可很好地掩饰缝口。待山石驳岸砌筑完成后，要将石块背后用泥土填实筑紧，使山石与岸土结合成一体。然后种植花草灌木或植草皮，即可完工。

驳岸与护坡的施工属于特殊的砌体工程，施工时应遵循砌体工程的操作规程与施工验收规范，同时应注意：驳岸和护坡的施工必须放干湖水，亦可分段堵截逐一排空。采用灰土基础以在干旱季节为宜，否则影响灰土的固结。浆砌块石基础在施工时石头要砌得密实，缝穴尽量减少。如有大间隙应以小石子填实。灌浆务必饱满，使其渗进石间空隙，北方地区冬季施工可在水泥砂浆中加入 3%～5% 的 $CaCl_2$ 或 $NaCl$，按重量比兑水拌匀以防冻，使之正常混凝。倾斜的岸坡可用木制边坡样板校正。浆砌块石的缝宽 2～3 cm，勾缝可稍高于石面，也可以与石面平或凹进石面。

块石护岸由下往上铺砌石料，石块要彼此紧贴，用铁锤打掉过于突出的棱角并挤压上面的碎石使其密实地压入土内。铺后可以在上面行走，试一下石块的稳定性。如人在上面行走石头仍不动，说明质量好，否则要用碎石嵌垫石间空隙。

（三）给排水设置

1. 给水　无论是规则式或自然式水池都必须经常贮满水，并需为流动水，使水池内排出及蒸发的水分能随时补充，才能不破坏池景之美。水的来源有自来水和沟渠水两种。给水管可设于池的中央或一端，有时做成喷水、壁泉等形式，如广州火车东站前广场的大型叠水入水口设计成涌泉形式。

2. 排水　为使过多的水或陈腐的水排出，应有排水设备。排水方式有两种：一为水平排水，一为水底排水。水平排水是为保持池水的一定深度而设，水量超过水平排水口时，水自该排水口溢出，为防树叶杂物流入管内阻塞，可考虑附滤网；水底排水是在清理水池时，需将池水全部排出而设，排水口设置于池底最低洼处。水底排水与水平排水可联合设置。排水管及给水管应在池底水泥未造就前即埋入（图 5-64、图 5-65、图 5-66、图 5-67）。

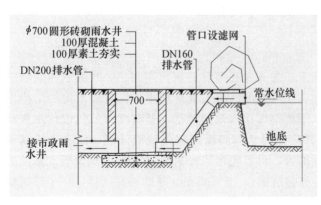

图 5-64　水平排水设计大样图

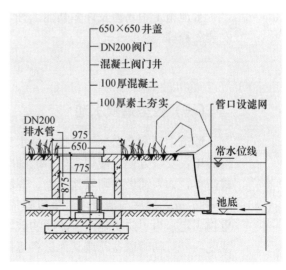

图 5-65　水底排水设计大样图

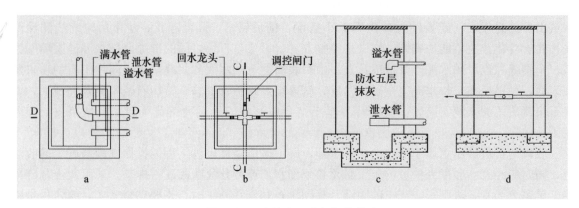

图 5-66　水池上下水闸门井做法

a. 水池下水闸门井平面　b. 水池上水闸门井平面　c. 水池下水闸门井剖面　d. 水池上水闸门井剖面

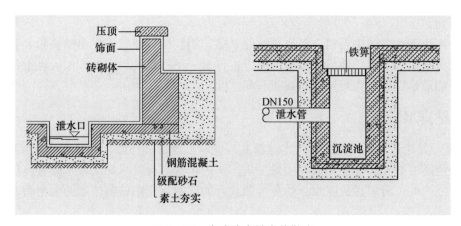

图 5-67　水池池底排水井做法

3. 试水　试水应在水池全部施工完成后进行。试水的主要目的是检验结构安全度、检查施工质量。试水时应先封闭管道孔，由池顶放水入池，一般分几次进水，根据具体情况，控制每次进水高度。从四周上下进行外观检查，并做好水面高度标记，连续观察 7 d，外表面无渗漏且水位无明显降落方为合格。

水池施工中还涉及许多其他工种与分项工程，如假山工程、给排水工程、电气工程、设备安装工程等。

四、特殊水池设计及施工

（一）衬垫薄膜水池

城市中经常会遇到一些临时性水池的施工，尤其是在节日、庆典期间。临时性水池要求结构简单，安装方便，使用完毕后能随时拆除，在可能的情况下重复利用。临时性水池的结构形式简单，如果铺设在硬质地面上，一般可以用角钢焊接水池的池壁，其高度一般比设计水深高20～25 cm，池底与池壁用衬垫薄膜铺设，并应将衬垫薄膜反卷包住池壁外侧，以素土或其他重物固定。为了防止地面上的硬物破坏衬垫薄膜，可以先在池底铺厚20 mm的聚苯板。水池的池壁内外可临时以盆花或其他材料遮挡，并在池底铺设15～25 mm厚砂石，这样，一个临时性水池就完成了，还可以在水池内安装小型的喷泉与灯光设备。

如果需要设置一个使用时间相对较长的临时性水池，可用挖水池基坑的方法，而且可以做得相对自然一些（图5-68）。

方法步骤如下：

1. 定点放线 按照设计的水池外形，在地面上画出水池的边缘线。

2. 挖掘水坑 按边缘线开挖，由于没有水池池壁结构层，所以一般边坡限制在自然安息角范围内，挖出的土可以随时运走。挖到预定的深度后应把池底与池壁整平压实，剔除硬物和草根。在水池顶部边缘还需挖出压顶石的厚度，在水池中如果需要放置盆栽水生植物，可以根据水生植物的生长需要留土墩，土墩也要拍实整平。

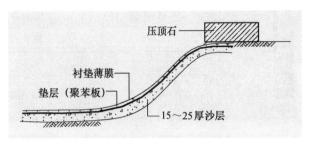

图5-68 临时性水池简易构造

3. 铺衬垫薄膜 在挖好的水池上覆盖衬垫薄膜，然后放水，利用水的重量把衬垫薄膜压实在坑壁上，并把水加到预定的深度。衬垫薄膜应有一定的强度，在放水前应摆好衬垫薄膜的位置，避免放水后衬垫薄膜覆盖不满水面。

4. 压顶 将多余的衬垫薄膜裁去，用花岗石块或混凝土预制块将衬垫薄膜的边缘压实，并形成一个完整的水池压顶。

5. 装饰 可以把小型喷泉设备一起放在水池内，并摆上水生植物的花盆。

6. 清理 清理现场内的杂物杂土，将水池周围的草坪恢复原状。这样，一个临时性水池就完成了。

（二）预制模水池

1. 预制模水池的种类及应用 预制模是国外较为常用的一种小型水池制造方法，通常用高强度塑料制成，如高密度聚乙烯塑料（HDP）、聚乙烯基氯化物、ABS工程塑料以及玻璃纤维等，易于安装。预制模最大跨度达3.66m，但以小型为多，一般跨度为0.9～1.8m，深0.46m，最小的仅深0.3m。由于池小水浅，用预制模建造的池塘通常会出现水温变化大（影响池鱼生长）和池面空间过小（造成池鱼缺氧）等问题。因此，小型预制模池塘中池鱼的数量低于该空间所允许的最大限度数量。

塑料预制模的造价一般低于玻璃纤维预制模，使用寿命也相对较短，数年之后就会变脆、开裂和老化。

在选购预制模时，另一个需要考虑的因素是预制模上沿的强度。因为塑料模具边沿上的石块和铺路材料会使池壁变形、开裂，所以增强预制模上沿的强度是十分必要的，运用混凝土地基也是明智的选择。尽管玻璃纤维预制模也需做一些技术处理，但无须这么多的加固措施。为避免日后出现麻烦，选定使用塑料预制模后，要确保预制模上沿水平，绝对不能弯翘。

预制模有各种规格，许多预制模上都留有摆放植物的池台。在选择这类预制模时，一定要注意池台的宽度能放得下盆栽植物。有些池台太窄，无法利用。尽管玻璃纤维预制模价格较高，但可以按要求设计制作，因此安装时相对较容易，而且也更能体现个人品位。以下是几种现在较为常用的衬垫薄膜水池、预制模水池衬垫材料及施工方法的比较（表5-3）。

2. 预制模水池的安装 专业安装池塘预制模不仅是画线、挖坑和回填。首先要使预制模边缘高出周围地面2.5～5cm，以免地表径流流入池塘污染池水或造成池水外溢。挖好的池底和池台表面都要铺上一层5cm厚的黄沙，在开挖前就必须确定下来，开挖时便可以把沙层的厚度计算在内，否则预制模池体就会高出地面。如果池沿基础较为牢固，可用一层碎石或石板来加固。池塘周围用挖出的土或新鲜的表土覆盖，以遮住凸起的池沿。

表 5-3 水池衬垫材料及施工方法比较

种 类	持久性	是否易于安装	设计灵活性	是否易于修理	评 价
标准聚乙烯衬料	不好	比较容易	好	难	脆，易破碎，不易钻孔
PVC 衬料	较好到好	容易	很好	看材料情况	脆，易破碎，不易钻孔
丁基衬料	很好	容易	特别好	随时可以	脆，易破碎，不易钻孔
预塑水池法	视材料而定	一般	有限	大部分可以	表面光滑
标准浇筑法	视做工而定	很难	好到很好	难	非常坚固，需要黏合

施工程序可参考临时性水池。破土动工之前，要平整土地。修建形状规则的池塘时可将预制模倒扣在地面上画线，而修建形状不规则的池塘时则可用拉线的方法帮助画线。

整个池塘挖好后，用水平仪测量池底和池台的水平面。清除松土、石块和植物根茎。然后在整个池底和池台上铺 5 cm 厚的沙子，砸实后再仔细测量其水平面。准备好一根水管，必要时随时在沙子上洒水，因为干沙子很容易从池台上滑落下来，积在池底与池壁的边缘里，给安装预制模造成麻烦。

将预制模放入挖好的池中，测量池沿的水平面，同时往池中注入 2.5～5 cm 深的水。注水时慢慢沿池边填入沙子。用水管接水将沙子慢慢冲入池边。将池水几乎注满，同时用水将回填沙冲入，使回填沙与池水基本处于同一水平线上。然后，再继续测量池沿的水平面。当回填沙达到挖好的池沿，而且预制模边也处于水平时，便可以加固池边了。加固池边材料为现浇混凝土、加水泥的土或一层碎石。然后也可在池塘上设瀑布或水槽。

（三）水生植物池与养鱼池

可通过池壁预留种植池或摆放盆栽植物，还可将植物与景石结合，构建较为自然生态的水池景观（图 5-69、图 5-70）。

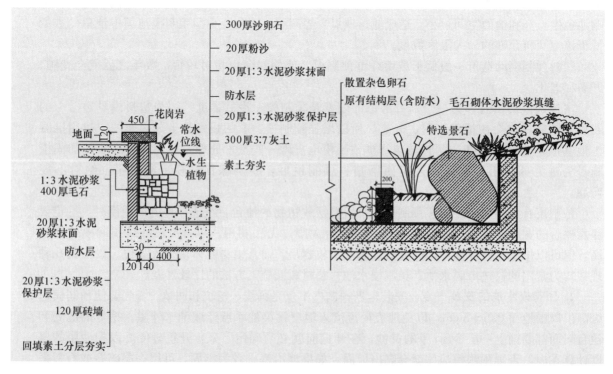

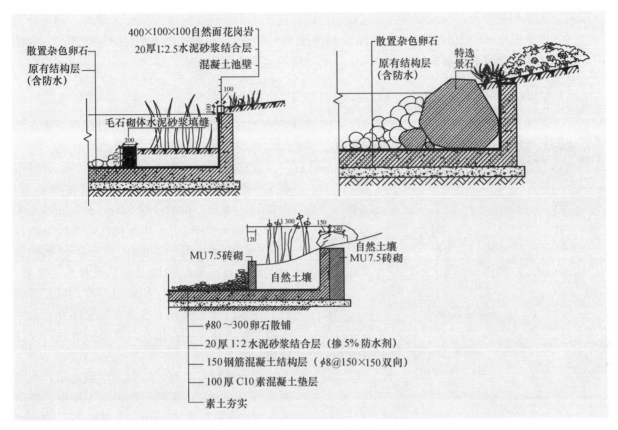

图 5-69　各种可种植植物的水池池壁

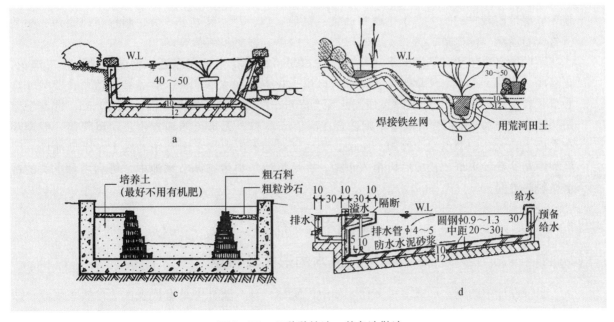

图 5-70　几种种植池、养鱼池做法
a. 种植池构造一　b. 种植池构造二　c. 种植池构造三　d. 养鱼池构造

养鱼池中可沉淀灰尘,鱼由于缺氧生病、死亡,亦能成为寄生虫的温床,故要注意池底的水不能变浑浊,水中要有丰富的氧气。

注意事项:①池底要设缓和的坡度;②给水口要安装于水面上,下部给水口如作为预备使用，则清扫较方便；③水如果放流较理想，以在夏天 1 d 内就能将池内全部水量的一半更换较适当，水温在 25 ℃ 左右最理想；④养鱼时池深 30～60 cm，一般达最大鱼长的深度即可；⑤池中养水生植物可增加水池的生动效果，一般可使用盆景或植孔方式。

（四）湿地园

湿地园又名沼泽园（bog garden），始于英国泥炭地区，故湿地园属于地方性园林。现在湿地园是指在低洼阴湿之地建设的园林景观。

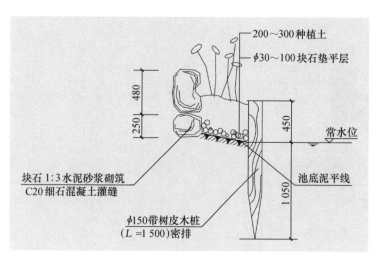

图 5-71 人工湿地池壁做法

建造湿地园首先掘地深 60～70 cm，铺混凝土作池底，厚约 10 cm，并设置排水装置，上加 5 cm 砾石，再铺沙粒 5 cm，最后在沙上平铺泥土 15～20 cm。土壤宜肥沃，并需呈酸性反应。洼地平均低于地面约 30 cm。池周围散置大块山石，池内种植湿地草类和水生植物。通常池底宜设排水管，积水过多时，可打开阀门，使水由管子流入下水道，排于园外。也可不铺混凝土池底，直接在自然低洼地进行设计建造（图 5-71）。

在地势较高之处，如要设置湿地园，则可掘地造园。先在该区较低地段向下挖掘，挖出的土方运至该区较高地段，上置山石，辟为岩石园，挖低之处建设湿地园。所以在高地建立湿地园，最好与岩石园互相结合，同步设计、施工。湿地园栽种的湿生、水生植物通常有菖蒲、莲、芒、慈姑、荸荠、睡莲、凤眼莲、小毛毡苔、石菖蒲、萍蓬草、苦荞麦、水田芥、三白草、香蒲和芦苇等。

不同的水草生活在不同的水环境中。如鸢尾、蝴蝶花生长在靠近水池的陆地上；玉蝉花、花菖蒲、水芹、芦苇、莎草等生长在水边；燕子花生活在水深 7～8 cm 处；水蔗草、茭笋、灯心草长在水深 5～10 cm 处；睡莲所需水深为 30 cm，而其种子发芽则需水深 10 cm；莲花、慈姑所需水深为 20 cm 左右；萍蓬草则适合在深 1 m 左右、无暗流的地方生长；凤眼莲一般漂浮在水面上。大、中型鱼池应修筑挡土墙，池底铺垫荒木田土等水田常用的底土。小型池塘一般可利用瓦盆栽种水草，长成后再植入水中。在蜻蜓池一类生态调节水池中，可利用黏土类的截水材料防渗漏。

第四节　流　水

一、流水的形式及特点

水景设计中的流水形式多种多样，如中国园林、日本园林中具有代表性的自然式溪流；法国园林等欧式园林中的水渠——用以连接为远眺、对景而设的壁泉、水池等，具有一定的装饰作用的沟渠等。流水的形态可根据水量、流速、水深、水宽、建材以及水渠等自身的形式而进行不同的创作设计。

（一）小溪的模式

根据自然界中小溪的形式分析，小溪的模式基本是：①小溪是弯弯曲曲的，蜿蜒曲折的河道不仅是造景的需要，也是水流动时自然产生的；②溪中有汀步、小桥，有滩池、洲，有岩石、跌水、阶地；③岸边有若即若离的小路。

（二）小溪的特点

（1）表现幽静深邃。水流是线形或带状的；水流应与前进的方向平行；空间较窄，岸线曲折；利用光线、植物等创造较暗的环境；把视线或情感延伸，利用错觉增加深远感。

（2）表现跃动、欢快、活泼。河床凹凸不平；河床的宽窄变化决定水流的速度和形态；河水拍击千奇百怪的岩石，发出抑扬顿挫、宛如乐章的声音。

（3）表现山林野趣。通过水形线形的曲折变化、水面宽窄的组织，造成急流、缓流，表现深远、平静、跳跃等不同性格的空间；对流水音响韵律进行组织，通过植物、山石等的配置，渲染山林的野趣。

除了自然形成的河流以外，流水常设计于较平缓的斜坡或与瀑布等水景相连。流水虽局限于槽沟中，仍能表现水的动态美。潺潺的流水声与波光粼粼的水面带来特别的山林野趣，甚至也可借此形成独特的现代景观。

流水依其流量、坡度、槽沟的大小以及槽沟底部与边缘的性质而有各种不同的特性。如槽沟的宽度及深度固定，质地较为平滑，流水也较平缓稳定。这样的流水适宜于宁静、悠闲、平和的景观环境。如槽沟的宽度、深度富有变化，而底部坡度也有起伏，或是槽沟表面的质地较为粗糙，流水就容易形成涡流（旋涡）。槽沟的宽窄变化较大处容易形成旋涡。流水的翻滚具有声色效果。因此流水的设计多仿自然的河川，盘绕曲折，但曲折的角度不宜过小，曲口必须较为宽大，引导水向下缓流。一般均采用 S 形或 Z 形，使其自然曲折，但曲折不可过多，否则有失自然。

有流水道之形但实际上无水的枯水流，在日式庭园中颇多应用，其设计与构造完全是以人工仿袭天然的做法，给游人以暂时干枯的印象，干河底放置石子石块，构成一条河流，如两山之间的峡谷。设计枯水流时，如果偶尔在雨季枯水流会成为真水流，则其堤岸的构造应坚固。

二、流水的设计原则与内容

（一）溪流设计的一般原则

（1）明确溪流的功能，如观赏、嬉水、养殖、种植等。根据功能进行溪流水底、防护堤细部、水量、水质、流速的设计调整。

（2）游人可能涉入的溪流，其水深应在 30 cm 以下，以防儿童溺水。同时，水底应做防滑处理。另外，对不仅用于儿童嬉水，还可游泳的溪流，应安装过滤装置（一般可将瀑布、溪流、水池的循环、过滤装置集中设置）。

（3）为使庭园更显开阔，可适当加大自然式溪流的宽度，增加曲折，甚至可以采取夸张设计。

（4）溪底可选用大卵石、砾石、水洗砾石、瓷砖、石料等进行铺砌处理，以美化景观。大卵石、砾石溪底尽管不便清扫，但如适当加入沙石、种植苔藻，可更好地展现其自然风格，也可减少清扫次数。

（5）水底与防护堤都应设防水层，以防止溪流渗漏。

（6）种植水生植物处的水势会有所减弱，应设置尖桩压实植土。

（二）流水设计的内容

1. 流水的位置确定　水流常设于假山之下、树林之中或水池瀑布的一端，应避免贯穿庭园中央，因为水流为线的运用，宜使水流穿过庭园的一侧或一隅。

2. 流水的坡度与深度、宽度确定 溪流的坡势依流势而设计，急流处为 3% 左右，缓流处为 0.5%～1%。普通的溪流，其坡势多为 0.5% 左右，溪流的宽度 1～2 m，水深 5～10 cm。大型的溪流如某亲水公园的溪流，长约 1 km，宽 2～4 m，水深 30～50 cm，河床坡度只有 0.05%，相当平缓，其平均流量为 0.5 m³/s，流速为 20 cm/s。

一般溪流的坡势应根据建设用地的地势及排水条件等决定。上游坡度宜大，下游宜小。在坡度大的地方放圆石块，坡度小的地方放沙砾。坡度的大小在于给水的多寡，给水多则坡度大，给水少则坡度小。坡度的大小没有限制，可大至 90°，小至 0.5%。平地上坡度宜小，坡地上坡度宜大。水流的深度可在 20～35 cm 之间，宽度则依水流的总长和园中其他景物的比例而定。

3. 植物的栽植 水流两岸可栽植各种观赏植物，以灌木为主，草本为次，乔木类宜少。在水流弯曲部分，为求隐蔽曲折，弯曲大的地方可栽植树木，浅水弯曲之处则可放入石子、栽植水生花草等，以增强美观效果，需考虑透视线。

4. 附属物的设置 在适当的地方可设置栏杆、桥梁、园亭、水钵、雕像等，以增加浪漫色彩，使园景既有自然美，又有人工美。

日本园林的溪流中，为尽量展示溪流、小河流的自然风格，常设置各种主景石，如隔水石（铺设在水下，以提高水位线）、分水石或破浪石（设置在溪流中，使水产生分流的石头）、河床石（设在水面下，用于观赏的石头）、垫脚石（支撑大石头的石头）、横卧石（压缩溪流宽度，因此形成隘口、海峡的石头）等。在天然形成的溪流中设置主景石，可更加突出其自然魅力。

三、流水的工程设计

（一）一般概念

1. 过水断面（ω） 水流垂直方向的断面面积。随着水位变化而变化，因而又分洪水断面、枯水断面、常水断面，通常把经常过水的面称过水断面。

2. 湿周（X） 水流和岸壁相接触的周界称湿周。湿周的长短表示水流所受阻力的大小。湿周越长，表示水流受到的阻力越大；反之，水流所受的阻力就越小。

3. 水力半径（R） 水流的过水断面与该断面湿周之比，称水力半径。即

$$R = \frac{\omega}{X}$$

4. 边坡斜率（m） 边坡的高与水平距离的比（表 5-4）。

$$m = \frac{H}{L}$$

表 5-4　无铺砌的梯形明渠边坡斜率

土　质	边坡斜率
黏质沙土	1：1.5～1：2.0
沙质黏土和黏土	1：1.25～1：1.5
砂石土和卵石土	1：1.25～1：1.5
半岸性土	1：0.5～1：1.0
风化岩石	1：0.25～1：0.5

砖石或混凝土铺砌的明渠边坡一般用 1：0.75～1：1.0。

5. 河道比降（i） 任一河段的落差与河段长度的比称为河道比降，以百分率（％）计。

$$i = \frac{\Delta H}{L}$$

（二）水力计算

1. 流速

$$v = \frac{1}{n} R^{\frac{2}{3}} i^{\frac{1}{2}}$$

式中：R——水力半径；

$\quad\quad i$——河道比降；

$\quad\quad n$——河渠粗糙系数。

当河槽糙率变化不大或河槽形状呈现出宽浅的状态时，取 $h_平$ 代替 R，则公式可简化为：

$$v = \frac{1}{n} h_平^{\frac{2}{3}} i^{\frac{1}{2}}$$

式中：$h_平$——河道平均水深（m）；

当河道为三角形断面时，$h_平 = 0.5h$；当河道为梯形断面时，$h_平 = 0.6h$；当河道为矩形断面时，$h_平 = h$；当河道为抛物线形断面时，$h_平 = \frac{2}{3}h$。

$\quad\quad h$——河道中最大水深。

n 值可查表 5-5、表 5-6。

表 5-5　河渠粗糙系数值

河渠特征		n	河渠特征		n
土质	$Q>25\ \mathrm{m^3/s}$ 平整顺直，养护良好 平整顺直，养护一般 河渠多石，杂草丛生，养护较差	 0.022 5 0.025 0 0.027 5	各种材料护面	光滑的水泥抹面	0.012
				不光滑的水泥抹面	0.014
				光滑的混凝土护面	0.05
				平整的喷浆护面	0.015
				料石砌护面	0.015
				砌砖护面	0.015
	$Q=1\sim25\ \mathrm{m^3/s}$ 平整顺直，养护良好 平整顺直，养护一般 河渠多石，杂草丛生，养护较差	 0.0250 0.0275 0.030		粗糙的混凝土护面	0.017
				不平整的喷浆护面	0.018
				浆砌块石护面	0.025
				干砌块石护面	0.033
	$Q<1\ \mathrm{m^3/s}$ 渠床弯曲，养护一般 支渠以下的渠道	 0.0275 0.0275~0.03	岩石	经过良好修整的	0.025
				经过中等修整的，无凸出部分	0.030
				经过中等修整的，有凸出部分	0.033
				未经修整的，有凸出部分	0.035~0.045

表 5-6　小河的粗糙系数值

小河类型	平坦土质	弯曲或生长杂草	杂草丛生	阻塞小河沟，有巨大顽石
n	25	20	15	10

河道的安全流速在河道的最大和最小允许流速之间。

根据河道的土质、砌护材料、河水含泥沙的情况，其最大允许流速可查表5-7。

表5-7 河道最大允许流速

土壤或砌护种类	最大流速/(m/s)
泥炭分解的淤泥	0.25~0.50
瘠薄的沙质护面及中等黄土	0.70~0.80
泥炭土	0.70~1.00
坚实黄土及黏壤土	1.00~1.20
黏土	1.20~1.80
草皮护面	0.80~1.00
卵石护面	1.50~3.50
混凝土护面	5.00~10.00

最小允许流速（临界淤积流速或不淤积流速）根据含泥沙性质，按达西公式计算决定：

$$V_k = C\sqrt{R}$$

式中：V_k——临界淤积的平均流速（m/s）；

　　　R——水力半径（m）；

　　　C——泥沙粗细的系数（表5-8）。

表5-8 达西公式系数C值

泥沙性质	C
粗沙质黏土	0.65~0.77
中沙质黏土	0.58~0.64
细沙质黏土	0.41~0.54
极细沙质黏土	0.37~0.41

2. 流量 单位时间内通过河渠某一横截面的流体量，一般以 m³/s 计。

$$Q = \omega \cdot v$$

式中：Q——流量（m³/s）；

　　　ω——过水断面（m²）；

　　　v——平均流速（m/s）。

当河道近似梯形时，如图5-72所示；当河道近似矩形时，如图5-73所示；当河道近似抛物线时，如图5-74所示。

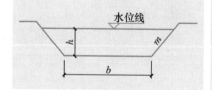

图5-72 梯形河道

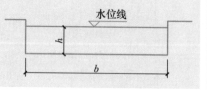

图5-73 矩形河道

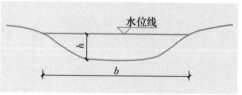

图5-74 抛物线河道

在园林中，如果溪流很小，也可参阅概略流量表（表5-9）进行估算。

表5-9 概略流量表

水流宽/m	5	3	2	2	2
水深/cm	5	5	5	5	4
坡度	1/100	1/100	1/200	1/100	1/50
流量/(m³/s)	250	150	68	100	86

3. 河道的流量损失　河道的流量损失主要是渗漏，影响渗漏的因素有河道的长短、水量的多少及土壤的渗漏性等。流量损失的计算主要用两种方法。

（1）估算法。视土壤的情况而定，一般为输水损失的10％～50％，对轻沙土壤采用输水损失的20％～30％。

（2）公式法（考斯加可夫公式，表5-10）。

$$1\ km\ 长河道的损失量＝10×系数×流量（1-指数）$$

表5-10　不同性质土壤的流量损失系数和指数

土壤性质	系数	指数
强透水性	3.4	0.5
中透水性	1.9	0.4
弱透水性	0.7	0.3

（三）护岸工程

为了在小溪中创造湍流、急流、跌水、水纹等景观，并减少水流对岸的冲蚀破坏作用，溪流的局部必须做工程处理（图5-75、图5-76）。

小河弯道处中心线弯曲半径一般不小于设计水面宽的5倍。有铺砌的河道，其弯曲半径不小于水面宽的2.5倍。弯道的超高一般不小于0.3 m，最小不得小于0.2 m。折角、转角处其水流不小于90°（图5-77）。

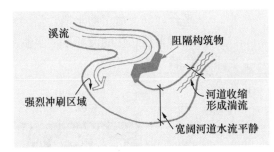

图5-75　河道变化对流速的影响

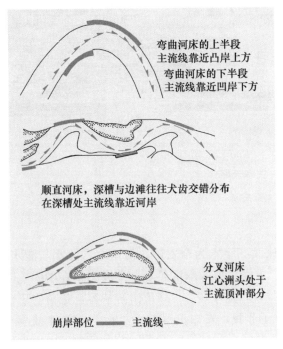

图5-76　护岸工程图

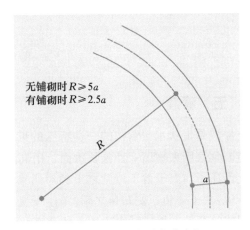

图5-77　河岸弯道弯曲半径

（四）曲水流觞

曲水流觞是我国古代的一种风俗。这种水景在造园理水艺术中具有浓厚的文学韵味。1 600

多年前著名书法家文学家王羲之《兰亭集序》描述："引以为流觞曲水，列坐其次。虽无丝竹管弦之盛，一觞一咏亦足以畅叙幽情。"举世闻名的"曲水邀欢处"在绍兴兰渚山下的书法胜地古兰亭。飞檐翘角的流觞亭前山石参差，紫竹间曲水清流，正是"竹风随地畅，兰气向人清"。文人雅士引水环曲成渠，流觞赋诗取饮，曲水流觞成为风雅乐事。乾隆在圆明园中仿建的兰亭，曲水穿行于天然石头及慈姑野草之间，保持着郊野的趣味。后来在绮春园、静宜园、中南海（流水音）、潭柘寺、乾隆花园（楔赏亭）等处，都建有流杯亭。把曲水流觞这种活动缩小范围，在亭内举行。在亭内的地面上，建成石刻的弯弯曲曲的流水槽，将山水或泉水引入，从石槽中流过，主持者把酒杯从上游浮下，人们作赋游戏，名曰"流杯亭"。当这种形式成为皇家的玩物后就失去了原来天然的韵味。

在北宋李明仲《营造法式》一书中还对其做法有所描述，其建造方式有两种：一为"剜凿水渠造"，即在整块石头上开凿出弯曲的水槽；另一种是"砌累底版造"，即在一块底版石之上以石块砌成水渠。水渠的图像又有"国字"和"风字"的形式，并附有图样以供参考。今日亦有仿古人修楔觞咏、怀古励今的景点，如北京香山饭店中的"曲水流觞"。临水的花岗岩铺成平台，其上凿了曲水槽，借当年兰亭修楔的典故，既不是当年自然曲水溪流的历史原型，又不是后来程式化的流杯亭的复制品。加大的平面和曲水平台安排了条石矮凳，简洁大方，富有时代感（图5-78）。

图5-78 曲水流觞

（五）濠濮

濠濮是带状水面营构的一种特殊的形式。濠濮二字本为今安徽、河南之古濠水与濮水名，被造园学家用来称谓一种狭长水面、山高水深、夹岸垂萝的幽深景观。濠濮是指在中国造园艺术上借庄子与惠子游于濠梁之上的对话来营造景观，庄子说："鲦鱼出游从容，是鱼之乐也。"惠子说："子非鱼，安知鱼之乐？"庄子又说："子非我，安知我不知鱼之乐？"由这个故事于濠濮间修筑高架石板或贴水建桥。如北京北海的濠濮间、颐和园的谐趣园等，反映了中国古代哲学和文化内容。

四、流水的构造及营建

1. 水源及其设置 园内的水源，可与瀑布、喷水或假山石隙中的泉洼相连，其出水口需隐蔽方显自然。将水引至山上，使其聚集一处成瀑布流下，或以岩石假山伪装，使水从石洞流出，或使水从石缝中流出。

2. 河岸的构造分类 两边堤岸的角度，除人工式可用 90° 外，一般以 35°～45° 为宜，依土质及堤岸的坚固程度而异。堤岸的构造，可分以下三种：

（1）土岸。水流两岸坡度宜较小，需较黏重不会塌崩的土质，在岸边宜培植细草。

（2）石岸。在土质松软或要求坚固的地方，两边堤岸用圆石堆砌。

（3）混凝土岸。为求堤岸的安全及永久牢固，可用混凝土岸。人工式庭园混凝土岸可磨平或作假斩石，或用表层块料铺装，如石材、马赛克、砖料等；自然式庭园的混凝土岸则宜在其表面做石砾，以增加美观。

3. 流水道结构 各类常见流水道如图 5-79、图 5-80 所示，图 5-81 是针对建筑物室内或屋顶园林溪流形式做法的结构大样图。

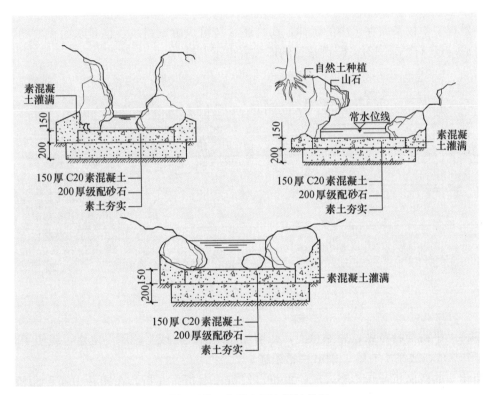

图 5-79 自然山石小溪结构图

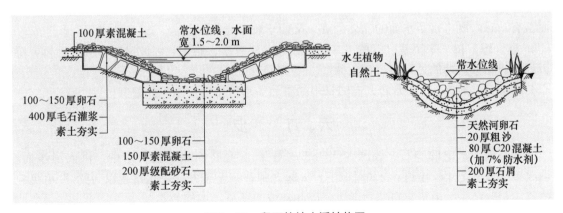

图 5-80 卵石护坡小溪结构图

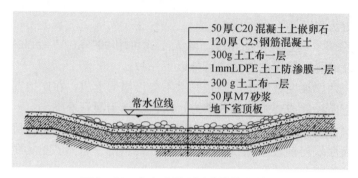

图 5-81　室内或屋顶溪流结构大样图

五、园　桥

桥在景观中不仅是路在水中的延伸，而且还参与组织游览路线，也是水面重要的风景观赏点，并自成一景（图 5-82）。园桥常见的形式有以下几种：

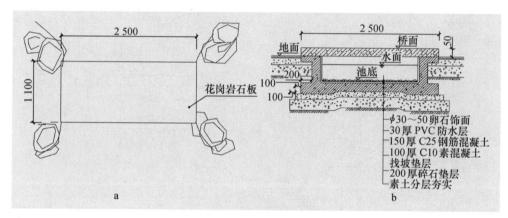

图 5-82　园林小桥实例
a. 石桥平面　　b. 石桥剖立面

1. 平桥　平桥简朴雅致，紧贴水面，或增加风景层次，或平添不尽之意，或便于观赏水中倒影、池中游鱼，或平中有险，别有一番乐趣。

2. 曲桥　曲桥曲折起伏多姿，无论三折、五折、七折、九折，在园林中通称曲桥或折桥，为游客提供各种不同角度的观赏点，桥本身又为水面增添了景致。

3. 拱桥　拱桥多置于大水面，它是将桥面抬高、做成玉带的形式。这种造型优美的曲线圆润而富有动感，既丰富了水面的立体景观，又便于桥下通船。

4. 亭（廊）桥　亭桥是以石桥为基础，在其上建有亭、廊等，因此又叫亭桥或廊桥，除一般桥的交通和造景功能外，还可供人休憩。

公路桥允许坡度在 4% 左右，而园林中的桥如为步行桥则可不受此限制。

六、汀　步

汀步是置于水中的步石，我国古代叫"礌礌"。它是将石块平落在水中，供人蹑步而行。神话故事《竹书纪年》中讲："（周穆王）大起九师，东至于九江，叱礌礌以为梁。"可见它是桥的"先辈"之一。由于它自然、活泼，因此常成为溪流、湖面的小景。

汀步设计的要点如下：

（1）基础要坚实、平稳，面石要坚硬、耐磨。多采用天然的岩块，如凝灰岩、花岗岩等，砂岩则不宜使用。也可使用各种美丽的人工石。

（2）石块表面要平，忌做成龟甲形以防滑，又忌有凹槽，以防止积水及结冰。

（3）汀石布石的间距应考虑人的步幅，中国人成人步幅为56～60 cm，石块的间距可为8～15 cm。石块不宜过小，一般应在40 cm×40 cm以上。汀步石面高出水面6～10 cm为好。

（4）置石的长边应与前进的方向相垂直，这样可以给人一种稳定的感觉。

（5）汀步置石需表现出韵律的变化，使作品具有生机和活跃感，富有音乐之美。

园林常用汀步的形式及构造如图5-83、图5-84所示。

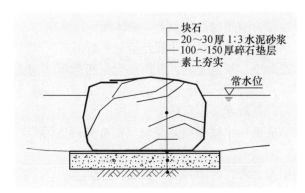

图5-83 自然山石汀步结构大样图

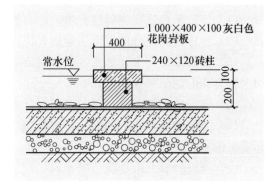

图5-84 规则式汀步结构大样图

第五节 落 水

一、落水的形式及特点

凡利用自然水或人工水聚集一处，使水从高处跌落形成白色水带，即为落水。落水的水位有高差变化，常成为设计焦点，变化丰富，视觉趣味多。落水向下澎湃的冲击水声、水流溅起的水花，都能给人以听觉和视觉的享受。根据落水的高度及跌落形式，可以分为以下几种。

1. 瀑布 瀑布本是一种自然景观，是河床具陡坎造成的。如水从悬崖或陡坡上倾泻下来而成的水体景观，或者是河流纵断面上突然产生坡折而跌落下来的水流。瀑布可分为面形和线形。面形瀑布是指瀑布宽度大于瀑布的落差，如尼亚加拉大瀑布，总宽约1 240 m，落差约50 m。线形瀑布是指瀑布宽度小于瀑布的落差，如萨泰尔连德瀑布，瀑面不宽，而落差有580 m。景观中的瀑布按其跌落形式被赋予各种名称，如丝带式瀑布、幕布式瀑布、阶梯式瀑布、滑落式瀑布等，并模仿自然景观，设置各种主景石，如镜石、分流石、破滚石、承瀑石等。

通常情况下，由于人们对瀑布形式的喜好不同，瀑布自身的展现形式也不同，加之表达的题材及水量不同，造就出多姿多彩的瀑布（图5-85）。

2. 跌水 跌水指欧式园林中常见的呈阶梯式跌落的瀑布。跌水本质上是瀑布的变异，强调一种规律性的阶梯落水形式，是一种强调人工美的设计形式，具有韵律感及节奏感。它是落水遇到阻碍物或平面使水暂时水平流动所形成的，水的流量、高度及承水面都可通过人工设计来控制，在应用时应注意层数，以免适得其反。

3. 斜坡瀑布 这也是瀑布的一种变化形式，落水由斜坡滑落，其表面效果受斜坡表面质

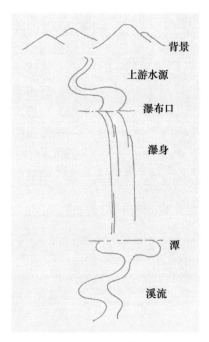

图5-85 瀑布模式图

地、性质的影响，体现了一种较为平静、含蓄的意趣。

4. 枯瀑　有瀑布之形而无水者称为枯瀑，多出现于日式庭园中。枯瀑可依枯水流的设计方式，完全用人为手法造出与真瀑布相似的效果。凡高山上的岩石经水流过之处，石面即呈现一种铁锈色，人工营建时可在石面上涂铁锈色氧化物，周围树木的种植也与真瀑布相同。干涸的蓄水池及水道都可改为枯瀑。

二、瀑布的设计与营建

（一）瀑布的基本设计要点

（1）筑造瀑布景观应师法自然，以自然的瀑布作为造景砌石的参考，来体现自然情趣。

（2）设计前需先行勘查现场地形，以决定大小、比例及形式，并依此绘制平面图。

（3）瀑布设计有多种形式，筑造时要考虑水源大小、景观主题，并按照岩石组合形式的不同进行合理的创新和变化。

（4）庭园地势平坦时，瀑布不要设计得过高，以免看起来不自然。

（5）为节省瀑布流水的损失，可装置水泵以形成循环水流系统，平时只需补充一些因蒸散而损失的水。

（6）应以岩石及植物隐蔽出水口，切忌露出塑胶水管，否则将破坏景观的自然感。

（7）岩石间的固定除用石与石互相咬合外，目前常以水泥强化其安全性，但应尽量以植物掩饰，以免破坏自然山水的意境。

（二）瀑布用水量估算

同一条瀑布，如瀑身水量不同，就会演绎出从宁静到宏伟的不同气势。尽管循环设备与过滤装置的容量决定整个瀑布循环规模，就景观设计而言，瀑布落水口的水流量（自落水口跌落的瀑身厚度）才是设计的关键。

以普通瀑高 3 m 的瀑布为例，可按如下标准设计：

（1）沿墙面滑落的瀑布，水厚 3～5 mm。

（2）普通瀑布，水厚 10 mm 左右。

（3）气势宏大的瀑布，水厚 20 mm 以上。

一般瀑布的落差越大，所需水量越多；反之，则需水量越少。

盛瀑潭内的水量、循环速度由水泵调节，因此，为便于调节水量，应选用容量较大的水泵。

人工建造瀑布用水量较大，因此多采用水泵循环供水，其用水量标准可参阅表 5-11。国

表 5-11　瀑布用水量设计（每米用水量）

瀑布的落水高/m	堰顶水膜厚度/m	用水量/(m³/min)
0.30	0.006	0.18
0.90	0.009	0.24
1.50	0.013	0.30
2.10	0.016	0.36
3.00	0.019	0.42
4.50	0.022	0.48
7.50	0.025	0.60
>7.50	0.032	0.72

外有关资料表明：高 2 m 的瀑布，每米宽度的流量约为 0.5 m³/min 较为适宜。国内经验以每秒每延长米5～10 L 或每小时每延长米 20～40 L 为宜。

瀑布用水量估算公式：

$$Q = K \times B \times H^{3/2}$$

式中：K——系数，$K = 107.1 + (0.177/H + 14.22/D \times H)$；

   Q——用水量（m³/s）；

   B——全堰幅（宽，m）；

   H——堰顶水膜厚度（m）；

   D——贮水槽深（m）。

计算结果加 3% 的富余量。

（三）瀑布落水的基本形式

瀑布落水的形式有：泪落、线落、布落、离落、丝落、段落、披落、二层落、对落、片落、重落、分落、帘落、滑落和乱落等（图 5-86）。

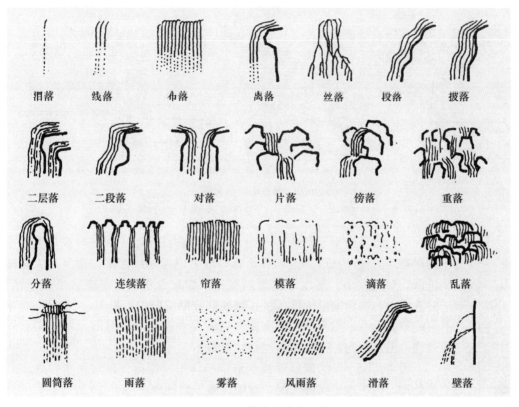

图 5-86　落水的基本形式

（四）瀑布的构成及营建

1. 水槽　不论引用自然水源或自来水，均应于出水口上端设立水槽储水。水槽设于假山上隐蔽的地方，水经过水槽，再由水槽中落下。采用何种瀑布形式除根据自然情景外，应由水源决定，水的供给量达 1 m³/s 者，可用重落、离落、布落等，如仅达 0.1 m³/s，可用线落、丝落等。

2. 出水口　出水口应模仿自然，并以树木及岩石加以隐蔽或装饰，当瀑布的水膜很薄时，能表现出极其生动的水态，但如果堰顶水流厚度只有 6 mm，而堰顶为混凝土或天然石材时，由于施工过程中很难把堰口做得平整、光滑，容易造成瀑身水幕的不完整，在塑造整形水幕时影响景观质量。为避免混凝土或天然石材堰口的缺点，可以采用以下处理方法：①以青铜或不锈钢制成堰唇，以保证落水口平整、光滑；②加深堰顶蓄水池的水深，以形成较为壮观的瀑布；③堰顶蓄水池可以采用花管供水，或在出水管口设挡水板，降低流速，一般控制流速为 0.9～1.2 m/s 为宜，以消除素流。

3. 瀑布面设计　瀑身设计是表现瀑布的各种水态和性格。在城市景观造景中，注重瀑身的变化，可创造多姿多彩的水态。天然瀑布的水态是很丰富的，设计时应根据瀑布所在环境的具体情况、空间气氛，确定设计瀑布的性格。瀑布落差的景观效果与视点的距离有密切的关系，随着视点的移动，在观感上有较大的变化。

瀑布水面高与宽的比例以 6：1 为佳。落下的角度应由落下的形式及水量而定，最大为 90°。瀑布面应全部以岩石装饰其表面，内壁面可用 1：3：5 的混凝土，高度及宽度较大时，则应加钢筋。瀑布面内可装饰若干植物，在瀑布面外的上端及左右两侧宜多栽植树木，使瀑布水势更为壮观。在现代都市环境中，瀑布的运用手法多种多样，不完全遵循这种比例（图 5-87）。

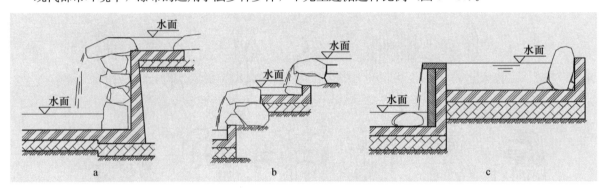

图 5-87　瀑布形式剖面图
a. 瀑布——远离落水　b. 瀑布——三段落水　c. 瀑布——连续落水

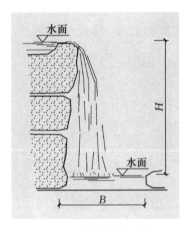

图 5-88　瀑布落差高度与潭面
宽度的关系

一般水流沿垂直墙面滑落时，会做抛物线运动。因此对高差大、水量多的瀑布，若设计其沿垂直墙面滑落，应考虑抛物线因素，适当加大盛瀑潭的进深。对高差小、落水口较宽的瀑布，如减少水量，瀑流常呈幕帘状滑落，并在瀑身与墙体间形成低压区，致使部分瀑流向中心集中，"哗哗"作响，还可能割裂瀑身，需采取预防措施，如加大水量或对设置落水口的山石做拉道处理，凿出细沟，使瀑布呈丝带状滑落。

通常情况下，为确保瀑流能够沿墙体平稳滑落，常对落水口处山石做卷边处理。也可根据实际情况，对墙面做坡面处理。

4. 潭（蓄水池）　天然瀑布落水口下面多为一个深潭。在做瀑布设计时，也应在落水口下面做一个受水池。为了防止落水时水花四溅，一般的经验是受水池的宽度不小于瀑身高度的 2/3（图 5-88）。即：

$$B \geqslant \frac{2}{3} H$$

（五）瀑布循环水流系统

水源是形成瀑布的重要因素，特别是在人工瀑布设计中，要提供充足的水源。如果园内有天然的水源并形成落差，可以直接利用，但多数情况下采用水泵循环供水的人工水源（图 5-89）。

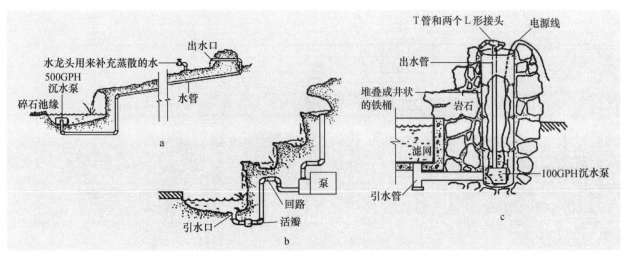

图 5-89　瀑布循环水流系统示意图

a. 瀑布——沉水泵　b. 瀑布——水平式泵　c. 瀑布——大型沉水泵

三、跌水的设计与营建

跌水的外形就像一道楼梯，其构筑的方法和瀑布基本一样，只是所使用的材料更加人工化，如砖块、混凝土、厚石板、条形石板或铺路石板，目的是要取得规则式设计所严格要求的几何结构。台阶有高有低，层次有多有少，构筑物的形式有规则式、自然式及其他形式，因饰面材料与贴法不同，均产生了形式不同、水量不同、水声各异的丰富多彩的跌水（图 5-90）。

图 5-90　不同表面产生不同的水幕效果

跌水是善用地形、美化地形的一种最理想的水态，具有很广泛的利用价值（图 5-91、图 5-92、图 5-93、图 5-94）。

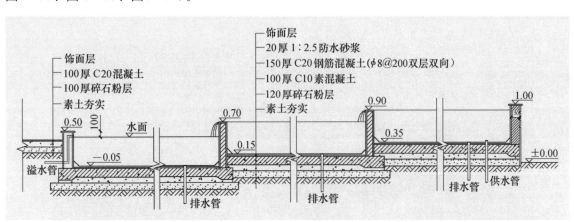

图 5-91　混凝土跌级水池一

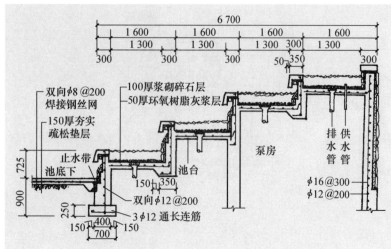

图 5 - 92　混凝土跌级水池二

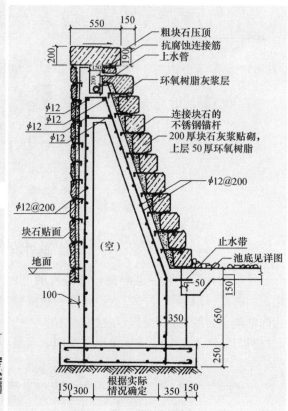

图 5 - 94　自然面石材跌水景墙

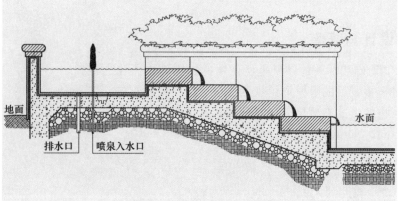

图 5 - 93　光面石材跌级水池

跌水的设计要点：

（1）如采用平整饰面的花岗岩作墙体，因墙体平滑没有凹凸，观者不易察觉瀑身的流动，影响观赏效果。

（2）用料石或花砖铺砌墙体时，应密封勾缝，以免墙体"起霜"。

（3）如在水中设置照明设备，应考虑设备本身的体积，将基本水深定在 30 cm 左右。

（4）在高差小的瀑布落水口处设置连通管、多孔管等配管时，较为醒目，设计时可考虑添加装饰顶盖。

跌水的基本结构形式如图 5 - 95 所示。

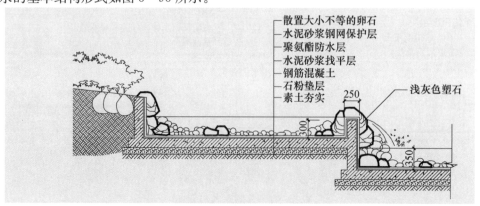

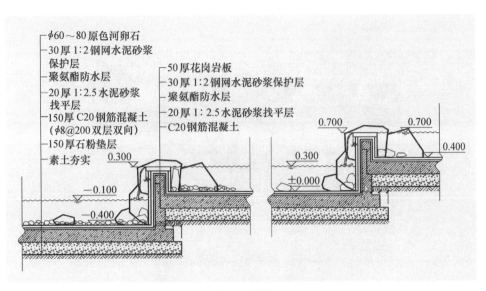

图 5-95　几种跌水结构及池底详图

四、其他落水形式

1. 水帘亭　水由高处直泻下来，由于水孔较细小、单薄，流下时仿若水的帘幕。这种水态在古代亦用于亭子的降温，水从亭顶向四周流下如帘，称为"自雨亭"。现在这种水帘亭常见于园林中（图 5-96）。这种水态用于园门则形成水帘门，可以起到分隔空间的作用，产生似隔非隔、又隐又透的朦胧意境。近年来，在旅游景点出现了一种水幕电影，它是利用高压喷水装置，使喷水呈细水珠状的水幕，在幕上放映电影，尤其适合大反差、大逆光及透明体的影像，这使得园林理水又多了一种为形象艺术服务的水态。

图 5-96　水帘亭

2. 溢流及泻流　水满往外流谓之溢流。人工设计的溢流形态取决于池的面积大小及形状层次，如直落而下则成瀑布，沿台阶而流则成跌水，或以杯状物如满盈般渗漏（图 5-97），亦有类似工厂冷却水形态者。

图5-97　香港屯门海洋公园溢流杯

泻流的含义原来是低压气体流动的一种形式。在园林水景中，将那种断断续续、细细小小的流水称为泻流，它的形成主要是降低水压，借助构筑物的设计点点滴滴地泻下水流，一般多设置于较安静的角落。

3. 管流　水从管状物中流出称为管流。这种人工水态主要来源于自然乡野的村落，村民常以挖空中心的竹竿引山泉之水，常年不断地流入缸中，以作为生活用水。近年园林中则以水泥管道，大者如槽，小者如管，组成丰富多样的管流水景。回归自然已成为当前园林设计的一种思潮，因而在借用农村管流形式的同时，也将农村的水车形式引入园林，甚至在仅有1m多宽的橱窗中也设计这种水体，极大地丰富了城市环境的水景。

4. 壁泉　水从墙壁上顺流而下形成壁泉，大体上有三种类型：

（1）墙壁型。在人工建筑的墙面，不论其凹凸与否，都可形成壁泉，而其水流也不一定都是从上面流下，可设计成具多种石砌缝隙的墙面，水由墙面的各个缝隙中流出，产生涓涓细流的水景。

（2）植物型。在中国园林中，常将垂吊植物如吊兰、络石等的根块中塞入若干细土，悬挂于墙壁上，以水随时滋润或"滴滴答答"发出响声者，或沿墙角设置"三叠泉"者，属于此类型。

（3）山石型。人工堆叠的假山或自然形成的陡坡壁面上有水流过形成壁泉，尽显山水的自然美感。

第六节　喷　泉

一、喷泉在景观中的作用

喷泉最早起源于古希腊时代的饮用水源，到古罗马时代产生了雕刻和装饰造型喷泉。喷泉常设置在高水位处。喷泉是利用压力使水自孔中喷向空中，再自由落下。因而，喷泉是由压力水向上喷射进行喷水造型的水景，其水姿多种多样，如蜡烛形、蘑菇形、冠形、喇叭花形以及喷雾形等。其喷水高度、喷水式样及声光效果可为庭园增添无限生气，且吸引人的视线，使之成为视觉焦点。

喷泉作为理水的手法之一，常用于城市广场、公共建筑，或作为景观小品，广泛应用于室内外空间。

喷泉本身为美的装饰品，需有宽阔场所陪衬，如公园、车站、大厦广场等。由于水柱的高度、水量以及机械设备均需与环境配合，因此应注意风向、水声、湿度及水滴飞散面等。喷泉通常是规则式庭园中的重要景物，被广泛地配置于规则式水池中；而在自然式水池中，则少有喷泉存在，即使有也多以粗糙起泡沫的水柱（涌泉）才能与四周环境调和。动态的喷水水景如能配合灯光及音响效果，则将更具吸引力，也更富于变化情趣，如形成水魔术、水舞台等动态式水景。

二、喷泉的构成和喷泉的工作程序

一个喷泉主要由喷水池、管道系统、喷头、阀门、水泵、灯光照明、电器设备等组成。

（一）喷水池

喷水池是喷泉的重要组成部分，其形状可任意变化，既可用来盛水，也是庭园中的一种装饰物，影响园中风景，起点缀、装饰、渲染环境的作用，而且能维持正常的水位以保证喷水，因此可以说喷水池是集审美功能与实用功能于一体的人工水景。

喷水池的形状、大小应根据周围环境和设计需要而定。形状可以灵活设计，但要求富有时代感。池的半径视喷水高度而定，一般水池半径应等于喷水的高度，否则风力稍强时，所喷之水即飞扬至池外，有碍行人通行、观瞻等，并造成水池缺水。实践中，如用潜水泵供水，喷水池的有效容积不得小于最大一台水泵 3 min 的出水量。

决定喷水的造型后，应决定水池的构造。喷水池需要保持一定的水位高度，给排水及溢水口的预留、自然蒸发水量的补充及循环系统用蓄水池的装置，均应加以考虑。水池水深应根据潜水泵、喷头、水下灯具等的安装要求确定，其深度不能超过 70 cm，否则必须设置保护措施，同时要注意与水中马达及水中照明有关，一般水中照明支架设置深度以 30 cm 为宜，上沿离水面 5～10 cm 为宜，水深 50 cm 以上为准。

喷水池由基础、防水层、池底、压顶等部分组成。

1. 基础　基础是水池的承重部分，由灰土和混凝土层组成。施工时先将基础底部素土夯实，密实度不得低于 85%，灰土层厚 30 cm（3∶7 灰土），C10 混凝土厚 10～15 cm。

2. 防水层　水池工程中，防水工程质量的好坏对水池能否安全使用及其寿命长短有直接影响，因此，正确选择和合理使用防水材料是保证水池质量的关键。目前，水池防水材料种类较多。按材料分，主要有沥青类、塑料类、橡胶类、金属类、砂浆、混凝土及有机复合材料等。按施工方法分，主要有防水卷材、防水涂料、防水嵌缝油膏和防水薄膜等。

水池防水材料的选用可根据具体要求确定，一般水池用普通防水材料即可。钢筋混凝土水池还可采用抹 5 层防水砂浆（水泥中加入防水粉）的做法。临时性水池则可将吹塑纸、塑料布、聚苯板组合使用，均有很好的防水效果。

3. 池底　池底直接承受水的竖向压力，要求坚固耐久。多用现浇钢筋混凝土池底，厚度应大于 20 cm，如果水池容积大，要配双层钢筋网。施工时，每隔20 m 选择最小断面处设变形缝，变形缝用止水带或沥青麻丝填充。每次施工必须从变形缝开始，不得在中间留施工缝，以防漏水（图 5-98）。

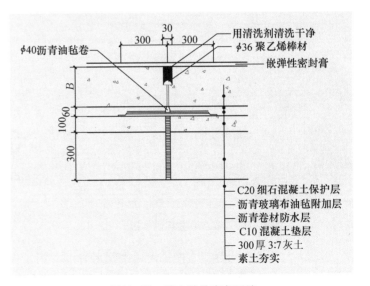

图 5-98　喷水池池底变形缝

（二）喷水装置的电源及照明

喷水使用的电源以 110 V 或 220 V 为主，大型喷水装置宜采用 220 V，功率大小则与喷水的数量及水量有关，应详细计算。水中照明可分开放型、密闭型两种，色彩则主要由灯泡或灯罩的颜色来表现。灯泡一般为 100 W、150 W、200 W、300 W。灯泡的耐久寿命一般为 1 000～2 000 h。

（三）附属物

喷水景观经常与雕塑结合应用，而且喷水口一般设在雕塑上，雕塑或为女神、猛兽、鱼鸟，或为水盘、盆钵。雕塑既可以增加趣味，喷水停止时，亦使水池不显得单调。有时喷水口仅以数块岩石装饰，亦很美观。

（四）喷泉的水源及给排水方式

1. 喷泉的水源 喷泉供水水源多为人工水源，有条件的地方也可利用天然水源。人工喷泉的水源必须清洁、无腐蚀性、无臭味，符合卫生要求。喷泉除用城市自来水作为水源外，其他像冷却设备和空调系统的废水等也可作为喷泉的水源。

目前，最为常用的供水方式有循环供水和非循环供水两种。循环供水又分离心泵和潜水泵循环供水两种方式；非循环供水主要是自来水供水。

（1）自来水供水。供水形式如图 5-99 所示。其供水特点是自来水供水管直接与喷水池内的喷头相接，给水喷射一次后即经溢流管排走。优点是供水系统简单，占地面积小，造价低，管理简单。缺点是给水不能重复使用，耗水量大，运行费用高，不符合节约用水要求，同时由于供水管网水压不稳定，水形难以保证。

（2）离心泵循环供水。供水形式如图 5-100 所示。其特点是要另外设计泵房和循环管道，水泵将池水吸入后经加压送入供水管道至水池中，使水得以循环利用。优点是耗水量小，运行费用低，符合节约用水原则，在泵房内即可调控水形变化，操作方便，水压稳定。缺点是系统复杂，占地面积大，造价高，管理复杂。离心泵循环供水适合各种规模和形式的水景工程。

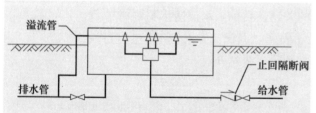

图 5-99 自来水供水形式

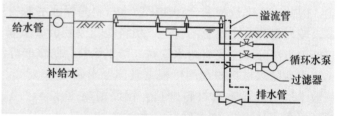

图 5-100 离心泵循环供水形式

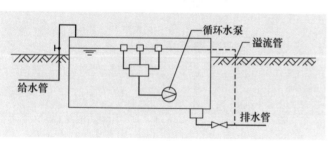

图 5-101 潜水泵循环供水形式

（3）潜水泵循环供水。供水形式如图 5-101 所示。其特点是潜水泵安装在水池内，与供水管道相连，水经喷头喷射后落入池内，直接吸入泵内循环使用。优点是布置灵活，系统简单，不需另建泵房，占地面积小，管理容易，耗水量小，运行费用低。潜水泵循环供水适合于各种类型的水景工程。

2. 喷泉用水的给排水方式 对于流量在 2～3 L/s 以内的小型喷泉，可直接由城市自来水供水（图 5-102），使用后直接排入城市雨水管网。为了保证喷水具有稳定的高度和射程，供水需经过特设的水泵加压。当用水量不大时，仍可直接排入城市雨水管。

对于大型喷泉，一般采用循环供水，其供水方式可以设水泵房，也可以将潜水泵置于喷水池或水体内低处，循环供水（图 5-103）。

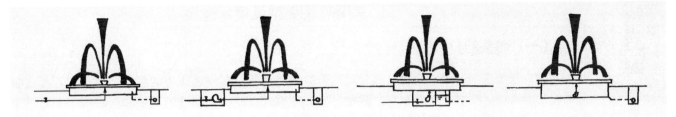

图 5 - 102　喷泉的给排水形式

a. 小型喷泉的给排水　b. 小型喷泉加压供水　c. 设水泵房循环供水　d. 用潜水泵循环供水

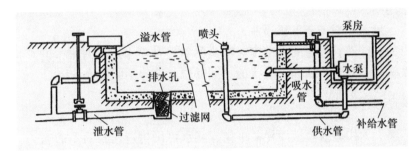

图 5 - 103　喷泉循环供水

在有条件的地方，可以利用天然高位水作为水源，用毕自行排除。为了保持喷水池的卫生，大型喷泉还可设置专门的水泵，供喷水池水的循环，并在管路中设过滤器和消毒设备，以清除水中的杂物、藻类和病菌。喷水池的水应定期更换，其废水可用于周围绿地的喷灌或地面洒水。

3. 排水管及溢水口配管　为防止池水水位升高溢出，可于池壁顶部设溢流口，池水通过溢水管流入阴井，直接排放至城市下水道中。若回收循环使用，则通过溢流管回流到泵房，作为补给水回收。日久有泥沙沉淀，可经格栅沉淀室（井）进行清污，污泥由清污管入阴井而排出，以保证池水的清洁。溢流口标高应保持在距池顶 200～300 mm 为宜。

一般给水管直径在 2.5 cm 以上、排水管直径在 6.5 cm 以上、溢水管直径在 4.0 cm 以上为适宜。水管的配置并无特别规定，依总水量而定，管径较小时，水池的清扫或给水时间加长，面积大的水池溢水管的数量要增加，以保持一定的水位。

喷泉基本工作流程（图 5 - 104）：水源（河水、自来水）→泵房（水压若符合要求，则可省去，也可用潜水泵直接放于池内而不用泵房）→进水管→将水引入分水槽或分水箱（以便喷头等在等压下同时工作）→分水器、控制阀门（如变速电机、电磁阀等时控或音控）→喷嘴→喷出各种各样水姿。如果喷水池水位升高超过设计水位，水就由溢流口流出，进入排水井排走。喷泉采用循环供水，多余的溢水回送到泵房，作为补给水回收。时间长了出现泥沙沉淀，可通过格栅沉淀进入泄水管清污，污物由清污管进排水井排出，从而保证池水的清洁。

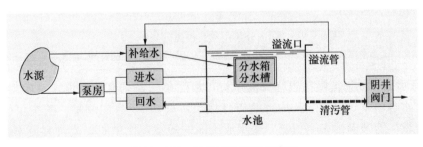

图 5 - 104　喷泉工作流程示意图

三、常用喷头类型及喷水造型

（一）喷头的材质

喷头是喷泉的一个主要组成部分。喷头的作用是使具有一定压力的水流经喷头后，形成各种设计的水花，喷射在水面上空。因此，喷头的形式、结构、制造的质量和外观等，都对整个喷泉的艺术效果产生重要的影响。外形需美观，耗能少，噪声低。材质便于精加工，并能长期使用。

喷头受高速水流的摩擦，一般需选用耐磨性好、不易锈蚀且具有一定强度的黄铜或青铜制成。喷头还可采用不锈钢和铝合金材料，也有采用陶瓷和玻璃的。用于室内时也可采用工程塑料和尼龙等材料，尼龙主要用于低压喷头。

喷头出水口的内壁及其边缘的光洁度对喷头的射程及喷水造型有很大的影响。因此，设计时应根据各种喷头的不同要求或同一喷头的不同部位，选择不同的光洁度。

（二）喷头的类型

喷水形式与喷头的构造因规模而异，小规模喷水可用构造比较简单的喷头。柱状喷嘴包含单柱、大口径柱、空气混合柱、水内柱等，可分为雾状喷嘴、扇形喷嘴、牵牛花形喷嘴、伞形喷嘴、水幕式喷嘴。较大规模的喷水应采用构造较复杂的喷头。设计者充分了解喷水式样、水量及喷水高度后，再决定喷头类别与配置方式、喷水时间的精密控制以及彩色照明的配合等。

目前国内外经常使用的喷头的种类有很多，可以归纳为以下几类（图5-105）。

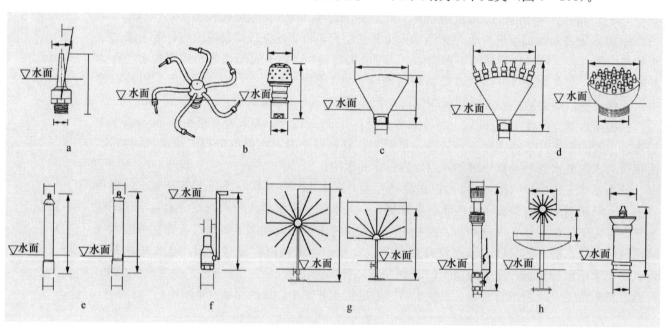

图5-105 国内外常用喷头种类

a. 单射流喷头　b. 旋转喷头　c. 扇形喷头　d. 多孔喷头　e. 水膜喷头　f. 吸水喷头　g. 蒲公英形喷头　h. 组合式喷头

1. 单射流喷头　单射流喷头也称直流喷头，最简单的是垂直式射流，一般射程在15 m以内，而后散成水珠落下。有时承托底部装有球接头，可做15°方向调整。喷头可以各种口径和方向组成有规律、有节奏的多姿射流，交织成绚丽的图案，比单股射流具有更丰富的创造力和吸引力。

单射流喷头可以单独使用，更多则是组合使用，形成多种样式的喷水形。其喷头又可分固定式与可调式两种。

2. 喷雾喷头 喷雾喷头内部具有一个螺旋形导水板，能使水进行圆周运动。因此，当旋转的水流由顶部小孔喷出时便迅速散开，弥漫成雾状的水滴。当天空晴朗，阳光灿烂，太阳对水珠表面与人眼之间连线的夹角为 $42°18'\sim40°36'$ 时，伴随着蒙蒙的雾珠，色彩缤纷的彩虹辉映着湛蓝的晴空，景色十分瑰丽。

3. 环形喷头 环形喷头的出水口为环形断面，能使水形成外实中空、集中而不分散的环形水柱，以雄伟、粗犷的气势跃出水面，给人们带来一种奋进向上的激情。

4. 旋转喷头 旋转喷头的出水口有一定的角度，利用压力水由喷嘴喷射出时的反作用力或其他动力带动回转器转动，使喷嘴不断地旋转运动。从而丰富了喷水的造型，喷出的水花或欢快旋转或飘逸荡漾，形成各种扭曲线形，婀娜多姿。

5. 扇形喷头 扇形喷头的外形很像扁扁的鸭嘴，能喷出扇形的水膜或像孔雀开屏一样美丽的造型。

6. 多孔喷头 多孔喷头是由多个单射程喷嘴组成的一个大喷头，也可以是由平面或曲面的带有很多细小孔眼的壳体构成的喷头。多孔喷头能呈现出造型各异的盛开的水花。

7. 水膜喷头 水膜喷头也称半球形喷头，种类很多，共同特点是在出水口的前面有一个可以调节、形状各异的反射器，当水流通过反射器时，能对水花进行造型，从而形成各式各样、均匀的水膜，如牵牛花形、半球形、扶桑花形等。

喷头的喷嘴安装各种可以调节的盖帽，使射流沿周边喷射，形成各种不同造型（牵牛花形、球形、钟形）的均匀水膜。水声小、富有表现力，常用于室内和庭院水池中。

8. 吸力喷头 吸力喷头利用压力水喷出时在喷嘴的出水口附近形成的负压区，由于压差的作用，周围的空气和水被吸入喷嘴外的套筒内，与喷嘴内喷出的水混合后喷出。这时水柱的体积膨大，同时因混入大量细小的空气泡，形成乳白色不透明的水体。它能充分地反射阳光，因此色彩艳丽。夜晚如有彩色灯光照明，则更是光彩夺目。吸力喷头又可分为吸水喷头、加气喷头以及吸水加气喷头。

9. 蒲公英形喷头 蒲公英形喷头是在圆球形的壳体上装有很多同心放射状喷管，并在每个短管的管头上装一个半球形喷头。因此，它能喷出像蒲公英一样美丽的球形或半球形水花。蒲公英形喷头可以单独使用，也可以几个喷头高低错落地布置，显得格外新颖、典雅。

10. 涌泉喷头 涌泉喷头可分为加气和普通涌泉喷头两种。普通涌泉喷头喷水时将空气吸入，形成乳白色膨大的水柱涌出水面，粗犷挺拔，灯光配合效果明显。加气涌泉喷头在室内外任何喷水池中均可使用，水声较大，因而气氛强烈，由于乳白色泡沫丰富，在阳光下反光强烈、抗风力强，但对水位有一定的要求。

11. 柔性喷头 柔性喷头又称水帘幕式喷头，以透明尼龙带（或塑料细管）编排成帘幕，每条带的上下端头固定沉没于水中，使水流沿帘幕缓缓下淌，无溅水噪声，形成一幅奇特的水帘幕景观。每条带宽约 46 mm，长可达 27 m。带距一般为 30 mm，喷头上端水槽水深可取 13～20 mm。

12. 组合式喷头 由两种或两种以上形体各异的喷嘴根据水花造型的需要，组合成一个大喷头，叫组合喷头，它能够形成较复杂的花形和优美柔和的空中曲线。

除了上述经常使用的常规喷头外，现在市面上还有一些特殊要求、特殊效果的喷头：

（1）波光喷头。可喷出光滑不散水柱的特制喷头，配上切割装置即可成为子弹（鼠跳）喷头，配上照明装置即可成为光导喷头。

（2）水雷喷头。置于水下可喷出爆炸水柱的喷头，常由气压缸和特制喷嘴及控制装置组成。

（3）超高喷头。可将水喷至百米以上的喷头，常由特制喷嘴和配水整流装置组成。

（4）踏泉喷头。与专用控制装置配套，在游人触发时，能喷出爆炸状或其他形式水柱的喷头。

（5）升降喷头。在水压作用下可以升降的各种喷头的总称。一般常用的喷头均可做成可升降的喷头。

（6）超雾化喷头。一般水雾喷头喷出的雾滴直径为毫米级，超雾化喷头则可喷出微米级雾滴，形成近似烟云状态，可分为高压式、压缩空气式、超声波式。

（三）喷头的直径

喷头的直径（DN）是指喷头进水口的直径，单位为毫米。在选择喷头的直径时，必须与连接管的内径相配合，喷嘴前应有不小于 20 倍喷嘴口直径的直线管道长度或设整流装置，管径相接不能有急剧的变化，以保证喷水的设计水姿造型。

常用喷头直径公称值如表 5-12 所示。

表 5-12　常用喷头直径公称值表

公称直径	mm（毫米）	15	20	25	32	40	50	70	80	100
	in*（英寸）	1/2	3/4	1	5/4	3/2	2	5/2	3	4

* in（英寸）为非法定单位。

四、喷泉的水力计算

喷泉设计中为了达到预想的水型，必须确定与之相关的流量、管径和所需的水压，为喷泉的管道布置和水泵选择提供依据。因此，配水管网的计算主要是确定管径和水头损失。

（一）总流量（Q）

1. 单个喷嘴的流量（q）

$$q = \mu f \sqrt{2gH} \times 10^{-3}$$

式中：q——喷嘴流量（m^3/s）；

μ——流量系数，与喷嘴的形式有关，一般在 $0.62 \sim 0.94$ 之间；

f——喷嘴出水口断面积（mm^2）；

g——重力加速度（$9.80\ m/s^2$）；

H——喷头入口水压（m，水柱）。

2. 总流量（Q）　喷泉总流量是指在某一时间同时工作的各个喷头喷出的流量之和的最大值。即：

$$Q = q_1 + q_2 + \cdots + q_n$$

（二）管径

$$D = \sqrt{\frac{4Q}{\pi v}}$$

式中：D——管径（mm）；

Q——流量（m^3/s）；

π——圆周率（3.141 6）；

v——流速（m/s）。

由公式中可知在管径计算中，流速的选择是一个先决的条件，在一般给水管网中，为防止水锤引起的破坏作用，最高流速选用 2.5～3.0 m/s。由上式可以看出，在流量不变的情况下，流速选择愈小，则管径愈大，管的造价也愈高；反之，选择的流速大，则管径小，管的造价低，但水头损失增加，使日常消耗的输水动力费用增高，从而增加经营费用。所以在选择管径时要综合考虑管道的建造费用和经营费用，如果这两个主要经济因素之和最小，这时的流速叫经济流速。但在喷泉的管网计算中，为了获得等高的射流，管内流速通常选用 0.5～1.0 m/s 为宜。

（三）水头损失

在喷泉中使用的管道都是压力管道，水流经管道时产生的能量损失，叫水头损失。由于产生水头损失的外部条件不同，又可分为沿程水头损失和局部水头损失。

1. 沿程水头损失　直管段内水在匀速流动情况下，由于水和管壁间摩擦力及水体内的黏滞性所引起的机械能消耗，叫沿程水头损失。

2. 局部水头损失　当水流通过管道系统中的连接件、控制件等使水流突然改变形态，水流内部摩擦而消耗的机械能形成局部水头损失。

这两者是不可分割，又互相影响的。因此总水头损失等于沿程水头损失加上局部水头损失的和，即：

$$h_{总} = \sum h_{沿} + \sum h_{局}$$

式中：$h_{总}$——总水头损失；

$\sum h_{沿}$——沿程水头损失之和；

$\sum h_{局}$——局部水头损失之和。

在实际工程中常用查表法来计算沿程水头损失和局部水头损失。

（四）总扬程（总水头）

总扬程＝净扬程＋损失扬程

其中损失扬程的计算比较复杂。对一般的喷泉可以粗略地取净扬程的 10%～30% 作为损失扬程。

实际扬程＝工作压力＋吸水高度

工作压力是指水泵中线至喷水最高点的垂直高度，喷泉最大喷水高度确定后，压力可确定，如喷 15 m 的喷头，工作压力为 150 kPa。吸水高度，也称水泵允许吸上真空高度（泵牌上有注明），是水泵安装的主要技术参数。

（五）水泵泵型选择

水泵是喷泉工程给水系统的主要组成部分。喷泉工程系统中使用较多的是卧式或立式离心泵和潜水泵，小型喷泉也可用管道泵、微型泵等。各种水泵的性能参数见表 5-13。

具体选择水泵时必须根据喷水系统的最大设计流量和最高扬程，按水泵性能表确定所选水泵的型号，考虑到运转过程中泵的磨损和效能降低，通常选用的水泵应稍大于设计流量和扬程，一般多采用 10%～15% 的附加值。

水泵选择要做到"双满足"，即流量满足、扬程满足。因此流量和扬程是选择水泵的两个主要指标。

1. 流量确定　按同时工作的各喷头流量之和确定。

2. 扬程确定　按喷泉水力计算总扬程确定。

表 5-13　常见轻便型水泵及其安装使用

序号	水泵类型	水泵型号	功率/kW	电压/V	扬程/m	吸程/m	流量/(m³/h)	安装与使用
1	自吸泵	DBZ	330		35		24	①固定泵体，连接钢管，底阀与水平面垂直，离水底30 cm以上；②接电试运转，正常后，打开空气螺塞，出水口向泵注水，拧紧螺塞，接上电源；③电机严格接地，并保持干燥，温度在-2℃以下时要防冻；④水泵额定电压波动范围为5%～15%；⑤自吸泵要在吸水口处裹上过滤纱布
			370		20～35		3	
			550		30～48	6～8	6	
			450		20～55		8	
2	清水泵	DB	330	220	15～20		6	
			370		20～35	8～10	3	
			550		20～32	8～12	6	
			750		20～30	8～12	8	
			550		15～20	8～10	12	
			750		10～15	6～8	12～16	
3	潜水泵	QD	250		12		1.5	①接好输水管，使水泵可靠接地；②在泵体手提处串绳，严禁用电缆线吊装水泵；③下水前要进行空转试验（小于90 s）；④提绳放泵，一般水泵入水深度不应超过3 m，离水底50 cm以上；⑤深水井泵入水深度大于10 m；⑥水泵外围要设置过滤装置；⑦加长电线需要用防水电缆
			370		20～35		2～4	
			550		20		9	
			550	220	20～45		4～6	
			750		16～22		8～12	
			750		35～45		4～6	
			4 000		70		20～30	
			5 000		80		20～30	
			750	380	35		8	
			1 100		40		10	
			2 200		50		12	
4	螺杆潜水泵	QLB	370	220	35～60		1.5～3	①安装方法参考潜水泵；②在浅水（水深1 m）中试泵，不得脱水运行或试泵；③同样需要过滤设备
			550	220/380	50～80		2～4	
5	管道增压泵	SG	60		2～6		0.1～3	①安装参考潜水泵；②要在进出口管线上安装阀门；③泵体要放平，安装位置合适；④环境温度不超过40℃，加压液温不超过100℃；⑤水中不得有颗粒、杂物
			80		38		0.6～15	
			120	220	5～12		0.8～2	
			250/370		10～20		1.5～4	
			550/750		12～30		4～12	
			1 100/1 500	380	4～16		8～100	

五、喷泉设备及管线的选择

喷泉设备包括管道系统、喷头、阀门、水泵、灯光照明、电器设备等。

（一）管材

对于室外喷水景观工程，我国常用的管材是镀锌钢管（白铁管）和不镀锌钢管（黑铁管）。

一般埋地管道管径在 70 mm 以上时用铸铁管。对于室内工程和小型移动式水景可采用塑料管（硬聚氯乙烯）。

在采用不镀锌钢管时必须做防腐处理。防腐最简单的方法是刷油法，即先将管道表面除锈，刷防锈漆（如红丹漆）两遍再刷银粉。如管道需要装饰或标志时，可刷调和漆打底，再加涂需要的彩色油漆。

埋于地下的铸铁管外管一律要刷沥青防腐，明露部分可刷红丹漆及银粉。

喷水工程常用管材如表 5 - 14 所示。

表 5 - 14 喷水工程常用管材表

管材类别和名称		产品特征			优　点	缺　点	注：DN 为公称直径，或公称通径，是管道标准化的基本参数之一。其中 D 表示管的直径，N 表示公称。
		管径 DN/mm	单根长度/m	容许工作压力/(N/mm²)			
金属管	焊接钢管 白铁管 镀锌钢管	6～150	4～9	≤1.0（普通管） ≤1.6（加厚管）	①坚韧：耐力大，抗震佳，弯切易；②薄轻：壁薄、质轻，耗料少，节长，接头少；③内壁光滑，水力条件好；④连接方便，易于安装	①易生锈：埋于土中易腐蚀，其寿命20～30年，黑铁管更易锈蚀；②价格贵；③白铁管比黑铁管重3%～5%，因为有镀锌层，不宜焊接	
	黑铁管 不镀锌钢管	6～150	4～10	≤1.0（普通管） ≤1.6（加厚管）			
	给水铸铁管 低压管	75～900	3～6	H≤0.45	①比钢管耐腐蚀，寿命长可达 70～100 年，但 30 年后要开始更换；②价廉	①质脆：抗震差；②厚重：比任何直径钢管多耗原材料1.5～2.5倍；③节短，接头多，不能焊接；④易腐蚀：管壁会产生锈瘤，使内径更小而阻力加大	
	普通管	75～1 500	3～9	0.45≤H≤0.75			
	高压管	150～500	5～6	0.75≤H≤1.0			
非金属管	硬聚氯乙烯塑料管 轻型管	15～200	4±0.1	≤0.6	①抗蚀：能抗酸、碱、油、水的侵蚀，无锈；②质轻：比重轻，是钢管的1/5；③壁光，阻力很小；④易装：易锯、焊、粘接头	①易老化：7～8 年后要变质；②适应温度变化小，仅宜用于-5～45 ℃流体，过热要变形，过冷要变脆，一般适用于室内管道；③不抗撞击	
	重型管	8～65	4±0.1	≤1.0			

（二）管道连接

钢管的连接方式有螺纹连接、焊接和法兰连接。

螺纹连接（又称丝扣连接）是利用配件连接，镀锌钢管必须用螺纹连接。多用于明装管道。

焊接的优点是接头紧密，不漏水，施工迅速，不需配件。缺点是不能拆卸。焊接只能用于不镀锌钢管。多用于暗装管道。

法兰连接一般用在连接闸门、上回阀、水泵、水表等处，以及需要经常拆卸、检修的管段上。在较大管径的管道上（50 mm 以上），常用法兰盘焊接和用螺纹连接在管端，再以螺栓连接之。DN≤100 mm 时宜选用螺纹连接，DN≥100 mm 时宜选用法兰连接。

塑料管的连接方式有螺纹连接（配件为注塑制品）、焊接（热空气焊）、法兰连接、粘接等。

（三）控制附件

控制附件用来调节水量、水压、关断水流或改变水流方向。在喷水景观工程管路中常用的控制附件主要有闸阀、截止阀、逆止阀、电磁阀、电动阀、气动阀等。

（1）闸阀。起隔断水流、控制水流道路的启与闭的作用。

（2）截止阀。起调节和隔断管中水流的作用。

（3）逆止阀。又称单向阀，用来限制水流方向，以防止水的倒流。

（4）电磁阀。由电信号来控制管道通断的阀门，作为喷水工程的自控装置。另外，也可以选择电动阀、气动阀来控制管路的开闭。

（四）水泵种类

喷水景观工程中从水源到喷头射流过程中水的输送是由水泵完成的（除小型喷泉外），水泵是喷水工程给水系统的重要组成部分。泵房则是安装水泵动力设备及有关附属设备的建筑物。

喷水景观工程系统中使用较多的是卧式或立式离心泵和潜水泵。小型的移动式喷水的供水系统可用管道泵、微型泵等。常用的陆用泵一般采用 IS 系列、S 系列，潜水泵多采用 QY、QX、QS 系列和丹麦的格兰富（GRUNDFOS）SP 系列。

1. 离心泵 离心泵又分为单级离心泵、多级离心泵。其特点是依靠泵内的叶轮高速旋转所产生的离心力将水吸入并压出。结构简单，使用方便，扬程选择范围大，应用广泛。值得注意的是，离心泵在使用时要先向泵体及吸水管内灌满水排除空气，然后才能开泵供水。

图 5-106 是清水离心泵铭牌样式，通过铭牌能基本了解水泵的规格及主要性能。流量指水泵在单位时间内的出水量，用立方米每小时（m^3/h）或升每秒（L/s）表示。扬程为扬水高度（m）。为避免水泵运行时产生气蚀现象，经过试验确定吸水安全高度，并留有 0.3 m 的安全余量，称允许吸上真空高度，水泵的安装必须在这个高度范围内。水泵功率分为有效功率、轴功率和配套功率三种。有效功率是水泵传给水的净功率；轴功率是水泵在一定流量和扬程下，动力机械给水泵轴上的功率；配套功率是水泵应选配的电动机的功率。

离心泵工作特性曲线一般形式如图 5-107 所示。在最高效率点 A 附近，有一段用 BC 表示的曲线，成为水泵的高效率区。高效区的技术数据均载于水泵样本的水泵性能表中，以供选择水泵。

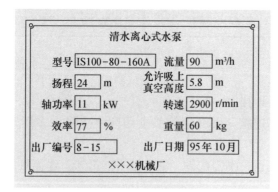

图 5-106 清水离心泵铭牌样式（引用）

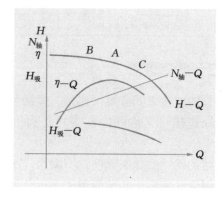

图 5-107 离心泵工作特性曲线图

图中：H——总扬程；

　　　Q——流量；

　　　η——总效率；

　　　$N_{轴}$——轴功率；

　　　$H_{吸}$——允许吸上真空高度；

　　　A——最高效率点。

水泵的性能及基本工作参数如下：

总扬程：水泵的扬水高度，以 H 表示，单位是 mH_2O。

流量：单位时间内水泵的出水量，以 Q 表示，单位是 m^3/h、L/s、t/h（1 L/s＝3 600 L/h＝3.6 m^3/h）。

允许吸上真空高度（含水泵安装高度）：表示水泵工作时能吸上水的高度，以符号 $H_{吸}$ 表示，单位是 mH_2O。为避免离心泵运转时发生气蚀现象，损坏叶轮，对各个水泵规定了一个尽可能大的吸上高度，再加 0.3 m 的安全超高，即为 $H_{吸}$，规定水泵的安装高度必须在这个真空高度范围之内。

功率：水泵功率分为有效功率、轴功率和配套功率三种。

有效功率：水泵传给水的净功率，以 $N_{效}$ 表示，单位是 kW。

$$N_{效}＝\gamma QH(Nm/s)$$
$$＝\gamma QH/1\,000(kW)$$

式中：γ——水的重度（kN/m^3）；

$\quad\quad$ Q——水泵流量（L/s）；

$\quad\quad$ H——水泵扬程（m）。

轴功率：水泵在一定流量和扬程下，动力机械传给水泵轴上的功率，以 $N_{轴}$ 表示，单位是 kW。

$$N_{轴}＝N_{效}/\eta$$

式中：η——水泵效率。

配套功率：水泵的驱动所选用的相匹配的电动机（或柴油机）的功率，以 $N_{配}$ 表示，单位是 kW。为了使水泵安全运转，常取 $N_{配}＝(1.1\sim1.2)N_{效}$

效率 η：

$$\eta＝N_{效}/N_{轴}\times100\%$$

单级离心泵效率 η 为 60%～80%。

转速 n：水泵叶轮每分钟旋转的次数为转速 n，单位为 r/min。每台水泵都有规定的转速，叫作额定转速。最普遍应用的转速有 2 900、1 480、980、735 r/min 四种。当转速 n 改变时，流量 Q、扬程 H、轴功率 $N_{轴}$ 都发生变化。一般小水泵转速高，大水泵转速低，可以采用适当方法改变水泵转速，来扩大水泵的使用范围。

IS 型单级单吸离心泵性能如表 5-15 所示。流量 Q 为 6.3～400 m^3/h，扬程 H 为 5～125 m。

表 5-15　IS 型单级单吸离心泵性能表

水泵型号	转速/ (r/min)	流量/		扬程/m	效率/%	功率/kW		必需气 蚀余量/m	泵质量/ kg
		（m^3/h）	（L/s）			轴功率	电机功率		
IS50-32-125	2 900	7.5	2.08	22	47	0.96	2.2	2.0	44.5
		12.5	3.47	20	60	1.13		2.0	
		15	4.17	18.5	60	1.26		2.5	
	1 450	3.75	1.04	5.4	43	0.13	0.55	2.0	
		6.3	1.74	5	54	0.16		2.0	
		7.5	2.08	4.6	55	0.17		2.5	
IS50-32-160	2 900	7.5	2.08	34.3	44	1.59	3	2.0	46
		12.5	3.47	32	54	2.02		2.0	
		15	4.17	29.6	56	2.16		2.5	
	1 450	3.75	1.04	8.5	35	0.25	0.55	2.0	
		6.3	1.74	8	48	0.29		2.0	
		7.5	2.08	7.5	49	0.31		2.5	

水泵型号	转速/(r/min)	流量/		扬程/m	效率/%	功率/kW		必需气蚀余量/m	泵质量/kg
		(m³/h)	(L/s)			轴功率	电机功率		
IS50-32-200	2 900	7.5	2.08	52.5	38	2.82	5.5	2.0	39
		12.5	3.47	50	48	3.54		2.0	
		15	4.17	48	51	3.95		2.5	
	1 450	3.75	1.04	13.1	33	0.41	0.75	2.0	
		6.3	1.74	12.5	42	0.51		2.0	
		7.5	2.08	12	44	0.56		2.5	
IS50-32-250	2 900	7.5	2.08	82	28.5	5.87	11	2.0	
		12.5	3.47	80	38	7.16		2.0	
		15	4.17	78.5	41	7.83		2.5	
	1 450	3.75	1.04	20.5	23	0.91	1.5	2.0	
		6.3	1.74	20	32	1.07		2.0	
		7.5	2.08	19.5	35	1.14		2.5	
IS50-32-125A	2 900	15	4.17	21.8	58	1.54	3	2.0	
		25	6.94	20	69	1.97		2.0	
		30	8.33	18.5	68	2.22		2.5	
	1 450	7.5	2.08	5.35	53	0.21	0.55	2.0	
		12.5	3.47	5	64	0.27		2.0	
		15	4.17	4.7	65	0.30		2.5	
IS65-50-160	2 900	15	4.17	35	54	2.65	5.5	2.0	37
		25	6.94	32	65	3.35		2.0	
		30	8.33	30	66	3.71		2.5	
	1 450	7.5	2.08	8.8	50	0.36	0.75	2.0	
		12.5	3.47	8	60	0.45		2.0	
		15	4.17	7.2	60	0.49		2.5	
IS65-40-200	2 900	15	4.17	53	49	4.42	7.5	2.0	48
		25	6.94	50	60	5.67		2.0	
		30	8.33	47	61	6.29		2.5	
	1 450	7.5	2.08	13.2	43	0.63	1.1	2.0	
		12.5	3.47	12.5	55	0.77		2.0	
		15	4.17	14.8	57	0.85		2.5	
IS65-40-250	2 900	15	4.17	82	37	9.05	1.5	2.0	
		25	6.94	80	50	10.9		2.0	
		30	8.33	78	53	12.0		2.5	
	1 450	7.5	2.08	21	35	1.23	2.2	2.0	
		12.5	3.47	20	46	1.48		2.0	
		15	4.17	19.4	48	1.65		2.5	

水泵型号	转速/(r/min)	流量/ (m³/h)	流量/ (L/s)	扬程/m	效率/%	轴功率	电机功率	必需气蚀余量/m	泵质量/kg
IS80-65-125	2 900	31	8.61	22	76		5.5		36
		50	13.9	20					
		64	17.8	18					
	1 450	17	4.72	5.5	72		0.55		
		25	6.94	5					
		32	8.89	4.5					
IS80-65-125A	2 900	28	7.78	17	75		4		36
		45	12.5	15					
		58	16.1	13					
	1 450	15	4.17	4.2	70		0.55		
		22	6.11	3.7					
		28	7.78	3.3					
IS80-50-200	2 900	31	8.61	5.5	69		15		45
		50	13.9	5.0					
		64	17.8	4.5					
	1 450	17	4.75	14	65		1.5		
		25	6.94	12.5					
		32	8.89	11					
IS100-80-125	2 900	65	18.1	22	79		11		42
		100	27.8	18					
		125	34.7	17					
	1 450	31	8.61	5.5	78		1.1		
		50	13.9	5					
		64	17.8	4.5					

型号意义：IS80-65-160

IS——国际标准单级单吸清水离心泵；

80——泵入口直径（mm）；

65——泵出口直径（mm）；

160——泵叶轮名义直径（mm）。

2. 潜水泵　潜水泵分为立式和卧式两种。潜水泵的泵体和电机在工作时都浸入水中，水泵叶轮可制成离心式或螺旋式，潜水泵的电机必须有良好的密封防水装置。具有体积小、重量轻、移动方便、安装简便等特点。开泵时不需灌水，成本低廉，节省大量管材，不装底阀和逆止阀，也不需另设泵房，效率高，机泵合一，既减少了机械损失又减少了水力损失，提高了水泵效率。

理想的是卧式潜水泵，它可将水池内的水深降至最小值。

潜水泵由水泵、密封、电动机等三大部分组成。水泵部分由叶轮和泵壳构成；密封部分采用陶瓷磨块整体式密封，各固定上口配合处均用橡胶密封环进行密封；电动机部分用全封闭水冷式鼠笼型三相异步充油电动机，其结构与一般立式电动机相似。

水泵的各基本工作参数是互相联系、互相影响的，用工作特性曲线来表示它们之间的相互关系，潜水泵工作曲线和技术性能如表5-16、表5-17及表5-18所示。

表 5-16　QX 型潜水泵

水泵型号	流量/		扬程/m	转速/(r/min)	配带功率/kW	机组效率/%	电压/V	频率/Hz	电流/A	电泵质量/kg	生产厂家
	(m³/h)	(L/s)									
QX10	8	2.22	12	2 800	0.75	39	380	50	1.83	20	
	11	3.06	10			41					
	14	3.89	76			39					
QX20(81)	8	2.22	21	2 900	1.5	40	380	50	4.17	32	
	11	3.06	20			43					
	18	5.0	14			40					
QX1535-3	12～18	3.3～5	35	2 870	3		380	50	6.3	50	
QX2525-3	20～30	5.6～8.3	25							50	
QX4015-3	32～48	8.9～13.3	15							51	
QX6510-3	52～78	14.4～21.7	10							55	
QX1007-3	80～120	22.2～33.3	7							55	

表 5-17　YX 型潜水泵

水泵型号	流量/(m³/h)	扬程/m	转速/(r/min)	轴功率/kW	电压/V	频率/Hz	电流/A	质量/kg	生产厂家
QX6-185	6	18.5	2 800	0.75	380	50	1.7	13	
QX10-11	10	11	2 800	0.75	380	50	1.7	13	
QX5-10	5	10	2 800	0.3	220	50	3.4	13	

表 5-18　WQ 型微型潜水泵

水泵型号	流量/		扬程/m	转速/(r/min)	功率/kW		效率/%	叶轮直径/mm	质量/kg
	(m³/h)	(L/s)			轴功率	电机功率			
WQ-6	8.5	2.36	18	2 800	0.661	1	63	132	18
WQ-6A	8	2.22	14	2 800	0.491	0.75	62	120	18

型号意义：QX$_{10}$，WQ-5

Q——潜水电泵；

X——泵进水口位置在潜水电泵的下方；

10——泵设计点扬程值（m）。

W——微型；

Q——泵可潜入水中；

5——泵的比转数除以10的整数值。

　3. 管道泵　管道泵可以用于移动式喷泵或小型喷泵，将泵体与循环水的管道直接相连。另外，还可以自来水管管路加压，以提高喷水的扬程。

BG 型管道离心泵性能参数如表5-19所示。

表 5-19　BG 型管道离心泵性能参数表

水泵型号	流量		扬程/m	转速/(r/min)	功率/kW		效率/%	允许上吸真空高度/m	气蚀余量/m	叶轮直径/mm	质量/kg
	/(m³/h)	/(L/s)			轴功率	电机功率					
BG40-80	4.8	1.33	9.6	2 800	0.26	0.37	46	5.3		92	
	6.0	1.67	9.3		0.29		52	6			
	7.2	2.00	8.8		0.33		55	3			
BG40-12	3.8	1.07	13.6	2 800	0.38	0.75	38	7.6		108	
	6.0	1.67	12.5		0.47		44	7			
	7.7	2.14	10.4		0.51		42	7			
BG50-12	10	2.78	13.8	2 830	0.66	1.1	57	7.3		112	14
	12.5	3.47	13.2		0.75		60	7.5			
	15	4.17	12.7		0.84		62	7.5			
BG50-20	10	2.78	23	2 860	1.25	2.2	50	7.3		138	14
	12.5	3.47	22.5		1.39		55	7.3			
	15	4.17	21		1.48		58	7			
BG50-20A	9.6	2.67	18.3	2 860	0.89	2.2	50	7.3		125	14
	12	3.33	17.7		1.05		55	7.3			
	14.5	4.03	16.6		1.13		58				
BG65-20	17.5	4.86	22.5	2 880	1.85	3	58			140	22
	24.5	6.8	22		2.22		66	7.5			
	30	8.33	21		2.45		69	7.0			
BG65-20A	17.5	4.86		2 880	1.53	2.2	58	8		125	22
	21.5	5.97	16		1.47		66	7.5			
	26	7.22			1.77		68	7.1			

型号意义：BG50-20A

BG——单级管道式离心泵；

50——泵出、入口直径（mm）；

20——泵设计点扬程值（m）；

A——泵叶轮直径经第一次切割。

管道泵结构简单，重量轻，安装维修方便。泵的入口和出口在一条直线上，能直接安装在管道之中，所以占地面积小，不要安装基础。

六、水景工程的管线布置及维护

喷泉的管线主要由输水管、配水管、补充供水管、溢水管及泄水管等组成。喷泉管道布置要点如下：

1. 主、次管道的安排　在小型喷泉中，管道可以直接埋在池底下的土中。在大型喷泉中，如管道多而复杂时，应将主要管道敷设在能通行人的渠道中，并在喷泉的底座下设检查井。只有那些非主要的管道才可直接敷设在结构物中，或置于水池内（图 5-108）。

2. 供水　为了使喷水获得等高的射流，对于环形配水的管网，多采用"十"字形供水。

3. 补充供水　喷水池内水的蒸发和在喷射过程中一部分水被风吹走等原因，造成喷水池内水量的损失，因此，需在喷水池内设补充供水管。补充供水管除满足喷水池内的水量损失外，

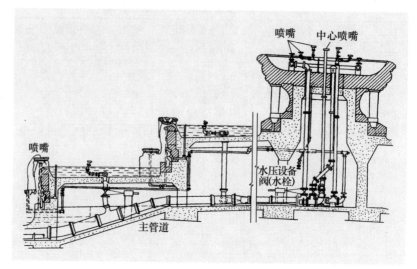

图 5-108　喷水池管道安装图

还应满足运行前水泵的充水要求。如补充供水管直接与城市自来水管相连接，则应在接管处设逆止阀，以防污染城市自来水。

4. 泄水管　水池的泄水管一般采用重力泄水，大型喷泉应设泄水阀门，小型水池只设泄水塞等简易装置。泄水管可直通城市雨水井，但要注意防止城市雨水倒灌污染喷水池及水泵房等。

5. 溢水管　水池的溢水管直通城市雨水井，其管径大小应为喷泉进水管径的 2 倍。溢水管应有不小于 0.3% 的坡度。在溢水口外应设有拦污栅。

6. 管径的一致　连接喷头的水管不能有急剧的变化，如有变化，必须使水管管径逐渐由大变小，并在喷头前有一段直管，其长度不应小于喷头直径的 20～50 倍，以保持射流的稳定。

7. 喷射调节　对每一个或每一组具有相同高度射流的管道，应有自己的调节设备，一般用阀门或整流圈来调节流量和水压。

8. 清洗和检修　为了便于清洗和检修，从卫生和美观出发，喷水池每月应排空换水 1～2 次。在寒冷地区，为了防止冬季冻害等，所有的管道均应有一定的坡度，以便停止使用时，将管内的水全部排空，一般不小于 0.2%。

9. 安装牢固　喷泉管道的接头应紧密，设在结构物内的管道安装完毕后，应进行水压试验，冲洗管道后再安装喷头。

影响喷泉设计的因素较多，有些因素难以考虑周到。因此设计出来的喷泉，有时不可能全部符合设计要求。为此，对于设计复杂的喷泉，为了达到预期的艺术效果，应通过试验加以校正调整，以达目的。

七、喷泉施工

喷泉工程的施工程序，一般是先按照设计将喷水池和地下水泵房修建起来，并在修建过程中进行必要的给水排水主管道安装。待水池、泵房建好后，再安装各种喷水支管、喷头、水泵、控制器、阀门等，最后才接通水路，进行喷水试验和喷头及水形调整。除此之外，在整个施工过程中，还要注意以下一些问题：

（1）喷水池的地基若比较松软，或者水池位于地下构筑物（如水泵地下室）之上，则池底、池壁的做法应视具体情况，进行力学计算之后再做专门设计。

（2）池底、池壁防水层的材料宜选用防水效果较好的卷材，如三元乙丙防水布、氯化聚乙烯防水卷材等。

（3）水池的进水口、溢水口、泵坑等要设置在池内较隐蔽的地方。泵坑、穿管的位置宜靠近电源、水源。

（4）在冬季冰冻地区，各种池底、池壁的做法都要求考虑冬季排水出池，因此，水池的排水设施一定要便于人工控制。

（5）池体应尽量采用干硬性混凝土，严格控制砂石中的含泥量，以保证施工质量，防止漏透。

（6）较大水池的变形缝间距一般不宜大于 20 m。水池设变形缝应从池底、池壁一直沿整体断开。

（7）变形缝止水带要选用成品，采用埋入式塑料或橡胶止水带。施工中浇筑防水混凝土时，要控制水灰比在 0.6 以内。每层浇筑均应从止水带开始，并应确保止水带位置准确，嵌接严密牢固。

（8）施工中必须加强对变形缝、施工缝、预埋件、坑槽等薄弱部位的施工管理，保证防水层的整体性和连续性。特别是在卷材的连接和止水带的配置等处，更要严格技术管理。

（9）施工中所有预埋件和外露金属材料必须认真做好防腐防锈处理。

八、喷泉的控制方式

目前喷水景观工程的运行控制常采用手动控制、程序控制、音响控制。对于程控和声控的水景工程，水流控制阀门是关键装置之一，要求它能适时控制，保证水流形态的变化与程控讯号和声频讯号同步，保证长时间反复动作无故障，尽量使开关量与通过的流量保持线性关系。

人控——用人工控制喷泉的水姿表演。

时控——用定时器控制喷泉的水姿表演。

机控——用变速电动机控制喷泉的水姿表演。

音控——音控是总称，即指在喷泉喷水的形态、色彩及其变化方式上，使用了种种方法，使之随音乐同步协调进行配合表演。

1. 喊泉控制方式　在喷头的供水管道上安装电动调节阀（或气动调节阀），在外部声频讯号达到给定强度时，使控制调节阀开启，喷头开始喷水，随着声强的加大，调节阀的开启度加大，喷头的出流量（或喷水高度、射程等）也加大（图 5-109）。也可用一组电磁阀代替调节阀，声强达到给定值时开启一个电磁阀，随着声强的加大，开启的电磁阀的数量增多。这是最简单的声响控制，常用于儿童公园，供孩子们玩耍取乐（图 5-110）。

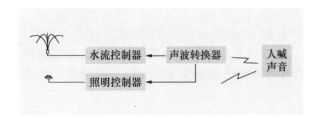

图 5-109　喊泉控制方式

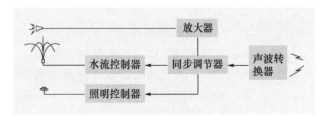

图 5-110　音乐喷泉控制方式

2. 录音带控制方式　在同盘录音带上同时录上音乐讯号和控制讯号，其中控制讯号是根据音乐的声强或频率等经滤波后录制的。为使音乐的播放节奏与喷水姿态变化达到同步，应根据不同工程的配管情况，使控制讯号出现比音乐讯号提早一定的时间。在播放音乐的同时，将控制讯号转换成电讯号，再经放大后用于控制或调节阀门（电动、气动或电磁）的开关或开启度，也可用于控制水泵的开停和调节水泵的转速。水景照明装置也可同时得到控制和调节。控制方式见图 5-111。

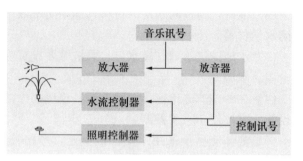

图 5-111 录音带控制方式

录音带控制设备比较简单，成本低，易于实现。但这种方式只能利用预先录制的专用录音带进行控制，同时其音乐和控制讯号的时间差是固定值，不能随意调节，因而不能适用于任意场合。

3. 直接音响控制方式 直接接收外界音乐讯号，经声波转换器转换成电讯号，再经同步调节装置将音乐讯号与控制讯号自动调节至同步，然后由放大器播放音乐，同时操纵喷水和照明装置的执行机构，使音乐、喷水和照明协调变换。

4. 间接音响控制方式 将预先编好的程序输入程序控制器，用同步控制器调节播音的滞后时间，播放音乐。程序控制器按照预编程序控制喷水和照明的变化组合，同时利用音乐讯号调节喷水的流量大小、射程高低或远近等以及照明的强弱。这样就可以使喷水姿态、照明色彩与照度随着音乐的旋律、节奏而变化，形成音乐悠扬、水姿翩翩、五彩缤纷、变化万千的水景演出。控制方式见图 5-112。

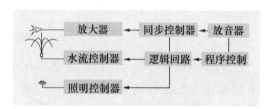

图 5-112 间接音响控制方式

目前国内多采用时控和声控两种方式。时控是由定时器和彩灯闪烁控制器按预先设定的程序定时变换喷头的喷水方式和彩灯的色彩，此方式比较简单、价廉，但变化单调，而且喷水受水流变化及管道的阻滞影响，音响和灯光变化不易同步出现，使得喷水和声、光脱节，喷水柱与音乐节奏不协调。同时还会因定时器所控制喷水变化的"电磁阀"开闭短暂而导致瞬时电流、电压的增大而频繁损坏。

九、彩色喷泉的灯光布置

喷泉下设水池，水中常设置彩灯照明，也常为观赏喷泉水姿而于池中设置照明彩灯。灯光是夜间水体的主要表现手段，耀眼的灯光会给水体带来神奇的效果，增加人们对水景的注意力，而且灯光有各种不同的色彩，使水景有色彩变换，带来和白天完全不同的艺术感受。

1. 喷泉照明的特点 喷泉照明与一般照明不同。一般照明是在夜间创造一个明亮的环境，而喷泉照明则是要突出水花的各种风姿。因此，要求有比周围环境更高的亮度，而被照明的物体又是一种无色透明的水，这就要利用灯具的各种不同的光分布和构图，形成特有的艺术效果，制造开朗、明快的气氛，供人们观赏。

2. 喷泉照明的手法 为了既能保证喷泉照明取得华丽的艺术效果，又能防止炫目，布光是非常重要的。水池照明一般分为水上、水下和水面三种照明方式。

水上照明灯具多安装于临近的水上建筑设备上，可使水面照度分布均匀，但往往使人们眼睛直接或通过水面反射间接地看到光源，引起炫目，应加以调整。

水下照明灯具多置于水中，导致照明范围有限，也不希望产生水面反射，灯具应具有抗蚀与耐水性，并能抗水浪的冲击。水下灯又分池壁灯和水中灯等。一般在水面上看不到光源，而能清晰地看到观赏目标。照明灯具的位置一般是在水面下 5～10 cm 处。在喷嘴的附近，以喷水前端高度的 1/5～1/4 以上的水柱为照射的目标，或以喷水下落到水面稍上的部位为照射的目标。这时如果喷泉周围的建筑物、树丛等背景是暗色的，则喷泉水飞花下落的轮廓就会被照射得清清楚楚。

3. 喷水的照度设计 喷泉多为水花，随着观看位置与距离的不同以及喷泉周围环境的不同，喷泉的明亮度有所变化。一般来说，周围亮时喷水端部的照度为 100～200 lx，周围暗时则为 50～100 lx。

4. 光源与灯具的选择 光源使用最多者当推白炽灯泡。其优点是调光、开关控制方便，但当喷水高度较高并预先开关时，可使用汞灯或金属卤化物灯。水下光的颜色以黄、蓝色系统易识别，也传得较远。喷水照明光源的主要特征见表 5-20。

表 5-20　喷水照明光源的特征

灯的种类	功率/W	特　征
白炽灯	100～300	易于变色、开关、调光
汞灯	200～400	光束大，不适于色彩照明
金属卤化物灯	400	

灯具既有在水中露明的小型简易灯具，其灯泡限定为反射型灯泡，容易安装。也有多光源的密闭型灯具，与其所使用的灯配套。灯有反射型灯、汞灯、金属卤化物灯（表 5-21）。

表 5-21　光源种类与照明灯具的关系

光源种类	照明灯具
反射型投光灯（喷水专用）	灯光露明型
反射型投光灯（一般照明用）	密闭型
汞灯（一般照明用）	
金属卤化物灯（一般照明用）	

5. 水池照明注意事项

（1）照明灯具应密封防水并具有一定的机械强度，以抵抗水浪和意外的冲击。

（2）水下布线应满足电气设备相关技术规程规定，为防止线路破损漏电，需常检验。严格遵守先通水浸没灯具、后开灯，先关灯、后断水的操作规程。

（3）灯具要易于清扫和检验，防止异物或浮游生物的附着积淤。宜定期清扫换水或添加灭藻剂。

（4）灯光的配色要防止多种色彩叠加后得到白色光，造成局部彩色消失。在喷头四周配置各种彩灯时，喷头背后色灯的颜色比靠近游客身边的灯的色彩要鲜艳得多。所以，要将透射比高的色灯（黄色、琥珀色）安放在水池边近游客的一侧，同时也应相应调整灯对光柱的照射部位，以加强表演效果。

（5）电源输入方式是电源线用三芯橡皮护套线（截面积为 3 mm×1.5 mm），其中一根应接地，电源线通过镀锌铁管在水池底接到需要装灯的地方，应将管子端部与水下接线盒输入端直接连接，再将灯的电缆穿入接线盒的输出孔中密封即可。

十、喷泉的日常管理

要确保喷泉正常运行，应加强对喷泉的管理。日常管理中应注意以下几方面：

（1）喷水池清污。水池中常有一些漂浮物、杂斑等影响喷泉景观的物质，应及时处理。采取人工打捞和刷除的方法去污。对沉泥沉沙要通过清污管排除，并对池底进行全面清扫，扫后再用清水冲洗1～2次，最好用漂白粉消毒1次。经常喷水的喷泉要求20～30 d清洗1次，以保证水池的清洁。在对池底排污时，要注意对各种管口和喷头进行保护，应避免污物堵塞管道口。水池泄完水后，一般要保持1～2 d干爽时间，这时最好对管道进行1次检查，看连接是否牢固、表面是否脱漆等，并做防锈处理。

（2）喷头检测。喷头的完好性是保证喷水质量的基础，有时经一段时间喷水后，一些喷头出现喷水高度、水形等与设计不一致的现象，原因是运行过程中喷嘴受损或喷嘴堵塞，必须定期检查。如喷头堵塞，可取下喷头将污物清理后再安装上去；如喷头已磨损，应及时更换。检测中发现不属于喷头的故障，应对供水系统进行检修。

（3）动力系统维护。在泄水清护水池期间，同时要对水泵、阀门、电路（包括音响线路和照明线路）进行全面检查与维护，重点检查：线路的接头与连接是否安全，设备、电缆等是否有磨损，水泵转动部件是否涂油漆润滑，各种阀门关闭是否正常，喷泉照明灯具是否完好等。如为地下式泵房，应检查地漏排水是否畅通。如发现有不正常现象，要及时维修。

（4）冬季温度过低时，应及时将管网系统的水排空，避免积水结冰冻裂水管。

（5）喷泉管理应由专人负责，非管理人员不得随意开启喷泉。要制定喷泉管理制度和运行操作规程。

（6）维护和检测过程中的各种原始资料要认真记录，并备案保存，为日后喷泉的管理提供经验材料。

思考与训练

1. 参观及实测某城市或公园水景，要求绘制环境平面图，水景平面图、立面图及透视图，并应用所学的知识，绘制水池结构图。

2. 根据特定环境，进行小型水景（水池、瀑布、小溪、喷泉）的设计。并利用泡沫、吹塑纸、橡皮泥等材料进行此水景模型制作。

3. 根据以上喷泉设计的喷头数量、环境特性等进行喷泉水力计算，并选择水泵。

4. 动手安装水景演示系统，按图安装各种管线、喷头及水泵，接好电源与水源，调试喷头的水形，并绘制该演示系统的系统图。

第六章 Chapter 6 山石景观工程

本章主要讲述园林山石的材料种类与应用、园林山石的功能、置石的方法、假山掇叠施工与艺术处理手法、塑山与塑石技术，了解园林山石工程的基本概念、基本理论和施工技术。在此基础上，结合课程设计和实习，培养和提高学生对园林山石工程综合分析、设计改造和组织施工的能力。

山石在园林中或展示个体的形态美，或展示群体的组合美，或展示掇叠艺术之美，自古以来就是园林中不可缺少的一种要素。在园林中，用有限的自然山石或人工材料艺术性地再造真山、奇石景观的创作过程称为山石景观工程。不同地区受环境条件、原材料、文化以及技术的影响，都形成具有自己独特风格的山石景观。因此，山石景观工程是风景园林建设的专业工程，也是本课程重点内容之一。

第一节 概 述

山石景观包括假山景观、自然石景观、石作景观和石玩景观四部分内容。假山景观是指园林中以造景为目的，用土、石等材料构筑的山；自然石景观是指山石不加堆叠、零星布置形成的景观，即置石，主要表现天然裸岩的自然美；石作景观是指经艺术雕刻或建筑砌石形成的具有一定工艺美的山石作品；石玩景观是指选择天然形成的具有奇异造型和纹理的山石，加以艺术布局和修饰而形成的山石景观。几种景观的共同之处是自然山石材料或自然山石造型，即山石的自然美。

山石景观在中国园林中还具有独特的内容美。在中国古典园林中，山是园之"骨"，石是山之"骨"，"片石"如山。这是中国特殊而有趣的微观文化之一。和西方民族不同，在我国古往今来，石头常为人们扮演着种种不同的艺术文化"角色"，人们对石头也有着这样或那样的审美情趣。我国流传的女娲炼石补天的美丽神话，其产生应该和"击石拊石，百兽率舞"（《尚书·益稷》）的时代相先后。它一方面寄寓了先民企求征服自然的愿望，朦胧地表达了对石器时代工具功能的不自觉的认识。另一方面，也与先民在幻想中把自然物加以神化并进行崇拜的原始意识有关。我国考古学家曾多次发现石头图腾崇拜的遗迹。人们在现实生活中和山水建立起物质的交换关系，而且在审美的领域里也和山水建立起情感的联想。"智者乐水，仁者乐山"（《论语·雍也篇》）给后人留下深远的影响，而"片山有致、寸石有情"使得山石情趣丰富，耐人寻味。

中国园林中造假山始于秦汉。秦汉时的假山从"筑土为山"发展到"构石为山"。魏晋南北朝山水诗和山水画对园林创作影响深远，《南史》载："溉第居近淮水。斋前山池有奇礓石，长一丈六尺。"《旧唐书》载："乐天罢杭州刺史，得天竺石一""罢苏州刺史时得太湖石五"。可见，当时癖石之风甚盛。唐宋时园林中建造假山之风大盛，出现了专门堆筑假山的能工巧匠。宋徽宗于政和七年（1117），建艮岳于汴京（今开封），并命朱力用"花石纲"的名义搜罗江南奇花异石运往汴京。中国历史上有很多石怪、石癖者。更有甚者是园主们竞相以奇石夸富，宋徽宗甚至给峰石加官封爵。自此民间宅园赏石造山，蔚然成风。明清两代又在宋代的基础上把假山技艺引向"一拳代山，一勺代水"的阶段。明代林有麟编绘的《素园石谱》中有宣和六十五石图。明、清时期，置石于园则更为广泛，有"无园不石"之说。明代计成的《园冶》和文震亨的《长物志》、清代李渔的《闲情偶寄》中有关于假山的论述。明代的张南阳、明清之交的张涟（张南垣）、清代的戈裕良等假山宗师从实践和理论两方面使假山艺术臻于完善。现存的假山名园有苏州的环秀山庄、上海的豫园、南京的瞻园、扬州的个园和北京北海的静心斋等。此外，在工艺美术领域里，红木架上置一块玲珑多姿的英德石，作为"文房清供"或置于白石水盆内，有咫尺千里的山水之趣。

外国园林中也有假山布置。古代的亚述人喜造人工小丘和台地，并把宫殿建在大丘上，把神庙建在小丘上。日本也很重视用假山、置石和砾石布置园林，在山石命名和位置安排方面受佛教的影响。欧洲一些国家在植物园中开辟岩生植物园，以岩生植物为主体，用岩石和土壤创造岩生植物的生长条件，还在动物园中造兽山以展览动物。欧美现代园林中也出现不少用水泥或钢化玻璃等材料塑成的假山。

假山和置石在材料上是相同或相似的，但由于所处环境不同，在造型与功能方面有明显区别。假山是人工再造的山石景物的通称；一般来说，置石为山石不加堆叠，呈零星布置，形成可观赏的独立性、组合性或附属性的景致。置石主要表现山石的个体美或局部的组合美，不具备完整的山形，可以单独成景，也可以结合挡土、护坡、种植或器设而具有实用功能。置石构成形式简单，体现较深的意境，能达到寸石生情的艺术效果。如苏州留园的冠云峰、上海豫园的玉玲珑、杭州花圃中的绉云峰、北京颐和园东宫门内的迎宾石和乐寿堂的青芝岫等，最古老的置石则为无锡惠山唐代的"听松"石床。假山常是以真山为蓝本，以造景游览为主要目的，组成单元丰富，使人有置身于自然山林之感，假山的体量大而集中，在景观上足以影响其他要素的布局与造型。假山可供游人观赏、游览，达到"虽由人作，宛自天开"的艺术境界，如苏州拙政园假山、沧浪亭假山，北京北海的静心斋、濠濮间等。石作注重其工艺美，而石玩注重其天然情趣美。为分析造景原理和方法常进行较为详细的分类。

一、山石景观的种类

山石景观包括山景观和石景观。山则大，可观可游可植；石则小，可观可品。山有大小、多少、园内壁边之别；石也有个体多少、布置形式的不同。

（一）假山景观的种类

1. 按构成材料分　按掇山所用材料不同分为四种，即土假山、石假山、石土混合假山和塑山。

（1）土假山。堆假山的材料全部或绝对大的量为土。此类假山造型比较平缓，可形成土丘与丘陵，占地面积较大，多用于平地外沿作为景色转折点，或用作障景、隔景，以丰富园林景观效果。堆筑土丘和丘陵的工程比较简单，土山工程投资较少，对改变园林风景面貌起一定作用。由于受土壤稳定性的限制，小面积土山不会造成较高山势，更不易形成峰峦谷洞景观。如郑州紫荆山公园东区与周围道路的隔离，采用了高3～5 m的带状土山，使挖湖与堆山结合起来，有效减少了土方工程量，同时土山又满足了周边防护性风景林的种植条件，有利于形成一道绿色屏障。北京圆明园四十景也正是利用土冈使不同主题空间达到了巧妙的转折。

（2）石假山。掇假山的材料全部或几乎全部为石。此类假山一般体型比较小，在设计与布局中，常用于庭院内、走廊旁，或依墙而建，作为楼层的磴道，或下洞上亭，或下洞上台等，古代园林中几乎都有这种假山。由于山石不易运输，所以石山多用当地所产自然山石堆叠而成。苏州园林中多湖石假山，如怡园南区假山，以湖石砌为石屏、磴道、花台等，上建有金粟、小沧浪两亭，下构石洞，景观自然优美，宛若天成。北京园林中多青石或房山石假山，如北海濠濮间、圆明园流云山、恭王府中部庭园的石山等。石山营造不受坡度限制，可雄伟挺拔，玲珑剔透，悬崖峭壁，峰峦谷洞。北京香山饭店的假石山在 12 m 地基上叠 9 m 高的主峰，瀑布自 7 m 高处泻下，经溪流三跌入池，形成"明月松间照，清泉石上流"的意境。石山工程造价高，且不宜栽植大量树木。因此，在现代生态园林中，除庭院中小型单纯供观赏的石质假山外，堆叠大规模石质假山较少。

（3）石土混合假山。假山由土石共同组成，有石多土少和石少土多之分。石多土少的假山一般是表层部分为石，这种类型在江南园林中多见，假山四周全用石构筑，山顶和山后填土或堆土，或是四周及山顶全部用石。由于有山石的砌护，可有峭壁挺拔之势，在山石间留穴、嵌土、植奇松，增添生机活力，有时也可构洞做窟，便于减少山石量和增添游赏内容，如南京瞻园、扬州个园、上海豫园、苏州狮子林的假山等。土多石少的假山主要以土堆成，土构成山体基本骨架，表面适当点石，其特征类似于土山。在我国现存的古典园林中，这种类型的假山不是很多，特别是江南园林中甚少，而北方园林中较多见。一般占地面积较大，山林感较强。如苏州的沧浪亭与留园西部的假山，北京北海的琼岛、恭王府花园前区假山等。把土山和石山的优点有机地融为一体，造价较低，又可创造丰富的植物景观，是现代园林比较提倡的。

岩石园是一种石土混合假山的特殊形式。包括较直立部分的植物山石墙和平缓的山石河床，再现高山上的多花草地以及亚高山和深山里的大自然景观，使人们感受到大自然的美。岩石园是英国园艺的产物。1774 年在伦敦的药用植物园里，用冰岛的熔岩堆成岩山，并栽种从阿尔卑斯山引种来的高山植物。后来英国的园艺家在欧洲风格的阶式组石的基础上，又吸取了日本风格的石流形式，使植物与岩石搭配更为协调。在东方，首次以植物园形式出现的是 1911 年在日本东京大学理学部内建造的岩石园。

（4）塑山。我国岭南的园林中早有灰塑假山的工艺，后来又逐渐发展成为用水泥塑的景观石和假山，成为假山工程的一种专门工艺。塑山是用建筑构成材料替代真山石，能减轻山石景物重量，且能随意造型。广州白云山公园有多处塑山之作。

此外，根据组成材料位置不同有石包土、土包石之分。石包土用于小空间，适宜栽植乔木和灌木；土包石用于硬质环境的改造，适宜栽植浅根性的灌木、藤本和草本。可见，按材料来分便于说明园林要素的生态性。

2. 按山体数量分　按山体数量多少可分为群山和独山。

（1）群山。在较大的园林中，山体数量较多，有近山、次山、远山，冈阜相连，重叠翻覆，即为群山。北宋时期的赵佶（宋徽宗）所建艮岳，有重山大壑之貌，其间错置崖峡洞穴，结合甚是复杂。明清时期圆明园中的假山，结合原有地形形成冈阜接连别具特色的四十景。这种假山形体连绵不断，一脉相承，多为堆土点石而成，道路迂回、通幽，植物茂盛。

（2）独山。一个假山单独成景，多出现在较小的园林空间或庭院中，占地面积小。可于外侧配置几块奇石以照应，或配以奇花异草来装点，或结合水景以造奇，别有一番意境在其间。

由于环境不同，园林中也有介于群山和独山之间的一些例子。如洛阳西苑公园松柏山，由两个不同走向的小山和冈阜形成一个具有弧形主脉的山群。从入口过来，横看为山势东西展开，群山连绵外延；而从牡丹廊、儿童广场向北望去，为一临水峭壁山，呈现独山效果。这也充分说明假山因环境而形成不同的景观效果。

3. 按假山规模分 按山体大小不同分为大假山、小假山和小品山。

（1）大假山。占地范围较广，形体高大而陡峭崎岖，往往是园林中的主景或园林的骨架，并常有溪流、瀑布、洞窟等景观。这种假山仅在大型园林中，一般以土代石或土石相间的方法较为合适。如北京景山公园的山，主要用土堆叠形成，在山麓、山腰以及山径多用叠石，使山势增加。大假山具有茂盛的植物景观。北京北海琼华岛也是园林中大假山叠置的范例。以土为主，在缓升的山坡上，山石半露，犹如天然生就，上部的山石构置和散点的山石，都增加了山的自然气势。为了扩大视野和点景，在山上建塔、亭、阁，以俯视园内或眺望园外景物，同时也作为一个景致，来吸引游人游览。后山部分则是外石内土，从揽翠轩而下，有断层山崖之势，又有宛转的洞壑，盘旋迂回的山径，仰望峭壁，其势高危。这种假山工程费用巨大，为一般造园者所不能及，多见于古代皇家园林中。这种造大山的手法可借用至风景区山体景观整合工程。

（2）小假山。低而范围小的山，山体虽小，也具有自然山体峭壁悬崖、洞穴洞壑之趣。在小型园林中，因面积有限，多以小山为园林建筑的对景。造山用料可石可土，量不在多而在于巧。李渔在《闲情偶寄》中论述："小山亦不可无土，但以石作主，而土附之。土之不可胜石者，以石可壁立，而土则易崩，必仗石为藩篱故也。外石内土，此从来不易之法。"即是说小山而欲形神兼备，用外石内土之法。既可有壁立处，有险峻处，也可防冲刷而不致崩塌，适当栽植花木，以增加生气。达到山虽小，而有峭壁、悬崖、洞壑以及山林意境，小中见大的效果。

图6-1 小品山

（3）小品山。用较少的山石勾勒出山景的轮廓，不具备山体的完整结构，常作为一些建筑空间或平缓草坪地的点缀品。图6-1是杭州太子湾公园的小品山。在内墙上原来挂山水画的位置开成漏窗，然后在窗外布置山石小品之类。这样以真景入画，较之画幅生动百倍，清代李渔把此景称为"无心画"。从内向外看，窗景为框，因时有变，石景以粉墙为背景，配以树景，这样简约的山石构景手法使人有身居室内而犹如行于林中之感。

4. 按假山在园林的位置分 按假山在园林中的位置不同可分为园山、庭山、池山、楼山、壁山、厅山等。

（1）园山。顾名思义就是园内的假山。在小型园林或宅园里，往往不可能容纳体量较大的山水，于是就以泉石代山水，坐石品泉如同游山玩水。

（2）庭山。建筑院落或园区出入口处堆叠的假山。其多为主体建筑的附属景物，体量较小，单独存在。如圆明园南入口的流云山，广场东西两侧为较高的植物景观，南为入口建筑，北为带状土山并密植侧柏，形成相对围合的空间。流云山在土山前、中心水池后，成为主体建筑的一个对景。青石片的横向纹理与雄伟的古建筑相协调。郑州海关（原花园路上）庭院假山处在一个三面高楼围合的空间，用青石片竖向掇叠，装饰竖向狭窄的建筑环境，有高耸挺拔之势。留园五峰仙馆南小院有湖石假山，人在内庭坐观有置身岩壑之感。

（3）壁山。山石嵌入墙壁或依墙堆叠的假山，其景观犹如一幅立体画，又叫壁山。即以墙作为背景，在墙上作石景或山景布置，这是中国园林传统的手法。如北京紫竹院公园江南竹韵景区，依崖壁而建的壁山，崖上崖下有两棵红梅和数竿斑竹，崖下有一股小流，有竹溪小径般的幽静（图6-2）。

（4）楼山、阁山。以自然叠石构成的假山作为楼阁的基础，如苏州沧浪亭公园的见山楼（图6-3）。

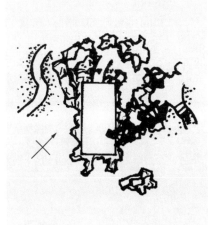

图6-2 紫竹院公园的壁山　　　　　　　图6-3 沧浪亭公园的见山楼

　　（5）池山。水中堆叠的假山，可以步石或园桥与池岸相连。池山最易形成"洞穴潜藏，穿崖径水，峰峦缥缈，漏月招云"的景观。颐和园的湖心岛，通过十七孔桥与岸相连，岛为一座嶙峋的小山，漂浮在昆明湖中。北海公园入口处的"仙鹤岛"坐落于水中，点缀仙鹤小品和盆栽植物，此山仅可远观，有仙境之趣。

　　（6）室内山。所有室内堆叠假山的总称，如书房山、厅山等。一些酒店、宾馆的门厅、楼梯转角处，作一小型山水小景，具有屏障空间弊端、增加情趣的功能。

　　（7）兽山。为走兽、飞禽提供栖息环境的假山。这些山有洞穴、流水、枯树以及藤条、锁链等。大多数动物园内都有这种类型的假山，如通常说的猴山、孔雀山、狮虎山等。

　　5. 按施工方式分　按施工方式可分为堆山、掇山、凿山和塑山。堆山也称筑山，指箕土筑山；掇山指用山石掇叠成山；凿山指开凿自然岩石，所余之物成山；塑山指用石灰浆、水泥、砖、钢丝网、玻璃钢等材料塑成假山。

　　假山种类的划分是相对的，便于初学者接受。在实际工作中经常是复合式的。

（二）置石景观的种类

　　置石景观简称石景，或置石。根据石的多少可分为特置、对置、散置、群置和叠石。

　　1. 特置　指一块山石单独布置形成特别景致，也称孤置。特置有立、卧之分。竖立者即"立峰"，如苏州留园的冠云峰、瑞云峰等；横卧者即"卧石"，如北京颐和园的青芝岫（图6-4）。常用作园林入口的障景、对景，或置于廊间、亭下、水边和园路转弯处，作为局部空间的构景中心。

　　2. 对置　在建筑物两侧相对而置的山石景观（图6-5）。但在较大的建筑前或广场中，往往是以规则的行列式布置

图6-4 特置石景
a. 冠云峰　b. 青芝岫

多块石景，即为列置。其作用同样是陪衬建筑，丰富景色。因此，列置也属于对置类型。如颐和园排云殿前行列式布置的十二生肖石景，颐和园东宫门内大雄宝殿前四块对称布置的湖石。

图6-5　对　置

3. 散置与群置　大小、形态不同的山石零星放置形成的景观，其实质为攒三聚五，形成自由散落的一组自然式石景，故又称散点。3～5块石散置，一般称为小散点，或散置（图6-6）；6～7块或更多时，占据空间较大，称为大散点，也称群置（图6-7）。常用于山坡上，或缓坡草地，或坡地广场的边沿。既减缓了雨水对地面的冲刷，又使土山增添奇特嶙峋之势，使人工空间与自然空间达到协调的过渡。

图6-6　散　置

图6-7　群　置

4. 土坡叠石　土坡叠石指土坡上多块山石叠加组合而形成的山石景观。石块密度较大，并且有局部垒叠的结构。园林中土石混合的假山主峰、次峰固然重要，但如果没有山坡叠石来协调，那也难以成为好的山景。土坡叠石是群置石景向假山景观的一种过渡。

（三）石作

山石作为建筑材料，通过雕或砌的方法在园林中形成的景观称为石作景观，有时也称为石作。根据方法和结果不同分为石雕、山石器设、石砌。

1. 石雕　石雕像、石雕画、石雕字都可大大增加园林的文化内涵。北京龙潭湖公园的龙山，在百余块山石上篆刻不同字体"龙"字，充分表现了中国书法特有的美。

2. 山石器设　自然山石稍加整形或不加整形直接用作屏障、石栏、石桌、石几、石凳、石床以及井台、石臼、石钵等。在我国园林中，用山石作室内外的家具或器设是比较常见的。苏州怡园的"屏风叠叠"（图6-8），北海琼华岛延南薰亭内的石几、石桌和附近山洞中的石床都使园林景色更有艺术魅力（图6-9）。山石几案不仅有实用价值，而且又可与造景密切结合。特别是用于有起伏地形的自然式布置地段，很容易和周围的环境取得协调，既节省木材又能耐久，无须搬出搬进，也不怕日晒雨淋。清代杂家李渔在《闲情偶寄》"零星小石"一节中说："使其斜而可倚，则与栏杆并力；使其肩背稍平，可置香炉茗具，则又可代几案。花前月下，有此待人，又不妨于露处，则省他物运动之劳，使得久而不坏，名虽石也，而实则器矣。"

图6-8　屏风叠叠

图6-9　石几、石桌

3. 石砌　通过建筑的手法，建造山石花台、山石景墙、山石驳岸、山石磴道、汀步、步石等。

（1）山石花台。园林中为处理一些矛盾空间，或为种植牡丹、芍药、竹等观赏植物，常构筑山石花台（图6-10）。花台能相对降低地下水位、安排合宜观赏高度、协调庭园空间，使花木、山石相得益彰。如苏州留园涵碧山房南面的牡丹台就是这样布置的。

（2）山石景墙。结合地形高差或空间划分而建造的有一定高度和景致的山石墙体（图6-11）。如北京双秀公园的叠玉景墙，高4m左右，顶部有水槽，墙面为凸凹石块。落水时，水花四溅如叠玉。墙前为建筑空间，墙后为植物空间。

（3）与园林建筑相结合的砌石。建筑的边角多单调平滞，而中国园林艺术要求人工美从属于自然美，要把人工景物融合到自然环境中去，达到"虽由人作，宛自天开"的高超的艺术境界，所以用少量山石在合宜的部位装点建筑（图6-12）。如建筑入口的"如意踏跺"、山石"蹲""配"、建筑外拐角的"抱角"、建筑内拐角的"镶隅"、登高的"云梯"等，使得建筑具有依岩而建的效果。这些砌石的存在，除具有建筑的功能要求外，更主要的是打破了墙角线条平板呆滞的感觉，从而增加自然生动的气氛。

图6-10　山石花台

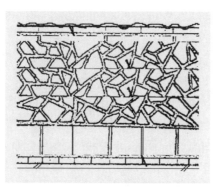

图 6-11　山石景墙

图 6-12　与园林建筑相结合的砌石

（4）与水体相结合的砌石。主要形式为山石驳岸、山石汀步、石矶等，具体内容在"水景工程"一章已有讲解。

另外，与道路结合的砌石参见"风景园林道路工程"一章。

（四）石玩

具有奇特造型、色彩的自然山石。主要有小品石和盆景石。

1. 小品石　体型不大、造型或纹理奇特、摆放几案之上清赏的自然山石精品。天坛公园库藏文物有一木雕座、圆形大理石屏，石上有"山川出云"四字佳名。据记载："乾清、坤宁二宫告成，需石陈设。滇中以奇石四十楼，分制佳名以进。内有山水人物屏石八块，曰'山川出云''烟波春晓''白雪春融''云龙出海''搓泛斗牛''春云出谷''海晏河清''振衣千仞'。又二十八块，亦各系以四字。"可见，天坛库藏之石屏为宫廷陈设之物。苏州留园五峰仙馆圆形座屏，其石面的纹理色彩构成一幅天然"雨霁图"，将明月、清风、野山、飞瀑集于一块石面。故宫御花园院内有"云盆""和尚拜月"（图 6-13）、珊瑚石以及一些木化石精品等供人们欣赏。园林中常举行一些石玩展览等，这都说明石玩与园林有着密切关系。

2. 盆景石　山石也是盆景艺术的重要素材之一。园林中有大型露地盆景，如拙政园东区的松石盆景，也有小型山石盆景（图 6-14）。

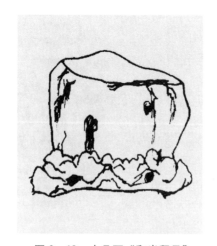

图 6-13　小品石"和尚拜月"

图 6-14　盆景石

二、山石成景的特点

山石组成园林中丰富多彩的景观，这些景观的形成主要取决于自然山石本身的特点。

1. **坚固耐用**　山石具顽固之本。园林中用作室外耐用品，可省去频繁养护和管理之麻烦；或作为建筑材料，构筑山洞、壁山、花台等；或作为园林地形的骨架，以维持长久的园林景观形象等。

2. **易于加工造型**　山石具有一定的可凿性、可筑性，特别是现在已经有多种石材加工机械，铺装、器设、雕塑皆宜加工。石材加工是我国古老的行业。

3. **多样的种类和来源**　我国山石资源极其丰富，在特定的地形地貌和气候的影响下，形成有一定地方特色的山石种类，如无锡的太湖石、北京的房山石、广州的黄蜡石等。

4. **古拙的自然美**　山石是自然之物，几乎能与任何建园要素协调，遮掩建筑的人工痕迹。特别是在追求古拙自然风格的园林中，山石成为非常重要的一个要素。

5. **特殊文化内涵**　石头常为人们扮演着种种不同的艺术文化"角色"，如"石令人古""仁者乐山"等。

三、山石景观的功能

山石景观多种多样，几乎存在于园林任何空间中。根据在园林中常出现的种类，其功能可概括为下列几点：

1. **大山作为园林的地形骨架和自然山水园的主景，提供景观展示平台**　一些采用主景突出布局方式的园林尤其重视这一点。或以山为主景，或以山石为驳岸的水池作主景，整个园子的地形骨架、起伏、曲折皆以此为基础来变化。如金代在太液池中用土石相间的手法堆叠的琼华岛（今北京北海之塔山）、明代南京徐达王府之西园（今南京之瞻园）、明代所建今上海之豫园、清代扬州之个园和苏州的环秀山庄，总体布局都是以山为主，以水为辅。沧浪亭公园以土石山为中心，建筑环山布置，漏窗式样和图案丰富多彩，古朴自然，中央山丘石土相间，林木葱郁，在这里建筑为辅，实际上是一个假山园。另外，假山也可能是园林中某一空间的主景。景山公园的五个亭正因为有地形的支撑才得以望远和引人注目。颐和园因有万寿山的存在，后湖才具有幽静、深远之美。自然山水园是中国传统园林的代表，因此，山石景观是中国园林最普遍、最灵活和最具体的一种造景手段。大山很自然地把园林要素串接起来，具有"虽由人作，宛自天开"的地形骨架效果。

2. **作为划分和组织园林空间的手段**　一个园林往往是由多个不同功能和景观的空间组成的。这些特色明显的空间可以通过障景、对景、背景、框景、夹景等手法来划分和组织。山石以其固有的自然美和便于灵活布置的特点而被广泛地应用。圆明园"武陵春色"表现世外桃源的意境，利用土山分隔成独立的空间，其中又运用两山夹水、时收时放的手法做出桃花溪、桃花洞、渔港等地形变化，于极狭处见辽阔，似塞又通，由暗窥明，给人"山重水复疑无路，柳暗花明又一村"的联想。同样，"杏花春馆"三面山丘、一面平原的地形，构成春色满园的景观。颐和园在仁寿殿和昆明湖之间造一带状山，把宫殿区与游览区分开。横穿山体开"之"字线形谷道。出大殿后门，经

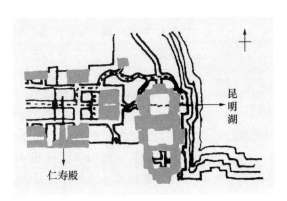

图6-15　仁寿殿和昆明湖之间的空间

谷道至辽阔、疏朗的昆明湖。这种欲放先收的造景手法取得了很好的实际效果（图6-15）。此外，拙政园枇杷园和远香堂、腰门一带的空间，用假山结合云墙的方式划分空间，从枇杷园内通过园洞门北望雪香云蔚亭，又以山石作为前置夹景。北京前海西街恭王府花园（图6-16），东、南、西三面被马蹄形的土山环抱，山上大树成林，花园有闹中取静的效果。中路进园门后，土山起障景作用，穿越山洞门后，豁然开朗，正中置一峰石，名"独乐峰"。峰东为流杯

亭，峰北正中有一凹形的蝠池，池后是一组厅堂。穿过厅堂进入中部庭园，有一座石山，为全园主景。山前有小池，池后是山洞。洞中有康熙书写的"福"字碑。洞的东、西部各有爬山洞，可盘旋上洞顶的平台，台名"邀月台"。台上的榭是全园中轴线上最高点，居高临下，全园在望。石山后面有一列书斋，平面曲折，如蝙蝠展翼，名为"蝠厅"。用山石和建筑划分空间，创造不同环境，便于游人活动和植物生长。

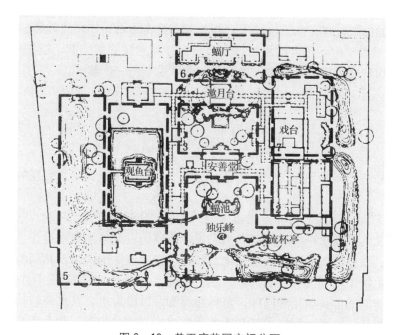

图 6-16 恭王府花园空间分隔

1. 山林景　2. 廊回室静　3. 安息宾客　4. 江湖水景　5. 田园风味　6. 艺蔬归农　7. 嬉乐区

3. 作为点缀园林空间、增加园林趣味性的山石小品　园林中为了增加文化氛围，画龙点睛、借物明志等，借用山石作石雕、景观石柱、小品石、石玩、剑石、无心画等小品，山石的这种作用在我国南、北方各地园林中均有所见，尤以江南私家园林运用最广泛。如苏州留园东部庭院的空间基本上是用山石和植物装点的，或以石峰凌空，或于粉墙前散置，或以竹、石结合作为廊间转折的小空间和窗外的对景。随着游览视线的变化而得到不同的画面效果，这种步移景异、小中见大的手法主要是运用山石小品来完成的。无论是在现代园林还是古典园林中几乎随处可见，利用山石小品点缀园景具有"因简易从，尤特致意"的特点。

4. 砌石建造功能设施　园林中为了满足游览活动的需要，人为建造一些园林建筑和设施，如挡土墙、驳岸、花池、谷方、建筑抱角、洞、窟、窑、铺装等，在视觉效果上要求把这些人工要素比较恰当地融合到体现自然美的园林环境中去，达到"虽由人作，宛自天开"的高超的艺术境界。假山和置石可以因高就低，随势赋形，与园林中的建筑、园路、广场、植物、水体等因素组成各式各样的园景，使人工建筑物或构筑物经过山石的装饰，减少呆板、生硬线条的缺陷，增加自然、生动的气氛，形成和自然环境协调的关系。

在坡度较陡的土山坡地常散置山石以护坡，这些山石可以阻挡和分散地面径流，降低地面径流的流速，从而减少水土流失。如北海琼华岛南山部分的群置山石、散点山石等都有减少冲刷的效用，也为山体绿化提供条件。在坡度更陡的山上往往开辟成自然式的台地，采用山石作挡土墙，在外观上曲折、起伏，凸凹多致，北海"酣古堂""亩鉴室"周围都是自然山石挡土墙的佳品。在用地面积有限的情况下，要堆起较高的土山，常利用山石作山脚的藩篱。这样就可以缩小土山所占的底盘面积，而又具有相当的高度和体量，如颐和园仁寿殿西面的土山、无锡寄畅园西岸的土山都是采用这种做法。

江南私家园林中还广泛地利用山石作花台种植不耐湿的牡丹、芍药和其他观赏植物，并用花台来组织庭院中的游览路线。或与壁山结合，或与驳岸结合，在规整的建筑范围中创造自然、疏密的变化。

5. 山石用作器设　远古的石器是先人对山石最早的应用，现在山石仍被人们加工成器设，但更多是成为古老朴实的象征，如桌、凳、床、栏、石灯笼、石臼、石磨等。用山石作室外器设与建筑、水体、植物都能协调，并且经久耐用。

第二节　山石材料的种类与性能

我国幅员辽阔，地质变化多样，气候差异较大，形成了具有不同性质、形体、色泽、皱纹的石材种类，为掇山提供了良好的物质条件。宋代杜绾撰《云林石谱》所收录的石种有116种。明代林有麟所著《素园石谱》中也有百余种。其中大多数属于盆玩石。明代计成所著《园冶》中收录了15种山石，大多数用于堆山。随着园林事业的不断发展，也新发现了一些可用于造景的山石材料（图6-17）。

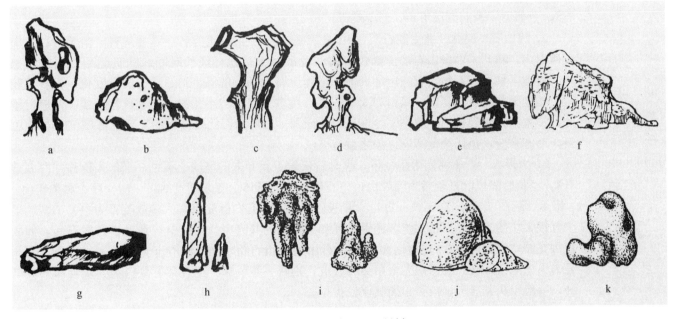

图6-17　常用山石材料
a. 太湖石　b. 房山石　c. 英石　d. 灵璧石　e. 黄石　f. 宣石　g. 青石　h. 石笋　i. 钟乳石　j. 卵石　k. 黄蜡石

一、湖石类

湖石类因形似园林中运用最早的太湖石而得名。唐代诗人白居易任苏州刺史时，首次发现太湖石的抽象美，将其用于装点园池，导后世假山独峰之渐。所以，湖石是江南园林中运用最为普遍的一种，也是历史上开发较早的一类山石。人们对山石的评判标准也局限于"瘦、皱、漏、透"。我国历史上大兴掇山之风的宋代，宋徽宗为修建寿山艮岳不惜民力从江南遍搜名石奇卉运到汴京（今开封），这便是"花石纲"，"花石纲"所列之石大多是太湖石。于是，从帝王宫苑到私人宅园竞以太湖石炫耀家门，太湖石风靡一时。

湖石多数是经过溶蚀的石灰岩、沙积岩类，体态玲珑通透，表面多弹子窝洞，形状婀娜多姿。在我国分布很广，如江苏太湖石、安徽巢湖石、广东英石、山东仲官石、北京房山石等，在色泽、纹理和形态方面有些差别。

1. 太湖石 又称"南太湖石"。原产于苏州太湖中的洞庭西山，据说以消夏湾一带出产的太湖石品质最优良。这种山石质坚而脆，扣之有微声。风浪或地下水的溶蚀作用使石面产生凹面，由凹成涡、纹、隙、沟、环、洞，洞与环的断裂面形成锐利的曲形锋面，使其外观呈现圆润柔曲、玲珑剔透、涡洞相套、皴纹疏密的特点。其纹理纵横，脉络显隐，石面上遍多坳坎，称为"弹子窝"，具有"瘦、皱、漏、透"之美。所谓"透"，即玲珑多孔穴，光线能透过，使外形轮廓飞舞多姿；"瘦"，即石峰秀丽，棱骨分明；"皱"，石峰外形起伏不平，沟痕明显又富有节奏感；"漏"，石峰上下左右窍窍相通，有路可通，犹如天然的雕塑品，观赏价值比较高。因此，常选其中形体险怪、嵌空穿眼者作为特置石峰。

太湖石在水中和土中皆有产。产于水中的太湖石色泽于浅灰中露白色，比较丰润、光洁，也有青灰色的，具有少而很细的皱褶。产于土中的太湖石于灰色中带青灰色，比较枯涩，少有光泽，遍多细纹，好像大象的皮肤，青灰中有时还夹有细的白纹，又称为象皮青，这类太湖石分布很广，在北京、济南、桂林一带都有产。太湖石大多是从整体岩层中选择开采出来的，其靠山面必有人工采凿的痕迹。和太湖石相近的还有宜兴石（即宜兴张公洞、善卷洞一带山中的山石）、南京附近的龙潭石和青龙山石，济南一带则有少洞穴、多竖纹、形体顽夯的"仲官石"，色似象皮青而细纹不多，形象雄浑。

2. 房山石 又称"北太湖石"。产于北京房山一带，因此得名，属石灰岩。由于被红色山土所渍满，新开采的房山石呈土红色、橘红色或淡土黄色，经长时间风吹日晒后表面带灰黑色。质地不如太湖石脆，有一定的韧性；形体上有太湖石的涡、沟、环、洞类变化；但容重较大，扣之无共鸣声；其洞、涡不如太湖石大，且多为密集的小孔眼；外观比较沉实、浑厚、雄壮，和太湖石外观轻巧、清秀、玲珑有明显区别。与房山石比较接近的还有江苏镇江产的岘山石，形态多变，色泽淡黄清润，扣之微有声。

3. 南阳石 产于河南南阳一带，也是石灰岩。新开采的呈淡土黄色，当地人也称"白太湖石"。经长时间风吹日晒后表面带白色，石质较绵，形体上有太湖石的涡、沟、环、洞类变化。

4. 英石 产于广东英德一带。淡青灰色，有的间有白脉笼络，大多数英石为中、小型，很少有很大块的。质坚而特别脆，用手指弹扣有较响的共鸣声。这种山石常见于几案石品，如故宫御花园"鲲鹏展翅"。在岭南园林中也有用这种山石掇山的，现存于广州市西关逢源大街8号名为"风云际会"的假山完全用英石叠成，别具一番风味。英石又可分白英、灰英和黑英三种，一般以灰英居多，白英和黑英比较少见。

5. 灵璧石 产于安徽灵璧。石产土中，被赤泥渍满，经刮洗后方显本色。其石材为中灰色或灰黑色，清润，质地亦脆，用手弹亦有共鸣声。石面有坳坎的变化，石形亦千变万化，但其孔眼少，有宛转回折之势。这种山石有高达数米者，也有中、小型者，有的不需加工，而有的需加工以全其美。这种山石可特置成景，经常作为盆景石玩。

6. 宣石 产于安徽宁国。其色如积雪覆于灰色石上，由于为赤土积渍，因此带赤黄色，久置后愈旧愈白。由于它有积雪一般的外貌，扬州个园用它作为冬山的材料，效果显著。

二、黄　　石

黄石为块状，是一种带橙黄色的细砂岩，方解型节理。产地很多，苏州、常州、镇江等江浙的一些地方皆产，以常熟虞山的自然景观最著名。其石形体顽劣，节理面近乎垂直，它的崩落是沿节理面分解，形成大小不等、凸凹成层和不规则的多面体，石的各个方向石面平如刀削斧劈，面和面的交线又形成锋芒毕露的棱角线或称锋面，棱角明显，方正刚劲，雄浑沉实，层次丰富，轮廓分明。与湖石相比，黄石平正大方，立体感强，块钝而棱锐，具有强烈的光影效果，无孔洞，呈黄、褐、紫等色。上海豫园的大假山、苏州耦园的假山和扬州个园的秋山均为黄石掇成的佳品。黄石用作驳岸、石矶也比较常见。

三、青　　石

青石是一种青灰色的细砂岩，形状有块状或片状之分。北京西郊洪山口一带、河南新密一带均产。青石的节理面不像黄石那样规整，有相互垂直的纹理，块形即青石块，也有交叉互织的斜纹，形体为片状即青云片。北京圆明园"武陵春色"的桃花洞为青石块，北海的濠濮间和圆明园南入口的石假山应用了青云片，有流纹、卧云之势。也有竖置掇山的形成峻峭的小山。青石在自然式道路铺装中也常用。

四、石　　笋

石笋是外形修长如竹笋一类的山石的总称。由于其单向解理较强，凿取成形如剑，故又名"剑石"。这类山石产地广，种类多，如江苏武进斧劈石、广西槟榔石、浙江白果石等。石多卧于山土中，采出后直立地上，利用山石单向解理而形成的直立型峰石，园林中常作独立小景布置。如扬州个园的春山、故宫御花园的竹石花台等。常见石笋又可分为以下四种。

1. 白果笋　在青灰色的细砂岩中沉积了一些卵石，犹如白果嵌于石中，因此得名。其形如剑，嵌入卵石如子，细砂岩为母，又称为子母石或子母剑。这种山石在我国各地园林中均有。有些假山师傅把大而圆的头向上的称为虎头笋，而上面尖而小的称凤头笋。

2. 乌炭笋　顾名思义，是一种乌黑色的石笋，比煤炭的颜色稍浅而无甚光泽。如用浅色景物作背景，这种石笋的轮廓更清新。

3. 慧剑　一种净面青灰色或灰青色的石笋，这是北京假山师傅的沿称。北京颐和园前山东腰高数丈的大石笋就是这种"慧剑"。

4. 钟乳石笋　石灰岩经溶蚀形成的钟乳石倒置而成。北京故宫御花园中有用这种石笋作特置小品的。

五、大 理 石

大理石因云南大理所产此石质优而得名，又称云石，河南省南阳地区也盛产此石。大理石因其纹理朦胧，又称晕纹石。如留园的"雨霁石"、天坛公园的"山川出云"等，常作为小品石。在现代园林中，也用作桌、凳、屏饰等器设，以及花台、景墙、浮雕的贴面材料。

六、吸水石类

吸水石类也称上水石类。体态不规则，表里粗糙多孔，质地疏松，有较强吸水性能，多土黄色，深浅不一，各地均产，四川沙片石属于这一类。这类山石用于水中、池边或沼泽环境，与植物相配，另外，在山石盆景中也常用。这类石质不坚，不宜作大山用。

七、卵石与砾石

卵石也称石蛋，卵圆形，多产于海边、江边或旧河床，有砂岩及各种质地的，体态圆润，质地坚硬，石中多有石筋、纹理和斑点，表面风化呈环形剥落状。大者可置石成景，小的可作各式图案铺装，或室内清赏。如故宫御花园的大卵石"和尚拜月"。在岭南园林中应用较多，广州动物园的猴山、广州烈士陵园等均大量采用。双秀公园日本园有大量的散置卵石，充分表现了海滨岛国的风景。小小三峡的花纹卵石是独具风格的一种旅游纪念品，这种花纹石有可能在三峡纪念性园林中出现，正如雨花石成为南京雨花台的象征一样。

八、其他石品

我国山石资源极其丰富，在园林中应用的除以上山石以外，还有木化石、松皮石、珊瑚石、黄蜡石、响水石等。

木化石古老质朴，数量极少，常作特置或对置，如能群置，景观更妙，如深圳仙湖植物园的木化石园、中国地质大学（武汉）的树化石园，都是不可多得的珍品。松皮石是一种暗土红的石质中杂有石灰岩的交织细片，石灰石部分经长期溶蚀或人工处理以后脱落成空块洞，外观像松树皮突出斑驳一般。黄蜡石色黄，表面有蜡质感，多块状而少有长条形，广西南宁市盆景园即以黄蜡石造景。响水石在河南南阳一带有用。河南林州一带的层片状花岗岩中有浅灰色、乳白色圆形或椭圆形斑点，形如雪花，当地称"雪花石"。此石表面平整，是山石座凳、自然式铺装不可多得的材料。

九、人工塑石

在不产石材的地区或不能用山石的特殊空间，用灰浆或钢筋混凝土仿自然山石外貌制作的山石景观，即为塑石。它们可不受天然石材形状的限制，随意造型。可以预留内外空间，便于作山洞或栽植植物。同时，也有重量较轻的优点。但质感不及天然石材且保存年限较短。

总之，掇山置石材料非常丰富，要因地制宜，不要沽名钓誉地去追名石，遵从计成《园冶》中所说的"是石堪堆"的观点，同时也要应用现代材料和技法，塑石也堆。不仅节省人力、物力，同时也有助于形成地方特色。昆明世博园因地塑石塑山、创造大型断崖是现代假山景观的一个佳作。

另外，山石材料也可根据应用价值分为特置石、通货石和小品石三类。特置石是形体巨大，造型奇特，具有较高观赏价值，可单独成景的山石，如冠云峰、青芝岫、皱云峰等；通货石指观赏价值一般，通过堆叠、拼接而成景的山石，掇山用的绝大部分为此类；小品石是形体较小，造型奇特，具有一定品位的山石，如木化石、松皮石、珊瑚石、石蛋、晶簇等。山石材料也可按其产地来分，如江南的太湖石、华南的黄蜡石、北方的大青石、海岸河谷的大卵石等。

第三节　置石的布局与施工

置石成景、画龙点睛，这是对置石非常恰当的说明。景观不会因篇幅小而限制匠心的发挥，可以说"深浅在人"是置石的艺术特征。山石安置手法是假山工程的施工基础，置石造型是自然中特殊石景的缩影和概括，也是塑造假山造型峰势之关键。学习掇山从置石开始，由简及繁。如果置石得法，可以取得事半功倍的效果。置石根据石的多少可分为特置、对置、散置、群置和土坡叠石。中国传统园林艺术特点是意在笔先、因地制宜，因此其工程可以从立意布局、相石择面、拼结整合、定基安石、艺术处理五个方面来考虑。

一、特　　置

1. 立意布局

（1）立意明确。特置山石犹如一个天然雕塑，具有一定的独立性。置石之前，必须确定立石之意。"石令人古""仁者乐山"以及石峰"透、瘦、皱、漏、清、丑、顽、拙"的特点都是中国特有的石头文化，有助于置石意境的确立。如恭王府"独乐峰"形如老翁，头顶"独乐"，站立在门内；扬州个园数根剑石寓意春景"雨后春笋"。历史悠久的石峰，常有文人墨客的题咏，不仅在园林布局中起到组景、点景的作用，更作为古代文化被人们品味。在现代园林中，这种立意布局的作品也很常见，如北京中山公园的"卧云"、河南王屋山风景区的"不老泉"置石等。

（2）布局有序。山石体量与周围景观相协调，置石在园林中常作为框景、对景和障景，置于入口处视线集中的廊间、天井中间、水边、路口或园路转折的地方，作为局部空间的主景或构景中心。往往有前置框景和背景的衬托，外围可利用植物或其他办法弥补山石的缺陷等。如苏州留园的冠云峰有高耸如展、嵌空瘦挺之妙，清秀阴柔浑朴，以高耸奇特而冠世，竖立在冠云楼前的水池边，扩大了形象展示空间，后有背景、前有倒影，左右又有"瑞云"与"岫云"为伴，是一组形境皆佳的景观。隔池与鸳鸯馆相望，有较长的视距线，使得其石既可近赏又可远观，成为极好的对景。冠云峰是江南园林中石景一绝（图6-18）。颐和园"青芝岫"形体大，卧浮于入口和主体建筑乐寿堂的轴线上，具有双重"开门见山"的效果（图6-18）。苏州网师园北门小院在正对着出园通道转折处，利用粉墙作背景安置了一块体量合宜的湖石，并陪衬以植物。由于利用了建筑的倒挂楣子作景框，从暗处透视犹如一幅生动的画。特置山石也可以和壁山、花台、岛屿、驳岸等结合使用，具体位置因环境而定，做到站点、景物以及视距的合宜，平面布局多在中心、重心或交叉点之位。

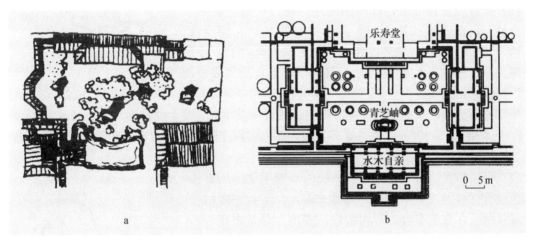

图6-18 置石布局
a. 冠云峰布局　　b. 青芝岫布局

2. 相石择面

（1）相石。特置石品应体量巨大、轮廓线突出、姿态多变、色彩突出，具备独特的观赏价值。"清、丑、顽、拙"的石峰颇具气势。"清"者，阴柔；"丑"者，奇突；"顽"者，阳刚；"拙"者，浑朴。上海豫园的"玉玲珑"，高4m，宽2m，重超过500kg，玲珑多姿，透漏兼备。据说该石中有七十二孔，具有嵌、漏、皱、透、瘦的特征。它像青黝云朵出现于上海豫园园景之中，堪称天工奇石。讲其漏，以一炉香置其底，孔孔出烟，以盆水灌顶，孔孔流泉；杭州花圃的皱云峰，为英石叠置，其"色积如铁，具纤回峭折之致……"，因有深的皱纹而得名；"瑞云峰"以体量特大、姿态不凡且遍布涡、洞而著称；"冠云峰"兼备透、漏、瘦于一石，亭亭玉立，高矗入云而名噪江南；北京的"青芝岫"具横卧的体态且遍布青色小孔洞，以雄浑厚重之态被纳入皇宫内院。总之，特置山石要有独特之貌。

（2）择面。特置石尽可能做到多方位皆可观赏，但一块山石很难面面俱到，所以，摆放时要选择最佳的观赏面。如河南南阳凤山植物园的大型灵璧石，高6.3m，宽2.8m，光亮并富有变化的一面面向游客，有凿痕的背面对着土坡。

3. 拼结整合　特置石要有较好的整体感，但不一定都是一个整体，在其体量或形体不佳时，可拼零为整。拼石要因形而定，大小恰到好处，显得天衣无缝、浑然一体。如颐和园东宫门内的太湖石，高 4 m 左右，是由数块拼合而成的。

4. 定基安石

（1）定基。特置石景体量较大，坚固稳定显得非常重要。常要增加基座，即特置石的结构有基座和景石两部分。基座可采用整形的，也可以坐落在自然的山石之上，自然的基座称为"磐"。我国传统的立峰做法是用特置山石榫头和基磐榫眼结合来稳定。这种做法的关键是掌握山石的重心线，使山石本身保持重心的平衡，并固定结实。榫头一般长十几厘米到二十几厘米，榫头尺寸因石质和石之体量而定，并争取比较大的直径，周围石边留 3 cm 左右即可。石榫头必须正好在重心线上。基磐上的榫眼比榫头的直径大 1.0～2.0 cm，比石榫头的长度要深 1.0 cm，这样可以避免因石榫头顶住榫眼底部而使石榫头周边不能和基磐接触（图 6-19）。

（2）安石。安石以前，设支架固定。在石榫眼中浇灌少量黏合材料，待石榫头插入时，黏合材料便自然充满空隙。《园冶》所谓："峰石一块者，相形何状，选合峰纹石，令匠凿笋眼为座，理宜上大下小，立之可观。"待黏合材料完全凝固后，再拆除辅助支架。

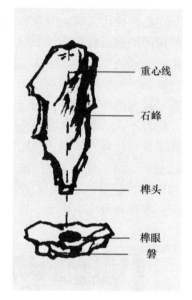

重心线
石峰
榫头
榫眼
磐

图 6-19　特置石结构

当特置石为横卧状时，基座要雕出槽、景石要做出肩，是立峰榫眼与榫头的放大。

5. 艺术处理
特置石无论是立还是卧，在固定施工结束后会留有一些影响观赏的痕迹和不足之处，可对其进行艺术处理。

（1）台景布置。台景也是一种传统的布置手法。用石头或其他建筑材料做成整形的台，内盛土壤，台下有一定的排水设施。然后在台上布置山石和植物，或仿大盆景布置，巧妙掩饰，独具匠心（图 6-20）。北京故宫御花园绛雪轩前面用琉璃贴面为基座，以植物和山石组合成台景。

（2）峰石的题名。特置石虽形体优美，但不足以引人注视或意境不明，可以采用"问名心晓"的手法题名点意。石峰题名既能点出意境，又非常含蓄。齐白石先生说过："作画妙在似与不似之间，太似为媚俗，不似为欺世。"古人言：《小雅·鹤鸣》之诗，全用比体，不道破一句。即含蓄。园林中石峰之题名亦如此，如冠云、玉玲珑、云霞、朝辉等，大都富于变幻的特征，启发人们丰富的联想；如"岫云"，取自陶渊明的诗篇，而显得高雅。"印月"石峰，高 2.2 m，正中有一圆孔倒映水中，恰如一轮皓月，这轮明月阴晴雨雪、春夏秋冬均能娱目遣兴。周围轻石嶙峋，峭壁屏列，绵延不断，犹如群峰竞秀、气势峥嵘，加之题名，使得园林艺术富有诗情画意。

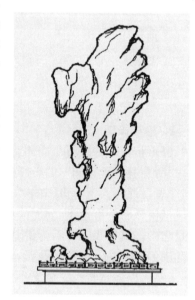

图 6-20　特置石台景

二、对　置

在建筑或道路中轴线两侧对称布置山石的形式，大多应用于较规则的园林空间，多为两块山石对置，也可用一列甚至数列。

1. 立意布局

（1）立意。对置的主要作用是对主题建筑、道路以及广场进行陪衬与装饰，具有丰富景色的功能。

（2）布局。比较强调山石间的对称与呼应关系。在较大的建筑前或广场中，往往以规则的行列式布置石景，即列置。如颐和园排云殿前行列式布置的十二生肖石景、现代城市广场的列置景石等。山石不一定是同一形体，但按一定规律变化（渐进、间隔等）。颐和园东宫门内仁寿殿前的四块湖石以两列对置（图6-21）。

列置在平面上有明显的对称轴或点，布局遵循几何规律，立面是建筑的前景或点缀。

2. 相石择面　两块自然的山石很难完全一样，而且没必要完全一样。强调山石间的对称、呼应、协调，有交流、对话之趣。形体只是形象的一个方面，还要从石质、姿态、颜色、纹理等方面寻求关系。

3. 拼结整合　对置所用之石个体也较大，并且二者间有一定呼应关系，如拟对称。对于形体不足者，可用拼结整合之法。

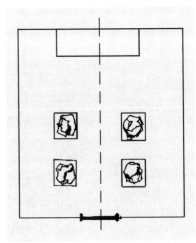

图6-21　对置

4. 定基安石（埋石）　当对置石块较大时，可参照特置石的定基安石之法；当对置石块较小时，可直接坐入地面，或基础下埋隐蔽。

5. 艺术处理　对于不协调之处，可使用花台、植物等矫正视觉，或题写对偶的诗句。

三、散置与群置

散置石与群置石为自由松散洒落的一组山石景观，强调自然、稀疏、舒朗。

1. 立意布局

（1）立意。散置的主要目的是固定土壤，防止径流对土壤的冲刷，使平地与山地、山体与水体、建筑与自然间协调地过渡，有宛若自然之相貌。同时，兼为游人提供临时休息点。

（2）布局。常用于布置内庭山坡、建筑周围、小岛上、水池边，采取攒三聚五、散漫理之的布局形式（图6-22、图6-23）。散置按体量不同，可分为小散点和大散点。北京北海琼华岛前山西侧用房山石做大散点处理，既缓减了雨水对地面的冲刷，又使土山增添奇特嶙峋之势。小散点石少，体积不太大，显得深埋浅露，脉络显隐。其布局要点在于有聚有散、有断有续、主次分明、高低曲折、顾盼呼应、疏密有致、层次丰富。组群中大石块一般在迎水面或迎风面。明

图6-22　散置

代画家龚贤所著《画诀》说："石必一丛数块，大石间小石，然须联络。面宜一向，即不一向，亦宜大小顾盼。石小宜平，或在水中，或从土出，要有着落。"

2. 相石择面　散置与群置对单个石块的形象要求较低，要求所用石块有群体感。即石块在大小、形状、色泽、纹理间协调，不可选用孤赏山石，防止出现鹤立鸡群的现象。布置在缓坡和广场边的散置石与群置石可选用有一个稍平石面的，以便于休息。

3. 安放（埋石）　散置石景有生长、延伸之势，犹如滚落之石。千百年后，风吹日晒，覆土冲蚀而又长出地面的形状。固定埋石时，土不掩脖，石不露脚（图6-24）。施工要防止滚滑、翻倒，埋入地下10cm以上，上面比较平，不可有利刃，便于坐歇。

4. 艺术处理　为保证与自然协调，石基栽草或点缀小灌木。

图 6-23 群　置

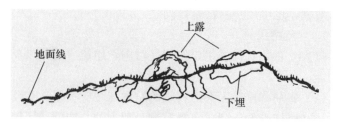

图 6-24 散置石与群置石的安放

苏州耦园二门两侧，几块山石和松树从两侧护卫园门，共同组成诱人入游的门景。避暑山庄"卷阿胜境"遗址东北角尚存山石一组，寥寥数块却层次多变、主次分明、高低错落，具有"寸石生情"的效果。

四、廊间山石小品

1. 立意布局 园林中的廊子为了争取空间的变化，使游人从不同角度去观赏景物，在平面上往往做成曲折回环的半壁廊。这样便会在廊与墙之间形成一些大小不一、形体各异的小天井空隙地。可以用山石小品来"补白"，如置石于窗外补窗之白即为"尺幅窗"和"无心画"。在小空间创造层次的变化，同时可以诱导游人按设计的游览序列入游，丰富沿途的景色，使建筑空间小中见大、活泼无拘。

2. 造型与结构 拼接、整合，数块山石要相对紧凑，入画造型。

3. 相石择面 选瘦、俏、浅色和造型奇特的山石，要求有较好的国画效果，画面高度以平视为佳。

4. 定基安石 山石的基础因周边建筑而定，最好单独砌筑，防止因立石而引起地基不均匀下沉；也要保证石不倚墙、不靠柱，不影响建筑物使用寿命。

5. 艺术处理 为提高山石小品观赏性，选合适立面作前景边框，创造框景效果。边框为多种造型，如芭蕉叶、宝葫芦、扇形等。

上海豫园东园"万花楼"东南角有一处回廊小天井处理得当。自两宜轩东行，有园洞门作为框景猎取此景，自廊中往返路线的视线焦点也集中于此，因此位置和朝向处理得法。石景本身处理亦精练，一块湖石立峰，两丛南天竹作陪衬。秋日红叶层染，冬天珠果累累。苏州留园东部"揖峰轩"，北窗三处均以竹石为画，微风拂来，竹叶翩然，阳光投下，修篁弄影。些许小空间却十分精美、深厚，居室内而得室外风景之美。

图 6-25 剑石布局

五、剑　石

1. 立意布局 剑石其形或如雨后春笋，或如锋利之剑，直插云霄，具有较强动态和力量感。由于形体瘦高，多用于比较狭窄的空间，或占边占角，如角隅、小路边、窗前（图 6-25）。

2. 相石择面 剑石一般三面可观，有凿痕的一面隐蔽。白果笋有嵌入的杂色卵石，石景比较活跃，可用于竹林边、水池边等；乌炭笋、慧剑色深，宜与松柏、古建筑相配；倒钟乳石笋适宜静赏其优美的淋溶纹理。

3. 拼结整合 一般不拼结整合，因形定位。

4. 定基安石 当石块体量小时，可立基突出；一般剑石可插入土中 1/3 左右，用灰土夯实或水泥砂浆固定。

5. 艺术处理　多与竹子、南天竹、松、梅配置。

六、山石器设

1. 立意布局　山石几案宜布置在林间空地或有树庇荫的地方，以免游人过于露晒。山石器设可以独立布置，也可以结合挡土墙、花台、驳岸等统一安排。苏州市的苏州公园有一小广场，列置12个黑色大理石石墩，高度0.3～1.0 m，可供游人坐或依。图6-26为山石器设布局。

2. 相石择材　山石器设在选材方面与一般假山用材并不相争。一般接近平板或方墩状的石材在掇山时不算良材，但作为山石几案却格外合适。几案也不必求其过于方整，如像日常用的家具一样，就失去了它的特色，要求有自然的外形，只要有一面稍平即可，而且在基本平的面上也可以有自然起层的变化。在室外布设时，选用的材料应比一般家具的尺寸大一些，使之与室外空间相称。室内的山石器设则可适当小一些，可以按一般木制家具那样对称安排。北京中山公园水榭东南面有一组独立布置的青石几案，选不规则长形条石作石桌面，桌面下两端有两个支墩，外侧空白处点置两块不同外形的石墩作凳，在西晒处植油松一株。这组山石几案高低适度，环境宜人。图6-27为青石几案。置于坡地的山石器设贵在位置适当，体量适中，乍一看是山坡上用作护坡的散点山石。如需要休息，到此很自然地就坐下休息，这才意识到它的用处。山石器设服务于人就应可坐、可爬、可倚，甚至可躺。图6-28为唐代"听松"石床。

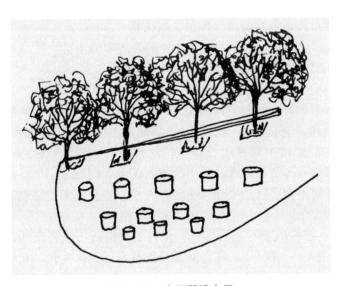

图6-26　山石器设布局

图6-27　青石几案

图6-28　"听松"石床

3. 拼结整合　器设用石可用单体，也可拼接。通常要凿出或造出一个稍平的上顶面，便于就座和放物品。

4. 定基安石　器设施工与散置石相似，要埋稳，座凳外留高度为30～60 cm，几架或桌类50～80 cm。

5. 艺术处理　器设是为方便游人活动而设置的，器设放置点要有一个舒适的环境和相应配套的设施，如遮阴树、果皮箱、照明灯等，周边适当硬化，防止积水。山石器设表面可刻一些趣味图案或棋盘格等。

七、石　玩

石玩为形体较小的小品石、象形石、石雕品等，其布局、选材和摆放如一般工艺品，置于几架之上。

第四节　砌石景观设计与施工

自然山石通过建筑的手法，形成各种景观，如山石花台、山石景墙、山石驳岸等。这些景观除其观赏性外，常具有工程使用性。

一、山石花台

以山石作池壁，内填种植基质，用于栽培各色植物。

1. 立意布局　砌山石花台，抬高种植床高度，即相对降低地下水位和安排合宜的观赏高度，比较灵活地组织庭园空间，使花木、山石相得益彰。山石花台适宜种植牡丹、芍药、南天竹等忌阴湿的观赏植物。在江南园林中，山石花台运用极为普遍。究其原因有三：①江南地区地下水位较高，土壤排水不良，而中国传统名花如牡丹、芍药却要求排水良好，为此用花台提高种植地面的高程，相对降低地下水位，为这些观赏植物的生长创造了合适的生态条件，同时又可以将花卉提高到合适的高度，以免躬下身去观赏；②花台之间的铺装地面即为自然形式的路面，这些庭院中的游览路线就可以运用山石花台来组织；③山石花台的形体可随机应变，小可占角，大可似山，特别适合与壁山结合随形变化。

山石花台有规整的，也有自然式的。规整的花台多布置于建筑空间中部，以植草花和矮小花灌木为主；自然式花台多布置于庭院角隅，主要栽植乔木和中型花灌木。

花台的布局采取占边、把角、让心、交错等手法，适当吸取篆刻艺术的手法，使之有收放、明晦、远近和起伏等对比变化，同时，也能方便交通。

2. 造型与结构设计

（1）花台的平面轮廓和组合。花台的平面形状与空间有关，综合考虑交通、景物等，随形就势。可以是一个花台，也可以是花台组。花台的组合要求大小相间，主次分明，疏密有致，若断若续，层次深厚。在外围轮廓整齐的庭院中布置山石花台，花台的一边与外围轮廓近平行，或依墙边而建。庭院的范围如同纸幅或印章的边缘，其中的山石花台如同篆刻字体，曲折有致，兼有大弯小弯，而且弯的深浅和间距都要自然多变。花台有大小，组合起来园路就有了收放；花台有疏密，空间也就有相应的变化。

图6-29　山石花台的平、立面造型与结构

（2）花台的立面轮廓要有起伏变化。花台上的山石还应有高低的变化，切忌把花台做成"一码平"。花台立面轮廓有高低起伏变化，花台中点缀少量山石，以及花台边缘外埋置一些山石，使之有更自然的变化，或花台局部山石结合休息座凳。如果利用自然延伸的岩脉，立面上要求有高低、层次和虚实的变化，有高擎于台上的峰石，也有低隆于地面的露岩。苏州留园"涵碧山房"南面的牡丹台就是如此。

（3）花台的断面结构要有伸缩、虚实和藏露的变化。花台的断面轮廓既有直立，又有坡降和上伸下收，以及虚实明暗、藏露变化等，模拟自然界或因周围地层下陷而凸显、或因山石崩落沿坡滚下围合而成、落石浅露形成自然种植池的景观等（图6-29）。这些细部处理技法很难用平面图或立面图说明，必须因势延展，就石应变，经验就显得尤其重要。另外，花台的结构设计还要考虑地表径流和底部排水，以及防止较高台壁的倾塌等。

3. 相石择面　花台所用山石为通货石，不求单个石块的造型，注重砌石的组石艺术，如选个别奇石可砌在引人注目的区段。

4. 结构稳固 直立时浆砌，错安接牢，一般情况下干砌。砌石时，巧妙安排排水孔。

5. 艺术处理 江南私家园林也常在墙隅构筑小型山石花台。花台两面靠墙，植物的枝叶向外斜伸，使本来比较呆板、平直的墙隅变得生动活泼，且富于光影、姿态的变化，对院落造景有很大的益处。

苏州怡园的牡丹花台位于锄月轩南，花台依南园墙而建，自然跌落成三层，互不遮挡。两旁有山石踏跺，因此可观可游。花台的平面布置曲折宛转，道口上石峰散立，高低观之多致，正对建筑的墙面上循壁山做法立起作主景的峰石（图6-30）。即使在不开花的时节，也有一番景象可览。

苏州拙政园腰门外以西的门侧，利用两边的墙隅均衡地布置了两个小山石花台，一大一小，一高一低。山石和地面衔接的基部种植书带草，北隅小花台内种紫竹数株。青门粉墙，在山石的衬托下，构图非常完整（图6-31）。

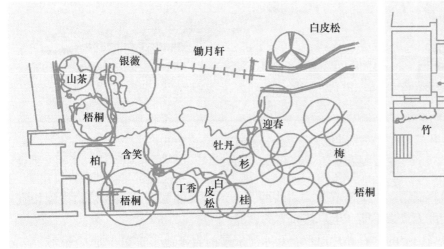

图6-30 怡园牡丹花台　　　　　　　　　图6-31 拙政园山石花台

二、岩　石　园

岩石园是以山石自然裸露为基础，适当点缀矮小植物的工程。

1. 立意布局 创造亚高山植物与岩石结合的自然景观。在植物园中出现时多为一种亚高山植物景观的景区；在休闲园林中，与石文化相结合；在现代城市园林中，可结合环境治理，巧妙处理垃圾，利用废物堆砌填土，变污染地带为园林绿化区，多布置在园林一角或斜坡地，占地范围可大可小。一般较矮，具有园林骨架的部分功能。如广州华南植物园的岩石园，结合地形、山体，既具有植物引种驯化的功能，又具有丰富空间景观的功能。如北京龙潭湖公园的"龙山"，掇石与中国书法相结合，既突出了主题，同时又增加了游人的兴趣。

2. 造型与施工 根据所处位置、形体大小以及所用山石的不同，分岩石园、碎石床和植物山石墙三种类型（图6-32）。

（1）岩石园。岩石园从整体上可以设计成像山丘一样呈上升态的四面观岩石园，也可在北侧与墙面、挡土墙等相接，设计成三面观的岩石园。这种形式较多见。

岩石园的基础，从地表向下挖20～30 cm，放入园土，再安置大块岩石，要使基础坚实而稳定。岩石园的内部以瓦片或砾石为材料，表层以园土及沙为主要材料，间隔安置一些大的岩石，埋在园土和砂石之间。岩石之间的组合以便于漏水、适于植物根系伸展为原则。从岩石园

图 6 - 32　岩石园类型
a. 岩石园　b. 植物山石墙　c. 碎石床

的整体上看，岩石布局高低错落、疏密有致，岩块的大小组合又能与所栽植的植物搭配相宜，反之，若布石呆板或杂乱无章都不能产生自然风光的妙趣。

（2）碎石床。模拟高山上的岩石碎片地带以及冰河末端的岩砾地带景观。地表种植矮草或宿根性的垫状花卉。碎石床上点置一些岩石，数量常比岩石园少。其基础要从地表向下挖，深度最低限度要满足把带网孔的暗管埋设在基础里 10 cm 厚。成分依所种植的植物而定，如岩生植物就要混入 30％左右的石灰岩，表层为 2～3 cm 的卵石。

岩石的高度比较低，通常为 30～50 cm，基础内部结构与岩石园相似，可分为平床及斜床。除这种类型之外，还有用耐火砖等建造的槽式园、用泥炭块或树皮建造的泥炭园等。

（3）植物山石墙。用重叠起来的岩石组成的近直立性石墙。植物山石墙的基础及结构与岩石园大体相同，重要的是，要把岩石堆置呈钵式，在石墙的顶部及侧面都能栽植植物，而植物根都向着墙的中心方向，侧面还可栽植下垂及匍匐生长的植物。墙的大小依建造地点及条件而定。可在庭园内部建造和欣赏，也可利用墙面或围墙的一段来建造。形式有单面式和双面式。

山石墙的基础是从地表向下挖 20～30 cm。中心部分为瓦片或砾石，两侧安置大块岩石，以厚 10～15 cm 的平石为好，或把带网孔的暗管埋在基础内，这样有利于排水。高度要与周围环境协调，通常为 60～90 cm。

综上所述，对岩石园基础及构造的要求是：在适度保水的基础上，排水通畅和通气良好，创造一个有利于植物生长的生态环境条件。此处推荐一个适宜中原地区的结构模式，自下而上分别是：①30～40 cm 厚的砾石、瓦片层，砾石直径 10 cm 左右；②10～15 cm 厚的建筑材料用的珍珠岩；③20～30 cm 厚的大粒径沙及小石块混合物；④用较美观的小型沙砾铺在表层，提高其观赏性。结构层应根据地形、水位以及植物种类不同而变化。

三、山石景墙

山石景墙是把自然山石用建筑的技术方法砌成的景观障碍物（图6-33）。园林中分割空间的手法多种多样，山石景墙可低可高，或阻隔视线，或限制通行，或作为空间的背景或前景，或作为景物展示的载体，或作为工程构筑物，与自然景物和人工景物都能较好地协调。

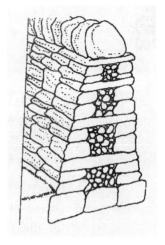

山石景墙的造型是把建筑墙体和自然山景或石景有机结合起来，因环境而千变万化。如近似几何形的直立型、云形景墙以及镶嵌自然石块的挡土墙、障景墙、花格墙、水景墙等。

砌景墙的石材以块形较整齐的青石、黄石为主，极少用湖石。砌景墙时，注意不同石块间要结合牢固。山石景墙的结构要求同建筑墙体一致，要坚固，其上的每一块石头都必须是结实的。墙基处要适当用小块山石或植物掩饰。同时，也要考虑在墙体周围设置适当的排水明沟。

图6-33　山石景墙

四、与园林建筑结合的山石布置

中国园林注重自然之美，常对人工建筑加以处理，使之与自然环境相融合。如布置踏跺、蹲配、抱角、镶隅、云梯及粉壁置石等（图6-34）。

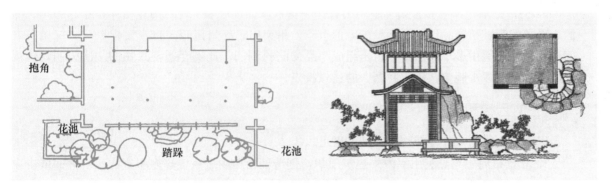

图6-34　与园林建筑结合的山石

（一）踏跺与蹲配

1. 立意布局　中国传统园林建筑多建于台基之上，出入口部位需要用台阶作为室内外上下的衔接。用自然山石作台阶即为踏跺，踏跺不仅有台阶的功能，而且能形成从人工建筑到自然环境之间的过渡。"蹲""配"是常和踏跺配合使用的一种砌石，分布在台阶两侧，作为台阶两端的梯形基座，有支撑的功能；也可以由踏跺本身层层叠上，遮挡两端不易处理的侧面；也可兼备垂带和门口对置的石狮、石鼓之类装饰品的作用。蹲配在外形上不像垂带和石鼓那样呆板，同时蹲配在建筑轴线两旁也有均衡构图的作用。

2. 造型与结构　山石踏跺的每级高度不一定完全一样，石级可并列，也可互相错列；可径直而入，也可偏斜而上。当台基不高时，可以采用苏州狮子林"燕誉堂"前的坡式踏跺；当游人出入量较大时，可采用分道法，如苏州留园"五峰仙馆"，每级高差10～30 cm。

蹲配在空间造型上可利用山石的自然形态，实际上除了"蹲"以外，也可"立"、可"卧"，以求组合上的变化。

3. 选择石材　石材宜选用扁平状的，或长条形、方形、梯形，甚至不等边的三角形，主要求其自然的外观。"蹲"体量大而高,"配"体量小而低。

4. 砌石施工 山石每一级都向下坡方向稍有倾斜坡度,以便排水。石级断面要上挑下收,以免人们上台阶时脚尖碰到石级上沿,术语称为不能有"兜脚"。用小块山石拼合的石级,拼缝要上下交错,上石压下缝,撑实垫稳。石间不留孔,防长草变滑,外侧可植草。一些现代园林常在台阶两旁设花池,把山石和植物结合在一起,作为基础绿化来装饰建筑出入口。

(二)抱角和镶隅

1. 立意布局 抱角指环抱于墙外角的砌石,镶隅指镶嵌于墙内角的砌石。二者都具有机械支撑功能。同时,抱角使建筑犹如坐落在自然的山岩上,镶隅则有外山延绵之趣。

2. 造型与结构 园林建筑体量一般不大,所以无须做过于臃肿的抱角和镶隅。造型要根据建筑风格来确定。可以用小巧的山石衬托宏伟的园林建筑,或用山石自然线条来软化生硬的角落(图6-34)。

3. 相石择面 山石抱角和镶隅的体量均需与墙体所在的空间取得协调。选材应考虑如何使石与墙接触的部位,特别是可见的部位能吻合起来。雄壮的建筑适宜选用黄石、青石,灵巧的建筑适宜选用湖石。重石、大石近墙,轻石、小石飘远。

4. 砌石施工 砌石做建筑基础时就要保证不欺墙、不存水、不存垃圾,缝隙尽量隐蔽,或顺其势。

5. 艺术处理 江南私家园林多用山石作小花台来处理墙隅。花台内点植体量小、耐旱、潇洒、轻盈的观赏植物。这里用石量少,但造景效果突出。苏州留园"古木交柯"与"绿荫"之间小洞门的墙隅用矮小的山石和竹子组成小品来陪衬洞门,比例合适,景物的主次分明,体现了山石小品"以少胜多、以简胜繁"的造景特点。

(三)云梯和磴道

以山石掇成的室外楼梯称为云梯或磴道。

1. 立意布局 充分利用室内外建筑面积,创造仙山琼阁之意境,多布置在建筑背面或主立面一侧。布置云梯忌暴露无遗和与周围的景物缺乏联系和呼应。

2. 造型与结构 高度、宽度、坡度适宜人登攀,造型要求与周围环境协调,形体适当,局部可采用小拱桥或板桥的形式连接。结构尺寸较山石踏垛小。

3. 选择石材 宜选用面稍平的石片、石块和条石。

4. 砌石施工 云梯要组合丰富,变化自如,要防滑、防勾脚等。若云梯陡峭可在旁边立石防护。

5. 艺术处理 扬州寄啸山庄东院将壁山和山石楼梯结合为一体。由庭上山,由山上楼,比较自然。其西南小院之山石楼梯一面贴墙,楼梯下面结合山石花台与地面相衔接。自楼下穿道南行,云梯一部分又成为穿道的对景。山石楼梯转折处置立石,古老的紫藤绕石登墙,颇具变化,是使用功能与造景相结合的一个佳例。另一例为留园明瑟楼,以假山楼梯而成景"一梯云",云梯设于楼之背水面,南有高墙作空间隔离,一门径通。云梯呈曲尺形,南、西两面贴墙。上楼入口处用条石隐蔽搭接,从而减少了云梯基部的体量,使之免于局促。云梯中段下收上悬,把楼梯间的部位做成自然的山岫,这样便有了强烈的虚实变化。云梯下面的入口则结合花台和特置峰石,峰石上刻"一梯云"三字。峰石高仅2m多,但因视距很近,峰石有直矗入云的意向。若自明瑟楼楼下或楼北的园路南望,在由柱子、倒挂楣子和鹅颈靠组成的逆光框景中,整个山石楼梯和植物点缀的轮廓在粉墙前恰如横幅山水画呈现出来。

(四) 粉壁置石

粉壁置石指布置于墙前壁下的山石，也叫壁山。

1. 立意布局　山石布置在墙壁前，丰富空间变化，可与水、建筑、植物结合，也可单独构景，常有小中见大的艺术效果。

2. 造型与结构　由于背景不同，体量可大可小。大者如山，郑州白庙水厂的壁山，依水处理车间的外墙而建，高6 m多，成为入口处的主景（图6-35），但也有小者如景石。其结构可全可半，甚至局部一点，可由地而生，也可穿墙而出，施工一般为先墙后（石）山。

3. 相石择面　山石有比较优美的轮廓线，或有与背景墙协调的纹理，或有富于变化的色彩。

图6-35　郑州白庙水厂的壁山

4. 砌石施工　粉壁置石由于石块与墙体间距离较小，为简单起见往往会倚墙而置，甚至会破墙而出。这都会改变原有墙体的力学结构，影响周围建筑与设施的使用。砌石时，一定要有稳固的自身结构，做到基础分置、墙石不倚、不存水纳垢。

5. 艺术处理　《园冶》有谓："峭壁山者，靠壁理也。藉以粉壁为纸，以石为绘也。理者相石皴纹，仿古人笔意，植黄山松柏、古梅、美竹，收之圆窗，宛然镜游也。"在江南园林的庭院中，这种布置随处可见。有的结合花台和各种植物布置，式样多变。苏州网师园南端"琴室"所在的院落中，于粉壁前置石，石的姿态有立、蹲、卧的变化。加上植物和院中台景的层次变化，使整个墙面变成一个丰富多彩的风景画。苏州留园"鹤所"墙前以山石作基础布置，高低错落，疏密相间，并用小石峰点缀建筑立面。这样白粉墙和暗色的漏窗、门洞的空处都形成衬托山石的背景，竹、石的轮廓非常清晰。

除此以外，山石还可用作园林建筑的台基、支墩和镶嵌门窗等，变化之多，不胜枚举。

第五节　假山景观的设计

假山景观的建造与中国传统山水画一脉相承，贵在虽假犹真，耐人寻味。山水画是画家对自然山水形象的提炼概括，源于自然而存在。所以，要想把假山堆得自然生动，达到"虽由人作，宛自天开"的艺术效果，就必须以大自然为师。故《园冶》谓"有真斯有假"，说明真山是假山营造的依据，认识和了解自然山体是基础。

一、自然山体景观

自然山体由峰、峦、洞、穴、涧、坡等多样的形体单元组成，有其不同的形体特征。

1. 自然山体的形象特征　可以概括为雄、奇、险、秀、幽、旷等。

雄：即雄伟。指山体高大和山坡陡峭所形成的气势，如"泰山天下雄"来源于高大山体。

奇：即奇特。指具有奇松、奇石、云海、山泉的景观，如雁荡龙湫、匡庐瀑布、黄山石笋被称为"天下三奇"。

险：即险峻。山脊高而窄形成的景观，如华山。

秀：即秀丽。指精巧葱绿，且多与水体结合，如桂林山水的奇秀、峨眉山之秀。

幽：即幽深。指景点视域狭窄，层次多，曲折通幽，如鸡公山大茶沟景观。

旷：即畅旷。指山体临宽阔水面或大草坪所构成的景观，如河南南湾水库诸山面临开阔的大水面所形成的景观。

2. 自然山体多与水相依　山体的峰、岭、峦、顶、谷、冈、壁、坞、洞、磴道和栈道与水体的泉、瀑、潭、溪、涧、池、矶和汀石是相互依存的。山水宜结合为一体，才相得益彰。清代画论家笪重光在《画筌》中总结了山水自然之理。他说："山脉之通，按其水径；水道之达，理其山形。"又如"水得地而蓄而流，地得水而柔而润""山无水泉则不活""有水则灵"等，强调了自然风景的综合性和整体性。

3. 山的组成单元　山有阴阳相背之分，有山麓、山腰、山肩、山头、山脊之别，即使同一部位也有异样的造型（图6-36）。

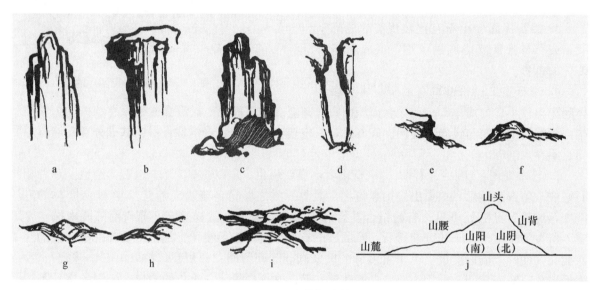

图6-36　山的组成单元

a. 峰　b. 崖　c. 洞　d. 谷　e. 山颠　f. 山峦　g. 山坞　h. 山阜　i. 山岭　j. 山体立面

（1）坡、阜。土山的倾斜平缓部分为坡，隆起部分为阜。坡、阜为年代久远的山体的形象，由于风化程度很深，岩石的锋芒已失，岩面为土层所覆盖，仅有有限的圆钝岩石露头，坡、阜的轮廓线条平夷、圆钝，有浑厚的效果。一般为土山景观，具有可供植物生存的土壤条件，往往为草地、树木所覆盖。

（2）冈、谷。岩山风化程度较深，风化碎屑在重力作用下远移，裸露出大片圆钝的岩面，即为冈；其相对低洼部分积聚了一些风化碎屑而较为平缓，称为谷。冈、谷为年代较久山岳的主要形象，多为土石山的景观，其轮廓线条高亢、圆峙与浑厚，冈谷间也有林木与草原的分布。

（3）峰、壑。高耸的为峰，凹陷的为壑。峰、壑为风化程度浅而表面碎屑被流水或冰川所运移的岩山景观。花岗岩类或石英岩类形成的峰壑，峻峭或圆钝不一，出现许多奇峰怪石；砂岩等沉积岩形成的峰壑则多数圆钝，少有穿透；石灰岩往往由于被溶蚀而玲珑剔透。峰壑上由于土层瘠薄，风雨凄厉，仅有零星的树木能够生长。经过艺术提炼的峰、壑造型是园林设计中常用的假山单元。峰可以概括为下列几种形式：上小下大，挺拔高矗的剑立式山峰；上大下小，形如斧头侧立，稳重而又有险意的斧立式山峰；横向挑伸，形如奇云横空，参差高低的流云式山峰；势如倾斜山岩，斜插如削，有明显的动势的斜劈式山峰；用于某些洞顶，犹如钟乳倒悬，滋润欲滴，出奇制胜的悬垂式山峰。也有其他类的，如仿山、仿云、仿生、仿器设，或者单、双、群、拼，或者峰顶、峦顶、平顶等。

（4）崖、洞。在冈、谷与峰、堑间，都可能发现有悬崖峭壁与洞穴等地貌与地物的存在，这也常是名胜所在。其中石灰岩所形成的悬崖峭壁，奇特胜于雄伟；溶蚀型的洞穴则深邃曲折，洞中有泉水、钟乳、石笋等内容。一些浅层的原生岩由地壳变动而形成的断崖和崩塌型洞穴，则往往气象万千，气派雄伟，而洞粗犷宽敞，内景缺如。玄武岩虽也有火山岩洞，但浅陋不甚可观。岩洞虽然都能给人以神秘、惊险的感觉，但奇特、雄伟则各异奇趣。人为的摩崖石刻能增添游览色彩。

山体除上述组成部分外，还有丰富并具地方特色的植物景观。随着人们对园林生态功能的重视，植物景观在假山工程的组分会逐渐增加。

可见，真山是地理、气候以及人为活动诸因素影响的结果，其形象合乎自然山水地貌景观特征。计成说："夫理假山，必欲求好，要人说好，片山块石，似有野致。"所谓野致，就是大自然的趣味，大自然的山水是假山创作的艺术源泉和依据。真山的形成是岩石经过"化整为零"的风化过程和溶蚀过程，本身具有一定的整体性和稳定性；而假山工程是把零散岩石经过堆叠加工成艺术品，是一个"集零为整"的过程。创造作假成真的效果，分析真山景观是基础，同时，了解山石的力学结构也非常必要。

二、假山的布局设计

自然界的名山大川固然优美，但不可能搬入园中，也不可能完全效仿。可以根据具体环境，把某种山体的形象艺术地再现出来。艺术地再现山水景观，最少要通过两个环节来完成——设计和施工。假山的设计是以我国传统的山水画论为理论基础，如"画家以笔墨为丘壑，掇山以土石为皴擦。虚实虽殊，理致则一"之说。所以，计成又说："有真为假，做假成真；稍动天机，全叨人力。"即既要真实又要提炼，灵活巧妙应用山石材料的形体、颜色和高超的堆叠技艺。个园的四季假山在设计和施工方面都是掇山艺术的一个精品（图6-37）。

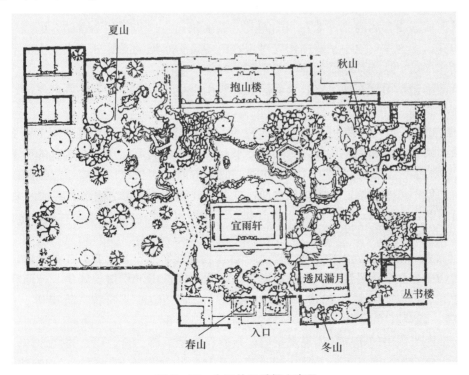

图6-37　个园的四季假山布局

扬州个园之四季假山寓四时景色于一园之中。春山是序幕，门首起花台，翠竹成片，石笋成丛，修篁弄影，石笋参差，"雨后春笋"，春意盎然；过春山，绕宜雨轩，便是夏山，用灰白色太湖石作积云式叠山，中空外奇，跌宕多姿，取意于夏云多奇峰的意境，并结合荷池、夏荫来体现夏景；登上夏山，经抱山楼到"重九登高"的秋山，秋山选用富于秋色的黄石叠高垒胜，气魄雄伟，拔地数仞，有咫尺千里之势，最富画意；冬山选用宣石为山，宣石有如白雪覆石面，皑皑耀目，用白矾石冰裂纹铺地，山后种植台中植蜡梅、南天竹点缀，加以墙面上风洞的呼啸效果则冬意更浓。冬山和春山仅一墙之隔，却又开透窗。自冬山可窥春山，有"冬去春来"之意。夏山苍翠而如滴，冬山惨淡而如睡，春山淡冶而如笑，秋山明朗而如妆。春山宜游，夏山宜看，秋山宜登，冬山宜居。像这样既有内涵又有外观且实用的时景假山园实属中国造山艺术的典范。可见，假山景观工程必须融科学、技术和艺术于一体，结合具体环境而做。

1. 立意明确 扬州个园用四季假山寓四时景色，冬去春来合自然之拍。中国园林比较注重景物的意境，运用象形、比拟和联想的手法，使造山达到"片山有致，寸石生情"的效果。如"一池三山""仙山琼阁"等寓为神仙境界；"峰虚五老""狮子上楼台""金鸡叫天门"等地方性传统程式；"武陵春色""濠濮间想"等寓意隐逸或典故性的追索；十二生肖及其他各种象形手法；寓名山大川和名园的手法，如艮岳仿杭州凤凰山、苏州洽隐园水洞仿小林屋洞等；寓自然山水性情的手法和寓四时景色的手法等。这些寓意又可结合石刻题咏，使之具有综合性的艺术价值。

2. 布局合理 中国园林追求景观的自然性，自然山水总是相互依存的，建筑孕育其中而不显露，人穿行山林却无形。在造园时要因地制宜布局要素，安排山水、建筑、道路等景物，分割和组织空间。使得山无止境，水无尽意，山容水色，绵延不尽，人在其中，悠然自得。

园林艺术创作中常用山因水活、水随山转、廊引人随、步移景异的手法，以达到意境、山景、实用相结合。上海嘉定秋霞圃山水结合的特征是两山对峙而夹长池，水面纵长而延伸水湾入山坳。上海豫园黄石大假山则主要以幽深曲折的山涧破山腹然后流入山下的水池。环秀山庄山峦拱伏构成主体，弯月形水池环抱山体两面，一条幽谷山涧贯穿山体再入池。南京瞻园因用地南北狭长而使假山各居南北，池在两山麓又以长溪相通。这些都是山水结合的成功之作。苏州拙政园中部以水为主，池中又造山作为对景，山体又为水池的支脉分割为主次分明而又密切联系的两座岛山，这为拙政园的地形奠定了关键性的基础。

如果片面强调堆山掇石却忽略其他的因素，假山会成为一堆土或石，有形无质，降低园林空间的利用率。

3. 工程均衡 "山，大物也"（宋代郭熙《林泉高致》），减少工程量是造园工程不得不考虑的。假山必须结合地形和周围环境，将主观要求和客观条件的可能性以及所有的园林组成因素统筹安排。《园冶》"相地"一节："如方如圆，似偏似曲；如长弯而环璧，似偏阔以铺云。高方欲就亭台，低凹可开池沼；卜筑贵从水面，立基先究源头；疏源之去由，察水之来历。"如果园之远近有自然山水相因，就要灵活地加以利用。这样可以提高其他要素对新环境的适应性，达到有若自然之感。

4. 观游并举 分析组成山体的各个单元，掌握其功能特点。是远观，还是近看，甚至可触摸；是行人，还是立亭；是流水，还是植树等。以此来设计山的平缓、陡峭、迂回和弯曲，以及大小、曲直、收放、明晦、起伏、虚实、寂喧、幽旷、浓淡、向背、险夷等。远观山势，"势"宜粗做；近观石质，"质"需细刻；繁简结合，观游并举。

观看山形。当假山的布局和体量确定后，接着就要造其雄、奇、险、秀之形体。小园林可能只有一个山体，大的园林可能是群山或有多个山体，山有主峰和次峰，多山有主山、次山，它们都只能是一主多次，主次之间通过山脊线（或陇脉）相连接。"主峰最宜高耸，客山须是奔趋"（唐代王维《画学秘诀》）。"主山正者客山低，主山侧者客山远。众山拱伏，主山始尊。群峰盘互，祖峰乃厚"（清代笪重光《画筌》）。宾主之间，大小有致，互相照应，气脉相通。如郑州人民公园东入口内假山三峰，其平面为不等边三角形，其高分别为 19.5 m、11 m、7.5 m。从立面观赏，7.5 m 的配峰布置在主峰东北部，距主峰较近，而 11 m 的次峰布置在主峰东南部，且远离主峰，主次分明（图 6-38）。园林范围较小的，可设置两三个峰，两个峰的峰高比例是 1：2/3；三个峰的比例是 1/2：1：2/3，中间一峰较高。范围较大的也可根据比例将形体放大或增设。山峰的位置和高度忌讳一条直线或等边多边形。

游憩山中，会改变人与景物之间的远近、前后、高低关系，取得步移景异的效果。宋代画家郭熙在《林泉高致》说："山有三远。自山下而仰山巅谓之高远；自山前而窥山后谓之深远；自近山而望远山谓之平远。"人们在实践中总结出了一些山景处理方法：高远，用前低后高、山头作"之"字形分局来处理；深远，用两山并峙、犬牙交错来处理；平远，用平岗小阜、错位观察来处理。处理好视距、视域和山高三者间的关系，"以近求高""以宽求平""以厚求深"等（图 6-39）。

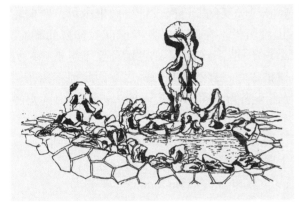

图 6-38　郑州人民公园假山

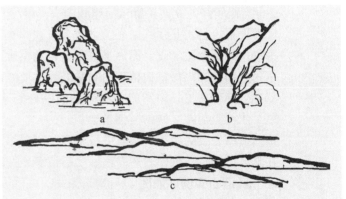

图 6-39　假山"三远"处理方法
a. 高远　b. 深远　c. 平远

5. 生态处理　山体由于起伏创造了高低、阴阳、冷暖的不同小环境，材料的不同如土、石、混凝土甚至建筑废料等，会引起雨水下渗和种植基础的差异。现代景观的发展越来越注重生态性的创造，充分利用阳光、雨水和山体新空间进行植物造景。山石间隙填充种植基土，或结合造型预制种植孔、槽等设施，种植低矮、耐旱、易造型的植物，使假山有生机，同时也增加了空间绿量。

6. 真假与共　包括两方面：园子内外，真山与假山景观的融合和山体中真石与假石的融合。借景可以使园林内外空间产生融合感，使园内假山成为园外真山的延伸。无锡惠山东寄畅园借九龙山、惠山于园内作为远景，在真山前面造假山，如同一脉相贯。颐和园谐趣园仿寄畅园，于万寿山东麓造假山，有类似的效果。颐和园后湖则在万寿山之北隔长湖造假山。真山假山夹水对峙，取假山与真山山麓相对应，极近曲折收放之变化，令人莫知真假。特别是自东西望时，更有西山为远景，真假相混更是难辨。

另外，随着现代材料技术的发展，塑山塑石比比皆是。在游人能够接触的、可近观的地点放置真石，或更精细塑石，达到以假乱真的效果。

由于平面布局、形态造型和高程的差异，再加上阴阳、背向、光影和植物的不同，假山从各个方向看去都有不同的景观效果，步移景异的效果就更加明显。

三、假山造型设计及其实例

1. 平面设计　假山平面布局应与周围环境相协调。

（1）轮廓要曲折自如，可局部遮掩，与其他造园要素有顺应的过渡，方便观赏和游览，如磴道、山洞与游览路相接，竖向落水与平面流水相接，假山、斜坡置石过渡到草坪等。

（2）各个山峰的布置有一定的前后层次，做到参差有致、主次分明。山头不宜居中，忌馒头形、笔架形。山体的组合可数峰连接形成岭，山岭布局忌成一条直线，应有曲回、有分歧、有环抱。回抱的山形宜安排园林空间，并形成良好的小气候，便于喜温植物生长。条件具备时可将高低不同的山峰与园外真山巧妙组合，形成山外有山的层次感。如北京植物园的一座假山利用园外香山的三层起伏山峦作背景，形成四山叠翠的山景，扩大了园景范围，达到了以假乱真的景观效果。

（3）假山用石不可杂。不同的山石有表示各自特征的轮廓线，湖石圆润柔曲、多涡洞，黄石浑厚沉实，青石方正刚直等。

（4）山上的建筑、植物、步道比例要协调。一般情况下，尺度较小。

2. 立面设计　假山的造型应该做到面面可观，但由于空间范围或背景的限制，往往有1～2个立面较好。立面轮廓从山麓到山头，峰峦冈巅应起伏变化，立面设计要做出山势，竖向轮廓要明显，特别是顶部，有长之势。其次是前后山峰可见，在此有必要考虑前后透视的影响。另外，磴道时隐时现，洞口半掩半显，沟壑水流远近不同。若假山不高，山顶又不可植树，为了衬托山势的高峻，树植于山阴略低处，使峰出树梢之间，自然饶有山林之意。此理不独植树如此，建亭亦然。山脚如有横线条的卧松临水，也不失为求得画面统一的好办法。山间垂藤萝，水面点荷花，使得意到景生。

造型复杂的假山有必要进行不同断面和多方位透视设计。假山造型不可能面面俱到，所以在具体操作时，创作者还需根据实际情况，选准主要点并灵活运用各种手法。

3. 假山实例　如图6-40所示。

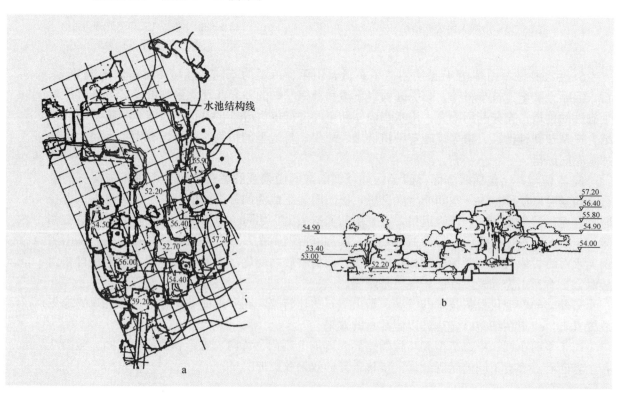

图6-40　假山实例
a. 平面图　b. 剖面图

第六节　假山景观的施工

假山施工是指按照假山设计图纸的尺寸进行定位、放线、堆叠、整修的过程。假山的外形千变万化，但其基本结构和施工程序是相通的。在我国悠久的历史中，历代假山匠师们吸取了土作、石作、泥瓦作等方面的工程技术和中国山水画的传统理论和技法，创造了我国独特的假山工艺。

假山的掇叠过程分为施工准备、分层施工、山石结体、艺术处理、假山洞施工、假山磴道施工等工序环节。

一、施工准备

勘查现场、理解设计意图以后，根据设计要求准备石料、灰料、用具和有关设施。

（一）石料的准备

1. 石料的选购　熟悉各种石料的特点和产地是工程人员选购石料的基础。由于山石形体的不确定性，工程人员要亲自到山石的产地或市场上进行选购，便于通盘考虑山石的形状、用量以及各种石料可用于假山的何种部位等。要选择一些峭立挺拔、纹理奇特、形象仿生的优等石，但更多的是通货石。明末造园家计成提出了"是石堪堆，便山可采"和"近无图远"的主张。这种就地取材、创造地方特色的思想，突破了选石的局限性，为掇山取材开拓了新路。其实，掇山之石并不是要求面面皆露、块块必显，提高堆叠技艺也是非常重要的。

石料有新、旧之分，长久暴露于地面的石料，经长年风吹雨打，天然风化明显，此石造山易得古朴之美，而从土中扒上来的石料表面有一层土锈，从水中捞出的石料表面有一层附生物，用这类石堆山需经长期风化剥蚀后，才能达到旧石的效果。

2. 石料的运输　石料的运输分长途运输和短途搬运。

（1）长途运输。从采石场到施工场地的运输，其主要任务是防止石料被损坏，石料形体损坏可能会大大降低应用价值。所以，包裹、装车、途中、卸车的每个环节都要注意。

玲珑嵌空、瘦俏奇异易于损坏的好材料应用木板、泥团、扎草、夹杠、冰球或其他材料作保护性的包装。装车时，一定要稳吊轻放，有时在运输车中放 20 cm 左右的黄沙或蒲草，让石躺平卧稳，为防止途中摇晃挤抗，可在石间夹垫一些枝条、秸秆。下料时，要稳吊稳滑。《葵辛杂识》载："艮岳之取石也，其大而穿透者，致远必有损折之虑。近闻汴京父老云，其法乃先以胶泥实填众窍，其外复以麻筋、杂泥固济之，令圆混，日晒极坚实，始用大木为车，致于舟中。直俟抵京，然后浸之水中，旋去泥土，则省人力而无他虑。此法奇甚，前所未闻也。"

（2）短途搬运。施工场地内的搬运为短途搬运，常用粗棕绳捆绑山石进行吊装或搬运（图 6-41）。棕绳抗滑、结实，比较柔软，易结扣。绳子结"元宝扣"，易打、好解，不会松开

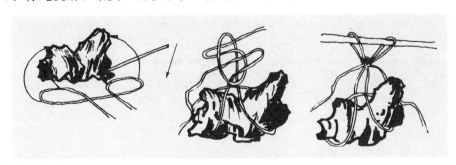

图 6-41　结扣搬运

滑掉，同时可以调整绳之长度，借山石自身重量越抽越紧。山石的捆吊要根据山石在堆叠时放置的角度和位置进行，尽量转好方向。

山石基本到位后，如果需要"找面"和再一次转位，可用撬棍来"走石"，前后、左右转动山石至理想位置（图6-42）。

3. 石料的分类放置　又称读石。施工前需先对现场石料反复观察，区别不同质色、形纹和体量，按掇山部位和造型要求分类放置石块。对关键部位和结构用石做出标记，按秩序、分块平放在地面上，以供相石之需。只有经过反复观察和考虑，才能做到通盘运筹，因材使用。

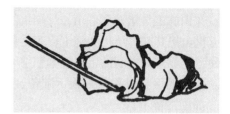

图6-42　走　石

上好的单块峰石多是作为最后使用的，故应放于离施工场地稍远、最安全的地方，以防止其他石料在吊装的过程中与之发生碰撞而造成损坏，其他石料可按其不同的形态、作用和施工造型的先后顺序合理安放。把最具形态特征的一面朝上，施工时不需翻动就能辨认而取用。要有次序地进行排列式放置，2～3块为一排，排成竖向条形。条与条之间留有较宽的（约1.5 m）通道，以供搬运石料之用。每一块石料的摆放都力求单独，不能挤靠，更不能成堆放置。最忌讳的是边施工边进料，使工程人员无法将所有的石料按其各自的形态特征进行统筹安排。

为保证叠石造山的整体效果，要在山石拼叠的施工场地选一个最佳观赏点，工程人员随时定点观察审视、相形，这是保证叠石造山整体不偏的极其重要的细节。

（二）工具的准备

叠石造山是一种繁重的体力劳动，拥有并能正确、熟练地运用叠石造山的手工工具、机械设备是保证施工安全、快速、高质量的前提。

1. 手工工具　如铁铲、箩筐、镐、耙、灰桶、瓦刀、水管、锤、杠、绳、竹刷、抹子、脚手架、撬棍、毛竹片、钢筋夹、木撬、木撑、三角铁架、手拉葫芦等。

铁锤主要用于敲打山石或取山石的撬石和石皮。敲打时，要找准山石的丝向，并顺丝敲剥，才能随心所欲；竹刷用于山石堆叠时水泥缝的扫刷，一般在水泥未完全凝固前扫刷缝口；粗棕绳用于山石短距离搬运、吊装；抹子是整理山石拼接缝的专用工具；毛竹片、钢筋夹、撬棍与木撬主要用于临时性支撑山石，以利于山石的拼接、拼叠和做缝，待混凝土凝固后或山石稳固后再拆除；脚手架与跳板用来抬高工作站点。

2. 机械器具　假山堆叠需要的机械包括混凝土搅拌机械、运输机械和起吊机械。

3. 辅助固定设施　如假山石不能得到连接石的充足支持，或由于其他原因而易移动的情况下，必须用一些有机械强度的成型设施来固定（图6-43）。

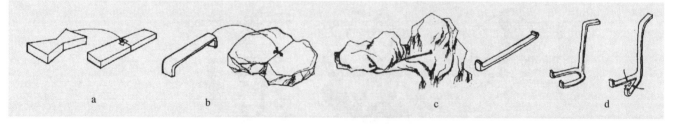

图6-43　辅助固定设施
a. 铁锭扣　b. 铁耙锭　c. 铁扁担　d. 马蹄形吊架和叉形吊架

铁锭扣用生铁铸成，主要用以加强山石间的水平联系；铁耙锭用熟铁制成，用以加强山石水平向及竖向的衔接；铁扁担两端成直角上翘，翘头略高于所支撑石梁两端，多用于加固山洞，作为石梁下面的垫梁；吊架从上一块山石上挂下来，作为下一块山石的架座；模坯骨架是以铁条或钢筋为骨架，外贴石皮，在小块山石堆山拼接时用。

二、分层施工

假山施工图不可能标明每一块山石的位置、大小、结构等，即使标注详细，其施工也很难完全按照施工图去做。工程人员的场地经验非常重要。要做到安全施工，应恰当处理每一个环节，严格把关，环环相扣。结构施工要自下而上、自后向前、由主及次、分层进行，确保稳定实用（图6-44）。

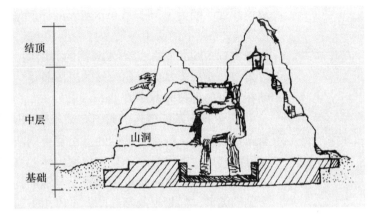

图6-44 假山分层结构

工艺流程：放线挖槽→基础施工→拉底→中层施工→扫缝→收顶→检查→完形。

（一）放线挖槽

根据设计图纸的位置与形状在地面上放出假山基础的外形，并根据条件适当外扩100～150 cm。在假山有较大幅度的外挑处要根据假山的重心位置来确定基础的大小，需要放宽的幅度更大。如果施工区内土层松软，或有建筑垃圾，或临水体时，要适当变化，便于特殊防护处理。

挖槽的深度与山高、石质、当地气候和土质有关。假山堆叠南北方各不相同，北方一般满铺底，基础范围覆盖整个假山；南方一般沿假山外形及山洞位置设基础，山体内多为填石，对基础的承重能力要求相对较低。

（二）基础施工（立基）

基础施工是为了保证山体不倾斜、不下沉。假山如果能坐落在天然岩基上是最理想的，否则都需要做基础。基础的种类和深度根据主山体的规模和土质情况而定，要确保假山的重心线不超出基础圈。基础深度取决于山石高度和土基状况，一般基础表面高程应在土表或常水位线以下0.3～0.5 m。山体中的管线、水道、孔洞、种植穴应预埋或预留，切忌事后穿凿，松动石体。

基础常用的材料有桩基、石基、灰土基和钢筋混凝土基。桩基用于湖泥沙地，石基多用于较好的土基，灰土基用于干燥地区，钢筋混凝土基多用于流动水域或不均匀土基。

1. 桩基 桩基即主要由支撑桩撑起的假山基础，水中的假山选用结实坚固、耐水湿、抗腐烂和锈蚀的木桩、石桩、钢筋混凝土桩为支撑桩，如通直且耐水湿的柏木桩或杉木桩。木桩顶面直径10～15 cm，桩的长度以打到硬层为宜，桩长一般为1～2 m。桩子按梅花形排列，桩间距离约为20 cm，在基础范围内均匀分布，桩间用块石嵌紧，再用条石压顶。条石上面才是自然形态的山石。条石应置于低水位线以下，自然山石的下部亦在水位线下。这样既美观，又可减少桩木腐烂，颐和园挖出的修假山的柏木桩大多完好。

我国各地气候和土壤情况差别很大，做桩基必须因地制宜。如扬州地区多为沙土，土壤不够密实，除了使用木桩以外，还大量使用灰桩和瓦砾桩。其桩之直径约20 cm，桩长0.6～1 m，桩间距0.5～0.7 m。施工时在木桩顶横穿一根铁杆。木桩打至一定深度拔出来，然后在桩孔中填入生石灰块,加水捣实,凝固后便有足够的承压力,称为灰桩。用瓦砾作填实桩孔材料的为瓦砾桩。苏州土壤黏性较强,土壤本身就比较坚实,对于一般置石或小型假山,就用块石尖头埋入地下作为基础,称为石钉。北京圆明园在解决低温水土壤冻胀对基础的影响时,采用在桩基上面打灰土的办法,有效地减少了地下水的破坏。

2. 灰土基 灰土基即由石灰和素土按一定比例配制的混合物,凝固后形成结实的不透水层,能有效减少土壤冻胀对上层建筑设施的破坏。灰土基础的宽度应比假山底面宽 0.5～1 m,灰槽深度一般为 0.5～0.6 m,灰土的比例采用 3：7,石灰一定要选用新出窑的块灰,现场泼水化灰。2 m 以下的假山一般是打一步素土、一步灰土。一步灰土即灰土厚 30 cm,踩实到 15 cm,再夯实到 10 cm 左右。2～4 m 高的假山用一步素土、两步灰土。北方地下水位一般不高,雨季较集中,使灰土基础有比较好的凝固条件,园林中位于陆地上的假山多采用灰土基础,灰土基础在北京的古典园林中常见。

3. 混凝土基 现代的假山多采用浆砌块石或混凝土基础,这类基础具有耐压强度大、施工速度快的特点。混凝土基础的基槽宽度同灰土基,即比假山底面宽 0.5～1 m。在基土坚实的情况下可利用素土槽浇筑,首先根据山体的占地范围挖去表层虚土,或用块石横竖排立,在石块之间注进水泥砂浆,也可用混凝土与钢筋扎成的块状网浇筑成整块基础。至于砂石与水泥的混合比例关系、混凝土的基础厚度、所用钢筋的直径粗细等,则要根据山体的高度、体积以及重量和土层情况而定。在此提供几个参考数值:陆地上假山基础混凝土的厚度为 10～20 cm,用强度不低于 C20 的钢筋混凝土作为结构层,用不低于 C15 的素混凝土作为垫层;水中用 C20 钢筋混凝土作为结构层,厚度约为 30 cm,选用 M10 水泥砂浆砌块石或 C20 的素混凝土作为垫层;高大的假山其基础酌加厚度。至于混凝土的配合比(水泥、沙、石、水的比例),则受混凝土标号影响而不同。

浇筑基础时注意留白、栽植、防渗、埋管以及山体与地面的自然过渡。

(三) 拉底

拉底又称起脚,是指在基础上铺置最底层的自然山石,起稳固底层和控制其平面轮廓的作用。这层山石主要在地面以下,很少露出地面以上,不求其形,而要求有足够的强度,因此底石的材料要块大、坚实、耐压,不能过度风化。拉底的要点有:

1. 综合考虑,统筹安排 即综合考虑假山的主次关系和发展变化方向。要根据土地的造景条件、主次形体、游览路线和风景透视线的关系,统筹安排假山组合单元,并根据假山组合单元的要求来确定底石的位置和发展体势。要细致处理主要视线方向画面,兼顾次要朝向,简化处理视线不可及的一面。

2. 错落有致,接连不断 底层山石要曲折错落、预留接口,为假山的延伸和升高、虚实和明暗的变化创造条件。大小石材或不规则安置,或小头向下渐向外挑,或相邻山石小头向上预留空当,以便往上卡接或从外观上做出"上断下连""此断彼连"等各种变化。

3. 紧连互咬,稳定结合 外观上要有断续的变化而结构上必须一块紧连一块,接口力求紧密,互相咬住,"严丝合缝",构成整体。而对于每一石块来说,必须要垫放安稳,山石底部要垫"撬片",不能倚靠他石。

(四) 中层施工

中层是指底层以上、顶层以下的大部分山体。这一部分是掇山工程的主体,单元组合和结构变化多样,有造型、种植、通行甚至流水的功能,应把掇山的造型手法、工程措施和艺术创作巧妙地结合起来。工程人员要对堆叠假山的每一块石料的特性有所了解,观察其形状、大小、重量、纹理、脉络、颜色等，并熟记在心。堆叠时，只有先在想象中进行组合拼叠，才能在施工时迅速找到合适的石料，并进行组合。具体操作是下列过程的多次循环，直至完成。

1. 适当分层，先内后外 中部工程量较大，一般把每 0.3～0.8 m 厚作为一个施工层。各工作层叠石务必在胶结料未凝之前或凝结之后继续施工，不得在凝固期间强行施工，一旦松动则胶结料失效，影响全局。每层施工一般先内后外，每个石块最好有各自的支点，相对稳定，防止由挤靠成形，否则一块松动就可能牵连数块，甚至是全部。对于承重受力的石料必须小心挑选，保证有足够强度。山石就位前应按叠石要求原地立好，然后拴绳打扣，争取一次吊装成功，避免反复。磨转移动往往会带动下面石料同时移动，从而造成山体倾斜倒塌。外围石要考虑山体造型需求，曲折多变。中部石要恰当预留石茬，为山体增高和承转做准备。在完成一个局部后，要冲洗石面，清理场地。

2. 脉络相通，搭接合理 中部由于造型和其他功能的要求多，单元组合和结构变化丰富。时刻要注意脉络的顺畅，明白其来去走向。外露山石纹理要顺，保证脉络相通。当山体表面有小路、水景、建筑等其他要素时，要考虑路的延伸、水的流线、建筑的基础标高等。山体的峰峦起伏、坡向阴阳可选用色泽深浅不同的石块，渲染其立体效果。内部山石力学结构合理，保证整个山体结构稳定。如果有山洞，应保证山洞的畅通，注意通风孔、出入口的设置等。

3. 放稳粘牢，辅助加固 掇山到中层以后，平衡稳定尤为重要。具体到石块的细部要平衡、稳定、粘牢。平衡主要是指山石的重心一定要在底边山石主要轮廓线以内，以保持上、下山石的平衡。如理悬崖必一层层地向外挑出，使重心前移。因此必须用数倍于"前沉"的重力稳压内侧，把前移的重心再拉回到假山的重心线上。稳定是要求山石拼叠无论大小都是靠山石本身重量相互挤压而牢固的，水泥砂浆只是一种补强和填缝的作用。在安置底面不平的山石时，应先找平，在底下不平处垫一至数块控制平稳和传送重力的垫片。用块石支撑平衡者为垫，用小块楔形硬质薄片石打入石下小隙为撬。山石施工要做到见缝打撬，撬要选用坚实的山石。两石之间不着力的空隙，也要适当地用块石填充，便于灌浆凝固后形成一个整体。

叠石时，也会用到一些辅助措施。如"扎"和"铁活加固"。"扎"是用铅丝、钢筋或棕绳将同层多块拼石先用穿扎法或捆扎法固定，然后填心灌浆并随即在上面连续堆叠两三层，待养护凝固后再解索整形做缝。"铁活加固"是借用金属构件（图 6-43）防山石移动或脱垂。南京明代瞻园北山之山洞中，发现用小型铁耙锭作水平向加固的结构；避暑山庄则在烟雨楼峭壁上有加强竖向联系的做法；北海静心斋沁泉廊东北，有巨石象征"蛇"出挑悬岩，选用了长约 2 m、宽 16 cm、厚 6 cm 的铁扁担，镶嵌于山石底部；扬州清代寄啸山庄的假山，洞底用花岗石作石梁，从条石上挂下来吊架，架上再安放山石，使其裹住条石外面，便接近自然山石的外貌。

4. 空透玲珑，造型自然 山体积大、重量大，由于空间范围、基础负荷和材料来源的限制，需要山体空透。但山体的空透玲珑并不是空架子，要求山石"搭""靠（接）""转""换"灵活巧妙。石与石之间的相接，只要能搭上角，便不会有脱落倒塌的危险。搭角时应使两旁的山石稳固，以承受做发券的山石对两边的侧向推力。如黄石、青石施工时，按解理面发育规律进行搭接拼靠，转换掇山垒石方向，朝外延伸堆叠效果良好。为了节省石材而又能有一定高度，可以在视线不可及之处以直立山石空架上层山石。

假山是由大量山石胶结而成的。胶结材料的性质、色彩以及胶结的缝纹会影响假山的造型效果。实践中工程人员创造了勾缝、作纹和贴石皮的方法，以达到造型自然的效果。勾缝是采用同造山石材颜色相近的涂料，装饰胶结缝纹。太湖石用色泽相近的灰白色灰浆勾缝，有时加青煤调色；黄石勾缝后刷铁屑盐卤；有时也可随石面特征、色彩和脉络走向做明缝和暗缝，表示其自然裂隙；有时为避免勾缝的呆板，在胶结后可随机用钢刷刷理出相应的皱纹；有时自然山石的薄片按纹理、色泽逐一拼接，待贴石胶结料凝固后再继续上叠。

假山中层的施工是最为复杂的。

（五）结顶

结顶又称收头，指处理假山最顶层的山石。顶层是掇山效果展现的重点部位，虽不及中层工程量大，但有画龙点睛的作用，要选用轮廓和体态都富有特征的山石。无论是单体景石或是组合峰顶都要与整个山形协调，大小比例恰当，顺应山势，错落有致（图6-45）。顶层叠石很重要，但绝不全是石，应土石兼备，配以花木，增添生机。

图6-45 峰的形式

从结构上看，收顶是在逐渐合凑的中层山石顶面加以重力镇压，自身平衡为主，支撑胶结为辅，使重力均匀地传递下去。收顶的山石体量要大些，以便合凑收压。如果收顶石材不够大，要"拼凑"完形。如果山顶有瀑布、水池、种植池等构景要素时，应与假山一起施工，通盘考虑施工的组织设计。

三、山石结体的基本形式

假山峰、峦、洞、壑等各种组合单元的变化都是由山石个体的有机结合表现出来的。北京的张蔚庭老先生曾经总结过"十字诀"，即安、连、接、斗、挎、拼、悬、剑、卡、垂；江南一带则流传九个字，即叠、竖、垫、拼、挑、压、钩、挂、撑。南北匠师虽有些名词不一样，但实际内容相近，可见我国南北匠师同出一源、一脉相承。

1. 安 "安"指安放和布局（图6-46）。既要玲珑巧安，又要安稳求实。安石要照顾向背，有利于下一步石头的放置。放置一块山石叫作"安"一块山石，特别强调这块山石放下去要稳，其中又分单安、双安和三安。单安指单块山石的安置；双安指在两块不相连的山石上面安一块山石，下断上连，构成洞、岫等变化；三安则是于三石上安一石，使之形成一体。安石强调要"巧"，即本来这些山石并不具备特殊的形体变化，而经过安石以后可以巧妙地组成富于石形变化的组合体。安，有时也有安排布局之意。

2. 连 "连"指山石之间水平向衔接（图6-47）。"连"要求从假山的空间形象和组合单元来安排，要"知上连下"，有宾有主，摆布高低，既可一组，也可延伸出去，从而产生前后左右参差错落的变化，同时又要符合皴纹分布的规律。犹如拔地数仞，又有连绵不断的气韵。

3. 接 "接"指山石之间竖向衔接（图6-48）。利用山石的茬口接石以增加山势，要做到承上启下，茬口互咬，纹理相通。一般情况下竖纹和竖纹相接，横纹和横纹相接。但有时也可以竖纹接横纹，形成相互间既有统一又有对比衬托的效果。

图6-46 安

图6-47 连

图6-48 接

4. 斗　"斗"指发券成拱,创造腾空通透之势(图6-49)。两端架于两石之间,拱状叠置,腾空而立。如洞谷又不是洞谷,形体环透,构筑别致,若自然岩石之环洞或下层崩落形成的孔洞。北京故宫乾隆花园第二进庭院东部偏北的石山上,可以明显地看到这种模拟自然的结体关系,一条山石磴道从架空的谷间穿过,为游览增添了不少险峻的气氛。

5. 挎　"挎"指顶石旁侧斜出,悬垂挂石(图6-50)。挎石犹如腰中"佩剑"向下倾斜,而非垂直下悬,打破侧面过于平滞的状况。挎石可利用茬口咬压或上层镇压来稳定,必要时加钢丝绕定。钢丝要藏在石的凹纹中或用其他方法加以掩饰。一竖一挂,凌空而立,如同悬崖绝壁,造成山水风景的险峻,使人感到有绝岩之美。

6. 拼　"拼"指聚零为整(图6-51)。欲拼石得体,必须熟知风化、解理、断裂、溶蚀、岩类、质色等不同特点,只有相应合皴,才可拼石对路,纹理自然。如在缺少完整石材的地方需要特置峰石,也可以采用拼峰的办法。如南京莫愁湖庭院中有两处拼峰特置,上大下小,有飞舞势,俨然一块完整的峰石,但实际上是数十块零碎的山石拼缀成的。实际上"拼"也包括了其他类型的结体。

图6-49　斗　　　　　　图6-50　挎　　　　　　图6-51　拼

7. 悬　在环拱状洞口下,插进一块上大下小的长条形山石为"悬"(图6-52)。由于上端被洞口扣住,下端便可倒悬当空。多用于湖石类山石模仿自然钟乳石的景观。黄石和青石也有"悬"的做法,它们所模拟的对象是竖纹分布的岩层,经风化后部分沿节理面脱落所剩下的倒悬石体。

8. 垂　从一块山石顶面偏侧部位的企口处,用另一山石倒垂下来的做法称"垂"(图6-53)。"垂"有侧垂、悬垂等做法。"垂"与"悬"很容易混淆,但它们在结构上受力的关系是不同的。凌空倒挂,方能成悬;主峰而立,另侧挂灵巧之石,谓之垂。二者章法简要,却又非常奏效。

9. 剑　山石直立如剑,峭拔挺立,有刺破青天之势(图6-54)。多用于各种石笋或其他竖长形象取胜的山石,如扬州个园的春山、北京故宫御花园的笋石小景。一般石笋或立剑都宜自成独立的画面,或合理地配以古松竹类,常成为耐人寻味的园林小景。苏州天平山"万笏朝天"的景观就是"剑"石景观。立剑忌"山、川、小"字形排列。剑石施工要求地下部分必须有足够的长度以保持稳定。

图6-52　悬　　　　　　图6-53　垂　　　　　　图6-54　剑

10. 卡 在两块山石对峙形成的上大下小的楔口中插入一块上大下小的山石,这种结体形式为"卡"(图6-55)。山石正好卡于楔口中而自稳。承德避暑山庄烟雨楼侧的峭壁山,以"卡"做成峭壁山顶。结构稳定,外观自然。"卡"有两种形式:一指用小石卡住大石之间隙以求稳固;一指特选大块落石卡在峡壁石缝之中,呈千钧一发、垂石欲堕之势。

11. 挑 上石挑伸于下石之外侧,挑又称"出挑"(图6-56)。数石相叠形成上大下小、上伸下缩、上翘或平出、腾空而出、姿如飞舞的造型。如悬崖都基于这种结体的形式。每层挑石约出挑相当于山石本身重量的1/3,前悬山石上面站着人的荷重也估计进去,保证上石之重心线穿过下石,并用数倍重力镇压于石山内侧,保持整体平衡稳定。要求"其状可骇"而又"万无一失"。

12. 飘 "飘"常与"挑"连用。当挑头轮廓线太单调,可以在上面接一块石头来弥补,这块石为"飘"(图6-57)。与"挑"差异之处是挑石的挑头又叠一石,挑头点置一石更增加挑的变化,如静中有动的飘云,有着极美的姿势。飘分为单飘、双飘、压飘、过梁飘。

另外,还有用斜撑的力量来稳固山石的"撑"、留有环洞的"透"、收头压顶的"压"等。山石结体的方式都是从自然山石景观中归纳出来的,应用时不可当作僵死教条或公式,否则会给人矫揉造作的印象。中国园林中的用石,或挑或飘,或斗或卡,或垂或挂(图6-58),或连或环,或拴或悬,都要综合考虑、匠心经营。

图6-55 卡　　　　图6-56 挑　　　　图6-57 飘　　　　图6-58 挂

四、假山洞施工

假山洞多出现在形体较大的山体。空透多变的山洞增加了活动空间和景观的趣味,也节省材料。

(一)假山洞的种类

假山洞出现在体量较大的假山中。洞因组合景观和交通功能的不同,有单洞和复洞、水平洞和爬山洞、单层洞和多层洞、旱洞和水洞之分(图6-59)。复洞是单洞的分支延伸,爬山洞具有上下坡的变化。

(二)假山洞空间组成

假山洞空间指山洞的出口、路线、通风、透光等。

洞口是内外连接点,洞口要与周边环境协调,或隐或现、自然存在。北京北海静心斋的洞口半开的假门有非常强的引景效果,其实,门内空间不到1 m,沿着洞内展开的空间同样应该

图 6-59 假山洞的种类
a. 单洞 b. 双洞 c. 复洞

是收放结合、大小相间、明暗有别。通风透光不仅是安全的需要，也是艺术造景所必需的。可以借用洞口、洞间天井，甚至做孔通风和采光，或辅助以人工设施。李渔在《闲情偶寄》里写道："洞亦不必求宽，宽则藉以坐人。如其太小，不能容膝，则以他屋联之，屋中亦置小石数块，与此洞若断若连，是使屋与洞混而为一，虽居屋中，与坐洞中无异矣。"北海琼华岛北面之假山洞有复洞、单洞、爬山洞的变化，地广景深，而且和外部园林建筑巧妙地组合成一个富于变化的风景序列，洞口掩映于亭、屋中，沿山形曲折蜿蜒，顺山势起伏，时出时没，变化多端。扬州个园秋山之黄石山洞为多层洞，洞分上、中、下三层，中层最大，结构上采用螺旋上升的办法，使三层洞之间自然相连。

（三）假山洞的主体结构

假山洞主体结构可分为梁柱式、挑梁式、券拱式（图 6-60）。

图 6-60 假山洞结构
a. 梁柱式 b. 挑梁式 c. 券拱式

1. 梁柱式结构 假山洞由柱、壁和顶三部分组成。柱为受力架，壁承受的荷载不大，可开辟为采光和通风的自然窗门，顶由梁架挑起。从平面上看，柱是点，同侧柱点的自然连线即为洞壁，壁线之间变化的通道即为洞。

在一般地基上做假山洞，大多筑两步灰土，而且是满打，基础网边比柱和壁的外缘宽0.5～0.8 m，承重量大的石柱可在灰土下面加桩基。这种整体性很强的灰土基础，可以防止因不均匀沉陷造成局部塌倒。假山洞的梁多采用花岗岩条石，其间有"铁扁担"加固。这样满足了结构上的要求，但洞顶外观极不自然，洞顶和洞壁不能融为一体。即便加以装饰，也难求全，以自然山石为梁，外观就稍好一些。

2. 挑梁式结构 或称叠涩式，即石柱渐起渐向山洞内侧挑伸，至洞顶用巨石压合。这是吸取桥梁中"悬臂桥"的做法。圆明园武陵春色的桃花洞，巧妙地于假山洞上结土为山，既保证结构上"镇压"挑梁的需要，又形成假山跨溪、溪穿石洞的奇观。

3. 券拱式结构 山洞上部重量逐渐沿券拱挤压传递，湖石多用这种形式。券拱式不会出现石梁压裂、压断的危险，洞顶、洞壁的结构和外观都具有很强的整体感。根据《履园丛话》记载："尝论狮子林石洞皆界以条石，不算名手。余诘之曰：'不用条石，易于倾颓奈何?'戈曰：'只将大小石钩带联络，如造环桥法，可以千年不坏。要如真山洞壑一般，然后方称能事。'余始服其言。"现存苏州环秀山庄的太湖石假山出自戈氏之手，其中山洞无论大小均采用券拱式结构。

假山洞的结构也有互通之处。北京乾隆花园的假山洞在梁柱式的基础上选拱形山石为梁，另外有些假山洞局部采用挑梁式等。一般情况下，黄石、青石等成墩状的山石宜采用梁柱式结构，天然的黄石山洞也是沿其相互垂直的节理面崩落塌陷而成；湖石类山石宜采用券拱式结构；长条且为薄片状的山石以挑梁式结构为主。

假山洞有时与山上小亭结合。下洞上亭的结构有两种形式：一为洞和亭支柱重合，重力沿亭柱至洞柱再传到基础上去，由于洞柱混于洞壁中而不甚显，如避暑山庄"烟雨楼"假山洞和翼亭的结构。另一种是洞与亭貌似上下重合而实际上并不重合，如静心斋之"枕峦亭"，亭坐落于砖垛之上，洞绕砖垛边侧，由于砖垛以山石包镶，犹如洞在亭下一般，亭因居洞上而增山势，洞因亭覆可防止雨水渗透。

(四) 假山洞的其他结构

理洞如造房。门、窗、路、顶、台阶等有多种景观的和功能的结构。起其脚如立柱，留明暗风孔如筑门户，梁、卷成洞顶，撑石稳洞壁，垂石仿钟乳，涉溪做汀步，宜合理和巧妙。洞内空间，或凹或凸，或高或低，或敞或促，随势而理，求其自然。人入洞内，方感到如入自然山洞之中；洞内道路一般不设台阶，不可有突来的锋利物，路两侧开有排水浅沟；洞壁石块不要突出过长，防止碰头和划伤；要弥合隙缝，以防渗水松动。清代掇山名师戈裕良用"钩带联络法"将山石环斗成洞，顶壁一气，可历数百年之久。计成在《园冶》中写道："理洞法，起脚如造屋，立几柱著实，掇玲珑如窗门透亮，及理上，见前理岩法，合凑收顶，加条石替之，斯千古不朽也。洞宽丈余，可设集者，自古鲜矣！上或堆土植树，或作台，或置亭屋，合宜可也。"计成既讲了具体的做法，也讲了结构上如何处理的问题。洞的起脚如造屋。选用玲珑透漏的山石堆叠，既构成山体之洞壁，又可起到采光通风的作用。光自洞顶来犹如一线天，更给人以自然山体之感。合凑收顶，宛若自成。

采光洞口皆坡向洞外，使之进光不进水。洞口和采光孔都是控制明暗变化的主要手段。环秀山庄利用湖石自然透洞安置在比较低的洞壁位置上，使洞内地下稍透光，有现代地灯的效果，其洞府地面之西南角又有小洞可通水池，一方面可作水面反射采光之用，同时也可排除洞内积水。承德避暑山庄"文津阁"之假山洞坐落池边，洞壁的弯月形采光洞正好倒映池中，洞暗而"月"明，俨如水中映月而白昼不去，"日月同辉"可谓匠心独运。

(五) 假山洞防渗漏

下渗上漏是假山洞常有的现象。北方有打两步灰土以预防渗漏的做法，洞边预留排水槽，洞上做斜坡排水或夹防水材料。而石洞之理法为"凡理块石，俱将四边或三边压掇。若压两边，恐石平中有损。加压一边，即鳞稍有丝缝，水不能注。虽做灰坚固，亦不能止，理当斟酌"。

五、假山磴道

磴道是水平空间与垂直空间联系中不可缺少的重要构成部分，多用石块叠置而成。随山势而弯曲、延伸，并有宽窄和级差的变化。或穿过浓荫林丛，或环绕于树的盘根错节之处，或阻挡于峰石之后，给人一种深邃幽美的感觉。北海琼岛北侧磴道、静心斋假山磴道、怡园假山磴道都有相握而不及足、相闻而不及见、峰回路转、小中见大的艺术效果。同时，又能与排水、瞭望、种植相结合。

六、叠山的艺术处理

整个假山结构施工完成以后，到不同的地点去观赏探究，也要到山洞、磴道去体验一下意境与景观的表现情况。对于远观的部位可粗略、从简处理，而近看的部位要精细加工。人工痕迹明显的地方要用立景石、栽植物、刻字画的形式来处理，达到作假如真的效果。

1. 质感与色泽的统一协调　根据自然界山体的形成规律，同一段山体具有相同的母岩或石种。造山时，所用山石的品种、质地、色泽要一致。如果做不到这一点，可用人工附加石粉、贴石皮、调色的办法修补。如湖石类中就有发黑的、泛灰白色的、呈褐黄色的和发青色的等；黄石也是如此，有淡黄、暗红、灰白等的变化。要用酸液或碱液洗刷或用凿纹的方法整理。如果由于材料不足的原因，可选用2～3种，要把重量感强的石块用于低处，轻巧玲珑的石块用在峰顶、山顶。

2. 形体与纹理的顺畅　形是山石的外轮廓，纹是山石表面的内在纹理脉络。组合拼叠山石时，石料的选择要有大有小、有长有短、拼叠互接、顺势变化。如向左，则先用石造出左势；如向右，则先用石造成右势；欲向高处先出高势；欲向低处先出低势，要巧妙接形。借用山石纹理表现艺术形体和意境，用山石原有的纹理脉络沟通衔接，如成都都江堰的青石片假山，使石纹呈横势层层向上堆叠，山体具流动、飘逸、险峡之势。

3. 单元与功能的协调　山体单元有沟壑、峰峦、阴阳的不同，而假山作为实体有多种功能要求，如障景、挡风、登高、展示种植植物等。把两者结合起来，如沟壑排水、山顶建亭点景、阳坡设喧闹广场等，巧妙运用屏、挡、藏、渐进、淡化的方法，从视觉、听觉、注意力等不同方面强化山体的整体感。

第七节　塑山与塑石施工

塑石塑山是指用雕塑的手法，创造自然山景和石景的工程。这种工艺是在岭南庭园山石艺术和灰塑工艺的基础上发展起来的，目前在全国园林中都有应用。现代塑石塑山的材料为水泥、沙子、玻璃纤维、有机树脂、特种颜料等。

一、塑山与塑石特点

1. 优点

（1）易于造型。可以塑造较理想的艺术形象——雄伟、磅礴、富有力量感的山石景，特别是能塑造难以堆叠的巨型奇石或异形山洞。这种艺术造型容易与现代建筑相协调，如昆明世界园艺博览园的断崖景观、动物园的狮虎山（洞）、成都游乐园的西游记宫等。同时，其整体性很强。

（2）弥补石料不足。可以在非产石地区布置山石景，利用价格较低的材料如砖、沙、水泥等，表现黄蜡石、英石、太湖石等不同石材所具有的风格，省去采石、运石之工。

（3）施工灵活方便。不受地形、地物限制，体量可大可小，随意性强。

（4）适宜特殊环境。重量较轻，如室内花园、屋顶花园等，仍可塑造出壳体结构山石。

（5）便于绿化。可以预留栽培植物的位置，提高硬质景观的生态性能。

（6）工期短。塑山具有施工期短和见效快的优点。

2. 缺点

（1）保存年限较短。混凝土有一定的年限，随着时间的延长会出现裂缝、剥落、渗水，不如石材使用期长。

（2）质感次。混凝土经过人工调色和整理皱纹，很难与自然色泽和纹理协调，并且硬化后表面有细小的裂纹。塑造的山与自然山石相比，难以表现自然山石的本身质地之美，有干枯、缺少生气之感，所以只宜远观不宜近赏。设计时要多考虑绿化与泉水的配合，以补其不足。

二、塑 山

经过造型设计、模型制作、翻版放样、现场塑造、后期处理等环节。

（一）造型设计

塑山造型要综合考虑山的整体布局以及同环境的关系。根据自然山石的岩脉规律和构图艺术手法，统一安排峰、岭、洞、潭、瀑、涧、麓、谷、曲水、盘道等单元，进行平面、立面和结构的设计。

1. 平面 塑山同样要以自然山石景观为蓝本，与用混凝土建造其他建筑物不同，要创造一个变化丰富的形体。平面设计包括假山平面和建筑平面设计的双重内容，常是一系列图纸。总平面图表示出平面位置、假山与周围环境的关系；底平面图表示出底平面轮廓曲折、迂回、断续的变化，磴道、山洞与周边广场以及道路的衔接情况，转折点的高程，塑山支撑壁的厚度和内部留空的尺寸；断面图指影响山体造型的几个主要水平面的断面图，如山洞在不同高度的迂回路线、峰顶的环境等。

2. 立面 小山通常设计一个主立面，大山最好设计3～4个立面。立面表现前景、山景（主景）、背景间的高度、宽度、峭度变化，磴道高程变化以及种植池的位置、深度等情况。

3. 结构设计 塑山的结构设计与山石假山明显不同，包括大量钢筋框架、饰面造型的内容。结构设计注意受力点、受力面、重力的分解以及填充材料和饰面材料等。

（二）模型制作

模型制作分景观模型和施工模型两种。景观模型是用塑料类轻质材料，通过切割、胶粘、上色等工序制作的设计模型，此模型仅供观赏。施工模型是指按照施工结构设计的尺寸，以一定比例制作内部结构部件，并按照施工程序组装而形成的模型。这种模型的制作可用施工材料，也可以用轻质代用品，具有一定的施工指导价值。

（三）现场塑造

模型放大的方法有翻制法和现场塑造法两种，后者造价低，较为常用。传统的灰塑是用白石灰与棕麻黏米汁等构筑山体。现在塑山材料是玻璃纤维增强混凝土（GRC）。GRC是在传统灰塑山石和假山的基础上用混凝土、玻璃钢、有机树脂等现代材料进行塑山塑石，具有强度高、皱纹变化自然、施工简便易行等优点。现场塑造的一般施工步骤如图6-61所示。

1. 立基础 和建筑工程一样，通过铺底、拉网、浇筑等环节。要统筹兼顾，并预留好各个方向的结构筋。如山上有植物，要注意预留填土穴；有山洞或磴道，要预留做洞壁的钢筋；如有水池，要做相应的防水处理。

2. 建造骨架结构 建造骨架结构是塑山的主体工程，如同假山的中层施工，要注意功能性

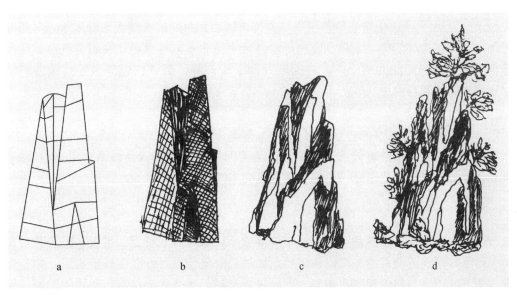

图 6-61　塑　山
a. 建造骨架　b. 铺设钢丝网　c. 塑型塑面　d. 细化上色

构筑单元的坚固性。骨架结构有砖结构、钢架结构以及混土基架或三者的结合体。砖结构简便易行，用于小山。钢架网用于有洞的大山、动物山或山形变化较大的部位，其整体性强。钢架网根据山形、体量和其他条件而定。坐落在室内的塑山则必须根据楼板的构造和荷载条件做结构设计，包括抗震和钢材梁、柱和支撑设计。基架将自然山形概括为内接的几何形体的桁架，并遍涂防锈漆两遍，为整个山体的支撑体系，在此基础上进行山体外形的塑造。施工中应注意对山体外形的把握，因为基架一般都是几何形体。施工中应在主基架的基础上加大支撑框架的密度，使框架的外形尽可能接近设计的山体形状。

3. 铺设钢丝网　骨架结构形体较为简单，很难构筑成具有自然变化趋势的山体，需要用细钢筋或钢丝网加密。砖基架由于砖块小，便于堆砌造型，可不设钢丝网，但为大块建筑垃圾时，为结构稳定起见，也有必要加网固定。一般形体大或造型复杂的塑山要设钢丝网，钢丝网要选易于挂水泥的材料。若为钢基架，则宜先做分块钢架附在形体简单的基架上，变几何形体为凸凹的自然外形，其上再挂钢丝网，钢丝网与基架绑扎牢固。钢丝网根据设计模型用木槌和其他工具成型，使之成为最终的造型形状。

4. 泥底塑型　用水泥、黄泥、河沙配成可塑性较强的砂浆在已砌好的骨架上塑型，反复加工，使造型、纹理、塑体和表面刻画基本上接近模型。对于山体的飞瀑、流泉和预留的绿化洞穴，要做好防水处理。可根据山形、体量和周围环境条件而适当变化，尽量做到人工痕迹隐蔽。

5. 塑面　在塑体表面细致地刻画石的质感、色泽、纹理和表层特征。质感和色泽根据设计要求，用石粉、色粉按适当比例配白水泥或普通水粉调成砂浆，按粗糙、平滑、拉毛等塑面手法处理。纹理的塑造，需要多次尝试、反复观察，边塑边改，可在水泥砂浆中加纤维性附加料以增加表面抗拉的力量，减少裂缝，最终达到每个局部充分显示石质感。一般来说，直纹为主、横纹为辅的山石，较能表现峻峭、挺拔的姿势；横纹为主、直纹为辅的山石，较能表现潇洒、豪放的意象；综合纹样的山石则较能表现深厚、壮丽的风貌。为了增强山石景观的自然真实感，除了纹理的刻画外，还要塑造好山石的自然特征，如缝、孔、洞、烂、裂、断层、位移等的细部处理。如有摩崖刻字，也应在未凝固前进行。一般来说，纹理刻画宜用"意笔"手法，概括简练；自然特征的处理宜用"工笔"手法，精雕细琢。如同假山的勾缝、饰面。

6. 上色 在面层砂浆中添加颜料及石粉调配出所需之色，或在塑面水分未干透时用颜料粉和水泥加水拌匀，逐层洒染，或根据石色要求刷或喷涂非水溶性颜色。在石缝孔洞或阴角部位略洒稍深的色调，待塑面九成干时，在凹陷处洒上少许绿、黑或白色等大小、疏密不同的斑点，以增强立体感和自然感。

（四）后期处理

假山塑型结束后，在预留的种植穴中栽植适宜的植物。植物选择耐寒抗旱、形体别致的，在坡脚和接缝处，可点小景以掩饰，周边布置灯光来渲染阴阳背向等。

三、塑　石

塑石是塑山的简化。塑石景观的设计布局同置石，有对置、群置、散置、组合花台及作建筑抱角、镶隅等形式。塑石加工可以在需要点置景石的现场，也可以在异地加工，然后再移到设计点。塑石的工序与塑山相同或相似，即经过立基础、建造骨架结构、铺设钢丝网、泥底塑型、塑面、上色、后期处理等步骤。但体积小、结构简单，使得材料的规格和数量有别。另外，由于体积小、重量轻、游人易于攀爬，施工时的埋稳、防滚落尤其重要。

（一）现场塑石

1. 立脚 挖起表层虚土，按照设计形体向地下插入深 30～50 cm 结构钢筋 3～5 根，其间铺 10～20 cm 砖石浇筑底，形成一个完整稳定的根基，有固定防滚作用。立脚的结构根据塑石的大小、功能来具体确定。

2. 编架 根据结构钢筋，分别编织 2～3 级网架。要注意棱角的变化和延伸，不可做成箱体、盒子。

3. 挂网 在结构架上，可直接铺挂 1 cm×1 cm 的金属筛网，必要的部位要绑扎。有时也需要采用棕、麻或岩棉，以利于下一步塑型。

4. 塑型与塑面 掌握不同种类山石的形体、纹理特征，通过调试水泥砂浆的比例和色泽，利用合适的工具，按、刷或喷出仿自然的形体和表面。如有刻字作画的塑石必须在石面凝固前进行，才能痕迹光滑。

5. 周边处理 塑石周围可以散铺 3～5 片石块，或散植草丛，达到自然过渡。

现代园林中塑石常与一些小型设施相结合，如草坪灯、地灯、音箱、出水口。在编架时，就要预留安装口，甚至是接好线。不可能后期切割修补。

（二）异地塑石

在点置景石的场地外加工塑石，然后再移到设计点。石块单体加工，然后单独安置造景或数块组合造景。从结构上看，塑石要结实和具观赏性，每块塑石都应该是完整的或是闭合体，也要有3～5个适宜观赏的面，有1～2个起连接作用的面。还要有具连接功能的设施。根据其特殊性，施工方面与现场塑石的区别是：

1. 立架 搭建骨架结构时，考虑好塑石上下面、观赏面。下部预留数根结构架，并明显外露，便于现场安插、搭接。需要拼接延伸的，要在隐蔽处留插接孔。

2. 山石塑型与功能设施同步到位 在编架塑型时，就把草坪灯、地灯、音箱等设施安装好，到现场安石与安装设施是同时进行的。

思考与训练

1. 观自然山石假山及塑石假山，了解各类假山的布置特点及方式、山石假山的堆掇技法和置石的布置特点和常用材料。

2. 结合园林景观布置置石，绘出平面图、立面图、效果图，并了解不同类型置石的施工技法。

3. 根据假山施工图，选用适当的比例和制作材料制作假山模型。

4. 根据本章中的假山堆掇技法，选用本地常用材料堆掇小型山体。注意根据选用山石的特点运用各种技法并分析其堆掇特点。

5. 结合小型水景工程，综合训练按水景环境进行土石假山创作，并实地模拟施工。

第七章
Chapter 7

种植绿化工程

种植绿化工程的对象是有生命的植物，通常按照施工程序，多在其他工程项目结束后进行，具有工期紧、技术要求高等特点，只有科学地进行施工和养护管理，才能保证植物成活，实现景观设计意图。种植绿化工程包括植物的起挖（掘）、装运、种植等三个环节，本章通过对乔灌木、藤本植物、竹类与草坪的栽植和养护以及大树移栽等主要内容的介绍，使学生掌握种植绿化工程要点。

"园林"与"绿化"两个词常常合用在一处，充分表明了绿化在风景园林工程中的地位和作用。没有绿化的环境，就不可能称其为园林。观赏植物作为风景园林工程中最主要的景观构成元素之一，是营造良好生态环境的基石。种植材料各自独特的观赏特性带给人们不同的直观感觉和象征意义，是景观中最富于活力和变化的要素。按照建设施工程序，先理山水、改造地形、辟筑道路、铺装场地、营造建筑、构筑工程设施，而后实施绿化。种植绿化工程就是按照设计要求，植树、栽花、铺草并使其成活，进而发挥绿化效果。种植绿化工程实施顺利与否，在很大程度上决定着景观面貌的优劣。

第一节 概　　述

一、种植绿化的功能

植物，尤其是园林植物，在城市的绿化和美化过程中起着不可缺少的作用。它不仅形成了城市的美景，同时也能净化城市的空气，使人们生活在一个清爽宜人的环境中，在园林工程建设中有着不可代替的作用。

1. 营造良好的生态环境　植物是营造良好生态环境的基石。多样性的植物绿化有调节气候、保持水土、涵养水源、防风固沙、吸附灰尘、减弱噪声、减少污染等环境改善和防护功能，还可以给动物提供栖息环境，增加物种的多样性及维持生态系统的平衡，营造出良好的生态环境。

2. 构成与塑造空间　植物作为景观的一种建构元素，可构成与塑造出如开敞空间、半开敞空间、密闭空间、覆盖空间等多种不同的空间形式，从而发挥提供使用、围合空间、连接场地、遮挡视线、控制私密性等功能。同时，植物也起到将不同的景观单元在空间上进行分隔与联系的作用。植物在特定的环境下还具有柔化硬质景观、为不同景观提供"画框"等作用。

3. 使人观赏与感知自然　植物作为一种自然元素，在景观中可通过其形、花、叶、果实等在视觉、听觉、嗅觉、味觉等方面的变化，让人感知春花、秋实、夏荫、冬姿的季相更替与时令变化。

4. 完善与统一景观形象　将绿化植物作为一条联系的纽带，可将景观环境中不同的元素和成分在视觉上进行完善，如行道树可将道路旁的建筑、围墙、设施等形成连续统一的线型景观空间形象。同时通过植物加强建筑的形状和块面形式，或通过将建筑物轮廓线延伸至其临近的周围绿化景观环境中的方式，可完善或强化某项设计的统一性。

5. 强调与识别空间　植物在景观环境塑造中除了提供完善与统一的背景外，通过选用诸如花叶、姿态等具有独特性的植物，在塑造植物景观的同时，还可形成景观环境的识别要素，强调出空间的景象主题。

6. 升华文化意境　由于地理位置、生活文化以及历史习俗等原因，在造景过程中，植物逐渐成了人们寄情的对象，被赋予了更多的人文内涵，甚至被人格化，以升华景观的人文意境。例如"万壑松风""远香清溢""海棠春坞""小山丛桂"等景点都是具有诗画般意境的植物景观空间形象。

二、种植绿化的特点

种植，就是人为地栽种植物。种植绿化是利用有生命的植物材料来形成环境，构成人类的生活空间，这些材料本身就具有生长发育等生物特点，还不能完全被人工控制，致使植物材料在均一性、不变性、加工性等方面不如人工材料。但是，植物材料拥有的萌芽、开花、结果、叶色变化、落叶等季节性变化，其因生长而引起的年复一年的变化以及形态、色彩、种类的多样性等特征，又是人工材料所不及的。因此，在绿化种植过程中应充分了解各种植物材料的生长发育规律，以达到人为控制的目的。

三、影响植物成活的因素

植物是否成活，是看植物是否能正常、持续地进行一系列的生理活动，它包括活动过程和结果。植物生活的过程是指植物进行光合作用、呼吸作用以及蒸腾作用等；而植物生理活动的结果是发芽展叶、苗壮成长。因此植物成活的最显著的特征是发芽展叶；而植物成活最根本的特征是根部的成活，即根部能正常地吸收水分和养料，并将吸收的水分和养料通过树干输送到每个枝叶中。如何控制影响植物成活的因素以保证植物成活，是风景园林工作者们首要研究、解决的问题。

植物的生长不是孤立的，它是受周围环境影响的，因此，只有充分掌握周围环境对植物的影响作用，并予以利用和改善，才能使植物更好地生长，下面介绍影响植物生长的五大因素。

1. 温度因子　任何植物的生长都有它最适宜的温度，如果周围的温度与之适宜生长温度相差过大，植物就不能很好地生长，甚至不能存活。因此，按照植物对温度的需求，可把植物分为热带植物、温带植物和寒带植物三种，所以在植物的生长特性中就出现了耐热和耐寒之分。

2. 水分因子　水是植物乃至一切生物的生命之源，没有水植物就无法成活，而植物对水的需求也是不同的，据此可将植物分为旱生植物、中生植物和水生植物三种。因此，适当的水分，对植物的生长也是极其重要的，从植物的特性上也有耐旱和耐水湿之分。

3. 光照因子　植物的光合作用是植物生理活动中的重要过程，因此光照的多少与强弱也会对植物生长产生很大的影响，有些植物喜光，而有些植物不喜光，因此，从对光照需求量的角度可将植物分为阳性植物、中性植物和阴性植物。对光照要求不强的植物可称为耐阴植物，当光照强度很大时，仍可良好生长的植物，称为强阳性植物。

4. 土壤因子　土壤是植物赖以生存的空间，它是根部吸收水分和养分的场所，根据植物对土壤中 pH 的不同要求，可把植物分为酸性土植物、碱性土植物和中性土植物，对土壤酸碱度需求不同的植物，要种植在不同的土壤中；也可以说，不同酸碱度的土壤，要种植能够适应它的植物。一般而言，种植时的土壤要求不含砂石、建筑垃圾，如果是回填土，不能是深层土，最好是疏松湿润、排水良好、富含有机质的肥沃冲积土或黏壤土。

5. 空气因子　空气的对流强弱、空气中的化学成分等都会对植物造成影响，而有些植物却能对其有所适应并能加以改良，这也就是植物能净化空气的显著体现，因此，植物中就有抗一氧化硫等污染物和抗风沙的植物。

四、绿化植物的分类

1. 根据大小分类　按照植物的高度、外观形态可以将植物分为乔木、灌木、地被三大类，如果按照成龄植物的高矮再加以细分，可以分为大型乔木、小型乔木、高灌木、中灌木、小灌木、地被等类型。

（1）大型乔木。大乔木高度一般在 12 m 以上，中乔木高度一般为 9～12 m，在造景中可作为主景树和视觉焦点来使用，大面积栽植分枝较高的大中型乔木可形成覆盖空间。

（2）小型乔木。小乔木高度为 4.5～6 m，是主要的景观前景和观赏树种，可作为主景和标志性景观使用。

（3）高灌木。高度为 3～4.5 m，可塑造垂直空间、屏障视线或作为背景树种。

（4）中灌木。高度 1～2 m，可作为绿篱限制空间，也可用在高灌木或小乔木与矮小灌木之间，对空间进行过渡。

（5）小灌木。高度 0.3～1 m，主要起分隔和限制空间、连接视线的作用。

（6）地被。高度 0.3 m 以下，作为绿色的铺地材料，可起到暗示空间的范畴和边缘、统一不同要素的作用。

2. 根据外形分类　植物的外形指的是单株植物的外部轮廓。在自然生长状态下，植物外形的常见类型有：纺锤形、圆柱形、水平展开形、圆球形、圆锥形、伞形、半圆形、倒卵形等，特殊的有垂枝形、棕榈形、拱枝形等（图 7-1）。

图 7-1　植物的外形

（1）纺锤形。纺锤形能向上引导视线，突出空间的垂直界面。

（2）圆柱形。同纺锤形功能类似。

（3）水平展开形。产生宽阔感和外延感，引导视线向水平方向移动，分枝较高的水平展开形植物可形成连续的覆盖空间。

（4）圆球形。无方向性和倾向性，多以自身的形体突出其造景中的主导地位。

（5）圆锥形。视觉景观的重点，可与几何形建筑或景观配合使用。

（6）垂枝形。由于其下垂的枝条，可将视线引向地面，是水陆边界常用的植物材料。

（7）特殊形。有不规则式、扭曲式、缠绕螺旋式等，宜作为景观树种孤植使用。

3. 根据色彩分类

（1）深色植物。由于色深而感觉"趋向"观赏者，可作为浅色植物或景观小品的背景，在较大的空间中使用可缩小空间的尺度感。

（2）浅色植物。由于色浅而感觉"远离"观赏者，在较小的空间中使用可加大空间的尺度感。

（3）中间色植物。多作为深色和浅色植物之间的过渡材料进行使用。

4. 根据叶型分类

（1）落叶植物。落叶植物可突出季相变化，且冬季具有特殊的形体效果。

（2）针叶常绿植物。针叶常绿植物多作为背景树或用来遮挡视线或季风，宜集中配置。

（3）阔叶常绿植物。阔叶常绿植物是冬季的主要绿色树种。

5. 根据质地分类　植物的质感是指植物直观的光滑或粗糙程度，受到植物叶片的大小和形状、枝条的长短和疏密以及干皮的纹理等因素的影响（图7-2）。

（1）粗壮型植物。叶片大、浓密且枝干粗壮，有"趋向"观赏者的动感，会造成观赏者与其之间的视距短于实际距离的幻觉。

（2）细小型植物。叶片细腻，有"远离"观赏者的动感，会造成观赏者与其之间的视距大于实际距离的幻觉。

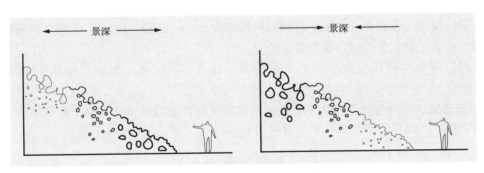

图7-2　植物的质地与空间感

第二节　种植设计

一、种植设计原则

1. 生态优先　满足生态功能，即遵循生态优先、适地适树的原则，尽量选择乡土树种和适宜树种，而非只是园林观赏树种，从而营造良好的生态环境。

2. 造景恰当　在种植设计时需要根据植物在景观中的不同作用和功能，如背景作用、主景作用、强化作用、分隔作用等，去进行适当的造景设计，并与其他景观元素有机组织、协调配合。

3. 以人为本　景观的使用功能决定其应为人所用，景观单元的规模大小、长宽比例、形态特征，景观空间的类型与构成等均与游人的使用行为，如观赏习俗、游园习惯、游园速度等相关联。在种植设计时需要充分研究游人的心理与文化背景，从而塑造与游人游赏行为相符的植被景观空间。

4. 管理持续 植物的生长特性决定了其与硬质景观不同，其景观效果必须经过一个漫长的过程才能形成，并需要长效的维护才能得以保持。因此，在种植设计时，需要充分考虑植被景观的特性，合理进行植物选择、植物布局与种植规划等，使景观具备良好的养护与管理特性。

二、种植设计的程序

1. 种植规划的一般程序 在景观工程中，种植规划设计一般会经由绿化种植功能分区、绿化种植景观控制规划、绿化种植详细设计（立面组合、群体设计、植物排布等）及植物选择、控制与统计等规划设计程序。

2. 绿化种植功能分区 由于绿化种植在景观工程的不同区域空间中具有不同的功能，如背景功能、生态功能、主景功能、建构功能、识别功能、寄情功能等，故在种植规划设计之初就需要根据景观工程的总体规划设计对绿化种植进行点、线、面的功能区划分，从而进一步制定不同区块绿化种植的景观控制原则和控制指标。

3. 绿化种植景观控制规划 当对绿化种植根据总体规划进行功能分区后，便需要对其进行规划。一般绿化种植景观控制规划可按照从总到分、从宏观到微观、从总体到局部的原则进行，具体可分为面状区域的绿化种植规划、线型空间的绿化种植规划和点状空间的绿化种植规划。

4. 绿化种植详细设计 当绿化种植景观控制规划确定后，便需要根据不同景区、景点进行绿化种植的详细设计，具体内容可包括植被的立面组合、群体设计和植物排布等。

（1）立面组合。根据绿化种植景观控制规划，进行植被的立面组合研究，设计天际线、立面形态等。

（2）群体设计。根据景点分类进行植被的群体设计，确定组与组、群与群之间不同植被的数量、规模比例关系，相互的生态组合关系等。

（3）植物排布。确定植被上木、下木的具体排布，乔、灌、地被、草之间的空间排布关系。

5. 植物选择、控制与统计 为了有效地控制绿化的种植效果、指导绿化种植施工和为工程预算提供依据，在绿化施工图设计中需要进行植物选择、苗木规格控制和统计。

三、种植的基本形式

1. 孤植 孤植是指乔木或灌木的孤立种植类型，有时为了构图需要，增强其雄伟感，也常将两株或三株同一树种的树木紧密地种在一起，形成一个单元，远看和单株栽植的效果相同。孤植是中西方园林中广为采用的一种自然式种植形式。孤植树主要表现植株个体的特点，突出树木的个体美，如奇特的姿态、丰富的线条、浓艳的花朵、硕大的果实等。因此，在选择树种时，孤植树应选择那些枝条开展、姿态优美、轮廓鲜明、生长旺盛、成荫效果好、寿命长等的树种。

2. 对植 对植是指用两株或两丛相同或相似的树，按照一定的轴线关系，进行相互对称或均衡布局的种植方式，主要用于强调公园、建筑、道路、广场的出入口，同时结合庇荫和装饰美化的作用，在构图上形成配景和夹景，与孤植树的差异在于对植本身很少用作主景。对植的位置选择不能妨碍出入的交通等功能，同时要保证树木有足够的生长空间，一般乔木距建筑物墙面要有 5 m 以上的距离，小乔木和灌木可酌情减少，但不能太近，至少要有 2 m 以上。在自然式园林中，对植树可以不完全对称，树的大小和姿态也可以不同，但动势要向中轴线集中，以主体景物的中轴线为支点取得均衡关系，与中轴线的垂直距离大树要近，小树要远。

3. 丛植　树丛通常是由两株至十几株同种或异种，乔木或乔、灌木组合种植而成的种植类型。丛植一般布置在园林绿地中的重点区域，以反映树木群体美的综合形象为主，需要很好地处理疏密、远近等因素，以及不同乔木以及乔灌之间的搭配关系。

树丛设计必须以当地的自然条件和总的设计意图为依据。组成树丛的每一种树木，要能在统一的构图中表现其个体美，所以选择作为组成树丛的单株树木的条件与孤植树相似，必须挑选在树姿、色彩、芳香或遮阴等方面有特殊价值的树木。

丛植的同种或不同种苗木应高低错落有致，充分体现其自然生长的特点。相同树种搭配时，可根据树形单株或几株成丛依不等边三角形种植，空间上最高或占主体地位的植株必须竖直，外侧或较矮植株可根据造型需要适当斜植，但倾斜方向必须偏离中心向外（图7-3）；不同树种搭配时，可根据树种体形特征进行搭配，要求体量相当，在空间上达到平衡协调（图7-4）。

图7-3　同种植物丛植

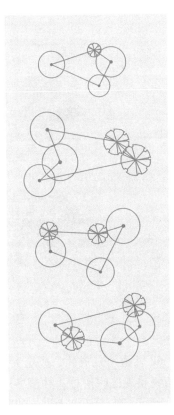

图7-4　不同种植物丛植

应充分掌握植株个体的生物学特性及个体之间的相互影响关系，使植株在生长空间、光照、通风、温度、湿度和根系生长土壤方面，都得到适合生长的条件，这样才能保持树丛稳定，达到理想效果。

4. 群植　群植是由多株乔灌木混合成群栽植而成的类型。树群所表现的主要为群体美，树群也像孤植树和树丛一样，是构图的主景之一。群植树一般布置在有足够距离的开朗场地上，如大草坪、林中空地、水中岛屿、山坡土丘等。树群主要观赏立面的前方，至少在树群高度的4倍、树群宽度的1.5倍距离上，要留出足够的视距以便游人欣赏。树群一般采用混交的形式，分成五个层次，即大乔木层、小乔木层、高灌木层、矮灌木层及多年生草本层。每一层都要显露出该层植物观赏特征突出的部分。如乔木层植物的树冠要姿态丰富，使整个树群的天际线富于变化；小乔木层植物要开花繁茂，或者具有美丽的叶色；灌木应以花木为主；草本植物应以多年生野生花卉为主。

5. 列植　列植即行列栽植，是指乔灌木按一定的株行距成行成排地种植，或在行内株距有变化种植。行列栽植形成的景观比较整齐、单纯、有气势。它是规则式园林绿地如道路广场、工矿区、居住区、办公大楼绿地中应用最多的基本栽植形式。行列栽植具有施工、管理方便的优点。行列栽植宜选用树冠体形比较整齐的树种，如具纺锤形、圆柱形、圆球形、圆锥形等树冠；不能选枝叶稀疏、树冠不整齐的树种。成列的乔木应成一直线，并按种植苗木的自然高度依次排列，将较高苗木种植在树列中间位置，使林冠线形成拱形，杜绝形成凹形（图 7-5）。行列栽植的树木株行距，取决于树种特点、苗木规格和园林主要用途。列植时的距离一般乔木采用 3～8 m，灌木为 1～5 m。

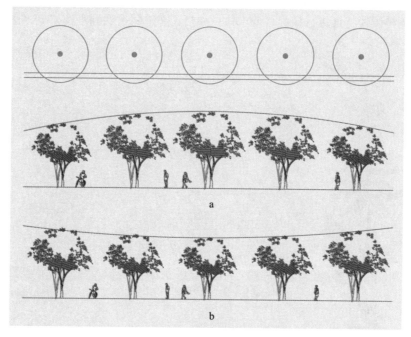

图 7-5　列植方法
a. 正确拱形林冠线　b. 错误凹形林冠线

6. 林植　凡成片、成块大量栽植乔灌木，构成林地和森林景观的种植形式称为林植，形成的植物景观也叫树林。林植多用于大面积公园安静区、风景游览区、疗养区或构建卫生防护林带。除了一般不让游人进入的郁闭度在 0.7 以上的密林外，郁闭度在 0.5 左右的疏林草地是园林中应用最多的一种形式。疏林中的树种应具有较高的观赏价值，种植要三五成群、疏密相间、有断有续、错落有致，构成生动活泼的场景。

第三节　绿化工程的施工步骤

一、种植绿化准备工作

1. 明确设计意图及施工背景　在接受施工任务后应通过与工程主管部门及设计单位交流沟通明确以下方面的情况，包括工程范围及任务量、工程的施工期限、工程投资及设计概（预）算、设计意图等，还需要了解施工地段的地上、地下情况，取得定点放线的依据，确定工程材料来源和运输情况等。

在明确上述要求的基础上，还应对施工现场进行调查，主要项目有：施工现场的土质情况，以确定所需的客土量；施工现场的交通状况，各种施工车辆和吊装机械能否顺利出入；施工现场的供水、供电情况；是否需办理各种拆迁事宜；施工现场附近的生活设施等情况。

2. 编制施工组织计划　在明确了设计意图及施工背景的基础上，就可以编制施工组织计划，主要内容包括施工组织方式、施工程序、劳动定额、各项内容的进度表、施工技术措施、施工质量安全要求、施工现场布置图和施工预算表。其中各项内容的进度表包括工程所需的材料工具使用进度表、机械及运输车辆使用进度表，施工现场布置图要标明苗木假植位置、运输路线和灌溉设备等的位置。

二、种植绿化施工过程

1. 施工现场准备　清除施工现场的垃圾、渣土、建筑废墟等有碍施工的物品，按照设计图纸进行地形整理，主要使其与四周道路、广场的标高合理衔接，使绿地排水通畅。如果用机械平整土地，则事先应了解是否有地下管线，以免机械施工造成管线的损坏。

种植区域的土壤应为疏松湿润、排水良好、pH 为 5~7、富含有机质的肥沃土壤，对强酸性土、强碱性土、盐土、重黏土、沙土等不良土壤均应进行改良，使之符合植物生长的要求。植区现有土壤不适宜种植时，可将表面换为种植土，植物生长最小种植土层厚度应符合表 7-1 的规定。

表 7-1　园林绿化种植最小土层厚度要求

植被类型	草坪花卉	草本地被	木本地被	小灌木	大灌木	浅根乔木	深根乔木
最小土层厚度/cm	30	30	40	45	60	90	150

2. 定点与放线　在绿化种植设计图上，标明有树木的种植位点。在栽植施工时，先要核对设计图与现状地形，然后才开始定点放线。

3. 种植穴挖掘　树木种植穴的大小，一般取其地径的 6~8 倍，如地径为 10 cm，则种植穴直径大约为 70 cm。但是，若绿化用地的土质太差，又没经过换土，种植穴的直径则应更大一些。种植穴的深度，应略比苗木根颈以下土球的高度大一点。

种植穴的形状一般为直筒状，穴底挖平后把底土稍耙细，保持平底状，不能挖成尖底状或锅底状。在斜坡上挖穴时，应先将坡面铲成平台，然后再挖种植穴，而穴深则按穴口的下沿计算。在新土回填的地面挖穴，穴底要用脚踏实或夯实。挖穴时若挖出的坑土中含碎砖、瓦块、灰团太多，就应另换客土栽树。

4. 树木栽植　种植穴挖好之后，一般可开始种树。但若种植土太贫瘠，就先要在穴底垫一层基肥。基肥一定要用经过充分腐熟的有机肥，如堆肥、厩肥等。基肥层以上还应当铺一层壤土，厚5 cm 以上。

三、种植绿化竣工验收

1. 种植前期　种植材料、种植土和肥料等，均应在种植前由施工人员按其规格、质量分批进行验收。

2. 种植中期　工程中间需要进行验收的内容包括：种植植物的定点放线、种植的穴槽、种植土和施肥、草坪和花卉的整地情况等。工程中间验收应填写验收记录并签字。

3. 种植后期　工程竣工验收前，工程项目的施工单位需要向绿化质检部门提供开工报告、竣工报告、工程中间验收记录、设计和技术变更文件、竣工图、工程决算、苗木检验检疫报告等有关文件。

四、栽后养护管理

养护管理在园林绿化中是十分重要的，俗话说："三分种，七分养"，可见树木栽植完毕，只完成了树木成活生命过程的一个最基本的阶段，而要想长期地保持树木良好的生长势，使其充分地发挥绿化美化的作用，保持最佳的观赏效果，关键还是在于长期不懈地进行养护工作。

第四节　乔灌木种植工程

乔木是指主干明显而且直立、植株高大的木本植物；灌木是指无明显主干或主干较短、植物低矮的木本植物。乔、灌木在园林植物中所占的比例较大，通常可作为孤植观赏树、行道树和组群树来使用。

一、前期准备工作

1. 选苗　苗木是园林绿化的物质基础，优质苗木是实现优良工程的前提条件，苗木选择应当符合《常用苗木产品主要规格质量标准》（CJ/T 34—91）的要求。乔灌木要选用根系发达、无严重病虫害和未愈合的机械损伤、树干通直健壮、枝条分布均匀、形体完美、叶色正常、树势健旺的苗木。在使用大量苗木进行绿化种植时，苗木的大小规格应尽量一致，以使绿化效果能够比较统一。其中乔木应树干挺直，分枝点高度一般在2.5～2.8 m；灌木高度应不低于1.5 m，丛生灌木枝条至少在4根以上；特殊树形的树种，分枝必须有4层以上。在进行绿化工程树木的采购时，灌木应尽量选用容器苗，地苗尽量用假植苗，应保证移植根系完好、带好土球、包装结实牢靠。绿化用的苗木有树高、干高、胸径、地径、冠幅等规格指标（图7-6）。

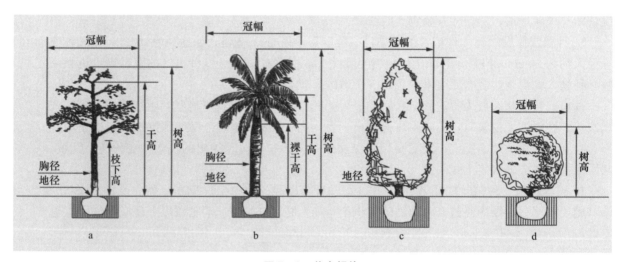

图7-6　苗木规格

a. 阔叶乔木类规格图解　b. 棕榈类规格图解　c. 松柏类、整形树规格图解　d. 灌木类规格图解

（1）高度。高度是指苗木种植时自然高度或修剪后的高度，干高指具明显主干树种之干高。修剪乔木要求尽量保留顶端生长点。苗木选择时应满足施工图苗木表所列的苗木高度范围，并有上限和下限苗木的区分，以便植物造景时进行高低错落的搭配。如树高5～6 m的大王椰子有7株，则应在7株内包含5 m、6 m及中间高度（如5.5 m）的苗木，不能全为5 m或全为6 m。

（2）胸径。胸径指乔木距离地面1.3 m高处的直径。此外还有米径和地径，米径指乔木距离地面1 m高处的直径，地径指距离地面0.2 m高处的直径。选择苗木时，下限不能小于苗木表所列下限，上限不宜超过清单上限 3 cm（主景树可放宽至 5 cm）。

（3）冠幅。冠幅是苗木经过常规处理后的枝冠正投影的正交直径平均值。在保证苗木移植成活和满足交通运输要求的前提下，应尽量保留苗木的原有冠幅，以利于尽快体现绿化效果。

（4）土球大小。土球是指苗木移栽过程中为保证成活和迅速复壮，而在原栽植地围绕苗木根系取的土球。土球直径视树种和苗木具体生长状况而定。其开挖深度和形状根据树种根系的不同而有所区别，可分为适用于银杏、枫树等中根性树种的普通型土坨，适用于松树、山茶等深根性树种的弹头型土坨和适用于扁柏、光叶榉等浅根性树种的蝶型土坨等几种类型（图 7-7）。有些容器苗（盆苗、袋苗）在确定规格时直接以容器大小标示，如"3 斤袋""5 斤盆"等。

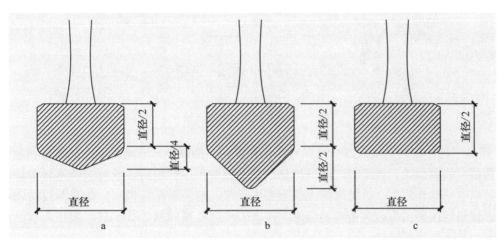

图 7-7　土球类型

a. 普通型土坨　b. 弹头型土坨　c. 蝶型土坨

2. 修剪　为了减少树苗体内水分的散失，提高移栽成活率，还可将树苗的每一片叶都剪掉一半，以减少树叶的蒸腾面积和水分散失量。

3. 起挖苗木　常绿树苗木在起挖时应当带有完整的根团土球，土球散落的苗木成活率会降低。挖取的土球直径为基径的 6～8 倍，要求土壤湿润、土球规范、包装结实、不裂不散。一般的落叶树苗木也应带有土球，但在秋季和早春起苗移栽时，也可裸根起苗，挖取根系的幅度为基径的 6～8 倍。在不适宜季节挖取苗木或有特殊要求时，需要加大土球直径，增强保护措施（图 7-8）。

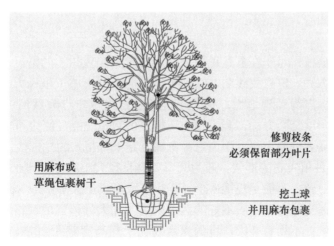

图 7-8　苗木起挖内容

4. 运输　裸根苗木如果运输距离比较远，需要在根蔸里填塞湿草，或外包塑料薄膜保持温润，以免树根失水过多，影响移栽成活率（图7-9）。

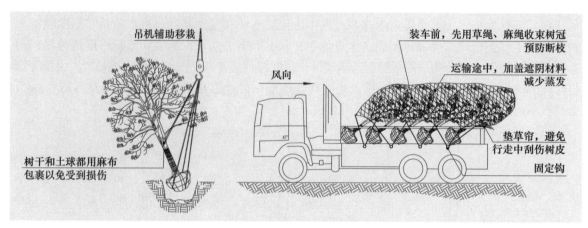

图7-9　苗木的起吊与运输

5. 假植　凡是苗木运输到施工地点后在几天以内不能栽种，或是栽种后苗木有剩余的，都要进行假植。所谓假植，就是暂时进行的栽植。不同的苗木假植时，最好按苗木种类、规格分区假植，以方便绿化施工。假植区的土质不宜太泥泞，地面不能有积水，在周围边沿地带要挖沟排水。假植区内要留出起运苗木的通道。在太阳光照特别强烈的日子里，假植苗木上面应该设置遮光网，减弱光照强度。

二、施工现场准备

1. 定点放线

（1）规则式定点放线。在规则形状的地块上进行规则式树木栽植，其放线定点所依据的基准点和基准线，一般可选用道路交叉点、中心线、建筑外墙的墙脚和墙脚线、规则形广场和水池的边线等。这些点和线一般都不会轻易再改变，是一些特征性的点和线。依据这些特征点、线，利用简单的直线丈量方法和三角形角度交会法，就可将设计的每一行树木栽植点的中心连线和每一棵树的栽植位点，都测设到绿化地面上。在已经确定的种植位点上，可用白灰画点，标示出种植穴的中心位置。在面积大、树种多的绿化场地上，还可用小木桩钉在种植位点上，作为种植桩。在种植桩上要写上树种代号，以免施工中造成树种的混淆。在已定种植点的周围，还要以种植点为圆心，按照不同树种对种植穴半径大小的要求，用白灰画圆圈，标明种植穴挖掘范围。

（2）自然式定点放线。对于在自然地形上按照自然式配置树木的情况，树木定点放线一般要采用坐标方格网的方法。定点放线前，在种植设计图上绘出施工坐标方格网，然后用测量仪器将方格的每一个坐标点测设到地面，再钉下坐标桩。树木定点放线时，就依据各方格坐标桩，采用直线丈量和角度交会方法，测设出每一棵树的栽植位点。测定下来的栽植点，即为画圆的圆心，按树种所需穴坑的大小，用白灰画圆圈，定下种植穴的挖掘线。

2. 开挖种植穴　种植穴底的形状一般为圆形，其直径大小应比土球或根系直径大20cm以上，坑壁竖直，上下一致，不能呈现锅底形、上小下大形或上大下小形（图7-10）。在新填土方处挖穴，应将穴底适当踩实，土质不好的话可以适当加大种植穴的规格，挖出的表土与底土要分开堆放于穴边。坑内不得有杂物，坑的深度要比土球高度略深20cm，施放堆肥或饼肥等有机肥作为基肥，再覆以一层薄园土，避免树根直接接触肥料造成烧根，使苗木能够克服土壤贫瘠，扎下根系并苗壮成长。在斜坡上挖穴，应先将斜坡整成一个小平台，然后在平台上挖穴，挖穴的深度应从坡下口沿开始计算。种植绿篱时，沟槽宽度应在土球外各加 10 cm，深度加 10～15 cm，并将回填土放于树穴（槽）的两侧。

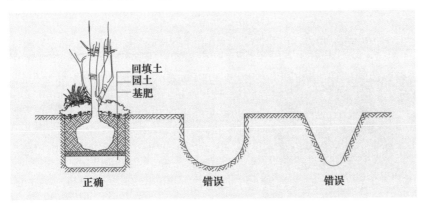

图 7－10　种植穴形状

三、苗木定植

1. 定植　树木定植的季节最好选在初春和秋季。一般树木在发芽之前栽植最好，但若是经过几次翻栽又是土球完整的少量树木栽种，也可在除开最热和最冷时候的其他季节中进行。种植前首先检查各种植点的土质是否符合设计要求、有无足够的基肥、基肥是否与泥土充分拌匀等。

定植施工时先在基肥与土球底部的接触部分铺放一层没有拌肥的干净种植土，再将苗木的土球或根蔸放入种植穴内，使其置于树穴中心，再将树干立起、扶正，使其保持垂直，最后将树根稍向上提一提，使根群舒展开。绿篱栽植时要按设计的株行距摆放整齐后再填土。

2. 回填　回填土要符合种植要求，土内不得含有大于 5 cm 的石块或瓦砾以及石灰、水泥等建筑垃圾。如果原土土质太差，则须过筛或使用客土。回填土时要均匀撒放、分层踏实，一般每 30 cm 左右踏实一遍。覆土的高度要使土面能够盖住树木的根颈部位，不得高于 5 cm 或使根部外露。

3. 支撑　初步栽好后还应检查一下树干是否仍保持垂直，树冠有无偏斜；若有所偏斜，就要再加以扶正。种植完成后的树木应保持直立，把余下的穴土绕根颈一周进行培土，做成环形的拦水围堰。围堰的直径应略大于种植穴的直径并拍紧实，以利浇水。较大的乔木须做支撑（图 7－11、图 7－12），支撑材料有四角铁架、杉木、竹竿和拉线等。铁架、竹木支柱和拉线等与树干接触处应用草片或橡皮垫垫上，以防损伤树皮。

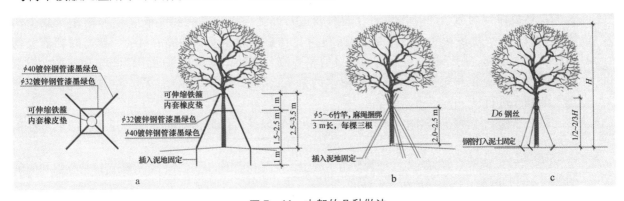

图 7－11　支架的几种做法
a. 四角铁架乔木支撑　b. 竹竿乔木支撑　c. 三角拉线乔木支撑

4. 浇水　栽植完成后要及时浇水，第一遍水不可过大，2～3 d 内浇第二遍水，一周内浇第三遍水，后两遍水要浇透，并在浇水的同时随时修整树堰（图 7-13），以防水外流，灌水时发现树干有歪斜的，还要进行扶正。

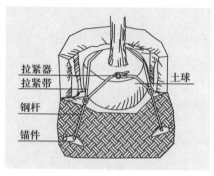

图 7-12　地底下树木支撑系统

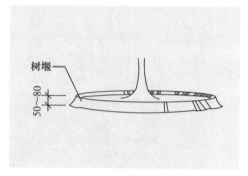

图 7-13　树堰做法

5. 修剪　种植后要对树木进行适当修剪，保持树冠匀称，超过 20 cm 的剪口要涂保护剂，以防止伤口处水分散失或病虫害从伤口处侵染植物。

四、苗木栽植后的养护管理

1. 灌溉　在新栽后浇足三遍水后，树木当年还需灌水 9～12 次，以满足树木正常生长发育的需要。3～6 月及 9～11 月为树木灌溉的关键时期，每次要浇透、浇足。新植树木在连续 5 年内都应适时充足灌溉，并及时修整树堰。在夏季较炎热时，为保证树木良好的观赏效果，还应对叶面进行喷水，必要时还需在树上设置微喷系统，以起到补充水分和降温的作用。

2. 施肥

（1）施底肥。施肥时间应定在树木落叶后至发芽前。施肥方法可为穴施、环施和放射沟施，肥料必须使用经过充分发酵腐熟的有机肥，并应与土拌匀后施入土壤中。施肥量应根据树木的树龄、规格、种类及肥料的种类而定。

（2）追肥。追肥时期应根据树木的生长势而定，追肥方法可用根施法或叶面喷肥法，一般施化肥，N、P、K 的比例要根据树木的叶、花、果的需求而定。根施化肥的施用量要准确，经粉碎后撒入土壤中，与土壤拌匀或混合后施入，施完后要及时浇水。叶面喷肥的时间宜在傍晚，喷洒器械要经冲刷后使用，肥料浓度配比要准确，喷洒要均匀。

3. 修剪

（1）修剪原则。由于城市园林树木的树种功能、生长环境和空间各不相同，须按照树木生长的自然规律，因树、因时、因地合理对其进行修剪，以达到促控生长、培养树型、减少伤害、调节矛盾、增多花果、延长寿命、发挥绿化功能、健全生态环境的目的。修剪时期依植物品种不同而不同。用锋利的剪刀将切口修剪整齐避免撕破，修剪枝条时切口应与茎齐平。树木修剪一般分为疏枝和短截两种。园林树木的修剪必须按照"一知、二看、三剪、四拿、五处理"的程序进行。

① 一知。了解修剪技术、操作方法、安全规定以及所修剪树木的生长、开花、结果习性和修剪的目的。

② 二看。树木修剪前，先仔细观察树木的生长情况和周围的环境条件，并确定修剪程度和应采用的技法。观察前一年修剪后树木发枝的长、短、强、弱情况，进而决定今年的修剪方案。

③ 三剪。乔木类由高处向低处逐步修剪，灌木类由下向上或由外向里修剪。

④ 四拿。清理挂在树冠上或落在地面的枝条，将其及时打捆，运到消纳地。

⑤ 五处理。及时用化学或物理方法处理被蛀干害虫侵蛀的枝条，不允许不加处理长期堆放。

（2）乔木的修剪。

① 常绿乔木一般可不过多修剪，仅剪去病虫、枯死、劈、裂、断枝条和疏剪过密、重叠、轮生枝。剪口处留 1～2 cm 小木橛，不得紧贴枝条基部剪去。

② 落叶乔木的修剪应注意保护中央领导枝，使其向上直立生长。修剪时要注意保持树冠均匀，疏枝不能留木橛，要紧贴基部剪掉；短截要根据需要进行轻短截、中短截、重短截、极重短截以及回缩处理，短截时剪口要倾斜 30°，剪口直径大于 20 cm 时，要涂抹保护剂防腐。

③ 截干乔木成活后萌芽很不规则，这时应该将设计的最低分枝高度以下的全部不定芽抹掉，在最低分枝高度以上选 3～5 个生长健壮、长势良好、有利于形成均匀冠幅的新芽保留，将其余的全部抹掉。其余乔灌木依造景需要去除新芽，以利于形成优美树型为准。

（3）灌木的修剪。

① 有主干的灌木，应保留 50～100 cm 高的主干，选留 3～5 个方向、角度适宜的主枝，其余枝条作为辅养枝处理。

② 无明显主干的灌木，选择 4～5 根健壮丛生枝作为主枝培养，使其成为中心略高的圆头形，其余枝条由地面处疏剪。

③ 灌木修剪的主要目的是改善树冠内部通风透光条件、实现老树更新复壮、防止下部空秃等。

④ 观花灌木的修剪要注意保留、培育老枝，重视生长期的修剪。

（4）绿篱的修剪。

① 绿篱一般每年修剪两次，第一次在 5 月进行，第二次在 8 月下旬进行。

② 绿篱修剪顶面要平整，高度一致，侧面要上下垂直。

③ 绿篱每次修剪高度较前一次修剪要提高 1 cm。

④ 要经常清除个别突出篱面的徒长枝。

4. 打药 病虫害以预防为主，定期检查所有地面植物是否被病虫感染，鉴定感染特征、种类，及时消除所有病害。一旦发现树木具有病虫性，就要及时打药，药品的种类要根据病虫性的具体情况而定，药液的配比浓度要严格按照说明书上的要求，以免药量太少而不起作用或药量过大而引起药害。打药时要先看天气情况，雨天或风太大时则不能打药，药液喷洒要均匀，特别要注意叶子背面的喷洒，打药的操作人员要做好防护措施，且在喷药时要注意周围人员的安全。如在打药后 8 h 内出现降雨，则需重新打药。根据打药树木的多少，可采用机械打药和人工喷药等不同的方法，打完药后要及时将打药器具冲刷干净，残药不可随处乱倒，要放于指定的地点，打药用的药瓶应集中销毁。

5. 除草 除草工作在植物生长季节要不间断进行，除小、除早则省工省力，效果最佳。除下的杂草要集中处理或及时运走堆制肥料，除掉杂草是为了避免杂草与树木争肥水，减少病虫滋生的条件。

6. 防寒 对于不耐寒或刚从南方引进的园林树木，冬季必须进行防寒处理，高大树木应用钢管和彩条布搭建风障，以防止冬季过大的西北风对树木造成伤害。小灌木类应用竹竿和塑料布做成拱形风障，以保证其内部温度。同时，也可使用树干涂白和树干包裹及宿根花卉埋土的方法来进行防寒处理。树干涂白一般在秋季进行，用石灰水加盐或石硫合剂对树干涂白，利用白色反射阳光，减少树干对太阳辐射热的吸收，从而减小树干的昼夜温差，防止树皮受冻。此法对预防虫害也有一定效果。树干包裹多在入冬前进行，将新植树木或不耐寒植物品种的主干用草绳或麻袋片等缠绕或包裹起来，包裹高度以从地面至树干 1.5～2 m 左右为宜。

控水控肥措施也可以帮助植物安全越冬。入冬前的 10 月、11 月应对植物进行控水，有条件的应降低植物周边的地下水位，在土壤封冻前浇一次透水，土壤含有较多水分后，严冬表层温度不至于下降得过低，开春表层地温升温也缓慢。浇返青水一般在早春进行，由于早春昼夜温差大，及时浇返青水，可使地表昼夜温差相对减小，避免春寒危害植物根系。10月以后不再对苗木追施氮肥，而应适当增施磷、钾肥。

五、大树移植

我们这里所讲的大树是指干径在10 cm以上，高度在4 m以上的大乔木，但对具体的树种来说，也可有不同的规格。大树移植是城市绿化建设中的一种重要技术手段，同时也是园林施工中较复杂、技术含量较高的一项工作。

1. 准备工作

（1）大树选择。选择大树时，应考虑树木原生长条件应和定植地立地条件相适应，例如土壤性质、温度、光照等条件，树种不同，其生物学特性也有所不同，移植后的环境条件就应尽量和该树种的生物学特性和原生环境条件相符。应该选择合乎绿化要求的树种，不同的树种形态各异，因而它们在绿化上的用途也不同。如行道树，应考虑选择干直、冠大、分枝点高，有良好的遮阴效果的树种；而庭院观赏树中的孤植树就应讲究树姿造型；从地面开始分枝的常绿树种适合做观花灌木的背景。应选择壮龄树木，因为移植大树需要大量人力、物力。若树龄太大，移植后不久就会衰老，很不经济；而树龄太小，绿化效果又较差。所以既要考虑能马上产生良好的绿化效果，又要考虑移植后有较长时期的保留价值。

（2）移植时间。我国幅员辽阔，南北气候相差很大，具体的移植时间应视当地的气候条件以及需移植的树种的不同而确定。南方地区，尤其在一些气温不太低、湿度较大的地区，一年四季均可移植，落叶树还可裸根移植。严格说来，移植大树最佳的时间是早春。但如果掘起的大树带有较大的土块，在移植过程中严格执行操作规程，移植后又注意养护，那么在任何时间都可以移植大树。

（3）大树预掘。为了保证树木移植后能很好地成活，可在移植前采取一些措施，促进树木的须根生长，这样也可以为施工提供方便的条件，常用的措施有以下几种。

① 多次移植。此法适用于专门培养大树的苗圃中，树苗经过多次移植，大部分的须根都聚生在一定的范围内，因而再移植时，可缩小土球的尺寸和减少对根部的损伤。速生树种的苗木可以在头几年每隔1～2年移植一次，待胸径达到6 cm以上时，可每隔3～4年再移植一次；慢生树待其胸径达3 cm以上时，每隔3～4年移植一次，长到6 cm以上时，则隔5～8年移植一次。

② 预先断根法。此法适用于一些野生大树或一些具有较高观赏价值的树木的移植，一般是在移植前1～3年的春季或秋季，以树干为中心，2.5～3倍胸径为半径或以较小于移植时土球尺寸半径画一个圆或方形，再在相对的两面向外挖30～40 cm宽的沟（其深度则视根系分布深度而定，一般为50～80 cm），对较粗的根应用锋利的锯或剪，齐平内壁切断，然后用沃土（最好是沙壤土或壤土）填平，分层踩实，定期浇水，这样便会在沟中长出许多须根。到第二年的春季或秋季再以同样的方法挖掘另外相对的两面，到下一年时，在四周沟中均长满了须根，这时便可移走（图7-14）。挖掘时应从沟的外缘开挖，断根的时间可按各地气候条件有所不同。

③ 根部环状剥皮法。同上法挖沟，但不切断大根，而采取环状剥皮的方法，剥皮的宽度为10～15 cm，这

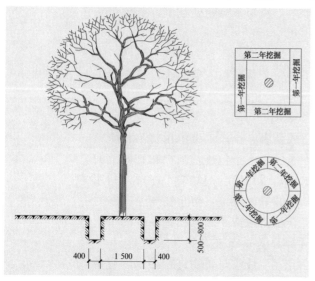

图7-14 树木切根法

样也能促进须根的生长，这种方法由于大根未断，树身稳固，可不加支柱。

（4）大树修剪。修剪是在大树移植过程中，对地上部分进行处理的主要措施，至于修剪的方法各地不一，大致有以下几种。

① 修剪枝叶。这是修剪的主要方式，凡病枯枝、过密交叉徒长枝、干扰枝均应剪去。此外，修剪量也与移植季节、根系情况有关。当气温高、湿度低、带根系少时应重剪；而湿度大、带根系也多时可适当轻剪。此外，还应考虑功能要求，如果要求移植后马上起到绿化效果的应轻剪，而有把握成活的则可重剪。在修剪时，还应考虑树木的绿化效果，如用作行道树时，就不应砍去主干，否则树梢分枝太多，改变了树木固有的形态，甚至影响其功能。

② 摘叶。这是一项细致费时的工作，适用于少量名贵树种，移前为减少蒸腾可摘去部分树叶，移后即可再萌发树叶。

③ 摘心。此法是为了促进侧枝生长，一般顶芽生长的植物均可用此法，但是如木棉、针叶树种等都不宜进行摘心处理，故应根据树木的生长习性和功能要求来决定是否采用此法。

④ 剥芽。此法是为抑制侧枝生长，促进主枝生长，控制树冠不致过大，以防风倒。

⑤ 摘花摘果。为减少养分的消耗，移植前后应适当地摘去一部分花、果。

⑥ 刻伤和环状剥皮。刻伤的伤口可以是纵向的，也可以是横向的。环状剥皮是在芽下 2～3 cm 处或在新梢基部剥去 1～2 cm 宽的木质部树皮，其目的在于控制水分、养分的向上输送，抑制部分枝条的生理活动。

（5）其他工作。

① 编号定向。编号是当移栽成批的大树时，为使施工有计划地顺利进行，可把栽植坑及要移栽的大树均编上一一对应的号码，使其移植时可对号入座，以防止现场混乱及事故发生。定向是在树干上标出南北方向，使其在移植时仍能保持原方位栽下，以满足树木对庇荫及阳光的要求。

② 清理现场及安排运输路线。在起树前，应把树干周围 2～3 m 以内的碎石、瓦砾堆、灌木丛及其他障碍物清除干净，并将地面大致整平，为顺利移植大树创造条件。然后按树木移植的先后次序，合理安排运输路线，以使每棵树都能被顺利运出。

③ 支柱保护。为了防止在挖掘时由于树身不稳、倒伏引起工伤事故及损坏树木，在挖掘前应对需移植的大树立支柱。一般是用 3 根直径 15 cm 以上的大戗木分立在树冠分枝点的下方，然后再用粗绳将戗木和树干一起捆紧，戗木底脚应牢固支撑在地面上，在立支柱时应使戗木受力均匀，特别是避风向的一面。戗木的长度不定，底脚应立在挖掘范围以外，以免妨碍挖掘工作。

2. 移植技术措施

（1）木箱移植。木箱移植适用于挖掘方形土台，树木的胸径在 15～25 cm 及以上，土台的边长超过 1.3 m 的大型常绿乔木。由于土球体积、重量较大，用软材包装移植时，较难以保证安全吊运，宜采用木箱包装移植法（图 7-15）。

① 移植前的准备。移植前首先要准备好包装用的板材：边板、底板和顶板。掘苗前应将树干四周地表的浮土铲除，然后根据树木的大小确定挖掘土台的规格，一般可以树木胸径的 7～10 倍作为土台的长度（表 7-2）。

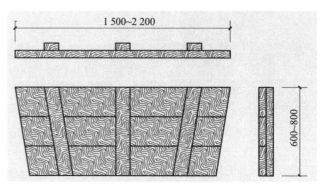

图 7-15　木箱箱板图

表 7-2 木箱规格

树木胸径/cm	15~18	18~24	25~27	28~30
木箱规格/m（上边长×高）	1.5×0.6	1.8×0.7	2.0×0.7	2.2×0.8

② 做好支撑。由于大树土坨的重量都非常大。因此在起坨前必须做好树木的支撑工作，才能确保起苗过程中的安全，使大树移植工作得以顺利进行。一般采用三脚支架支撑，将三脚支架的三条腿成 120°角支开，支架与树木接触部位要用蒲包垫上，以防碰伤树皮。支架底部应埋于土下 10 cm 处，并夯实。如树木过于高大，则应进行牵引固定，以防止树木倒塌。

③ 去掉表土。为了确保打木箱时的牢固性，则应去掉土坨表面的表层松土，以见到实土为准。

④ 画线。依据所要移植树木的规格，确定该树木的土坨大小，一般大树移植的土坨规格都应在 1.8 m 以上。然后以树干为中心，以箱板的长度为边长，画一正方形，正方形的实际尺寸应大于要求尺寸，每边要大 5~10 cm，并用白灰画线。

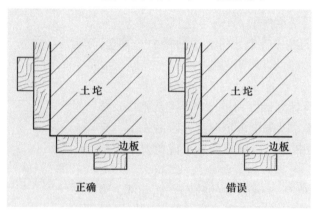

图 7-16 两块边板的端部安放位置

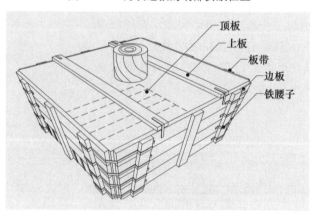

图 7-17 木板箱整体包装示意

⑤ 开槽。以所画石灰线为内边，在四周挖宽 60~80 cm 的沟，要满足工作人员能在沟内作业，然后将四周削平。如遇到大树根则要用锯或大剪将其去掉，土坨不可挖成梯形，即土坨底部要略小于土坨顶部。沟中土堆于沟外，以备大树移走后填埋树坑之用。

⑥ 上板。沟挖完后，即可在土坨的四壁上板，上板前要用蒲包片把土坨包严。边板呈倒梯形，上板时要注意板的中线要与树干对齐，边板的长度应稍小于土坨边长，两块边板的端部在土坨的角上要相互错开，可露出土坨一部分（图 7-16）。板的高度要略低于土坨表面，以便将来上顶板时给顶板留有空间。

⑦ 绑钢丝绳。钢丝绳需绑两道，上下各一道，分别距上、下底 15~20 cm，接口应位于土坨两侧，一左一右。

⑧ 上紧弦器。待钢丝绳绑牢固后，则在钢丝绳下面上紧弦器，紧弦器也要上两道，上下各一道，当听到紧弦器发出嘣嘣的弦音时，就证明紧弦器已经上好了。

⑨ 钉铁腰子。在木板箱的四边每边钉 8~10 道铁腰子，在钉时要注意铁腰子要绷紧，不能打弯，不能钉弯，不能钉在箱板间的接缝上，钉子要向内倾斜（图 7-17）。

⑩ 掏底。边板装好后用小板锄或小平铲掏挖木箱底部土台的工作称为掏底。作业前应用方木牢固支撑在边板和坑壁之间，掏够一块板的宽度上一块板，并在底下垫一木墩，以确保安全，并用铁腰子钉牢。掏底时切记人的肢体和头部不能进入底部，底部底板上完后，用同样的方法安装顶板。

⑪ 吊运。吊装前应捆拢树冠、撤掉支撑。用一根长度可围拢木箱的钢丝绳绑在木箱下部 1/3 处，扣好后用吊车起吊，使树体缓慢倾斜，木箱底部未离地前在树干上包裹蒲包或草袋，用一根粗绳捆牢树干，另一端挂在吊钩上，使树头上斜，开始装车。吊装时要有专人指挥，要

注意周围的建筑物和管线。装车时须注意安全，起重臂下不准有人。

木箱的中心应放在车的后轮轴上，放正后垫稳。树冠朝向车尾，树冠过大时应在车尾处用木棍绑成支架，避免树冠拖地或遮挡后车灯。支架和树干接触处应用蒲包、草袋铺垫以免损伤树皮。树上要绑4道绳，押车的人要在箱体后树干两侧站立，手里拿着绝缘杆，随时架起运输途中路上较低矮的电线。

⑫ 卸车。地下应放置规格不小于 40 cm×40 cm×200 cm 的方木，其位置的确定应使木箱落地后，边板上缘正好枕在方木上。木箱落地处以 80～100 cm 的平行距离放置两根 10 cm×10 cm×200 cm 的方木，然后将箱体缓慢地立直在方木上（图 7-18）。

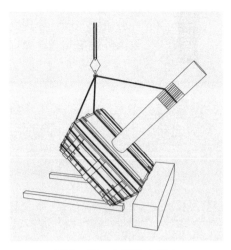

图 7-18　木箱苗木卸车

⑬ 栽植。栽植坑的直径为木箱直径的 1.5 倍，坑底留一土台，高 20 cm、长 80 cm、宽 50 cm。吊树入穴之前先拆除木箱中间底板，落实放稳之后，先用脚蹬木箱的上沿校正栽植位置，再拆除其余底板，在树干上绑好支柱稳固树身后，先向穴内回填 1/3 高度土壤，最后拆除边板。回填土要分层踏实，直到填满，做双树堰，浇足透水（图 7-19）。

（2）软材包装移植。软材包装移植是适用于挖掘圆形土球，胸径为 10～15 cm 或稍大一些的常绿乔木，以蒲包、草绳等软质材料包装并加以移植的方法。软材包装较木箱包装简单快捷，适宜随起随栽。两者的操作方法基本类似，但在以下步骤有所不同。

① 起苗前画线。以胸径的 7～10 倍为直径画圆开挖。

② 修坨收底。土球应修成苹果形状，在向下修至一半时，开始逐步向内缩进，球底直径一般为上部直径的 1/3 左右，土球规格如表 7-3 所示。

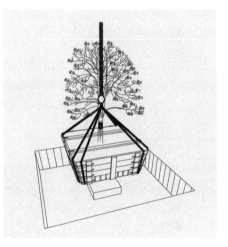

图 7-19　木箱苗木定植

表 7-3　土球规格

树木胸径/cm	土球直径/cm	土球高度/cm
10～12	胸径的 8～10 倍	60～70
13～15	胸径的 7～10 倍	70～80

③ 缠腰绳。在土球中间以湿润的草绳缠紧，随缠随用砖头、木槌敲击，使草绳略嵌入土，草绳应排列紧密，宽度达到 20 cm 时系紧（图 7-20）。

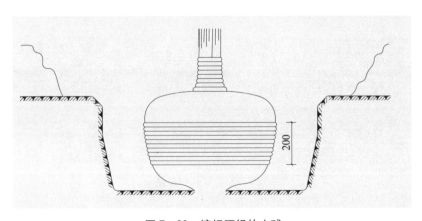

图 7-20　缠好腰绳的土球

④ 打包。以蒲包、塑料布等软质材料将土球表面包严，并用细绳略加围拢，使之固定。将草绳一端系于树干上，另一端略呈倾斜经土球底部绕回，操作方法与缠腰绳类似，使之绷紧后缠绕下一圈，草绳间隔在 8 cm 左右。捆扎完毕后在腰绳稍下处再捆十几道腰绳，并以草绳将内外腰绳和纵向草绳系紧，在运输过程中也要注意保护（图 7 - 21）。

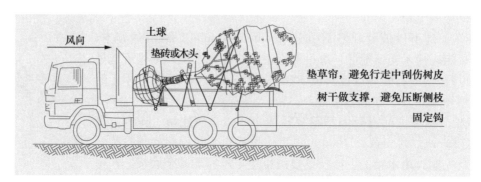

图 7 - 21　软材包装运输与保护

在土质较黏重的地区也可用草绳或麻绳直接打包，有很多捆扎打包的方式，如古钱式和五角式等（图 7 - 22）。除了木箱移栽法和土球移栽法以外，尚有其他的移植方法可以采用。例如在我国华北以北的地区，利用冬季气候寒冷、土壤冻结紧固的特点，可以在冻土期采用冻土球移栽方法，利用雪地和封冻的冰河运输。又如为提高大树移栽效率，在国内外园林施工中也常采用机械移栽，可以减轻工人劳动强度，提高施工安全性。

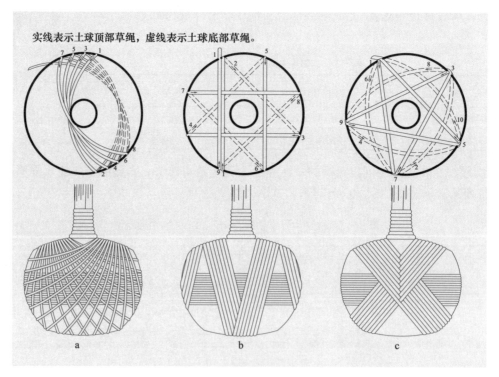

图 7 - 22　软材包装法
a. 橘子式捆扎　b. 古钱式捆扎　c. 五角式捆扎
图中数字表示缠绕步骤

第五节　垂直绿化、屋顶绿化与阳台绿化工程

一、垂直绿化

利用棚架、墙面等进行绿化，就是垂直绿化。垂直绿化的植物材料多数是藤本植物和攀缘类灌木。

1. 棚架植物栽植　在植物材料选择、具体栽种步骤等方面，棚架植物的栽植应当按照下述要求进行。

（1）植物材料处理。用于棚架栽种的植物材料，若是藤本植物，如紫藤、常绿油麻藤等，最好选一根长度在 5 m 以上的独藤；如果是木香、蔷薇之类的攀缘类灌木，因其多为丛生状，要下决心剪掉多数的丛生枝条，只留 1～2 根最长的茎干，以使养分集中供应，今后枝叶能够较快地生长并盖满棚架。

（2）种植槽、穴准备。在花架边栽植藤本植物或攀缘灌木，种植穴应当确定在花架柱子的外侧。穴深 40～60 cm，直径 40～80 cm，穴底应先垫一层基肥，其上覆盖一层壤土，然后才可栽种植物。不挖种植穴，而在棚架边沿用砖砌槽填土，作为植物的种植槽，也是棚架植物栽植的一种常见方式。种植槽净宽度在 35～100 cm 之间，深度不限，但槽顶与槽外地坪之间的高度应控制在 30～70 cm 为好。种植槽内所填的土壤，一定要是肥沃的栽培土。

（3）栽植。棚架植物的具体栽种方法与一般树木基本相同。但是，在根部栽种施工完成之后，还要用竹竿搭在棚架柱子旁，把植物的藤蔓牵引到棚架顶上。若棚架顶上的檩条比较稀疏，还应在檩条之间均匀地放一些竹竿增加承托面积，以方便植物枝条生长和铺展开来。特别是对于缠绕性的藤本植物如紫藤、金银花、常绿油麻藤等更需如此，否则以后新生的藤条相互缠绕在一起，将难以展开。

（4）养护管理。在藤蔓枝条生长过程中，要随时抹去棚架顶面以下主藤茎上的新芽，剪掉其上萌生的新枝，促使藤条长得更长、藤端分枝更多。对棚架顶上藤枝分布不均匀的，要进行人工牵引，使其排布均匀。以后每年还要进行一定的修剪，剪掉病虫枝、衰老枝和枯枝。

2. 墙垣绿化施工　墙垣绿化施工有两种情况，一种是利用建筑物的外墙或庭院围墙进行墙面绿化，另一种是在庭院围墙、隔墙上进行墙头覆盖性绿化。

（1）墙面绿化。常用攀附能力较强的爬墙虎、崖爬藤、凌霄、常春藤等作为绿化材料。表面粗糙度大的墙面有利于植物攀附，垂直绿化容易成功；墙面太光滑时，植物无法攀附墙面，就需要在墙面上均匀地钉上水泥钉或膨胀螺丝，用铁丝贴着墙面拉成网，供植物攀附。爬墙植物都栽种在墙脚下，墙脚下应留有种植带或建有种植槽（图 7 - 23）。种植带的宽度一般为 50～150 cm，土层厚度在 50 cm 以上；种植槽宽度 50～80 cm，高 40～70 cm，槽底每隔 2～2.5 m 应留出一个排水孔。种植土应该选用疏松肥沃的壤土。栽种时，苗木根部应距墙根 15 cm 左右，株距采用 50～70 cm，而以 50 cm 的效果更好些。栽植深

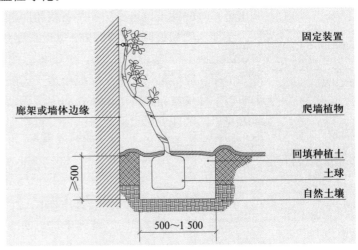

度以苗木的根团全埋入土中为准，苗木栽下后要将根团周围的土壤踩实。为了确保苗木成活，在施工后的一段时间内要设置篱笆、围栏等，以保护墙脚处刚栽种的苗木，以后当苗木长到能

图 7 - 23　墙面绿化种植带做法

够抵抗损害时，才可拆除围护设施。

（2）墙头绿化。主要用蔷薇、木香、三角花等攀缘灌木和金银花、常绿油麻藤等藤本植物，搭在墙头上绿化实体围墙或镂空隔墙。要根据不同树种藤、枝的伸展长度，来决定栽种的株距，一般株距可在 1.5～3 m 之间。墙头绿化植物的种植穴挖掘、苗木栽种等，与一般树木栽植基本相同。

二、屋顶绿化与阳台绿化

1. 屋顶绿化 在屋顶上面进行绿化，要严格按照设计的植物种类、规格和对栽培基质的要求来施工。在屋顶的周边，可修建稍高的种植槽或花台，填入厚达 40～70 cm 的栽培基质，栽种稍高大些的灌木。而在屋顶中部，则要尽量布置低矮的花坛或草坪，花坛与草坪内的栽培基质厚度应在 25 cm 以上。花坛、草坪、种植槽的最下面是屋面，紧贴屋面应垫一层厚度为 30 cm 以上的排水层。排水层用透水的粗颗粒材料如炭渣、豆石等平铺而成，其上面还要铺一层塑料纱网或玻璃纤维布，作为滤水层。滤水层之上可填入泥土、锯木粉、蛭石、泥炭土等作为栽培基质。

2. 阳台绿化 阳台由于面积比较小，常常还要担负其他功能，所以对其绿化一般只能采取比较灵活的盆栽绿化方式。盆栽主要布置在阳台栏板的顶上，一定要有围护措施，不得让盆栽掉落下来。

第六节　草坪绿化工程

草坪是城市绿地中最基本的地面绿化形式。草坪的建设应按照既定的设计进行。在草坪设计中，一般都已确定了草坪的位置、范围、形状、坡度、供水、排水、草种组成和草坪上的树木种植情况；而草坪施工的工作内容，就是要根据已确定的设计来完成一系列的草坪开辟和种植过程，这一施工过程主要包括土地整理、放线定点、布置草坪设施、铺种草坪草和后期管理等工序。

一、土地整理与土壤改良

草坪用地确定以后，首先要清理现场，清除碎砖、烂瓦、乱石、杂草等一切杂物，然后进行施肥。施肥最好用堆肥、厩肥、人粪尿、绿肥、垃圾肥等有机肥，南方地区也可用风化过的河泥、塘泥施肥。对土质恶劣的草坪用地，应进行土壤改良。贫瘠的沙质土，要增加有机肥的施用量；对酸性土，可增施一些石灰粉降低酸度；对碱性土，可施用酸性肥料或硫黄粉降低碱性。土地施肥和经降碱、降酸处理后，要进行土地翻耕，将肥料、石灰、硫黄等翻入土中和匀。翻土深度应达 20～50 cm，土质太差的应深耕达 30 cm 以上；翻耕出的树苑、杂草根等要清除干净，应尽量使表层土壤疏松透气、酸碱度适中。翻土后，要按照设计的草坪等度线进行土面整平和找坡，要将土面高处的土壤移动到土面低处，使草坪各处土面高度达到草坪竖向设计的要求。草坪表层土壤的粗细程度对草皮的生长也有影响，应当对表土层进行机械或人工耙细作业，一般要耙 2～3 遍才能符合要求。

二、给排水措施

1. 布置排水设施 在土地整理作业中，对土面进行整平找坡处理主要是为了更好地组织地面排水。

在对一般草坪整地时，草坪中部土面应高一些，边缘地带土面则应低一些，土面由中部至边缘呈倾斜坡面，坡度通常为 0.2%～0.3%，除了特意设计的起伏草坪以外，一般草坪土面最大坡度都不超过 0.5%，以尽量减少地表的水土冲刷。在有铺装道路通过的地方，草坪土面要低于路面 2～5 cm，以免草坪土面雨水流到路面上。

对面积较小的草坪，可通过坡面自然排水，并在草坪周边设置浅沟集水，将地表水汇集到排水沟中排出去。对面积较大的草坪，仅仅依靠地表排水是不够的，下雨时在草坪里面产生的积水不容易很快排除掉。

大面积草坪的排水方法，主要是在草坪下面设置排水暗管。施工时，先要沿着草坪对角线挖浅沟，沟深 40～50 cm，宽 30～45 cm。然后在对角主沟两侧各挖出几条斜沟，斜沟与对角主沟的夹角应为 45°，其端头处深 30～40 cm。沟挖好后，将管径为 6.5～8 cm 的陶土管埋入沟中，在陶土管上面平铺一层小石块，再填入碎石或煤渣，在最上面回填肥沃表土，用以种植草坪植物；回填的土面应当略低于两侧的草坪土面（图 3-6）。斜沟内的副管与对角沟的主管一起构成羽状分布的暗管排水系统，在面积特别大的草坪中，这样的排水暗管系统可设置几套，但其中的排水主管应平行排列，每一主管的端头部应与草坪边缘的集水沟连接起来。

2. 布置供水设施 小块的观赏草坪可不设供水系统，以人工喷洒即可。面积较大的草坪一般都要布置独立的机械喷灌供水系统。

草坪的机械喷灌系统是由控制器、喷灌机（水泵）、喉管和喷头四部分组成的。喷灌方式有自动升降式和自动旋转式两种。自动升降式喷灌的喷头平时隐藏在草坪中，当控制器感应到需要浇水时，喷头就自动升起来开始进行扫射式喷水；喷水足够了，又自动地关闭喷水阀，降到草坪下隐藏起来。自动旋转式喷灌的喷头固定在草坪的一定高度处，可以随着喷水时产生的水力自动旋转，一边旋转一边喷水，能够比较均匀地为一定范围内的草坪供水。

布置喷灌系统时，要根据喷头射程的远近来均匀地敷设供水管和喷水头，使喷头的喷射范围能够覆盖全部草坪。喷灌系统若按喷头水压大小来分，可分为远喷式和近喷式两种形式。远喷式的喷头水压大，水流射程远；近喷式的喷头水压小，水流射程近。

喷灌机可设置在草坪边角处的地下水泵坑内，一端连接供水管道，接通水源；另一端连接喷水主管，送出加压的水流。喷水主管上再分出若干支管，支管端设喷水头。在草坪种植工程未完成之前，只敷设喷水管道，暂不安装水泵和喷头，水管的管口要进行临时堵塞，避免泥沙等异物落入管中。管道敷设安装好后，进行覆土掩埋，并稍稍压实。

三、草坪种植施工

在草坪排水、供水设施敷设完成，土面整平耙细后，就可以进行草坪植物的种植施工。草坪的种植方式主要有播种、分栽、铺草等。

1. 播种 播种之前，有条件的最好将草坪土面全面浸灌一遍，让杂草种子发芽、长出幼苗，除掉杂草苗以后再播种草坪草种。要检验草籽的发芽率，种子的发芽率应在 85% 以上，种子的净度、纯度应在 97% 以上，杂草和其他作物种子含量要低于 1%。播种时要先将地整平、耙细，地上不得有直径大于 3 cm 的石块及建筑渣土，翻地深度要大于 30 cm。种子分布要均匀，不同草种单位面积的播种量也有所不同，覆土厚度要一致，一般在 1 cm 左右，然后及时镇压并浇足透水。出苗前后及小苗生长阶段应始终保持地面湿润，发现缺苗要及时补播。草坪播种的时间一般在秋季和春季，但在夏季不是最热的时候和冬季不是最冷的时候也可酌情播种，只要播种时的温度与草种需要的温度基本一致就可以。

大面积的草坪采用机械播种，小面积的草坪则采用人工撒播。为使播种均匀，可在种子中掺沙拌匀后再播；也可先把草坪划分成宽度一致的条幅，称出每一幅的用种量，然后一幅一幅地均匀撒播；每一幅的种子都应适当留一点下来，以补足草种太稀少处。在草坪边缘和路边地带，种子要播得密一些。

2. 分栽 分栽的整地要求与播种的要求一致，草源要无杂草、叶色纯正，要尽量缩短从掘苗至种植后浇水的间隔时间。挖穴呈"品"字形排列，根据不同的草种确定单位面积应分栽的株数，种后及时覆土、压实，避免草根外露，栽完一片后，要把草的空隙土地耙平；栽种后立即浇水，一周内连续浇 2～3 次，然后再把因浇水冲坏的地面覆土整平。

3. 铺草 选用质量合格的草皮卷，避免起草至种植后浇水的时间间隔过长。整地耙平，如果土壤较干，种植前要先洇水，以利于草皮扎根及土层结实。草皮卷要铺种整齐，严丝合缝，不可出现空隙或搭接现象。草坪的铺种高度要低于铺装或道路顶部 2～3 cm，铺好后用碌子碾压，然后及时浇水，水量要充足（图 7-24）。

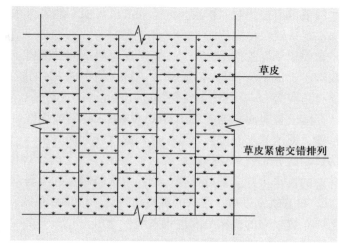

图 7-24 草皮铺栽方法

除以上 3 种植草方法外，还有草茎撒播、铺植植生带和坡地喷播植草等方法。

四、草坪养护管理

草坪的养护是十分重要的工作，其好坏可直接影响整个绿化效果。因此，只有完成好各个环节的养护工作，才能使草坪达到预期的效果。

1. 浇水及排水 草坪浇水最好采用喷灌的形式，要见湿见干，每次水量要充足，不能漏浇。2～3 月要浇好返青水，11 月下旬要浇足冻水，夏季天气炎热、干旱时要浇水降温 1～2 次。雨季时要注意排水，尤其是冷季型草。浇水要注意水质，不能用有污染的河水、井水，特别是冬季撒过盐的积雪不要堆放在草坪上，以免对草坪造成危害。排水主要是利用地形坡度进行地表排水，有特殊要求的草地，则需设置地下渗水和排水系统。

2. 施肥 草坪施肥以氮肥为主，返青前可施磷、钾肥，施肥量在 50～200 g/m²。氮肥可用尿素或二铵，施肥量为 20 g/m²。草坪在生长期要看苗施肥，主要施氮肥，晚秋可重施氮、磷、钾复合肥，施肥量 30～40 g/m² 左右；同时，也可采用叶面喷肥的方法，肥液浓度为 0.1%～0.3%。无论是地表追肥还是叶面喷肥，都要注意施肥均匀。

3. 修剪 草坪修剪十分有利于草坪生长和蔓延。修剪高度应视草种、季节、环境条件和使用功能而定。一般在主要生长季每月至少修剪一次，手剪或机械剪不限。干旱季节应修剪两次，留茬高度依不同品种而定，一次修剪高度原则上不大于草坪原高度的 1/3，一般为 50 mm。剪草时需一行压一行地进行，不要漏剪。被剪下的草应收集在一起，及时清扫草屑并将其从基地运走，以防病虫害的传播。

4. 病虫害防治 草坪常见的病害有四种，即褐斑病、夏斑病、腐霉病和镰刀菌枯萎病。常见的害虫主要是蛴螬、地老虎等地下害虫。草坪病虫害防治应坚持"预防为主，综合防治"的原则，在每年 5 月中旬打一次预防性药物，及时发现病虫情，及时打药，以防止病虫害蔓延。

5. 清除杂草、杂物 杂草清除要本着"除早、除小、除净"的原则，可用选择性除草剂或人工除草，以减少其危害。此外，还应及时除去草坪上的杂物，以保证草坪的美观。

第七节　竹类和藤本植物种植工程

一、竹类的种植与养护管理

竹子在园林绿化应用中是一种比较高贵的植物，古人有"宁可食无肉，不可居无竹"的说法，可见竹子的高雅之处。因此，一片竹林的成功栽植，可成为一处园林景观的点睛之笔。

1. 竹的栽植条件 栽种竹子应选择在背风向阳、土层较厚、土壤有机质含量在 2% 以上、灌溉方便、不易积水的地方，方能形成良好的观赏效果。

2. 竹的栽植步骤

（1）栽植竹时须全面整地，深翻 30～40 cm，清除地上的渣土及大的石块和建筑垃圾，每平方米施有机肥 3.75 kg。

（2）按"品"字形或"田"字形挖种植穴，大小一般为（20～30）cm×（20～30）cm，深度为 25 cm 左右（图 7 - 25）。

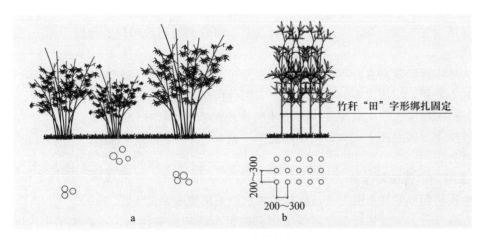

图 7 - 25　竹的栽植方法

a. 成丛竹类三五株一丛，不等边三角形种植　b. 单株竹类成排成行规则种植

（3）栽植竹的时间一般春季在 3～4 月，雨季在 7 月中旬。

（4）竹的搬运要抱土坨，不许提竹秆。运输及装卸车的过程中，不准拖、压、摔、砸。

（5）栽植竹时要求原土面与新土面相平，四周填土，踏实时不得踩竹的原土坨。

（6）填土到一半时，要先浇一遍透水，待水下渗后再填第二次土，直至填满，然后做堰并浇足透水。

3. 竹的养护管理

（1）竹要在 4 月浇春水，5 月或 6 月浇生长期水，雨季时可少浇或不浇，冬季土壤封冻前，要浇一次透水。

（2）竹的施肥时期一般为冬季封冻前，以施有机肥为主，在地上堆积竹叶是重要的施肥措施。

（3）竹每年都需培土，培土时间一般在冬季，厚度在 5 cm 左右。

（4）及时砍伐掉老竹、病竹和倒伏竹，以使竹林通透。

（5）要经常巡查，发现病虫害要及时打药。

（6）竹林中要尽量避免人员进入，必要时可加设围栏。

4. 竹的修剪

（1）竹的修剪即间伐，应在冬季进行，将过密的竹子砍掉一部分。

（2）要保留四五年生的立竹，砍掉六七年生的立竹，不留十年以上的老竹。

（3）对于过密的竹林，11 月时就应进行钩梢，以防止冬季遇雪压倒。

二、藤本植物的种植与修剪

藤本植物是指茎干细长，不能直立，需攀附在大树或其他物体上生活的植物。藤本植物可用于棚架造景、垂直绿化以及作为地被使用。它在实现"连线、连片、成景、多样化"的城市绿化目标中起着十分重要的作用。为确保它的使用效果，要在设计、施工技术质量和养护管理方面进行发力。

1. 藤本植物的种植

（1）要依据设计和图纸的要求，确定栽植位置。

（2）栽植时间宜在春季，雨季也可少量栽植，但应采取先装盆或者强修剪、带土坨、阴雨天种植等技术措施。

（3）了解土质、水源及攀缘依附物等情况。若依附物表面光滑，应设牵引措施，以辅助植物攀缘。

（4）种植前先整地，翻地深度在 40 cm 以上，清除大的石块和建筑垃圾，如土质过差，则须换客土栽植。

（5）种植穴要四壁垂直、底平、坑径大于根径 10～20 cm，要避免苗木根系外露。

（6）加施底肥，应用腐熟的有机肥，每穴用量在 0.8 kg 左右，要将肥与土拌匀。

（7）栽植深度应比原土痕深 2 cm，埋土时应使根系舒展，并分层踏实。

（8）种植完后做堰浇水，24 h 内必须浇第一遍水，3 d 内浇第二遍水，一周内浇第三遍水，并注意随时补土。

2. 藤本植物的管理与修剪

（1）生长初期要做好牵引工作，使其向指定的方向生长。

（2）春季至秋季间要进行追肥，应使用有机肥，每延长米约 0.8 kg；也可采用叶面追肥：观叶植物喷施浓度为 0.2% 的尿素，观花植物喷施浓度为 0.1%～0.2% 的磷酸二氢钾，每半月一次，一年喷 4～5 次。

（3）结合"预防为主、综合防治"的方针。发现病虫情要及时打药，并及时清理落叶、杂草，以防止病虫扩散、蔓延。

（4）修剪应在生长期剪掉未能攀缘而下垂的枝条，并短截空隙周围的枝条，以便发生副梢。

（5）可按灌木修剪方法疏枝，当生长到一定程度、树势弱时，进行回缩处理，以强壮树势。

（6）在植株生长过密时，要进行间移处理，以使植株生长正常，减少修剪量。间移应在休眠期进行。

思考与训练

1. 简述树木栽植成活的原理。

2. 乔、灌木的种植步骤有哪些？

3. 树木移栽后为何需要修剪？

4. 简述大苗土球移植的主要步骤。

5. 草坪播种有哪些注意事项？

6. 简述绿化养护工作中灌溉、修剪、打药的要点。

第八章 Chapter 8 风景园林供电与照明工程

本章通过介绍供电设计所必需的基本知识、供电工程的规律和方法、园林供电工程设计的方法和注意事项，研究如何利用电、光来塑造园林的灯光艺术形象，创造明亮的园林环境，满足群众夜间游园活动、节日庆祝活动及安全保障的需要。

供电与照明工程是公共园林能够正常运转的保障，对园林各项功能作用的发挥有着重要的意义。为了更好地掌握供电工程的规律和方法，先了解园林供电设计所必需的基本知识，然后学习园林供电工程设计的一般方法和注意事项，在此基础上，再重点研究如何利用电、光来塑造园林的灯光艺术形象。

第一节 供电工程

一、供电基本知识

在学习园林供电设计之前，应了解有关电源、电压、变电和送配电等方面的基本知识。

（一）电源与电压

1. 电源 使其他形式的能量转变为电能的装置叫电源，如发电机、电池等。园林供电基本上都取之于地区电网，而地区电网的电源则为发电厂中的水力或火力发电机，只有少数距离城市较远的风景区才可能利用自然山水条件自发电使用。发电厂的电能需要通过输电线路，送到远距离的工业区、城市和农村。电能传输有两种方式：经变压器升压后直接输送的电能称为"交流输电"；高压交流经整流，变换为直流后再输送的称为"直流输电"。交流输电输送的交流电是电压、电流的大小和方向随时间变化而做周期性改变的一类电能。园林照明、喷泉、提水灌溉、游艺机械等的用电，都是交流电。在交流电供电方式中，一般都提供三相交流电源，即在同一电路中有频率相同而相位互差120°的三个电源。园林供电系统中的电源也是三相的。

2. 电压与电功率 电压是静电场或电路中两点间的电势差，实用单位为伏（V）。在交流电路中，电压有瞬时值、平均值和有效值之分，常将有效值简称为"电压"。电功率是电做功快慢程度的量度，常用单位时间内所做的功或消耗的功来表示，单位为瓦特（W）。园林设施直接使用的电源电压主要是 220 V 和 380 V，属于低压供电系统的电压，其最远输送距离在 350 m 以下，最大输送功率在 175 千瓦（kW）以下。中压线路的电压为 1~10 千伏（kV），10 kV 的输电线路的最大送电距离在 10 km 以下，最大送电功率在 5 000 kW 以下。高压线路的电压在 10 kV 以上，最大送电距离在 50 km 以上，最大送电功率在 10 000 kW 以上（表 8-1）。

表 8-1　输电线路电压与送电距离

线路电源/kV	送电距离/km		送电功率/kW	
	架空线	埋地电缆	架空线	埋地电缆
0.22	≤0.15	≤0.20	≤50	≤100
0.38	≤0.25	≤0.35	≤100	≤175
6	10~5	≤8.00	≤2 000	≤3 000
10	15~8	≤10.00	≤3 000	≤5 000
35	50~20		2 000~10 000	
110	150~50		1 万~5 万	
220	300~100		10 万~50 万	
330	600~200		20 万~100 万	

3. 三相四线制供电　从电厂的三相发电机送出的三相交流电源，采用三根火线和一根地线（中性线）组成一条电路，这种供电方式就叫作"三相四线制"供电。在三相四线制供电系统中，可以得到两种不同的电压，一是线电压，一是相电压。两种电压的大小不一样，线电压是相电压的 1.73 倍。单相 220 V 的相电压一般用于照明线路的单相负荷；三相 380 V 的线电压则多用于动力线路的三相负荷。三相四线制供电的好处是不管各相负荷多少，其电压都是 0~220 V，各相的电器都可以正常使用。当然，如各相的负荷比较平衡，则更有利于减少地线的电流和线路的电耗。园林设施的基本供电方式都是三相四线制的。

4. 用电负荷　负荷又称"负载"，指动力或电力设备在运行时所产生、转换、消耗的功率。电力用户的负荷是指该用户向电网取用的功率。设备实际运行负荷与额定负荷相等时称"满负荷"或"全负荷"，超过额定负荷则称"过负荷"。有时将连接在供电线路上的用电设备，如电灯、电动机、制冰机等，称为该线路的负荷。不同设备的用电量不一样，其负荷就有大小的不同。负荷的大小即用电量。在三相四线制供电系统中，只用两条电线工作的电器设备如电灯，其电源是单相交流电源，其负荷称为单相负荷；凡是应用三根电源火线或四线全用的设备，其电源是三相交流电源，其负荷也相应属于三相负荷。无论单相还是三相负荷，接入电源正常工作的条件，都是电源电压达到其额定数值。电压过低或过高，用电设备都不能正常工作。根据用电负荷性质（重要性和安全性）的不同，国家将负荷等级分为三级：一级负荷是必须确保不能断电的，如果中断供电就会造成人身伤亡或重大的政治、经济损失，这种负荷必须有两个独立的电源供应系统；二级负荷是一般要保证不断电的，若断电就会造成公共秩序混乱或较大的政治、经济损失；三级负荷是对供电没有特殊要求，没有一、二级负荷的断电后果。

（二）送电与配电

1. 电力的输送　由火力发电厂和水电站生产的电能，要通过很长的线路输送，才能送达电网用户的电器设备。送电距离越远，则线路的电能损耗就越大。送电的电压越低，电耗也越大。因此，电厂生产的电能必须要用高压输电线输送到远距离的用电地区，然后再经降压，以低压输电线将电能分配给用户。通常，发电厂的三相发电机产生的电压是 6 kV、10 kV 或 15 kV，在送上电网之前都要通过升压变压器升高电压到 35 kV 以上。输电距离和功率越大，则输电电压也应越高。高压电能通过电网输送到用电地区所设置的 6 kV、10 kV 降压变电所，降低电压后又通过中压电路输送到用户的配电变压器，将电压再降到 380 V 或 220 V，供各种负荷使用。图 8-1 是这种送配电过程的示意简图。

2. 配电线路布置方式 为用户配电主要是通过配电变压器降低电压后，再通过一定的低压配电方式输送到用户设备上。在到达用户设备之前的低压配电线路，可采用如图 8-2 所示以及如下所述的布置形式。

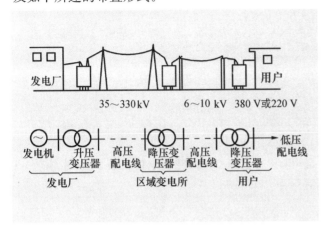

图 8-1 送配电过程示意简图

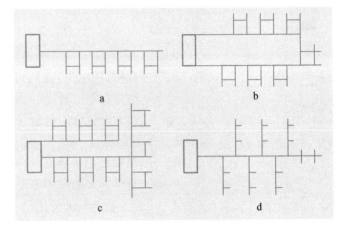

图 8-2 低压配电线路的布置方式
a. 链式 b. 环式 c. 放射式 d. 树干式

（1）链式线路。从配电变压器引出的 380 V 或 220 V 低压配电主干线，顺序连接几个用户配电箱，其线路布置为链条状。这种线路布置形式适宜在配电箱设备不超过 5 个的较短的配电干线上采用。

（2）环式线路。通过从变压器引出的配电主干线，将若干用户的配电箱顺序联系起来，而主干线的末端仍返回到变压器上，这种线路构成了一个闭合的环。环式电路中任何一段线路发生故障，都不会造成整个配电系统断电。以这种方式供电可靠性比较高，但线路、设备投资也相应较高。

（3）放射式线路。由变压器的低压端引出低压主干线至各个主配电箱，再由每个主配电箱各引出若干条支干线，连接到各个分配电箱。最后由每个分配电箱引出若干小支线，与用户配电极及用电设备连接起来。这种线路分布呈三级放射状，供电可靠性高，但线路和开关设备等投资较大，所以较适合用电要求比较严格、用电量比较大的用户地区。

（4）树干式线路。从变压器引出主干线，再从主干线上引出若干条支干线，从每一条支干线上再分出若干支线与用户设备相连。这种线路呈树木分枝状，减少了许多配电箱及开关设备，因此投资比较少。但是，若主干线出故障，则整个配电线路不能通电，所以，这种形式用电的可靠性不太高。

（5）混合式线路。采用上述两种以上形式进行线路布局，构成混合了几种布置形式优点的线路系统。如在一个低压配电系统中，对一部分用电要求较高的负荷采用局部放射式或环式线路，对另一部分用电要求不高的用户则可采用树干式局部线路，整个线路则构成了混合式。

二、园林供电设计

建立园林的电力供应系统，需要做好供电设计。园林供电设计的主要任务是确定园林用电量，合理地选用配电变压器，布置低压配电线路系统和确定配电导线的截面面积，以及绘制配电线路系统的平面布置图等。

（一）确定园林用电量

园林总用电量要根据照明用电量和生产动力用电量来估算确定，即总用电量为二者之和。

而对于照明用电量和动力用电量，则可以分别计算确定。

$$S = S_1 + S_2$$

$$S_1 = K \frac{\sum P_1 A K_c}{1\,000 \cos \varphi}$$

$$S_2 = K_c \frac{\sum P_2}{\eta \cos \varphi}$$

式中：S——园林总用电量（kVA）；

S_1——照明总用电量（kVA）；

S_2——动力设备总用电量（kVA）；

K——同时使用系数（一般 $0.5 \sim 0.8$，常取 0.7）；

K_c——负荷需用系数（动力电 $0.5 \sim 0.75$，常取 0.7；照明电可在表 8-2 中取值）；

P_1——每平方米面积用电量（W/m²）；

A——建筑物及场地使用面积（m²）；

$\sum P_1 A K_c$——单项照明电量的总和（W）；

$\sum P_2$——动力设备额定功率总和（kW）；

$\cos \varphi$——平均功率因数（电动机 $0.75 \sim 0.93$，常取 0.75；照明用电 $0.8 \sim 1$，常取 1）；

η——电动机的平均效率（一般 $0.75 \sim 0.92$，常取 0.86）。

表 8-2　单位面积用电量与需用系数

照明环境	单位容量 $P/(W/m^2)$	照明负荷需用系数 K_c	照明环境	单位容量 $P/(W/m^2)$	照明负荷需用系数 K_c
办公室	8~15	0.7~0.8	旅游宾馆	5~10	0.35~0.45
展览厅	8~15	0.5~0.7	商店小卖部	10~20	0.85~0.90
餐厅食堂	5~10	0.8~0.9	幼儿园	5~10	0.80~0.90
图书馆	8~15	0.6~0.7	园艺工场	10~20	0.75~0.85

（二）选配电变压器

园林总用电量估算出来以后，可据此向供电局申请安装相应容量的配电变压器。

选配电变压器主要应注意其变压范围和容量。表 8-3 为园林供电可选用的几种配电变压器的有关技术数据。其中，型号栏内"SJ-10/6"的意义如下：S 表示三相，J 表示油浸自冷式，10 表示容量为 10 kVA，6 表示变压器高压一侧的额定电压为 6 kVA。其余类推。变压器的型号一般在其铭牌上都有说明。

表 8-3　园林供电可选的配电变压器

型号	额定容量/kVA	额定线电压/kV		效率/%	
		高压	低压	额定负荷时	50%额定负荷时
SJ-10/6	10	6.0	0.4	95.79	
SJ-10/10	10	10.0	0.4	95.47	
SJ-20/6	20	6.0	0.4	96.25	
SJ-20/10	20	10.0	0.4	96.06	
SJ-30/6	30	6.3	0.4	96.46	

型号	额定容量/kVA	额定线电压/kV		效率/%	
		高压	低压	额定负荷时	50%额定负荷时
SJ－30/10	30	10.0	0.4	96.31	
SJ－50/6	50	6.3	0.4	96.75	
SJ－50/10	50	10.0	0.4	96.59	
SJ－100/6	100	6.3	0.4	97.09	
SJ－100/10	100	10.0	0.4	96.96	
SJ－180/6	180	6.3	0.4	97.30	
SJ－180/10	180	10.0	0.4	97.14	
SJ－320/6	320	6.3	0.4	97.66	
SJ－320/10	320	10.0	0.4	97.54	
SJ－560/10	560	10.0	0.4	97.87	

变压器的容量是用视在功率（VA）来表示的，不能用有功功率（W）来表示。在计算所选变压器的容量时，就要将负荷的有功功率换算为视在功率。其换算如下：

$$S_3 = \frac{P}{\cos\varphi}$$

式中：S_3——变压器容量（VA）；

　　　P——负荷所采用的有功功率（W）；

　　　$\cos\varphi$——负荷的功率因数。

选变压器还要注意其合理的供电半径。一般低压侧为 6 kV 和 10 kV 的变压器，其合理的供电半径为 5～10 km；低压侧电压为 380 V，供电半径小于 350 m。

变压器的布置一般有三种方式：一是布置在独立的变电房中，二是附设在其他建筑物内部，三是在电杆上作为架空变压器。不论采用何种布置方式，都要尽量布置在接近高压电源的地方，以使高压线进线方便，并且要尽量布置在用电负荷的中心地带。变压器不要布置在地势低洼、潮湿的地方，特别是不要布置在百年一遇洪水水位以下地带，在有易燃物或有剧烈震动的场所，也不宜布置变压器。

（三）布置配电线路

一般大中型公园都要安装自己的配电变压器，做到独立供电。小公园、小游园的用电量比较小，也常直接借用附近街区原有变压器提供电源。电源取用点确定以后，要根据园林用电性质和环境情况，决定采用何种配电线路布置方式来布置线路系统。配电线路布置方式可采用链式、环式、放射式、树干式和混合式中的任何一种，主要根据用电性质、用电量和投资资金情况选定。

布置线路系统时，园林中游乐机械或喷泉等动力用电与一般照明用电最好能分开单独供电。其三相电路的负荷要尽量保持平衡。此外，在单相负荷中，每一单相用电都要分别设开关，严禁一闸多用。支线上的分线路不要太多，每根支线上的插座、灯头数的总和最好不超过25 个。每根支线上的工作电流，一般为 6～10 A 或 10～30 A。支线最好走直线，要满足线路最短的要求。

从变压器引出的供电主干线，在进入主配电箱之前要设空气开关和保险，有的还要设一个总电表。在从主配电箱引出的支干线上也要设出线空气开关和保险，以控制整个主干线的电路。从分配电箱引出的支线在进入电气设备之前应安装漏电保护开关，保证用电安全。

（四）配电导线选择

在园林供电系统中，要根据不同的用电要求来选配所用导线或电缆截面的大小。低压动力线的负荷电流较大，一般要先按导线的发热条件来选择截面，然后再校验其电压的损耗和机械强度。低压照明线对电压水平的要求比较高，一般先按所允许的电压损耗条件选择导线截面，而后再校验其发热条件和机械强度。

1. **按发热条件选择导线** 导线的发热温度不得超过允许值。选择导线时，应使导线的允许持续负荷电流（即允许载流量）I_1 不小于线路上的最大负荷电流（计算电流）I_2，即 $I_1 \geqslant I_2$。通常把电线、电缆的载流量在空气环境中分为 25 ℃、30 ℃、35 ℃及 40 ℃四种环境温度下的数据供选用。埋地电缆的载流量则分为 20 ℃、25 ℃和 30 ℃三种环境温度下的可选数据。橡皮与塑料绝缘导线线芯的极限工作温度一般为 65 ℃。常用的聚氯乙烯绝缘电线在空气环境中敷设的载流量如表 8-4 所示，穿钢管敷设的载流量如表 8-5 所示。聚氯乙烯绝缘电力电缆在空气中敷设的允许载流量和埋地敷设的载流量如表 8-6 所示。

表 8-4　聚氯乙烯绝缘电线在空气中敷设的允许载流量（A）（极限温度 $T_m = 65$ ℃）

截面/mm²	BLV 铝芯				BV、BVR 铜芯			
	25 ℃	30 ℃	35 ℃	40 ℃	25 ℃	30 ℃	35 ℃	40 ℃
1.0					19	17	16	15
1.5	18	16	15	14	24	22	20	18
2.5	25	23	21	19	32	29	27	25
4	32	29	27	25	42	39	36	33
6	42	39	36	33	55	51	47	43
10	59	55	51	46	75	70	64	59
16	80	74	69	63	105	98	90	83
25	105	98	90	83	138	129	119	109
35	130	121	112	102	170	158	147	134
50	165	154	142	130	215	201	185	170
70	205	191	177	162	265	247	229	209
95	250	233	216	197	325	303	281	257
120	285	266	246	225	375	350	324	296
150	325	303	281	257	430	402	371	340
185	380	355	328	300	490	458	423	387

表 8-5　聚氯乙烯绝缘电线穿钢管敷设的允许载流量（A）（极限温度 $T_m = 65$ ℃）

	截面/mm²	二根单芯				三根单芯				四根单芯			
		25 ℃	30 ℃	35 ℃	40 ℃	25 ℃	30 ℃	35 ℃	40 ℃	25 ℃	30 ℃	35 ℃	40 ℃
BLV 铝芯	2.5	20	18	17	15	18	16	15	14	15	14	12	11
	4	27	25	23	21	24	22	20	18	22	20	19	17
	6	35	32	30	27	32	29	27	25	28	26	24	22
	10	49	45	42	38	44	41	38	34	38	35	32	30
	16	63	58	54	49	56	52	48	44	50	46	43	39

	截面/mm²	二根单芯				三根单芯				四根单芯			
		25℃	30℃	35℃	40℃	25℃	30℃	35℃	40℃	25℃	30℃	35℃	40℃
BLV 铝芯	25	80	74	69	63	70	65	60	55	65	60	50	51
	35	100	93	86	79	90	84	77	71	80	74	69	63
	50	125	116	108	98	110	102	95	87	100	93	86	79
	70	155	144	134	122	143	133	123	113	127	118	109	100
	95	190	177	164	150	170	158	147	134	152	142	131	120
	120	220	205	190	174	195	182	168	154	172	160	148	136
	150	250	233	216	197	225	210	194	177	200	187	173	158
	185	285	266	246	225	255	238	220	201	230	215	198	181
BV 铜芯	1.0	14	13	12	11	13	12	11	10	11	10	9	8
	1.5	19	17	16	15	17	15	14	13	16	14	13	12
	2.5	26	24	22	20	24	22	20	18	22	20	19	17
	4	35	32	30	27	31	28	26	24	28	26	24	22
	6	47	43	40	37	41	38	35	32	37	34	32	29
	10	65	60	56	51	57	53	49	45	50	46	43	39
	16	82	76	70	64	73	68	63	54	65	60	56	51
	25	107	100	92	84	95	88	82	75	85	79	73	67
	35	133	124	115	105	115	107	99	90	105	98	90	83
	50	165	154	142	130	146	136	126	115	130	121	112	102
	70	205	191	177	162	183	171	158	144	165	154	142	130
	95	250	233	216	197	225	210	194	177	200	187	173	158
	120	290	271	250	229	260	243	224	205	230	215	198	181
	150	330	308	285	261	300	280	259	237	265	247	229	209
	185	380	355	328	300	340	317	294	268	300	280	259	237

表 8-6　聚氯乙烯电力电缆在空气中/埋地敷设的允许载流量（A）（极限温度 $T_m = 65℃$）

	主线芯截面/mm²	中性线截面/mm²	1 kV（四芯）					6 kV（三芯）				
			20℃	25℃	30℃	35℃	40℃	20℃	25℃	30℃	35℃	40℃
铝芯	4	2.5	/31	23/29	21/27	19/	18/					
	6	4	/39	30/37	28/35	25/	23/					
	10	6	/53	40/50	37/47	34/	31/	/52	43/49	40/46	37/	34/
	16	6	/69	54/65	50/61	46/	42/	/67	56/63	52/59	48/	44/
	25	10	/90	73/85	68/79	63/	57/	/86	73/81	68/76	63/	57/
	35	10	/116	92/110	86/103	79/	72/	/108	90/102	84/95	77/	71/
	50	16	/143	115/135	107/126	99/	90/	/134	114/127	106/119	98/	90/
	70	25	/172	141/162	131/152	121/	111/	/163	143/154	133/145	123/	113/
	95	35	/207	174/196	162/184	150/	137/	/193	168/182	157/171	145/	132/
	120	35	/236	201/223	187/208	173/	158/	/221	194/209	181/196	167/	153/
	150	50	/266	231/252	215/236	199/	182/	/228	233/237	208/202	192/	176/
	185	50	/300	266/284	248/265	230/	210/	/286	256/270	239/252	221/	202/
	240							/332	301/313	281/292	160/	238/

主线芯截面/mm²	中性线截面/mm²	1 kV（四芯）					6 kV（三芯）				
		20℃	25℃	30℃	35℃	40℃	20℃	25℃	30℃	35℃	40℃
4	2.5	/39	30/37	28/35	25/	23/					
6	4	/51	39/48	36/45	33/	30/					
10	6	/68	52/64	48/60	44/	41/	/67	56/63	52/59	48/	44/
16	6	/90	70/85	67/79	60/	55/	/87	73/82	62/77	63/	57/
25	10	/118	94/111	87/104	81/	74/	/111	95/105	88/98	82/	75/
35	10	/152	119/143	111/134	102/	94/	/141	118/133	110/125	96/	93/
50	16	/185	149/175	139/164	128/	117/	/175	148/165	138/155	128/	117/
70	25	/224	184/211	172/198	159/	145/	/212	181/200	169/188	156/	143/
95	35	/270	226/254	211/238	195/	178/	/252	218/237	203/222	188/	172/
120	35	/308	260/290	243/272	224/	205/	/287	251/271	234/253	217/	198/
150	50	/346	301/327	281/306	260/	238/	/328	290/310	271/290	250/	229/
185	50	/390	345/369	322/346	298/	272/	/369	333/348	311/325	288/	263/
240							/431	391/406	365/280	339/	309/

铜芯

注：每格中"/"前数字为在空气中敷设的允许载流量，"/"后数字为埋地敷设的允许载流量。

2. 按电压损耗条件选择导线 当电流通过送电导线时，由于线路中存在阻抗，必然产生电压损耗或电压降落。如果电压损耗值或电压降值超过允许值，用电设备就不能正常使用，因此必须适当加大导线的截面，使之满足允许电压损耗的要求。低压供电线路末端的电压损耗允许值一般为5%，有照明负荷的低压线路允许的电压偏移值为3%～5%。照明灯端子处电压允许偏移值为：一般工作场所为5%，在视觉要求较高的场所为2.5%，道路照明、事故照明为10%（使用气体放电灯具的道路照明为5%），电动机端子处电压偏移允许值在正常情况下为+5%～-5%。在供电设计中，根据从变压器或配电箱开始至线路末端的线路长度以及至线路末端时允许的电压损耗值，就可以通过计算选择供电导线的截面。当设定全线路的导线材料和截面相同，而负荷功率因数接近1，并且不计感抗，则这种三相线路叫作"均一无感"线路。对这种均一无感线路的导线选择，可用下式计算其导线截面。

$$S = \frac{\sum(PL)}{C\Delta U_{yx}\%}$$

式中：S——导线截面面积（m²）；

$\sum(PL)$——线路的所有功率矩之和；

P——线路负荷的电功率（kW）；

L——送电距离（m）；

C——计算系数，查表8-7；

$\Delta U_{yx}\%$——线路允许的电压损耗百分值。

对于由380 V/220 V三相四线供电而常分支成二相三线或单相二线的线路，按允许电压损耗计算导线截面时，可采用下式计算：

$$S = \frac{\sum M + \sum \alpha m}{C\Delta U_{yx}\%}$$

式中：S——导线截面面积（mm²）；

$\sum M$——计算线段及其后面各段的功率矩（$M=PL$）；

$\sum \alpha m$——由计算线段供电的所有分支线段的功率矩（m）；

α——功率矩换算系数，可查表 8–8；

m——线路负荷。

表 8–7　计算系数 C 值

线路额定电压/ V	线路接线及电流类别	C值	
		铜线	铝线
380/220	三相四线	77×10	46.3×10
	两相三线	34×10	20.5×10
220	单相及电流	12.8×10	7.75×10
110		3.2×10	1.90×10

表 8–8　功率矩换算系数 α 值

干线	分支线	换算系数 α	
		代号	数值
三相四线	单相	$\alpha 4–1$	1.83
三相四线	两相三线	$\alpha 4–2$	1.37
两相三线	单相	$\alpha 3–1$	1.33
三相三线	两相两线	$\alpha 3–2$	1.15

3. 按机械强度选择导线　安装好的电线、电缆，有可能受到风雨、雪霜、温度应力和线缆本身重力等外界因素的影响，这就要求导线或电缆有足够的机械强度。因此，所选导线的最小截面不得小于按机械强度要求的最小允许截面。架空低压配电线路的最小截面面积不应小于 16 mm²。

根据以上三种方法选出的导线，设计中应以其中最大的一种截面为准。导线截面求出之后，就可以从电线产品目录中选用稍大于所求截面的导线，然后再确定中性线的截面大小。

4. 配电线路中性线（零线）截面的选择　选择中性线截面主要应考虑以下条件：三相四线制的中性线截面不小于相线截面的 50%；接有荧光灯、高压汞灯、高压钠灯等气体放电灯具的三相四线制线路，中性线应与三根相线的截面等大；单相两线制的中性线则应与相线截面等大。

第二节　照明工程

视觉中物之所以存在，是由于光的作用。从单一的艺术品到环境整体，"光"界定其质感、颜色、体积甚至精神层面的特质。从苏州庭园中白粉墙漫射的光产生翠竹剪影般的背景，到上海东方明珠塔屹立在夜空中宝石般的璀璨辉煌，人们通过光，把自然的展示为人性的，把人性的展示为自然的。在高度文明的今天，人类对灯的认识，绝不仅是照明功能这一粗浅刻板的观点，而已经积极地延伸到文化艺术科学的层面。

灯用在不同的地方，以不同的使用方法，创造出不同的灯光效果，不仅具有艺术性、安全性、防范性、经济性，还融为环境的一道景观。富有创造性的造型设计，能使白天的街道更具魅力,而灯光明暗、色泽、层次的变化营造出夜晚环境的魅力,突出了城市与人、自然与人类之间和谐的气氛,进而创造出富有个性的氛围。

一、光和电光源

(一) 光的性质与强弱

1. 色温 光的性质是由光的色温来确定的,色温是使国际标准黑体发出某一颜色光的温度,用于衡量各种光源发射出的光的颜色。不同的光产生不同的色调,有的显示暖色调,有的显示冷色调。

表8-9 光色与色温关系对照表

自然光	色 温	相应的电光源
晴朗的天空	12 000 K	
	7 500 K	蓝色金属卤化物灯
阴云的天空	7 000 K	
白天北窗射进的光	6 500 K	白色荧光灯
	5 500 K	白色金属卤化物灯
头顶的太阳光	5 250 K	
	4 500 K	汞灯
圆月光	4 152 K	
	3 300 K	暖色荧光灯
	2 800 K	白炽灯
	2 100 K	高压钠灯
地平线上的太阳光	1 850 K	

2. 光的强弱 常用的照明光线量度的量有光通量、发光强度、照度和亮度。

(1) 光通量(F)。光通量指单位时间内由一光源发射并被人眼感知的所有辐射能。光通量的单位是流明(lm)。

(2) 发光强度(I,光强)。发光强度是光源在某一方向单位立体角内光通量的大小。发光强度的单位是坎德拉(cd)。

(3) 照度(E)。照度是单位面积被照物表面接收的光通量。照度的常用单位是勒克斯(lx),1 lx=1 lm/m²。照明的照度按如下系列分级:简单视觉照明应采用0.5、1、2、3、5、10、15、20、30 lx;一般视觉照明应采用50、75、100、150、200、3 00 lx;特殊视觉照明应采用500、750、1 000、1 500、2 000、3 000 lx。

(4) 亮度(L)。亮度指发光面在某一方向的发光强度与可看到面积的乘积,表征一个物体的明亮程度。亮度的单位是每平方米坎德拉(cd/m²)。

(5) 光效。光效是电光源将电能转化为光的能力,以发光量除以输入功率来表示。光效的单位是流明每瓦(lm/W)。

3. 色温、亮度与气氛的关系 光色对人有一定的生理和心理作用。在生理作用方面,红色使人神经兴奋,蓝色使人沉静,夜晚看到火或红色的灯光感到物体的距离近,而看到蓝色则会感到物体的距离远。这是由于红黄色光的波长较长,有近感;而蓝色光的波长较短,有远感。在心理作用方面,红色能使人食欲增强,而蓝色则使人食欲减退。人看到红色、橙色易联想到火，看到蓝色易联想到水。因此红、橙、黄称为暖色，青、蓝、紫称为冷色，而白、灰、黑亦属于冷色范畴（表 8-10）。

表 8-10　光色与气氛的关系

色温值	光　色	气氛效果	相应的电光源
≥5 000 K	带蓝的白色	清凉、幽静	高级金属卤化物灯、镝灯
3 300～5 000 K	白色	爽快、明亮	日光灯、白色金属卤化物灯、白色荧光灯、汞灯
≤3 300 K	带黄的白色	稳重、祥和	白炽灯、高压钠灯

除了色温影响照明气氛之外，色温与亮度的关系也影响环境的气氛。使用色温高的光源时，如亮度不够、均匀度不好，会给人一种阴森可怕的感觉。所以在医院、学校或行人稀少的地方，慎用色温高的光源，同时应特别注意亮度的要求。相反，使用色温低的光源，亮度太高则会使环境变得闷热、压抑。所以在使用色温低的光源时，也应注意控制光的亮度。一般情况下室内照明如使用白炽灯，照度在 50～200 lx；而用日光灯、金属卤化物灯，照度往往需要在 300～500 lx。

（二）光的照明质量

高质量的照明效果是对受照环境的照度、亮度、眩光、阴影、显色性、稳定性等因素正确处理的结果。在园林照明设计中，这些方面都要注意处理好。

1. 照度与亮度　照度水平是衡量照明质量的一种基本技术指标。在影响视力的因素方面，不同照度水平所造成的被观察物与其背景之间亮度对比的不同，是考虑照度安排时的一个主要出发点。不同环境照度水平的确定，要照顾到视觉的分辨度、舒适度、用电水平和经济效益等诸多因素。表 8-11 是一般园林环境及其建筑环境所需照度水平的标准值。

表 8-11　园林环境与建筑照明的照度标准值

照度/lx	园林环境	室内环境
10～15	自行车场、盆栽场、卫生处置场	配电房、泵房、保管室、电视室
20～50	建筑入口外区域、观赏草坪、散步道	厕所、走道、楼梯间、控制室
30～75	小游园、游憩林荫道、游览道	舞厅、咖啡厅、冷饮厅、健身房
50～100	游戏场、休闲运动场、建筑庭院、湖岸边、主园路	茶室、游艺厅、主餐厅、卫生间、值班室、播音室、售票室
75～150	游乐园、喷泉区、游艺场地、茶园	商店顾客区、视听娱乐室、温室
100～200	专类花园、花坛区、盆景园、射击馆	陈列厅、小卖部、厨房、办公室、接待室、会议室、保龄球馆
150～300	公园出入口、游泳池、喷泉区	宴会厅、门厅、阅览室、台球室
200～500	园景广场、主建筑前广场、停车场	展览厅、陈列厅、纪念馆
500～1 000	城市中心广场、车站广场、立交广场	实验室、绘图室

注：表中所列标准照度的范围，均指地面的照度标准。

在园林环境中，人的视觉从一处景物转向另一处景物时，若两处亮度差别较大，眼睛将被迫经过一个适应过程，如果这种适应过程次数过多，眼睛就会感到疲劳。因此，在同一空间中的各个景物，其亮度差别不要太大。另一方面，被观察景物与其周围环境之间的亮度差别却要适当大一些。景物与背景的亮度相近时，不利于观赏景物。所以，相近环境的亮度应当尽可能低于被观察物的亮度。国际照明委员会（CIE）推荐，被观察物的亮度如为相近环境亮度的 3 倍时，视觉清晰度较好，观察起来比较舒适。

2. 光源的显色性 同一被照物在不同光源的照射下显现出不同颜色的特性就是光源的显色性。照射对象的颜色效果在很大程度上取决于光的显色性，其表现方法有两种：一种是正确表现照射对象的色彩，即所谓的"忠实显色"，如白炽灯照射图画，画中的颜色变化很少，真实地反映了图画中的颜色；另一种是加强显色，如绿色金属卤化物灯照在绿树上，树的颜色会更显亮丽。

评价显色性的指标叫显色指数（Ra），由于人们非常习惯于在日光照射下分辨颜色，所以在显色性比较中，就以日光或接近日光光谱的人工光源作为标准光源，以其显色性为显色指数 100。光源的显色指数数值越接近 100，显色性越高。如白天的阳光 Ra 为 100，日光灯 Ra 为 63～76，金属卤化物灯 Ra 为 70，高压钠灯 Ra 为 23，白炽灯 Ra 为 95。

照明的目的并非全都是为了反映照明对象的真实颜色，所以，并不能说显色指数越高的光源，其质量就越高。在需要正确辨别颜色的场所，就要采用显色指数高的光源，或者选择光谱适宜的多种光源混合起来进行混光照明。

3. 眩光与照明稳定性 眩光造成视觉不适或视力降低，其形式有直射眩光和反射眩光两种。直射眩光是由高光度光源直接射入人眼造成的，而反射眩光则是由光亮的表面如金属表面和镜面等反射出强烈光线间接射入人眼造成的。

限制直射眩光的方法，主要是控制光源在投射方向 45°～90°范围内的亮度，如采用乳白玻璃灯泡或用漫射型材料作封闭式灯罩等。限制反射眩光的方法，可以通过适当降低光源亮度并提高环境亮度、减小亮度对比来解决，或者通过采用无光泽材料制作灯具来解决。

照明光源要求具有很好的稳定性，稳定性不好是由电源电压变化造成的。在对照明质量要求较高的情况下，照明线路应当完全和动力线路分开，从配电变压器引出一条至几条照明专用干线，分别接入各照明配电箱，然后再从配电箱引出多条照明支线，将多个照明点连接起来，为照明输送电源，避免动力设备对电压的冲击影响，或者安装稳压器以控制电压变化。

气体放电光源在照射快速运动的物体时，会产生频闪现象，破坏视觉的稳定性，甚至使人产生错觉发生事故。因此，气体放电光源不能在有快速转动或移动物体的场所中作为照明光源。如果要降低频闪效应，可采用三相电源分相供给三灯管的荧光灯，对单相供电的双灯管荧光灯则采用移相法供电，可有效地减少频闪现象。

4. 立体感 为了使照明对象更富有魅力，有必要做立体感、层次感的照明。对照明对象而言，没有立体感和过分强调立体感都不是最好的处理效果。

立体感是由照明对象左右两侧明暗之差形成的，若左右差距不够，照明阴影则不明显，差距太大，则阴影强烈。一般较适当的照度差在 1∶3～1∶5 之间。

（三）电光源的种类及其应用

根据发光特点，照明光源可分为热辐射光源（图 8-3）和气体放电光源（图 8-4）两大类。热辐射光源最具有代表性的是钨丝白炽灯和卤钨灯，气体放电光源比较常见的有荧光灯、荧光高压汞灯、金属卤化物灯、钠灯、氙灯等。

1. 白炽灯 普通白炽灯具有构造简单、使用方便、能瞬间点亮、无频闪现象、价格便宜、光色优良、易于进行光学控制并且适合各种用途等特点。所发出的光以长波辐射为主，呈红色，与天然光有些差别。其发光效率比较低，仅 6.5～19 lm/W，只有2%～3%的电能转化为光。

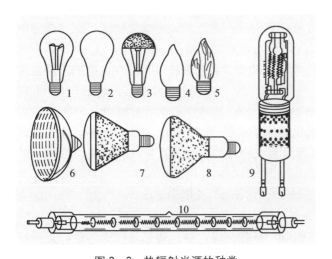

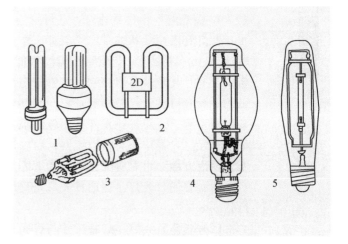

图 8-3 热辐射光源的种类
1. 普通白炽灯 2. 乳白灯泡 3. 镀银碗形灯泡 4~5. 火焰灯
6~7. PAR 灯 8. R 灯 9. 卤钨灯 10. 管状卤钨灯

图 8-4 气体放电光源的种类
1. H 灯 2. 双 D 灯 3. 双曲灯
4. 高压汞灯 5. 钠灯

灯泡的平均寿命为 750~1 500 h。白炽灯灯泡有以下几种形式：

（1）普通型。为透明玻璃壳灯泡，有功率为 10 W、15 W、20 W、25 W、40 W 以至 1 000 W 等多种规格。40 W 以下是真空灯泡，40 W 以上则充以惰性气体。

（2）反射型。在灯泡玻璃壳内的上部涂以反射膜，使光线向一定方向投射，光线的方向性较强，功率常见有 40~500 W。

（3）漫射型。采用乳白玻璃壳或在玻璃壳内表面涂以扩散性良好的白色无机粉末，使灯光具有柔和的漫射特性，常见有 25~250 W 等多种规格。

（4）装饰型。用有色玻璃壳或在玻璃壳上涂以各种颜色，使灯光成为不同颜色的色光，其功率一般为 15~40 W。

（5）水下型。水下灯泡一般用特殊的彩色玻璃壳制成，功率为 1 000 W 和 1 500 W。这种灯泡主要用在涌泉、喷泉、瀑布水池中作水下灯光造景。

2. 微型白炽灯 这类光源虽属白炽灯系列，但由于它功率小，所用电压低，因而照明效果不好，在园林中主要是组成图案、文字等进行艺术装饰使用，如可塑霓虹灯、美耐灯、带灯、满天星灯等。微型灯泡的寿命一般在 5 000~10 000 h，其常见的规格有 6.5 V/0.46 W、13 V/0.48 W、28 V/0.84 W 等几种，体积最小的其直径只有 3 mm，高度只有 7 mm。特种微型白炽灯泡主要有以下三种形式：

（1）一般微型灯泡。这种灯泡体积小、功耗小，只起普通发光装饰作用。

（2）断丝自动通路微型灯泡。这种灯泡可以在多灯串联电路中某一个灯泡的灯丝烧断后，自动接通灯泡两端电路，从而使串联电路上的其他灯泡能够继续发光。

（3）定时亮灭微型灯泡。灯泡能够在一定时间内自动发光，又能在一定时间内自动熄灭。这种灯泡一般不单独使用，而是在多灯泡串联的电路中，使用一个定时亮灭微型灯泡来控制整个灯泡组的定时亮灭。

3. 卤钨灯 卤钨灯是白炽灯的改进产品，光色发白，较白炽灯有所改良，其发光效率约为 21 lm/W，平均寿命 500~2 000 h，其规格有 500 W、1 000 W、1 500 W、2 000 W 四种。卤钨灯有管形和泡形两种形状，具有体积小、功率大、可调光、显色性好、能瞬间点燃、无频闪效应、发光效率高等特点，多用于较大空间和要求高照度的场所。管形卤钨灯需水平安装，倾角不得大于 4°，在点亮时灯管温度达 600 ℃ 左右，故不能与易燃物接近。

4. 荧光灯　俗称日光灯，其灯管内壁涂有能在紫外线刺激下发光的荧光物质，依靠高速电子，使灯管内蒸气状的汞原子电离产生紫外线进而发光，其发光效率一般可达 45 lm/W，有的可达 70 lm/W 以上。灯管表面温度很低，光色柔和，眩光少，光质接近天然光，有助于颜色的辨别，并且光色还可以控制。灯管的寿命长，一般在 2 000~3 000 h，国外也有达到 10 000 h 以上的。荧光灯的常见规格有 8 W、20 W、30 W、40 W 等，其灯管形状有直管形、环形、U 形和反射形等。近年来还发展有用较细玻璃管制成的 H 形灯、双 D 形灯、双曲灯等，称为高效节能日光灯，其中还有将镇流器、启辉器与灯管组装成一体的，可以直接代替白炽灯使用。从发光特点方面，可以将荧光灯分为下述几种形式：

(1) 普通日光灯。普通日光灯是直径为 16 mm 和 38 mm、长度为 302.4~1 213.6 mm 的直灯管。

(2) 彩色日光灯。灯管尺寸与普通日光灯相似，有蓝、绿、白、黄、淡红等各色，是很好的装饰兼照明用的光源。

(3) 黑光灯。能产生强烈的紫外线辐射，用于诱捕危害园林植物的昆虫。

(4) 紫外线杀菌灯。也产生强烈紫外线，用于小卖部、餐厅食物的杀菌消毒和其他有机物储藏室的灭菌。

5. 荧光高压汞灯　发光原理与荧光灯相同，有外镇流荧光高压汞灯和自镇流荧光高压汞灯两种基本形式。自镇流荧光高压汞灯利用自身的钨丝代作镇流器，可以直接安入 220 V/50 Hz 的交流电路上，不用镇流器。荧光高压汞灯的发光效率一般可达 50 lm/W，灯泡的寿命可达 5 000 h，具有耐震、耐热的特点。普通荧光高压汞灯的功率为 50~1 000 W，自镇流荧光高压汞灯的功率则常见 160 W、250 W 和 450 W 三种。高压汞灯的再启动时间长达 5~10 s，不能瞬间点亮，因此不能用于事故照明和要求迅速点亮的场所。这种光源的光色差，呈蓝紫色，在光下不能正确分辨被照射物体的颜色，故一般只用作园林广场、停车场、通车主园路等不需要仔细辨别颜色的大面积照明场所。

6. 钠灯　钠灯是利用在高压或低压钠蒸气中放电时发出可见光的特性制成的灯。钠灯的发光效率高，一般在 100 lm/W 以上，寿命长，一般在 3 000 h 左右。其规格为 70~400 W。低压钠灯的显色性差，但透雾性强，很少用在室内，主要用于园路照明。高压钠灯的光色有所改善，呈金白色，透雾性能良好，故适用于一般的园路、出入口、广场、停车场等要求照度较大的广阔空间照明。

7. 金属卤化物灯　金属卤化物灯是在荧光高压汞灯的基础上，为改善光色而发展起来的所谓第三代光源。灯管内充有碘、溴与锡、钠、镝、铯、铟、铊等金属的卤化物，紫外线辐射较弱，显色性良好，可发出与天然光近似的可见光。发光效率可达到 70~100 lm/W，其规格有 250 W、400 W、1 000 W 和 3 500 W 四种。金属卤化物灯类的最新产品是陶瓷金属卤化物灯 (CMH)。金属卤化物灯尺寸小，功率大，光效高，光色好，启动所需电流低，抗电压波动的稳定性比较高，因而是一种比较理想的公共场所照明光源。但它寿命较短，一般在 1 000 h 左右，3 500 W 的金属卤化物灯的寿命则只有 500 h 左右。

8. 氙灯　氙灯具有耐高温、耐低温、耐震、工作稳定、功率可做到很大等特点，并且其发光光谱与太阳光极其近似，因此被称为"人造小太阳"，可广泛应用于城市中心广场、立交桥广场、车站、公园出入口、公园游乐场等面积大的照明场所。氙灯的显色性良好，平均显色指数达 90~94，其光照中紫外线强烈，因此安装高度不得小于 20 m。氙灯寿命较短，为 500~1 000 h。

园林照明的常用光源在电工特性方面的比较如表 8-12 所示。

表 8-12　常用照明光源的特性比较表

	白炽灯	卤钨灯	荧光灯	荧光高压汞灯	管形氙灯	高压钠灯	金属卤化物灯
额定功率/W	10~1 000	500~2 000	6~125	50~1 000	1 500~10 000	250~400	400~1 000
光效/（lm/W）	6.5~19	19.5~21	25~67	30~50	20~37	90~100	60~80
平均寿命/h	1 000	1 500	2 000~3 000	2 500~5 000	500~1 000	3 000	1 000
显色系数	95~99	95~99	70~80	30~40	90~94	20~25	65~85
色温/K	2 700~2 900	2 900~3 200	2 700~6 500	5 500	5 500~6 000	2 000~2 400	5 000~6 500
启动稳定时间	瞬时	瞬时	1~3 s	4~8 min	1~2 s	4~8 min	4~8 min
再启动稳定时间	瞬时	瞬时	瞬时	4~10 min	瞬时	10~20 min	10~15 min
功率因素 cos φ	1	1	0.33~0.7	0.44~0.7	0.44~0.9	0.44	0.4~0.61
频闪效应	不明显	不明显	明显	明显	明显	明显	明显
表面亮度	大	大	小	较大	大	较大	大
电压对光通影响	大	大	较大	较大	较大	大	较大
温度对光通影响	小	小	大	较小	小	较小	较小
耐震性能	较差	差	较好	好	好	较好	好
所需附件	无	无	镇流器、启辉器	镇流器	镇流器、启辉器	镇流器	镇流器、触发器
使用场所	大量用于景物装饰照明、水下照明和公共场所强光照明	较大空间和要求高照度的场所，如广场、体育场、建筑物等照明	家庭、办公室、图书馆、商店等建筑物室内照明	公园、广场、步行道、运动场所等大面积室外照明	特别适合城市广场、公园入口及游乐场等大面积场所的照明	广泛用于公园、广场、医院、道路、机场等照明	主要用于广场、大型游乐场、体育场、道路等投光照明

（四）电光源的选择

为园林中不同的环境确定照明光源，要根据环境对照明的要求和不同光源的照明特点，做出以下选择。对园林内重点区域或对辨别颜色要求较高、光线条件要求较好的场所照明，应考虑采用光效较高和显色指数较高的光源，如氙灯、卤钨灯和日光色荧光灯等。对非主要的园林附属建筑和边缘区域的园路等，应优先考虑选用廉价的普通荧光灯或白炽灯。需及时点亮、经常调光和频繁开关灯的场所，或因频闪效应影响视觉效果以及需要防止电磁干扰的场所，宜采用白炽灯和卤钨灯。如城市中心广场、车站广场、立交桥广场、园景广场和园林出入口场地等有高挂条件并需大面积照明的场所，宜采用氙灯或金属卤化物灯。选用荧光高压汞灯或高压钠灯，可在震动较大的场所获得良好而稳定的照明效果。当采用一种光源不能满足园林环境显色要求时，可考虑采用两种或多种光源作混光照明，以改善显色效果。在选择光源的同时，还应结合考虑灯具的选用，使灯具的艺术造型、配光特色、安装特点和安全特点等都要符合充分发挥光源效能的要求。

（五）园林灯具选择

灯具是光源、灯罩及其附件的总称。灯具的作用是固定电光源，把光分配到需要的方向，防止光源引起的眩光以及保护光源不受外力及外界潮湿气体的影响等。

1. 灯具的分类　灯具有装饰灯具和功能灯具两类，装饰灯具以灯罩的造型、色彩为首要考虑因素，而功能灯具把提高光效、降低眩光、保护光源作为主要选择条件。比较通行的划分方法，是按照灯具的配光特点，将灯具分为以下五种类型：

（1）直接型灯具。一般由搪瓷、铝和镀银镜面等反光性能良好的不透明材料制成，灯具的上

第八章　风景园林供电与照明工程

半部几乎没有光线，光通量仅为0～10%，下半部的光通量达90%～100%，光线集中在下半部发出，方向性强，产生的阴影也比较浓。在园路边、广场边、园林建筑边都常用直接型灯具。

（2）半直接型灯具。这种灯具常用半透明的材料制成开口的灯罩样式，如玻璃碗形灯罩、玻璃菱形灯罩等。它能将较多的光线照射到地面或工作面上，又能使空间上半部得到一些亮度，改善了空间上、下半部的亮度对比关系。上半部的光通量为10%～40%，下半部为60%～90%。这种灯具可用在冷热饮料厅、音乐茶座等需要照度不太大的室内环境中。

（3）均匀漫射型灯具。常用均匀漫射透光的材料制成封闭式的灯罩，如乳白玻璃球形灯等。灯具上半部和下半部光通量差不多，为40%～60%。这种灯具损失光线较多，但造型美观，光线柔和均匀，因此常用作庭院灯、草坪灯及小游园场地灯。

（4）半间接型灯具。灯具上半部用透明材料，下半部用漫射性透光材料做成。照射时可使上部空间保持明亮，光通量达60%～90%；而下部空间则显得光线柔和均匀，光通量一般为10%～40%。在使用过程中，上半部容易积灰尘，影响灯具的效率。半间接型灯具主要用于园林建筑的室内装饰照明。

（5）间接型灯具。灯具下半部用不透光的反光材料做成，光通量仅为0～10%。光线几乎全部由上半部射出，经顶棚再向下反射，上半部可具有90%～100%的光通量。这类灯具的光线均匀柔和，能最大限度地减弱阴影和眩光，但光线的损失量很大，使用不太经济，主要是作为室内装饰照明灯具。各类灯具示例如图8-5所示。

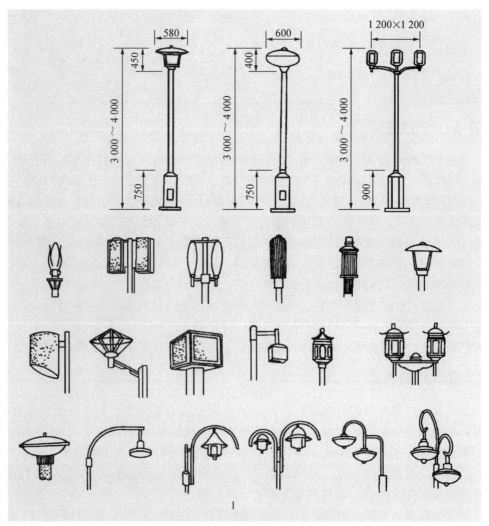

1

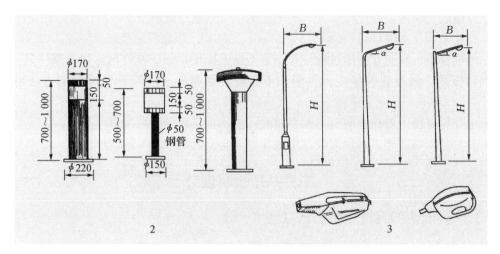

图 8-5 各类灯具的示例
1. 庭院灯　2. 草坪灯　3. 杆式道路灯

如果按照灯具的结构方式划分，可分为开启式、闭合式、密封式和防爆式，即光源与外界环境直接相通的开启式灯具、具有能够透气的闭合透光罩的保护式灯具、透光罩将内外隔绝并能够防水防尘的密封式灯具、任何条件下也不会引起爆炸的防爆式灯具。

2. 道路与街路照明灯具安全要求　根据《道路与街路照明灯具安全要求》（GB 7000.5—2005）和 IEC（国际电工委员会）标准，道路和街路照明灯具应符合如下基本要求：

（1）灯具的结构要求。

（2）关于爬电距离和电器间隙的要求。

（3）关于接地规定的要求。

（4）关于外部及内部接线要求。

（5）关于防触电保护要求。

（6）关于防水、防尘要求。

（7）关于绝缘电阻和介电强度的要求。

（8）关于耐热、耐火和耐电痕要求。

（9）关于防腐、防范要求。

3. 合格的灯具应具备的基本要求

（1）抗风能力。整个灯具投影面上承受 150 km/h 的风速时，没有过分弯曲和结构件移动。

（2）防护等级。IP55、IP56 或 IP66（表 8-13）。

表 8-13　各种防护等级的含义

等　级	含　义
IP55	防尘：不能完全防止尘埃进入，但进入量不会妨碍光源的正常光效 防水：任何方向的喷水无有害影响
IP56	防尘：不能完全防止尘埃进入，但进入量不会妨碍光源的正常光效 防水：强烈喷水时，进入灯体的水量不致达到有害程度
IP66	防尘：无尘埃进入 防水：强烈喷水时，进入灯体的水量不致达到有害程度

（3）安全有效接地。灯具在安装、清洁或更换灯泡等其他电器时，绝缘体可能会出现问

题，变为带电的金属体，因此应保证它们永久地、可靠地与接地端子或接地触点连接。

（4）使用双层保护的导线。如 BVV1.5 mm²/500 V，并装有过载保护装置，如保险丝等。

（5）触电保护。在正常使用过程中，即使是徒手操作，如更换灯泡，带电部件是不易触及的，更换镇流器、触发器等导电元件时，不需整片断电，通过断开保险丝的方法就可进行操作。

（6）电器箱在便于维护的同时应能有效地防止儿童在玩耍中触及带电部件。

（7）良好的防腐性能。钢件应经过热镀锌处理或使用铝质及不锈钢材料。

二、户外照明设计

（一）户外照明的几种主要方式（图8-6）

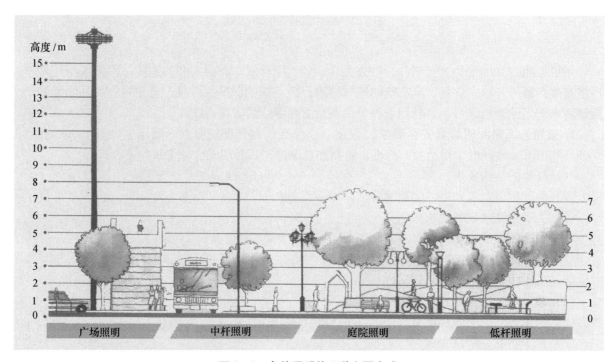

图8-6 户外照明的几种主要方式

1. 广场照明方式（高度 15～20 m）

（1）位于广场的突出位置。

（2）设置时应创造中心感，并成为区域中心的象征。

（3）成本高，安装和维护难度大，要求具有很高的安全性。

（4）光源为高功率的高压钠灯或金属卤化物灯。

2. 中杆照明方式（高度 6～15 m）

（1）着重于路面宽阔的城市干道、行车道两侧，主要为行车所用，要求确保路面明亮度。

（2）要求不能有强烈的眩光干扰行车视线。

（3）要求照度较为均匀，长距离连续配置，刻画出空间光的延续美感。

（4）使用高压钠灯为主。

3. 庭院照明方式（高度 3～6 m）

（1）广泛用于非主行车道的街道、步行街、商业街、景观道路、公园、广场、学校、医院、住宅小区等。

（2）要求保证路面明亮的同时，力求使"光和影"的组合配置富有旋律，因为它的高度较低，最能让人感觉到它的存在，所以必须根据环境的气氛精心设计外观造型，并具有良好的安全性和防范性。

（3）主要使用高压钠灯、金属卤化物灯或荧光灯等。

4. 低杆照明方式（高度1 m以下）

（1）不是连续的照明方式，只是在树木或角落部分做突出点缀性照明。

（2）注重光产生的突出效果，具有良好的安全性和防范性。

（3）主要使用节能灯或白炽灯。

（二）户外照明的主要配光形式（图8-7）

图8-7 户外照明的主要配光形式

（三）公园、绿地的照明原则

公园、绿地的室外照明，由于环境复杂，用途各异，变化多端，因而很难做出硬性规定，仅提出一般原则供参考：

（1）应结合园林景观的特点，以最能体现其在灯光下的景观效果为原则来布置照明灯具，不要泛泛设置。

（2）关于灯光的方向和颜色的选择，应以能增加植物的美观为主要前提。如针叶树只在强光下才反映良好，一般只宜采取暗影处理法；阔叶树种如白桦、垂柳、枫等对泛光照明有良好的反映效果；白炽灯包括反射型白炽灯和卤钨灯能增加红、黄色花卉的色彩，使其显得更加鲜艳；小型投光器的使用使局部花卉色彩绚丽夺目；汞灯使树木和草坪的绿色鲜明夺目。

（3）在水面、水景照明景观的处理上，如以直射光照在水面上，对水面本身作用不大，但能使其附近被灯光照亮的小桥、树木或园林建筑等呈现出波光粼粼的效果，有一种梦幻般的意境。而瀑布和喷水池却可用照明处理得很美观，不过灯光需透过流水以造成水柱晶莹剔透、闪闪发光的效果。所以，无论是在喷水的四周，还是在小瀑布流入池塘的地方，均宜将灯光置于平面之下。在水下设置灯具时，应使其隐藏于水中，白天难以发现，但也不能埋得过深，否则会引起光强的减弱，一般安装在水面以下 30～100 mm 为宜。进行水景的色彩照明时，常使用红、蓝、黄三色，其次使用绿色。某些大瀑布采用前照灯光的效果很好，但如果让设在远处的投光灯直接照在瀑布上，效果并不理想。潜水灯具的应用效果颇佳，但需特殊的设计。

（4）无论是白天或黑夜，照明设备均需隐蔽在视线之外，最好全部敷设电缆线路。

（5）彩色装饰灯可烘托节日气氛，特别是倒映在水中更为美丽，但是这种装饰灯光不易获得宁静、安详的气氛，也难以表现出大自然的壮观景象，只能有限度地调剂使用。

（四）园林路灯照明

园林路灯的供电线路应采用电缆埋地方式敷设，其配电箱布置、供电导线与电缆的选择以及光源、灯具的选择，可参见前面有关内容。

1. 路灯的布置　园林路灯的布置既要保证路面有足够的照度，又要讲究一定的装饰性，路灯的间距一般为 10～40 m，杆式路灯的间距取较大值，柱式路灯则取较小值。采取何种方式布置路灯，主要看园路的宽度。如宽度在 7 m 以上，可采用沿道路双边对称布置的方式，为使灯光照射更加均匀，也可采用双边交错的方式；一般园路的宽度都在 7 m 以下，其路灯一般都采用单边单排的方式布置，在园路的弯道处，路灯要布置在弯道的外侧。在道路的交叉节点部位，路灯应尽量布置在转角的突出位置上。

2. 路灯的架设方式　在园路上，路灯的架设方式有杆式和柱式两种。杆式路灯一般用在园林出入口内外主路和通车的主园路中，可采用镀锌钢管作电杆，底部管径 ϕ160～180 mm，顶部管径可略小于底部，高度为 5～8 m，悬伸臂长度为 1～2 m。柱式路灯主要用于小游园散步道、滨水游览道、游憩林荫道等处，由石柱、砖柱、混凝土柱、钢管柱等作灯柱，隔墙边的园路路灯，也可以利用墙柱作灯柱。柱一般较矮，为 0.9～5 m。也可每柱两灯，需要提高照度时，两灯齐明，或隔柱设置控制灯的开关，调整照明。还可利用路灯灯柱装 150 W 的密封光束反光灯照亮花圃和灌木。

3. 路灯的光源选择　园林内的主园路，要求其路灯照度比其他园路大，因此要选择功率更大的光源。为了保证有较好的照明效果、装饰效果和节约用电，主园路上可采用高压钠灯和荧光高压汞灯。园林内其他次要园路路灯，则不一定要很大的照度，而经常要求有柔和的光线和适中的照度，因此可酌情使用具有乳白玻璃灯罩的白炽灯或金属卤化物灯。

在公园、绿地园路装照明灯时，要注意路旁树木对道路照明的影响，为防止树木遮挡，可以适当减小灯间距、加大光源的功率，以补偿由于树木遮挡产生的光损失，也可以根据树形或树木高度，安装照明灯具时，采用较长的灯柱悬臂，以使灯具突出树缘外或改变灯具的悬挂方式以弥补光损失。

园路照明设计中，无论是路灯的布置位置，还是其架设方式和光源选择，都应密切结合具体园林环境灵活确定，要做到既使照度符合具体环境照明要求，又使光源、灯具的艺术性比较强，具有一定的环境装饰效果。

（五）园林场地与草坪照明

面积大的园林场地如园景广场、大门广场、停车场等，一般选用钠灯、氙灯、高压汞灯、卤钨灯等功率大、光效高的光源，采用杆式路灯的方式布置在广场的周围。间距为 10～15 m，若在特大的广场中采用氙灯作光源，也可在广场中心设立钢管灯柱，直径 25～40 cm，高 20 m 以上。对大型广场的照明可以不要求照度均匀。对重点照明对象，可以采用大功率的光源和直接型灯具，进行突出性的集中照明。对一般或次要的照明对象，则可采用功率较小的光源和漫射型、半间接型灯具，实行装饰性照明。

在对小面积的园林场地进行照明设计时，要考虑场地面积和场地形状对照明的要求。小面积场地的平面形状若是矩形的，则灯具最好布置在两个对角上或在四个角上都布置。灯具布置最好避开矩形边的中段。圆形的小面积场地，灯具可布置在场地中心，也可对称布置在场地边沿。面积较小的场地一般可选用卤钨灯、金属卤化物灯和荧光高压汞灯等作为光源。休息场地面积一般较小，可用较矮的柱式庭院灯布置在四周，灯间距可以小一些，10～15 m 即可。光源可采用白炽灯或卤钨灯，灯具则既可采用直接型的，也可采用漫射型的。直接型灯具适宜于有阅读、观看和观景要求的场地，如露天茶园、棋园和小型花园等。漫射型灯具则宜设置在不必清楚分辨环境的一些休息场地，如小游园的座椅区、园林中的露天咖啡座、冷热饮座、音乐茶座等。

游乐或运动场地因动态物多、运动性强，在照明设计中要注意不能采用频闪效应明显的光源，如荧光灯、荧光高压汞灯、高压钠灯、金属卤化物灯等，而要采用频闪效应不明显的卤钨灯和白炽灯。灯具一般以高杆架设方式布置在场地周围。

园林草坪场地的照明一般以装饰性为主，为了体现草坪在晚间的景色，也需要有一定的照度。对草坪照明和装饰效果最好的是矮柱式灯具和低矮的石灯、球形地灯、水平地灯等，由于灯具比较低矮，能够很好地照亮草坪，并使草坪具有柔和、朦胧的夜间情调。灯具一般布置在距草坪边线 1.0～2.5 m 的草坪上，若草坪很大，也可在草坪中部均匀地布置一些灯具。灯具的间距可为 8～15 m，其光源高度可为 0.5～1.5 m。灯具可采用均匀漫射型和半间接型的，最好在光源外设金属网状保护罩，以保护光源不受损坏。光源一般要照度适中、光线柔和、漫射，如装有乳白玻璃灯罩的白炽灯、装有磨砂玻璃罩的普通荧光灯和各种彩色荧光灯、异形高效节能荧光灯等。

（六）园林建筑照明

园林建筑照明分为整体照明、局部照明与混合照明三种方式。

1. 整体照明　整体照明是为整个被照场所设置的照明。它不考虑局部的特殊需要，而将灯具均匀地分布在被照场所上空，适宜于对光线投射方向无特别要求的地方，如公园的餐厅、接待室、办公室、茶室、游泳馆等处。

2. 局部照明　在工作点附近或需要突出表现的照明对象周围，专门为照亮工作面或重点对象而设置的照明。它常设置在对光线有特殊要求或对照度有较高要求之处，只照射局部的有限面积，如动物园笼舍的展区部分、公园游廊的入口区域、庙宇大殿中的佛像面前和突出建筑细部装饰的投射性照明等。

3. 混合照明　混合照明是由整体照明与局部照明结合起来共同组成的照明方式。在整体照明基础上，再对重点对象加强局部照明。这种方式有利于节约用电，在现代建筑室内照明设计中应用十分普遍，如在纪念馆、展览厅、会议厅、园林商店、游艺厅等处，经常采用这种照明方式。

园林中一般的风景建筑和服务性建筑内部，多采用荧光灯和半直接型、均匀漫射型的白炽灯作为光源，使墙壁和顶棚都有一定亮度，整个室内空间照度分布比较均匀。干燥房间内宜使用开启式灯具；潮湿房间中，则应采用瓷质灯头的开启式灯具；湿度较大的场所，要用防水灯头的灯具；特别潮湿的房间，则应用防水密封式灯具。

高大房间可采用壁灯和顶灯相结合的布灯方案，而一般的房间则仍采用顶灯照明为好。单纯用壁灯进行房间照明时，容易使空间显得昏暗。高大房间内的灯具应该有较好的装饰性，可采用一些造型优美的玻璃吊灯、艺术壁灯、发光顶棚、光梁、光带、光檐等来装饰房间。

在建筑室内布置灯具，如果用直接型或半直接型的灯具布置时，要注意避免在室内物体旁形成阴影，面积不大的房间，也要安装两盏以上灯具，尽量消除阴影。

公园大门建筑和主体建筑如楼阁、殿堂、高塔等，以及水边建筑如亭、廊、榭、舫等，常可进行立面照明，用灯光突出建筑的夜间艺术形象。建筑立面照明的主要方法有用灯串勾勒轮廓和用投光灯照射两种。

沿着建筑物轮廓线装置成串的彩灯，能够在夜间突出园林建筑的轮廓。彩灯本身也显得光华绚丽，可烘托环境的色彩氛围。这种方法耗电量很大，对建筑物的立体表现和细部表现不太有利，一般只作为园林大门建筑或主体建筑的装饰照明。在公园举行灯展、灯会活动时，这种方法就可用作普遍装饰园林建筑的照明方法。

采用投光灯照射建筑立面，能够较好地突出建筑的立体性和细部，不但立体感强、照明效果好，而且耗电较少，有利于节约用电。这种方法一般可用在园林大门建筑和主体建筑的立面照明上。投光灯的光色还可以调整为绿色、蓝色、红色等，则建筑立面照明的色彩渲染效果会更好，色彩氛围和环境情调也更浓郁。

对建筑照明立面的选择，一般应根据各建筑立面的观看概率决定，一般以观看概率大的立面作为照明面。

在建筑立面照明中，要掌握好照度的选择方法。照度大小应按建筑物墙壁、门窗材料的反射系数和周围环境的亮度决定。根据《民用建筑电气设计标准》（GB 51348—2019），建筑物立面照明的照度值可参考表 8-14。

表 8-14　建筑物立面照明的推荐照度

建筑物或构筑物立面特征		平均照度/lx		
		环境状况		
外观颜色	反射系数/%	明亮	明	暗
白　色	75~85	75~100	50~75	30~50
明　色	45~70	100~150	75~100	50~75
中间色	20~45	150~200	100~150	75~100

（七）生活小区灯光的配置（图 8-8）

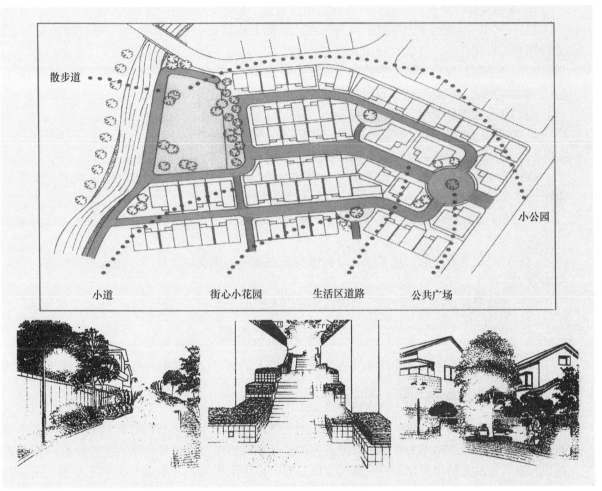

散步道　　　　　　　　小道　　　　　　　街心小花园　　　　　　生活区道路　　　　公共广场

小公园

散步道　让生活在此的人们能够充分感受大自然的绿色之道，利用高方位的照明确保夜晚的安全，并用低柱照明（草坪灯）营造一种格调优雅的舒适环境

小道　人们日常生活区的小路，连接住户与住户、广场与广场之间的路，根据庭园植物的高度使用低柱照明，突出绿色点缀效果和供人行走的灯光，为了确保行人的安全，建议与脚光灯同时使用

街心小花园　在小街边设有长椅、种植植物的休憩场所，借助住宅二楼透过的灯光采用稍低的公园灯（柱高3.3 m）全方位照明，具有象征性，并产生舒适柔和的灯光效果

生活区道路　住宅区的人行道、车道是生活在此的人的通行之路，所以使用让人感到安全的防范灯和作为街道象征性的主旋律的庭院灯

公共广场　住宅区的路口或中央设立的象征性的公共空间，为增加街区小路的基本灯光，展现街区的情调，推荐加些光亮

图 8-8　生活小区灯光的配置

小公园　儿童公园、附近草坪公园，为生活在此的人们提供休闲的场所，使用全方位照明灯具，使人感到舒适、安全

（八）户外照明设计的基本步骤

1. 基础资料的准备 在进行户外照明设计以前，应准备下列一些原始资料：

（1）公园、绿地的平面布置图及地形图，必要时应有该公园、绿地主要建筑物的平面图、立面图和剖面图。

（2）该公园、绿地对电气的要求（设计任务书），特别是一些专用性强的公园、绿地照明，应明确提出照度、灯具选择、布置、安装要求。

（3）电源的供电情况及进线方位。

2. 照明设计的顺序 照明设计常分为以下几个步骤：

（1）明确照明对象的功能和照明要求。

（2）照明方式的选择。可根据设计任务书中公园绿地对电气的要求，在不同的场合和地点，选择不同的照明方式。

（3）光源和灯具的选择。主要是根据公园绿地的配光和光色要求、与周围景色配合等来选择光源和灯具。

（4）灯具的合理布置。除考虑光源光线的投射方向、照度均匀性等，还应考虑经济、安全和维修方便等。

（5）进行照度计算。具体照度计算可参考有关照明手册。

三、园林灯光造景

园林的夜间形象主要是在园林固有景观的基础上，利用夜间照明和灯光造景来塑造。

（一）用灯光强调主景

为了突出园林的主景或各个局部空间中的重要景点，可用直接型的灯具从前侧方对着主景照射，使主景的亮度明显大于周围环境的亮度，从而突出地表现主景，强调主景。灯具不宜设在正前方，正前方的投射光对被照物的立体感有一定削弱作用。一般也不设在主景的后面，若在后面，会造成眩光并使主景正面落在阴影中，不利于主景的表现，除非是特意用灯光勾勒主景的轮廓，否则不要从后面照射主景。园林中的雕塑、照壁、主体建筑等，常用以上方法进行照明强调。

在对园林主体建筑或重要建筑加以强调时，也可以采用灯光照射强调，如果充分利用建筑物的形象特点和周围环境的特点，有选择地进行照明，就能获得建筑立面照明的最大艺术效果。如建筑物的水平层次形状、竖向垂直线条、长方体形、圆柱体形等形状要素，都可以通过一定方向光线的投射、烘托而更加富于艺术性的表现。利用建筑物近旁的水池、湖泊作为夜间一个黑色的投影面，使被照明的建筑物在水中倒映出来，可获得建筑物与水景交相映衬的效果。或者将投光灯设置在稀树之后，透过稀疏枝叶向建筑照射，可在建筑物墙面上投射出许多光斑、黑影，也进一步增强了建筑物的光影表现。

（二）用色光渲染气氛

利用有色灯光对园林夜间景物以及园林空间进行照射着色，能够很好地渲染园林的环境气氛和夜间情调。这种渲染可以从地面、夜空和动态音画三个方面进行。

1. 地面色光渲染 园林中的草坪、花坛、树丛、亭廊、曲桥、山石甚至铺装地面等，都可以在其边缘地带设置投射灯具，利用灯罩上不同颜色的透色片透出各色灯光，为地面及其景物着色。亭廊、曲桥、地面用各种色光都可以，但草坪、花坛、树丛则不能采用蓝、绿色光，因为在蓝、绿色光的照射下，活生生的植物仿佛成了人造的塑料植物，给人虚假的感觉。

2. 夜空色光渲染　对园林夜空的色彩渲染有漫射型渲染和直射型渲染两种方式。漫射型渲染是用大功率的光源置于漫射性材料制作的灯罩内，向上空发出色光。这种方式的照射距离比较短，因此只能在较小范围内营造色光氛围。直射型渲染则是用方向性特强的大功率探照灯，向高空发射光柱。若干光柱相互交叉晃动、扫射，形成夜空中的动态光影景观。探照灯光一般不加色彩，若成为彩色光柱，则照射距离就会缩短。对夜空进行色光渲染，在灯具上还可以做些改进，加上一些旋转、摇摆、闪烁和定时亮灭的功能，使夜空中的光幕、光柱、光带、光斑等具有各种形式的动态效果。

3. 动态音画渲染　在园景广场、公园大门内广场以及一些重点的灯展场地，采用巨型电视屏播放电视节目、园景节目或灯展节目，以音画结合的方式渲染园林夜景，能够增强园林夜景的动态效果。此外，也可以对园林中一些照壁或建筑山墙墙面进行灯光投影，在墙面投影出各种几何图案、文字、动物、人物等简单的形象，可以进一步丰富园林夜间景色。

（三）用灯光造型

灯光、灯具还有装饰和造型的作用。特别是在灯展、灯会上，灯的造型千变万化，绚丽多彩，成了夜间园林的主要景观。

1. 装饰彩灯造型　用各种形状的微光源和各色彩灯以及定时亮灭灯具，可以制作成装饰性很强的图形、纹样、文字及其他多种装饰物。

（1）装饰灯的种类。专供装饰造型用的灯饰种类比较多，下面列举一些较常见的装饰灯。

满天星：用软质的塑料电线间隔式地串联低压微型灯泡，然后接到 220 V 电源上使用。这种灯饰价格低、耗电少、灯光繁密，能组成光丛、光幕和光塔等。

美耐灯：商业名称又叫水管灯、流星灯、可塑电虹灯等，是将多数低压微型灯泡按 2.5 cm或 5 cm 的间距串联起来，并封装于透明的彩色塑料软管内制成的装饰灯。如果配以专用的控制器，则可以实现灯光明暗、闪烁、追逐等多种效果。在灯串中如有一两个灯泡烧坏，电路能够自动接通，不影响其他灯泡发光。在制作灯管图案时，可以根据所需长度在管外特殊标记处剪断，如果需要增加长度，也可使用特殊连接件进行有限的加长。

小带灯：以特种耐用微型灯泡在导线上连接成串，然后镶嵌在带形的塑料内做成的灯带。灯带一般宽 10 cm，额定电压有 24 V 和 22 V 两种，小带灯主要用于建筑、大型图画和商店橱窗的轮廓显示，也可以拼制成简单的直线图案作环境装饰用。

电子扫描霓虹灯：一种线形装饰灯，利用专门的电子程序控制器进行发光控制，使灯管内发光段能够平滑地伸缩、流动，动态感很强，可作图案装饰用。这种灯饰要根据设计交由灯厂加工定做，市面上难以购到合用的产品。

变色灯：在灯罩内装有红、绿、蓝三种灯泡，通过专用的电子程序控制器控制三种颜色灯泡的发光，在不同颜色灯泡发光强弱变化中实现灯具的不断变色。

彩虹玻璃灯：利用光栅技术开发的装饰灯，可以在彩虹玻璃灯罩内产生五彩缤纷的奇妙光效果，显得神奇迷离，灿烂夺目。

（2）图案与文字造型。用灯饰制作图案与文字，应采用美耐灯、霓虹灯等管状的易于加工的装饰灯。先要设计好图案和文字，然后根据图案、文字制作其背面的支架，支架一般用钢筋和角钢焊接而成。将支架焊稳焊牢之后，再用灯管照设计的图样做出图案和文字。为了方便更换烧坏的灯管，图样中所用灯管的长度不要求很长，短一点的灯管多用几根也一样。由于用作图案、文字造型的线形串灯具有管体柔软、光色艳丽、绝缘性好、防水节能、耐寒耐热、适用环境广、易于安装和维护方便等优点，因而在字形显示、图案显示、造型显示和轮廓显示等多种功能中应用十分普遍。

（3）装饰物造型。利用装饰灯还可以做成一些装饰物，用来点缀园林环境。如用满天星串灯组成一条条整齐排列的下垂光串，可做成灯瀑布，布置于园林环境中或公共建筑的大厅内，能够获得很好的装饰效果。在园路路口、桥头、亭子旁、广场边等环境中，可以在 4～7 m 高的钢管灯柱顶上，安装许多长度相等的美耐灯软管，从柱顶中心向周围披散展开，组成如椰子树般的形状，这是灯树。用不同颜色的灯饰还可以组合成灯拱桥、灯窑塔、灯花篮、灯座钟、灯涌泉等多姿多彩的装饰物。

2. 灯展中的灯组造型　在公园内举办灯展灯会，不但要准备许多造型各异的彩灯灯饰，还要制作许多大型的造型灯组。每一灯组都是由若干造型灯形象构成的。

在用彩灯制作某种形象时，一般先按照该形象的大致形状做出骨架模型，骨架材料的选择视该形象体量的大小轻重而定，大而重的用钢筋、铁丝焊接做成骨架，小而轻的则用竹木材料编扎、捆绑成骨架。骨架做好后，进行蒙面或铺面工作。蒙面或铺面的材料多种多样，常用的有色布、绢绸、有色塑料布、油布、碗碟、针药瓶、玻璃片等，也有直接用低压灯泡的。如果是供室内展出的灯组，还可以用彩色纸作为蒙面材料。

灯组造型所反映的题材十分广泛。有反映工农业生产成就和科技成果的，如"城乡新鹤""花果农庄""人造卫星"等。有表达地方民情风俗的，如"侗乡花桥""巴蜀女儿节"等；有民间工艺品题材的，如营灯、跑马灯、风车灯、花篮灯、彩船灯等；有历史、宗教、神话传说题材的，如"三国故事""观音菩萨""大肚罗汉""西游记故事""大禹治水"等；有艺术题材的，如"红楼梦""西厢记""白毛女""红色娘子军"等；有塑造动植物或幻想动物形象的，如荷花灯、芙蓉灯、牡丹灯、桃花灯、迎客松、长生果、孔雀开屏、丹凤朝阳、二龙戏珠、仙鹤、雄狮、大熊猫以及十二生肖等。

3. 激光照射造型　在应用探照灯等直射光源以光柱照射夜空的同时，还可以使用新型的激光射灯，在夜空中创造各种光的形状。激光发射器可发出各种可见的色光，并且可随意变化光色，各种色光可以在天空中绘出多种曲线、光斑、图案、花形、人形甚至写出一些文字来，使园林的夜空显得无比奇幻和奥妙，具有很强的观赏性。

思考与训练

1. 名词解释：电源；用电负荷；色温；光通量；发光强度；照度；亮度。
2. 试述配电线路布置的主要方式及其特点。
3. 举例说明如何利用光的性质与强弱来提高光的照明质量。
4. 试设计某公园、绿地或居住小区的户外照明，并结合设计或实例说明户外照明的几种主要方式和主要配光形式。

第九章
Chapter 9

风景园林工程项目组织与管理

园林建设项目具有完整的结构系统、明确的使用功能、规范的工程质量标准、确定的工程数量、限定的投资数额、规定的建设工期以及固定的建设单位等基本特征，其建设过程主要包括项目论证、项目设计、项目施工、项目竣工验收、养护与保修五个阶段。

在园林建设过程中，设计是对工程的构思，要将这些工程构想变成物质成果，就必须进行工程施工。园林工程施工是指通过有效的组织方法和技术措施，按照设计要求，根据合同规定的工期，全面完成设计内容的全过程。

施工管理是对整个施工过程的合理优化组织。其过程是根据工程项目的特点，结合具体的施工对象编制施工方案，科学组织生产诸要素，合理使用时间与空间，并在施工过程中指挥和协调劳动力资源等。

第一节　园林工程预算定额

定额是编制预算的基础资料，无论是划分工程项目、计算工程量、确定工程造价，或是计算人工费、材料费和施工机械的需要量等都以定额为标准。因此，要准确及时地编制预算，就必须对定额的意义、作用、种类，定额的形式、内容与项目的划分，以及定额的使用等有比较系统的了解。

一、定额的概念及其分类

（一）定额的概念

在工程施工过程中，为了完成某一工程项目或某一结构构件的生产，就必须消耗一定数量的人力、物力（材料、机具）和资金。这些资源是随着生产因素及生产条件变化而变化的，因此定额是在正常施工条件下完成单位合格产品所必需的劳力、材料、机具设备及其资金消耗的标准数量。所以，它不仅仅是规定一个数据，而且还规定了它的工作内容、质量和安全要求。

如《江苏省古典建筑及园林建设工程预算定额》中规定砌筑园路的工程内容包括：放线、开路槽、夯实、铺砂垫层、选洗卵石、碎瓶碗片加工、分格嵌筋、铺面层、填缝保养等。铺砌 10 m² 本色卵石路面需要普通工 4.5 工日，其他工 2.45 工日（即劳动定额）；用本色卵石 1.9 t，蝴蝶瓦 150 块，瓷砖 125 块，山沙 0.48 t，水 0.5 m³，其他材料费 1 元人民币（即材料消耗定额），机械班使用定额虽单独列入定额内，但已按机械费的形式列入定额的基价之中。

凡经国家住房和城乡建设部或授权机关颁发的定额，是具有法令性的一种指标，不能任意修改，同时具有相对的稳定性。但是，定额也不是一成不变的，它只反映一定时期建筑技术水平，机械化程度，构件预制范围，新材料、新工艺的采用等情况。定额一经制定后，应在实践中考验其正确性，随着生产的发展和先进技术的采用，突破了原定额的水平，就要制定符合新的生产情况的定额和补充定额。

（二）定额的分类

在工程建设过程中，由于使用对象和目的不同，定额有很多种类，对各种定额从不同内容、用途、使用范围等加以分类（图9-1）。

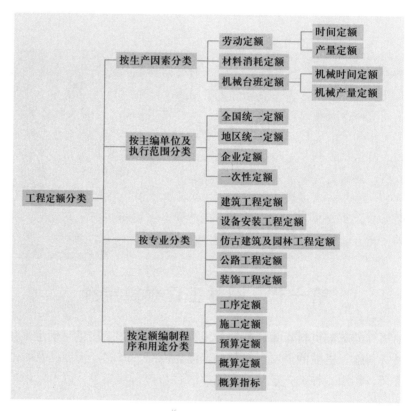

图 9-1　工程定额的分类

二、常用的工程定额

（一）施工定额

施工定额是直接用于施工管理中的一种定额，根据施工定额可以直接计算出不同工程项目的人工、材料和机械台班的需要量。

施工定额是作为施工单位加强企业管理，编制施工作业计划和人工、材料、机械台班使用计划，进行工料分析和施工队向工人班组签发工程任务书，开展班组经济核算的依据制定的。同时，施工定额也是制定预算定额的基础。

施工定额是以同一性质的施工过程为标定对象，如混凝土工程定额包括混凝土搅拌、运输、浇筑、振捣、抹平等所有个别工序及辅助工作在内所需要消耗的时间等。

施工定额是以工序定额为基础，由工序定额综合而成的，可直接用于施工之中。施工定额由劳动定额、材料消耗定额、机械台班使用定额三部分组成。

（二）预算定额

工程预算定额是确定一定计量单位的分项工程或结构构件的人工、材料和机械台班合理消耗数量的标准。

预算定额是分别以工程构筑物各个分部分项工程为单位，在施工定额的基础上编制的。经过国家或其授权机关批准后的预算定额是具有法令性的一种指标。

1. 预算定额的作用

（1）它是编制地区单位估价表，编制工程预算，确定工程预算造价和进行工程拨款，竣工决算的依据。

（2）它是编制季（月）施工计划，分析人工、材料、机械台班用量，统计完成工程量（工作量），考核工程成本和实行经济核算的依据。

（3）它是编制概算定额和概算指标的基础。

（4）它是国家对基本建设进行计划管理和厉行节约，对设计方案进行经济评价对比的重要工具之一。

2. 预算定额的组成　预算定额由总说明、目录、分部分项工程说明和定额表以及工程计算法则、附录组成。现将各部分的基本内容简述如下：

（1）总说明。总说明综合说明了定额的编制原则、指导思想和编制依据，适用范围以及定额的作用；说明编制定额时已经考虑和没有考虑的因素与有关规定和使用方法。因此，在使用定额时应首先了解这部分内容。

（2）分部说明。主要说明该分部的工程内容和所包括的工程项目的工作内容及主要的施工过程，工程量计算方法和规定、计算单位、尺寸的起止范围，应扣除和增加的部分，以及计算附表等，这部分是工程量计算的基准，必须全面掌握。

（3）定额项目表。定额项目表是预算定额的主要构成部分，在定额项目中人工表现形式是以分工种、工日数及合计工日数表示，工资等级按总平均等级编制；材料栏内只列主要材料消耗量，零星材料以"其他材料费"表示。在定额项目表的下部，还列有附注，说明设计有特殊要求时，怎样调整定额，以及说明其他应说明的问题。

（4）附录。附录一般包括建筑面积计算规则，分部工程量计算规则，古建筑项目名称图解，或混凝土和砂浆配合比表、门窗五金用量表、材料预算价格表等。

（三）概算定额

概算定额是设计单位在初步设计阶段确定工程造价、编制设计概算的依据，也是概略计算人工、材料和机械台班需要量的依据。

工程概算定额是国家或授权机关为了编制设计概算，规定生产一定计量单位的工程扩大结构构件、分部或扩大分项工程所需要的人工、材料和机械台班的需要量。其项目划分是在预算定额的基础上，在保证其相对准确的前提下，按工程形象部位，以主体结构分部为主，合并其相关的部分，进行综合扩大而成。

概算定额是编制概算指标的依据，也是编制初步设计概算和选择设计方案的依据，起着控制工程造价和拨款的作用，同时还可以为基本建设计划提供主要材料的参考。

第二节　工程预算编制

工程预算的编制，就是将批准的施工图和既定的施工方法，按照对工程预算编制办法的有关规定，分部分项地把各工程项目的工作量计算出来，套用相应的现行定额，累计其全部直接费。参照相应的《工程费用定额》，找出相应的各项费用的费率，计算出其他直接费、现场经费、间接费、差别利润、税金等各项费用。最后综合确定出该单位工程的工程造价和其他经济技术指标（如每平方米造价指标等）。

一、工程预算的意义、分类及作用

（一）工程预算的意义

不同的工程其结构各异，施工中劳动与物资消耗都不相同，并且施工地点经常变动，施工周期比较长，因而工程产品就不可能统一确定一个价格，而是根据设计文件的要求，对工程事先从经济上加以计算，根据计算结果编制工程预算书，确定工程造价。

按照国家规定，"凡是基本建设工程都要编制建设预算"。每个基本建设项目需要通过预算来确定造价、控制投资。

预算工作中对设计图纸的严格审查也是优化设计工作的方法之一。发现不合理的地方或无法购到器材等情况，可提请设计者增减或更正。所以预算工作是对设计进行严格审查最好的方法之一，也是评价设计方案经济合理性的基础之一。

预算是建设银行拨付工程价款或贷款的主要依据，也是建设单位与施工单位签订合同、结算工程价款的依据。同时，预算还是施工单位确定各项计划指标、加强经济核算、改善经营管理和进行统计核算与统计分析的依据之一。在施工现场方面诸如材料供应、劳动组织调配、施工组织与施工进度安排等无一不依赖预算工作。

（二）工程预算的分类与作用

工程预（概）算概括地说都是控制拟建工程建设费用的文件。它应具有编制说明书，主要包括工程的概况、编制的依据、编制的方法、技术经济指标分析和有关问题的说明。

根据工程预算在不同的设计阶段所起的作用不同，使用的编制依据不同，工程预算可分为设计概算、设计预算（施工图预算）和施工预算三种。

1. 设计概算　简称概算。工程设计概算是初步设计概算文件的重要组成部分。它是设计单位根据初步设计图纸、概算定额、分项工程量的计算规则，按照定额规定的主要工程项目计算工程量，并结合概算定额中的基价和有关费用定额，编制而成的拟建工程建设费用文件。设计概算经国家批准后，就成为国家对该项工程投资拨款的最高限额。

概算文件包括建设项目总概算、单项工程综合概算、单位工程概算以及其他工程费用概算。

设计概算是确定基本建设项目投资额、编制基本建设计划、控制基本建设拨款和施工图预算、考核设计经济合理性和建设成本的依据。

2. 设计预算（施工图预算）　简称预算。设计预算是施工单位在工程开工前，根据已批准的施工图纸，在既定的施工方案（或施工组织设计）的前提下，按照现行的统一的工程预算定额和工程量计算规则以及施工管理费标准等逐项计算汇总编制而成的工程费用文件。它是确定工程造价、实行经济核算和考核工程成本、签订经济合同、进行工程决算的依据，同时还是基本建设、银行划拨工程价款或贷款的依据。

概算和预算均属设计预算范畴。两者除所处的设计阶段、编制的依据、所起的作用以及所计算的工程项目的划分有粗细之分外，费用的组成、编制表格的形式和编制的方法基本相似。

3. 施工预算　施工预算是施工单位内部编制的一种预算，它是在施工图预算的控制数字下，由施工单位根据施工定额，结合施工组织设计中的平面布置、施工方法、技术组织措施以及现场实际情况等，并考虑节约因素后，在施工前编制，供给施工过程中应用和考核工程成本。

施工预算主要是计算施工用工量、材料数量以及施工机械的台班需要量，并据此确定用工、用料计划，备工备料，下达任务书，指导施工，控制工料，作为核算及统计的依据。

二、编制工程预算前的准备

在工程预算编制之前，必须搜集各种资料以便开展编制工作，这些资料是编制工程预算的依据。包括以下部分：

（1）经过会审批准的全套工程施工图及其套用的标准详图。这些资料规定了工程的具体内容、结构尺寸、技术特性、规格、数量，是计算工程量和进行预算的主要依据。

（2）现行与工程相关的《全国工程预算定额》或《地区工程预算定额》。

（3）现行与上述预算定额相对应的《工程费用定额》。

（4）所在地省（自治区、直辖市）住房和城乡建设厅颁发的有关工程预算编制的动态文件。

（5）其他有关计算手册及参考书刊。

（6）工程预算应用表式。工程预算应用表式有工程预算书封面、工程量计算表、直接费计算表、各项费用统计表、主要材料统计表等。

三、工程预算编制的程序

确定一个庭院或一幢建筑各个单位工程的建设费用。其编制步骤如下：

1. 识读施工图纸 将全套施工图纸及其套用的标准详图仔细识读，必须看懂、看明白，尤其是构造做法、用料品种、各部分的具体尺寸等。平面图、剖面图及立面图上尺寸要校核一遍，检查其相互关系有无矛盾或差错。

施工图纸中如发现差错或尺寸之间的矛盾应摘记下来，把所有质疑问题集中起来，与设计单位及建设单位共同商议解决，决不可蒙混过关。

2. 熟悉预算定额 将所应用的预算定额本从头到尾细看一遍，尤其是对预算定额本的总说明、每章前的说明、工程量计算规则、各分项工程名称等一定要看仔细。如有补充定额或当地住房和城乡建设厅颁发的文件也要看清楚。

工程预算定额是几年编制一次，随着物价波动，预算定额表中所列的人工综合工日单价、材料单价及机械台班单价在编制预算时可能不合适了，要有所调整，除了按当地住房和城乡建设厅颁发的动态文件执行调整系数外，还应参照现行《建筑材料预算价格》《全国统一机械台班定额》予以调整。此外，预算人员还应熟悉这两本定额的主要内容。

3. 列分部分项工程名称 分部工程名称相当于预算定额本中的章名，分项工程名称相当于预算定额本中的节的名称，各分项工程中根据不同的材料规格、构造做法等分有若干子目，每个子目有一个定额编号。列分部分项工程名称实质上是列出分部分项子目名称及其定额编号。

列分部分项工程名称时，应按定额编号先后看下去，边看边对照施工图纸。若预算定额本上有的子目，施工图纸也有此项目，则将此分部分项子目名称列上；若预算定额本上有的子目，而施工图纸没有此项目，则不列出此子目名称；若施工图纸有的项目，预算定额本却无此子目，则要找补充定额，如补充定额上也无此子目，可先列上此子目名称，再与建设单位商议该子目的人工、材料、机械的单价。

列分部分项工程名称一定要仔细，一个一个地按顺序列出。列好分部分项工程名称后应检查一遍，看是否有漏项现象，检查无误后，将各个分部分项工程名称及其定额编号誊清在工程量计算表上。誊清后最好再检查一遍定额编号是否有差错。

4. 计算分部分项子目工程量 按定额编号先后顺序，逐个计算各分部分项子目的工程量。计算工程量应该遵守预算定额本所示的工程量计算规则及有关规定。工程量的计量单位应与预算定额表上所示计量单位一致。各分部分项子目的工程量计算式应列写清楚，不可忽略。工程量是编制预算的基本数据，直接关系到工程造价的准确性，工程量算完后，最好将工程量较大的子目再计算复核一遍，以免出大错。计算人员应在每张工程量计算表下面签字，以示负责。

5. 计算直接费 将工程量计算表上所列的各个分部分项工程名称及其定额编号、工程量及其计量单位誊清到直接费计算表上。

按各个定额编号、分部分项工程名称，在相应的预算定额本上查取该子目的人工费单价、材料费单价、机械费单价，这三种单价就直接填写在直接费计算表的单价栏目中。

查取单价并填完单价后，计算这三项费用的合价。合价就是工程量乘以单价，算出合价后填在合价栏目内。再把三项费用的合价加起来，即成为合计，填在合计栏目内。最后将各分部分项工程的合计数相加，即为直接费。直接费应用粗体字写出，以元为单位。

有些地区将预算定额编制为单位估价表，其表内给出基价，该工程的子目合计即为工作量乘以基价，将各分部分项工程的合计数相加，即为直接费。

6. 计算其他各项费用 参照现行《工程费用定额》，找出相应的各项费用的费率。计算出其他直接费、现场经费、间接费、差别利润及税金等各项费用。

以上海市的预算费用标准为例（表9-1至表9-7）。

表9-1 园林建设工程其他直接费标准表

项 目	类 别	
	园林建筑工程	绿化种植工程
三项费用综合	1.0%	6.5%
临时设施费	2.5%	16.5%
合计	3.5%	23%

表9-2 园林建筑工程类别划分标准表

分 类	一类	二类	三类	四类
项 目	仿古建筑	普通建筑	小品工程	其他工程

表9-3 绿化种植工程类别划分标准表

项 目		分 类		
		二类	三类	四类
绿化种植	面积/m²	>6 500	≤6 500	
人工土方、造型	土方量/m³		>2 000	≤2 000

表9-4 园林建筑工程综合间接费标准表

项 目	仿古建筑	普通建筑	小品工程	其他工程
	一类	二类	三类	四类
费率/%	12	10.5	9	7

表 9 - 5　绿化种植工程综合间接费标准表

项　目	绿化种植工程		人工土方、造型工程	
	二类	三类	三类	四类
费率/%	160	130	130	100

表 9 - 6　园林建筑工程利润率标准表

项　目	仿古建筑	普通建筑	小品工程	其他工程
	一类	二类	三类	四类
利润率/%	9	7	6	4

表 9 - 7　绿化种植工程利润率标准表

项目	绿化种植工程		人工土方、造型工程	
	二类	三类	三类	四类
利润率/%	55	40	40	25

园林建筑工程按直接费和综合间接费之和为计费基数。绿化种植工程按定额直接费中的人工费为计费基数。各项费用计算完后，应连同直接费一起填写在各项费用统计表内。

7. 计算工程总造价及经济指标　由于园林建设工程所在地不同，各地的费率、费率名称、费用标准不同，但计算方法大同小异。将直接费、其他直接费、间接费、差别利润、税金等相加即为工程总造价。以上海市的预算费用标准为例（表 9 - 8、表 9 - 9）。

表 9 - 8　园林建筑工程造价计算顺序表

序号	费用项目		计算方法	备注
一	定额直接费		按定额计算	含说明及材料市场指导价
二	其他直接费		（一）×园林建筑工程规定费率	按表9-1确定
三	直接费小计		（一）＋（二）	
四	综合间接费		（三）×各类别工程规定费率	按表9-2和表9-4确定
五	费用合计		（三）＋（四）	
六	利润		（五）×各类别工程规定利润率	按表9-2和表9-6确定
七	开办费			按合同或签证为准
八	人工补差费		定额工日数×2.4元/工日	
九	流动施工津贴		定额工日数×2.5元/工日	
十	主要材料差价		市场指导价—定额预算价	
十一	次要材料差价		定额直接费中材料费总价×1.41%	
十二	机械费补差		定额直接费中机械费之和×100%	
十三	费用总计		（五）＋（六）＋（七）＋（八）＋（九）＋ （十）＋（十一）＋（十二）	
十四	其他费用	定额编制管理费	（十三）×0.05%	
		工程质量监督费	（十三）×0.15%	
		行业管理费	（十三）×0.15%	
十五	税金		［（十三）＋（十四）］×当地税率	
十六	园林建筑工程总造价		（十三）＋（十四）＋（十五）	

表 9-9　绿化种植工程造价计算顺序表

序号	费用项目		计算方法	备注
一	定额直接费		按定额计算	含说明及材料市场指导价
二	人工费		定额直接费中人工费之和	包括定额说明
三	其他直接费		(二)×绿化种植工程规定费率	按表 9-1 确定
四	直接费小计		(一)+(三)	
五	综合间接费		(二)×各类别工程规定费率	按表 9-3 和表 9-5 确定
六	利润		(二)×各类别工程规定利润率	按表 9-3 和表 9-7 确定
七	开办费			按合同或签证为准
八	人工补差费		定额工日数×2.4 元/工日	
九	流动施工津贴		定额工日数×2.5 元/工日	
十	主要材料差价		定额直接费中材料费总价×57.99%	
十一	机械费补差		定额直接费中机械费之和×110%	
十二	费用总计		(四)+(五)+(六)+(七)+(八)+(九)+(十)+(十一)	
十三	其他费用	定额编制管理费	(十二)×0.05%	
		工程质量监督费	(十二)×0.15%	
		行业管理费	(十二)×0.15%	
十四	税金		[(十二)+(十三)]×当地税率	
十五	绿化工程总造价		(十二)+(十三)+(十四)	

园林工程税金是指按国家税法规定的应计入园林工程造价内的营业税、城市维护建设税及教育费附加。

$$税金＝不含税工程造价×税率$$

不含税工程造价按直接工程费、间接费、差别利润之和计算。

税率按以下规定计取：

(1) 纳税人所在地在市区……………………………………………………………税率 3.51%（3.41%）*

(2) 纳税人所在地在县城、镇…………………………………………………………税率 3.44%（3.35%）

(3) 纳税人所在地不在市区、县城、镇…………………………………………………税率 3.32%（3.22%）

*税率后括号内的数值为上海市的税率标准。

经济指标根据各个工程有所不同，如：道路工程经济指标是道路工程总造价除以道路路面面积；桥涵工程经济指标是桥涵工程总造价除以桥面面积或涵洞地面面积；排水工程经济指标是排水工程总造价除以排水管道长度；建筑工程经济指标是建筑工程总造价除以建筑总面积。

8. 计算主要材料量　将各分部分项工程名称及其定额编号、工程量及其计量单位誊清到主材用量统计表上，再按定额编号逐个计算各分部分项子目的主材用量。材料用量即是工程量乘以材料定额。材料定额可从各预算定额表中材料一栏中查取，材料一栏中有材料名称、计量单位、单价及用量。

各种材料用量算出后填入主材用量统计表内，同种材料再做汇总。

主材量计算不一定都做，有的只计算数量大、价格高的材料。

四、园林工程预算书编制实例

由于园林建设工程所在地不同，各地的预算定额、费率、费用标准也不尽相同，但编制方法相似，园林建筑工程和绿化种植工程造价的计算顺序相同，其计费基数也相同。在预算时，应使用园林工程所在地的预算定额以及与之相适应的费率、费用标准，进行园林工程的预算编制。

实例9.1、9.2采用《上海市园林建设工程预算定额》（以下简称"定额"）及费用标准来表述园林工程预算书的编制步骤[*]。

【例9.1】 根据假山的设计施工图（图9-2、图9-3），编制假山工程的工作量计算表、假山工程定额直接费表、假山工程材料分析单、假山工程级配材料分析单、假山工程材料分析单汇总表（表9-10至表9-14）。假山工程造价的计算方法与花架工程造价的计算方法相似。

* 实例9.1、9.2引自马顺道著，园林建设工程预算，上海市建设工程定额管理总站。

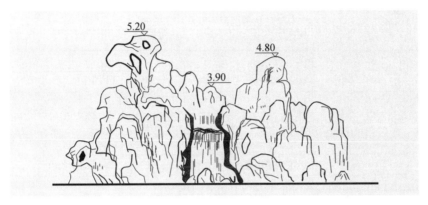

图9-2 假山立面图

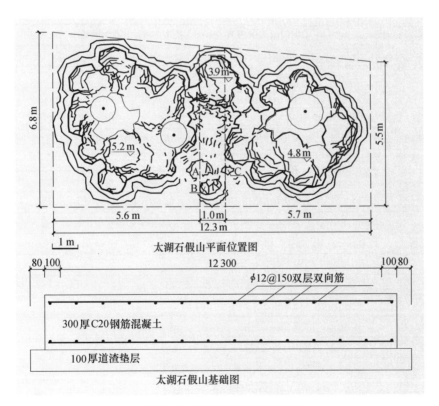

太湖石假山平面位置图

太湖石假山基础图

图9-3 假山平面图与基础图

表 9-10　园林建筑工程量计算书

建设单位：　　　　　　　　工程名称：假山工程

序号	项目名称	单位	工程量	计　算　式
1	平整场地	10 m²	16.54	依据编制实例 9.1、图 9-3
				S＝平均宽度×长度
				平均宽度＝（5.5＋6.8）÷2＝6.15（m）
				长度＝12.30 m
				又依据基础底平面的尺寸和工程量计算规则
				平均宽度＝6.15＋2.0×2＝10.15（m）
				长度＝12.30＋2.0×2＝16.30（m）
				S＝10.15×16.30＝165.445（m²）
2	人工挖土	m³	32.97	依据编制实例 9.1、图 9-3
				V＝S×H
				S＝挖土平均宽度×挖土平均长度
				挖土平均宽度＝6.15＋（0.08＋0.10）×2＝6.51（m）
				挖土平均长度＝12.30＋（0.08＋0.10）×2＝12.66（m）
				S＝6.51×12.66＝82.416 6（m²）
				H 为挖土深度＝0.30＋0.10＝0.4（m）
				V＝S×H＝82.42×0.40＝32.968（m³）
3	道渣垫层	m³	8.24	依据编制实例 9.1、图 9-3 及第 2 项计算有关数据
				V＝S×H
				S＝82.42 m²，H＝0.10 m
				V＝S×H＝82.42×0.10＝8.242（m³）
4	C20 钢筋混凝土基础（300 厚）	m³	23.81	依据编制实例 9.1、图 9-3 及第 2 项计算有关数据
				V＝S×H
				S＝长×宽
				长＝12.30＋（0.10×2）＝12.50（m）
				宽＝6.15＋（0.10×2）＝6.35（m）
				S＝12.50×6.35＝79.375（m²）
				H＝0.30 m
				V＝S×H＝79.38×0.30＝23.814（m³）
5	假山堆砌（5.2m 处）	t	196.04	依据编制实例 9.1、图 9-2、图 9-3
				假山计算公式：
				$W_{重}$＝长×宽×高×高度系数×太湖石容重
				长＝6.80 m（图 9-3）
				宽＝5.60 m（图 9-3）
				高＝5.20 m（图 9-2）

序号	项目名称	单位	工程量	计 算 式
				高度系数＝0.55（定额规定）
				太湖石容重＝1.80t/ m³
				$W_重$＝6.80×5.60×5.20×0.55×1.80＝196.035 8（t）
6	假山堆砌	t	162.52	依据编制同计算式第5项
	（4.8 m处）			$W_重$＝长×宽×高×高度系数×太湖石容重
				长＝经比例尺寸测量，最大矩形边长为6.0 m
				宽＝5.70 m
				高＝4.8 m
				高度系数＝0.55
				太湖石容重＝1.80 t/ m³
				$W_重$＝6.0×5.70×4.80×0.55×1.80＝162.518 4（t）
7	假山堆砌	t	8.85	依据编制同计算式第5项
	（3.9 m处）			$W_重$＝长×宽×高×高度系数×太湖石容重
				长＝经比例尺寸测量，最大矩形边长为2.10 m
				宽＝12.30－5.60－5.70＝1.0（m）
				高＝3.9 m
				高度系数＝0.60
				太湖石容重＝1.80 t/m³
				$W_重$＝2.10×1.0×3.9×0.60×1.80＝8.845 2（t）
8	散驳石堆砌	t	1.03	依据编制同计算式第5项
	（1.0 m以下）			$W_{重1}$＝累计长度×平均宽度×平均高度×太湖石容重
				$W_{重2}$＝累计长度×最大宽度×最大高度×高度系数×太湖石容重
				现根据以上两个计算公式分别计算如下：
				分别测得 A 块长度为 1.0 m
				B 块长度为 0.9 m
				C 块长度为 0.5 m
				累计长度为：1.0＋0.9＋0.5＝2.4（m）
				分别测得 A 块宽度为 0.7 m
				B 块宽度为 0.5 m
				C 块宽度为 0.35 m

（续）

序号	项目名称	单位	工程量	计 算 式
				（1）最大宽度为：0.7 m
				（2）平均宽度为：（0.7＋0.5＋0.35）÷3≈0.52（m）
				分别测得 A 块高度为 0.7 m
				B 块高度为 0.48 m
				C 块高度为 0.2 m
				（1）最大高度为：0.7 m
				（2）平均高度为：（0.7＋0.48＋0.2）÷3＝0.46（m）
				高度系数按规定为 0.77
				太湖石容重＝1.80 t／m³
				$W_{重1}＝2.40×0.52×0.46×1.80≈1.03$（t）
				$W_{重2}＝2.40×0.70×0.70×0.77×1.80≈1.63$（t）
				太湖石总用量统计：
				5 项＋6 项＋7 项＋8 项＝196.04＋162.52＋8.85＋1.03＝368.44（t）

编制单位：　　　　　　　　　　　　　　　计算：

表 9-11　园林建设过程定额直接费预算表

建设单位：　　　　　　工程名称：假山工程

序号	定额编号	项目名称	单位	工程量	单价/元	复价/元	人工费/元		材料费/元		机械费/元		人工数/工日	
							定额	数量	定额	数量	定额	数量	定额	数量
1	2-7-1	平整场地	10 m²	16.54	6.08	100.56	6.08	100.56					0.56	9.26
2	2-1-5	人工挖土	m³	32.97	5.54	182.65	5.54	182.65					0.51	16.81
3	2-9-9	道渣垫层	m³	8.24	89.80	739.95	8.47	69.79	80.63	664.39	0.70	5.77	0.78	6.43
4	4-1-10	C20 钢筋混凝土基础	m³	23.81	355.76	8 470.65	19.69	468.82	332.72	7 922.06	3.35	79.76	0.13	3.10
5	14-1-4	假山堆砌（5.2 m）	t	196.04	402.79	78 962.95	101.82	19 960.79	296.46	58 118.02	4.51	884.14	8.80	1 725.15
6	14-1-4	假山堆砌（4.8 m）	t	162.52	402.79	65 461.43	101.82	16 547.79	296.46	48 180.68	4.51	732.97	8.80	1 430.18
7	14-1-4	假山堆砌（3.9 m）	t	8.85	402.79	3 564.69	101.82	901.11	296.46	2 623.67	4.51	39.91	8.80	77.88
8	14-1-1	散驳石堆砌（1.0 m）	t	1.03	238.26	245.41	50.91	52.44	185.09	190.64	2.26	2.33	4.40	4.53
		定额直接费小计				157 728.00		38 284.00		117 699.00		1 745.00		3 273.00

编制单位：　　　　　　　　　　　　　　　编制人：

表 9 - 12　园林建筑工程材料分析单

工程名称：假山工程

建设单位：

序号	定额编号	项目名称	单位	工程量	黄沙（中粗）		碎石（5~25）		钢模板		零星卡具		木模材		圆钉		钢筋		铁丝（22"）	
					定额/t	数量/t	定额/t	数量/t	定额/kg	数量/kg	定额/kg	数量/kg	定额/m³	数量/m³	定额/kg	数量/kg	定额/t	数量/t	定额/kg	数量/kg
1	2-7-1	平整场地	10 m²	16.54																
2	2-1-17	人工挖土	m³	32.97																
3	2-9-9	道渣垫层	m³	8.24	0.423	3.486	1.65	13.596												
4	4-1-10	C20 钢筋混凝土基础	m³	23.81					0.17	4.05	0.02	0.48	0.002	0.048	0.04	0.95	0.08	1.905	0.24	5.71
5	14-1-4	假山堆砌（5.2 m）	t	196.04																
6	14-1-4	假山堆砌（4.8 m）	t	162.52																
7	14-1-4	假山堆砌（3.9 m）	t	8.85																
8	14-1-1	散驳石堆砌（1.0 m）	t	1.03																
		小计（一）				3.486		13.596		4.05		0.48		0.048		0.95		1.905		5.71
		小计（二）				4.346														
		（一）＋（二）合计				7.832		13.596		4.05		0.48		0.048		0.95		1.905		5.71

编制单位：

编制人：

（续）

工程名称：假山工程

建设单位：

序号	定额编号	项目名称	单位	工程量	电焊条		混凝土		草袋		水		水泥(425#)		碎石(5~40)		碎石(5~15)	
					定额/kg	数量/kg	定额/m³	数量/m³	定额/m²	数量/m²	定额/m³	数量/m³	定额/t	数量/t	定额/t	数量/t	定额/t	数量/t
1	2-7-1	平整场地	10 m²	16.54														
2	2-1-17	人工挖土	m³	32.97														
3	2-9-9	道渣垫层	m³	8.24														
4	4-1-10	C20 钢筋混凝土基础	m³	23.81	0.19	4.52	1.02	24.286	0.75	17.86	1.41	33.57						
5	14-1-4	假山堆砌(5.2 m)	t	196.04				0.25	49.01									
6	14-1-4	假山堆砌(4.8 m)	t	162.52				0.25	40.63									
7	14-1-4	假山堆砌(3.9 m)	t	8.85				0.25	2.21									
8	14-1-1	散驳石堆砌(1.0 m)	t	1.03				0.17	0.18									
		小计（一）				4.52		24.286		17.86		125.60		3.289		5.573		4.298
		小计（二）										18.60						
		（一）＋（二）合计				4.52		24.286		17.86		144.20		3.289		5.573		4.298

编制人：

编制单位：

工程名称：假山工程 （续）

建设单位：

序号	定额编号	项目名称	单位	工程量	湖石		细石混凝土（C15）		水泥砂浆（1:2.5）		铁件		花岗岩		块石		毛竹		脚手板	
					定额/t	数量/t	定额/m³	数量/m³	定额/m³	数量/m³	定额/kg	数量/kg	定额/m³	数量/m³	定额/m³	数量/m³	定额/根	数量/根	定额/m³	数量/m³
1	2-7-1	平整场地	10 m²	16.54																
2	2-1-17	人工挖土	m³	32.97																
3	2-9-9	道渣垫层	m³	8.24																
4	4-1-10	C20 钢筋混凝土基础	m³	23.81																
5	14-1-4	假山堆砌（5.2 m）	t	196.04	1.0	196.04	0.1	19.604	0.05	9.802	15	2 940.60	0.1	19.604	0.099	19.408	0.26	50.97	0.003 5	0.686
6	14-1-4	假山堆砌（4.8 m）	t	162.52	1.0	162.52	0.1	16.252	0.05	8.126	15	2 437.80	0.1	16.252	0.099	16.089	0.26	42.26	0.003 5	0.569
7	14-1-4	假山堆砌（3.9 m）	t	8.85	1.0	8.85	0.1	0.885	0.05	0.443	15	132.75	0.1	0.885	0.099	0.876	0.26	2.30	0.003 5	0.031
8	14-1-1	散驳石堆砌（1.0 m）	t	1.03	1.0	1.03	0.06	0.061	0.04	0.041					0.165	0.170				
		小计（一）				368.44		36.802		18.411		5 511.15		36.741		36.543		95.53		1.286
		小计（二）																		
		（一）＋（二）合计				368.44		36.802		18.411		5 511.15		36.741		36.543		95.53		1.286

编制单位：

编制人：

表 9 - 13　园林建筑工程级配料材料分析单

工程名称：假山工程

建设单位：

序号	定额编号	项目名称	单位	工程量	水泥 (425#) 定额/kg	数量/kg	黄沙 (中粗) 定额/kg	数量/kg	碎石 (5~40) 定额/kg	数量/kg	水 定额/m³	数量/m³	碎石 (5~15) 定额/kg	数量/kg
1	P558-17 (2)	混凝土 C20	m³	24.286	353	8572.96	641	15567.33	1290	31328.94	0.19	4.62		
2	P557-1	细石混凝土 C15	m³	36.802	418	15383.24			663	24399.73	0.23	8.46	1168	42984.74
3	P562-59	水泥砂浆 1:2.5	m³	18.411	485	8929.34	1515	27892.67			0.30	5.52		
小计 (二)						32885.54		43460.00		55728.67		18.60		42984.74

编制单位：　　　　　编制人：

表 9 - 14　园林建筑工程材料分析汇总表

工程名称：假山工程

建设单位：

序号	材料名称	规格	单位	数量	主要材料
1	钢筋	综合	t	1.905	是
2	铁件	综合	t	5.512	是
3	钢模板	综合	kg	4.05	是
4	水泥	425#	t	32.886	是
5	木模材		m³	0.048	是
6	黄沙	中粗	t	7.832	是
7	碎石	5~15	t	42.985	是
8	碎石	5~25	t	13.596	是
9	碎石	5~40	t	55.729	是
10	湖石		t	368.44	是
11	花岗岩	条形	m³	36.741	是
12	块石	大石块	m³	36.543	是
13	毛竹	脚手架	根	96	是
14	脚手板		m³	1.286	是
15	零星卡具		kg	0.48	
16	圆钉		kg	0.95	
17	铁丝	22″	kg	5.71	
18	电焊条		kg	4.52	
19	草袋		m²	17.86	
20	水		m³	144.20	

编制单位：　　　　　编制人：

【例 9.2】 根据花架工程的设计说明、设计施工图（图 9-4 至图 9-8）编制花架工程的造价（表 9-15 至表 9-18）。

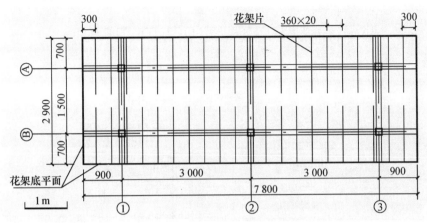

图 9-4 花架平面布置图

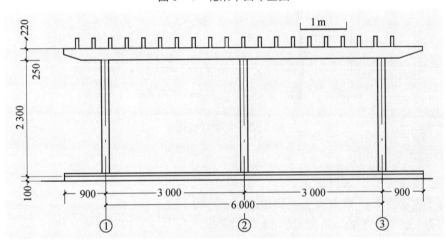

图 9-5 花架正立面图

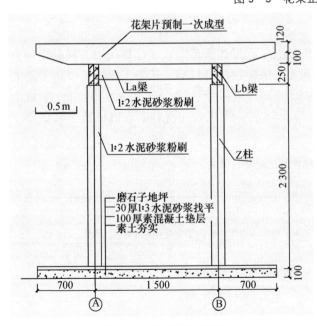

图 9-6 花架侧立面图

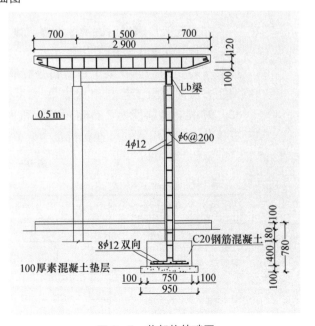

图 9-7 花架柱基础图

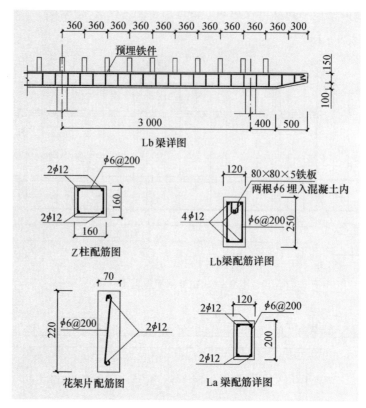

图 9-8　花架结构详图

设计说明：

（1）柱基垫层为 C10 素混凝土。

（2）地坪垫层为 C15 素混凝土、面层磨石子不设嵌条。

（3）柱及 La、Lb 系梁均采用 C20 钢筋混凝土。

（4）花架片采用 C20 细石钢筋混凝土，并要求一次成型（不做粉刷）。

（5）柱及系梁局部披嵌刷 803 涂料二度。

（6）花架片满披后刷 803 涂料二度。

先计算花架工程的工作量（表 9-15）。再根据工程量和预算定额，计算花架工程的定额直接费（表 9-16）。花架工程材料分析单、花架工程级配材料分析单、花架工程材料分析汇总表编制方法同假山工程。根据表 9-16 有关数据可知，直接费为 3 287.40 元，其中人工费为 829.97 元，材料费为 2 346.85 元，机械费为 110.61 元。人工费、材料费、机械费之和应等于直接费，如有出入，可在材料费中调整。

表 9-15　园林建筑工程量计算书

建设单位：　　　　　　　　　　工程名称：花架工程

序号	项目名称	单位	工程量	计　算　式
1	平整场地	m²	81.42	依据编制例 9.2、图 9-4 及工程量计算规则有关说明
				S＝长×宽
				长＝7.8＋2.0×2＝11.8（m）
				宽＝2.9＋2.0×2＝6.9（m）
				S＝11.8×6.9＝81.42（m²）

序号	项目名称	单位	工程量	计 算 式
2	人工挖土	m³	3.68	依据编制例9.2、图9-4、图9-7
				$V=$长×宽×深×数量
				长＝宽＝0.95 m
				深＝0.78－0.10＝0.68（m）
				数量＝6
				$V=0.95×0.95×0.68×6=3.68$（m³）
3	素混凝土垫层	m³	0.54	依据：图9-4、图9-7
				$V=$长×宽×厚×数量
				长＝宽＝0.95 m
				厚＝0.10 m
				数量＝6
				$V=0.95×0.95×0.1×6=0.54$（m³）
4	钢筋混凝土基础	m³	1.35	依据：图9-4、图9-7
				$V=$长×宽×深×数量
				长＝宽＝0.75 m
				厚＝0.40 m
				数量＝6只
				$V=0.75×0.75×0.40×6=1.35$（m³）
5	人工回填土	m³	1.79	计算公式：人工回填土＝人工挖土－素混凝土垫层－钢筋混凝土基础
				$V=$计算式第2项－第3项－第4项
				＝3.68－0.54－1.35＝1.79（m³）
6	人工土方外运	m³	1.89	计算公式：人工土方外运＝素混凝土垫层＋钢筋混凝土基础
				（或＝人工挖土－人工回填土）
				$V=$计算式第3项＋第4项
				＝0.54＋1.35＝1.89（m³）
7	地坪素土夯实	m²	22.62	依据：图9-4、图9-5、图9-6
				$S=$长×宽
				长＝7.80 m
				宽＝0.70＋1.50＋0.70＝2.90（m）
				$S=7.80×2.90=22.62$（m²）
8	现浇钢筋混凝土柱 （C20） （Z柱）	m³	0.369	依据：图9-6、图9-7及工程量计算规则有关说明
				$V=$截面面积（$a×b$）×高度×数量
				截面面积：$a=b=0.16$ m
				高度＝0.10＋2.30＝2.40（m）
				数量＝6根
				$V=0.16×0.16×2.40×6=0.369$（m³）

序号	项目名称	单位	工程量	计 算 式
9	现浇钢筋混凝土梁	m³	0.456	依据：图9-4、图9-6、图9-8
	（C20）			计算公式：$V_净 = V_1 - V_2$（扣除部分）
	（Lb梁）			V_1 = 截面面积（$a \times b$）×长度×数量
				截面面积：$a = 0.25$ m，$b = 0.12$ m
				长度 = 3.0 + 3.0 + (0.40 + 0.50)×2 - 7.8 (m)
				数量 = 2根
				$V_1 = 0.25 \times 0.12 \times 7.8 \times 2 = 0.468$（m³）
				V_2 梁端扣除部分 = 三角形面积×厚度×数量
				$S_\triangle$ = 底×高÷2
				底 = 0.50 m，高 = 0.10 m
				$S_\triangle = 0.50 \times 0.10 \div 2 = 0.025$（m²）
				厚度 = 0.12 m
				数量 = 2端×2 = 4只
				$V_2 = 0.025 \times 0.12 \times 4 = 0.012$（m³）
				$V_净 = V_1 - V_2 = 0.468 - 0.012 = 0.456$（m³）
10	现浇钢筋混凝土系梁	m³	0.099	依据：图9-4、图9-6、图9-8
	（C20）			V = 截面面积（$a \times b$）×长度×数量
	（La梁）			截面面积：$a = 0.20$ m，$b = 0.12$ m
				长度 = 1.5 - 0.12×2÷2 = 1.38（m）
				数量 = 3根
				$V = 0.20 \times 0.12 \times 1.38 \times 3 = 0.099$（m³）
11	预制花架片	m³	0.847	依据：图9-7、图9-8
	（C20）			$V = V_净 \times$数量
	一次成型			$V_净 = V_单 - V_{扣除部分}$
				$V_单$ = 长×宽×高
				长 = 1.5 + 0.7×2 = 2.90（m）
				宽 = 0.07 m，高 = 0.22 m
				$V_单 = 2.90 \times 0.07 \times 0.22 = 0.044\,66$（m³）
				$V_{扣除部分}$ = 三角形面积×厚度×每根数量
				$S_\triangle$ = 底×高÷2
				底 = 0.70 - 0.16÷2 = 0.62（m），高 = 0.10 m
				$S_\triangle = 0.62 \times 0.10 \div 2 = 0.031$（m²）
				厚度 = 0.07 m
				每根数量 = 2端
				$V_{扣除部分} = 0.031 \times 0.07 \times 2 = 0.004\,34$（m³）
				$V_净 = 0.044\,66 - 0.004\,34 = 0.040\,32$（m³）
				数量 = 21根
				$V = 0.040\,32 \times 21 = 0.847$（m³）

序号	项目名称	单位	工程量	计 算 式
12	花架片安装	m³	0.847	计算工作量与第 11 项一致，不再计算
13	柱梁粉刷	m²	23.03	依据：图 9-4、图 9-6、图 9-8 $S=S_柱+S_{梁_a}+S_{梁_b}$ $S_柱=$截面周长×高度×数量 截面周长：$a=0.16×4=0.64$（m） 高度=2.30 m 数量=6 根 $S_柱=0.64×2.30×6=8.832$（m²） $S_{梁_a}=$截面周长×长度×数量 截面周长：$a=0.20$ m，$b=0.12$ m $(a+b)×2=(0.20+0.12)×2=0.64$（m） 长度=1.5-1÷2×Lb 宽×2=1.50-0.12=1.38（m） 数量=3 根 $S_{梁_a}=0.64×1.38×3=2.65$（m²） $S_{梁_b}=$截面周长×长度×数量 截面周长：$a=0.25$ m，$b=0.12$ m $(a+b)×2=(0.25+0.12)×2=0.74$（m） 长度=3.0×2+（0.40+0.50）×2 　　=6.0+1.8=7.80（m） 数量=2 根 $S_{梁_b}=0.74×7.8×2=11.544$（m²） $S=8.832+2.65+11.544=23.026$（m²）≈23.03（m²）
14	柱梁 803 刷白（二度）	10 m²	2.30	依据：计算书第 13 项有关数据 $S=S_柱+S_{梁_a}+S_{梁_b}$ $S_柱=8.832$ m² $S_{梁_a}=2.65$ m² $S_{梁_b}=11.544$ m² $S=8.832+2.65+11.544=23.026$（m²）≈23.03（m²） 23.03 m²÷10=2.30（10 m²）
15	花架片 803 刷白（二度）	10 m²	3.60	依据：图 9-6、图 9-8 $S=S_{单体}×$数量 $S_{单体}=6$ 个面面积之和（按矩形计） $a=2.90$ m，$b=0.22$ m，$c=0.07$ m $S_{单体}=(2.90×0.22+0.22×0.07+0.07×2.90)×2=1.713$(m²) 数量=21 根 $S=1.713×21=35.973$（m²）=3.597（10 m²） ≈3.60（10 m²）

序号	项目名称	单位	工程量	计 算 式
16	地坪素混凝土垫层 C15	m³	2.262	依据：图 9-4、图 9-6
				$V=$长×宽×厚
				长$=3.0×2+0.9×2=7.80$（m）
				宽$=1.5+0.7×2=2.90$（m）
				厚$=0.10$ m
				$V=7.80×2.90×0.10=2.262$（m³）
17	砂浆找平层	10 m²	2.26	依据图 9-6 及计算书第 16 项有关数据
	(1:3)			$S=$长×宽
	(2 cm 厚)			长$=7.80$ m
				宽$=2.90$ m
				$S=7.80×2.90=22.62$（m²）$=2.26$（10 m²）
18	砂浆找平层	10 m²	4.52	依据计算书第 17 项有关数据及子目 11-3-2 有关规定*
	(1:3)			2.26（10 m²）×2$=4.52$（10 m²）
	(增加 1 cm)			子目基价不变
19	磨石子地坪（无嵌条）	10 m²	2.26	同计算书第 17 项有关数据
20	磨石子踢脚线	10 m	2.14	依据图 9-6
				$L=$（长+宽）×2
				长$=7.80$ m
				宽$=2.90$ m
				$L=（7.80+2.90）×2=21.40$（m）$=2.14$（10 m）
21	柱基道渣铺设	m³	0.27	施工图外增设工程内容之一，依据计算书第 4 项有关数据
				$V=S×$厚度×数量
				$S=0.75×0.75=0.5625$（m²）
				厚度按常规为 0.08 m
				数量$=6$ 只
				$V=0.75×0.75×0.08×6=0.27$（m³）
22	地坪道渣铺设	m³	1.81	施工图外增设工程内容之二，依据计算书第 17 项有关数据
				$V=S×$厚度
				$S=22.62$ m²
				厚度按常规为 0.08 m
				$V=22.62×0.08=1.81$（m³）

＊子目 11-3-2 有关规定根据上海绿化定额《上海市园林建设工程预算定额（一九九三）及费用标准》。

编制单位：　　　　　　　　　　　　计算人：

表 9-16 园林建筑工程定额直接费预算表

工程名称：花架工程

序号	定额编号	项目名称	单位	工程量	单价/元	复价/元	人工费/元 定额	人工费/元 数量	材料费/元 定额	材料费/元 数量	机械费/元 定额	机械费/元 数量	人工费/工日 定额	人工费/工日 数量
1	2-7-1	平整场地	m²	81.42	0.608	49.50	0.608	49.50					0.056	4.56
2	2-2-1	人工挖土	m³	3.68	3.47	12.77	3.47	12.77					0.32	1.18
3	2-9-16	素混凝土垫层	m³	0.54	171.65	92.69	28.87	15.59	140.40	75.82	2.38	1.29	2.66	1.44
4	4-1-8	钢筋混凝土基础	m³	1.35	308.21	416.08	30.92	41.74	273.05	368.62	4.24	5.72	2.72	3.67
5	2-7-7	人工回填土	m³	1.79	3.27	5.85	2.71	4.85			0.56	1.00	0.25	0.45
6	2-8-1	人工土方外运	m³	1.89	3.69	6.97	3.69	6.97					0.34	0.64
7	2-7-2	地坪素土夯实	m²	22.62	0.119	2.69	0.098	2.22			0.021	0.48	0.009	0.20
8	4-2-1	现浇钢筋混凝土柱	m³	0.369	1 055.63	389.53	245.41	90.56	775.33	286.10	34.89	12.87	21.47	7.92
9	4-3-2	现浇钢筋混凝土梁 C20	m³	0.456	857.56	391.05	164.86	75.18	669.26	305.58	23.44	10.69	14.43	6.58
10	4-3-1	现浇钢筋混凝土系梁 C20	m³	0.099	1 001.55	99.15	218.58	21.64	752.39	74.49	30.59	3.03	19.11	1.89
11	4-13-10	预制花架片 C20	m³	0.847	474.02	401.49	99.64	84.40	361.31	306.03	13.07	11.07	8.42	7.13
12	4-14-5	花架片安装	m³	0.847	48.38	40.98	14.35	12.15	12.25	10.38	21.78	18.45	1.25	1.06
13	10-1-29	柱梁粉刷	m²	23.03	5.97	137.49	2.742	63.15	2.98	68.63	0.248	5.71	0.23	5.30
14	12-3-6	柱梁 803 刷白（二度）	10 m²	2.30	19.85	45.66	6.92	15.92	12.93	29.74			0.55	1.27
15	12-3-6	花架片 803 刷白（二度）	10 m²	3.60	19.85	71.46	6.92	24.91	12.93	46.55			0.55	1.98
16	11-1-12	地坪素混凝土垫层 C15	m³	2.262	171.85	388.72	17.76	40.17	152.57	345.11	1.52	3.44	1.58	3.57
17	11-3-1	砂浆找平层	10 m²	2.26	39.48	89.22	9.65	21.83	28.95	65.43	0.88	1.99	0.81	1.83
18	11-3-2	砂浆找平层	10 m²	4.52	9.50	42.94	2.02	9.13	7.30	33.00	0.18	0.81	0.17	0.77
19	11-4-4	磨石子地坪（无嵌条）	10m²	2.26	151.29	341.92	60.45	136.62	79.80	180.35	11.04	24.95	5.00	11.30
20	11-4-10	磨石子踢脚线	10m	2.14	51.99	111.26	39.78	85.13	8.49	18.17	3.63	7.77	3.29	7.04
21	2-9-9	柱基道渣铺设	m³	0.27	89.80	24.25	8.47	2.29	80.63	21.77	0.70	0.19	0.78	0.21
22	11-1-7	地坪道渣铺设	m³	1.81	69.43	125.67	7.34	13.29	61.59	111.48	0.64	1.16	0.66	1.19
		定额直接费小计				3 287.40		829.98		2 346.82		110.61		71.18

编制单位：

编制人：

根据表 9-1 规定可知，该工程为园林建筑工程，其他直接费费率为 3.5%。根据表 9-2 规定可知，该工程为园林小品工程，属园林建筑工程三类工程。根据表 9-4 规定可知，该工程的综合间接费费率为 9%。根据表 9-6 规定可知，该工程的利润率应为 6%。现假定开办费不计，税金以 3.41% 计取。计算主要材料补差（表 9-17），为 1446.65。根据表 9-8 计算花架工程造价（表 9-18）。

表 9-17　花架工程主材补差清单

序号	材料名称	规格	单位	指导价/元	预算价/元	差价/元	消耗量	补差额/元
1	水泥	425#	t	405.21	210.00	195.21	3.427	668.98
2	钢筋		t	2 840.52	2 089.70	750.82	0.229	171.94
3	垫铁		kg	5.41	4.55	0.86	1.626	1.40
4	钢模板		kg	4.26	3.13	1.13	18.462	20.86
5	钢支撑		kg	3.82	2.25	1.57	21.177	33.25
6	木成材		m³	1 144.35	1 082.14	62.21	0.001	0.06
7	木模材		m³	1 144.35	1 082.14	62.21	0.148	9.21
8	黄沙	中粗	t	54.03	38.37	15.66	6.212	97.28
9	碎石	5~25	t	62.52	39.03	23.49	2.782	65.35
10	碎石	5~40	t	62.52	37.33	25.19	7.515	189.30
11	碎石	5~70	t	57.77	34.49	23.28	0.446	10.38
12	白石子		t	65.65	73.35	-7.70	0.548	-4.22
13	光油		kg	13.50	11.51	1.99	3.658	7.28
14	石膏粉		kg	1.20	0.56	0.64	5.31	3.40
15	803 涂料		kg	8.51	1.26	7.25	23.60	171.10
16	硬白蜡		kg	3.60	2.78	0.82	0.696	0.57
17	清油		kg	15.28	11.51	3.77	0.134	0.51
18	合计							1 446.65

表 9-18　花架工程造价

序　号	项目名称		计　算　式	费　用
一	定额直接费			3 287.40
二	其他直接费		3 287.40×3.5%＝115.06	115.06
三	直接费小计		3 287.40＋115.00＝3 402.40	3 402.40
四	综合间接费		3 402.40×9%＝306.22	306.22
五	费用合计		3 402.40＋306.22＝3 708.62	3 708.62
六	利润		3 708.62×6%＝222.52	222.52
七	开办费		不做考虑	—
八	人工补差费		71.18×2.40＝170.83	170.83
九	流动施工津贴		71.18×2.50＝177.95	177.95
十	主要材料差价		见《花架工程主材补差清单》（表 9-17）	1 446.65
十一	次要材料差价		2 346.82×1.41%＝33.09	33.09
十二	机械费补差		110.61×100%＝110.61	110.61
十三	费用总计		3 708.62＋222.52＋170.83＋177.95＋1 446.65＋33.09＋110.61＝5 870.27	5 870.27
十四	其他费用	定额编制管理费	5 870.27×0.05%＝2.94	2.94
		工程质量监督费	5 870.27×0.15%＝8.81	8.81
		行业管理费	5 870.27×0.15%＝8.81	8.81
十五	税金		（5 870.27＋2.94＋8.81＋8.81）×3.14%	187.24
十六	园林建筑工程总造价		5 870.27＋2.94＋8.81＋8.81＋187.24＝6 078.07	6 078.07

花架工程的造价为人民币陆仟零柒拾捌元零柒分（￥6 078.07）。

实例9.3采用"2000年安徽省仿古建筑及园林工程估价表"和与之相适应的费用定额（以下简称"定额"）来表述园林绿化工程预算书的编制步骤。

【例9.3】 根据绿化设计施工图，编制绿化工程的苗木费、绿化工程定额直接费、绿化工程的工程造价。

先根据绿化种植图（图9-9）列出绿化工程所用苗木的规格、数量、单价，计算出苗木费用（表9-19）。

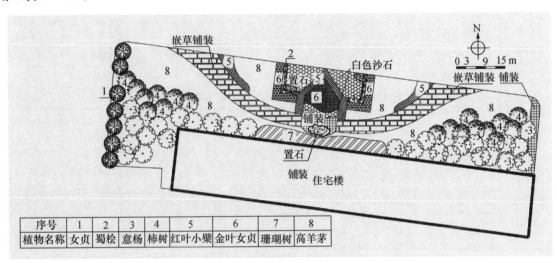

图9-9 绿化种植工程设计图

表9-19 绿化工程苗木材料费表

序号	植物名称	规 格				数量/株	单价/（元/株）	复价/元	备注
		高度/m	胸径/cm	冠径/cm	土球/cm				
1	女贞		3～4		40	7	22	154	
2	蜀桧	0.3～0.4		20～30	20	550	2.8	1 540	25株/m²
3	意杨		5～6			27	35	945	
4	柿树		5～6			18	60	1 080	
5	红叶小檗	0.3～0.4		20～30	20	2 228	1.3	2 896.4	25株/m²
6	金叶女贞	0.3～0.4		20～30	20	2 489	1.2	2 986.8	25株/m²
7	珊瑚树	1.5～1.6	3～4		40	103	16	1 648	1株/m²
8	高羊茅					1 180	3.5	4 130	播种（m²）
合计								15 380	

再根据苗木工程项目工程量和"2000年安徽省仿古建筑及园林工程估价表"，计算绿化工程的定额直接费（表9-20），其中苗木费为15 380.00元，人工费为9 300.58元，定额直接费为11 102.67元。

根据2000年安徽省仿古建筑及园林工程费用定额可知，该绿化工程为三类绿化工程，其他直接费费率为8%，现场经费费率为24.68%，间接费费率为16.99%，利润率为25%，税金以3.41%计取。绿化工程造价计算方式如表9-21所示。

表 9-20　园林绿化工程定额直接费表

定额编号	项　目	单位	数量	单价/元	合计/元	人工费/元
一、准备工作						
4-3	绿地	100 m²	11.8	12.92	152.46	152.46
4-9	整理绿化用地	100 m²	11.8	131.65	1 553.47	1 524.6
小计					1 705.93	1 677.06
二、栽植植物						
4-71	栽植乔木（带土球，直径40 cm以内）	10 株	0.7	44.38	31.07	30.75
4-72	栽植乔木（裸根，胸径6 cm以内）	10 株	4.5	31.46	141.57	139.54
4-122	栽植绿篱（双排，高度在40 cm以内）	10 延长米	52.67	16.72	880.64	871.16
4-127	栽植绿篱（双排，高度在150 cm以内）	10 延长米	12.88	69.29	892.46	882.02
4-140	草皮铺种（播种）	10 m²	118	25.24	2 978.32	2 957.65
小计					4 924.06	4 881.12
三、后期维护管理工作						
4-239	乔木	10 株	5.2	76.95	400.14	201.55
4-242	绿篱	10 m	65.55	29.24	1 916.68	1 016.29
4-244	草坪及地被植物	10 m²	118	18.27	2 155.86	1 524.56
小计					4 472.68	2 742.4
合计					11 102.67	9 300.58

表 9-21　园林绿化工程造价总表

单位：元

序　号	费用名称	计算方法	合价
（一）	直接费	A+B+C+D	29 522
	A：苗木费		15 380
	B：定额直接费		11 103
	C：其他直接费	定额人工费×8.00%=9 300.58×0.08=744	744
	D：现场经费	定额人工费×24.68%=9 300.58×0.246 8=2 295	2 295
（二）	间接费（三类）	定额人工费×16.99%=9 300.58×0.169 9=1 580	1 580
（三）	利润（三类）	定额人工费×25%=9 300.58×0.25=2 325	2 325
（四）	定额测定编制管理费	［（一）＋（二）＋（三）］×0.124%=33 427×0.001 24=41	41
（五）	税金	［（一）＋（二）＋（三）＋（四）］×3.41%=33 468×0.034 1=1 141	1 141
（六）	总造价	（一）＋（二）＋（三）＋（四）＋（五）	34 609

园林绿化工程总造价为人民币约叁万肆仟陆佰零玖元整（￥34 609）。

五、园林工程预算审核

（一）预算差错现象及原因

编制园林工程预算，难免会出现一些差错。造成预算差错的原因，一种是故意的，另一种是无意的。故意造成预算差错是施工单位为了获取高额利润，授意编制人员在预算编制中作假、算大、多算，俗称"掺水分"；无意造成预算差错是预算编制人员的业务水平差，有些较复杂的项目算不清。预算常见无意的差错如下：

1. 分部分项子目列错 分部分项子目的名称未按定额本上规定列详细，重项或漏项。重项是本来应该为一个子目而列成两个子目，漏项是应该列上的子目没有列上。

造成分部分项子目列错的原因是：施工图纸没有看详细，或没有看懂；对定额本上的分部分项子目不熟悉；没有看清各分部分项的工作内容；列分部分项子目时匆匆忙忙、疏忽大意。

2. 工程量算错 工程量算错有两种情况：一种是数字计算错误，或工程量的计量单位与定额表上所示计量单位不相符，如定额表上所示计量单位为 10 m³，工程量计算数字是 380 m³，则应在工程量计算表上的工程数量项中填 38，如在计量单位项中填 10 m³，而在工程数量项中填 380，则工程量就扩大了 10 倍。另一种工程量算错的原因是：没有看清施工图纸上所示具体尺寸，套用的计算公式不对，工程量计算过程中弄错数据，没有注意定额表上所示的计量单位。

3. 单价套错 在计取分部分项子目的人工费单价、材料费单价时没有套对定额，以致这三种费用的合价也算错。造成分部分项子目三种费用单价套错的原因是对定额不熟悉。

4. 费率取错 在计取其他直接费费率、现场经费费率、间接费费率、差别利润率、税率时，没有按规定计取，越级计取，套用费率大的定额。

造成费率取错的原因是：对当地执行的费用定额不熟悉，甚至不会计取，或园林工程级别定错。

5. 各项费用计算差错 对于直接费、其他直接费、现场经费、间接费、差别利润、税金等各项费用，在计算数字上有差错，以致整个工程总造价有错误。

造成各项费用计算差错的原因是：运算过程中疏忽大意，直接费汇总时有漏项现象，乘费率时弄错小数点。

（二）园林工程预算审核方法

施工单位编制好的工程预算应交给建设单位进行审核。建设单位接到工程预算后，应组织有关人员进行仔细审核，决不可一翻了事，随便签名。施工单位为了获取高额利润，常在工程预算上捣鬼。因为工程预（决）算是结算工程款的主要依据，建设单位如不警惕，糊里糊涂，找不出施工单位在工程预算中的虚假部分，就会被施工单位欺诈。

常用园林工程预算审核方法有以下几种，建设单位可根据具体情况任选其一。

1. 全面审核法 建设单位不参考施工单位编制的工程预算，另按施工图纸及定额本编制一份工程预算，与施工单位工程预算相对比，主要是对比分部分项工程名称及其工程量。两本预算上分部分项工程名称如有不同，则要研究到底是哪个单位列错了分部分项名称。同一分部分项工程的工程量应该是一样的，若两者工程量相差不到 2%，则认为是算对了，如两者工程量相差较大，则要重新算一下，弄清究竟是哪个单位算错了。

分部分项工程名称及其工程量对比完后，再对比直接费、其他直接费、现场经费、间接费、差别利润及税金等。若某项费用两者相差较大，则该项费用要重新计算一下，确定正确的费用。最后再对比一下工程总造价。

采用全面审核法审核工程预算，要求建设单位拥有编制工程预算的人才，人才的技术职称应达到经济师或工程师级。重编一份工程预算需要一定时间，要求建设单位接到施工单位的工程预算后，在距工程开工一个月时间前，完成工程预算全面审核。

2. 重点审核法 建设单位不另编制工程预算，在施工单位的工程预算中挑工程量大、单价高的分部分项工程，计算其工程量、人工费、材料费及机械费。建设单位计算出来的数值与施工单位的工程预算数值进行对比,如两者数值差异较大,应仔细重算一遍,看究竟是哪里算错了。

采用重点审核法审核工程预算,要求建设单位拥有懂工程预算的人才,对于工程中主要项目能够算出其工程量及各项费用,人才的技术职称至少是助理级。这种审核法只审查重点项目,不审次要项目,次要项目中如有问题就发现不了。

3. 抽签审核法 建设单位不另编工程预算,按施工单位编制的工程预算中各分部分项工程的序号,做成标签,随机抽取,抽出的标签数量不少于总项目的35%,按标签上所写的序号,审核该序号的分部分项工程名称及其工程量,计算人工费、材料费、机械费等。

采用抽签审核法的偶然性较大,抽上的不一定是重点项目,如重点项目有问题则难以发现。这种审核方法一般不予采用。

4. 委托审核法 建设单位无人可以承担工程预算审核工作时,可将施工单位编制的工程预算,送到当地的建设工程咨询服务部或审计事务所,委托他们进行工程预算审核,由他们审核后提出质疑或问题,建设单位再将这些问题与施工单位协商解决。建设单位将工程预算的审核委托出去,应付给承接预算审核的单位一定的审核服务费。

建设单位在工程预算审核中发现问题后,应与施工单位联系,找一个合适时间及地点,双方有关人员坐下来,逐条讨论研究或计算,纠正工程预算中存在的差错,剔除工程预算中的虚假部分。工程预算经施工单位改正错误后,建设单位应再看一道,确认已将错误改正,方可在工程预算书上签字认可。

六、工程决算

(一) 工程决算的作用

建设项目或单项工程竣工后,必须及时编制工程决算。工程决算是反映基本建设项目实际造价和建设效果的文件,办理交付验收的依据,为竣工验收报告的重要组成部分。工程决算是施工单位与建设单位结清工程费用的依据,是银行拨清建设余款的凭证。工程决算是施工单位统计完成生产任务工作量、竣工面积最可靠的资料,也是企业核算工程成本、计算全员产值的必要文件。工程决算可以与工程预算进行比较,发现工程决算比工程预算超出或节约的原因,分析这些原因,可为建设单位及施工单位提供总结工作的依据,以便不断总结经验,逐步提高设计水平与管理水平。

(二) 工程决算必备的原始资料

为了使工程决算符合实际情况,避免多算、少算、漏算等现象发生,在施工过程中,必须了解和掌握工程修改和变更情况,做好签证工作,为工程决算积累必备的原始资料。明确建设单位(甲方)与施工单位(乙方)的经济责任,加强经济核算工作,保证企业的合理收入。

工程决算的原始资料有以下四方面:设计单位修改或变更设计的通知单;建设单位有关工程的变更、追加、削减、修改的通知单;施工单位、设计单位、建设单位会签的图纸会审记录;工程签证单。

凡属施工图纸、施工图预算中未包括的费用,都要进行工程签证。如因设计不周,在施工中必须临时变更所增加或减少的工料费或停、窝工损失费用;甲方供应的设备、材料,因短缺配件,或因规格、品种不全等原因,必须进行调换、代用、加工和试验产生的费用等;由甲乙双方协商决定的变更项目,所增加或减少的工料费或停、窝工损失费用。

工程签证工作,建设单位由派出的代表参与,施工单位由工长或队长参与,具体办理签证手续。工程签证单式样如表9-22所示。

表 9 – 22　工程签证单

（引自朱维益、张少玮，市政与园林工程预算，2000）

建设单位	单位工程名称	变更原因及依据			总计净增减金额		
签证内容	定额编号	分项工程或费用名称	单位	增加部分			减少部分	
				数量	单价	金额	数量	单价	金额
甲　方：（公章） 主　管： 经办人：		乙方：（公章） 主　管： 经办人：		备注				

工程签证范围包括以下方面：施工现场内的障碍物清除费用；由于施工图纸到达晚点或由于甲方供料的影响产生的费用；经建设单位安排超越常规的赶工措施费，如夜间施工照明费及其设备摊销费，增加的材料费，由于赶工减少模板周转次数及其他增加费用等；新结构进行破坏或压损试验（指设计要求或甲方要求）的一切费用；由于施工总平面布置不周而发生的材料二次倒运损失费；甲方供应材料不及时或因规格或质量不符合要求而发生的调换、试验、加工、退货、代用及积压的损失费用、材料差价和增加费用；由于设计修改而影响施工单位的停工、返工损失费用，加工构件的积压或报废损失；因工地条件限制，材料、半成品需要二次搬运的运输台班费；工程停建，施工材料和机械搬迁的人工费和车辆台班费；因天气影响无法施工而造成停工的费用；不可抗拒的自然灾害，造成材料及其他损失费用等。

（三）工程决算编制方法

工程预算是根据施工图纸编制的，经过施工实践，竣工后的工程项目及其工程量，往往与施工图纸所示工程项目及其工程量不完全一致，这是由于施工过程中发生了工程变更，如某些项目增减、材料调换、未预见项目的发生等。只要有某一个项目变更，其人工费、材料费及机械费也随之变更。这样，整个工程的直接费也要变更，以直接费为计费基础的其他直接费、间接费、差别利润、税金等各项费用也应变更，该工程总造价亦与工程预算的总造价不同了。因此，在工程竣工后，经检查验收合格，必须根据竣工的工程项目实际情况编制工程决算。

工程决算是以工程预算为基础，以工程签证单所列增减部分为依据，修改变更项目的名称、工程量及其人工费、材料费和机械费，保留未变更项目的名称、工程量及其三项费用。全部修改后，再重算该工程的直接费、其他直接费、间接费、差别利润、税金等各项费用。重算的各项费用加起来就成为工程总造价，按重算的工程总造价结算工程款。这份修改、重算的预算就称为工程决算。

工程决算由施工单位编制，建设单位审核。建设单位如无能力审核，可委托当地审计事务所进行审计。

第三节 招投标与施工合同管理

一、招投标的方式

招投标是市场经济的产物，是期货交易的一种方式。推行工程项目招投标的目的，就是要在市场中建立竞争机制，实行工程项目招投标是培育和发展市场经济的主要环节，对促进我国社会主义市场经济体系的完善具有十分重要的意义。按我国现行体制，可把招投标分为三种方式：

1. 公开招标 公开招标是由招标单位通过各种通信手段（报刊、广播、电视、网络等）发布招标信息，对该项工程有意承包的单位均可参加资格审查，合格的承包单位可购买招标文件，并参加投标的招标方式。这种招标方式的优点主要是承包单位多、竞争激烈、招标单位选择余地较大，有利于提高工程质量及缩短工期，降低工程造价。但由于投标单位多，故组织工作复杂，所需时间较长，因而这种招标方式适用于工艺、结构复杂且投资较大的大型工程建设项目。

2. 邀请招标 邀请招标是由招标单位根据自己所掌握的各种信息资料，向有承担该项工程施工能力的 3 个以上（通常为 5~7 个）承包单位发出招标邀请函，收到邀请函的单位才有资格参加投标的招标方式。它的优点在于可使目标相对集中，工作量较小，时间较短。但它的竞争性较差，招标单位对投标单位的选择余地较少，有时会失去发现最适合承担该项目的承包单位的机会。

以上两种招标方式都必须按招标文件的规定进行投标。

3. 议标 议标是通过直接邀请某些承包单位进行协商选择承包单位的招标方式，基本不具有竞争性，它通常用于军事保密工程或紧急抢险救灾工程。

图 9-10 公开招标程序流程

二、招投标的程序

招投标是一个整体活动，涉及招标单位（业主）和承包单位两个方面。招标作为整体活动的一部分，主要是从招标单位（业主）的角度揭示其工作内容，但同时又需注意到招标与投标活动的关联性，不能将两者分离开来。而投标是投标单位根据招标文件的要求，按照所规定的步骤进行投标。招标是一个择优的过程，由于工程的性质和招标单位的评价标准不同，择优可能有不同的侧重面，一般包含以下四个主要方面：较低的价格、先进的技术、优良的质量、较短的工期。

其中第一项即为常说的经济标，后三项为所说的技术标。招标单位通过招标，从众多的投标者中进行评选，既要从其突出的侧重面进行衡量，又要综合考虑上述四个方面的因素，最后确定中标单位。

（一）招标程序

招标程序是指招标活动的逻辑关系，不同的招标方式具有不同的活动内容。

1. 公开招标程序 公开招标分为 6 个步骤：建设项目报建；编制招标文件；投标者的资格预审；发放招标文件；开标、评标与定标；签订合同（图 9-10）。

（1）建设工程项目报建。根据《工程建设项目报建管理办法》的规定，凡在我国境内投资兴建的工程建设项目，都必须实行报建制度，接受当地建设行政主管部门的监督管理。它是建设单位招标活动的前提。

（2）审查建设单位的资质。审查建设单位是否具备招标条件，不具备有关条件的建设单位需委托具有相应资质的中介机构代理招标，且建设单位要与中介机构签订委托代理招标的协议，并报招标管理机构备案。

（3）招标申请。招标单位填写"建议工程招标申请表"，并经上级主管部门批准后，连同"工程建设项目报建审查登记表"报招标管理机构审批。

（4）资格预审文件、招标文件的编制与送审。公开招标时，要求进行资格预审的，只有通过资格预审的施工单位才可以参加投标。

（5）发布资格预审通告、招标通告。公开招标可通过报刊、广播、电视、网络等发布"资格预审通告"或"招标通告"。

（6）资格预审。对申请资格预审的投标人送交填报的资格预审文件和资料进行评比分析，确定合格的投标人名单，并报招标管理机构核准。

（7）发放招标文件。将招标文件、图纸和有关技术资料发放给通过资格预审且获得投标资格的投标单位。投标单位收到招标文件、图纸和有关资料后，应认真核对，核对无误后，应以书面形式予以确认。

（8）现场勘察。招标单位组织投标单位进行现场勘察的目的在于了解工程场地和周围环境情况，以获取投标单位认为有必要的信息。

（9）招标预备会。招标预备会的目的在于澄清招标文件中的疑问，解答投标单位对招标文件和现场勘察中所提出的疑问和问题。

（10）工程标底的编制与送审。招标文件的商务条款一经确定，即可进入标底编制阶段。标底编制完后将必要的资料报送招标管理机构审定。

（11）投标文件的接收。投标单位根据招标文件的要求，编制投标文件，并进行密封和标志，在投标截止时间前按规定的地点递交至招标单位。招标单位接收投标文件并将其秘密封存。

（12）开标。在投标截止日期后，按规定时间、地点，在投标单位法定代表人或授权代理人在场的情况下举行开标会议，按规定的议程进行开标。

（13）评标。由招标代理、建设单位上级主管部门协商，按有关规定成立评标委员会，在招标管理机构监督下，依据评标原则、评标方法，对投标单位的报价、工期、质量、主要材料用量、施工方案或施工组织设计、以往业绩、社会信誉、优惠条件等方面进行综合评价，公正、合理、择优选择中标单位。

（14）定标。中标单位选定后由招标管理机构核准，获准后招标单位发出"中标通知书"。

（15）签订合同。建设单位与中标单位在规定的期限内签订工程承包合同。

2. 邀请招标程序　邀请招标是直接向适于本工程施工的单位发出邀请，其程序与公开招标大同小异。其不同点主要是没有资格预审的环节，而增加了发出投标邀请书的环节（图9-11）。这里的发出邀请书，是指招标单位可直接向有能力承担本工程的施工单位发出投标邀请书。

图9-11　邀请招标程序流程

（二）投标程序

1. 投标程序　已经具备投标资格并愿意投标的投标单位，可以按照图9-12所列步骤进行投标。

2. 投标过程　投标过程是指从填写资格预审表开始，到将正式投标文件送交招标单位为止的过程。这一阶段工作量较大，时间紧迫，一般需完成下列各项工作：填写资格预审调查表，

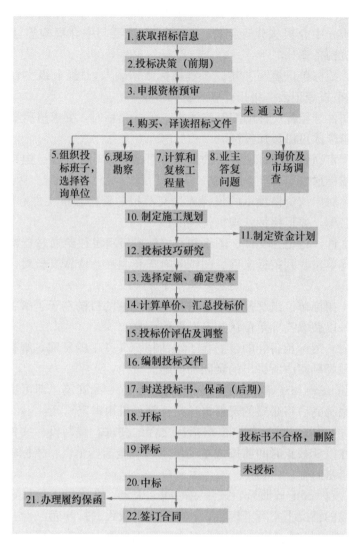

图 9 - 12　投标工作流程

申报资格预审；资格预审通过后，购买招标文件；组织投标班子；进行投标前调查与现场考察；选择咨询单位；分析招标文件，核对工程量，编制施工组织设计文件；工程估价，确定利润方针，计算和准确报价；编制投标文件；办理投标担保；递送投标文件。

三、投标文件的编制与组成

（一）投标文件的编制

投标文件是承包商参与投标竞争的重要凭证，是评标、决标和订立合同的依据，是投标单位整体素质的综合反映和决定投标单位能否取得经济效益的重要因素。

1. 编制投标文件的准备工作

（1）组织投标的专门小组，确定编制人员。

（2）认真、细致地阅读投标书附件等各个招标小文件。

（3）根据图纸审核工程量表的分项分部工程的内容和数量。如发现"内容""数量"有误，在收到招标文件 7 d 内以书面形式向招标人提出。

（4）收集行政管理定额标准、取费标准及各类标准图集，并掌握政策性调价文件。

2. 投标文件的编制　根据招标文件及工程技术规范要求，结合项目施工现场条件编制《施工组织设计》和《投标报价书》。投标文件编制完成后应仔细核对和整理成册，并按招标文件要求进行密封和标志。递标不宜太早，一般在规定的截止日期前 1～2 d 密封送交指定地点，要避免因为细节的疏忽和技术上的缺陷而使投标书无效。

（二）投标文件的组成

投标文件由下列内容组成：

（1）投标书及其附件。这部分内容通常都在招标文件中提供统一的格式，投标单位按招标文件的统一要求进行填报，它是对双方均具有约束力的合同的重要部分。

（2）投标保证金。投标保证金是投标文件的一个组成部分，可以是现金、支票、汇票和在中国注册的银行出具的银行保函。对于未中标的投标单位，投标保证金一般最迟不超过投标有效期满后的 14 d 予以退还。中标单位的投标保证金在按要求提交履约保证金并签署合同协议后，予以退还。

（3）法定代表人资格证明书。

（4）授权委托书。

（5）具有标价的工程量清单与报价表。

（6）施工规划。列出各种施工方案及其施工进度计划表，有时还需列出人力、物资机械设备等计划表。

（7）辅助资料表。为了进一步了解投标单位对工程施工人员、机械和各项工作的安排情况，便于评标时进行比较，同时便于招标单位在工程实施过程中安排资金计划，在招标文件中统一拟定各类表格或提出具体要求让投标单位填写或说明。

（8）资格审查表。通过资格预审时，则不需要此表。

（9）对招标文件中的合同协议条款内容的确认和响应。

（10）按招标文件规定提交的其他资料。

四、投标报价的组成

投标报价的费用组成与现行概（预）算文件中的费用构成基本一致，主要有直接费、间接费、计划利润、税金以及不可预见费等。两者之间也有区别。投标报价可根据本企业实际情况进行计算，不用按规定的费率进行，更能体现企业的实际水平。它可以根据施工单位对工程的理解程度，在预算造价上上下浮动，无须预先送建设单位审核。投标报价费用的基本组成如下：

1. 直接费　在工程施工中直接用于工程实体上的人工、材料、设备和施工机械使用等费用的总和。由人工费、材料费、设备费、施工机械费、其他直接费和分包项目费用组成。

2. 间接费　组织和管理工程施工所需的各项费用，主要由施工管理费和其他间接费组成。包括临时设施费、远程工程增加费等。

3. 利润和税金　按照国家有关部门的规定，建筑施工企业在承担施工任务时应计取的利润，以及按规定应计入建筑安装工程造价内的营业税、城市维护建设税及教育费附加。

4. 不可预见费　可由风险因素分析予以确定，一般在投标时可按工程总成本的 3%～5% 考虑。

五、投标报价的策略

（一）主、客观因素

投标单位要想中标得到承包工程，又要从承包工程中赢利，就需要研究投标策略。它来自于承包单位的经验积累，对客观规律的认识和对实际情况的了解，也有决策的能力和魄力。

1. 主观条件 要从自身的各项业务能力和能否适应投标工程的要求进行衡量，主要考虑以下方面：工人和技术人员的操作技术水平；机械设备状况；设计能力；对工程的熟悉程度和管理经验；竞争的激烈程度；材料的交货条件；对本企业的影响；对以往类似工程的经验。

2. 客观因素 除企业自身的主观条件外，还需了解企业以外的各种客观因素，主要考虑以下几个方面：现场地上、地下条件（地形、交通、电源等）；业主及其代理工程师的基本情况；材料、机械设备等来源和市场价格；专业分包队伍的基本情况；各种贷款、担保费用的相关情况；各种法规，尤其是当地法规；竞争对手的情况。

充分掌握了这些主、客观因素，大部分的条件都符合要求，即可初步做出可以投标的判断。

（二）投标的基本策略

在分析主、客观情况后，就需确定一定的投标策略，以增加中标概率，而又能达到赢利的目的，常见的投标策略有以下几种：

1. 提高经营管理水平 做好施工组织设计，合理安排工期，提高管理人员的管理水平和技术人员的专业水平，从而有效地降低工程成本而获得较大的利润。

2. 改进设计和缩短工期 善于发现原设计图纸的不合理之处，提出降低造价的修改设计建议，或比规定的工期有所缩短，对业主是很有吸引力的。

3. 适当降低利润 在任务不足时，可适当降低企业利润，建立良好的信誉，为今后的发展打下良好的基础。

4. 加强索赔管理 低报价着眼于施工索赔，也可赚到高额利润，但这种方法并不是所有地区都可用。

以上这些策略可以综合运用，灵活掌握，以达到更佳的效果。

（三）投标中的作价技巧

投标策略一经确定，就要具体反映到作价上，而作价也有技巧，两者必须相辅相成。作价技巧是一个不可忽视的内容，运用得好与坏，是否得法，在一定程度上可以决定工程能否中标和赢利。下面是一些可供参考的做法：

（1）对施工条件较差、造价较低或本企业在施工上有专长的工程，报价可高一些；而对于工程量较大、工艺较简单的工程或竞争对手较多时，报价可低一些。

（2）工程的特殊性较强，报价可高一些；工程较普通，报价宜低。

（3）在不提高总标价的前提下，对能先拿到钱的项目，单价可定得高一些；对后期的项目，单价可适当降低。

（4）图纸不明确或有错误、估计今后会修改的项目，单价可提高；工程内容说明不清楚的，单价可降低。这样做有利于以后的索赔。

（5）可利用自己掌握的先进技术，采用提供选择性方案的策略，通常可以获得建设方的重视。

第四节　施工组织设计

一、施工组织设计的作用与分类

施工组织设计是用来指导拟建工程施工全过程中各项活动的技术、经济和组织的综合性文件，它是用来指导整个施工的总的纲领性文件。在整个施工过程中，都应遵循施工组织设计中的施工方案、质量措施和施工进度计划，从而确保整个工程保质、保量、定期、有条不紊地完成。它是根据国家、地方或业主对拟建工程的要求、施工设计图纸和施工组织设计的编制依据，从施工全过程中的人力、物力、时间、空间及技术、安全措施等五个要素着手，对人力与物力、专业与协作、时间排列、空间布置、供应与消耗等方面进行科学、合理的部署，从而达到资源消耗少、时间短、质量高的工程效果。

（一）施工组织设计的作用

施工组织设计是对拟建工程施工的全过程实行科学管理的重要手段，它的作用主要有以下几点：

（1）可以根据拟建工程的具体施工条件做出全面考虑，扬长避短地拟定出合理的施工方案，明确施工顺序及施工方法。

（2）可以合理统筹安排施工进度、劳动组织、机械设备计划，保证工程按期交工。

（3）可使施工单位提前掌握人、机、料使用上的先后顺序，合理、全面地安排资源的供应与消耗。

（4）可以事先预计施工中可能发生的意外情况，做出合理的准备和预防措施，为施工单位实施施工准备工作和计划提供依据。

（5）可以把施工单位与协作单位及部门之间、阶段之间和过程之间的关系更好地协调起来。

（6）可保证施工的顺利进行，取得好、快、省和安全的效果。

（二）施工组织设计的分类

施工组织设计有不同的分类方法，根据设计阶段、编制对象、使用时间和编制内容的不同，大体可分为：

1. 按设计阶段的不同分类

（1）初步施工组织条件设计（施工组织、设计大纲）。

（2）施工组织总设计。

（3）单位工程施工组织设计。

2. 按编制对象范围的不同分类

（1）施工组织总设计。

（2）单位工程施工组织设计。

（3）分部、分项工程施工组织设计。

3. 按编制内容的繁简程度的不同分类

（1）完整的施工组织设计。

（2）简单的施工组织设计。

现在在施工中所说的施工组织设计，一般都是单位工程施工组织设计。

二、施工组织设计的内容和编制

（一）施工组织设计的内容

一份完整的施工组织设计，应包括以下几个方面：工程概况及其施工特点分析；施工方案的选择；单位工程施工准备工作计划；单位工程施工进度计划；各项资源需要量计划；单位工程施工平面图设计；质量、安全、节约及冬雨季施工的技术组织保证措施；主要技术经济指标；结束语。

其中，工程概况是根据施工图纸，结合现场实际勘察情况和调查资料，简练、重点突出地概括工程的全貌，对施工的难点更应重点说明。施工特点分析是指出施工中的关键问题，以便在今后的各项工作中以及在施工准备工作上采取有效措施，使施工得以顺利进行。

（二）施工组织设计的编制

1. 编制依据　单位工程施工组织设计的编制依据有以下几个方面：根据业主及招标文件，或主管部门的批示文件的要求；根据施工图纸和设计单位的要求，根据图纸会审和设计答疑来体会设计单位的设计意图；企业内部对该项工程的安排和规定的各项指标；各种资源配备状况，人、机、料的供应能力和来源情况；业主（建设单位）所提供的"三通一平"的情况及搭建临舍情况；施工现场所具备的施工条件，以及地上、地下的勘察资料；国家、地方和行业协会所提供的预算定额、施工验收规范、质量标准、验收评定标准、操作规程等是确定施工方案、编制进度计划等的主要依据。

2. 编制程序　施工组织设计要根据合同工期和有关国家和行业的规定进行编制。对施工难度大及采用新技术的工程项目，要召开专业性较强的专门会议进行研究。要充分发挥各职能部门的作用，利用本企业的技术和管理经验，扬长避短，合理地进行工序交叉配合的程序设计。在方案完整地提出后，还要进行专门讨论，认真研究每项内容，修改后形成正式文件，注明编制人，送交上级主管部门审批。

单位工程施工组织设计的编制程序如图9-13所示。

3. 施工组织设计编制中应注意的问题

（1）施工顺序应遵循先地下、后地上，先主体、后围护，先结构、后装饰，先土建、后绿化（季节有特殊要求的除外）的程序。

（2）施工顺序的确定考虑以下因素：遵循施工程序；符合施工工艺；与施工方法一致；按照施工组织的要求；考虑施工安全和质量；考虑当地气候的影响。

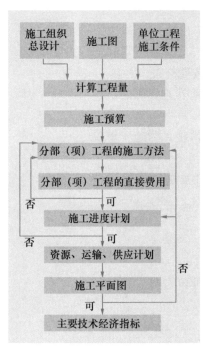

图9-13　单位工程施工组织设计的
　　　　　编制程序

（3）施工方法的选择要切合实际，选用自己比较熟悉、有把握、投资少的施工方案。

（4）劳动力的选用应考虑到窝工及遣散的问题。

（5）施工机械的选择要充分考虑利用本单位现有机械设备。

（6）施工进度计划安排要合理，各工序之间要紧密联系，充分利用有限的工期和场地，统筹安排。

三、施工方案与施工进度计划的编制

施工方案的选择与施工进度计划安排是施工组织设计中的主要内容，也是指导施工的重要依据，它的合理与否将直接影响工程的施工效率、质量、工期和技术经济效果，必须引起足够的重视。

（一）施工方案的编制

1. 施工顺序的确定　单位工程的施工程序一般为：接受任务阶段→准备阶段→施工阶段→验收阶段。每一阶段都必须完成规定的工作内容，为下一阶段工作创造必要的施工条件。

2. 施工方法的选择　选择施工方法时，应着重考虑影响整个单位工程施工的分部分项工程，或工程量较大的分部分项工程。对于按照常规做法和工作较为熟悉的分项工程，主要是套用已成文的施工技术规范和操作规程，但应注意特殊问题的提出和解决方案。对于在单位工程中占重要地位的分部（分项）工程、施工技术复杂或采用新技术、新工艺及对工程质量起关键作用的分部（分项）工程和不太熟悉的特殊工程或由专业施工单位施工的特殊专业工程的施工方法，做详细、具体的编写，并要提出具体数据和可行性分析，以达到指导施工的目的。通常，施工方法选择的内容有：

（1）土方工程。土方工程量的计算及土方施工机械的选择；土方来源及绿化用土的土质要求；土方平衡的调配方案。

（2）土建工程。混凝土基础和钢筋混凝土基础施工的技术要求；基础施工的施工方法及施工机械的选择；砌筑工程的砌筑方法和质量要求；面层铺装的各个分项工程施工的操作要求；水、电安装与调试的技术规范；其他建筑小品（假山、水池、喷泉、亭、棚架等）的专业施工要求。

（3）绿化工程。苗木的来源及苗木质量要求；种植要求及种植技术规范；种植后的各种保护措施；养护工序及养护要求，以及养护技术等级标准。

3. 施工机械的选择

（1）首先应根据工程特点选择适宜的主导工程的施工机械。

（2）各种辅助机械或运输工具应与主导机械的生产能力协调配套，以充分发挥主导机械的效率。

（3）机械的种类和型号尽可能要少一些，以利于机械管理。

（4）机械选择应考虑充分利用施工单位现有机械。

（二）施工进度计划的编制

1. 施工进度计划的作用　控制单位工程的施工进度，保证在规定工期内完成合乎质量要求的工程任务；确定单位工程的各个施工过程的施工顺序、施工持续时间及相互衔接和合理配合关系；为编制季度、月度生产作业计划提供依据；是确定劳动和各种资源需要量计划和编制施工准备工作计划的依据。

2. 编制依据　编制施工进度计划，主要依据下列资料：总平面图、地形图及各种标准图等技术资料；工期要求及开、竣工日期；人、机、料的供应条件及分包单位的情况；重要分部分项的施工方案、质量及安全措施等；各种施工定额及以往所积累的施工经验；工程合同等有关要求和资料。

3. 编制方法

（1）划分施工过程。划分施工过程要粗细得当，结合所选择的施工方案，避免工程项目划分过细、重点不突出，对专业施工队施工的项目，只反映出与主体工程如何配合即可，然后所有施工过程大致按施工顺序先后排列。

（2）计算工程量。计算单位与现行定额手册中规定单位一致，根据选定的施工方法和安全技术要求，结合施工组织要求，分区、分项、分段、分层计算工程量。

（3）确定劳动量和机械台班数量。可查阅定额，取其平均值，参考类似项目或实测，并结合工地具体情况，以占总量的百分比来计算。

（4）确定各施工项目的施工天数。根据项目部计划配备在该分部分项工程上的施工机械数量、各专业施工队人数以及工期倒排进度来确定。

（5）编制施工进度计划的初始方案。主要施工阶段组织流水施工，配合主要施工阶段，安排其他施工阶段的施工进度，安排工艺、工序间的合理穿插，采用平行作业法，将各施工阶段最大限度地搭接起来，得出施工进度计划的初始方案。

（6）施工进度计划的检查与调整。主要检查施工顺序搭接是否合理，总工期能否满足规定工期，主要工种工作能否连续、均衡施工，机、料的利用是否均衡、充分等，并做出适当改进与调整。

第五节　施工项目管理

一、施工项目管理的内容与方法

施工项目管理是为了使施工项目取得成功（满足所有质量要求、所规定的时限、所批准的费用预算）所进行的全过程、全方位的规划、组织、控制与协调，是在施工项目的周期内，用系统工程的理论、观点和方法进行科学的管理，从而按施工项目既定的质量要求、工期要求、投资总额、资源限制和环境条件，圆满地实现施工项目的目标。因此，施工项目管理者是施工企业，管理的对象是施工项目，管理的内容是一个在长时间进行的有序过程，而且要求强化组织协调工作。它与建设项目管理在任务、内容和范围上都是有所不同的。

（一）施工项目管理的内容

施工项目管理的主体是以项目经理为首的项目部，客体是具体的施工对象、施工活动及相关生产要素。它的内容包括：

1. 建立施工项目管理组织　在选聘称职的项目经理、选用适当的组织形式、遵守企业规章制度的前提下，组建施工项目管理机构，明确相互间的责、权、利关系，制定施工项目管理制度。

2. 进行施工项目管理规划　通过对工程项目的分解，确定阶段控制目标，建立施工项目管理工作体系，编制施工管理规划，确定管理点，用于执行和指导施工，并形成文件——施工组织设计。

3. 进行施工项目的目标控制　实现各项目标是施工项目管理的目的所在。因此要以控制论原理和理论为指导，对进度目标、质量目标、成本目标、安全目标和施工现场目标进行全过程的科学控制。

4. 对施工项目的生产要素进行优化配置和动态管理　施工项目的生产要素是施工项目目标得以实现的保证，通过对各项生产要素特点进行分析，按照一定的原则和方法对施工项目生产要素进行优化配置，以实现对施工项目的各项生产要素进行动态管理。

5. 施工项目的合同管理　施工项目的管理是从招投标开始，并持续于项目管理的全过程，依法签订合同，进行履约经营。因此，为取得经济效益，为索赔提供充分的证据，合同的管理要予以高度重视。

6. 施工项目的信息管理　现代化的管理要依靠信息，进行施工项目管理和施工项目目标控制、动态管理，要应用计算机辅助管理。

（二）施工项目管理的方法

施工项目管理分为进度管理法、质量管理法、成本管理法、安全管理法、现场管理法等。施工项目管理方法是施工项目管理的灵魂和动力，不同的管理目标分别选用有针对性的方法，并要贯彻灵活性的原则，还要具有坚定性和开拓性，才能把施工项目管理好。具体步骤为：研究管理任务，明确其专业要求和管理方法应用目的；调查进行该项管理所处的环境，以便对选择管理方法提供决策依据；选择适用、可行的管理方法，应专业对路，能实现任务目标，条件允许；对所选方法在应用中可能遇到的问题进行分析，找出关键所在，制定保证措施；在实施该选用方法的过程中加强动态控制，解决矛盾，使之产生实效；在应用过程结束后，进行总结，以提高管理方法的应用水平。

二、施工前的准备工作

工程项目施工准备工作是生产经营管理的重要组成部分，是对拟建工程目标、资源供应和施工方案进行选择，及其空间和时间排列等进行施工决策的依据。

（一）施工准备工作的作用及其分类

施工准备工作是为拟建工程的施工建立必要的技术和物质条件，统筹安排施工力量和施工现场所做的前提准备，是施工企业搞好目标管理、推行技术经济指标的重要依据，是使工程顺利进行的根本保证。做好施工准备工作，对加快施工速度、提高工程质量、降低工程成本以及获得经济效益和社会信誉等方面有着深远的意义。

施工准备工作主要可分为：

1. 范围不同的分类 全场性施工准备；单位工程施工准备；分部、分项工程作业条件准备。

2. 阶段不同的分类 开工前的施工准备；各施工阶段前的施工准备。

（二）施工准备工作的内容

1. 技术准备

（1）熟悉、审查施工图纸和有关的设计资料。图纸依据即总平面图、竖向图、城市规划等资料文件以及施工验收规范和有关技术规定；图纸的设计目的，即需要做出怎样的最终效果；图纸的内容是否完整、齐全，与说明书的内容是否一致，比例、尺寸、坐标、标高、技术要求是否准确；审图的程序为自审、会审、答疑、签证。

（2）原始资料的调查分析。包括自然条件的调查分析、技术经济条件的调查分析。

（3）编制施工图预算和施工预算。

（4）编制施工组织设计。

2. 物资准备

（1）物资准备工作的内容。包括土建、水电、绿化材料的准备，成品、半成品的加工准备，施工机具的准备，生产工艺设备的准备。

（2）物资准备工作的程序。拟定需要量计划；签订物资供应合同；拟定运输计划和方案；拟定进场时间和存储计划。

3. 劳动力组织准备 建立管理机构，确定领导人选；建立精干的施工队组；组织劳动力进场；进行施工技术交底；健全各项管理制度及奖惩措施。

4. 施工现场准备 做出施工场地的测量工作；搞好"三通一平"；建造临时设施；安装调试施工机具；做好材料的存放工作；提供材料的试验申请计划；做好冬雨季施工安排；设置消防、安保等安全设施。

5. 施工的场外准备 协调好与各有关部门的关系；材料的加工和订货；签订分包合同；向上级提交开工申请报告；熟悉现场周围的设施及交通路线。

三、施工过程中的质量控制

施工是形成工程项目实体的过程，也是形成最终产品质量的重要阶段。所以，施工阶段的质量控制是工程项目质量控制的重点。

（一）质量控制的原则

因为因素较多，容易产生变异，导致判断错误，有时检查不能拆卸，或受投资、进度等的制约，因此，要掌握如下的质量控制原则：以人的工作质量为核心确保工程质量，坚持"质量第一，用户至上"；严格控制投入品的质量；全面控制施工过程，重点控制工序质量；严把分项工程质量检验评定关，做到坚持质量标准，严格检查，一切用数据说话；要做到"以预防为主"，把问题消灭在萌芽状态；严防材料、操作、设备等出现问题造成系统性因素的质量变异。

（二）质量控制的过程

施工项目的质量控制是从工序质量到分项工程质量、分部工程质量、单位工程质量的系统控制过程（图9-14）。

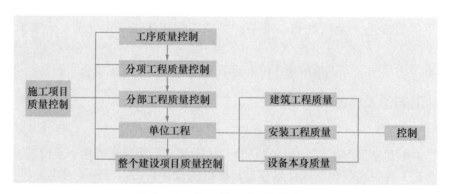

图9-14　施工项目质量控制过程

（三）质量因素的控制

影响施工项目质量主要的因素为人、机、料、方法、环境等五大因素，事前对这五方面的因素严加控制，是保证施工项目质量的关键。

1. 人的控制　加强专业技术培训，健全岗位责任制，对技术复杂、难度大、精度高的工序或操作，应由技术熟练、经验丰富的工人来完成。严格禁止无技术资质的人员上岗操作，对不懂装懂、图省事、碰运气、有意违章的行为，必须及时制止。

2. 材料的控制　严格检查验收材料，正确合理地使用材料，避免混料和将不合格的材料使用到工程上。

3. 机械的控制　选用适宜的机械设备，正确使用、管理和保养，健全人机固定制度、安全使用制度和机械设备检查制度等，确保机械设备处于最佳使用状态。

4. 方法的控制　主要使用切合工程实际、能解决施工难题、技术可行、经济合理、有利于保证质量的施工方法。

5. 环境的控制　施工现场应建立文明施工的环境，保证材料堆放有序，道路畅通，工作场所清洁整齐。

（四）施工项目质量控制的方法

1. 审核有关技术文件、报告或报表　包括施工组织设计、材料质量检验报告、各项质量检查报告、质量问题的处理报告及质量动态的统计资料和控制图表等有关文件报告的审核。

2. 现场质量检查　对于开工前、工序交接、隐蔽工程、复工前、分部分项工程完工后及成品保护等方面，利用目测法、实测法及试验检查等方法，认真、细致、全面地进行预检、隐检、巡检和交接检，发现问题及时处理或返工，确保无质量问题后，再进行下一步工序的施工。

（五）质量检验评定标准与验收方法

1. 评定标准

（1）保证项目。保证项目是涉及结构安全或重要使用性能的分项工程，应全部满足标准规定的要求。

（2）基本项目。基本项目对结构的使用要求、使用功能、美观等都有较大的影响，必须通过抽检来确定是否合格，是否达到优良的工程标准。

（3）允许偏差项目。一般操作水平允许有一定偏差，但偏差值必须在规定的范围内。

2. 评定等级

（1）合格。保证项目必须符合相应质量检验评定标准的规定；基本项目抽检应符合相应质量检验评定标准的合格规定；允许偏差项目抽检点数中，70％以上在允许偏差范围内。

（2）优良。保证项目必须符合相应质量检验评定标准的规定；基本项目抽检应符合相应质量检验评定标准的合格规定，其中50％以上符合优良规定；允许偏差项目抽检点数中，90％以上在允许偏差范围内。

3. 验收方法　按照标明的各项标准，合格用"○"，优良用"√"，不合格用"×"，然后通过统计，计算得出等级标准。

四、施工过程中的进度控制

施工项目进度控制是指在既定的工期内，编制出最优的施工进度计划，在执行该计划的施工中，经常检查施工实际进度情况，并将其与计划进度相比较，若出现偏差，分析产生的原因和对工期的影响程度，找出必要的调整措施，修改原计划，不断地如此循环，直至工程竣工验收。施工项目进度控制的总目标是确保施工项目的既定目标工期的实现，或者在保证施工质量和不增加施工实际成本的条件下，适当缩短施工工期。

（一）影响施工项目进度的因素

1. 有关单位的影响　图纸不及时或有错误，设计方案经常变动，材料、设备不能按期供应，质量不能符合要求，资金不能保证等，都将对施工进度造成影响。

2. 施工条件的变化　地上、地下条件与图纸不符以及狂风、暴雨等自然条件的变化，都会使工期受到不同程度的影响。

3. 技术失误　技术措施不当、技术事故的发生、不能保证质量等都能影响施工进度。

4. 施工组织、管理不利　劳动力与施工机械调配不当、施工平面布置不合理等都将影响整个施工进度。

5. 意外事件的出现　战争、火灾、重大人身安全事故的出现，都会对施工进度带来极大的影响，甚至停工。

（二）施工进度的检查

经常、定期地跟踪检查施工实际进度情况，确定实际进度与计划进度之间的关系，在施工进度的控制中是必不可少的工作。主要需要做以下工作：跟踪检查实际施工进度；整理统计检查数据；对比实际进度与计划进度；处理实际进度与计划进度之间的偏差。

（三）施工进度的比较与调整

施工进度的比较方法通常有五种：横道图比较法、S形曲线比较法、香蕉形曲线比较法、前锋线比较法、列表比较法。在施工中常用横道图比较法，这种方法简明、形象和直观，编制方法简单，使用方便。

在比较施工进度后，若实际进度与计划进度有偏差，就要对施工进度计划做出相应的调整，具体步骤如下：

（1）分析进度偏差的工作是否为关键工作。

（2）分析进度偏差是否大于总时差（总时差是在不影响总工期的条件下，各项工作具有的机动时间）。

（3）分析进度偏差是否大于自由时差（自由时差是在不影响其紧后工作最早开始时间的条件下，各项工作具有的机动时间）。

（4）改变某些工作间的逻辑关系。

（5）缩短某些工作的持续时间。

五、安全管理与文明施工

施工项目安全管理就是在施工过程中，组织安全生产的全部管理活动。通过对生产因素具体的状态进行控制，使生产因素不安全的行为和状态减少或消除，不引发事故，尤其是不引发使人受到伤害的事故。使施工项目效益目标的实现得以充分保证。

此外，文明施工是现代化施工的一个重要标志，是施工企业一项基础性的管理工作，坚持文明施工对整个工程来说具有十分重要的意义。

（一）安全管理的原则

安全管理大体可归纳为安全组织管理、场地与设施管理、行为管理和安全技术管理四个方面。做好安全管理，必须要正确处理五种关系，坚持六项基本原则。

1. 正确处理五种关系　安全与危险的关系；安全与生产的统一；安全与质量的包涵；安全与速度的互保；安全与效益的兼顾。

2. 坚持安全管理的六项基本原则　管生产同时管安全；坚持安全管理的目的性；必须贯彻预防为主的方针；坚持"四全"动态管理（"四全"即全员、全过程、全方位、全天候）；安全管理重在控制；在管理中不断发展和提高。

（二）文明施工的意义

（1）文明施工是施工企业各项管理水平的综合反映。

（2）文明施工是现代化施工本身的客观要求。

（3）文明施工是企业管理的对外窗口。

（4）文明施工有利于培养一支懂科学、善管理、讲文明的施工队伍。

（三）安全管理与文明施工措施

（1）明确各项目的安全目标，建立安全组织机构。安全组织机构应明确安全负责人、安全保护人数、临电责任人、消防责任人和文明施工责任人。

（2）编制项目安全文明施工方案。针对本项目特点编制有效安全文明方案。做好定置管理，材料、机具就位正确，场地清洁，水电布置合理。

（3）定期做好安全文明施工检查工作。定期召开安全例会，工程部每周组织安全文明施工联检，现场安全员做好日常巡检工作。

（4）物料堆放高度不得超过 1.5 m，水泥、化肥严禁靠墙码放，易燃品要间隔码放，周围严禁烟火。

（5）要注意临时用电安全，定期检查。架空线用绝缘导线，配电箱必须采用三相五线制，洒水点要远离电源。

（6）各种机械设备在使用前要检查其安全性，周围做好防护，大型机械施工时，安全员需在现场进行安全管理。

（7）施工人员进入施工区须戴安全帽，焊工要使用面罩或护目镜，特种工种要持证上岗，佩戴劳保用具。

（8）消防器材定位，防火通道畅通。

（9）成品保护必须定人定岗，必要时需有护栏、标志等设施。

（10）土方运输出入现场要苫盖，并设专人清扫遗撒。

（11）污水暗排并设处理池。

（12）对于会产生烟尘的施工，要用专门的设备。

（13）在居住区附近施工时，夜间不得浇筑混凝土和进行剔凿施工。

六、工程项目的竣工验收

工程项目的竣工验收是施工全过程的最后一道程序，也是工程项目管理的最后一项工作。它是建设投资成果转入生产或使用的标志，也是全面考核投资效益、检验设计和施工质量的重要环节。

1. 竣工验收的准备工作　完成收尾工程；准备齐全竣工验收资料；做好竣工验收的预验收工作。

2. 竣工验收的条件　生产性工程和辅助公用设施已按设计建成，能满足生产要求；主要工艺设备已安装配套，经联动负荷试车合格；生产性建设项目中的职工宿舍和其他必要的生活福利设施以及生产准备工作，能适应投产初期的需要；非生产性建设项目，土建工程及房屋建筑附属的给水排水、采暖通风、电气、煤气及电梯已安装完毕。

3. 竣工验收的程序

（1）施工单位做竣工预检。包括基层施工单位自检；项目经理组织自检；公司组织预检。

（2）施工单位提交验收申请报告。

（3）根据申请报告做现场初检。

（4）由监理工程师牵头，组织业主、设计单位、施工单位等参加正式验收。

（5）竣工验收的步骤。分为单项工程验收、全部验收。

4. 工程项目竣工验收资料的内容　工程项目的开、竣工报告；技术人员名单；图纸会审和设计交底记录；设计变更通知单和技术变更核实单；质量事故的调查和处理资料；各自测量记录；各种材料的质量合格证；试验、检验报告；隐检记录和施工日志；竣工图；质量检验评定资料和竣工验收表格。

5. 工程项目竣工验收资料的审核　监理工程师需进行以下几个方面的审核：材料的质量合格证明；试验、检验记录和施工记录；核查隐检记录和施工记录；审查竣工图。

思考与训练

1. 为什么要及时、准确地编制"三算"?

2. 为什么说定额具有稳定性和法律效应?

3. 常用工程定额分哪几类? 各类型工程定额有何作用? 它们之间有何联系?

4. 园林工程预算编制的步骤有哪些?

5. 计算工程量的原则有哪些?

6. 如何准确完整地列出某园林工程的分部分项工程名称?

7. 园林工程造价由哪几项费用组成? 各项费用如何计算?

8. 进行工程预算审核的方法有哪些? 如何审核?

9. 为什么要进行工程签单?

10. 编制园林工程决算与编制园林工程预算的区别与联系是什么?

11. 简述公开招标程序流程。

12. 简述投标工作程序。

13. 施工组织设计编制中应注意哪几个问题?

14. 施工进度计划的编制可分为哪些步骤?

15. 简述施工项目管理的主要内容。

16. 简述施工项目质量控制过程。

主要参考文献

北村信正，1991. 园林绿化施工与管理. 赵力正，译. 北京：中国科学技术出版社.

陈科东，李宝昌，2002. 园林工程施工与管理. 北京：科学出版社.

陈有民，1990. 园林树木学. 北京：中国林业出版社.

储椒生，陈樟德，1988. 园林造景图说. 上海：上海科学技术出版社.

丁文铎，2001. 城市绿地喷灌. 北京：中国林业出版社.

范运林，何伯森，王瑞芝，等，2000. 工程招投标与合同管理. 北京：中国建筑工业出版社.

丰田信夫，1991. 风景建筑小品设计图集. 黎雪梅，译. 北京：中国科学技术出版社.

龚克崇，2002. 市政与园林绿化工程概预算招投标实务全书. 北京：中国石化出版社.

赫伯特·德莱塞特尔，迪特尔·格劳，卡尔·卢德维格，2003. 德国生态水景设计. 任静，赵黎明，译. 沈阳：辽宁科学技术出版社.

洪得娟，1999. 景观建筑. 上海：同济大学出版社.

华北地区建筑设计标准化办公室，1991. 建筑构造通用图集（88J—10）——庭院、小品、绿化. 北京：地质出版社.

黄绪纶，1989. 园林工程. 安徽农业大学内部使用.

金井格，2002. 道路和广场的地面铺装. 章俊华，乌恩，译. 北京：中国建筑工业出版社.

凯文·林奇，加·海克，1999. 总体设计. 黄富厢，译. 北京：中国建筑工业出版社.

李海军，王京丹，2004. 园林绿化工程预算百问. 北京：中国建筑工业出版社.

李世华，徐有栋，2004. 市政工程施工图集. 北京：中国建筑工业出版社.

梁伊任，王沛永，张维妮，1999. 园林工程. 北京：气象出版社.

梁伊任，杨永胜，王沛永，等，2000. 园林建设工程. 北京：中国城市出版社.

廖振辉，2003. 最新园林工程建设实用手册：给排水设计与施工分册. 合肥：安徽文化音像出版社.

罗宾·威廉姆斯，2001. 庭院设计与建造. 乔爱民，译. 贵阳：贵州科技出版社.

罗哲文，1999. 中国古园林. 北京：中国建筑工业出版社.

绿化施工养护编写组，1983. 绿化施工养护. 北京：城乡建设环境保护市容园林局印.

马顺道，1998. 园林建设工程预算. 上海：上海市建设工程定额管理总站.

迈克尔，利特尔伍德，2001. 景观细部图集. 李世芬，杨坤，徐毓，译. 大连：大连理工大学出版社，辽宁科学技术出版社.

毛鹤琴，2000. 土方工程施工. 武汉：武汉工业大学出版社.

毛鹤琴，罗大林，2002. 施工项目质量与安全管理，北京：中国建筑工业出版社.

毛培琳，李雷，1993. 水景设计. 北京：中国林业出版社.

梅尔，2003. 园林设计论坛. 王晓俊，译. 南京：东南大学出版社.

孟兆祯，毛培琳，黄庆喜，等，1996. 园林工程. 北京：中国林业出版社.

诺曼·K. 布斯，1989. 风景园林设计要素. 北京：中国林业出版社.

彭一刚，1997. 中国古典园林分析. 北京：中国建筑工业出版社.

史蒂文·斯特罗姆，库尔特·内森，2002. 风景建筑学场地工程. 任慧韬，译. 大连：大连理工大学出版社.

唐来春，1999. 园林工程与施工. 北京：中国建筑工业出版社.

田永复，2002. 中国园林建筑施工技术. 北京：中国建筑工业出版社.

王晓俊，2000. 风景园林设计 . 南京：江苏科学技术出版社 .

吴为廉，1996. 景园建筑工程规划与设计 . 上海：同济大学出版社 .

许其昌，1998. 给水排水管道工程施工及验收规范实施手册 . 北京：中国建筑工业出版社 .

闫宝兴，程炜，2005. 水景工程 . 北京：中国建筑工业出版社 .

姚宏韬，2000. 场地设计 . 沈阳：辽宁科学技术出版社 .

《园林工程》编写组，1999. 园林工程 . 北京：中国林业出版社 .

张海梅，2001. 建筑材料 . 北京：科学出版社 .

张建林，2002. 园林工程 . 北京：中国农业出版社 .

张黎明，1990. 园林工程 . 南京林业大学内部使用 .

张守健，许程洁，2001. 施工组织设计与进度管理 . 北京：中国建筑工业出版社 .

张新天，罗晓辉，2001. 道路工程 . 北京：中国水利电力出版社 .

周维权，1990. 中国古典园林史 . 北京：清华大学出版社 .

朱钧鉁，1998. 园林理水艺术 . 北京：中国林业出版社 .

朱维益，张少玮，2000. 市政与园林工程预决算 . 北京：中国建材工业出版社 .

M. 盖奇，M. 凡登堡，1985. 城市硬质景观设计 . 张仲一，译 . 北京：中国建筑工业出版社 .

图书在版编目（CIP）数据

风景园林工程 / 张文英主编 . —2 版 . —北京：
中国农业出版社，2022.1（2024.12 重印）
普通高等教育"十一五"国家级规划教材 普通高等
教育农业农村部"十三五"规划教材
ISBN 978 - 7 - 109 - 28448 - 7

Ⅰ . ①风… Ⅱ . ①张… Ⅲ . ①园林－工程施工－高等
学校－教材 Ⅳ . ①TU986.3

中国版本图书馆 CIP 数据核字（2021）第 128927 号

中国农业出版社出版

地址：北京市朝阳区麦子店街 18 号楼
邮编：100125
责任编辑：史 敏
版式设计：杜 然 责任校对：刘丽香
印刷：三河市国英印务有限公司
版次：2007 年 5 月第 1 版 2022 年 1 月第 2 版
印次：2024 年 12 月第 2 版河北第 2 次印刷
发行：新华书店北京发行所
开本：889mm×1194mm 1/16
印张：25.75
字数：730 千字
定价：58.00 元